공학윤리 6판

개념과 사례들

Cengage

***Engineering Ethics: Concepts and Cases,* Sixth Edition**

Charles E. Harris, Jr.
Michael S. Pritchard
Ray W. James, P.E.
Elaine E. Englehardt
Michael J. Rabins

Original edition © 2019 Wadsworth, a part of Cengage Learning.
Engineering Ethics: Concepts and Cases, 6th Edition by Charles E. Harris, Jr., Michael S. Pritchard, Ray W. James, P.E., Elaine E. Englehardt, Michael J. Rabins
ISBN: 9781337554503

This edition is translated by license from Wadsworth, a part of Cengage Learning, for sale in Korea only.

ISBN: 979-11-5971-272-2

Cengage Learning Korea Ltd.
14F YTN Newsquare 76 Sangamsan-ro
Mapo-gu Seoul 03926 Korea

Printed in Korea
Print Number: 02 Print Year: 2024

ENGINEERING ETHICS

Concepts and Cases

Sixth Edition

CHARLES E. HARRIS, Jr.
MICHAEL S. PRITCHARD
RAY W. JAMES, P.E.
ELAINE E. ENGLEHARDT
MICHAEL J. RABINS

공학윤리 6판

개념과 사례들

권오양 · 김유신 · 윤상근 옮김

CENGAGE 북스힐

Andover • Melbourne • Mexico City • Stamford, CT • Toronto • Hong Kong • New Delhi • Seoul • Singapore • Tokyo

머리말

저자들은 공학윤리: 개념과 사례들(*Engineering Ethics: Concepts and Cases*) 제6판을 출판하게 되어 매우 기쁘다. 우리는 이번 책에서 일부 내용을 추가하기도 하고 삭제하기도 하였다. 한 가지 새로운 특징은 각 장마다 글상자를 도입한 것이다. 글상자는 연속되는 본문을 구분지어 주는 역할을 하며, 이미 논의한 아이디어를 요약하거나 또는 아직 다루지 않은 아이디어를 소개하는 데 사용된다. 예를 들면, 제5판의 "기술의 사회적 및 가치적 차원"이라는 장은 삭제되었으되 그 장에서 다루었던 대부분의 아이디어는 새 책의 제1장에서 그리고 다른 곳에서 다루고 있다.

제6판에서 달라진 주요 내용을 요약하면 다음과 같다.

- 제1장(엔지니어: 인류의 선을 위한 전문직)은 전문직의 정체성에 대한 논의로 시작하여 전문성에 대한 세 가지 중요한 설명으로 이어간다. 인류의 복지, 안녕, 또는 삶의 질에 대한 공학의 특별한 관심을 지극히 강조하고 있으며, 더불어 그것이 뜻하는 바가 무엇인지에 대하여 논의한다.
- 제2장(실천윤리의 도구들)은 공리주의에 대한 보완된 설명과 함께 응용윤리에서 윤리학 이론의 적용과 공학에서 모델링의 활용 사이의 비유를 포함한다. 덕 윤리에 대한 폭넓은 논의가 처음으로 등장하며, 그것이 응용윤리에서 얼마나 효율적일 수 있는지를 보여준다.
- 제3장(공학에서의 책임)은 제5판의 제7장에서 다룬 책임에 대한 장애물에 관한 논의를 여기로 옮겨서 논의하고 있다. 이렇게 보완된 이 장에서는 엔지니어가 그러한 장애물들을 다루는 데 있어서 덕이 어떻게 도움이 될 수 있는지에 대하여 고찰한다.
- 제4장(조직 내에서의 엔지니어)은 조직 내에서 엔지니어의 근무환경이 피고용인으로서 엔지니어에 대한 특별한 책임을 불러일으키는지를 보다 명확하게 하는 방식으로 제5판의 제7장을 개정하였다. 이 장에서는 또한 이러한 조직의 책임과 전문직의 일원

이 되기 위한 덕으로서 엔지니어가 가져야 하는 책임 사이의 긴장관계를 살펴본다.

- 제5장(신뢰와 신뢰성)은 제5판의 제5장을 개정하였으며, 이 장에서는 대중, 고용주, 고객, 그리고 공학전문직 자체에 대한 엔지니어의 관계와 관련하여 엔지니어에 대한 신뢰성을 바탕으로 덕의 중요성에 대하여 매우 강조하고 있다.
- 제6장(엔지니어의 책임: 위험을 평가하고 관리하기)은 통상적으로 엔지니어에 의해 처리되는 두 가지 중요한 임무에 있어서 위험을 평가하고 관리하는 엔지니어의 책임에 대한 더욱 중점적인 설명을 포함한다. 두 가지 임무로는 첫째가 제품 또는 공학시스템의 설계이고, 둘째가 공학시스템의 가동이다.
- 제7장(공학과 환경)은 상당히 많이 보완되었으며, 이제 국제적인 차원을 포함한 환경운동의 발전에 대한 설명을 포함하고 있으며, 지속가능성에 대한 설명과 함께 지속가능성과 경제발전 사이의 잠재적 상충에 대한 더욱 확장된 논의를 포함한다. 공학과 경영 모두에 환경문제에 대한 관심을 도입하는 데 대하여 더욱 확장하여 다룬다. 이 장에서는 또한 어떻게 자연존중이라는 덕목이 발전될 수 있는지를 고찰한다.
- 제8장(세계적 맥락에서의 공학)은 유럽과 북미주 이외의 지역에서 엔지니어가 그들 자신을 전문직으로 생각하는지, 그들이 전문직으로 여겨져야 하는지에 대한 새로운 논의를 선보이고 있다. 국제공학기구들의 강령에 더욱 큰 중요성이 부여된다.
- 제9장(공학의 새로운 지평선)은 짤막한 새로운 장으로, 새로운 기술발전이 바람직한 분야뿐만 아니라 미래에 엔지니어가 당면하게 될 중요한 몇몇 어려움을 강조하기 위하여 마련되었다. 이 장에서는 독자로 하여금 엔지니어들이 그러한 어려움을 강조하고 진보하는 기술을 실현하면서 미래의 엔지니어들이 당면할 것 같은 윤리적 어려움을 예상하도록 권장한다. 불변인 것 하나는 미래의 엔지니어는 공공에 가장 잘 봉사하기 위하여 여전히 전문직의 윤리적 책임에 대한 훌륭한 이해를 필요로 할 것이라는 점이다.
- 사례집은 몇몇 새로운 동시대의 사례들이 추가되고 제5판의 몇몇 사례들이 삭제되었다. 새로이 추가된 사례들로는 토요타의 반자동제어 운전 소프트웨어, 테슬라 모델 S “오토파일럿” 반자동 운전자 보조시스템, 폭스바겐 배기가스 은폐 스캔들, 미시간주 플린트시의 상수도관 납 오염 등에 관한 연구가 있다. 아울러 기존의 몇몇 사례들은 제5판 발행 이후에 밝혀진 새로운 사실이나 법적인 판단을 반영하기 위하여 개정되었다.

역자 머리말

공학윤리 또는 엔지니어윤리가 우리의 관심사가 되고 우리나라 대학에서 독립된 교과목으로 가르치게 된 데에는 한국공학교육인증원(ABEEK)의 설립과 공학교육인증제도의 시행에 따른 영향이 지대하였음은 자명하다. 국제적인 맥락에서 살펴본다면, 이렇게 공학윤리가 도입된 것은 국제사회에서 우리나라가 차지하는 위상에 비추어 상당히 늦은 감이 없지 않다. 다만, 공학윤리 교육이 필요하다고 해서 꼭 별도의 교과목이 개설되어야 하는가에 대한 의문은 숙제로 남겨두더라도, 대학에서 전통적인 방식의 가장 알기 쉬운 교육방법은 교과목을 개설하는 것이기에 이 책의 필요성이 존재한다고 믿어본다.

최근에 와서는 기술사 자격증의 국제적 등가성을 보장하기 위해 기술사 등록제도가 시행되었다. 자격증의 등록 및 갱신에 필요한 계속교육(CPD) 80시간 중 대부분은 기술관련 행사 참석 등으로 대체될 수 있으나 기술사윤리와 안전교육 각 4시간은 반드시 출석교육을 받도록 되어 있다. 그만큼 윤리와 안전을 중요하게 취급한다는 하나의 증거라고 할 수 있다.

이 책은 제3판과 제4판이 연달아 번역되어 교재로 사용되었으나, 제5판은 번역되지 않았다. 원서의 저자들은 대단히 부지런하여 약 5년 주기로 개정판을 내면서 내용을 대폭적으로 업데이트하고 있고, 제6판의 경우에도 제8장과 제9장은 매우 새로운 내용을 추가로 다루고 있어서 번역본이 절실하게 요구되었다. 번역본을 준비하면서 특별히 중점을 둔 것은 원저자의 의도가 최대한 살아있는 문장으로 채워진 한글판을 만들자는 것이었다. 이전 번역본은 물론이고 원서조차도 때로는 오류가 남아 있는 경우가 많다. 오류를 최소화하기 위하여 인터넷을 포함한 모든 가능한 수단을 활용하여 원전을 검색하였고 번역에도 주의하여 바로잡았음을 밝혀둔다.

새로운 판을 거듭하면서 제6판은 전체적으로 많이 단순화되어 실천윤리, 응용윤리의 하나인 공학윤리에 꼭 필요한 내용만으로 채워졌다고 생각된다. 아무쪼록 이 책이 우리 공과대학 학생들의 공부에 좋은 길잡이가 되기만을 빌어본다.

2020년 1월 대표역자

차례

CHAPTER 9

CHAPTER 1

엔지니어: 인류의 선을 위한 전문직

이 장의 **주요 생각들**

- 사람의 (전문)직업은 그의 개인적 정체성의 일부를 이룬다.
- 비록 어떤 주권지역(국가)에서는 공학실무를 행하는 데 있어 등록에 대한 요구조건이 결여되어 있다는 점이 그 주권지역(국가)에서의 전문직의 지위를 약화시킨다 하더라도, 몇 가지 중요한 설명에 따르면 공학은 하나의 전문직이다.
- 공학강령들과 공학전문직의 지도자들로부터 나온 다른 진술들은 엔지니어들에게 때로는 안녕으로 그리고 복지 혹은 삶의 질로 해석되는 공익을 증진시킬 의무를 부과한다.
- 공공의 복지를 증진시키는 것은 전문직에 있어 금지된 행동들을 하지 않고 공공에게 해를 예방하며 실제적으로 공공의 복지를 증진시키는 것을 포함한다.
- 안녕을 위한 설계에 있어 엔지니어는 공학과 과학기술의 사회적 맥락을 마음에 새겨야 하고, 과학기술을 비판적으로 평가하는 태도를 지녀야 한다.

자율주행차는 우리의 미래다. 자율주행차가 제공하는 이점들을 생각해 본다면, 그 이유를 이해하기 쉽다. 그것들은 교통사고를 크게 줄이고, 노약자와 장애자가 자동차를 타기 더 쉽게 만들고, 더 적은 연료를 소비하며 교통의 흐름을 더 원활하게 할 거라는 기대를 품게 한다. 다른 한편으로 그것들은 많은 사회적, 법적, 윤리적 문제들을 제기한다. 아마도 가장 명백한 질문은 누가 사고를 책임질 것인가이다. 운전자가 없는 차의 치명적인 첫 사고는 2016년 5월 7일 플로리다주 윌리스턴에서 발생하였다. 견인 트레일러가 그 차 앞으로 좌회전을 했을 때, 테슬라의 자율주행차를 탄 사람이 사망했다. 그 차는 브레이크를 사용하지 못하고 트레일러의 밑으로 들어갔다. 그것은 명백히 자동조종장치 또는 운전자가 밝게 빛났던 하늘과 그 견인차의 흰색 면을 분간하지 못했기 때문이었다. 이러한 경우에 도덕적 책임과 법적 책임은 어디에 놓여 있는가? 운전자는 지시에 따라 테슬라를 작동시키지 않았고, 테슬라는 운전자가 "언제라도 운전대를 넘겨받을 준비가 되어있지 않은" 상태임을 인식할 능력이 구비된 시스템을 장착하지 않았음이 조사에 의해 밝혀졌다. 자동조종장치 시스템을 설치하고 그런 후 언제라도 운전자가 대신할 수 있어야 한다고 알리는 것이 정말 현실적인가?

법적 책임과 도덕적 책임이 자율주행차로 인해 제기된 유일한 문제는 아니다. 그것들이 과연 안전한가? 운전자가 이런 자동차를 구입하거나 사용하기 전에 어느 정도의 정보가 주어져야 할까? 해킹이나 테러와 같은 잠재적인 문제들을 어떻게 다루어야 할까(폭발물들로 가득 찬 자율주행차가 고속도로 위의 무인항공기와 같을 수 있다)? 운전과 관련된 직업들이 잠재적으로 얼마나 손해를 입을까? 다른 직업을 얻기 위해 재교육을 받아야 할까?

많은 이런 질문들은 앞서 다른 상황에서 다른 형식으로 등장하였다. 과학기술은 거의 항상 새로운 도덕적, 사회적 쟁점들을, 혹은 가장 흔히 오래된 쟁점들을 새로운 방식으로 제기한다. 도덕적 책임에 대한 질문들은 자율주행차에만 한정되어 있지 않다. 그런 질문들은 우주왕복선 챌린저호와 컬럼비아호의 손실과 같은 소위 공학적 사고들의 맥락에서 제기된다. 또한 도덕적 쟁점들은 환경에 대한 과학기술의 관계와 같은 영역에서 엔지니어의 의무를 생각하는 것과 위험을 적절히 다루는 것에서도 생겨난다. 그 쟁점들은 엔지니어에게 중요한데, 그 이유는 단순히 대체로 그들이 관련된 과학기술을 창조했기 때문이 아니라, 그들이 전문가이고 전문성(professionalism)의 개념은 견고한 도덕적 요소로 구성되어 있기 때문에 그러하다. 전문성의 두 가지 구성요소는 (1) 어떤 특정한 분야들(회계, 법, 의료, 공학 등)에서의 전문지식과 (2) 대개 공식적인 윤리강령으로 설계된 도덕적 지침의 엄수이다. 이 두 가지 영역 중 어느 어느 하나라도 결여되면 전문가로서 결함을 나타낸다. 이 책은 전문성의 두 번째 구성요소에 대한 것이다. 우리는 여러분이 공학의 도덕적 혹은 윤리적 차원[1] 속으로의 발견이라는 여행을 시작할 준비가 되어있기를 바란다.

1.1 당신의 전문직은 정체성의 일부이다

만일 여러분이 스스로가 누구인지를 밝히거나 기술하도록 요청받는다면, 그것에 어떻게 대답하겠는가? 여러분은 자신의 이름과 가족관계 그리고 아마 자신의 주거지를 제시할 것이다. 만일 여러분이 고용되어 있다면, 아마도 자신의 직장을 제시할 것이다. "나는 블루진사의 판매원입니다." "나는 안전제일 회사의 경영간부입니다." 만일 여러분이 전문가라면, 자

1 이 책에서 우리는 "도덕적"이라는 말과 "윤리적"이라는 말을 번갈아 사용한다.

신의 전문직을 제시하는 것이 아마도 자신에게 특별히 중요할 것이다. "나는 개업한 심장병 전문의입니다." "나는 존스와 브라운, 스미스와 함께 회계업무를 맡고 있습니다." "나는 갈렌도 엔지니어링의 토목엔지니어입니다."

만일 여러분이 엔지니어라면—여러분이 이 책을 읽고 있다면, 엔지니어이거나 공학을 공부하는 학생일 가능성이 많을 것이다—자신의 전문직 정체성은 **자신이 누구인가**에 대한 개념의 중요한 부분이 될 것이다. 전문직의 정체성이 갖는 위력을 약간 느껴보기 위하여 "엔지니어가 되는 것을 어떻게 느끼는가?"라고 자신에게 물어 보라. 만일 여러분이 아직 학위를 받지 못한 엔지니어라면, "내가 그 학위를 받을 때 자기 자신을 얼마나 다르게 느낄까?"라고 자신에게 물어 보라. 이 질문에 대한 답은 아마도 "그래"일 것이다. 여러분은 물론 자신이 마침내 "그것을 해냈다"는 것 때문에 깊은 안도의 한숨을 쉴 것이다. 그리고 여러분 스스로를 자랑스러워할 것이다. 왜냐하면 진짜 전문가가 되었기 때문이다. 그러나 더 깊은 무언가가 있다. 어떻게 전문가의 정체성을 높여가는가에 대한 설명을 위해 **글상자 1.1**을 보라.

글상자 1.1 **직업적 정체성 발달의 3단계**

- **독립적인 사업자.** 전문성은 확고하고 분명하게 정의된 지침과 겉으로 드러나는 품성에 대한 기대를 충족시키는 것이다.
- **팀 지향적인 이상주의자.** 전문성은 확고한 규칙과 행동으로써 식별하기보다는 다른 전문가들, 특히 모범적인 전문가들의 기대에 부응하는 것으로 나타낸다.
- **자기인식이 있거나 통합적인 전문가.** 전문성을 동료들의 외적인 기대와 동일시하기보다는 전문직의 가치와 개인적 가치를 통합시킨다. 그래서 전문직의 가치는 자신의 일부를 이룬다. 이 단계는 종종 중년이 되어서야 비로소 성취된다.[2]

1.2 전문직이란 무엇인가?

그러면 전문직이란 무엇인가? 관련된 중세 용어로 "공언하다(profess)"라는 말의 사용은 엄

2 Muriel J. Bebeau and Stephen J. Thoma, Moral Motivation in Different Professions, in *Handbook of Moral Motivation*, eds. Karin Heinrichs, Fritz Oser, and Terence Lavat(Rotterdam: Sense Publishers, 2013), pp. 475-498.

격한 도덕적 자격요건에 따른 생활방식을 수도승이 따르기로 공적으로 "공언(profession)"하는 것과 결부되어 있었다. 17세기 후반에 그 말은 세속화되어 다른 사람들에게 어떤 가치 있는 서비스를 수행할 자격을 정당하게 부여받은 것으로 "공언한(professed)" 사람들에게 적용되었다. 전문성에 대한 세 가지 접근법들은 그 개념을 이해하는 데 특히 중요하며, 전문직의 정체성을 이해하는 데 있어 유용할 수 있다.

첫째, 사회학적인 설명(Sociological Account)이 있는데, 그 설명은 특별히 전문성과 결부된 특징들이 있다고 간주한다. 널리 알려진 그런 특징의 목록에 대하여 **글상자 1.2**를 보라.

글상자 1.2 전문직의 특징

1. 오랜 훈련기간이 요구되는 지적 특징을 가졌으며, 대개 대학이나 대학교에서 획득된다.
2. 더 넓은 사회의 안녕에 필수적인 지식과 기술들을 소유한다.
3. 전문직 서비스 공급을 독점 또는 거의 독점하고, 전문직의 교육과 전문직의 허가에 대한 기준들에 대하여 상당한 통제력을 행사한다.
4. 일터에서 보기 드문 정도의 자율성을 갖는다.
5. 대체로 윤리강령에 구현된, 공공의 선을 증진시킨다는 윤리적 기준들에 의해 규제를 받는다.[3]

전문성을 이해하는 두 번째 방법은 사회계약 설명(Social Contract Account)이다. 이에 따르면, 전문가들은 대중과 암묵적으로 합의를 이루고 있다. 한편으로 전문가들은 높은 수준의 전문적 기술을 획득하고 대중에 적절한 서비스를 제공하며 자신들의 품행을 윤리적 기준에 따라 규제하는 것에 동의한다. 다른 한편으로 대중은 전문가들이 평균 이상의 임금을 받고 사회적 인정과 위신을 얻으며 스스로를 규제하는 상당한 수준의 자유를 가지도록 허용하는 것에 동의한다. 그런 암묵적인 계약의 관계에 대한 관념은, 진지하게 받아들인다면 전문가 또는 전문가로 성장해가는 사람에게 강력한 의무감을 부여한다.

전문성의 세 번째 설명은 철학자 데이비스(Michael Davis)에 의해 제시되었는데, 그는 아래와 같은 방식으로 전문직을 정의하고 있다.

> 전문직은 법, 시장, 도덕 그리고 여론이 다르게 요구하는 것을 넘어 도덕적으로 허용되는 방법으로 공개적으로 도덕적인 관념을 충족시키면서 생계를 유지하기 위해 자발적으로 조직

3 Ernest Greenwood, Attributes of a Profession, *Social Work*, July 1957, pp. 44-45.

된, 같은 직업을 가진 수많은 개인들로 이루어져 있다.[4]

데이비스의 정의는 다음과 같은 사실을 강조한다. 전문직은 한 사람만으로 구성되지 않으며, 공적인 요소를 수반한다. 그리고 사람들이 생계를 유지하는 방식이며 그래서 보통 근무시간 동안 그들의 시간을 차지하는 어떤 것이다. 또한 사람들은 자발적으로 전문직이 되어 병자를 치료하거나 공공의 선을 증진시키는 것과 같은 그런 도덕적으로 바람직한 목표를 포함한다.

1.3 공학도 하나의 전문직

공학은 세 가지 설명 모두에 따라 분명히 전문직이다. 또한 적절한 약간의 개략적인 강점들이 있다. 첫째로 사회학적인 설명을 숙고해보자. 엔지니어가 되기 위해서는 단과대학이나 종합대학 수준에서 높은 수준의 훈련을 필요로 한다. 공학은 대중에 지극히 중요하다. 법률가나 의사의 서비스가 없는 현대사회를 전혀 상상할 수 없듯이 엔지니어가 설계한 고속도로, 컴퓨터, 비행기 그리고 많은 다른 기술적 인공물들이 없는 우리 사회를 상상할 수 없다. 엔지니어들은 공과대학에서의 교과과정이나 전문직에 들어오기 위한 기준에 대하여 상당한 통제를 가한다. 통제는 대개 전문학회들과 기타 전문가 단체들을 통해 발휘된다. 공학전문직은 공학으로 개업하는 것에 대해 완벽하게 통제하지 못한다. 왜냐하면 미국과 같은 그런 몇몇 나라에서는 공학으로 개업하기 위해서 등록된 기술사가 되어야만 하는 건 아니다. 사실상 미국에서는 엔지니어들의 1/3만이 각 주의 면허위원회에 등록되어 있다. 게다가 소위 산업면제(industry exemption)는 대중에 직접 서비스를 제공하지 않는 엔지니어에게 등록을 면제해준다.

계속해서 얘기하자면, 사업체나 공공 단체에서 일하는 엔지니어들은 자신의 일에서 개업한 변호사나 의사들만큼 자율적이지 않겠지만, 엔지니어가 아닌 사람이 엔지니어에게 일반적인 것 이상으로 지시할 만큼 충분한 과학기술적 지식을 갖지 못하기 때문이라면, 아마도 대부분의 비전문직들보다는 더 자율성을 가질 것이다. 마지막으로 다른 전문직들처럼 엔지니어들은 공공의 이익을 위해 자신들의 행위를 규제할 것으로 생각되는 윤리강령을 가

4 Michael Davis, Is There a Profession of Engineering? *Science and Engineering Ethics*, 3, no. 4, 1997, p. 417.

지고 있다. 냉소적인 사람들은 윤리강령을 전문직들이 자기들의 경제적인 사리사욕을 우선적으로 증진시키려고 한다는 사실을 위장하기 위해 계획된 단순한 쇼윈도 장식에 불과하다고 주장할 수도 있다. 그런 주장에 약간의 진실이 담겨 있기도 하지만, 우리는 대부분의 엔지니어들과 다른 전문가들이 윤리적 고려사항을 아주 심각하게 여긴다고 믿는다.

엔지니어가 공학으로 업을 삼기 위해 등록되어야만 하는지에 대한 문제는 공학의 전문가적 지위를 위해 특히 중요하다. 또한 그 자체가 공학전문직에서 논란이 많다. 그런 몇몇 논쟁을 **글상자 1.3**에 요약해 놓았으니 참고하라.

글상자 1.3 엔지니어가 공학실무를 행하기 위해 등록되어야 하는가?

아니다. 등록은 공학실무를 행하는 데 요구되어서는 안 된다.

- 등록은 공학서비스의 비용을 증가시킬 것이다. 왜냐하면 등록비용이 의뢰인과 고객에게 전가될 것이기 때문이다.
- 등록은 엔지니어와 엔지니어가 아닌 사람들이 같은 프로젝트에서의 협동을 어렵게 할 것이다. 왜냐하면 등록은 엔지니어가 아닌 사람들이 공학적인 일을 하지 못하게 할 것이기 때문이다.
- 이미 엔지니어는 대중에 직접적으로 영향을 미치는 일에 서명하고 승인하려면 미리 면허를 받아야 한다.

그렇다. 공학실무를 행하기 위해 등록이 이루어져야 한다.

- 몇몇 나라들은 이미 개업을 위한 등록이 필수적이며, 위에서 기술한 유형의 문제들은 심각해 보이지 않는다.
- 대중에 영향을 미치는 일과 미치지 않는 일 사이의 구별은 분명하지 않다. 왜냐하면 대부분의 공학은 어떤 식으로든 대중에 영향을 미치기 때문이다.
- 등록은 일터에서 엔지니어의 전문가적 자율성을 증대시킬 것이다. 왜냐하면 엔지니어는 전문직의 기준을 침해하는 경영자의 요구에 더 쉽게 저항할 수 있기 때문이다. 엔지니어는 "당신의 요청에 순응하다가는 내 면허가 취소될 것이다. 그리고 다른 엔지니어도 당신의 요구에 따른다면 같은 문제에 직면할 것이다."라고 말할 수 있다.

우리는 "그렇다"는 논거가 더 강하고 전반적인 등록의 면제가 공학전문성을 약화시킨다고 믿는다. 그렇다고 치명적인 약점은 아니다. 자격증이 있는 기술사(PE)는 대부분의 공공사업 프로젝트에 서명해야 한다. 그리고 대부분의 사업은 아마도 자신들의 공학적 일이 기술사가 아니라 하더라도 학위가 있는 엔지니어에 의해 수행되기를 원할 것이다.

공학전문직 또한 사회계약 설명에 의해 정해진 조건들을 대부분 만족시킨다. 비록 그것이 다른 것보다 그 설명의 일부 측면들에 더 적합하다 하더라도 말이다. 엔지니어는 일반적으로 높은 수준의 전문적 지식을 가지고 있고 유능한 서비스를 제공한다. 또한 그들은 윤리강령을 가지고 있지만, 비윤리적 행위 때문에 기술사 등록의 취소라는 처벌을 받는 것이 대부분의 다른 전문직들에서처럼 엔지니어가 전문직의 개업을 금하도록 하지 못한다. 왜냐하면 엔지니어에게는 면허를 요구하지 않기 때문이다. 그래서 아마도 우리는 공학전문직이 몇몇 다른 전문직들과 같은 윤리적 제재를 강요할 능력이 없다고 말할 수 있다. 그럼에도 불구하고 심각한 윤리적 위반은 엔지니어의 평판을 더럽힐 수 있고 아마도 엔지니어는 그것으로 인해 법적인 처벌을 받을 수 있다.

사회계약의 다른 측면에서 엔지니어는 매력적인 보수와 상당한 사회적 지위를 얻을 수 있다. 대부분의 엔지니어들은 큰 조직에서 일하기 때문에, 개인적으로 개업한 전문직처럼 일터에서 많은 자유를 누리지 못할 수도 있다. 그러나 변호사들과 의사들도 점점 큰 조직에 고용되고 있기 때문에 이러한 차이가 과장일 수 있다. 따라서 우리의 결론은, 비록 전반적인 등록에 대한 요구조건이 결여된 것과 관련하여 다듬어지지 않은 점이 있다고 하더라도, 우리가 사용한 처음의 두 가지 기준에 의해서 공학이 "전문직"의 범주에 들어맞는 것임에 틀림없다는 것이다.

데이비스의 전문직에 대한 정의로 돌아가보자. 우리는 여러분이 공학은 이러한 정의도 역시 만족시킨다는 결론을 내릴 것이라고 믿는다.

1.4 공익을 최우선으로 하는 특이한 전문직

등록을 요구하지 않는 것에 더하여, 공학은 대부분의 주요 다른 전문직들과 차별화되는 또 다른 특징을 가지는데, 그것은 고용주와 고객, 환자의 이익에 반하여 공익에 대한 의무를 최고로 두는 것이다. 이러한 차이를 알기 위하여 공학을 법학과 의학, 회계학과 함께 대조해보라.

미국변호사협회(American Bar Association)의 2013년 직무행위 표준규칙(2013 Model Rules of Professional Conduct) '서문'은 다음과 같이 주장한다. "변호사는 합법적 전문직의 일원으로서 고객의 대리인이고 법률 체계의 담당자이며, 정의의 본질을 위해 특별한 책임이 있는 공적인 시민이다." 우선순위를 살펴볼 때, 고객에 대한 책임이 최우선으로 보이며, 이는 미국에서 재판의 당사자주의(adversary system)로 봐서 정당화될 수도 있는 결론이다. 당사자주의에서 각 고객은 자신의 이해관심을 변호하는 변호사를 가지며, 관련된 법에 의해 규제를 받는 법정에서의 논쟁은 공정한 결과를 낳을 것으로 추정된다. 이것은 최소한 변호사들이 자신들의 고객에게 최고의 의무를 다해야 한다는 주장을 일반적으로 정당화하는 이유이다.

미국의학협회(American Medical Association)의 2001 의료윤리강령(2001 Code of Medical Ethics)의 '서문'은 강령의 조항들이 "고객의 이익을 우선하여 개발"된다는 주장으로 시작한다. 계속하여 그것은 의사는 "먼저 환자에게 책임을 지고, 나아가 사회 그리고 다른 의료 종사자들과 자신에 대한 책임"을 져야 한다고 주장한다. 여기서 환자에 대한 책임이 맨 먼저 발생한다. 변호사업에서와 마찬가지로, 의사는 환자와 그(그녀)의 권리의 대변자이다. 비록 환자가 범죄를 저질렀어도 의사는 일반적으로 법적 혹은 심지어 도덕적 쟁점들에 연관되기보다는 환자에게 필요한 의료적 처치를 하는 데 전념해야 한다. 이러한 규칙에 약간의 예외, 즉 아동학대를 보고해야 할 의무와 같은 것이 존재한다. 하지만 예외조항들은 흔치 않다.

마지막으로 미국공인회계사협회(American Institute of Certified Public Accountants) 강령의 2절인 "공공의 이익(The Public Interest)"에서는 전문직의 구별되는 특징은 공공에 대한 책임이지만, 공공의 우선적인 구성원으로 "**고객(clients)**"을, 계속해서 "신용 양도자(credit grantors), 정부, 피고용인, 투자자, 사업계와 금융계, 그리고 다른 이들 …"의 순서로 열거하고 있다. "고객"을 굵은 글자로 나타낼 뿐만 아니라 첫 번째로 나열한 것은 고객에 대한 충성이 최우선임을 가리킨다.

1970년 이전에는 공학강령들 또한 엔지니어들의 우선적인 책임으로 고객이나 고용주에 대한 충성을 열거했다. 예를 들면 1912년 미국전기공학회(American Institute of Electrical Engineers, IEEE의 전신) 강령의 최고 근본원리는 "엔지니어는 고객이나 고용주의 이해관심의 보호를 자신의 최고 직업적 의무로 고려해야 한다."고 주장한다. 1963년 미국화학공학회(American Institute of Chemical Engineers) 강령의 제1 근본원리는 엔지니어가 "자신의 고용주, 자신의 고객과 대중에 헌신하도록" 해야 한다고 주장한다. 여기서도 고용주와 고객이 최우선인 것으로 나타나는 사실에 주목하라.

1970년대에 중대한 변화가 일어났다. 엔지니어의 최우선의 의무가 고객과 고용주로부터 공공으로 바뀌었다. 이러한 변화는 이전의 강령에 미리 암시되었을지도 모른다. 영국토목공학회를 설립했던 1828년 선언문은 공학을 "자연에 있는 위대한 힘의 근원을 인간의 편리와 사용으로 돌리는 기예"로 정의한다. 이런 강령이 작성된 시기에 "인간의 사용과 편리"라는 표현은 종종 공리주의적 사고와 연관되었고, 그래서 선을 최대화하는 의무를 의미하였다. 그리고 이 선은 공리주의적 사고[5]에서 그랬던 것처럼 일반적인 공익(public good)이

5 C. Mitcham and D. Munos, *Humanitarian Engineering*(San Rafael, CA: Morgan and Claypool, 2010), pp. 3-5.

었을 것이다. 이 초기 강령의 경우가 어떠했든 간에 공학강령은 지금 엔지니어의 최고의 의무가 공공에 있음이 분명하다. 예로써, 미국기술사회(National Society of Professional Engineers, NSPE) 강령의 기본법규 맨 앞에 엔지니어는 "반드시 공공의 안전과 건강, 복지를 최고로 여기도록" 해야 한다고 명령한다.

이런 변화를 공학전문직 모두가 지지하지는 않았다. 1978년 10월에 우선순위들의 변화가 발생한 직후에 엔지니어 플러먼(Samuel Florman)은 우선순위의 변화에 대한 잘 알려진 논평을 기고하였다.[6] 플러먼은 공학강령이 전통적으로 "공공의 복지를 위한 관심보다는 점잖은 행동"에 초점을 맞추어 왔음을 주목하고, "전문가의 최고의 의무가 공공에 있다는 믿을 수 없는 뻔한 이야기"가 "고용주의 소망이나 지시"를 능가해야 한다는 것에 실망을 나타냈다.

플러먼은 공공에 우선순위를 두는 것에 대한 자신의 반대를 뒷받침하는 몇 가지 논거들을 제시한다. 한 가지 주장은 이 새로운 사고방식이 조직상의 혼란을 초래할 수 있다는 것이다. 그는 "충성과 규율에 대한 속박이 풀려서 조직이 산산조각날 것"이라며 두려워한다. 모든 엔지니어는 관리자들이 쟁점을 결정하도록 하는 대신에, 법률과 사법적 결정에 기초하여 자신의 양심을 따를 것이다. "도덕성에 너무 많이 의존하게 된다면" 공공의 의지를 결정하는 것이 "약화될 수 있다." 그는 이런 첫 번째 논거를 다음과 같이 주장하면서 끝맺는다. "엔지니어는 자신들이 떠맡는 일이 어떠하든지 어쩔 수 없이 진실과 유능함을 발휘하게 된다. 그러나 그들이 인류의 복지를 최고로 여길 것이라 기대해서는 안 된다."

플러먼의 두 번째 주요 논거는 엔지니어가 훈련에 의해 윤리적인 결정과 정책 결정을 내리는 자격을 갖추지 못했다는 것이다. 이것은 그들의 전문분야가 아니다. 그는 주장하기를 "엔지니어들은 사회변화를 계획할 권력도, 권리도 가지고 있지 않다"고 한다. 엔지니어는 공공의 복지에 대한 결정을 내리는 것과 관련된 사회정책의 쟁점들, 환경적인 쟁점들 그리고 다른 논제들에 훈련되어 있지도 않으며, 법적으로 그런 권리를 받지도 않았다. 오히려 "전문직은 자신들의 분야에서 섬겨야 하지" 지휘하지 않는다. 확실히 사업체, 정부기관들 그리고 시민단체들이 공학 전문지식에 접근할 수 있어야 하지만, 엔지니어가 정책결정을 내리는 것에 앞장서서는 안 된다.

플러먼의 논거 두 가지는 모두 부정할 수 없는 진실을 담고 있다. 조직의 혼란을 피하고 싶고 엔지니어들이 일반적으로 고용주에게 충성해야 한다고 주장하는 데 있어서는 그가

6 Samuel Florman, Moral Blueprints, *Harper's Magazine*, October 1978, pp. 30-33.

확실히 옳다. 또한 과학기술의 사회적 영향에 대한 평가와 관련된 많은 분야에서 엔지니어들이 훈련받지 않는다는 그의 주장도 옳다. 그가 설명하는 분야 외에도 우리는 엔지니어들이 심리학, 사회학 그리고 경제학을 배우지 않는다고 덧붙일 수 있다.

그럼에도 불구하고, 우리는 추가적인 고려사항들이 플러먼의 논거에 의구심을 제기하리라 믿는다. 첫째, 플러먼은 엔지니어들이 법을 어기도록 요구받고 있음이 명백한 경우를 제외하고는 아무런 의문을 제기하지도 않고 경영자들에게 복종해야 한다고 믿는 것처럼 보인다. 만일 그러하다면, 엔지니어들은 윤리강령을 필요로 하지 않을 것이고, 아마도 결코 전문가로 여겨져서도 안 된다. 이런 결론은 플러먼과 상관없이 많은 엔지니어들을 당황스럽게 할 것이다. 두 번째, 플러먼은 명백히 조직적인 반대가 조직을 약화시킬 것이라 추정하지만, 다른 의견과 관점은 종종 조직을 더 창의적으로 만들고 문제들이 발생하기 전에 그것들을 미리 예상할 수 있게 만든다고 한다. 오늘날 몇몇 경영자들은 다른 관점들을 기꺼이 받아들이고, 피고용자들이 비판정신을 일깨우도록 격려한다. 세 번째로 엔지니어들은 종종 경영자보다 먼저 문제점을 알고, 그것들을 더 잘 이해한다. 그들은 "현장에" 있어서 경영자보다 설계와 테스트에 더 깊이 관여하기 때문에 반드시 고려되어야 하는 쟁점들을 경영자에게 알릴 수 있다.

엔지니어가 공익에 관심을 갖도록 얼마나 그리고 어느 정도로 의무를 져야 하는지는 엄청난 중요성을 지닌 복잡한 문제이다. 우리가 믿기로는 공학전문직의 지위가 여전히 진화하고 있는 분야라는 것이다. 환경과 과학기술의 사회적 영향에 관한 공학적 의무들에 대한 문제를 생각해보라. 우리는 여기서 가장 일반적인 방식으로만 이 문제를 추구하지만, 책의 나머지 많은 부분은 "공학이 공익에 어떻게 공헌해야 하는가?"라는 질문에 바쳐질 것이다.

1.5 공익이란 무엇인가?

엔지니어가 공익에 대한 의무를 져야 한다고 우리가 인정하더라도, 우리는 여전히 공익이 무엇인지 물을 수 있다. 이 질문에 대한 가장 일반적인 대답은 많은 강령들에서 상세히 설명되어 있으며, 그 답은 엔지니어들이 NSPE 강령이 진술하듯이 "공공의 안전과 건강, 복지를 최고로 여겨야" 한다는 것이다. 아마도 여기서 가장 근본적인—그리고 확실히 가장 모호하고 논쟁적인— 용어는 "복지"다.

"복지(welfare)"라는 말은 공학강령에 있는 "안녕(well-being)", "삶의 질"과 같은 그런 몇몇 단어들과 같은 의미를 가지는 것처럼 보인다. NSPE 강령의 전문에는 "공학은 모든 사람들의 삶의 질에 직접적이고 필수적인 영향을 미친다."고 쓰여 있다. 미국컴퓨터학회(ACM)의 강령은 회원들에게 "사회와 인류의 안녕(well-being)에 기여하도록"(Ⅰ.1) 의무화하고 있다. 같은 절에서 안녕에 안전한 자연환경이 포함된다고 쓰여 있다. 미국토목공학회(ASCE)의 강령에서 규범 1에 대한 지침들 중의 하나에는 엔지니어는 "인류의 복지와 환경을 향상시키기 위해 자신들의 지식과 기술"을 활용해야 한다고 단언한다. 끝으로, 미국전기전자공학회(IEEE) 강령의 서문 부분에는 회원들이 "우리의 과학기술이 전 세계의 삶의 질에 미치는 영향의 중요성"을 인지하도록 서술하고 있다. 이런 용어들과 동등한 것으로 추정하여, 우리는 주된 용어로 "안녕(well-being)"을 선택할 것이고 **공공의 안녕을 증진시키는 것이 공학전문직의 최고의 책임**이라고 주장한다.

1.6 그러면 안녕은 무엇인가?

의심의 여지없이 엔지니어는 항상 자신들의 일이 인류의 선이나 우리가 금방 인류의 안녕이라 불렀던 것에 공헌할 것이라고 추정해 왔다. 그러나 최근까지 이 목표에 대한 명백한 고려는 거의 이루어지지 않았다. 안녕에 대하여 관심이 증가된 한 가지 이유는 그 용어 자체가 많은 공적인 그리고 학문적인 토론에 초점이 맞추어져 있었다는 것이다. 영국과 프랑스, 캐나다, 오스트레일리아와 같은 몇몇 나라들은 시민들의 안녕을 측정하고 있으며, 그 결과를 바탕으로 국가정책을 추진하려고 한다.[7] 심지어 언젠가는 엔지니어가 어떤 공식적인 방식으로 자신들의 일이 안녕에 미치는 영향을 결정하도록 요청받게 될 것이라는 것을 생각해 볼 수도 있다. 마치 지금 그들에게 환경적인 영향을 결정하도록 요구하고 있는 것처럼 말이다.

엔지니어에게 전문적인 일에서 인류의 안녕이나 삶의 질을 증진하도록 하는 요구는 분명하지만, 안녕의 본질에 대한 더 나은 지침이 필요하다. 심리학적 연구에 의하면 물질적 안녕으로 안녕(혹은 복지 혹은 삶의 질)을 단순히 등치시키는 것은 지지받지 못한다. 심리학자 셀리그먼(Martin Seligman)은 대신에 안녕의 다섯 가지 요소들은 긍정적인 감정, 타인과 동화될 수 있는 활동들을 즐김, 자신보다 더 넓은 어떤 것에의 연결, 프로젝트나 일에서

7 Susan A. David, Ilona Boniwell, and Amanda Conley Ayers, *The Oxford Handbook of Happiness* (Oxford: Oxford University Press, 2013), p. 3.

의 성취 그리고 긍정적인 관계를 포함한다고 주장한다.[8] 오히려 행복의 개념과 밀접하게 관련된 것이 무엇인지에 대한 더 많은 합의가 있다. BBC(British Broadcasting Corporation)가 행한 투표에 따르면, 행복을 증진시키는 요인들에는 인간관계(47%)와 건강(24%)이 포함된다. 나머지 요인들은 일의 달성(2%), 공동체와 친구들(5%), 영성(6%), 돈과 재정적 상황(7%), 살기 좋은 주거(8%)이다.[9]

그러나 이런 관념들을 공학과 연결시키기가 다소 어려울 수도 있다. 가끔 유용할 수도 있는 이런 쟁점에 대한 한 가지 가능한 방법은 폭넓게 논의된 역량중심접근법(Capabilities Approach, CA)을 이용하는 것이다. 역량중심접근법을 개발한 중요한 두 사람은 경제학에서 노벨상을 받은 센(Amartya Sen)과 누스바움(Martha Nussbaum)이다. 센과 누스바움에 따르면, 우리는 안녕이 무엇인가를 결정해야 하는 것이 아니라, 오히려 약간 물러나 개인들이나 심지어 전문가들이 어떻게 안녕을 정의하는지와 상관없이 가장 흔하게 인지된 안녕의 몇 가지 요소들을 실현하기 위해 무슨 조건들이 필요한가를 물어야 한다. 20세기에서 가장 위대한 공학적 업적 20가지에 대한 미국공학한림원(NAE)의 발표 "서문"에서 우주비행사 영(Neil Young)은 이런 식으로 표현했다. 비록 우리 각자가 무엇이 "삶의 질"을 구성하는지에 대한 개념을 가질 수 있다고 하더라도, 우리는 아마 "어떤 생활 조건들은 우리 자신의 바람직한 삶의 질에 본질적이라는 것"에 동의할 수 있다.[10] 만일 우리가 역량중심접근법의 개발자들에 의해 제안된 공학과 가장 밀접하게 관련되어 있는 역량을 살펴본다면, 우리는 다음과 같은 생활의 조건들—식량을 얻기, 피난처, 물, 만족스러운 인간관계(소통, 인터넷)를 갖기, 자유로운 이동과 표현(고속도로, 항공여행, 인터넷, 전화 등등)을 하기, 그리고 자연세계와 만족스러운 관계를 맺기(환경보호)—중 어떤 것이 관련될지에 대한 실마리를 얻을 수 있다.[11]

우리는 역량중심접근법을 사용하든 말든, 이 책의 나머지 많은 부분들에 걸쳐 안녕(혹은 안녕의 조건)에 대한 공학의 관련성을 고려하게 될 것이다. 다음의 세 절에서, 우리는 강

---

8 M. E. P. Seligman, *Flourish*(New York: Free Press, 2011), pp. 16-20.

9 Geoff Mulgan, Well-Being and Public Policy, in *The Oxford Handbook of Happiness*, eds. Susan A. David, Ilona Boniwell, and Amanda Conley Ayers(Oxford: Oxford University Press, 2013), pp. 517-532.

10 George Constable and Bob Sommeerville, *A Century of Innovation*(Washington, DC: Joseph Henry Press, 2003), p. vi.

11 역량중심접근법에 관한 광범위한 문헌들이 있다. 특히 Martha Nussbaum, *Women and Human Development: The Capabilities Approach*(Cambridge, UK: Cambridge University Press, 2000), pp. 78-80을 보라.

령 혹은 다른 공학단체들에 의해 식별된 세 가지 유형의 공학적 활동을 논의하고 그것들이 어떻게 인류의 안녕을 증진시키는 주제와 관련되는지 볼 것이다.

1.7 금지된 행위

보통의 혹은 비전문직 윤리에서의 많은 교훈들은 우리가 하지 말아야 할 행위들을 알게 해 준다. 윤리적 교훈들은 부정직, 절도, 살인과 같은 행동을 금한다. 금지는 또한 공학윤리를 포함한 전문직 윤리에서도 두드러진 부분이다. 미국기술사회(NSPE) 강령의 대략 80%가 명시적이든 암묵적이든 성격상 금지하는 진술들로 채워져 있다. 몇몇 사례를 위해 **글상자 1.4**를 보라.

글상자 1.4 NSPE 강령의 금지된 행위의 예

- 기밀정보를 누설하지 마라(II.1.c)
- 부정직한 전문가들과 협력하지 마라(II.1.d)
- 공학의 불법적인 관행을 돕지 마라(II.1.e)
- 같은 프로젝트를 하는 양쪽으로부터 이득을 챙기지 마라(II.4.b)
- 당신 자신의 일과 관련된 정부의 결정에 참여하지 마라(II.4.d)
- 당신 회사의 구성원이 지위를 맡고 있는 정부 단체로부터 일을 간청하지 마라(II.4.e)
- 당신의 자격증을 위조하지 마라(II.5.a)
- 뇌물을 주지 마라(II.5.b)
- 충돌하는 이해관계에 의해 영향을 받지 마라(III.3)
- 다른 엔지니어의 평판을 부당하게 음해하지 마라(III.7)

명시적으로 부정적이지 않은 NSPE 강령의 많은 조항들조차 실제적으로는 금지의 성격을 띠고 있다. Ⅱ.1.b절은 "엔지니어는 적용되는 표준에 부합하는 공학문서만을 승인해야 한다."라고 진술한다. 다른 말로 하면, 엔지니어는 적용되는 표준에 부합하지 않는 공학문서들을 승인해서는 안 된다. 이것은 엔지니어가 적용되는 표준에 부합하는 모든 공학문서들을 승인해야 한다고 말하는 것과 같지 않다. 아마도 **요구된** 공학문서의 승인을 충족시키기 위해 필요한 다른 기준들이 있을 것이다.

강령을 어기는 것에 대하여 엔지니어가 적절한 전문직 단체들이나 공공기관에 알려야 하는 요건(Ⅱ.1.f)과 같은 강령의 많은 다른 조항들은 "감시활동" 조항으로 그 성격상 본질적으로 금지하는 조항이다. 엔지니어는 "객관적이고 진실해야"(Ⅱ.3.a) 한다는 요건조차도 엔지니어가 편견을 갖거나 속이는 진술을 해서는 안 된다는 것을 진술하는 또 다른 방법이다. 비슷하게 엔지니어가 자신들의 전문직을 계속 개발해야 한다는 조항(Ⅲ.9.c)은 엔지니어들이 자신들의 전문성의 개발을 게을리해서는 안 된다는 것을 표현하는 또 다른 방식이다.

NSPE 강령 및 많은 다른 공학강령들이 금지하는 어조로 표현하는 데에는 몇 가지 타당한 이유가 있다. 첫째, 전문직을 포함한 도덕적 행위자들의 가장 중요한 의무는 타인에게 해를 끼치지 않는 것이다. 선을 행하기 전에 해를 끼치지 말아야 한다. 둘째, 강령은 대체로 상대적으로 쉽게 사회의 처벌이나 아마도 법률로 강제할 수 있는 규칙들의 관점에서 공식화된다. 그리고 한층 제한이 없고 긍정적인 목표들을 요구하거나 적어도 고무시키는 규칙들보다는 금지된 것을 구체적으로 명시한 규칙들을 강제하는 것이 더 쉽다. 엔지니어에게 이해충돌을 피할 것을 명하는 규칙은 엔지니어가 "공공의 안전과 건강, 복지를 최고로 여겨야 한다."와 같은 더 제한이 없는 요구조건과 비교할 때 비교적 쉽다.

이런 각 조항을 상세하게 검토하지 않고서도 엔지니어 측에서는 어떤 행위를 삼가는 것이 공공의 안녕에 어떻게 공헌할 수 있는가를 쉽게 알 수 있다. 해로운 행위로부터의 보호는 그것이 어떻게 정의될지라도 안녕을 위한 본질적인 전제조건이다. 딱 세 개의 예를 들어보자면, 만일 엔지니어가 (1) 정직하지 않고 (2) 이해충돌에 의해 타락한 전문가적 판단을 하며 (3) 전문적 관점에서 무능하게 일을 한다면, 그들의 고객이나 고용주는 해를 입을 것이다. 왜냐하면 그들은 정직하고 공정하며 유능한 판단의 혜택을 받지 못하기 때문이다. 이것은 자신들의 목표와 목적을 이루기 위해 엔지니어의 서비스를 이용하려는 고객의 능력을 제한한다.

1.8 공공에 대한 해를 예방하기

엔지니어는 법규의 금지규정을 받아들여 해를 일으키지 않도록 할 뿐만 아니라 어떤 상황 아래에서는 과학기술이나 다른 엔지니어들에 의해 일어난 해를 적극적으로 막을 의무가 있다. 해의 예방은 대개 (1) 잠재적인 피해들을 확인하고 밝히는 것과 (2) 그것들을 예방하려고 시도하는 것을 수반한다. 아마도 근본적으로는 부정적일지라도, 그런 행위에는 또한 긍정적인 차원이 있다. 왜냐하면 그런 행위들은 종종 용기를 수반하고, 공공에 대한 피해를 예방하고 반대하는 것은 상당한 노력을 필요로 하기 때문이다. 하여튼 그것들 모두 안녕을 보호하고 증진시킨다.

어떤 강령은 다른 강령들보다 해를 예방하는 엔지니어의 의무에 대하여 더 상세하다. 미국전기전자공학회(IEEE) 강령의 규범 I에는 회원들이 **"공공의 안전과 건강, 복지와 모순되지 않는 결정을 내리는 데 있어 책임을 받아들이고 공공이나 환경을 위험하게 할 수도 있는 요인들을 즉시 드러낼 것**(저자에 의한 강조)"을 약속한다고 쓰여 있다.

NSPE의 윤리심사위원회(Board of Ethical Review)는 회원들 중의 한 사람이 제출하였던 사례 82-5에 관한 결정에서 예방적 행위의 범주를 인정하는 것처럼 보였다.[12] 이 사례에서 엔지니어는 자신의 고용주가 방위계약에 세금(taxpayer money)을 낭비하고 있다고 믿어 그의 행위에 반복적으로 항의했기 때문에 해고되었다. 그 위원회는 그 시점에 유효했던 NSPE 강령의 Ⅱ.1.a절을 인용하였다.

> 엔지니어는 항상 자신들의 최고 의무가 공공의 안전과 건강, 재산과 복지를 보호하는 것임을 인지해야 한다. 만일 공공의 안전과 건강, 재산 혹은 복지가 위험해지는 상황에서 자신들의 전문가적 판단이 기각된다면, **그들은 자신들의 고용주나 고객 그리고 적절할 수 있는 기타 공공기관에 알려야 한다**(저자에 의한 강조).

그 위원회는 또한 그 시점에 아래와 같이 진술되어 공식화된 강령의 Ⅲ.2.b절을 인용하였다.

> 엔지니어는 공공의 건강과 복지에 안전하지 않고 기존의 공학표준에 맞는 설계가 아닌 계획과 (또는) 설계명세서를 마무리 짓거나 서명을 하거나 도장을 찍어서는 안 된다. 만일 고객이나 고용주가 그런 비전문가적 행위를 계속 고집한다면, **그들은 적절한 당국에 알리고 그 프로젝트에 관한 더 이상의 서비스를 취소해야 한다**(저자에 의한 강조).

이 두 조항은 공공에 해를 끼치는 것을 금할 뿐만 아니라 해로부터 공공을 적극적으로 보호할 엔지니어들의 의무를 강조한다. 공공의 "복지"에 대한 근거를 인용함으로써 그 위원회는 엔지니어가 자신의 고용주의 행위들에 계속 항의해야 할 의무는 없지만, "개인적 양심의 문제로" 그렇게 할 권리를 가진다고 결론지었다.

공학윤리에서 가장 유명한 두 가지 사례는 대단히 예방적인 주제들을 포함하고 있다. 엔지니어 보아졸리(Roger Boisjoly)는 우주선의 폭발과 승무원들의 죽음으로 끝난 1986년 챌

12 NSPE 윤리심사위원회는 NSPE의 회원인 엔지니어들로 구성되며, 전체 회원들에 의해 제출된 사례들에 NSPE 윤리강령을 적용함으로써 사례에 대한 판정을 이끌어낸다.

린저호의 발사를 막으려 했다.[13] 17년 후에 엔지니어 로차(Rodney Rocha)는 경영자들에게 컬럼비아호가 발사되었을 때 받았을 가능한 손상에 대한 사진들을 준비하도록 설득하려 했다. 이런 행위는 우주선과 승무원을 잃지 않게 했을 것이다.[14] 만일 우리가 이 두 가지 예에서 정말로 그들이 그랬듯이 "공공"의 구성원인 우주비행사들을 생각한다면, 이런 예들은 또한 피해로부터 공공을 보호하려는 시도를 잘 보여준다. 그러나 예방윤리의 실례가 되는 행위들은 그런 부담이 큰 행위들을 수반해서는 안 된다. 엔지니어는 그냥 제품을 재설계하는 것이 더 안전하게 할 수 있다거나 어떤 문제에 경영진의 주의를 환기시키는 것이 차후의 문제를 예방할 것이라고 믿어도 좋을 것이다.

1.9 안녕의 증진: 열망의 윤리

비록 공학윤리강령이 어떤 종류의 행동(금지된 행위)을 못하게 하고 피해를 예방하는 행동에 전념하는 것이 중요하다고 아무리 크게 강조하더라도, 그런 조항들이 공학의 보다 적극적인 측면들을 충분히 다 표현하지는 못한다. 우리는 이런 보다 적극적인 공학윤리의 구성요소를 **열망의 윤리(aspirational ethics)**라고 부른다. 열망의 구성요소는 많은 형식으로 나타날 수 있는데, 의무적인—공학강령이 엔지니어에게 인류의 안녕을 증진시키도록 요구하기 때문에—행위들로부터 의무를 넘어서는 행위들까지 걸쳐 있다. 다음 장에서 우리는 그런 행위들을 **의무 이상의 일을 하는(supererogatory)** 행위 또는 칭찬할 만하지만 의무를 넘어서는 행위로 부를 것이다. 우리는 엔지니어에게 의무로 부과된 것을 넘어서는 열망적인 행위의 몇 가지 예들로 시작할 것이다.

엔지니어 아마데이(Bernard Amadei)는 2001년에 국경 없는 엔지니어회(Engineers Without Borders, EWB-USA)를 설립하였다. 매우 열정적인 사람인 아마데이는 개발도상국들의 깨끗한 물이 없는 등 열악한 삶의 환경에 대단히 마음이 아팠다. 많은 경우에, 대학의 학부 엔지니어들은 그런 사람들이 더 나은 삶을 누릴 수 있는 물 공급 시스템을 설계하고 지을 수 있

13 우주왕복선 챌린저호 사고에 관한 대통령 위원회에 의해 대통령에게 보고된 로저스위원회 보고서(Washington, DC, June 6, 1986), pp. 772-773을 보라. 챌린저호의 폭발에 대한 보아졸리의 설명에 대해서는 그의 The Challenger Disaster: Moral Responsibility and the Working Engineer, in *Ethical Issues in Engineering*, ed., Deborah Johnson(Englewood Cliffs, NJ: Prentice-Hall, 1991), pp. 6-14를 보라.

14 로차의 노력에 대한 상세한 설명을 위해서는, James Glanz and John Schwartz, Dogged Engineer's Effort to Assess Shuttle Damage, *The New York Times*, September 26, 2003, pp. A1, A16을 보라.

었다. 국경 없는 엔지니어회의 공대 학생들은 인류의 안녕을 향상시켰던 세계 곳곳의 많은 프로젝트들을 책임지고 있다.

EWB-USA는 개발도상국에서 (꼭 그렇지는 않지만) 인류의 복지를 증진시키기 위해 자신의 전문기술을 사용하기를 원하는 공대 학생들과 전문가들을 위한 최초의 단체이다. 그 단체의 일들 중 전형적인 예는 아리조나대학교 지부 소속의 공대 학생들이 가나의 마피 종고(Mafi Zongo, Ghana) 마을에서 급수 및 정수 프로젝트를 개발한 것이다. 그 프로젝트의 목표는 대략 10,000명의 사람들이 사는 30개 이상의 마을에 안전한 식수를 공급하는 것이었다. 또 다른 프로젝트에서 콜로라도대학의 공대 학생들은 르완다 마을인 무람카(Muramka)에서 급수시스템을 설치하였다. 그 시스템은 마을사람들에게 매일 사용할 수 있는 안전한 물을 7,000리터까지 공급한다. 그것은 중력으로 공급되는 침전탱크(gravity-fed settling tank), 빠른 모래 필터와 태양열 동력의 위생설비 램프(sanitation light)로 구성되어 있다.[15] 전 세계의 단과대학과 종합대학에 있는 국경 없는 엔지니어회의 많은 웹사이트들은 빈곤한 지역들에 기술적, 공학적 원조를 제공하는 것을 목표로 하는 광범위한 프로젝트를 보여주고 있다.

다른 엔지니어들과 비슷한 마음을 지닌 사람들 또한 열망의 윤리를 보여주는 아이디어와 프로젝트들을 지지해왔다. 엔지니어 베실린드(P. Aarne Vesilind)와 텍스터(Robert Textor)는 전 지구적 환경관리, 지속가능한 개발, 더 큰 경제적 정의를 추구하기와 같은 그런 이상들을 위한 표어로 "평화공학(peace engineering)"이라는 말을 제안해왔다.[16] 또 다른 사례에서 콜로라도광업대학(Colorado School of Mines)은 전 세계의 가난하고 내버려진 공동체들의 안녕을 개선하려는 연구와 설계에 헌신하는 "인도주의적 공학(Humanitarian Engineering)" 프로그램을 창안하였다. 다트머스(Dartmouth) 대학과 오하이오(Ohio State) 대학을 포함하는 몇몇 다른 대학들도 인도주의적 공학 프로그램을 하고 있다.

열망의 윤리에 대한 예들은 저개발지역에서의 일에만 국한되어 있지 않다. 엔지니어들은 드물지 않게 고용주나 강령이 요구하는 것을 훨씬 넘어서는 프로젝트들에도 관여한다. 그리고 그들은 인류의 선을 증진하기 위한 갈망으로 그렇게 한다. 엔지니어 클락(Carl Clark)은 은퇴 후에도 자동차 충격흡수를 위한 에어백과 노인들의 골반골절을 보호하기 위해 착용이 가능한 에어백의 개발에 긴 시간을 바쳤다. 그의 많은 연구는 근무시간 외에 무임으로

---

15 국경 없는 엔지니어회의 웹사이트 http://www.ewb-usa.org를 보라.

16 P. Aarne Vesilind, *Peace Engineering: When Personal Values and Engineering Careers Converge* (Woodville, NH: Lakeshore Press, 2005), p.15.

이루어졌다. 불행하게도 에어백은 나중에 다른 사람이 특허를 받았다.[17]

1.10 열망의 윤리와 공학한림원

대부분의 엔지니어들은 아마도 자신의 일이 인류의 안녕을 증진시키고 엔지니어가 안녕을 증진시킬 것을 요청받고 있다고 믿는다. 인류의 선을 위해 과학기술의 혁신을 이용하라는 요구는 아마 미국 공학의 가장 명망 있는 조직 내에서 분명하다. 미국공학한림원(NAE)의 전임 회장이 2000년에 한 출판되지 않는 연설에서, 20세기의 가장 위대한 공학적 업적 20가지에 대한 선택의 경우에, 울프(William A. Wulf) 박사는 업적을 선택하기 위한 판단기준으로서 "'깜짝 놀랄 만한' 과학기술이 아니라 그 업적이 사람들의 삶의 질을 얼마나 많이 향상시켰는가"로 삼았다고 기술하였다. 그는 계속해서 말하기를 선택된 업적들이 "전 세계 사람의 삶의 질을 향상시키는 공학의 힘과 약속에 대한 증거"라고 하였다.[18]

글상자 1.5는 20세기 공학의 가장 위대한 업적들에 대한 NAE의 목록을 제시한다.

글상자 1.5 20세기의 가장 위대한 공학적 업적에 대한 NAE의 목록

- 전기
- 물 공급과 분배 시스템
- 농업의 기계화
- 에어컨과 냉장고
- 인터넷
- 보건 의료기술
- 핵 기술
- 자동차
- 전자기술(진공관, 트랜지스터 등)
- 컴퓨터
- 고속도로
- 영상(특히 의학에서)
- 석유 및 석유 관련 기술
- 고성능 소재
- 비행기
- 라디오와 텔레비전
- 전화기
- 우주선
- 가전제품
- 레이저와 광섬유

2008년에 엔지니어의 과학기술 혁신이 21세기 사회의 경로를 결정하는 데 미칠 근본적인 역할을 인식하면서, NAE는 21세기를 위한 공학의 거대한 도전에 관하여 언급했던 것

17 이에 대한 더 이상의 논의와 프리차드가 선행이라 부르는 것의 다른 예들에 대해서는 Michael S. Pritchard, Professional Responsibility: Focusing on the Exemplary, *Science and Engineering Ethics*, 4, 1998, p. 222를 보라.

18 William A. Wulf, Great Achievements and Grand Challenges, 2000년 10월 22일 미국공학한림원 연례모임에서 했던 강연의 개정판. p. 1.(허가를 받았음).

을 논의하기 위해 저명한 엔지니어들로 위원회를 구성하였다. 그 목록은 유한한 자원, 증가하는 인구 그리고 유지될 수 없는 현재의 소비율에 직면하여 미래를 보장하는 데 헌신하는 엔지니어들에게 요청하여 이루어졌다. 우리는 인류의 안녕을 증진시키려는 자신들의 의무의 일부로써 세상의 핵심적인 엔지니어들이 이런 거대한 도전에 마주하는 일에 자신들의 공학적 지식을 집중해야 한다고 믿는다. **글상자 1.6**은 14개의 거대한 도전에 대한 목록을 제시한다.

글상자 1.6 21세기의 거대한 도전에 대한 NAE의 목록

- 태양에너지를 실용화하라.
- 탄소 격리방법을 개발하라.
- 깨끗한 물을 접할 수 있게 하라.
- 건강정보 과학을 개선하라.
- 두뇌를 역설계하여 모방하라.
- 사이버공간을 안전하게 하라.
- 개별화된 학습을 발전시켜라.
- 융합으로부터 에너지를 공급하라.
- 질소 순환을 관리하라.
- 도시 기반시설을 복원하고 개선하라.
- 더 나은 의학을 설계 · 구축하라.
- 핵 테러를 예방하라.
- 가상현실을 향상시켜라.
- 과학적 발견의 도구들을 설계 · 제작하라.

1.11 안녕을 위한 설계: 공학의 사회적 맥락

엔지니어가 안녕을 향상시키는 주된 방법은 설계를 통해서이다. 안녕을 위한 설계에 있어 엔지니어는 많은 것들을 유념해야 한다. 이 절과 다음 절에서 우리는 설계를 좌우하는 두 가지 중요한 주제인 **사회적 맥락 속에서의 과학기술적 기능과 엔지니어가 과학기술에 대하여 취해야 하는 비판적인 태도**를 논의할 것이다.

과학기술(technology)은 항상 사회적 맥락 속에서 기능한다. 그리고 이런 맥락에서 그것들은 선한 혹은 악한 결과를 초래한다. 이 같은 생각을 진술하는 또 다른 방법은 공학이 일종의 **사회적 실험**이라고 말하는 것이다.[19] 소비자 상품이든 다리든 건물이든 공학적 혁신은 사회 구성원들에게서 "검증"받는다. 자율주행자동차에 대하여 다시 생각해보라. 이런 혁신

---

19 Mike W. Martin and Roland Schinzinger, *Ethics in Engineering*, 4th ed. (Boston: McGraw-Hill, 2005), pp. 88-100.

이 안녕을 증진시키는지는 모든 것을 고려했을 때, 그것이 기능하게 될 사회적 맥락 속에 처하게 될 때에만 알려질 수 있다. 자율주행자동차는 분명히 많은 이점들을 가지고 있지만, 또한 몇 가지 심각한 쟁점들도 발생시킨다. 이점들이 불편한 점들보다 많을지는 사회적 맥락 속에 그 차를 집어넣어 "사회적 실험"을 수행함으로써만 결정될 수 있다. 그리고 그런 사회적 맥락은 물리적 대상체, 도구, 지식, 발명가, 기사, 수리하는 사람들, 관리자, 정부 규제기관 등으로 구성되어 있다.[20] 사회적 맥락은 쌍방향의 인과관계를 구성한다. 즉 과학기술이 사회에 영향을 미치고, 사회적 맥락이 과학기술의 발전에 영향을 미친다. 과학기술이 사회에 미치는 영향으로 시작해보자.

과학기술은 많은 방식으로 우리의 행동에 영향을 미친다. 예를 들면, 과속방지턱은 실질적으로 우리가 더 천천히 운전하도록 하게 한다. 인쇄기의 발명은 유럽의 문명화에 엄청난 영향을 미쳤고, 프로테스탄트 종교개혁의 주된 요인이었다. 복지 과학기술의 발전이 복지 자체의 수행에 미치는 영향을 부정하기 어렵다. 과학기술은 또한 명백하게 우리가 가진 일자리에도 영향을 미친다. 은행 직원과 여행사 직원과 같은 몇몇 일자리는 과학기술 때문에 수가 줄어들었다. 컴퓨터 프로그래머와 같은 다른 일자리들은 새로 만들어졌다.

과학기술은 또한 여러 가지 방식으로 우리의 사회적 관계들에도 영향을 미쳐, 때때로 세대가 다른 사람들에게 다르게 영향을 미쳤다. 많은 젊은이들은 휴대전화(cell phone)나 문자 메시지 없이 몇 시간이 경과하면 자신의 친구들이 자기에게 여전히 관심을 갖고 있는지를 걱정하게 되지만, 많은 나이 든 세대에게는 그런 의사소통의 부재가 반가운 위안이 된다. 많은 젊은이들은 자신들이 "Facebook official(페이스북에 공식화되기)"까지 진정한 낭만적 애정관계 속에 있지 않다고 느끼지만, 나이 든 사람들은 이것을 이해하기 어렵다는 것을 깨닫는다. 페이스북(Facebook), 마이스페이스(MySpace), 베보(Bebo)와 같은 사회 연결망 사이트(SNS)들은 거의 확실히 인간의 관계에 영향을 미친다. 종종 그렇듯이, 과학기술은 아마도 중요한 용어들—이런 경우에 "우정"이 있다거나 "연애"를 한다는 것을 의미하는 것—의 정의에조차 영향을 미칠 것이다. 우리는 이미 자율주행자동차가 일자리와 사회적 맥락의 다른 요소들에 영향을 미칠 수 있는 몇 가지 방식들을 설명했다.

사회적 힘들은 또한 과학기술의 개발을 안내한다. 이것을 이해하는 한 가지 방법은 사회학자와 역사학자, 철학자에 의해 만들어진, 급속히 성장하는 전공분야인 과학기술연구(Science and Technology Studies, STS) 분야를 숙지하는 것이다. 과학기술에 대한 상세한 연구

---

20 Val Dusek, *Philosophy of Technology: An Introduction*(Malden, MA: Blackwell, 2006), pp. 32-36.

가 보여 주었던 것은 기술의 문제에 대체로 몇 가지 실행가능한 해결책들이 있다는 것과 사회적 가치 요인들이 종종 어떤 해결책이 채택되는지를 결정한다는 것이다. 과학기술 사회학자인 핀치(Trevor Pinch)와 바이커(Wiebe Bijker)는 이 주제를 자전거의 초기 역사를 가지고 분명히 보여주었다.[21] 초기에 자전거의 진화에는 두 개의 "흐름"이 있었다. 하나는 상대적으로 불안정한 높은 앞바퀴를 가진 스포츠용 자전거였고 다른 하나는 보다 작은 앞바퀴를 가져 더 안정되고 한층 실용적인 자전거였다. 스포츠용 자전거는 속도를 위해 설계되어 특히 건강한 젊은 남성들에게 매력적이었다. 실용적인 자전거는 즐거움을 위해서 타거나 일상적으로 타고 다니기에 더 적합하였다. 결국 실용적인 설계가 더 폭넓게 수용되었고 높은 앞바퀴의 자전거는 사라졌다. 대부분의 사람들은 스포츠용 장난감을 생산하는 것보다 유용한 수송수단을 생산하는 것이 확실히 더 중요하다고 결정했다.

한층 더 미묘한 수준의 분석에서, STS 연구자들은 대체로 순수하게 기술적인 정의로 생각되어져 왔던 개념들조차도 종종 사회적이고 가치적인 차원을 가진다는 것을 깨달았다. 예를 들면, 무엇이 "효율적으로 작동하는지" 혹은 과학기술에서 특히 중요한 용어인 "효율성"은 전적으로 기술적인 고려뿐만 아니라 부분적으로 사회적 고려사항들에 의해서도 결정된다. 공학에서 장치의 효율성은 순전히 투입에너지와 출력에너지의 정량적 비율로 결정된다. 그러나 실제에 있어 장치가 잘 작동하는 것으로 여겨지는지 아닌지는 사용자 집단의 특성과 관심의 산물이다.[22] 아동노동은 어떤 점에서는 성인을 사용하는 것보다 더 "효율적"이다. 그러나 아동노동을 사용하는 것이 비도덕적이라고 결정되었을 때, 아동은 더 이상 더 효율적인 노동의 가능한 자원으로 고려되지 않았다. 아동노동의 사용은 더 이상 "효율성"을 결정하는 데 고려되지 않는다. 대신에 아동은 노동자가 아니라 학습자와 소비자로 다시 정의되었다. 그렇기 때문에 소위 이런 기술적 개념들은 사회적 차원을 가진다.

유사한 과정이 환경과 관련된 많은 분야에서 발생하고 있는 것 같다. 휘발유의 소비에 대한 기준이 변화하고 있다. 비록 더 오래된 기준으로 자동차를 만들거나 다른 분야에서 덜 환경친화적인 기준을 이용하는 것이 더 "효율적"이라고 하더라도, 사회는 거의 확실히 환경에 유리하게 그 기준을 계속 변화시킬 것이다. 한때 논쟁적이었던 많은 설계기준이 더 이

21 Trevor J. Pinch and Wiebe E. Bijker, The Social Construction of Facts and Artifacts: Or How the Sociology of Science and the Sociology of Technology Might Benefit Each Other, *in The Social Construction of Technological Systems: New Directions in the Sociology and History of Technology*, eds. W. E. Bijker, T. P. Hughes, and T. Pinch(Cambridge, MA: MIT Press, 1987), pp. 17-50.

22 Dusek, *Philosophy of Technology: An Introduction*(Malden, MA: Blackwell, 2006), p. 205.

상 그렇지 않으며, 설계기준들은 아마도 경제성의 관점에서 또는 심지어 절충한다고 하더라도 정당화될 수 없는 많은 안전과 환경적인 고려사항들을 포함한다. 사회는 단순히 더 이상 분쟁이 없도록 확실한 결정을 내렸다. 그것은 자동차와 같은 제품을 설계하는 것이 무엇을 의미하는지에 대한 정의의 일부가 되었다. 여러분은 사회적 힘들이 자율주행자동차의 점진적인 발전과 그것의 이점에 대한 평가에 영향을 끼쳤던 방식들을 생각할 수 있는가? 노년 인구의 점증하는 규모와 중요성에 대해서는 어떠한가? 증가하는 인구밀도와 교통혼잡에 대해서는 어떠한가?

1.12 과학기술에 대하여 비판적 태도 취하기

몇몇 학자들은 과학기술의 발전이 개별 인간에 의해서 혹은 크게는 사회조직에 의해서조차 최소한으로만 통제될 수밖에 없는 그 자체의 삶을 가진다고 주장한다. 예를 들면, 증기선은 이전의 바람을 이용한 선박으로부터 개발되었다. 그리고 디젤엔진 선박과 원자력 선박이 증기선으로부터 개발되었다. 진보 그 자체와 발생하는 차례에 뭔가 피할 수 없는 어떤 것이 있는 것처럼 보인다. 더구나 만일 (선하든 악하든) 과학기술이 발전될 수 있다면, 그것은 발전될 것이고, 그것에 대하여 우리가 할 수 있는 것은 거의 없다고 많은 사람들은 믿는다. **기술결정론(technological determinism)**적인 이 입장은 인간이 과학기술 발전의 방향에 영향을 미칠 수 있다는 견해를 선호하는 많은 학자들에 의해 거부되었다. 그러나 만일 과학기술 발전의 경로를 인도할 자유가 있다면 그것이 어떻게 인도되어야 하는가? **기술낙관론자들(technological optimists)**은 대부분의 과학기술의 발전이 안녕을 증진시킨다는 이유로 장려되어야 한다고 믿는다. 인도의 상황을 생각해보자.[23] 그 나라는 마침내 하루에 1달러 이하로 살아가는 백만 명의 사람들이 가난을 피하는 데 필요한 일종의 폭발적인 경제발전을 경험할 태세를 갖춘 것처럼 보인다. 이동전화 연결과 쇼핑몰, 주요 사무실 공간의 눈에 띄는 증가는 성장의 몇 안 되는 예일 뿐이다. 그리고 1991년에 거의 없었던 IT산업이 일본의 자동차산업과 사우디아라비아의 석유처럼 인도에서는 잠재력이 있다.

다른 한편으로, **기술비관론자들(technological pessimists)**은 모든 과학기술의 발전을 반대하지 않으면서 경고성의 주의를 주고 싶어 한다. 예를 들면, 인도에서 기술낙관론자들이

23 이 설명의 대부분은 Now for the Hard Part: A Survey of Business in India, *The Economist*, June 3-9, 2006, special insert, pp. 3-18에서 가져왔다.

칭찬하는 발전이 긴밀히 맺어진 가족과 인간에게 큰 가치를 가지는 공동체의 유대와 같은 전통적 삶의 많은 측면들을 약화시키거나 파괴할지도 모른다. 철학자 보그만(Albert Borgman)은 과학기술의 발전이 현대적인 난로와 벽난로를 대조하면서 친척들과의 복잡한 연결망의 상실에 얼마나 책임이 있는지를 예증한다.[24] 벽난로는 한때 가족생활의 중심이었다. 가족은 거기에 모여서 대화하고 이야기하였다. 종종 아버지는 나무를 자르고, 아이들은 나무를 가져왔으며, 어머니는 불을 지폈다. 벽난로를 중심으로 하는 가족생활은 새로운 어떤 것이 아니다. 고대에 난로는 가정의 신들이 거하는 결혼과 같은 중요한 의식들이 치러지는 장소였다. 벽난로를 가족구성원들의 노력과 수고도 없이 열이 나오는 현대적인 난로와 비교해보라. 비슷하게 생각할 수 있는 것은 전통적인 가족식사를 전자레인지 식사와 대조하여 적용할 수 있다. 전통적 식사에서 어머니는 음식을 준비했고, 그 음식은 모든 가족들이 일하는 가족 텃밭에서 재배되었을 것이다. 식사시간은 은총과 그날 경험한 것들을 토론하는 시간으로 가족구성원들 서로와 초월적인 것을 연결시켰다. 우리가 전자레인지 식사로 급히 혼자서 "간단히 먹을" 때에는 이 모든 것을 잃어버린다.

진실은 기술낙관론과 비관론 사이에 있다. 과학기술의 창조자들은 과학기술이 바람직한 측면과 바람직하지 않은 측면이 동시에 있을 수 있다는 사실을, 그리고 설계자들은 바람직한 측면들을 최대화하고 바람직하지 못한 측면들을 최소화하려고 애써야 한다는 사실을 인식해야 한다. 이것은 과학기술에 대한 비판적 태도를 필요로 한다. 비판적 태도가 요구되는 사회연결망의 예를 생각해보라. 철학자 밸러(Shannon Vallor)는 "심각한 질병들을 가진 사람들을 위한, 폭력적인 범죄의 희생자들을 위한 혹은 다른 방식으로 고통받거나 소외된 사람들을 위한 사회연결망 웹사이트의 심리적이고 정보제공의 가치"를 인지한다.[25] 그러나 그녀는 자신이 특히 젊은이들의 초기 발달에서 "소통의 덕목"이라 부르는 것에 관한 이 같은 과학기술의 영향에 대한 염려를 제기한다. 이런 덕목은 인내, 정직, 공감, 충실, 호혜성, 관용을 포함하고, 그것들은 그녀가 생각하기에 효과적이고 만족스러운 사람들 간의 관계를 발전시키는 데 필요한 것이다. 그녀는 인터넷이 그런 덕목의 발달에 도움이 안 될 수

---

24 Albert Borgman, Focal Things and Practices, in *Readings in the Philosophy of Technology*, ed. David M. Kaplan(New York: Roman and Littlefield, 2004), pp. 115-136. Taken from Albert Borgman, *Technology and the Character of Contemporary Life: A Philosophical Inquiry*(Chicago: University of Chicago Press, 1984).

25 Shannon Vallor, Social Networking Technology and the Virtues, *Ethics and Information Technology*, 12, 2010, pp. 157-170.

도 있다는 사실을 염려한다.

밸러는 세 가지 소통의 덕목에 초점을 둔다. 인내가 밀접한 관계를 유지하기 위한 중요한 덕목이다. 누구나 때로는 친구와 소통을 하는 것이 지겹거나 짜증이 날 때조차 소통을 유지하려고 해야 한다. 그러나 인터넷에서 우리는 항상 "가봐야 돼(gotta run)"라고 말하거나 혹은 그 사람을 단지 클릭 해제할 수 있다. 개인 관계에서 정직은 서로와의 관계에서 자신의 진정한 자아를 제시하려는 의지이지만, 사회연결망 사이트들은 자신에 대하여 진정한 우정과는 양립할 수 없는 대규모의 그릇된 설명을 할 기회를 제공한다. 마지막으로 공감이나 연민은 비록 진정한 관계를 위해서는 매우 중요할지라도, 대체로 우리로 하여금 고통, 분노, 혐오 혹은 보살핌의 육체적 표현을 알게 해주는 다른 사람과의 구체화된 현존과 마주할 것을 요구한다. 공감과 연민의 가장 좋은 표현은 육체적으로 접촉하는 것과 껴안기가 될 수도 있다. 그러나 그것들은 온라인 관계에서는 가능하지 않다.

사회 매체에 의해 제기된 문제들에 대한 답은 그것들은 제거하지도 못하고 무비판적으로 보지도 못하는 것이다. 의심할 여지가 없는 편익을 보전하면서 이런 부정적인 효과들을 최소화할 어떤 방법이 발견되어야 한다고 밸러는 믿는다. 이 문제를 해결하는 것은 과학기술의 창조자들과 다른 사람들에게 달려 있다. 밸러의 염려가 근거가 충분하든지 그렇지 않든지—단지 경험적인 연구만이 이것을 결정할 수 있다—사회연결망 기술이 사람들 간의 관계에 어떤 방식으로든 영향을 끼쳤다고 가정하는 것이 타당하다.

1.13 사례로 들어가기

전문가들은 실무를 하는 사람들이다. 어떤 의사가 언젠가 공동저자들 중 한 사람에게 말했듯이, 의사는 "사용법이라는 기둥에 묶여" 있다. 엔지니어도 마찬가지다. 전문가는 지적으로 감당하기 어려울 정도로 많은 양의 자료에 정통할 것을 요구받는 반면에, 전문지식의 궁극적 목표는 전문직의 실무에서 제기되는 구체적인 문제들과 함께 "사용법"을 다루는 것이다. 유사한 어떤 것이 전문가정신의 윤리적 차원에 적합하다. 전문가들은 추상적인 딜레마의 형식으로 자신들의 일의 윤리적 차원과 마주하지 않지만, 가까운 장래에 일을 성공시키기 위해서 어떻게 해서든 다루어지고 해결되어야 하는 사례의 형식으로 마주한다. 모든 영역의 전문적인 일에서 사례의 중요성 때문에 이 책은 각 장의 처음, 장들의 본문, 그리고 부록에 많은 사례들을 포함한다.

사례들은 몇 가지 중요한 기능에 도움이 된다. (1) 사례에 대한 학습을 통하여 우리는 본래 기술적인 쟁점으로만 보았던 상황에서조차 윤리적 문제들이 있음을 깨닫게 된다. (2) 사례들을 학습하는 것이 윤리적 분석에서 우리의 역량을 개발하는 최선의 방법이다. 사례들은 도덕적 상상력을 자극하여 우리가 사례를 해결하기 위해 가능한 대안을 생각하고 그런 대안의 가능한 결과에 대하여 생각하도록 환기시킨다. (3) 사례들에 대한 학습은 윤리강령이 아무리 유익하더라도 전문직 공학실무에 의해 발생된 많은 사례들에 대하여 기존에 만들어진 답을 제공할 수 없다는 것을 우리에게 보여준다. 사례들은 우리 자신의 윤리적 역량을 발전시키는 데 다른 대안은 없으며, 몇몇 사례들에서 강령이 아마도 수정되어야 한다는 것을 확신시켜 줄 수 있다. (4) 사례들이 우리에게 보일 수 있는 것은 가끔 실무의 세계가 쉽게 해결할 수 없는 딜레마를 제시한다는 것과 전문가들도 무엇이 옳은가에 대해 불일치할 수도 있다는 것이다.

1.14 요약

전문성에 대한 몇몇 널리 수용된 설명들에 의하면, 비록 대부분의 전문직들과 비교하여 실무를 위해 등록이 요구되지는 않는다 하더라도, 공학은 하나의 전문직이다. 일반적으로 전문가들처럼 대부분의 엔지니어들은 전문직의 삶을 더 많이 경험하면서 아마도 점차 전문직의 가치를 발견할 것이다. 공학에서 전문적 가치들 중 하나는 공공의 선(복지, 안녕, 삶의 질)을 증진시켜야 할 의무이다. 현대의 공학강령에 따르면, 이런 의무는 고객과 고용주에 대한 충성보다 우위에 있다.

공공의 선 혹은 안녕을 구성하는 것이 무엇인지 결정하는 것은 논란이 있을 수 있지만, 안녕에 대한 대부분의 개념이 필요로 하는 것은 사람들이 음식, 피난처, 물, (전화와 같이 다른 사람들과 소통하는 수단을 포함하여) 만족스러운 인간관계, 자유로운 이동, 오염된 상태에 있지 않는 자연세계와의 관계를 누리는 것이다. 공학은 아마도 만족스러운 삶을 위한 이런 조건들 모두에 관련될 것이다.

공공의 선을 증진시켜야 할 의무를 수행하는 데 있어 엔지니어는 뇌물을 받지 않거나 이해충돌을 하지 않는 것과 같은 분명한 전문직의 금지규정을 존중해야 한다. 그리고 과학기술 때문에 야기되는 공공에 대한 해를 예방하려고 시도해야 한다. 엔지니어들은 또한 공공의 안녕을 증진시켜야 할 의무를 인지해왔다. 그들은 또 가끔 국경 없는 엔지니어회에서 후원하는 프로젝트에 학생으로 참여하고 안녕을 증진시키는 과학기술을 개발하는 것과 같은 의무가 아닌 행위에도 참가한다. 그러나 엔지니어는 전문직 프로젝트를 추구함에 있어 공학이 항상 사회적 맥락 속에서 기능한다는 사실을 유념해야 하며, 과학기술에 대하여 비판적인 태도를 취해야 한다.

CHAPTER 2

실천윤리의 도구들

이 장의 주요 생각들

- 윤리적 분석의 첫 번째 임무는 한 사례의 쟁점들을 사실적 쟁점, 개념적 쟁점, 적용상의 쟁점, 도덕적 쟁점이라는 네 가지 범주로 분류하는 것이다.
- 선 긋기 기법(line-drawing method)은 논란이 되는 상황에 대하여 어떤 것이 주장되어야 하는지를 결정하기 위해 논란이 되는 상황과 논란의 여지가 없는("범례") 상황을 비교하는 한 가지 방법이다.
- 창의적 중도 해결책은 가급적 많은 도덕적 요구들을 만족시키는 행위 경로들을 제안함으로써 상충하는 도덕적 요구들을 수반하는 도덕적 문제를 해결하는 한 가지 방법이다.
- 도덕적 사고에 대한 소위 "도덕이론" 또는 "접근법"은 일반도덕에서 근본이념들을 식별하려는 시도이다. 그것들은 도덕적 문제를 해결하는 데 항상 필수적이지는 않지만, 만일 그것들이 있다면 한 가지 이상의 접근법을 사용하는 것이 더 낫다.
- 공리주의 접근법은 전반적인 안녕을 최대화하라는 명령을 일반도덕의 근본이념으로 여긴다. 공리주의 접근법을 적용하는 여러 방법들이 있다.
- 인간존중(RP) 접근법은 인간을 자유롭고 평등한 도덕적 행위자로 존중하도록 행동하라는 명령을 일반도덕의 근본이념으로 여긴다. RP 접근법을 적용하는 여러 방법들이 있다.
- 덕 윤리 접근법은 덕 있는 인격이 행위하는 방식대로 행동하라는 명령을 일반도덕의 근본이념으로 여긴다. 덕 윤리는 도덕적 동기부여와 도덕적 발달을 이해하기 위한 개념들을 제공하며 도덕 규칙과 전문직 규칙이 충분한 설명을 제공하지 못할 경우에 지침을 제공한다.

1993년에 독일 하이델베르그 대학이 과거 자동차 충돌테스트에 8명의 아동을 포함한 200구 이상의 시신을 사용하였다는 사실이 공개적으로 드러났다. 이 폭로는 독일에서 즉각적인 항의를 낳았다. 로마 가톨릭 주교회의의 대변인인 함머슈미트(Rudolph Hammerschmidt)도 반대 입장을 표명했다. 그는 "죽은 자도 인간의 존엄성을 가진다. 이 연구는 마네킹으로 이루어져야 한다."고 말했다. 독일 최대의 자동차클럽인 ADAC는 "동물실험에 대한 의문이 제기되는 시대에 그러한 테스트는 아이들의 시신이 아니라 인체모형으로 이루어져야 한다."라는 성명서를 발표했다.

이에 대응하여 하이델베르크 대학은 모든 경우에 독일의 법이 요구하는 바에 따라 친척의 승인을 구했다고 항변하였다. 대학은 비록 과거에는 아이들의 시신이 사용되었지만 이러한 관행은 1989년에 중단되었다고 덧붙였다. 시신이 사용된 근본적인 이유는 그런 충돌테스트에서 나온 데이터가 "충돌에서 수십 가지의 인체 반응들을 모의실험할 수 있는, 크기가 유아에서 성인에 이르는 120가지 유형의 측정장치가 내장된 인체모형을 만들기 위해서는 필수적이다."라는 것이다. 그 성명서에서 주장하기를, 그런 테스트가 아동의 생명을 포함하여 수많은 생명들을 살리는 데 이용되어 왔다고 하였다.

유사한 테스트가 미국의 웨인 주 생명공학센터에서 수행되어 왔다. 웨인 주의 대변인인 와트너(Robert Wartner)는 그 테스트가 연방정부의 질병통제센터 연구의 일환으로 이루어져 왔음을 밝혔다. 그러나 그는 부연하여 "시신들은 대안이 유용한 안전성 연구를 거둘 수 없었던 경우에만 사용되었다."고 하였다.

워싱턴 DC의 공영 변호단체인 자동차안전센터(Center for Auto Safety) 소장인 디틀로우(Clarence Ditlow)는 센터가 충돌테스트에서 시신을 사용하는 다음 세 가지 기준을 지지한다고 말했다. (1) 테스트로 얻고자 했던 데이터가 인체모형의 사용으로는 획득될 수 없다는 확신, (2) 사망자의 사전동의 (3) 고지에 입각한 가족의 동의[1]

2.1 서론

이 사례는 과학기술이 중요한 도덕적 · 사회적 쟁점들을 어떻게 제기하는지 보여준다. 여기서 우리는 외형상 시신의 사용으로 향상될 수 있는 공공의 안전과 안녕 그리고 그 시신의 존엄성에 대한 염려 사이의 충돌을 볼 수 있다. 이 장의 뒤에서 보겠지만, 이런 도덕적 고려사항들은 때때로 충돌하는 두 가지 서로 다른 도덕적 접근법에 대응한다. 만일 우리가 미국기술사회(National Society of Professional Engineers, NSPE) 강령을 다른 공학강령들을 대표하는 것으로 여긴다면, 그저 전문직 강령을 참고하는 것만으로는 공학의 일부 쟁점들을 해결하기에 충분치 않다는 점은 명백하다. NSPE 강령의 "기본규범"은 엔지니어들이 "공공의 안전

1 이 설명은 페티(Terrence Petty)의 Use of Corpses in Auto-Crash Test Outrages Germans, *Time*, December 6, 1993, p. 70에 기초하고 있다.

과 건강, 복지를 최고로 여겨야" 한다고 말한다. 그러나 이 명령이 시신이 자동차 테스트에 사용되어야 한다는 것을 의미하는가, 아니면 (공학강령들에는 거의 언급되지 않는) 인간의 존엄성에 대한 고려사항이 이 사례에서의 공공의 건강, 복지, 안전에 대한 고려사항보다 더 중요한가? 공학윤리의 다양한 쟁점들을 다루면서 우리는 강령을 보완할 윤리적 자원 또는 방법을 필요로 한다.

이 방법은 도구상자 안에 있는 도구들과 유사하게 여겨져야 한다. 목수는 망치, 스크루드라이버, 톱 등과 같은 많은 도구들을 마음대로 사용한다. 어떤 일에는 망치가 적절하며, 다른 일에는 스크루드라이버가, 또 다른 일에는 톱이 적절하다. 목수는 주어진 일에 어떤 도구들이 적절한지 배워야만 하며, 이 지식은 경험을 통해서만 알게 된다.

우리는 도덕적 문제를 그 구성요소로 분석하기 위한 도구들로 시작한다. 대부분의 도덕적 문제들은 하나 이상의 구성요소를 포함한다.

2.2 사실 결정하기: 사실적 쟁점

우리는 문제에 영향을 미치는 사실에 대한 지식을 제외하고는 도덕적 문제를 지적으로 논의할 수 없다. 우리는 사실이 무엇인가에 대한 질문들을 **사실적 쟁점(factual issues)**으로 나타냈다. 우리는 어떤 상황에 대한 사실은 늘 논쟁에서 벗어나 있다고 생각할 수도 있지만, 이것은 흔히 그렇지 않다. 도덕적 논쟁에서 사실의 지위를 이해하기 위해서 사실적 쟁점에 대한 다음의 세 가지 주장을 고찰해보자.

첫째, **외관상의 많은 도덕적 불일치는 관련 사실에 대한 불일치로 드러난다.** 이 장을 시작하면서 나온 사례를 살펴볼 때, 여러분은 스스로에게 다음과 같이 물었을 수도 있다. "시신으로 한 충돌테스트로부터만 생명을 살릴 중요한 사실적 정보를 얻게 될 수 있다는 게 정말로 있는가? (비록 확실히 전부는 아니었겠지만) 많은 사람들은 필수적인 정보가 시신의 사용으로만 얻어질 수 있다면 시신이 사용되어야 한다는 데 동의하겠지만, 사람들은 시신이 실제로 필수적인지 여부에 대하여는 정당하게 동의하지 않을 수도 있다.

둘째, **사실적 쟁점은 때때로 해결하기가 매우 어렵다.** 예를 들어, 이 사례에서 컴퓨터 모의실험이나 인체모형으로 테스트하는 것과 같은 다른 출처들로부터 나온 정보를 사용하는 것과는 달리 시신으로 테스트하여 얻은 정보를 사용하여 사고를 유의미하게 줄일 수 있는지를 확실히 결정하는 것은 어렵거나 불가능할 수 있다.

셋째, **비록 어떤 관련 사실적 쟁점의 일부가 해결될 수 없더라도 때때로 우리는 중요한**

도덕적 쟁점에 대하여 결정을 내려야 한다. 시신으로 테스트하는 것이 안전의 수준을 더 높인다는 주장을 확정하거나 부정할 방법은 그야말로 없다고 가정해보자. 우리가 무엇을 해야 할지 어떻게 결정할까? 우리가 죽은 사람의 신체를 존중하는 것에 더 큰 강조점을 두어야 하는가, 아니면 생명을 구할 수도 있는 데이터를 얻는 것에 더 큰 강조점을 두어야 하는가? 이 사례에서 논쟁은 도덕적 쟁점에 대한 보다 직접적인 고려사항으로 변한다.

2.3 개념 명확하게 하기: 개념적 쟁점

책임 있는 도덕적 사고를 위해서는 사실에 조심스레 주의를 기울이는 것뿐만 아니라 우리가 사용하고 있는 핵심개념을 잘 파악할 필요가 있다. 즉, 우리는 핵심용어의 의미를 가능한 분명하게 알 필요가 있다. 예를 들면, "공중의 건강, 안전, 복지", "이해충돌", "뇌물", "부당취득(extortion)", "비밀유지", "기업비밀", "충성"은 공학윤리에서 핵심 용어들이지만, 그 의미가 늘 분명한 것은 아니다. 우리는 용어의 의미에 대한 질문을 **개념적 쟁점(conceptual issues)**이라고 부른다. 비록 사람들이 모든 사실과 도덕적 전제에 대하여 동의할지라도, 그들이 그런 용어에 대하여 동의하지 않는다면, 그러한 용어들을 언급하는 논쟁을 해결할 수 없을 수도 있다. 예컨대, 엔지니어의 행위는 그 용어에 대한 한 가지 정의에 따라 이해충돌일 수도 있지만, 같은 용어에 대한 또 다른 정의에 의해서는 이해충돌이 아닐 수도 있다.

논의되는 용어들을 정확하게 정의하는 것이 바람직할 것이다. 그러나 대부분의 윤리학 용어들처럼 그것들의 의미는 어느 정도 개방적(open-ended)이다. 많은 경우에, 우리는 염두에 두고 있는 것의 범례를 생각하거나 선명한 예들을 생각함으로써 우리의 의미를 충분히 명확하게 할 수 있다. 예를 들어, 우리는 자신의 회사에서 생산한 볼트가 시장에서 가장 비싸면서 품질은 가장 낮음에도 불구하고 그 볼트를 지정하는 엔지니어와 같은 논쟁의 여지가 없는 이해충돌의 사례를 생각할 수도 있다. 이 예로부터, 우리는 이해충돌의 정의를 끌어낼 수 있는데, 그것은 전문직 의무(가령, 최선의 가격에 가장 좋은 제품을 지정하는 것)와 개인적인 이익(가령, 자신의 소유한 회사의 이익을 증진시키는 것) 사이의 충돌을 수반하는 상황이다.

이 장의 도입 부분에서의 사례에서는 "인간의 존엄성"이라는 개념이 결정적이다. 마찬가지로 "고지에 입각한 동의"라는 개념은 적절한 종류의 동의를 얻고 시신을 사용했는지를 결정하는 데 중요하다.

2.4 개념이 어떻게 적용되는지 결정하기: 적용상의 쟁점

우리가 충돌테스트에서 시신의 사용이 "인간의 존엄성"을 침해한다고 말할 때, 우리가 말하고 있는 것은 "인간의 존엄성을 존중하는 것"이란 개념이 충돌테스트를 위해 시신을 사용하는 관행에 올바르게 적용될 수 없다는 점이다. 이것은 **적용상의 쟁점**(application issues)에 대한 주장이다. 즉, 주어진 용어나 표현이 개인적 행위나 일반적 관행에 적용되는 주장이다. 적용상의 쟁점은 한 개념이 어떤 상황에 적용되거나 "들어맞는지"와 관계가 있기 때문에, 적용상의 쟁점의 불일치는 다음과 같은 경우에 발생할 수 있다. 그런 경우는 (1) 적용될 개념의 의미에 대한 불일치(개념적 쟁점), (2) 그 개념이 적용되는 사실의 불일치(사실적 쟁점), (3) 개념이 그 상황에 적용되는지에 관한 불일치(적용상의 쟁점) 등이다. 이 경우에, 하나의 개념적 쟁점은 우리가 "인간의 존엄성"을 어떻게 정의해야 하는가이다. 사실적 쟁점은 시신이 자동차 안전과 관련된 어떤 유형의 정보를 얻는 데 필수적인지의 여부이다. 적용상의 쟁점은 테스트를 위해 시신을 사용하는 것이 인간의 존엄성을 존중하는 예로 고려될 수 있는지에 대한 질문이다.

2.5 선 긋기

지금까지 우리는 도덕적 논쟁을 여러 범주들로 분류하기 위해 세 가지 분석적 기법을 살펴보았다. 이제 우리는 도덕적 쟁점을 해결하는 방식을 살펴보고자 한다.

때때로 도덕적 판단은, 특히 적용상의 쟁점이 "도덕적으로 주어진(morally laden)"이라고 부를 수 있는 개념을 수반할 경우에, 적용상의 쟁점이 결정되자마자 정당화된다는 것을 명심하라. 우리가 어떤 행위가 "거짓" 또는 "살인", "뇌물 수수"라고 확증했을 때, 평범한 상황에서 우리는 거짓말, 살인, 뇌물 수수가 대개 잘못이기 때문에 그 행위가 잘못이라고 미리 결정해버린다. 그러나 때로는 거짓말, 살인(또는 최소한 살해) 혹은 뇌물 수수가 다른 중요한 도덕적 고려사항들과 균형이 이루어져야 할 수도 있다. 그제서야 우리는 **글상자 2.1**에서 정의된 의미에서 진정한 도덕적 쟁점을 가진다.

글상자 2.1 도덕적 문제의 구성요소

- **사실적 쟁점** 도덕적 문제의 해결과 관련이 있는 사실에 대한 의문
- **개념적 쟁점** 도덕적 문제의 해결과 관련이 있는 용어들의 의미에 대한 의문

- **적용상의 쟁점** 용어가 상황에 적용되는지 여부와 어떻게 적용되는지에 대한 의문
- **도덕적 쟁점** 도덕적 문제의 해결과 관련 있는 상충된 도덕적 고려사항들이 어떻게 비교 평가되어야 하는가에 대한 의문

다음의 예를 생각해보자. 빅터(Victor)는 대형 건설회사의 엔지니어이다. 그가 최종 결정을 내리지는 않겠지만, 대규모 아파트 건물의 건설을 위해 어떤 용접 강철 대갈못이 사용되어야 하는지를 추천하는 일을 맡아 왔다. 몇 가지 연구와 테스트를 거친 후, 그는 ACME사의 강철대갈못을 추천하기로 결정한다. 빅터의 추천이 이루어진 그날에 ACME사의 대표가 그를 찾아와 저메이카에서 개최하는 ACME사의 연례 기술포럼의 경비 전액을 지불한 여행 상품권을 건넨다. 그 여행은 상당한 교육적 가치를 지니겠지만, 하루의 해변 여행과 다른 흥미로운 장소들도 포함할 것이다.

만일 빅터가 ACME사 대표의 제안을 받아들인다면, 그는 뇌물을 받은 걸까? 이 질문—적용상의 쟁점—에 답하는 데 있어, 뇌물에 대한 분명하고 문제가 없는 사례를 제시함으로써 시작하는 것이 유용하다. 그런 사례들을 **범례적 사례(paradigm cases)**라고 부르며, 여기서는 뇌물의 범례적 사례이다. 판매사가 엔지니어의 회사에 자사 제품을 추천하는 엔지니어를 구하기 위해 어떤 엔지니어에게 10,000달러를 제공한다고 가정하자. 우리가 필요로 하는 모든 사실이 그 이야기 속에서 제공되지 않으므로 우리는 어떤 가정을 만들어야 한다. 그 이야기에서 제공되지 않은 몇 가지 사실들을 합리적인 추정으로 채우면서 우리는 다음과 같이 말할 수 있다. 즉, 그 상황의 몇 가지 측면들—우리가 특징들(features)이라고 부를 것이다—은 이 상황을 범례적 뇌물로 만드는 데 적합하다는 것이다. 선물이 큼, 선물은 엔지니어가 어떤 제품을 추천할지 결정하기 전에 제공됨, 엔지니어는 개인적 이득을 이유로 제안을 받아들임, 엔지니어는 어떤 대갈못을 지정할지에 대한 결정에 혼자서 책임을 짐, 판매사의 제품은 시장에서 최고로 비쌈, 문제투성이인 제품의 질이다. 의심의 여지없이, 이것은 뇌물이다. **글상자 2.2**는 뇌물의 범례적 사례를 나타내는 유용한 도표를 보여준다.

글상자 2.2 뇌물 수수의 범례적 사례

- 선물 크기 큼(10,000달러)
- 시기 구매 결정 직전
- 이유 개인적인 이득
- 책임 단독(sole)
- 제품의 질 시장에서 가장 나쁨
- 제품의 비용 시장에서 제일 높음

또한 우리는 분명히 뇌물이 **아닌** 상황을 묘사하는 다른 극단의 범례를 구성할 수 있다. 대부분의 경우에, 이것은 단순히 범례적 뇌물의 특징들을 부정함으로써 이루어질 수 있다. 그러므로 범례적 뇌물아님(nonbribe)은 선물의 가치가 매우 작은 상황(어쩌면 2달러 가치의 펜)일 것임, 어떤 제품을 추천해야 할지에 관한 엔지니어의 결정이 이루어지고 난 이후에 제공됨, 엔지니어가 그 결정으로부터 개인적 이득을 얻지 못함, 판매사의 제품이 시장에서 품질은 가장 높고 가격은 가장 낮다.

이제 우리는 빅터의 상황으로 되돌아가보자. 우리는 그의 상황을 **테스트 사례**로 부를 수 있다. 왜냐하면 빅터의 행위가 뇌물인지에 관한 의문이 논쟁의 여지가 있고 범례적 뇌물과 뇌물아님과 비교함으로써 검증되어야 하는 사례이기 때문이다. 각 특징의 경우에 우리는 테스트 사례의 주어진 특징이 범례적 뇌물이나 범례적 뇌물아님의 어느 쪽에 더 가까운지 여부를 보이기 위해 "X"를 두 범례 사이의 연속체 위에 위치시킬 수 있다. 이 테스트 사례를 평가하는 데 있어 여러분이 특별히 중요하다고 생각하는 특징을 가리키기 위해 몇몇 "X"들 주위에 원을 그려놓는 것도 유용하다. **글상자 2.3**은 이러한 쟁점들에 대한 유용한 그림표를 제공한다.

글상자 2.3 **판매사의 제안을 받아들이는 것이 뇌물 수수의 사례인지에 대한 선 긋기 분석**

	범례(뇌물)	테스트 사례	범례(뇌물아님)
선물 크기	큼	___Ⓧ__________	작음
시기	이전	__________Ⓧ___	이후
이유	사적	______X______	전문적

글상자 2.3이 제안하듯이, 테스트 사례는 결코 범례적 뇌물이 아니며 아마도 뇌물로 생각되어서도 안 될 것이다. 그럼에도 불구하고 약간의 염려를 야기하는 여러 특징들—특히 선물의 크기—과 관련하여 범례적 뇌물에 충분히 가깝다.

지금까지 적용상의 쟁점, 즉 빅터가 판매사의 선물을 받아들이는 것이 뇌물을 받는 것으로 생각되어야 하는지에 대해 선 긋기가 적용되었다. 우리는 빅터의 행위가 뇌물이 아니라는 결론에 도달했기 때문에, 지금까지의 분석은 빅터가 판매사의 제안을 받아들여야 하는지의 질문에 대한 최종적인 답을 빅터에게 주지 못한다. 왜냐하면 이것은 비록 제안을 받아들이는 것이 뇌물을 받는 것은 아닐지라도 다른 이유로 제안을 받아들이지 않는 것이 더 적절할 수도 있기 때문이다.

두 번째 선 긋기 연습은 빅터가 모든 것을 고려할 경우에 그 제안을 받아들여야 할지를 결정하는 데 도움을 준다. 서로 대립되는 범례들은 제안을 받아들이는 것이 도덕적으로 정당화되지 못하게 될 상황일 수 있고, 그 제안을 받아들이는 것이 도덕적으로 정당화될 상황일 수도 있다. 그 특징들은 그 제안을 받아들이는 것이 산업계의 관행을 확인해주는지의 여부, 판매사의 제안을 받아들이는 것이 회사정책에 부합하는지의 여부, 정말로 유용한 정보가 기술포럼(Technical Forum)에서 제공될지의 여부, 판매사의 제품을 구매하기로 결정한 이후에 여행의 제안이 이루어졌다는 사실이 대부분의 사람들에게 알려질 것인지의 여부, 그리고 판매사의 제안을 받아들이는 것이 빅터나 다른 사람들이 장래에 비윤리적인 결정을 내리는 데 영향을 미칠 수 있을지의 여부를 포함한다. 우리가 첫 번째 결정에서 어떤 가정을 했듯이, 여기서도 가정을 만들어야 할 것이다. 충분한 사실들이 제공되지 않았다는 것을 고려해 볼 때, 이런 분석을 수행하는 것은 많은 가정들을 필요로 할 것이다. 우리는 만들어진 가정에 근거하여 이러한 분석을 수행하고 결론에 도달하는 일을 독자들에게 맡기고자 한다.

2.6 충돌하는 가치: 창의적 중도 해결책

여기 충돌하는 가치에 관련된 하나의 사례가 있으며, 그것은 바로 **글상자 2.1**에서 정의된 바와 같은 도덕적 쟁점으로 나타난다.

브래드(Brad)는 공학기술(Engineering Tech) 프로그램을 졸업한 후에 전업으로 직장을 가진 지 이년 차를 맞고 있다.[2] 그는 설계 일을 즐기지만, 경험 많은 엔지니어들이 자신의 일을 적절히 검토하지 않고 있다는 것이 갈수록 걱정된다. 그는 학교나 빌딩 사이의 육교와 같은 공공안전의 쟁점들이 얽혀 있는 많은 프로젝트에서 설계하는 일을 보조하도록 임명되었다. 그는 평소 존경하는, 공학실무 능력이 뛰어난 상관에게 이미 이 사실을 말했고, 경험이 더 많은 엔지니어들이 자신의 일을 검토해 줄 것이라고 들었다. 이후 그는 자신의 업무가 자주 적절하게 검토되지 않고 있다는 사실을 알게 된다. 대신에 그의 도면들은 승인되어 계약자에게 전달되고 있다. 가끔 그가 설계한, 비교적 규모가 작은 프로젝트들은 설계를 마친 뒤 몇 주 내로 공사가 진행되고 있다.

---

2 이 사례는 텍사스 A&M 대학에서 공학을 공부했던 학생이 자신의 경험으로 제안한 것이다.

이 시점에서 브래드는 조언을 듣기 위해 학창시절 교수님을 찾았다. "제가 누군가를 죽일 만한 실수를 할 것이라는 생각에 정말로 겁이 납니다. 저는 설계를 잘하려고 최대한 노력합니다만, 제게 주어지는 프로젝트들이 점점 더 어려워지고 있습니다. 제가 어떻게 해야 합니까?" 교수는 브래드에게 그의 능력을 넘어서고 대중을 위험에 처하게 할 수도 있는 공학업무를 맡고 있기 때문에 윤리적으로 현재 그가 하는 일을 계속해서는 안 된다고 말한다. 브래드는 어떻게 해야 할까?

브래드의 사례는 고용주에 대한 엔지니어의 의무가 공공에 대한 의무와 충돌하는 것처럼 보이는 것으로, 엔지니어들이 가장 일반적으로 직면하는 갈등 중 하나를 예시한다. 이러한 두 가지 의무는 모두 공학강령에서 명백히 요구하고 있다. NSPE 강령은 엔지니어에게 "공공의 안전과 건강, 복지를 우선적으로 고려할 것"을 요구한다(규범 1). 그리고 또한 "각 고용주나 고객을 위해 전문적인 일에서 충실한 대리인 또는 수탁자로 행동할 것"을 요구한다(규범 4). 만일 그렇다면, 브래드도 자신의 경력을 보존하고 증진시키며 자기 가족의 이익을 보호하는 데 합법적으로 정당한 관심을 가지고 있다.

다수의 충돌하는 가치들 때문에, 브래드는 우리가 "창의적 중도"라고 부르는 것을 찾으려 시도해야 한다. "창의적 중도"는 가능한 한 많은 충돌하는 의무들을 충족시킬 것이다. 창의적 중도 해결책을 찾아내기 위해 세 가지 의무 모두를 가장 만족스럽게 이행하는 것에서 시작하여 의무 모두를 이행하지 못할 선택지까지 계속 순차적으로 행위의 방침들을 배열하는 것이 도움이 된다. 아래에 가능한 행위의 방침들이 있다.

1. 브래드는 상사를 다시 찾아가서, 자신이 할 수 있는 가장 재치 있는 방식으로 결함이 있을 수도 있는 설계를 만들어내는 것은 회사에 이익이 되지 않는다고 지적하면서 자신의 설계들이 적절하게 검토되고 있지 않는 것 같아 마음이 편치 않다고 넌지시 말할 수 있다. 만일 상사가 보다 적절하게 관리를 하겠다는 것에 동의한다면, 브래드는 문제를 해결하여 고용주와 최상의 관계를 유지할 수 있을 것이다. 브래드는 대중의 안전에 대한, 고용주에 대한, 자기 자신과 그의 경력에 대한 의무를 지킬 수 있을 것이다. 이것이 이상적인 창의적 중도 해결책일 것이다.
2. 브래드는 좋은 업무관계를 맺고 있는 조직 내 다른 직원들에게 논의하고, 그들에게 자신이 보다 감독을 잘 받아야 한다고 상사를 설득하게 도와달라고 부탁할 수도 있다. 이 해결책은 문제를 해결하므로 거의 좋지만, 다른 동료들 그리고 어쩌면 대중으로부터 상사의 평판을 손상시킬 수 있다. 공공에 대한 브래드의 의무를 충족시키지만, 고용주와 브래드 자신에 대한 의무를 만족스럽게 이행하는 것만큼은 아닐 수도 있다.

3. 브래드는 다른 일자리를 찾을 수 있다. 그런 후 자신의 직장이 안정된 후 주 기술사 등록위원회나 그런 관행을 중지시킬 수 있는 다른 곳에 정보를 알릴 수 있다. 이 선택은 브래드 자신의 경력과 공공을 보호하지만, 고용주의 이익을 증진시키지 못한다.
4. 브래드는 자신의 능력과 경험을 넘어선 자신의 설계업무를 계속해서 할 수 있다고 믿지 않으며, 어쩌면 이직을 고려해야 할지도 모른다고 말할 수 있다. 이 해결책은 상관과의 대립을 필요로 한다. 이 해결책은 고용주가 나쁜 관행을 바꾸게 하지 못할 것이고 브래드의 경력에 해를 끼칠 것이다. 또한 그것은 다른 동료들로부터 상사의 평판에 해를 끼칠 수도 있다.
5. 브래드는 언론이나 그가 속한 전문직협회로 가서 즉시 내부고발을 할 수 있다. 이것은 공공을 보호하겠지만, 아마도 그의 직업적 전망에 피해를 줄 것이고 상사의 사업에 확실히 심각하게 피해를 입힐 것이다.

더욱이 여러분은 항의하지 않고 자신의 일을 계속하거나 항의하지 않고 다른 직장을 알아보는 것 같은 그런 다른 가능성들도 생각할 수 있다. 만일 첫 번째 의무가—강령이 명하는 것처럼—공공을 보호하는 것이라면, 이러한 선택들도 만족스럽지 못할 것이다. 어쩌면 처음의 두 가지 선택지만이 정말로 만족스러운 창의적 중도 해결책일 것이다. 왜냐하면 그것들이 가장 중요한 요구사항들을 충족시키기 때문이며, 첫 번째 선택지가 두 가지 중 더 바람직하다.

이 예가 보여주듯이, 종종 창의적 중도 해결책을 찾는 것이, 중요하지만 서로 충돌하는 도덕적 고려사항들을 가진 도덕적 문제를 해결하는 최선의 방법이다. 또한 그것은 창의성에 대한 필요를 보여주는데, 그 이유는 훌륭한 해결책을 생각하기 위해 어떤 창의적인 일을 떠맡을 수도 있기 때문이다.

2.7 일반도덕

우리는 실천윤리학자들의 연구가 곧바로 사용할 수 있는 도구이면 무엇이든 사용하는 목수의 작업과 유사하다는 것을 보았다. 망치는 때때로 적절하지만, 다른 시점에 목수는 톱이나 스크루드라이버를 필요로 한다. 숙련된 목수처럼 실천윤리학자는 이용가능한 도구라면 모두 이용할 수 있어야 하고 문제해결에 적합한 어떤 것이든 사용해야 한다. 선 긋기 방법이나 창의적 중도 해결책을 찾는 것으로 충분할 수도 있지만 어떤 때에는 어떤 다른 것이 필요하다. 어떤 도덕적 쟁점들을 해결하기 위해서—특히 이 쟁점들이 더 큰 사회정책을 수반할 경우에—우리는 우리의 도덕적 판단의 기반을 이루는 도덕적 관념을 더 깊이 살펴야 한다.

살펴야 할 가장 명백한 장소는 우리 문화 속의 사람들 대부분이, 어쩌면 모든 사람들이 일반적으로 받아들이는 공통적인 도덕적 믿음의 근원(stock)이다. 우리는 이 믿음의 집합을 일반도덕이라고 부른다. 일반도덕의 기본수칙에 대한 요약된 여러 해석(account)이 존재한다. 여러분도 아마 예측하듯이 그것들은 유사하다.

첫 번째 해석은 "자명한(prima facie)"("첫 눈에" 또는 "면밀한 검토 이전의") 의무라고 부르는 기본 의무들의 목록을 구성한 철학자 로스(W. D. Ross)에 의한 것이다. 이 용어들을 사용함에 있어 로스는 주어진 모든 의무들이 일반적으로 의무적이지만, 그것은 특별한 상황에서는 또 다른 의무에 의해 무시될 수 있다는 생각을 전달하고자 했다. 그는 그의 목록이 완전히 끝났다고 주장하지 않았지만 합리적으로 완결되었다고 생각했다. 자명한 의무에 대한 그의 목록은 **글상자 2.4**에 요약되어 있다.

글상자 2.4 **로스의 자명한 의무**

R1. 이전의 행위에 달려 있는 의무
  (a) 신의(fidelity)의 의무(약속을 지키고 거짓말을 하지 않음)
  (b) 잘못된 행위에 대한 배상(reparation)의 의무
R2. 감사의 의무(예. 부모와 후원자에게)
R3. 정의의 의무(예. 공로에 걸맞는 행복의 보장)
R4. 선행의 의무(타인의 형편을 향상시키는)
R5. 자기 개선의 의무
R6. 타인에게 상해를 입히지 않을 의무[3]

엔지니어는 타인들처럼 어쩌면 이러한 도덕적 믿음들을 공유하며, 이 믿음들 중 상당수는 엔지니어 윤리강령에 반영되어 있다. 대부분의 강령은 엔지니어가 고용주에게 충직한(faithful) 행위자일 것을 명하며, 이 명령(injunction)은 신의(fidelity)의 의무(R1)와 감사의 의무(R2)에 반영되어 있다. 대부분의 강령은 엔지니어가 공공의 건강, 안전, 복지를 보호하는 방식으로 행위할 것을 요구한다. 그리고 이 의무는 정의의 의무(R3)와 선행의 의무(R4), 특

3 W. D. Ross, *The Right and the Good*(Oxford: Oxford University Press, 1930), pp. 20-22.

히 타인에게 상해를 입히지 않을 의무(R6)에 반영되어 있다. 마지막으로 대부분의 강령은 엔지니어들이 R5에 반영된 의무인 전문적 기량을 개선할 것을 장려한다.

일반도덕의 상당수 기본 요소들을 공식화하려는 또 다른 시도는 철학자 거트(Bernard Gert)가 구성한 열 가지 "도덕 규칙"의 목록이다. 그의 목록은 **글상자 2.5**에 있다.

글상자 2.5 **거트의 열 가지 도덕 규칙**

G1. 살인하지 말라. G2. 고통을 야기하지 말라.
G3. 장애를 입히지 말라. G4. 자유를 박탈하지 말라.
G5. 기쁨을 박탈하지 말라. G6. 기만하지 말라.
G7. 약속을 지켜라(또는 당신의 약속을 깨뜨리지 말라).
G8. 부정행위를 하지 말라.
G9. 법에 복종하라(또는 법에 불복종하지 말라).
G10. 의무를 다하라(또는 당신의 의무를 다하는 데 실패하지 말라)[4].

로스의 자명한 의무와 거트의 도덕 규칙은 서로 상당히 중첩되어 있다. 예를 들면 도덕 규칙들 G1-G9은 타인에게 상해를 입히지 말라는 로스의 의무를 구체화한 것처럼 보인다. 거짓말하고 약속을 어기는 잘못은 두 목록 모두에 들어 있다. 피해를 일으키지 말라는 데 초점을 두고 있는 R2-R5는 거트의 도덕 규칙보다 더 적극적인 성질을 지니고 있는 듯하다. 그러나 거트도 피해를 예방하는 데 초점을 두고 있는 도덕관념에 대한 목록 10가지를 가지고 있다. 사실상 도덕관념은 "예방하라"는 말을 도입하여 규칙의 표현을 약간 바꿈으로써 공식화될 수 있다. 따라서 "살인하지 말라"에 대응하는 도덕관념은 "살인을 예방하라"이다. 거트에게 도덕 규칙은 도덕적 요구사항을 구체화하는 반면에, 도덕관념은 열망을 나타낸다. 그럼에도 불구하고 강조점에 차이가 있다. 거트는 일반도덕의 기본 요건들이 소극적이고 금지적이라고 믿은 반면에, 로스는 적극적인 의무들을 우위에 둔다.

사람들은 누구나 도덕적 지침과 규칙에 예외가 있음을 인정한다. 우리는 이미 로스가 그의 의무를 "자명한"이라고 부른 것을 보았지만, 로스는 예외가 정당화될 경우에 우리가 어떻게 계속 결정하는지를 설명하지 못했다. 두 가지 방식이 존재한다.

첫째, 도덕적 의무와 규칙이 충돌할 때, 우리는 어떤 지침이 주어진 상황에서 더 구속

4 Bernard Gert, *Common Morality: Deciding What to Do*(New York: Oxford University Press, 2004).

력이 있는지 결정해야 한다.[5] 일반적으로 거짓말을 하는 것은 잘못이지만, 만일 무고한 사람이 살해당하는 것을 막는 유일한 방법이 가해자에게 무고한 사람의 행방에 대해 거짓말을 하는 것이라면, 대부분의 사람들은 거짓말이 정당화된다는 것에 동의할 것이다. 이 예외는 어떻게 정당화되는가? 거트에 따르면, 만일 우리가 폭넓게 실천되는 예외를 기꺼이 받아들인다면—만일 우리가 타인을 위해 유사한 상황에서 거짓말도 기꺼이 한다면—그 예외는 정당화된다.

이 예외는 우리가 나중에 마주할 널리 주장된 도덕적 관념에 기반을 두고 있다. 그 관념이란, **우리는 비슷한 상황에서 우리가 하는 바를 다른 사람들도 할 수 있게 해야 한다**는 것이다. **보편화원리(universalization principle)**로 불리는 이 원칙은 일반도덕에서 매우 중요한 관념이지만, 적용하기란 항상 쉽지는 않다. 사람들은 어떤 상황이 정말로 "유사한" 경우와 우리가 기꺼이 보편화해야 할 경우에 대하여 동의하지 않는다. 그럼에도 불구하고 그 원칙은 윤리에서 중요한 것이다.

둘째, 우리의 양심이 개입할 때 도덕적 의무나 규칙에서 예외가 만들어질 수 있다. 한 젊은 남성이 군대에 입대했지만 타인을 죽이는 것이 잘못이라고 그리고 자신의 조국을 지키기 위해 죽이는 것조차 잘못이라고 진심으로 믿는다고 가정해보자. 그는 타인에게 상해를 입히지 말라는 의무로부터 전쟁에서 살인하지 말라는 의무를 이해할 수 있다. 이 상황에서 미국을 포함한 많은 국가들은 조국을 방어하라는 당연하게 여겨지는 의무에 대한 예외를 허용하며, 그 예외는 "양심적인 반대"에 근거를 두고 있다. 도덕적 정당화는 만일 이 젊은 남성이 살인으로 조국을 방어하라는 압력을 받는다면, 그는 자신이 깊이 그리고 진정으로 잘못되었다고 믿는 것을 하도록 강요받고 있다는 것이다. 그리고 정상적으로 이해되는 일반도덕에 따라, 누구나 자신이 깊이 그리고 진정으로 잘못되었다고 믿는 것을 결코 하도록 해서는 안 된다.

글상자 2.6 **도덕적 판단의 유형**

1. **허용가능한 것** 우리가 행위를 하는 것이 도덕적으로 허용되지만 도덕적으로 요구되지는 않는다. 엔지니어는 회사 Y보다 회사 X에 취직할 것을 결정할 수 있지만, 두 행위 모두 허용가능하다. 취직하지 않는 것도 허용가능할 것이다.
2. **허용가능하지 않은 것** 우리가 도덕적으로 해서는 안 된다고 요구받는 행위. 엔지니어는 드러나지 않은

5 Ibid, p. 9.

이해충돌의 일부가 되어서는 안 된다.

3. **의무적인 것** 우리가 도덕적으로 할 것을 요구받는 행위. 엔지니어는 실제적 또는 잠재적 이해충돌을 공개해야 한다.
4. **의무 이상의 것** 만일 우리가 그것을 행한다면 칭찬받겠지만 도덕적으로 요구되지는 않는 행위. 엔지니어는 보수를 청구하지 않고 비영리단체를 위한 주차장을 설계한다. 때때로 우리는 이들 행위를 "의무의 요청 위와 너머에"에 도달한다고 부른다.

그러한 예외들은 조심스럽게 다루어져야 하고, 때로는 허용될 수 없다. 우리는 젊은 남성이 잘못 판단했고 조국을 지키는 시민으로서의 무조건적 의무가 약속을 지키라는 일반 의무에서 나온다는 점을 믿을 수도 있다. 그리고 우리는 어떤 사람이 당연하게 여겨지는 의무로 정치적 혹은 종교적 배경이 다른 사람들을 죽이는 것을 절대로 따르게 할 수 없다. 비록 그런 믿음이 깊게 그리고 진정으로 여겨진다고 하더라도 말이다. 그럼에도 불구하고 양심에 근거해서 의무나 도덕적 규칙에 대한 예외를 만드는 약간의 자유는 일반도덕의 일부분이다.

글상자 2.7 **도덕적 판단의 세 가지 수준**

1. **특정 행위** 행위를 도덕적으로 받아들일 수 있는지 혹은 받아들일 수 없는지에 대한 판단들. "마이크라는 엔지니어는 기득권이 있는 회사가 만든 볼트들을 지정하지 말았어야 했다."
2. **일반적 관행 또는 행위의 부류** 보다 일반적인 부류의 행위들에 대하여 도덕적으로 받아들일 수 있는지 혹은 없는지에 대한 판단. "엔지니어들은 이해충돌을 숨기고 일해서는 결단코 안 된다." 로스의 의무와 거트의 규칙이 이 범주에 해당된다.
3. **매우 일반적인 도덕 원칙 또는 판단기준** 어떤 행위나 부류의 행위들이 옳은지 그른지를 결정하는 판단기준을 제공하는 진술. "그것이 효용이나 인류의 안녕을 증진시키는 한에서 그 행위들은 옳다."

2.8 일반도덕의 추가적 요소

여러 다른 요소들도 실천 도덕의 분석에서 일반적으로 이해되고 유용한 것으로서 일반도덕의 일부분이다.

첫째, 도덕적 판단은 **글상자 2.6**에 열거된 것처럼 여러 가지 유형일 수 있다. 우리는 일반도덕의 관점에서 도덕적 판단의 네 가지 유형이 있음을 말할 수 있다. **글상자 2.6**을 보라.

둘째, 도덕적 진술은 **글상자 2.7**에서 기술된 일반성의 세 가지 수준으로 유용하게 나누어질 수 있다.

셋째, 행위의 배후에 있는 **의도**를 결정하는 것이 일반도덕에서 크게 중요하다. 일반도덕을 따르는 법에서는 일급살인, 즉 여러분이 누군가를 고의로 살해한 것인지, 아니면 피할 수 없는 교통사고로 우발적으로 살해한 것인지가 도덕적 죄(blame)를 결정하는 데 아주 중대하다. 마찬가지로 엔지니어가 어떤 일을 의도적으로 했는지(명백하게 폭스바겐 임원들이 정부 규제기관을 기만하려고 시도한 사례처럼), 아니면 무심코(비록 부주의하게 했더라도) 했는지가 주된 도덕적, 법적 중요성을 지닌다.

2.9 도덕이론을 위한 여지가 있는가?

지금 우리는 선 긋기, 창의적 중도 해결책, 보편화원리에 따라 의무나 규칙에 호소하기와 같은 실천윤리의 여러 방법을 검토하였다. 어떤 다른 유용한 방법들이 있는가? 철학자 데이비스(Michael Davis)는 우리의 상식적인 도덕에 의존하는 여덟 가지 질문 또는 "테스트"를 제안하지만, 이 또한 우리가 나중에 논의할 도덕이론이나 접근법의 일부 개념들을 반영한다. (**글상자 2.8**에 있는 그의 테스트를 보라.) 따라서 그것들은 도덕이론에 어떤 적절한 변화를 제안하거나 혹은 도덕적 사고에 우리가 흔히 "접근법"이라고 부르는 것을 제안한다. 왜냐하면 마지막 용어는 그것들의 부분적이고 불완전한 성질을 강조하기 때문이다.[6]

글상자 2.8 **데이비스의 여덟 가지 도덕 테스트**

피해 테스트 이 선택은 이용가능한 다른 대안들보다 해를 덜 끼치는가?
공공성 테스트 나는 이에 대한 나의 선택이 신문에 출간되기를 원하는가?
변호가능성 테스트 나는 의회 위원회나, 동료 위원회, 또는 부모 앞에서 이 선택에 대한 나의 선택을 변호할 수 있는가?
가역성 테스트 만일 내가 그 선택에 의해 불리한 영향을 받는 사람 중 하나라면, 나는 여전히 이 선택을 고려할 것인가?

---

6 Michael Davis, "The Usefulness of Moral Theory in Practical Ethics," *Teaching Ethics*, 10, no. 1, Fall 2009, pp. 73-74.

덕 테스트 만일 내가 이 선택을 자주 택한다면, 나는 어떤 유형의 인간이 될 것인가?

전문직 테스트 내 전문직 윤리위원회는 이 선택에 대해 무엇이라고 말할까?

동료 테스트 내가 나의 문제를 묘사하고 해결책으로서 이 선택을 제안한다면 내 동료들은 무엇이라고 말할 것인가?

조직 테스트 조직의 윤리 담당자나 법률 고문(legal counsel)은 나의 선택에 대해 무엇이라고 말할 것인가?

어떤 상황에서 이 질문들은 우리가 도덕적 쟁점을 해결하도록 인도하는 데 있어 충분하며, 그렇다면 그것들은 활용되어야 한다. 그러나 다른 질문들이 제기될 수 있다. 내 결정이 공개되기를 원하는지의 여부를 결정하는 일을 어떻게 시작해야 할까? 나는 의회 위원회가 열리기 이전에 어떤 근거에서 내 결정을 변호해야 하는가? 내 행위에 동의하거나 동의하지 않는 것에서 내 동료들이나 윤리 담당자는 올바를까?

여기에 데이비스의 테스트와 연관되지 않는 추가적인 질문들이 있다. 이 장의 초반부의 사례를 생각해보자. 여러분이 시신을 존중하는 것에서 출발하고, 만일 여러분이 충돌테스트에서 시신을 사용함으로써 구해질 수 있는 생명을 고려한다면, 여러분은 다른 결론에 도달한다는 것을 스스로 의식한다. 도덕적 의사결정에 대한 그러한 다른 접근법들이 왜 있어야 하는가? 한 접근법은 다른 접근법보다 우월한가? 예를 들어 우리가 약속을 왜 지키고 타인에게 왜 상해를 입히지 않아야 하며 타인에게 왜 거짓말을 하지 않아야 하는가와 같은 다른 질문들을 고려해보자.

2.10 도덕이론: 모델로서의 접근법

이 장의 나머지 부분에서 우리는 이런 질문들과 다른 질문들을 해명할 세 가지 이론 혹은 접근법을 살펴볼 것이다. 이것을 하기 전에, 우리는 윤리적 이론 혹은 접근법과 공학과 컴퓨터 과학의 모델 간에 유용한 유사점이라고 믿는 것에 대하여 하나의 사례로 삼을 것이다. 다음의 두 가지 예를 검토하면서 시작해보자.

예 1 **재료 모델.** 모델링은 엔지니어에게 익숙한 기법이다. 우리는 흔히 어떤 재료의 거동을 응력(stress)이 변형도(strain)에 선형적으로 비례한다는 즉, $\sigma = E\varepsilon$를 의미하는 "선형탄성"으로 모델링한다. 그러나 때때로 어떤 재료의 거동에 대한 이 이론은 정확하지 않다. 때때로 우리는 그 재료를 비선형이나 혹은 아마도 시간의존, 온도의존, 변형속도 의존 속성으로 모델링해야 한다. 그것은 선형탄성재료 모델이 "틀리다"는 것을 의미하는 것이 아니라 고려하고 있는 특별한 상황의 특별한 재료에 대하여 적용할 수 없거나 충분히 정확하지 않다는 것을 의미한다. 엔지니어들은 전문적 훈련과 경험의 일부로 이런 종류의 문제를 이해하게 된다. 그들은 이러한 부족함을 인정하는 방법과 어떤 다른 모델이 더 적합하게 될 수 있다는 점을 이해하는 방법을 배운다.

예 2 **온라인 서점.** 컴퓨터 전문가들이 온라인 서점을 운영하기 위해 컴퓨터 프로그램을 설계하고 있다고 가정해보자. 그들은 여러 프로그램들이 필요하다는 것을 재빨리 발견한다. 하나는 사용되는 요소들(책, 저자, 송장, 결제 방법 등)과 그것들 간의 관계를 설계하는 것이고, 다른 하나는 주문하는 과정에서의 순차적인 단계(책의 지정, 주문하기, 주문 처리 등)를 설계하는 것이고, 또 다른 하나는 온라인 서점 운영에 수반되는 가격(각 단계의 가격, 다양한 선택지 등)을 설계하는 것이다. 컴퓨터 전문가도 그 모델이 양립할 수 없는 결론으로 이어진다는 것을 인식한다. 예를 들면 주문 과정을 하나의 순차적인 단계로 만드는 것은 사용자에게 가장 편리하겠지만, 돈이 너무 많이 들 수 있다. 그러 충돌이 있는 경우에 **조화(reconciliation)** 과정이 마지막 설계를 만들어내는 데 사용되어야 한다.

이 예들과 도덕이론이 실천윤리 혹은 응용윤리에서 사용되는 방식 간의 여러 가지 유사점에 주목하라.

첫째, 응력방정식이 과학과 공학에서 폭넓게 적용가능한 원칙이듯이, 윤리이론도 폭넓은 유형의 도덕적 사고를 드러낸다. 가령 시신 사례를 상기해보자. 공공의 이익(공리주의적 접근)을 증진시키는 가치와 시신의 존엄성을 보호하는 가치(RP 접근) 모두는 중요하면서 널리 수용된 도덕적 사고의 방식들이다.

둘째, 응력방정식이 어떤 상황에서 충분하지 않을 수 있는 것처럼 때때로 일반적으로 타당한 도덕 원칙이 특정한 도덕적 분석에서 그저 관련이 없을 수 있다. 가령 우리는 때때로 공리주의적 접근법이 도덕적 분석에서 보다 적절할 수 있으며, 때로는 덕 윤리나 RP 접근법이 보다 적절하다는 것을 알 수 있다. 이것은 다른 접근법들이 그르기 때문이 아니라 그것이 다른 접근법에 비해 해당 상황(the situation at hand)과 관련이 없기 때문이다. 그것들은 주어진 분석에서 유용한 도덕적 고려사항을 포착하지 못한다.

셋째, 여러 접근법이 온라인 서점 사례에서 유용한 것처럼 어떤 경우에는 여러 윤리적 모델이 도덕적 딜레마를 충분히 분석하고 해결하는 데 필요할 수 있다. 시신 사례에서 공리주의와 RP 접근법은 논쟁 배후의 도덕적 고려사항을 이해하기 위해 필수적이다.

넷째, 온라인 서점 사례에서 주문 순서와 경제성 분석을 위한 프로그램이 다양한 결론을 제안할 수 있는 것처럼, 다른 윤리적 분석도 다양한 결론을 제안할 수 있다(이 장의 도입부에 있는 시신 사례를 기억하라). 보다 일반적으로 말하면 안녕, 개인 존엄성의 존중, 덕 윤리의 윤리적 관념은 똑같은 결론을 낳지 않을 수도 있다.

다섯째, 서점 사례의 다양한 결론이 조화를 요구하는 것처럼 다양한 윤리적 접근법이 제안한 다양한 결론은 조화를 요구한다. 여러분이 예상할 수도 있듯이, 때때로 다양한 접근법으로부터의 다양한 추론(the differing lines of reasoning)은 동일한 결론으로 수렴되므로, 그것들은 서로를 보강한다. 결론이 나뉠 때 어떤 도덕적 고려사항이 보다 중요한지를 결정하는 조화 과정이 일어나야 한다. 조화를 위한 정해진 공식은 없다. 대신에 도덕적 문제에 직면한 사람의 통찰과 판단이 가장 중요하다.

이 고려사항들을 염두에 두면서, 세 가지 윤리적 접근법을 각각 논의할 것이다. 그리고 우리는 그 접근법을 일반도덕의 모델로 해석할 것이다. 각각의 이론은 최우선시 되는 주제나 원칙 주위로 일반도덕의 요소들을 조직화하려 한다. 대부분의 모델처럼 각각의 모델은 불완전하지만, 근본적인 도덕적 관념과 다양한 도덕적 논쟁의 토대를 위해 가치 있는 통찰을 제공한다.

2.11 공리주의적 접근법

일반도덕의 공리주의적 모델의 근본적인 원칙은 "우리는 전체 안녕을 극대화해야 한다."는 것이다. 우리는 안녕이 극대화되는 모든 사람들을 청중으로 부른다. 공리주의적 접근법을 심기 위해 우리는 청중의 범위를 결정해야 한다. 이상적으로 그 청중은 모든 인류 또는 최소한 평가되는 행위에 의해 영향 받을 수 있는 모든 인간을 포함해야 한다. 어떤 공리주의자들은 고통이나 쾌락을 분명히 경험할 수 있는 동물조차 행위의 영향을 받는다면 청중에 포함되어야 한다고 생각한다. 그러나 어떤 행동이 그렇게 많은 청중에게 가장 좋은 결과를 가져다주는지를 계산하는 것은 엄청나게 어려워진다. 만일 우리가 우리의 국가, 회사, 공동체만을 포함하도록 청중을 제한한다면, 우리는 다른 사람들이 임의적으로 배제된다는 비판에 직면한다. 따라서 실제로는 공리주의적 공감을 가진 사람들이 받아들일 수 있는 청중 제한방법을 개발할 필요가 있다.

일단 우리가 청중을 결정하면, 우리는 어떤 행위 과정이 단기간과 장기간에 가장 좋은 결과를 낳을지를 알아야 한다. 불행하게도, 이 지식은 때때로 결정을 내려야 하는 그 시점에 이용가능하지 않을 수도 있다. 가령 우리는 광고를 허용할지 금지할지와 공학의 전문적 서비스에 경쟁가격 부여가 공공의 안녕을 극대화할 것인지를 확실히 아는 데 충분한 사실적 정보를 가지고 있지 않다. 이 맥락에서 공공의 안녕은 최선의 가격에 최고의 전문 서비스를 제공하는 것으로 널리 해석된다. 때때로 우리가 할 수 있는 것은 특정 행위방침을 시도하고 무엇이 일어나는지를 보는 것이다. 불행하게도 이것은 어떤 상황들에서는 위험하다.

또 다른 쟁점은 공리주의적 접근법이 때때로 소수 집단의 희생을 대가로 더 큰 집합적 선을 선호한다는 것이다. 공리주의적 관점에서는 만일 공장으로부터의 이득(좋은 직장 등)이 소수의 해를 능가한다면, 소수에게 극심한 해를 가할 공장의 오염물질 배출을 정당하게 허용할 수 있다. 따라서 공리주의는 일반도덕의 모든 요소들을 충분히 포착하지 않다는 점을 시사하면서, 정의롭지 않은 분배로 이어질 수 있다. 어떠한 모델을 적용하든지 간에 우리는 그 모델의 특징적인 약점을 알아야 한다. 이 약점에도 불구하고 공리주의적 사고는 흔히 매우 유용하다. 이제 우리는 공리주의적 접근법이 제안하는 세 가지 테스트를 살펴볼 수 있다.

비용–편익 테스트(the Cost-Benefit Test)

만일 공리주의적 접근법이 안녕을 극대화하는 것을 요구한다면 우리는 이 극대화를 추구하는 데 사용되어야 하는 판단기준의 결정을 어떻게 시작해야 하는가? 공학적 관점에서 매력적인 하나의 접근법은 **비용대비 최고의 편익이나 효용을 낳는 행위 과정이 선택되어야 한다**고 주장하는 **비용–편익 분석**(CBA)이다. 이 방법을 사용함에 있어 우리는 부정적 효용이나 긍정적 효용을 화폐 용어로 전환시켜야 한다. CBA와 가까운 분석은 편익(benefit)의 위험과 피해의 위험을 비교평가하는 위험–편익 분석(RBA)이다. 비용보다 위험을 결정하는 것이 흔히 더 어렵기 때문에 우리는 **글상자 2.9**에 구체적으로 나와 있는 세 단계를 수반하는 CBA만을 고려할 것이다.

글상자 2.9 **비용–편익 분석 적용하기**

1. 검토 중인 문제에 해결책을 제시할 수 있는 유효한 선택지들을 찾아내라.
2. 각 선택지들의 (화폐 용어로 측정되는) 비용과 (마찬가지로 화폐 용어로 측정되는) 편익을 평가하라. 비

용과 편익은 행위의 전체 청중을 대상으로 평가되어야 하거나 그 결정으로 영향 받는 모든 사람들을 대상으로 평가되어야 한다.

3. 비용대비 최대의 편익을 가져올 수 있는 결정을 하라. 즉, 선택된 행동지침을 이행하는 데 드는 비용이 다른 선택에 사용된다면 더 큰 편익을 만들어낼 수 있는 선택이어서는 안 된다.

우리가 충분히 예상했듯이, CBA를 도덕적 사고를 위한 유일한 지침으로 활용하는 것은 심각한 문제가 있다. 한 가지 문제는 비용-편익 접근법이 비용과 편익에 대한 경제적 척도가 다른 모든 고려사항보다 우선한다는 것이다. 야생 지역이 공장의 오염물질 방출로 손상된다고 가정해보자. CBA의 관점에서 오염물질을 제거하는 것은 정당화되기 어려울 수 있지만, 경제적 고려만 하는 것은 야생지의 가치에 대한 충분한 척도가 아닐 수 있다.

사실상, CBA는 현재 우리가 도덕적으로 잘못되었다고 믿는 과거의 많은 관습을 정당화하는 것 같다. 19세기에 많은 사람들은 아동노동금지법이 경제적 비효율성으로 이어질 것이라고 주장하면서 그 법에 반대하였다. 가령 그들은 석탄 광산의 터널과 갱도들이 성인을 수용하기에는 너무 작다는 것과 아동의 활용이 경제적으로 보다 효율적이라는 것을 지적하였다. 또한 노예제도를 찬성하는 많은 논증들은 경제적 효율성의 측면에서 근거하고 있었다. 우리 사회가 아동노동과 노예제도를 마침내 없애기로 결정했을 때, 그것은 그 제도들이 경제적으로 비효율적이어서가 아니라, 공리주의적 관점보다는 RP 접근법에서 단도직입적으로 나올 수 있는 반대, 즉 그 제도들이 정의롭지 못하다고 간주되었기 때문이다.

CBA에 대한 또 다른 문제는 인간 생명의 상실이나 보다 심각한 부상에 따른 비용을 어떻게 규명하는가이다. 종종 사람이 더 안전한 자동차를 사기 위해 얼마나 많은 돈을 기꺼이 지불하려 하는지와 만일 정상적인 수명을 살았다면 사람이 얼마나 더 많은 돈을 벌었을지와 같은 요인들을 토대로 추산이 이루어진다. 그러나 이러한 척도들은 한 사람이 얼마나 부유한지와 (조기 사망이) 다수에 의해 얼마나 부당하다고 여겨질지에 달려 있다. (즉각적인 죽음이나 상해와 같이) 알려진 요인의 비용과 편익을 결정하는 어려움을 제외하더라도 어떤 요인들이 미래에 관련이 있을지를 예측하는 것도 어렵다. 만일 어떤 물질이 야기한 인류 건강에 대한 위협이 알려져 있지 않다면, 확정적인 CBA를 수행하는 것은 불가능하다. 우리가 대부분 예측하거나 측정하는 것이 불가능한 장기간의 비용과 편익을 고려한다면, 이 문제는 특히 중대해진다.

이 장의 초반부에 기술된 정의롭지 못함의 문제를 조금 다른 방식으로 진술한다면 우리는 CBA가 비용과 편익에 대한 분배를 고려하는 데 실패했다고 말할 수 있다. 어떤 공장이 지역사회의 많은 빈민 구성원들이 식사를 보충하기 위해 물고기를 잡는 강에 오염물질을 버렸다고 가정해보자. 또한 알려진 모든 비용과 편익이 계산된 후에 오염물질의 제거비용이 전체 빈민들의 건강비용을 초과한다는 결론이 나온다고 가정해보자. 더구나 빈민들이 비용을 지불하고 부자들이 편익을 즐긴다면, 비용과 편익은 평등하게 나누어지는 것이 아니다. 비록 빈민들이 그들의 건강 손실에 대한 비용을 보상받더라도, 많은 사람들은 여전히 부정의가 이루어지고 있다고 말할 것이다. 결국 지역사회의 부유한 구성원들은 그들의 건강에 대해 동일한 위협을 받지 않아도 될 것이다.

CBA의 한계를 인정한 후에도, 우리는 CBA가 여전히 도덕적 문제 해결에 중요한 기여를 할 수 있다는 것을 알 수 있다. 우리는 정교한 CBA 실시 없이 수력발전용 댐과 같은 대형 공학프로젝트를 구성하는 것은 상상할 수 없다. 단일 척도—화폐 가치—의 관점을 통해 충돌하는 다양한 고려사항들을 평가하는 능력은 CBA를 특정 상황에서 매우 유용하게 만든다. 그러나 우리는 그것의 한계도 염두에 두어야 한다.

선한 결과를 극대화하는 테스트

어떤 공리주의적 접근법들은 엄밀히 정량적으로 측정되는 것을 요구하지 않는다. 그러나 그 접근법은 우리가 어떤 의미에서 좋은 결과들을 극대화할 것을 결정하라고 요구한다. 여기서, 우리는 **만일 행위의 결과가 이 상황에서 이용가능한 모든 대안적 행위들보다 더 많은 효용으로 이어진다면 그 행위는 옳다**는 가정에 따라 진행하려고 해야 한다. 달리 말해 질문은 "이 특정한 행동방침이 이 상황에서 이용가능한 모든 대안적인 행위방침들보다 더 큰 선으로 귀결될 것인가?"이다. 이 질문에 답변하려면, **글상자 2.10**의 절차가 유용하다.

글상자 2.10 선한 결과를 극대화하는 테스트 적용하기

1. 이 상황에서 이용가능한 선택지들을 찾아내라.
2. 청중을 결정함에 있어 발생하는 문제를 계속 염두에 두면서 선택지에 적절한 청중을 결정하라.
3. 이득과 위해를 고려하면서 적절한 청중을 위한 가장 큰 선을 유발할 것 같은 이용가능한 선택지를 결정하라.

비록 보편화원리는 두 상황이 유사하다면 우리는 유사한 방식으로 그것들을 해결해야 한다는 것을 요구하지만, 특정 상황의 결과에 초점을 맞추는 것도 여전히 적절하다. 가령 비용이 거의 동등하다고 가정하면 공리주의자는 어떤 장치가 더 많이 상해와 사망을 감소시킬지를 결정함으로써 자동차 설계에서 두 안전장치 중 하나를 선택할 것이다. 다른 예를 들면, 도로 개선을 위한 두 계획 중에 하나를 선택하는 것은 어떤 계획이 더 많은 생명을 구할 것이고, 가장 경제적으로 실현가능할지와 같은 고려사항에 근거하여 결정될 것이다. 또한 우리가 환경적 고려사항이나 다른 고려사항 때문에 수력발전소가 결코 건설되지 않아야 한다고 믿지 않는 한에서, 엔지니어는 대개 어느 특별한 장소에 어떻게 건설되어야 하는지의 장단점에 초점을 맞출 것이다. 이러한 사례들에서 중점을 두어야 할 곳은 단일한 사례이지, 유사한 모든 사례들이 아니다.

이와 대조적으로, **특히 어떤 상황에서 만일 상황을 지배하는 일반적 관행이 이미 존재한다면**, 일반적 관행에 대한 공리주의적 찬성과 반대에 대한 질문이 보다 적절할 것이다. 여기서 공리주의적 고려사항은 일반적 관행에 초점을 맞추어야 한다. 일반적 관행을 따라야 하는지, 일반적 관행을 변경해야 하는지, 일반적 관행이 완전히 제거되어야 하는지 등이다. 즉 보편화원리가 훨씬 더 중요해지게 된다. 이제 우리는 이 버전의 공리주의적 접근법을 고려할 것이다.

규칙과 관행의 테스트

다음 사례를 고려해보자. 제임스는 큰 기계를 위한 고품질 부품들을 공급하는 회사(Precision Parts)에서 일하고 있다. 그 회사는 상당한 사내 생산시설이 있지만, 고객에게 공급할 일부 부품을 제조하기 위해 다른 제조사들과도 계약을 한다. 제임스는 부품 X를 위해 회사의 믿을 만한 몇몇 제조사에게 입찰을 요청했다. 입찰이 이루어지고 난 후, 내부의 생산시설 책임자인 웬델은 제임스의 사무실에 와서 다음과 같이 말한다. "나는 입찰이 비밀인 건 알지만, 왜 내게 최저 입찰가격이 얼마인지 말해주지 않는가? 알려주면 그 가격보다 낮게 할 걸세. 우리는 모두 한 식구니, Precision Parts가 사내에서 부품 X를 만들 수 있도록 도울 것이네."

제임스는 웬델의 요청을 살펴보니 일리가 있다는 결심이 섰다. 최저가의 응찰을 한 외부 제조사는 거대했고 이 계약 해지로 피해를 입지 않을 것이다. (외부 제조사와 계약이 이루어진다면) 회사는 일의 감소 때문에 고용인들을 유지할 수 없을 것이고 이윤도 감소할 것이다. 만일 제임스가 웬델의 요청을 받아들인다면 모든 사람들의 형편이 더 나아질 수 있을 것이다.

그러나 제임스는 자신의 시야를 넓혔다. 그는 그의 회사가 입찰 과정에 관여하는 모두에게 적용되는 것으로 이해되는 규칙(비밀유지를 존중하는)을 위반하도록 자기가 돕는 것을 스스로 정당화하려 한다는 사실을 깨달았다. 그는 보편화원리가 그에게 좀 더 일반적인 질문들을 요구한다는 것을 깨달았다. 만일 회사가 비밀유지의 위반을 일반적 관행으로 만든다면 어떻게 될 것인가? 만일 이것이 Precision Parts가 경영하는 방식이라는 것을 다른 회사들이 발견한다면 그 회사들은 어떻게 할 것인가? 만일 다른 회사들도 역시 이 방식으로 그 관행에 예외를 둔다면 어떻게 될 것인가?

이제 그는 다음과 같이 반성할 수 있다. "Precision Parts는 그저 입찰을 실시하는 한 당사자에 불과하며, 설령 다른 사람들은 지켜야 한다고 하지만 비밀유지 규칙을 따르지 않아도 될 만큼 회사가 아주 특별하다고 설득력 있게 주장할 수 없다." 그래서 제임스는 다른 질문을 던진다. "Precision Parts와 다른 회사들이 관행을 지지했다고 가정해보자. '회사에 이익이 된다면 언제나 입찰에 대한 비밀유지를 어길 수도 있다.' 만일 이 관행이 일반적으로 채택된다면 그것은 Precision Parts나 다른 회사들, 혹은 대중에게 이익이 될까?"

이제 제임스는 일들을 매우 다른 관점으로 검토하고 있다. 한 행위—이 사례에서 입찰에 대한 비밀유지를 회사가 몰래 위반하는 것—의 결과를 결정하려고 하는 대신에, 그는 다른 회사들이 비밀유지를 위반하는 관행을 채택하는 것에 대한 결과도 생각하고 있다. 만일 이 일이 일어난다면, 입찰에 대한 비밀유지가 존중되지 않는다는 것이 상식이 될 것이고, 그리고 전체 입찰과정의 진정성이 흐트러지기 시작할 수도 있다. 회사들은 자신의 입찰이 아마도 성공적이지 못할 것이라는 점을 알고서, 심지어는 Precision Parts와 같이 사내 제조시설을 가진 회사들에 입찰하기를 주저하게 될 수도 있다.

이 허구적 사례는 중요한 점을 보여준다. 한 가지는 단일한 행위에 따른 결과의 효용에 대하여 묻는 것이고, 다른 한 가지는 이 관행이 어떤 규칙이나 일련의 규칙들에 소중하게 간직되고 있는 만큼 오로지 어떤 일반적인 관행에 따른 결과의 효용에 대하여 묻는 것이다.[7] 논의하고 있는 사례에서, 이런 상황에서 입찰에 대한 비밀유지를 어기는 것이 좋은 생각인 듯이 보이지만, 그렇게 하는 것을 일반적인 관행으로 삼는 것은 정말로 매우 나쁜 생각이다.

일반적 관행에 따른 결과를 결정하는 것은 어떤 단일한 행위에 따른 결과를 결정하는 것보다 훨씬 어려울 수도 있다. 왜냐하면 일반적인 관행으로 영향을 받는 수많은 사람

7 관행이란 어떤 것을 하는 관습적이거나 습관적인 방식이며 관행은 어떤 규칙이나 일련의 규칙들에 의해 정의된다고 해보자. 따라서 전문직 비밀유지의 관행은 그와 같은 규칙에 의해 정의된다. 다른 사람들에게 의뢰인이나 환자 관계에서 얻게 된 정보를 드러내서는 안 된다. 가끔 관행은 어떤 규칙들의 모음으로 정의될 수도 있다. 관행이 규칙들에 의해 정의되기 때문에 우리는 그 용어들을 흔히 번갈아 사용한다.

들—청중—이 대개 훨씬 더 많기 때문이다. 그러나 입찰 사례가 보여주듯이, 이것이 항상 그런 것은 아니다. 때때로 일반적 관행에 따른 결과는 너무 분명해서 그런 정책에 따른 결과가 어떠할지를 알기 위해 상상할 필요가 거의 없다. 운전을 더 협조적이고 안전하게 하도록 설계된 교통규칙을 생각해보자. 밤이 늦었고, 주변에 아무도 없는 듯이 보이고, 그리고 신호는 붉은색이다. 여러분은 분명히 아무도 피해를 당하지 않을 것이고 여러분이 법을 위반하여 붉은색 신호를 지나치는 것이 더 편할 것이라고 생각할 수도 있다.

그러면 여러분은 연관된 일반적 관행을 생각한다. 분명히 교통신호등, 정지 신호, 양보 신호, 도로의 다른 약속에 대한 일반적인 불복종은 여러분을 포함한 모든 사람에게 재난을 불러일으킬 것이다. 그래서 일반적으로는 우리가 각 상황에서, 예를 들어, 붉은색 신호를 통과하는 것이 안전할지를 결정하기보다는 규칙과 관례를 따르면서 운전하는 것이 우리 모두에게 더 낫다고 결론내리는 것이 합당한 것처럼 보인다. 즉, 사례에 따라서 예측가능성이 더 적은 방식으로 무엇을 해야 할지를 결정하려고 하기보다는 다른 사람들이 우리가 가지고 있는 것으로 여길 수 있는 좋은 운전습관을 개발하는 편이 더 낫다.

물론, 규칙과 관행은 때때로 바뀌어야 한다. 일찍이 양보 신호는 없었다. 그러자 어떤 정지 신호가 양보 신호로 대체되었고, 양보 신호는 때때로 교통신호가 전혀 없는 곳에 도입되었다. 이제 많은 교통신호 교차로가 로터리로 교체되었다. 아마도 이러한 변화들은 공리주의적 관점에서 바람직한 목표인 교통안전과 효율성을 개선하기 위해 도입되었을 것이다. 그러나 이것은 규칙과 관행의 대체이지 규칙과 관행의 제거가 아니라는 점이 지적되어야 한다.

공리주의적 관점에서 잘 이해되고 일반적으로 관찰된 규칙과 관행이 다루는 상황에서 이들 규칙과 관행에 직접 호소함으로써 여러분의 행위를 정당화하는 한 사례를 만들 수 있다. 공리주의적 목적에 기여하는 이 일반적으로 관찰된 규칙이나 관행은 효용에 의해 정당화된다. 대부분의 경우, 여러분은 일반 규칙들을 정당하게 따르고 특정 사례에서 이 규칙의 위반이 정당화되어야 하는지를 고려조차 하지 않는다.

그러나 복잡하게 만드는 문제들이 있다. 만일 규칙이나 관행으로부터 광범위하게 벗어나 있다면, 다른 사람들이 지키지 않을 경우에도 규칙과 관행을 계속 따름으로써 전체적인 효용이 여전히 증진되고 있는지의 여부는 덜 분명하다. 잔디로 덮인 캠퍼스 안뜰의 아름다움을 보존하기 위해, "인도를 사용해 주세요."라는 팻말이 게시될 수도 있다. 이 요청에 대부분이 따르는 한, 잔디로 덮인 지역은 아름다움을 유지할 수도 있을 것이다. 그러나 너무 많은 사람들이 잔디를 가로지른다면, 닳은 통로가 형성되기 시작할 것이다. 마침내 팻말의 주장을 따르는 것은 공리주의적 관점에서 쓸모없는 것처럼 보일 수도 있다—가치 있는 목적이 쓸모가 없어졌다.

따라야 할 규칙의 정확한 본질을 결정하는 것은 때때로 어렵고 논쟁의 여지가 많다는 점은 또 다른 문제이다. 입찰에 대한 비밀유지를 어길지를 고려하는 제임스를 가정해보자. "피고용인은 항상 그리고 어떤 예외도 없이 회사의 이익을 극대화하기 위하여 행동해야 한다." 이 규칙은 범위가 너무 넓고, 실행된다면 재난으로 이어질 것이다. 또 다른 규칙은 다음과 같다. "만일 당신의 이름이 제임스이고 Precision Parts에서 일한다면, 당신은 상황 X (위에서 기술된 사례에서 제임스가 직면한 상황)에서 입찰과정에 대한 비밀유지를 위반해야 한다." 이 규칙은 지나치게 구체적이고 임의적인 호소를 드러낸다. 우리는 제임스라는 이름을 가지는 것과 Precision Parts에서 일하는 것이 무엇이 그렇게 특별한지 물을 수도 있다. 이름이 로버트라는 것과 Safety Parts에서 일하고 있다는 것은 어떤가? 요컨대, 비밀유지에 대한 도덕 규칙을 단지 제임스와 Precision Parts에만 제한하는 것은 효력이 없을 것이다. 그럼에도 불구하고, 어떤 "규칙에 대한 예외들"은 매우 타당한 것처럼 보이기도 한다. 만일 여러분이 멀리서 정지 신호에 다가서고 있는데, 통제불능의 큰 트럭이 바로 여러분 뒤에 있을 때, 그때 여러분은 그 길을 벗어나는 편이 나을 것이다.

규칙의 효용에 대해 생각하는 것은 특히 광범위한 사회적 결과를 가지는 법적 · 사회적 정책의 쟁점에 대한 결정을 고려할 때 매우 유용할 수 있다. 전문직이 광고하도록 허용되어야 할지에 관한 질문을 고려해보자. 한편으로, 어떤 사람들은 다른 경우였다면 전문적 서비스를 위한 가격을 낮추는 경쟁이 일어나 활성화되지 않았을 정보를 광고가 대중에 제공한다고 믿는다. 다른 한편으로 어떤 사람들은 전문적 광고가 대중을 오도하고, 광고는 잘하지만 반드시 직업적으로 가장 유능하지 않는 전문가들과 전문직 회사들에게 이점을 제공한다고 믿는다. 이러한 주장들은 "모든 전문직들이 뒤따르는 어떤 일반적 관행은 모든 것을 고려한다면 대중의 안녕을 증진시키는가?"라는 질문을 제기하기 때문에 모두 공리주의적이다.

규칙과 관행을 공리주의에 따라 생각할 때 따르게 될 유용한 단계들을 정리한 **글상자 2.11**을 보라.

글상자 2.11 **규칙과 관행에 대한 테스트 적용하기**

1. 이 상황에서 적절한 청중에게 적용되는 잘 확립된 관행을 찾아보라. 만일 그 관행이 어떤 다른 관행보다 더 나은 공리를 증진시킨다면, 그것을 따라야 한다.

2. 적용할 수 있는 관행이 없다면, 모든 것을 고려할 때 이 상황에서 장기간에 걸쳐 가장 최선의 결과를 낳을 것 같은 대안을 선택하라.
3. 여러분이 공리주의에 근거하여 정당하게 예외를 만들 수 있는 상황일 수도 있다고 생각하지 않는 한, 이 상황에서는 정당화된 관행을 따르라.

이 절에서 기술한 공리주의적 절차를 적용하는 데에는 다양한 질문들을 다룰 것이 요구되는데, 그중 일부는 매우 복잡하다는 사실이 밝혀질 것이고 우리가 확신할 수 있는 답을 얻지 못할 수도 있을 것이다. 그럼에도 불구하고, 특히 제임스와 같은 사람들이 고려할 요인들을 간과하거나 심지어 고의로 무시할 수 있는 경우를 고려하면, 이러한 절차를 따르는 것은 실천윤리에서 종종 매우 유용할 수 있다.

2.12 인간존중의 접근법

일반도덕의 RP(Respect for Persons) 모델의 근본적인 원칙은 "여러분이 모든 인간을 자유롭고 평등한 도덕적 행위주체로 존중하도록 행동하라."이다. 도덕적 행위주체에 대한 평등한 고려는 정의의 기본적인 요건으로 이해될 수 있다. 도덕적 행위주체는 오직 외부로부터 그것들에게 부과된 목표나 목적을 충족시킬 수 있는 칼이나 비행기와는 구분되어야 한다. 무생물 대상은 도덕적 관점으로 행위를 평가할 수 없다. 도덕적 행위주체에 대한 범례적 예는 무생물 대상과는 대조적으로 그 자신만의 목표나 목적을 공식화할 수 있는 보통의 성인 인간이다. 그러한 존재는 자율성을 가진다고 한다.

RP 관점에서 공리주의가 제안하는 다수의 복지를 최대화하는 것은 모든 개인들의 도덕적 행위주체성을 존중하는 목표에 비해 덜 중요하게 여겨져야 한다. 그저 효용의 전체 양을 더 많이 얻기 위해 사람들을 죽이거나, 속이거나, 그들의 자유를 부정하거나 혹은 침해할 수도 있다. 공리주의적 사고를 다루면서 우리는 RP 사고에 대한 세 가지 접근법을 고려할 것이다.

황금률 테스트

RP 이론은 보편화원리에 크게 중점을 둔다. 보편화원리가 왜 그렇게 중요한지에 대하여 가장 그럴듯한 설명을 제시할 수도 있다. 우리들 대부분은 우리가 도덕적으로 받아들일 수 있는 방식으로 행동하고 있다고 생각한다면, 다른 사람들도 유사한 상황에서 유사한 종류의 일들을 하도록 허용해야 한다는 것을 인정할 것이다. 똑같은 통찰이 "만약 모두가 그렇게 한다면 어떨까?"와 "왜 당신에게는 예외가 허용되어야 하는가?"와 같은 그런 공정성과 동등한 대우에 대하여 우리에게 질문하도록 이끈다. 이러한 보편화가능성 검사에 대한 가장 명백한 이유는 우리 모두가 동등한 도덕적 행위주체라는 점이다.

가역성(**Reversibility**)은 보편화원리의 어떤 특별한 적용이다. 왜냐하면 보편화라는 관념은 어떤 판단이 그저 역할이 뒤바뀐다는 이유로 달라져서는 안 된다는 것을 의미한다. 내가 다른 사람들을 대하듯이 다른 사람들이 나를 대하는 것에 대하여 생각할 때, 나는 내가 그들의 입장이었다면 내가 무슨 생각을 할지 물을 필요가 있다. 내가 특정 어려움을 피하기 위하여 거짓말을 하고 싶어진다면, 누군가 내게 거짓말을 한다면 내가 무슨 생각을 할지를 물을 필요가 있다. 가역성이라는 관념을 적용함으로써 우리의 생각을 보편화하는 것은 우리에게 행하여진다면 거부할 방식으로 다른 사람들을 대하는 것을 우리가 승인하는 것일 수도 있음을 깨닫게 해 줄 수 있다. 이것이 황금률(golden rule)의 배후에 깔려있는 기본관념이며, 다양하게 변형된 형태로 대부분의 문화권에서 종교적 및 윤리적 저술에 나타난다. 우리 문화의 가장 친숙한 공식은 "남들이 네게 해주기를 바라는 대로 남들에게 행하라."이다.

관리자가 공장에서 나오는 오염물의 배출을 발견한 젊은 엔지니어에게 침묵하라고 명령한다고 가정해보자. 그런데 그 오염물은 공장 근처에 사는 주민들에게 사소한 건강상의 문제를 일으킬 수도 있다. 이 명령이 황금률을 충족시키기 위해서 관리자는 자신이 젊은 엔지니어였더라도 자신에게 유사한 명령을 내리는 그런 관리자를 기꺼이 받아들여야 한다. 그 관리자는 또한 배출된 오염물질이 제거되지 않는다면 공장 근처에서 살면서 건강상의 문제를 겪을 주민들의 입장에 서야 한다.

이러한 예는 도덕적 문제를 해결하기 위해 황금률을 사용함에 있어 발생할 수 있는 주목할 만한 문제를 드러낸다. 그 관리자가 상상에 의해 젊은 엔지니어의 입장에 자기 자신을 두려고 한다고 가정해보자. 우리는 그 엔지니어를 **행위의 수용자**(**recipient**)로 부를 수 있다. 어쩌면 그 관리자는, 특히 상관이 오랜 세월의 경험을 가진 전문가라면, 그 사람이 문제없이 자신의 상관에게 복종해야 한다고 믿을 수 있다. 아니면 그는, 특히 배출된 오염물로부터 사람들을 보호하는 것이 매우 비용이 많이 들고, 경제에 해로우며, 일자리를 잃게 할 수도 있을 경우, 사람들이 사소한 건강상의 위협에 너무 민감하다고 생각할 수도 있다. 만일 그가 자신을 이러한 가치와 믿음을 가진 수용자의 위치에 놓는다면, 그는 자신의 명령이 전적으로 합당하다고 결론을 내릴 수도 있다. 반면에 그 관리자는 사람들이 상사에게 의문을 제기할 권리가 있으며, 산업체들은 이득이 될 때 다른 사람들에게 건강상의 위험을 떠넘기기가 너무 쉬우며, 이런 위험은 흔히 가장 경제적으로 취약한 주민들에게 떠넘겨지는데, 그 이유는 그들이 산업시설과 보다 가까운 곳에 사는 경향이 있기 때문이라고 생각할 수도 있다. 이 사례에서 그 관리자는 자신의 명령이 황금률에 따라 정당화될 수 없다고 결론지을 수도 있다. 황금률을 도덕적으로 허용될 수 있는 행동에 대한 테스트로 사용한 결과는 행위자의 가치와 믿음에 따라 달라질 수도 있다.

누구나 황금률을 행위자가 자신을 행위의 수용자 입장에 놓을 뿐 아니라 수용자의 가치를 취하고 자신의 특별한 상황을 인정하도록 요구하는 것으로 해석하여 이런 문제들을 회피하려고 시도할 수 있다. 사실상 수용자가 그 명령으로 고통을 받고 있고 위에서 논의된 두 번째 가치들의 모음을 가진다면, 관리자는 젊은 엔지니어에게 침묵하라는 명령을 내려서는 안 된다.

불행히도 이런 전략이 모든 문제들을 해결하지 못한다. 내가 다른 엔지니어들을 관리하는 엔지니어이고, 게으르고 비생산적인 부하직원 중 한 명을 해고해야 한다는 걸 알게 된다고 가정해보자. 그러나 내가 해고하기를 원하는 엔지니어는 "세상이 나를 먹여 살려야 한다."고 믿으며 자신의 무책임에 대해 처벌받기를 원치 않는다. 비록 우리 대부분이 무책임한 피고용인은 해고되어야 한다고 믿는다 하더라도(심지어 우리가 무책임한 피고용인이더라도), 부하직원을 해고하는 것은 황금률의 이러한 해석에 어긋난다.

이것이 황금률의 적용에 있어 문제의 끝이 아니다. 지금까지 우리는 수용자의 부류가 젊은 엔지니어나 해고당하기를 원치 않는 엔지니어처럼 오직 한 사람만으로 이루어져 있다고 가정하였다. 그러나 다른 사람들도 물론 그 행위의 영향을 받는다. 오염물질에 대해 침묵을 지킬지, 지키지 않을지에 관한 결정은 공장 인근에 사는 사람들에게 영향을 끼칠 수 있고, 무책임한 고용인을 해고할지 말지에 관한 결정은 다른 고용인을 포함한 많은 사람들에게 영향을 끼칠 수 있다. 만일 우리가 수용자의 집합을 행위에 의해 영향을 받는 모든 사람들로 확장시킨다면, 우리는 거의 불가능한 과제를 맡는 셈이다. 수용자들은 거의 확실히 같은 결정에 모두 동의하지는 않을 것이므로 황금률의 적용은 어떤 답도 주지 않는다.

비록 이러한 문제들이 지적됨에도 불구하고, 그 문제들은 흔히 우리가 생각하는 것만큼 심각하지는 않다. 많은 상황에서 그 행위의 영향은 주로 한 사람에게만 미친다. 또한 그 영향이 많은 사람들에게 미치는 경우에도 우리는 타인들이 원하는 것에 대한 합리적인 가정을 세울 수 있고, 사람들의 소망과 욕구가 모든 영역에서 대체로 비슷한(건강, 안전, 평등한 대우) 많은 상황에서 우리는 이러한 가정에 대해 상당히 높은 확실성을 가질 수 있다.

만일 우리가 그러한 가정을 세울 수 없다고 믿을 만한 근거를 가진다면, 우리는 보다 일반적인 방식으로 황금률의 통찰력을 사용해야 할 것이다. 실제로 요구되는 것은 우리가 공유할 수 있는 기준에 따라 타인을 대우하기를 원한다는 보다 일반적인 관점으로 문제를 고려해야 한다는 것이다.[8] 우리는 어떤 기준이 채택되든 간에 영향 받는 모든 집단을 존중해야 한다는 것을 유념해야 한다. 우리 자신을 잠재적으로 행위자와 수용자로 보는 것이 요구된다. 이 관점은 우리가 행위자와 수용자의 관점에서 이해하도록 요구하며, 황금률은 우리들에게 이 점을 상기시키는 유용한 기능을 한다. 그것을 어떻게 적용하는지에 대한 설명은 **글상자 2.12**를 보라.

글상자 2.12 황금률 테스트 적용하기

1. 황금률 적용에 의해 테스트되어야 할 행위를 찾아보라.
2. 여러분의 가치와 다른 사람들의 가치가 유사하다고 가정하고 여러분이 행위의 수용자일 경우에 유사한 행위를 기꺼이 할지를 (자기 자신에게) 물어보라.
3. 만일 여러분이 심사숙고한 행위의 수용자가 되고자 한다면, 그 행위는 황금률에 의해 도덕적으로 허용될 수 있다.

자기파멸적 테스트

황금률은 그 자체로 RP 기준을 만족하도록 충족시켜야 하는 모든 판단기준을 제공하는 것은 아니지만, 보편화가능성과 가역성 요건들은 이 RP 기준을 충족시키는 필수적인 단계이다. 이제 우리는 RP 기준에 적용되는 보편화원리의 추가적인 특징을 고려해보자.

전과 마찬가지로 보편화원리의 근본이념을 적용하는 또 다른 방법은 만약 다른 사람이 같거나 유사한 상황에서 같은 행위를 수행한다면 나도 그 행위를 수행할 수 있는지를 물어보는 것이다. 만일 다른 모든 사람들이 내가 하고 있는 것을 하였을 경우, 이것이 같은 것을 하는 나의 능력을 약화시키게 될까?[9]

---

8 이런 해석에 대한 옹호를 위해서는, Marcus G. Singer, Defense of the Golden Rule, in Marcus G. Singer, ed., *Morals and Values*(New York: Scribners, 1977)를 보라.

9 임마누엘 칸트가 보편화원리에 대한 이런 해석을 제안하였다. *Foundations of the Metaphysics of Morals, with Critical Essays*, Robert Paul Wolff, ed., (Indianapolis, IN: Bobbs-Merrill, 1969). 그것에 관한 다른 해석을 찾으려면 C. E. Harris, *Applying Moral Theories*, 5th ed. 2007, pp. 155-158을 보라.

만일 내가 이 질문에 "예"라고 말해야 한다면, 나는 다른 사람들이 내가 했던 것과 같은 종류의 일을 하도록 승인할 수 없으며, 따라서 내 행위를 보편화하는 것은 **자기파멸적(self-defeating)**이 될 것이다. 더구나 계속해서 나를 규칙의 예외로 취급하는 것은 다른 사람을 희생시키면서 나 자신의 이익(good)을 추구하는 것이다. 따라서 그것은 그들을 적절하게 존중하지 않는 것이다. **글상자 2.13**을 보라.

글상자 2.13 **자기파멸적 테스트 적용하기**

1. 여러분이 자기파멸적 테스트로 테스트하기를 원하는 행위를 찾아보라.
2. 모든 사람이 그 행위를 한다면, 그 행위가 자기파멸적일지를 물어보라. 왜냐하면
   (a) 모든 사람들이 그 행위를 한다면, 이루어질 수 없기 때문이거나
   (b) 모든 사람들이 그 행위를 한다면, 그 행위를 수행하면서 품은 여러분의 목적이 약화될 것이기 때문이다.
3. 그 행위가 (a)나 (b) 중에 해당된다면 그 행위는 용인할 수 없다. 만일 그렇지 않다면, 그 행위는 용인할 수 있다.

보편화된 행위는 두 가지 방식 중 하나로 자기파멸적일 수 있다. 첫째, 때때로 그 행위 그 자체가 보편화된다면 수행될 수 없다. 돈을 갚을 의향도 없으면서 어떤 특정한 시기에 갚을 것이라고 약속하고 돈을 빌리는 존을 상상해보자. 존의 거짓 약속이 효력이 있으려면, 존이 약속하는 사람은 그가 자신의 말을 지킬 것이라고 믿어야 한다. 그러나 모든 사람들이 돌려주겠다는 약속을 하고 돈을 빌리면서 그 약속을 지킬 의향이 없다면, 약속은 중요하게 여겨지지 않을 것이다. 어느 누구도 약속을 근거로 돈을 빌리지 못할 것이다. 바로 이런 약속하는 관행은 그 의미를 상실하고 사라질 것이다. 우리가 이해하듯이, 약속하는 것은 불가능하게 될 것이다.

한 공학적 사례를 생각해보자. 엔지니어 존이 자신의 회사의 수많은 고객들 중 한 명을 위해 설계하고 있는 제품의 부품을 질이 떨어지고 값이 싼 것으로 대체하기로 결정한다고 가정해보자. 그는 그 고객이 질이 떨어지는 부품을 발견하기에 충분할 만큼 그 제품을 면밀히 살펴보지 않거나 그 부품이 질이 떨어진다는 것을 알아낼 만큼 충분한 기술적 지식이 없을 것이라고 추정한다. 만일 모든 사람이 이런 종류의 속임수를 쓰고 다른 사람들도 마찬가지로 그렇게 할 것이라고 예상한다면, 고객들은 제품을 구입하기 전에 전문가의 주의 깊은 검사를 받는 것을 훨씬 더 선호하는 경향이 있을 것이다. 이것은 존의 속임수가 성공하

게 될 가능성을 훨씬 낮게 만들 것이다.

자기파멸적 테스트를 사용하는 것이 모든 이가 실제로 약속을 지킬 의향도 없이 약속을 하거나, 시험에서 부정행위를 하거나, 제품의 부품을 질이 떨어지는 싸구려로 대체할지의 여부에 달려 있지 않다는 점을 깨닫는 것이 중요하다. 질문은 "만일 모두가 이렇게 한다면 어떻게 되는가?"이다. 이것은 가설적인 질문이다—다른 누군가가 행동한 것의 결과로 실제로 다른 사람들이 이런 식으로 행동할 것이라는 예측이 아니다.

다른 접근법들과 마찬가지로 자기파멸적 테스트도 한계점이 있다. 어떤 비윤리적인 행위들은 자기파멸적으로 되지 않을 수도 있다. 엔지니어 빌은 본성상 공격적인 사람으로, 모든 사람이 할 수 있는 만큼 많이 사기를 치고 속이려 하는 매우 경쟁적이고 심지어 악랄한 정도의 사업환경을 진정으로 사랑한다. 그는 사업을 일종의 게임으로 생각하며 가능한 가장 높은 수익을 내는 것보다 이러한 사업의 측면을 한층 더 가치 있게 여긴다. 만일 모든 사람이 그를 따라한다면, 무자비한 사업환경에서 잔인한 그의 능력은 약화되지 않을 것이다. 심지어 우리들 대부분이 그의 수법을 부도덕하다고 여길지라도, 그의 행동은 자기파멸적이지 않다.

여기에 또 다른 예가 있다. 환경을 보존하는 데 관심이 없는 엔지니어 알렉스는 자신의 행동이 자기파멸적으로 되지 않더라도 환경에 매우 파괴적인 프로젝트들을 설계할 수 있었다. 다른 엔지니어들이 알렉스가 무엇을 하고 있는지 알고 있고 심지어 자신들도 환경에 파괴적인 프로젝트를 설계했다는 사실은 그가 계속 그렇게 하는 것을 막지 못하거나 그런 프로젝트들을 설계하면서 지니는 목표, 즉 자신의 수익을 극대화하려는 목표를 파괴하지 못할 것이다. 그러나 황금률과 마찬가지로 자기파멸적 테스트는 많은 실천적 상황에 유용하다. 이제 우리는 RP 접근법의 세 번째 테스트를 살펴볼 수 있게 되었다.

권리 테스트

RP 전통의 일부 이론가들은 다른 사람의 도덕적 행위주체성을 존중하는 요건을 공식화하는 가장 유용한 방식들 중 하나가 우리가 다른 사람들이 자신의 도덕적 행위주체성을 행사하고 스스로의 안녕을 추구하는 데 필요한 그들의 권리를 존중해야만 한다고 선언하는 것이라는 결론을 내렸다. 권리는 행동할 권리와 다른 개인의 행동을 어떤 방식으로든 받아들일 권리 모두로 이해될 수 있다. 권리의 이러한 이중적인 측면 때문에 권리는 의무와 상관관계인 것으로 흔히 여겨져 왔다. 따라서 만일 켈리가 살 권리가 있다면, 다른 사람들은 켈리를 죽여서는 안 되는 의무가 있다. 만일 켈리가 신체적으로 온전할 권리를 지닌다면, 다른 사람들은 켈리에게 신체적 피해를 끼치지 말아야 할 의무가 있다.

우리가 기술한 것처럼, 권리는 보호 장벽의 역할을 하면서 다른 사람들의 도덕적 행위주체성에 대한 부당한 침해로부터 개인들을 보호한다. 우리는 이러한 종류의 권리를 **소극적 권리(negative rights)**라고 부를 수 있다. 이것을 넘어 권리는 때때로 음식, 의복, 교육의 공급을 요구하는 것으로서 보다 적극적으로 주장될 수 있다. 따라서 만일 켈리가 음식을 공급받을 권리가 있다면 다른 사람들은 적어도 생존에 필요한 최소한의 음식을 제공할 상호관련된 의무가 있다. 우리는 이것을 **적극적 권리(positive rights)**라고 부를 수 있다. 그런 적극적인 권리들이 우리 문화에서는 훨씬 더 논쟁의 여지가 많고 일반적으로 충족시키기 다소 어렵기 때문에 우리는 어떤 사람의 이익에 대한 적극적인 지지가 아니라 "소극적 권리"나 혹은 단지 다른 사람에게 불간섭을 요구하는 데 초점을 맞춘다.

비록 사람들이 가져야 하는 소극적인 권리와 그들이 다른 사람들에게 요구하는 것이 무엇인지를 결정하는 것은 논란이 될 수 있지만, 일반적인 기본 원칙은 분명하다. 개인은 자신의 도덕적 행위주체성을 심각하게 저해하는 그 어떤 것도 박탈당해서는 안 된다. 만일 어떤 사람이 여러분의 생명을 앗아간다면, 여러분은 자기 자신의 도덕적 행위주체성을 전혀 실천할 수 없을 것이므로 이 권리는 상대적으로 논란의 여지가 없다. 그러나 다른 사람들이 제기한 권리들 중에 일부는 여러분들이 효과적으로 도덕적 행위주체성을 실천할 힘을 감소시킬지언정 여러분의 도덕적 행위주체성을 부정하지는 않는다. 그래서 그것들의 권리로서의 지위는 더 큰 논란의 대상이 될 수 있다.

권리에 대한 설명이 직면해야 하는 한 가지 문제는 충돌하는 권리들을 어떻게 다루어야 하는가이다. 한 공장 관리자가 공장에서 발암성 오염물질을 제거함으로써 돈을 절약하기를 원한다고 가정해보자. 회사를 대표해서 행동하는 관리자는 경제적 이익을 위해 자신의 재산을 사용할 자유를 박탈당해서는 안 되는 권리를 가진다. 그러나 오염물질은 주변 거주자들의 살 권리를 위협한다. 그 오염물질이 주변 거주자들을 직접, 그리고 모두를 죽이지는 않지만 거주민들의 암 발생 위험을 증가시킨다는 것을 지적하자. 그래서 우리는 오염물질이 거주자들의 살 권리를 **침해(infringe)하지만**, 그 권리를 직접적으로 **위반(violate)하지는** 않는다고 말할 수 있다. 권리위반에서는 특정 상황에서 권리를 실천할 우리의 능력은 본질적으로 완전히 부정되는 반면에 권리침해에서는 권리를 실천할 우리의 능력은 단지 감소된다. 이러한 감소는 두 가지 방식으로 일어난다. 첫째, 때때로 침해는 사망 확률을 증가시키는 오염물질의 사례에서처럼 권리에 대한 **잠재적인** 위반이다. 둘째, 때때로 침해는 한 사람의 재산 전부는 아니지만 일부가 강탈당하는 경우처럼 (권리의) 부분적인 위반이다.

충돌하는 권리들의 문제는 우리가 다른 것보다 어떤 것에 더 큰 중점을 두어 권리들에 우선순위를 매기는 것을 요구한다. 철학자 거워스(Alan Gewirth)가 제시한 유용한 우선순위 매기기 방식이 **글상자 2.14**에 있다.[10]

글상자 2.14 **거워스의 권리의 위계**

1단계 가장 기본적인 권리, 행위의 본질적인 전제조건: 가령 생명, 신체적 온전성(integrity), 정신 건강

2단계 우리가 이미 가진 목적충족 수준을 유지할 권리. 가령 기만당하거나 속임수에 넘어가지 않을 권리, 비일상적인 위험에 대한 고지에 입각한 동의(informed consent), 소유물을 강탈당하지 않을 권리, 음해당하지 않을 권리, 깨어진 약속으로 고통 받지 않을 권리.

3단계 우리의 목적충족 수준을 증가시키는 데 필요한 권리. 가령 재산과 부를 획득하려는 권리.

이러한 위계(hierarchy)를 이용하면, 삶에 대한 권리는 1단계 권리이고 편익을 위해 재산과 부를 얻고 사용할 권리는 3단계 권리이므로, 공장 관리인이 발암성이 매우 강한 오염물질을 방출함으로써 돈을 절약하려는 것은 잘못된 것이다. 그러나 때때로 그 위계는 적용하기 더 어려울 수 있다. 우리는 1단계 권리에 대한 약간의 침해, 그리고 2단계 또는 3단계 권리에 대한 매우 심각한 침해나 노골적인 위반을 서로 어떻게 균형 맞출 것인가?

권리들의 위계는 그러한 질문에 대해 어떠한 자동적인 답변도 제공해주지 않는다. 그럼에도 불구하고 그것은 그러한 질문을 다루는 틀을 제공한다. 우리는 **글상자 2.15**에 표기된 일련의 단계들을 추천한다.

글상자 2.15 **권리 테스트 적용하기**

1. 평가되어야 할 행위나 규칙 그리고 이용가능한 선택지를 찾아보라.
2. 이용가능한 선택지들이 무엇인지와 각 선택지에서 어떤 권리가 위태로운지를 결정하라.
3. 권리의 위계 속에 놓을 위태로운 권리들의 위치와 그 권리들이 위반되거나 침해되는지를 결정하라.
4. 가장 중요한 권리들을 가장 최소한으로 위반하거나 침해할 행동이나 규칙을 확인하라.
5. 모든 것을 고려해서, 가장 최소한으로 위반하거나 침해할 것처럼 보이는 선택을 하라.

---

10 Alan Gewirth, *Reason and Morality*(Chicago: University of Chicago Press, 1978), especially pp. 199-127 and 338-354.

2.13 덕 윤리 접근법

어쩌면 가장 오래된 윤리적 사고의 전통인 덕 윤리가 현대 윤리학자들 사이에서 점점 중요해지고 있다. 덕 윤리의 근본 원칙은 "좋은 사람이거나 덕스러운 사람이 그 상황에서 행위할 방식대로 행위하라."이다.

덕이란 무엇인가?

덕은 일반적으로 "기질적인 특성" 다시 말하면, 어떤 사람이 옳은 일을 하려는 경향을 갖게 하거나 그런 일을 하려는 쪽으로 기울어지게 하는 성격 특성으로 묘사된다. 덕은 깊음과 넓음으로 묘사될 수 있다. 그 깊음의 의미는 덕이 어떤 사람을 어떤 일정한 방식으로 일관성 있게 행동하도록 이끌며 그것에 강하게 헌신하는 견고하게 확립된 습관이다. 넓음은 덕이 다양한 방식으로 그 자체를 드러낸다는 것이다. 덕이 있는 사람은 행동뿐만 아니라 정서적 반응에서, 이해관심에서, 일반적인 감성에서도 덕을 드러낸다. 진정 정직한 사람은 정직함이 단지 말썽에 휘말리지 않는 최선의 방식이라고 생각하기 때문이 아니라 정직한 것이 삶을 사는 최선의 방식이라고 믿기 때문에 정직하다. 그는 부정직한 사람이라면 역겨워하며, 그런 사람들과 함께 어울리게 되는 것을 싫어한다. 그는 스스로를 정직하도록 "만들려고" 할 필요가 없다. 왜냐하면 정직한 것이 성품의 일부가 되었기 때문이다. 그는 자신이 부정직했다면 행복하거나 좋은 삶을 살았다고 생각하지 않을 것이다.

덕이 무엇인가를 보다 잘 이해하기 위해서, 아리스토텔레스와 같은 덕 윤리학자들은 덕을 악덕들 사이의 중간 위치(또는 "중도")를 차지하는 것으로 생각하는 것이 유용하다는 것을 알았다. 우리는 용기를 한편으로는 비겁이라는 악덕과 다른 한편으로는 만용이라는 악덕 사이의 중간 입장으로 생각할 수 있다. 우리는 관대함이라는 덕을 한편으로는 인색함이라는 악덕과 다른 한편으로는 돈을 헤프게 쓰는 낭비벽이라는 악덕 사이의 중간 입장으로 생각할 수 있다. 우리는 고용주에 대한 충성의 덕을 한편으로는 완전한 불충이라는 악덕과 다른 한편으로는 고용주에 대한 의심의 여지없는 복종이라는 악덕 사이의 중간 입장으로 생각할 수 있다.[11]

11 W. D. Ross, *Aristotle*(London, UK: Methuen, 1930), p. 203.

글상자 2.16 핵심적인 덕과 선택된 성품적 강점들

1. 지혜(창의성, 개방성, 균형 잡힌 관점)
2. 용기(용감함, 인내력, 활력 또는 에너지)
3. 인간애(사랑, 친절)
4. 정의(시민적 자질, 공정, 지도력)
5. 절제(겸손, 자기 통제)
6. 탁월(아름다움과 뛰어남의 인정, 감사, 영성)[12]

로스와 거트가 규칙의 관점에서 일반도덕을 요약한 것처럼, 덕 윤리학자들도 덕의 목록으로 일반도덕을 요약하였다. 덕에 대한 다양한 목록들이 제안되어 왔지만, 상당히 중복된다. 처음이자 아마도 가장 중요한 덕 윤리학자인 그리스 철학자 아리스토텔레스는 용기, 참됨, 자존감, 재치, 우정, 겸손, 관대함 또는 "장엄함"을 포함하는 매우 짧은 목록을 제시하였다.[13] 이 목록은 아마도 기원전 5세기의 상류층 아테네인들의 도덕적 이상을 요약했지만, 우리는 보다 보편적인 목록을 필요로 한다. 현대 심리학자들인 피터슨(Christopher Peterson)과 셀리그먼(Martin Seligman)은 전 세계의 문화들을 조사하고 그것이 핵심적인 덕에 대한 포괄적인 목록이면서 "성품적 강점들"과 연관되어 있다고 믿는 바를 제시하였다(**글상자 2.16**의 괄호 속에 열거됨). 여러분은 성품적 강점들을 그저 추가된 덕으로 여기는 것이 더 그럴듯하다고 여길 수도 있다. 여기에 피터슨과 셀리그먼이 확인한 핵심 덕에 대한 설명과 성품적 강점들의 모음이 있다. **글상자 2.16**조차도 (청렴성과 충성심과 같은) 모든 덕을 열거하지 못할 수도 있지만, 출발은 좋다.

이들 일반적 덕에 더하여, 우리가 **전문직 덕(professional virtues)**이라고 부를 수 있는 일부 덕은 전문직의 특별한 임무를 수행하는 데 있어 전문가들을 도울 수 있다. 환자에 대한 연민의 덕은 의학에서 특히 중요한 전문직 덕이며, 의뢰인에 대한 충성은 법조계에서 특별히 중요한 덕이다.[14] 공학의 경우에는 어떠한가? 우리는 제1장에서 공학 최고의 기능이 인류의 "복지(welfare)"와 "안녕(well-being)"과 "삶의 질"을 증진시키는 것임을 보았다. 우리는 다음의 두 덕들이 안녕을 증진시키는 공학의 사명과 특별한 연관성이 있음을 제안할 것이다.

---

12 Christopher Peterson and Martin E. P. Seligman, *Character Strengths and Virtues*(New York: Oxford University Press, 2004), pp. 29-30.

13 아리스토텔레스의 목록이 우리 귀에 이상하게 들리는 이유 중 하나는 그의 덕 중 일부(즉, 자존감, 재치, 우정, 장엄함)는 현대인들에게 엄격하게 "도덕적" 덕으로 여겨지지 않기 때문이다.

14 이런 접근법에 대한 제안은 매킨타이어(Alasdair MacIntyre)에게서 발견될 수 있다., *After Virtue*(Notre Dame, IN: University of Notre Dame Press, 1981), p. 178.

전문적 배려

엔지니어들은 이러한 덕의 중요성을 인정한다. 왜냐하면 그들은 자주 자기네 전문직 회원들에 "당연한 배려"를 중요한 것으로 여기도록 언급하기 때문이다. 배려는 다른 사람의 안녕—공학의 경우에는 공공의 안녕—을 보호하고 증진시키는 어떤 타고난 성품이다. 배려의 범례는 자식에 대한 부모의 관계이다. 자녀에 대한 배려 관계에는 두 가지 차원인 자녀를 해로부터 보호하기와 자녀의 안녕을 증진시키기가 있다. 대중에 대한 배려의 덕을 드러냄에 있어서도 이와 같은 차원들이 중요하다. 엔지니어들은 대중의 건강과 안전, 행복에 피해를 끼치지 않을 뿐만 아니라(금지와 예방의 윤리) 그들의 전문적 업무를 통해 공공의 안녕을 증진시킨다는 것(열망의 윤리)도 보장해야 한다. 열망의 윤리에 대한 선택적인 그 이상의 연장으로서 엔지니어들은 가난한 사람들과 사회적으로 혜택을 받지 못하는 사람들의 안녕을 개선하는 데 헌신할 수도 있다.

자연의 존중

최근에 엔지니어들은 자신들의 일과 자연세계와의 관계를 인정하게 되었다. 과학기술은 환경으로부터 이끌어내고, 다시 환경에 영향을 끼친다. 그렇다면 자연존중의 덕이 엔지니어 전문직에 점점 중요해지고 있다는 것은 놀랍지 않다. 미국유산사전(American Heritage Dictionary, AHD)에 따르면, 어떤 것을 존중하는 것은 "존경을 보이는 것, 공경하는 것", "헤아리는 것, 방해를 피하는 것, 즉 존경으로 대하는 것"이다. 자연을 향한 이러한 태도는 엔지니어들이 환경과 친근한 혹은 "환경친화" 공학에 전념하도록 할 수 있다. 그 이유는 그저 법이 그것을 요구할 수도 있기 때문이 아니라 엔지니어의 품성에 깊이 뿌리내려져 있기 때문이다. 덕은 깊을 뿐만 아니라 넓어야 한다는 것을 상기하면서 우리가 주장할 수 있는 것은, 자연을 존중하는 것이 우리의 지성이 수반된다는 점뿐만 아니라 우리의 정서와 감성이 활동하기 시작한다는 것을 의미한다는 사실이다. 어떤 엔지니어는 지속가능성과 불필요한 자연자원의 착취에 대해 관심을 가진다. 그는 자연세계에 대한 존중이 결여되는 것에 기분이 상하며 환경친화적 과학기술의 창조를 자랑스러워한다. 그는 심지어 이런 태도를 공유하지 않는 엔지니어들과 상종하는 것에 불편해할 수도 있다.

덕 윤리의 강점들: 도덕의 합리적 및 직관적 요소

공리주의 및 RP 이론가들에게, 도덕적 사고는 특정 상황에서 도덕적 개념과 규칙의 적용을 수반하는 주로 합리적인 작업이다. 최근까지 도덕적 사고를 연구하는 많은 심리학자들도 같은 견해를 취했다. 합리적이고 논리적인 사고는 올바른 도덕적 판단에 도달하는 방식이다.[15] 이 견해에 대한 증거가 존재한다. 학업은 도덕적 발달의 합리적인 측면을 증진시킬 수 있다. 어린 시절과 청소년기 동안 도덕교육 수업을 받았던 한국 학생들은 암산과 관련된 뇌 활동이 훨씬 더 활발하게 나타났다.[16] 아마도 이 계산은 사례연구를 포함하여 그것들에 대한 적절한 도덕적 판단을 내리는 도덕적 심사숙고를 포함하였을 것이다. 자연에 대한 배려와 존중을 수반하는 쟁점들에 관한 도덕적 심사숙고는 배려의 의미와 공공과 자연세계를 돌보는 태도를 실행하는 방법을 포함한다.

더 최근에 심리학자들은 대략 "도덕적 사고"라고 부를 수도 있는 것의 이중적인 본성을 깨닫기 시작했다. 한 측면은 정말 "합리적인" 체계인데, 비교적 느리게 작동하고 자발적인 노력과 의식적인 도덕적 추론을 수반한다. 다른 요소는 도덕적 판단과 행위에 있어 "직관적" 혹은 "반사적인" 요소이다. 뇌의 다른 부위에 위치한 "직관적" 체계는 빠르고 반사적이거나 무의식적이다. 그것은 특히 감정과 연관되어 있으며 분명한 노력이 거의 없이 의식에서 나타난다. 우리가 삶에서 내리는 대부분의 도덕적 판단과 행위는 이 근원에서 나온다.[17] 비록 한 체계가 어떤 주어진 상황에서 지배적일 수는 있지만 이 두 체계는 흔히 함께 작동

---

15 아마 이 전통에서 가장 중요한 심리학자인 콜버그(Lawrence Kohlberg)는 다음과 같이 주장한다. 도덕적 사고는 일련의 단계를 따르는데, 사리사욕(self-interest)을 우선으로 고려하는 유형의 사고로 시작해서 자신이 속한 사회의 관습적인 도덕적 견해에 의해 지배되는 사고에 초점을 맞추는 단계로 계속 옮아간다. 그리고 보편적인 안녕(넓게 보아 공리주의)과 정의(넓게 보아 RP)에 대한 고려사항에 의해 지배되는 도덕적 사고의 유형에서 정점을 이룬다. 콜버그에 대하여 요약한 것을 보려면, Detlef Garz, *Lawrence Kohlberg: An Introduction*(Opladen and Farmington Hills, MI: Barbara Burdich, 2009)를 보라. 또한 John Gibbe, "Kohlberg s Stages of Moral Development: A Constructive Critique," *Harvard Educational Review*, 47, 1977, pp. 43-61; and James Rest, "The Hierarchical Nature of Moral Judgment: A Study of Patterns of Comprehension and Preference of Moral Stages," *Journal of Personality*, 41, no. 1, March 1973, pp. 86-109를 보라.

16 H. Hahn, "Analyzing Theoretical Frameworks of Moral Education Through Lakatos's Philosophy of Science," *Journal of Moral Education*, 43, no. 1, March 2014, 32-53.

17 Lisa Tessman, "Virtue Ethics and Moral Failure: Lessons from Neuroscientific Moral psychology," in *Virtues in Action*, ed. Michael W. Austin(New York: Palgrave Macmillan, 2013), 171. 또한 Jonathan Haidt, "The Emotional Dog and Its Rational Tail: A Social Intuitionist Approach to Moral Judgment," *Psychological Review*, 108, pp. 814-834; and J. Green et al., "An fMRI Investigation of Emotional Engagement in Moral Judgment," *Science*, 293, no. 5537, pp. 2105-2108를 보라.

해서 도덕적 판단을 만들어낸다.[18]

도덕적 판단과 행위가 이중의 원천으로 이루어져 있다는 그림은 덕 윤리학자들이 오랫동안 주장했던 것과 일치한다. 도덕적으로 좋은 사람임은 그 사람의 추론 역량뿐만 아니라 우리가 일반적으로 습관이라고 부르는 것과 연관된 직관적이고 반사적인 역량의 배양을 요구한다. 우리는 이미 합리적인 부분이 어떻게 배양될 수 있는지를 보았다. 직관적이고 반사적인 부분은 어떠한가? 우리는 다음 두 가지 방식을 제안한다.

도덕적 범례

도덕에서 직관적인 반사적 요소를 이용하는 가장 효과적인 방식 중의 하나는 덕의 범례들—두드러질 정도로 덕을 나타내는 사람들—에 접하는 것이다. 이들 범례를 연구하면서 우리는 덕이 배우기보다는 젖어드는 것임을 알게 된다. 도덕적 범례에 대한 고전적 연구에서 심리학자 콜비(Anne Colby)와 데이먼(William Damon)은 도덕적 범례를 식별하기 위한 어떤 판단기준을 세웠다. 그들은 도덕적 이상에 따라 행동하는 강한 경향, 즉 자신의 이상을 따르기 위해 기꺼이 사리사욕을 위태롭게 하려는 마음, 자신의 중요성에 대한 겸손, 그리고 결과

---

18 이 두 체계가 어떻게 작동하는지를 보기 위해서는 다음의 두 가지 가설적인 상황을 생각하라. 그 가설의 유형이 인위적임에도 불구하고, 심리학적 연구에서 자주 사용되어 왔다. 첫 번째 상황에서(그것을 "바꾸기(Switch)"라고 부르자), 제어가 안 되는 레일용 손수레가 가파른 경사면으로 질주하고 있고, 만일 그것이 멈추지 않는다면 다섯 사람이 부딪치게 될 것이다. 당신은 그 손수레를 다른 선로로 변경할 수 있지만, 그렇게 한다면 그 손수레가 한 사람을 덮칠 것이다. 두 번째 상황에서(그것을 "밀기(Push)"라고 부르자), 레일용 손수레가 같은 경사면을 질주하고 있고 그 손수레가 끝까지 달린다면 역시 다섯 사람을 덮치게 될 것이다. 이때 당신은 높이 세운 다리에서 선로 위로 어떤 뚱뚱한 사람을 밀어 넣음으로써 그 손수레를 멈출 수 있다. 만일 당신이 한 가지 선택을 해야 한다면, 어떤 선택을 하게 될까? 약간 더 현실적인 상황에서(그것을 "질식시켜 죽이기(Smother)"라고 부르자), 당신과 다른 네 명의 어른들은 함께 있는 작은 아이뿐만 아니라 모두를 죽이려는 어떤 범죄자들로부터 숨고 있다. 그 아이가 울고 있고, 만일 입을 막아 질식시키지 않는다면, 당신들의 위치가 드러나 모든 어른들과 아이가 죽게 될 것이다. 이런 예들은 많은 실험 대상자들에 제시되어 왔다. 그리고 여기에 결과가 있다. 대부분의 대상자들은 "밀기"와 "질식시켜 죽이기"에 강한 부정적, 감정적, 즉각적인 반응을 나타냈다. "바꾸기"에 대한 결과는 섞여 있어서, 어떤 이들은 첫 번째 선택을 하였고 다른 이들은 다른 선택을 하였다. 더구나 "바꾸기"에서는 뇌의 합리적 계산과 연관된 부위가 활성화되었고 반응시간도 더 느렸다. 반면에 대상자들이 "밀기"와 "질식시켜 죽이기"를 생각하고 있었을 경우에는 뇌의 감정과 연관된 부위가 활성화되었다. 이런 딜레마에 대하여 당신이 어떤 도덕적 판단을 내리는지와 무관하게, 이 연구는 당신이 도덕적 판단에 이르게 되는 방식이 그 판단들이 재빠르거나 또는 더 느리거나 또는 더 노력이 필요한 경우마다 다르다는 것을 강하게 암시한다. 재빠른 판단은 먼저 감정적인 반응인 것으로 나타났고, 더 천천히 내린 판단은 합리적이고 인지적인 요소를 수반한다. 더구나 도덕적 판단을 내릴 때 수반되는 것에 대한 완전한 그림은 합리적 및 감정적 요소를 모두 포함한다. Tessman, op. cit., pp. 175-177을 보라.

적으로 자기 자신의 자아에 대한 염려를 떨치는 것을 포함한다.[19] 실제 사례들에 대한 그들의 연구를 요약하자면, 콜비와 데이먼은 범례의 어떤 부가적인 특징들을 식별하였는데, 그것은 높은 수준의 도덕적 확신, 발달에 중요한 시기의 친밀한 가족적 유대, 자신들의 삶에 있어 강한 의미감과 사명감, 삶을 향한 긍정적 태도와 평생 동안의 낙관주의, 유머 감각, 용서하는 능력, 좌절로부터 회복하게 해주는 회복력 등이다.[20] 우리들 대부분은 아마도 이것들을 우리 모두가 가지기를 원하는 존경할 만한 특성들로 인정할 것이다.

경험적 증거는 품성을 형성하는 데 있어 도덕적 범례의 중요성을 뒷받침해준다. 대학생들은 그들의 전공분야에서 범례를 목격했을 때 유의미한 자기 개선의 징후를 보았다. 흥미롭게도 그러한 개선은 덜 적절한 범례가 사용되었을 때는 명백하지 않았다.[21] 이것은 젊은 엔지니어에게 그 전문분야의 뛰어난 구성원들, 즉 과학기술적으로 기량이 뛰어나고 성공적일 뿐만 아니라 전문성과 도덕적 헌신의 관점에서도 두드러진 엔지니어들을 접하게 하는 것의 중요성을 시사한다. 이것은 공공의 건강, 안전, 복지에 대한 배려와 자연존중이라는 두 가지 덕을 드러내는 엔지니어들을 포함한다.

도덕의 습관화

아리스토텔레스 이후로 도덕 이론가들은 덕스러운 행위 습관을 기르는 것이 도덕적 덕을 향상시키는 중요한 방식이라는 것을 인정해왔다. 심리학자들도 역시 이 통찰을 입증해 왔다. 도덕적으로 칭송받을 만한 행위에 참여하는 것(어쩌면 장애인을 돕기 위해 과학기술로 설계하는 것 혹은 어떤 유형의 공동체 봉사에 종사하는 것)은 효과적이고 의미 있는 유형의 도덕교육이다.[22] 국경 없는 엔지니어회의 회원인 학생들은 도덕의 습관화를 위한 많은 기회를 갖는다.

---

19 Anne Colby and William Damon, *Some Do Care*(New York: Free Press, 1992), p. 29.

20 Ibid, pp. 49-62, 그리고 262-287.

21 P. Lockwood and Z. Kunda, "Superstars and Me: Predicting the Impact of Role Models on the Self," *Journal of Personality and Social Psychology*, 73, pp. 91-103.

22 T. Lickona, "Eleven Principles of Effective Character Education," *Journal of Moral Education*, 25, no. 1, pp. 93-100.

덕 윤리의 강점: 조정이 가능한 상황

덕 윤리는 또한 어떤 영역과 관련하여 특별한 힘을 가지는데, 그 영역이란 어떤 사람이 도덕적 명령이 어떻게 실행되어야 하는지에 대하여 상당한 정도의 자유재량을 가지는 그런 영역이다. 공학 강령은 엔지니어들이 공공의 안전을 최고로 여기도록 요구하지만, 막상 이 의무가 어떻게 실행되어야 하는지에 관해서는 최소한으로만 명시하고 있다. 물론, 이해충돌이 있다거나 적절한 자격 없이 영업하는 것 같은 그런 활동의 금지규정을 위반하지 말아야겠지만, 이 명령의 더 적극적인 측면들은 어떠한가? 여기서 규칙만으로는 불충분하며, 우리는 주로 엔지니어의 품성에, 특히 배려와 자연존중이라는 두 가지 전문직의 덕에 의존해야 한다.

규칙보다는 품성에 의존해야 하는 이러한 요구는 가난한 사람들이나 사회에서 소외된 사람들의 행복을 개선하려는 시도처럼 도덕적으로 요구되는 것을 넘어서는 열망의 윤리라는 그런 부분에 관련되어 있다. 엔지니어가 그러한 프로젝트들에서 어떻게 관여할지, 또는 관여할지 말지조차도 일련의 규칙이 아니라 개인의 가치관과 성품에 달려 있다.

덕 윤리의 결점

이런 이점들에도 불구하고, 덕 윤리는 어떤 결점들을 가지는데, 그것이 윤리적 사고의 완전한 설명으로서의 덕 윤리를 부적절하게 만든다. 우리는 이미 금지규칙이 더 유용하다고 주장해왔다. 즉 법적 강제가 적절하다는 것이다. 또한 규칙보다는 덕에 대한 호소가 상당한 정도의 자유재량이 적절하다는 이점이 있는 반면에, 충분히 엄밀한 행위를 위한 처방을 만들어내지 못할 수도 있다. 일반적으로 덕에 대한 호소는 규칙에 대한 호소에 비해 행동을 위한 정확한 처방을 만들어내지 못하는 것처럼 보인다. 그러나 **글상자 2.17**에 나타난 절차는 덕 윤리의 적용을 위한 어느 정도의 방향을 제시할 것이다.

글상자 2.17 **덕 윤리의 적용**

1. 상황에서 가능한 대안적인 행동방침들을 결정하라.
2. 이들 행동방침들에 상응하는 덕(또는 악덕)을 결정하라.
3. 행위들의 이유가 되는 덕(또는 악덕)의 관점에서 행위들을 평가하라. 만일 어떤 행동방침이 악덕에 의해 동기가 부여된 것이라면, 덕에 의해 동기가 부여된 행동방침으로 대신 선택되어야 한다. 만일 둘 이상의 행동방침들이 서로 다른 덕에 의해 동기가 부여된 것이라면 그 상황에서 가장 적절한 덕에 의해 동기가 부여된 행동방침이 선택되어야 한다.

4. 만일 어떤 덕이 가장 적절한지에 대하여 결정이 이루어질 수 없다면, 다른 덕들과 연관된 행위들이 똑같이 허용될 수 있다.[23]

덕 윤리: 적용

덕 윤리를 적용하는 것은 특별한 어려움을 야기할 수 있기 때문에 우리는 이 지침들이 어떻게 도덕적 쟁점에 적용되는지에 대한 예를 제공할 것이다.[24]

6월에 화학공학 학위를 받은 후, 제럴드는 농장의 운용을 돕기 위해 가족농장에 돌아갈 계획이다. 5월 초에 그의 아버지가 심하게 아프게 되자, 제럴드는 가족농장을 구하는 유일한 방법이 공학에서 직업을 구하는 길뿐이라고 확신하였다. 그의 동료 선배들 대부분이 이미 일자리를 구했고 면접 시즌은 끝났다. 제럴드가 찾은 유일한 취업 기회는 Pro-Growth Pesticides에 입사하는 것이었다. 그러나 가족농장은 유기농 농장이었고 제럴드의 아버지는 항상 살충제의 사용에 강하게 반대하였다. 제럴드 그 자신은 살충제가 전반적으로는 환경에, 특히 농산물에 해를 끼친다고 믿었다. 그는 자신이 살충제에 관한 입장을 밝혀야 할 것이라는 사실을 안다. 그는 무엇을 해야 하는가? 덕 윤리의 관점에서 이 쟁점을 살펴보자.

1. 제럴드는 먼저 그 상황에서 가능한 대안적인 행동을 결정해야 한다. 그는 세 가지 가능성을 생각한다. 그는 (a) 그 일자리의 면접을 거부하거나, (b) 면접을 보지만 살충제에 대한 질문에 정직하게 답변하거나, (c) 면접을 보면서 일자리를 얻기 위해 살충제에 관한 그의 입장을 올바르게 대변하지 않을 수 있다.
2. 이들 행동방침들에 대응하는 덕과 악덕을 결정함에 있어, 제럴드는 다음의 분석을 제안할 수도 있다. (a) 만일 그가 그 일자리를 위한 면접을 거부한다면, 그는 계속 정직한 사람으로 남을 것이고 자신의 고결함(integrity)을 유지할 것이다. 즉 그는 계속해서 자신의 원칙에 따라 일관되게 행동하는 사람이 될 것이다. 그러나 그는 농장을 유지하는 일을 돕지 못할 것이기 때문에 가족 구성원들에게 보여야 할 충실을 드러내지 못할

23 이 시나리오는 C. E. Harris, Jr., *Applying Moral Theories*, *5th ed.*(Belmont, CA: Thompson Wadsworth, 2007), pp. 208-209에서 제시된 것을 충실하게 따른다.

24 이 사례분석은 해리스로부터 가져 왔다. *Applying Moral Theories*(Belmont, CA. Thompson Wadsworth, 2007), pp. 216-217. 사례는 프리차드(Michael S. Pritchard)의 *Teaching Engineering Ethics: A Case Study Approach*, National Science Foundation, Grant No. DIR-8820837, pp. 244-262로부터 각색되었다.

수도 있다. 그러나 그는 가족의 이상에 충실하려 했을 것이다. (b) 만일 그가 회사 면접에 참여하지만 살충제에 관한 그의 입장을 정직하게 답변한다면, 그는 자신의 정직함을 지키겠지만, 자신의 원칙과 부합하지 않는 일자리에 지원함으로써(아마도 일자리를 구함으로써) 자신의 고결함과 타협할 수도 있다. 그는 적어도 농장 유지를 돕는다는 의미에서만 자신의 가족에 대한 자신의 충실함을 유지할 것이다. (c) 만일 그가 회사 면접에 참여해 살충제에 관한 그의 입장을 올바르게 대변하지 않는다면, 그는 가족에 대한 충실성을 유지하겠지만, 정직하거나 고결한 사람이 되지는 못할 것이다.

3. 이제 우리는 도덕적으로 가치 있는 사람에 알맞은 덕들에 직접적으로 또는 간접적으로 근거하고 있는지의 여부에 따라 제럴드에게 열려 있는 대안들을 평가해야 한다. 그는 이 세 선택지들을 어떻게 평가해야 하는가? 그는 자신이 무엇을 하든 간에 그가 소중하게 여기는 덕들 중 최소한 하나를 적절하게 드러내지 못할 것이다. 선택지 (a)와 (b)는 한 가지 덕만을 위반하는 반면에 (c)는 두 가지 덕들을 위반한다. 더구나 선택지 (c)는 부정직과 고결함의 부족이라는 악덕을 보다 직접적으로 보여주는 것 같다. (c)는 가장 바람직하지 않는 선택이 되는 것처럼 보이지만 (a)와 (b) 사이의 선택은 더 어렵다. 만일 그가 또 다른 취업 기회를 찾을 수 있다면 선택지 (a)가 가장 바람직할 것이다. 만일 이런 가능성이 그에게 열려 있지 않다면, 제럴드가 어떤 유형의 인간이 가장 되고 싶어 하는지에 달려 있을 것이다. 즉 충실한 인간이 되든가 아니면 고결한 인간이 되든가. 제럴드는 가족에게 충실하기를 원하는 것보다 한층 더 자기 자신의 가치관에 일관되게 고결함을 보여주고 싶어 한다고 결정할 것이다. 그래서 그는 그 면접을 거절해야 한다. 제럴드는 창의적인 중도를 찾아서 그런 어려운 선택을 하지 않을 수도 있다.

2.14 실천윤리에서 도덕이론 또는 접근법 활용하기

이 세 가지 접근법은 선 긋기나 창의적 중도 해결책과 같은 방식으로 이용될 수 있다. 그래서 그것들이 적절하다는 것이 알려질 때마다 실무적인 도덕적 쟁점들을 해결하는 데 도움을 줄 것이다. 목수가 집을 짓는 데 유용한 톱이나 망치를 선택하는 것과 마찬가지로, 실천윤리학자들은 당면한 목적에 유용한 기법들을 즉시 선택한다.

도덕이론에 대한 지식은 도덕적 분석에 여러 방식으로 기여할 수 있다. 첫째, 이론들은 우리들이 도덕적 쟁점에 대한 대안적 사고방식의 도덕적 기반을 이해하게 해줄 수 있다.

우리가 강에 수력발전 시설을 건설하는 것의 타당성을 생각하고 증가된 전력에 따른 이익과 비용 그리고 가능한 환경적 피해와 같은 그러한 쟁점들을 생각할 경우, 이러한 방식의 사고는 공리주의적이고 널리 사용되며 도덕적으로 정당한 도덕적 분석방법이라는 사실을 아는 것은 유용하다. 우리가 개인의 권리가 침해되고 있는지 여부를 생각할 경우, 우리는 매우 다른 종류의 도덕적 분석을 하고 있지만, 그것도 똑같이 합당하다. 더구나 두 접근법이 다른 도덕적 결론에 이를 수 있다는 점과 조정의 과정이 필요할 수도 있다는 점을 미리 아는 것이 중요하다. 마지막으로 어떤 상황에서 성품에 따른 평가가 더 중요할 수도 있다. 어떤 성품의 특성들이 엔지니어를 도덕적 모범을 따라 행동하게 하며, 다른 사람들에게 이런 특성들을 장려하기 위해서는 무엇을 할 수 있는가? 왜 어떤 엔지니어는 스트레스가 큰 상황에서 그러한 높은 전문성을 드러냈고, 다른 엔지니어들은 그렇지 못했는가?

둘째, 이 접근법들은 달리 이용할 수 있는 것보다 더 세부적이고 적절한 도덕적 분석 방식을 제공할 수 있다. 윤리 이론들은 우리에게 어떤 행위나 정책에 의해 영향을 받는 모든 사람들을 고려하는 것의 중요성과 어떤 특정 행위의 효용을 살피는 것과 어떤 일반적 관행의 효용을 살피는 것 사이의 차이를 고려하도록 상기시켜 주었다. 그것들은 권리가 침해되고 있는지의 여부를 묻고 그리고 우리가 어떤 행위를 기꺼이 보편화하려고 하려는 것이 적절한지를 제기한다. 그것들은 우리가 전문직에 있어 책임감 있는 행위를 증진시키는 데 있어 어떤 품성의 특성이 중요한지와 이들 품성의 특성이 어떻게 개발될 수 있는지를 묻도록 한다. 우리는 도덕이론에 자극을 받지 않고는 이런 많은 질문들을 할 것 같지가 않다.

셋째, 우리는 이 접근법들에 대한 지식이 도덕적 쟁점에 대한 중요한 사고방식의 한계를 우리에게 일깨워줄 수 있고 우리가 한 가지 이상의 관점으로 도덕적 문제를 검토해야 한다는 것을 상기시키도록 일깨워줄 수 있음을 보았다. 우리가 살펴보았듯이, 공리주의 분석은 정의에 대한 고려사항이나 개인을 존중하는 것을 등한시할 수 있다. RP 분석은 개인의 권리에 대한 사소한 침해에 직면해서 압도적인 공공의 선을 알맞게 강조하지 못할 수 있다. 두 접근법은 많은 유형의 전문직 활동을 유발하는 데 있어 중요한 성품의 특성들을 등한시한다. 덕 윤리는 흔히 도덕적 질문에 대한 분명한 답을 제공하지 못한다.

2.15 요약

윤리적 방법론과 이론들은 윤리적 쟁점을 다루는 데 있어 사용되는 일련의 도구들이다. 도덕적 문제를 사실적, 개념적, 적용의, 도덕적 구성요소로 나누는 것은 언제나 유용하다. 선 긋기 기법과 창의적 중도 해결책, 그리고 공리주의, RP, 덕 윤리 접근법이 사용되어야 하는지의 여부, 그리고 어떻게 사용되어야 하는지를 결정하는 것은 윤리적 딜레마에 직면한 사람의 판단에 맡겨져야 한다. 세 이론 접근법들을 일반도덕의 부분적이고 불완전한 모델로 생각하는 것은 세 도덕이론 또는 접근법이 응용윤리에서 어떻게 사용되어야 하는지를 이해하는 데 도움을 줄 수 있다.

로스와 거트는 의무와 규칙으로 일반도덕을 요약하려고 했고, 데이비스는 일반도덕의 이념과 고전적 도덕이론을 반영하는 행동의 도덕적 수용 가능성을 위한 몇몇 테스트를 제공했다. 도덕적 판단이 행위들이나 관행들을 허용할 만한 것, 허용할 만하지 않은 것, 의무적인 것, 의무 이상의 것으로 평가할 수 있다는 것과, 도덕적 평가들이 특정 행동, 일반적 관행, 혹은 매우 일반적인 도덕적 판단기준에 대하여 이루어질 수 있음을 아는 것도 중요하다. 마지막으로 일반도덕의 도덕적 평가에서 행동 배후의 의도가 결정적으로 중요할 수 있다.

CHAPTER 3

공학에서의 책임

이 장의 **주요 생각들**

- 책임(responsibility)은 현재나 미래에 하는 일과 과거에 해왔던 일 모두에 대한 책무(accountability)와 관계가 있다.
- 엔지니어의 책임은 규제하는 규범과 공학의 표준관행을 따르는 것뿐만 아니라 합리적인 배려의 기준을 충족시킬 것을 요구한다.
- 엔지니어들은 비록 법적으로 책임을 지지 않더라도, 고의적으로, 부주의하게 그리고 무모하게 일으킨 피해에 대하여 책임지게 될 것을 예상할 수 있다.
- 책임감 있는 공학실무는 그저 알고리즘을 따르는 것이 아닌, 최선의 판단을 요구한다.
- 공학적 책임에 대한 괜찮은 테스트는 다음과 같은 질문이다. 즉 "아무도 보고 있지 않을 때 엔지니어는 무엇을 하는가?" 이것은 엔지니어의 업무에서 신뢰의 중요성을 분명히 한다.
- 책임 있는 공학은 적절한 행동에 대한 여러 도전, 즉 약점들, 정상화된 일탈, 한계가 있는 윤리성, 권위의 무비판적 수용, 집단사고와 같은 것들을 고려할 것을 요구한다.

미국 동부 표준시간으로 2003년 1월 16일 오전 10시 39분에 우주왕복선 컬럼비아호가 16일간의 임무를 띠고 케네디우주센터에서 발사되었다.[1] 7명의 컬럼비아호 승무원들은 수많은 과학실험을 하고 2월 1일에 돌아올 예정이었다. 발사 후 단 81.7초 만에 대형 외부연료탱크를 감싸고 있던 서류가방 크기의 갈색을 띤 오렌지색 단열 발포체 조각이 떨어져 나

1 이 설명은 다음의 세 가지 출처에 의거하고 있다. *Columbia Accident Investigation Board*, vol. 1 (Washington, DC: National Aeronautics and Space Administration, 2003); "Dogged Engineer's Effort to Assess Shuttle Damage," *The New York Times*, September 26, 2003, p. A1; William Langewiesche, "Columbia's Last Flight," *Atlantic Monthly*, November 2003, pp. 58-87.

와 우주선의 왼쪽 날개 앞부분의 가장자리를 때렸다. 당시 컬럼비아호 승무원들이나 지상에 있는 지원인력에게는 알려지지 않았지만 발포체가 날개의 앞부분 가장자리를 때려 지름이 10인치(약 25.4 cm) 정도 되는 구멍을 냈다.

발포체의 충돌이 여러 카메라에 녹화되었지만, 녹화장면에서 정확한 충돌지점이나 충돌로 인한 결과를 밝혀줄 만큼 충분한 상세자료는 얻지 못했다. 로차(Rodney Rocha)를 포함한 여러 엔지니어들은 보다 선명한 영상을 확보하기 위해 계속 시도할 것을 요청했다. 심지어 컬럼비아호 승무원들에게 날개의 손상여부에 대하여 조사하도록 지시하라는 요청도 있었다. 그러나 발포체의 충돌은 비록 알려진 문제이긴 했지만, 심각한 손상을 유발할 수 없었고 비행안전과 관련된 쟁점도 아니었다는 것이 NASA에서는 거의 신봉하는 수준으로 되어 있었다. 그래서 경영진은 그러한 요구를 거절했다. 우주비행사들은 대기권 재돌입 직전에서야 비로소 그 문제에 관해 듣게 되었다. 왜냐하면 발포체의 충돌이 중요하지는 않지만, 그들이 임무를 마치고 귀환하여 언론에서 발포체 충돌에 관한 질문을 하게 될 경우 그것에 대해 알고 있어야 했기 때문이다.

지구 대기권으로 재진입할 때, 아마도 화씨 5,000도를 넘는 과열된 공기로 인해 꿈틀거리며 솟아오르는 연기가 날개의 갈라진 틈새로 들어가 내부로부터 날개를 태우기 시작했을 것이다. 우주선은 태평양 상공에서 파괴되기 시작해, 미국 상공에 들어와서는 더욱 악화되었다. 결국 왼쪽 날개의 아래 표면이 날개 안쪽으로 함몰되기 시작했고, 마침내 컬럼비아호는 조종 불가능 상태가 되어 동부 텍사스 상공에서 산산조각이 나버렸다. 우주선의 상실과 함께 모든 승무원들이 사망하였다.

3.1 서론

17년 전 챌린저호 참사와 놀라울 정도로 유사점들이 많은 이 비극적인 사건은 공학전문직에서 책임의 개념을 둘러싼 많은 쟁점들을 보여준다. 엔지니어들은 명백히 컬럼비아호의 비행을 가능하게 하고 우주선과 승무원을 보호하는 데 핵심적인 역할을 수행했다. 발사 초기부터 엔지니어들은 발생할 수 있는 문제에 대해 특별한 주의를 기울였다. NASA 파편평가팀(Debris Assessment Team)의 로차와 다른 엔지니어들은 날아다니는 파편들이 걱정되었다. 그러한 세부사항에 관심을 기울이고 평가하는 것이 그들의 책임이었다. 만일 그들이 이 일을 잘 처리하지 못하였다면, 상황이 매우 나빠질 수 있었다. 비록 그들이 이 일을 잘 처리하였더라도, 상황은 매우 나빠질 수 있었다. 큰 위험이 도사리고 있었다.

글상자 3.1 **책무로서의 책임**

이래의 범위에 적용된다.

- 개별 엔지니어들
- 엔지니어 팀들
- 조직 내의 부서들
- 조직들 그 자체

다음의 관점으로 이해된다.

- (때때로 엄중한[무과실] 책임을 포함한) 법적 책무
- (엄중한[무과실] 책임을 포함하지 않는) 도덕적 책무

글상자 3.1이 지적하듯이, 책임에 대한 관념은 다양한 측면이 있다. 책임은 법적 책임, 직업에 규정된 역할, 전문공학단체의 기대, 일반적으로 받아들여진 공학적 능력의 기준, 스스로 부과한 도덕적 기준에 우선적으로 초점을 맞출 수도 있다. 더구나 비록 법적, 윤리적 개념들이 서로 구별된다지만, 그것들은 서로 연관되어 있다. 예를 들면, 엔지니어의 법적인 의무들은 도덕적 의무들에 대하여 알아내도록 돕는다. NSPE 윤리강령은 기본규범 I에서 엔지니어들이 "전문직의 명예, 평판, 효용을 증대시키도록 스스로 명예롭고, 책임감 있고, 윤리적이고, **합법적으로** 수행하여야 한다.(강조 추가)"고 명시하고 있다.

전문가로서 엔지니어들은 스스로를 높은 행위기준에 헌신하도록 요구받는다.[2] 제1장에서 지적했듯이, NSPE 윤리강령 전문은 정직함과 고결함, 공정함, 공공의 안전과 건강, 복지의 보호에 헌신하는 엔지니어의 중요성을 강조한다. 이 전문은 엔지니어들이 그들의 일에서 떠맡는 특별한 역할과 이 일이 우리의 삶에 미치는 중대한 영향에 바탕을 두고 있다. 우리는 이것을 **역할책임**이라고 부를 수 있다.

공학 전문지식의 책임 있는 발휘에 우리가 의존한다는 것은 개별 엔지니어에게나, 엔지니어와 함께 일하는 다른 사람들로 구성된 팀의 구성원으로서, 엔지니어들의 신뢰할 만한 일처리에 우리의 믿음을 둘 필요가 있음을 지적한다. 결과적으로 다른 사람들에게 서비스를 제공할 기회가 주어질 때 엔지니어들은 불신을 유발하지 않는 방식으로 처신할 필요가 있다. 이것은 엔지니어의 책임에 대한 전문가적 접근방식에 중요한 함의를 띤다. 일반적

---

2 다음의 몇몇 문단과 이 장의 후반부 일부는 프리차드(Michael S. Pritchard)의 저작, "Professional Standards for Engineers," in *Handbook Philosophy of Technology and Engineering Sciences*, ed. A. Meijers, Part V, Normativity and Values in Technology, Ibo van de Poel, ed.(Elsevier Science, 2010)에 근거를 두고 있다.

으로 우리는 스펙트럼을 따라 책임에 대한 가능한 접근법들을 생각할 수 있다. 그 스펙트럼의 한쪽 끝에는 곤란한 문제를 피하면서 처벌을 모면할 수 있는 만큼의 적은 일만 하면서 자신의 일자리를 지키는 태도 따위가 있다. 명백히 이러한 소극적인 태도는 NSPE 강령의 기본 요구조건에 한참 못 미치는 것이다. 강령의 조항은 대부분 엔지니어에게 더욱더 요구되는 것으로서 기준을 위반하는 것을 금지하는 내용이다. 스펙트럼의 다른 한쪽 끝에는 "의무의 요청을 넘어서"(때때로 의무 이상의, 또는 "한 층 더 노력하는"으로 언급되는) 일을 하는 태도와 성향이 있다. NSPE 강령도 그러한 열망을 장려한다(그러나 요구하지는 않는다). 예를 들면, Ⅲ절(전문직 의무) 조항 2.a는 다음과 같이 표현한다. "엔지니어는 시민생활 업무와 청소년 진로지도에 참여하도록 권장된다. 또한 자기가 속한 공동체 사회의 안전, 건강, 안녕을 증진시키도록 일해야 한다." 조항 2.c는 다음과 같이 표현한다. "엔지니어는 공학과 공학의 성취에 대한 대중의 지식과 이해를 증진시키는 데 노력하도록 권장된다." 끝으로 조항 2.d는 다음과 같이 표현한다. "엔지니어는 미래세대를 위한 환경을 보호하기 위하여 '지속가능한 개발(sustainable development)'의 원칙을 지키도록 권장된다."

고용주가 NSPE 강령이 요구하고 권장하는 것을 진지하게 받아들이는 엔지니어를 고용하기를 원한다면, 그들은 엔지니어에게서 어떤 유형의 태도와 기질을 찾으면 좋을까?[3] **글상자 3.2**가 일부 유력한 후보들을 열거하는데, 이것들은 모두 NSPE와 같은 공학윤리강령에서 최소한 암묵적으로라도 인정받고 있다.

글상자 3.2 엔지니어에게 바람직한 자질

- 기본적인 공학역량
- 정직
- 다른 사람들과 함께 친하게 일하는 것
- 인내
- 객관적 타당성에의 전념
- 품질에 대한 헌신
- 아주 상세한 것들뿐 아니라 "큰 그림"을 볼 줄 아는 능력
- 시민정신이 있음
- 전문직의 고결함
- 자기희생을 하려는 의지
- 풍부한 상상력
- 다른 사람들과 알기 쉽게 의사소통하기
- 실수를 인정하고 바로잡는 솔직함

3 뒤따르는 목록은 잭사(James Jaksa)와 프리차드(Michael S. Pritchard)가 실시한 엔지니어와 관리자에 대한 면접에 기초해 있으며, 프리차드의 논문에서 보고되었다. Michael S. Pritchard, "Responsible Engineering: The Importance of Character and Imagination," *Science and Engineering Ethics*, 7, no. 3, 2001, pp. 394-395.

3.2 공학기준

다른 공학윤리강령들처럼, NSPE 강령도 엔지니어들의 업무가 "적용가능한 공학기준"을 충족시킬 것을 요구한다. **글상자 3.3**을 보라.

글상자 3.3 적용가능한 공학기준

- 규제기준: 기술적 요건을 구체화하는 것(예를 들어, 안전을 위해)
- 절차기준: 예를 들어, 측정가능한 품질이나 안전의 수준을 정하기 위해 따라야 할 절차들
- 배려의 기준: 같은 지역 그리고 같은 상황에서 같은 시기에 유사한 서비스를 제공하는 정상적인 역량을 갖춘 다른 전문직 종사자들에 의해 통상적으로 제공되는 서비스의 수준이나 품질[4]
- 판단: 규제기준 및 절차기준, 그리고 배려의 기준은 여전히 훌륭한 판단에 의한 실행을 필요로 하기 때문에 필요하다.

규제기준 및 절차기준과 배려의 기준은 공학의 품질, 안전, 효율성에 대한 어느 정도의 보장을 제공하려고 계획된 것이다. 그러나 그 기준들도 공학 설계 및 실행에서 전문가의 자유재량에 상당한 여지를 남긴다는 점을 깨닫는 것이 중요하다. 여기에 엔지니어들이 따라야 할 알고리즘은 거의 없다. 그래서 공학적 **판단**에 대한 필요성이 강조되어야 한다.[5]

비록 NSPE 윤리강령은 특정 엔지니어 전문직협회에 속한 구성원들의 집단적 성찰의 산물이지만, 공학실무에 종사하는 모든 엔지니어들의 윤리적 책임을 다루려고 의도된 것처럼 보인다. 이 점을 고려하면, 강령에 의해 승인된 기준은 NSPE 회원들이 이 기준을 지킬 것을 공개적으로 표명한다는 사실 이외의 다른 이유로 뒷받침될 수 있어야 한다. 즉, 그 기준은 NSPE 회원뿐만 아니라 모든 엔지니어들에게 적용된다는 이유로 뒷받침되어야 한다. 그런가?

이 질문에 답하는 데 있어 NSPE 윤리강령의 전문이 엔지니어가 스스로 어떻게 처신해야 하는지를 규정할 때 NSPE 회원들만 골라내어 다른 엔지니어들과 구별하지 않는다는

---

4 이를테면, the Association for Computing Machinery: ACM Code of Ethics and Professional Conduct, 2.2 Acquire and maintain professional competence를 보라.

5 이것은 샤피로(Stuart Shapiro) 논문의 주요 주제이다. Stuart Shapiro, "Degrees of Freedom: The Interaction of Standards of Practice and Engineering Judgment," *Science, Technology, & Human Values*, 22, no. 3, Summer 1997.

점을 주목하는 것이 중요하다. 대신에 전문은 공학이 사회에서 하는 일반적인 역할을 묘사하고 그 역할을 책임감 있게 수행하는 데 적합한 보다 구체적인 행위기준을 덧붙인다. 아마도 이런 묘사는 엔지니어가 NSPE 회원이든 아니든 상관없이 적합하다.

엔지니어이든 아니든 거의 마찬가지로 엔지니어들이 전문에서 묘사된 종류의 중요한 사회적 역할을 한다는 점에 쉽게 동의할 수 있다. 그 전문은 엔지니어들이 고용주, 고객, 공중에게 이익이 되는 방식으로 자신들의 전문화된 지식과 기량을 사용하도록 요청받는다는 점과 그들에게 지워진 신뢰를 저버려서는 안 된다는 점을 강조한다. 우리는 이것을 **의무책임**(obligation-responsibility)의 문제라고 주장할 것이다. 엔지니어들이 그들의 의무책임을 얼마나 잘 다루는지에 대한 평가는 늘 그렇듯이 칭찬과 비난에 따라 이루어진다.

불행히도 우리는 일상의 특출하지는 않지만 만족할 만한 공학적 실천을 칭찬하기보다는 결점과 실패를 더 비난하는 경향이 있는 것처럼 보인다(우리는 자동차 시동이 걸리고, 승강기와 기차가 운행되고, 신호등이 작동하기를 **기대한다**). 어쨌든 우리는 엔지니어들이 실수나 사고에 책임이 있다고 말한다. 이것은 근본적으로 책임에 대한 부정적이고 회고적인 개념이다. 그것을 **비난책임**(blame-responsibility)이라고 부르자. 그러나 평가가 부정적일뿐만 아니라 긍정적일 수도 있다는 점을 잊지 않는 것이 중요하다.

다음으로 우리는 보통 **배려의 기준**(standard of care)으로 부르는 것과 관련하여 의무책임을 논의할 것인데, 그것은 법과 공학실무 모두에 의해 받아들여진 공학적 책임의 기준이다. 그런 후, 우리는 보다 부정적인 개념인 비난책임과 이와 관련된 배려의 기준으로 돌아갈 것이다. 우리는 공학제품의 설계나 기능의 실패에 관하여 책임의 쟁점들을 고려할 것이다. 이 쟁점들은 대부분의 엔지니어들이 일하는 조직의 구조에 의해 복잡해진다. (개인과는 구별되는) 조직 자체가 피해에 도덕적으로 분별 있게 책임을 질 수 있는지의 여부는 논란의 여지가 있는 문제이다. 그러나 조직은 법적으로 책임을 질 수 있고, 이 사실은 엔지니어들을 포함한 피고용인의 도덕적 책임에 있어 중요한 함의를 가질 수 있다.

3.3 배려의 기준

엔지니어는 그들의 전문직에 적용되는 표준 운영절차와 법령을 따르고 그들의 고용계약에 의해 정의된 직무에 대한 기본적인 의무책임들을 수행할 전문직의 의무를 진다. 그러나 때로는 표준 운영절차와 법령을 따르는 것만으로는 충분하지 않다. 표준 운영절차와 현행 법령만으로는 잘 처리할 수 없는 예기치 못한 문제들이 발생할 수 있다. 이를 고려하여 엔지니어에게는 더 벅찬 규범인 **배려의 기준**을 만족시킬 것으로 기대한다. 이 개념을 설명하기 위해 우리는 먼저 윤리강령으로 돌아갈 것이다.

공학전문학회의 윤리강령은 회원들이 엔지니어로서 자신들의 행위를 지배해야 한다고 믿는 기준을 구조화되고 포괄적인 방식으로 식별하려고 한다. 그러나 특정상황은 관련된 미묘한 차이를 모두 예상할 수 없기 때문에 이 기준을 적용하는 것은 전문적인 판단을 필요로 한다. 예를 들면, 때로는 공공, 건강, 안전을 보호하지 못하게 되는 것이 무엇인지가 명백할 수도 있지만, 자주 그런 것은 아니다. 그러나 적극적으로 공공의 안전을 지키지 못하는 것은 오로지 그 수준의 안전을 제공할 책임이 있는 경우에만 공공 안전기준을 충족시키지 못하는 문제가 될 것이다. 그럼에도 어떤 공학 제품도 "절대적으로" 안전하리라(최소한 비록 유용한 제품이 아니라 할지라도) 기대할 수 없기 때문에 그리고 경제적 비용이 안전의 개선과 관련되어 있기 때문에 이런 저런 제품에 대하여 합당한 안전의 기준이 무엇인지에 대해서는 약간의 불확실성이 있을 수 있다. **글상자 3.4**는 개별 행위주체와 기업의 유사성을 보여준다.

글상자 3.4 개별 행위주체에 대한 기업의 유사성

1. 기업은 결정을 내린다.
2. 기업도 사람들처럼 의사결정 정책을 가진다.
3. 기업은 기업의 임원과 피고용인의 이해와는 구별되는 "이해관계"를 가진다.

무엇이 안전으로 간주되는지에 대한 결정을 개별 엔지니어와 그들의 고용주 수중에 남겨두기보다는 [미국표준기술원(National Institute of Standard and Technology, NIST), 미국직업안전보건국(Occupational Safety and Health Administration, OSHA)과 미국환경보호청(Environmental Protection Agency, EPA)과 같은] 정부기관이나 [공학전문학회들과 국제표준화기구(International Organization for Standardization, ISO)와 같은] 비정부기구(NGO)에 의해 안전기준이 정해진다. 그럼에도 불구하고 품질기준뿐만 아니라 안전기준에는 아직 상당한 정도로 공학의 자유재량의 여지가 남아 있을 수도 있다. 비록 어떤 기준들은 높은 정도의 특정성(예를 들면, 90도 각도로 건물에 부딪칠 수도 있는 어떤 일정한 속도의 바람에 견디는 건물의 저항력에 관한 최소한의 요건)을 가지지만, 어떤 기준들은 단지 명시되지 않은 표준절차들이 개발되고, 수

행되고, 문서화될 필요가 있다.[6]

공학윤리강령들은 대개 엔지니어들이 일반적으로 승인된 공학실무기준에 따를 필요가 있음을 일반적으로 진술한다. 물론 그러한 기준이 실무에서 어떻게 나타나는가는 해당될 수도 있는 모든 공식적인 규제기준과 함께, 문제가 되는 공학실무 분야에 따라 달라진다. 그러나 이 모든 것의 근본은 공학실무에서 보다 광범위한 배려의 기준으로, 법에 호소된 그리고 경험 많고 존경 받는 엔지니어들이 특정한 사례에 대해 법원에서 증언하도록 요청받을 수 있는 기준이다.

칼든(Joshua B. Kardon)은 배려의 기준의 유용한 정의를 제시한다.[7] 그는 비록 공학적 판단과 실행에서 실수가 당연히 일어날 것으로 예상될 수 있지만 모든 실수가 허용될 수 있는 것은 아니라고 말한다. 그는 다음과 같이 설명한다.

> 엔지니어가 모든 실수에 따른 피해에 대해 법적·도덕적 책임을 질 수는 없다. 판례법을 통하여 사회는 엔지니어를 고용할 때 엔지니어의 정상적인 실수를 떠안기로 결정해 왔다. 그러나 그 실수가 어떤 일정 수준보다 더 심각한 결과로 나타난다면, 엔지니어는 법적 책임을 져야 한다. 그 수준, 즉 주의를 기울였는데도 발생한 실수와 부주의로 초래된 실수 사이의 경계가 "배려의 기준"이다.

특정 사례에서 이 경계가 어떻게 결정되는가? 이것을 정하는 것은 엔지니어들만의 몫이 아니라, 그들은 판사와 배심원들이 숙의하는 것을 돕는 중대한 역할을 한다. 칼든은 계속해서,

> 사실에 대한 심사관인 판사나 배심원은 배려의 기준이 무엇인지 그리고 엔지니어가 그 수준을 달성하지 못했는지의 여부를 결정해야 한다. 그들은 전문가 증언을 경청함으로써 그렇게 한다. 전문가로서 자격이 있는 사람들은 배려의 기준에 관해 그리고 그 기준과 관련된 피고 엔지니어의 수행결과에 대해 의견을 제시한다.

이러한 법적 절차는 실행가능하고 엔지니어에게 상당히 공정하므로, 해당 공학분야의 유능한 엔지니어들이 잘 이해하고 있는 일반적으로 인정된 공학실무의 실행가능한 개념이

6 Shapiro, "Degrees of Freedom," p. 290.

7 Joshua B. Kardon, "The Structural Engineer s Standard of Care," presented at the OEC International Conference on Ethics in Engineering and Computer Science, March 1999. 이 기사는 http://www.onlineethics.org에서 이용할 수 있다.

존재할 필요가 있다. 칼든이 지적하듯이,[8]

> 전문직의 배려의 기준에 대한 훌륭하고 실용적인 정의는 그 분야에서 훌륭한 지위에 있는 통상적으로 유능한 다른 전문직 종사자들에 의해 흔히 제공되며, 같은 시기에 같은 지역과 같은 상황에서 유사한 서비스를 제공하는 서비스의 수준 혹은 품질이다.

이것을 고려해볼 때, 우리는 그 기준을 명확하게 충족시키는 공식적인 진술을 찾으려고 기대해서는 안 된다. 오히려 유능한 엔지니어가 흔히 통상적으로 행한 (또는 행하지 않은) 것에 호소하고 있다. 그래서 법적으로 인정된 배려의 기준은 관련된 실무분야에서 유능하고 책임 있는 엔지니어들 사이에서 **공유된** 가장 높은 기준을 나타내고 있는 것으로 여기는 것이 가장 좋을 수도 있다.

3.4 비난책임과 인과관계

이제 보다 부정적인 책임의 개념인 비난책임으로 넘어가보자. 우리는 피해의 원인과 피해에 따른 책임 사이의 관계를 알아보려 한다. 컬럼비아호 사고조사위원회가 컬럼비아호의 비극적 참사를 조사했을 때, 그들은 사고의 "원인들"이라 했던 것에 초점을 맞추었다. 위원회는 두 가지의 주요 원인, 즉 "물리적 원인(physical cause)"과 "구조적인 원인(organizational causes)"을 발견하였다. 물리적 원인은 외부 연료탱크에서 떨어져 나온 발포체가 왼쪽 날개의 앞쪽 가장자리에 손상을 입힌 것이었다. 구조적인 원인은 안전에 충분한 관심을 기울이지 못했던 NASA의 조직과 문화의 결함이었다.[9] 위원회는 사고에 대해 "책임을 지고 해명해야 할" 개인들에 대해서도 언급했다. 그러나 위원회는 책임을 져야 하고 어쩌면 처벌까지 받아야 하는 개인들을 찾아내는 것을 주된 임무라고 간주하지는 않았다.[10] 그리하여 사고에 대한 세 가지 유형의 설명을 확인하였다. 물리적 원인과 구조적인 원인 그리고 사고에 대해 책임을 지거나 해명해야 할 개인들이다.

원인의 개념은 책임의 개념과 흥미로운 방식으로 관련되어 있다. 일반적으로 말해서,

---

8 Ibid. 칼든(Kardon)은 이 정의를 *Paxton v. County of Alameda*(1953) 119c.C.A. 2d 393, 398, 259P 2d 934에 근거를 두고 있다.

9 *Columbia Accident Investigation Board*, p. 6.

10 그럼에도 그 조사는 결국 로차가 올바른 일을 한 것에 대한 대중의 지지뿐만 아니라 NASA에 있는 12명 이상의 핵심 인사들의 해직을 가져왔다.

우리가 어떤 것의 물리적 원인에 대하여 말하는 경향이 많을수록, 책임에 대해서는 말하는 경향은 더 줄어든다—그리고 우리가 책임에 대하여 말하는 경향이 많을수록, 우리가 물리적 원인에 초점을 맞추는 경향은 줄어든다. 우리가 사고의 물리적 원인, 곧 우주왕복선의 왼쪽 날개 앞쪽 가장자리에 생긴 파열로 빚어진 피해만을 언급할 때, 책임은 아직 중요하지 않다. 물리적 원인 그 자체는 책임 있는 행위주체가 될 수 없다. 조직과 개인에 관한 책임의 소재는 더 복잡한 쟁점들을 제기한다. 먼저 조직을 검토해보자(**글상자 3.5**).

글상자 3.5 **조직에 책임 지우기**

1. 피해를 유발한 것에 대한 책임
2. 잘못한 것에 대하여 배상할 책임
3. 개혁을 이룩할 책임

원인과 책임의 개념과 조직과의 관계는 논란의 여지가 있다. 컬럼비아호 사고조사위원회는 사고의 원인으로 NASA의 조직과 문화를 언급하기를 택하였다. 물리적 원인에 관해서는 위원회는 다음과 같이 주장했다.[11]

> 컬럼비아호와 승무원들을 잃게 된 물리적 원인은 왼쪽 날개 앞쪽 가장자리 위 방열시스템의 틈새였다. 이는 이륙 직후 81.7초에 외부 연료탱크의 왼쪽 다리 받침대에서 떨어져 나온 단열 발포체 조각에 의해 일어났으며, 그 발포체가 탄소-탄소 복합재 8번 패널의 하반부 부근의 날개를 강타하였기 때문이었다.

사고에 대한 구조적인 원인에 관해서는 이렇게 말했다.[12]

> 이 사고에 대한 구조적인 원인들은 우주왕복선 프로그램의 역사와 문화에 뿌리를 두고 있다. 거기에는 왕복선에 대한 승인을 얻기 위해 요구되었던 원래의 협상안들, 그 후 수년간의 자금 압박, 우선순위의 변동, 스케줄 압박 등이 있다. 또한 왕복선의 특성을 개발 중인 것보다는 사용할 준비가 갖춰진 것으로 특징짓는 잘못과 인간의 우주비행에 대해 합의된 국가적 비전의 결여가 포함되어 있다. 안전에 해로운 문화적 특성과 조직의 관행들이 생기도록 내버려 두었

---

11 Ibid., p. 9.

12 Ibid.

다. 여기에는 다음과 같은 사실도 포함된다. (왜 시스템이 요구사항들에 따라 실행되지 않는지를 이해하기 위해 테스트하는 것과 같은) 올바른 공학적 관행 대신에 과거의 성공에 의존하고, 안전에 결정적인 정보의 효율적 의사소통을 막고, 전문가들의 의견 차이를 억누르는 조직의 장벽과 프로그램 요소들을 포괄하는 통합된 관리가 부족했고, 비공식 명령체계의 발전, 조직의 규율을 벗어나 이루어진 의사결정 과정 등이다.

이 두 가지 원인의 상대적인 중요성에 관해서 위원회는 다음과 같이 결론지었다.[13]

위원회의 견해에 따르면, NASA의 조직문화와 구조가 외부 연료탱크 발포체만큼이나 사고와 관계가 깊었다. 조직문화는 어떤 기관이 어떻게 기능하는지를 지배하는 가치, 규범, 믿음, 관행을 의미한다. 가장 기본적인 수준에서 조직문화는 피고용인들이 자신들의 일을 수행할 때 마음에 지니는 전제들을 정의한다. 그것은 핵심요원의 재편성과 재배치를 통해 지속될 수 있는 강력한 힘이다.

만일 조직이 원인이 될 수 있다면, 개인처럼 도덕적으로 책임 있는 행위주체가 될 수 있을까? 몇몇 이론가들은 GM이나 NASA와 같은 조직들이 도덕적으로 책임 있는 행위주체라고 말하는 것은 터무니없다고 생각한다.[14] 어쨌든 조직은 일상적인 의미에서 인격체가 아니다. 인격체와 달리 기업체는 신체를 가지고 있지 않고, 교도소에 보낼 수도 없으며, 무한한 삶을 가진다. 다른 한편으로, 기업은 법에서 "인위적인 사람"으로 묘사된다. 블랙의 법률사전(Black's Law Dictionary)에 따르면, "법은 기업을, 소송을 제기할 수 있고 제기당할 수도 있는 사람처럼 취급한다. 기업은 기업을 구성하는 개인들(주주들)과는 구분된다."[15] 사람처럼 기업도 태어날 수 있고, 사망할 수 있으며, 벌금이 부과될 수도 있다.

철학자 프렌치(Peter French)는 기업이 중요한 의미에서 도덕적으로 책임 있는 행위주체

---

13 Ibid., p. 177.

14 이런 쟁점에 대한 논의에 대해서는 아래의 참고자료들을 참고하라. Peter French, *Collective and Corporate Responsibility*(New York: Columbia University Press, 1984); Kenneth E. Goodpaster and John B. Matthews, Jr., "Can a Corporation Have a Conscience?" *Harvard Business Review*, 60, January February 1982, pp. 132-141; and Manuel Velasquez, "Why Corporations Are Not Morally Responsible for Anything They Do," *Business and Professional Ethics Journal*, 2, no. 3, Spring 1983, pp. 1-18.

15 *Black's Law Dictionary*, 6th ed.(St. Paul, MN: West 1990), p. 340.

라고 주장한다.[16] 비록 프렌치는 기업에 초점을 맞추고 있지만, 그의 주장은 NASA와 같은 정부기관에도 적용될 수 있다. 첫째, 기업은 사람처럼 의사결정 기제(mechanism)를 가진다. 사람은 심사숙고한 후, 자신의 결정을 실행할 수 있다. 마찬가지로 기업도 기업을 위해 의사결정을 하는 이사회와 임원들이 있으며, 이 결정은 기업의 서열 하위에 있는 구성원들에 의해 실행된다. 둘째, 사람처럼 기업도 의사결정을 이끄는 정책을 가지고 있다. 사람들은 자신의 행위를 인도하는 도덕규칙과 그 밖의 고려사항들을 가지고 있다. 마찬가지로 기업도 대부분의 경우에 기업 윤리규정을 포함한 기업정책을 가지고 있다. 행위를 인도하는 정책들 외에도 기업들은 또한, 성격과 성품이 개인의 행동을 구체화하는 것과 마찬가지로, 기업의 행동을 구체화하는 데 도움이 되는 "기업문화"를 가진다. 셋째, 사람처럼 기업은 임원과 피고용인 그리고 기업을 구성하는 다른 사람들의 관심사와 전혀 다른 "관심사"를 가지고 있다고 말할 수 있다. 기업의 관심사는 이윤을 창출하는 것, 공적으로 좋은 이미지를 유지하는 것, 법적인 문젯거리에서 벗어나는 것 등을 포함한다.

기업결정의 한 예를 고찰해보자. 어떤 석유기업이 아프리카에서 시추공사를 하려고 구상 중에 있다. 산더미 같은 업무서류가 CEO, 여타 고위 경영자들 그리고 이사회 앞으로 보내질 것이다. 기업에서 수립된 의사결정 절차에 따라 어떤 결정이 내려질 때, 그 결정을 당연히 "기업의 결정"이라고 부를 수 있다. 그 결정은 "기업논리"에 맞게, 십중팔구는 "기업정책"에 부합되게 "기업이윤"을 충족시키기 위해, "기업윤리"의 테두리 안에서 내려졌을 것이다.

조직이 그 자체로 도덕적 행위주체로 여겨질지와 무관하게 조직은 최소한 세 가지 의미에서 책임을 질 수 있다.[17] 첫째, 조직은 컬럼비아호 사고조사위원회가 NASA를 비판했듯이 피해를 일으킨 것에 대해 비판받을 수 있다. 둘째, 다른 사람들에게 피해를 끼친 조직은 잘못된 것에 대한 배상을 요구받을 수 있다. 끝으로, 위원회가 NASA의 개혁이 필요하다고 믿었던 것처럼, 다른 사람들에게 피해를 입힌 조직은 개혁이 필요하다.

조직을 도덕적으로 책임 있는 행위주체로 다루는 것에 대한 한 가지 염려스러운 점은

---

16 Peter French, Corporate Moral Agency and What Is Hamlet to McDonnell-Douglas or McDonnell-Douglas to Hamlet: DC-10, in *Ethical Issues in Professional Life*, ed. Joan C. Callahan(New York: Oxford University Press, 1988), pp. 265-269, 274-281를 보라. 다음의 논의는 프렌치의 생각들에 의해 암시를 받았지만, 여러 점에서 그것들로부터 벗어난다.

17 이 세 가지 의미는 모두 비난책임 측면에 속한다. 기업이 긍정적인 방식으로 도덕적 책임을 질 수 있는 주체가 될 수 있는지에 대해서는 연구가 덜 되어 있다.

개인의 책임이 모면될 수도 있다는 것이다. 하지만 조직과 그 조직 내의 개인들 모두에게 스스로가 한 일에 대하여 책임을 지우는 데 있어 상반되지 않도록 할 필요가 있다. 이제 개인의 책임으로 넘어가자.

3.5 법적 책임

비록 엔지니어들과 그 고용주들이 기존의 규제기준을 충족시켰다는 점에 주목함으로써 안전과 품질을 제공하지 못한 명백한 실패를 변명하려고 할 수도 있지만, 법정이 필히 동의해 주지는 않을 것이라는 점은 명백하다. 3.3절에서 이미 지적된 바와 같이, 법에서 인정되는 배려의 기준은 오직 규정만으로는 적절히 설명되지 못한다. 배려의 기준에 대한 더 나은 설명은 쿰스 대 비디(Coombs v. Beede) 판례에서 찾을 수 있다.[18]

> 어떤 건축가에게 맡겨진 책임은 변호사가 의뢰인에 대해 지는 책임, 혹은 의사가 환자에 대해 지는 책임, 혹은 어떤 전문적인 업무에서 특별한 기술과 능력을 가지고 있다고 자처하면서 자기가 채용될지도 모를 업계에서 일하기에 자신이 적합하다는 이유로 공공에 서비스를 제공하는 누군가가 다른 누군가에 대해 지는 책임과 본질적으로 같다. 건축가가 어떤 일을 맡는다는 것은 적어도 통상적으로 그리고 합리적으로 요구된 서비스를 제대로 수행하기에 충분한 자격이 있는 기술과 능력(그리고 취향을 포함하여)을 가지고 있다는 것과, 주어진 일에서 그가 합리적으로 주의하여 자신의 기술과 능력을 발휘하고 판단과 취향을 적용할 것이라는 사실을 의미한다.

앞서 칼든(Joshua B. Kardon)이 지적했듯이, 이 기준은 만족스러운 서비스를 제공하지 못한 모든 것을 부당한 상해라고 주장하지 않는다. 합리적인 배려가 발휘될 경우조차도 이 기준은 어떤 상해도 결코 발생하지 않을 것이라고 보장할 수 없으며, 혁신적인 과학기술 분야에서는 특히 그러하다. 혁신적인 공학설계를 장려하는 것이 바람직하다면, 모든 실패와 재난을 비난받아 마땅한 것으로 간주하는 것은 현실적이지 못하다. 동시에 엔지니어들은 혁신을 도입하고 테스트함으로써 실패와 재난을 예측하고 피하기 위해 최선을 다할 책무를 진다.

---

18 *Coombs v. Beede*, 89 Me. 187, 188, 36 A. 104(1896). 이것은 Margaret N. Strand and Kevin Golden, "Consulting Scientist and Engineer Liability: A Survey of Relevant Law," *Science and Engineering Ethics*, 3, no. 4, October 1997, pp. 362-363에서 인용되어 논의되었다.

쿰스 대 비디 판례는 전문가들이 그들의 전문지식 분야에서 이미 확립된 기준과 관례에 오로지 순응해야만 함을 말하고 있지 않다는 점에 주목하라. 그러한 기준과 관례들이 변하는 중일 수도 있고, 특정영역에서는 위험에 대해 진보하는 지식과 보조를 맞추지 못할 수도 있다. 더구나 많은 법적 책임 사례들이 보여주었듯이, 합리적인 사람들은 종종 그 기준과 관례들이 정확히 어떠해야 하는지에 대해 의견을 달리한다.

3.6 피해: 법적 및 도덕적 책임

피해에 대한 법적 및 도덕적 책임은 여러 측면에서 서로 유사하지만, 또한 중요한 차이점도 있다. 우리는 유사성으로부터 시작할 것이다. 왜냐하면 피해를 유발한 것에 대하여 법적으로 책임을 져야 하는 개인은 처벌이 정당화되거나 그 피해에 대한 배상을 할 의무가 있는 것으로 판단되기 때문이다. 피해에 대한 법적 책임은 통상 사람이 피해를 일으켰음을 의미하지만 피해를 일으킨 조건들에 대한 어떤 것을 의미하기도 한다(**글상자 3.6**). 이런 조건들은 대개 악의적인 의도, 무모함 혹은 부주의와 같은 그런 "정신적인" 요소들을 포함한다. 이 요소들을 검토하는 데 있어 우리는 피해를 유발하는 것에 대한 개념이 존재한다 하더라도, 관심의 초점은 법적 책임과 도덕적 책임의 개념들에 있다는 점을 알아야 할 것이다.[19]

글상자 3.6 피해를 유발한 것에 대한 법적 · 도덕적 책임

- 고의적으로(혹은 알면서 그리고 의도적으로) 피해를 유발
- 무모하게 피해를 유발—피해를 일으킬 가능성을 알지만 피해를 의도하거나 목표로 하지 않는 것
- 부주의하게 피해를 유발—피해의 위험에 주의하지 않거나 간과하는 것, 절적한 보호를 하지 못하는 것
- 과실이 없어도 피해를 유발한 것에 대한 엄중한 책임: 법적 책임일 뿐, 도덕적 책임은 아님

첫째, 어떤 사람이 **의도적으로**, 혹은 알면서 그리고 계획적으로 피해를 줄 수 있다. 만일 가해자가 한 사람의 돈을 빼앗기 위해 등 뒤에서 칼로 찌른다면, 그는 고의적으로 일으킨

19 우리는 피해에 대한 책임의 법적 및 도덕적 개념들 사이의 유사성과 공학에 그것들의 가능한 적용을 약술하는 데 대하여 커드(Martin Curd)와 메이(Larry May)에게 감사한다. Martin Curd and Larry May, *Professional Responsibility for Harmful Actions*, Module Series in Applied Ethics, Center for the Study of Ethics in the Professions, Illinois Institute of Technology(Dubuque, IA: Kendall/Hunt, 1984)를 보라.

상해나 죽음에 대하여 법적 및 도덕적 책임을 모두 지게 된다. 이 경우에 원인이 되는 구성요소는 물리적인 공격이고, 정신적 구성요소는 심각한 피해를 입힌 의도이다.

둘째, 어떤 사람이 피해를 야기할 목적이나 의도는 없었지만 피해를 유발할 수 있다는 것을 알면서도 **무모하게** 피해를 일으킬 수 있다. 만일 누군가가 무모하게 피해를 입히고, 거기에 인과적 요소가 있다면, 무모한 사람은 피해에 대해 법적으로 그리고 도덕적으로 책임이 있다. 비록 피해를 줄 의도가 없을지라도, 무모한 행동에는 다른 사람들을 피해의 위험에 빠뜨리는 것으로 알려진 행동에 관여한 의도가 있다. 더구나 그 사람은 다른 사람들의 안녕과 심지어 자기 자신의 복지조차도 무시하는 무모한 태도를 나타낸다. 그 태도는 무모한 운전으로 인한 교통사고에서와 같이, 심각한 부상이나 심지어 사망까지 초래할 수 있다. 무모한 운전자는 사고를 일으키려는 의도는 없겠지만, 의도적으로 과속운전을 하여 자기 자신이나 다른 사람들의 안전에 주의를 기울이지 않고 있다. 만일 그의 무모한 행위가 피해를 끼친다면, 그들은 그 피해에 대해 법적 책임을 지고 도덕적으로도 책임을 져야 한다.

세 번째 유형의 법적 책임은 **부주의하게** 피해를 유발하는 것과 관련되어 있다. (빠르게 운전하려는 결정과 같은 그런) 고의적이거나 의도적인 요소가 수반된 무모함과는 달리, 부주의한 행동을 하는 사람은 어떤 것을 단순히 간과하거나 피해를 유발할 수 있는 요소들을 깨닫지 못할 수도 있다. 그 사람은 **적절한 배려**, 즉 해당 상황에서 합리적인 사람에게 기대될 수 있는 배려를 발휘하지 못했기 때문에 책임이 있다. 법에서 부주의(과실)에 대하여 고발이 성사되려면 반드시 세 가지 조건을 충족시켜야 한다.

1. 어떤 행위기준을 따를 법적인 의무가 적용될 수 있다.
2. 과실로 기소된 사람이 그 기준들을 따르지 않는다.
3. 그 행위와 발생한 어떤 피해 사이에 상당히 밀접한 인과관계가 있다.

첫 번째 조건은 우리가 "법적 의무"를 "도덕적 의무"로 대체해야 한다는 점을 제외한다면, 도덕적 책임에도 적용된다. 또한 해당 행위의 기준들은 법적인 구속력만이 아니라 도덕적 구속력이 있다고 추정된다. 공학과 같은 전문직은 기술적이면서 도덕적인 전문적 관례의 기준을 인정하여 왔다. 그러므로 전문적인 부주의는 전문가들이 전문직이라는 이유로 암묵적으로나 명시적으로 떠맡아 왔던 의무들을 이행하는 데 실패한 것이다. 만일 엔지니어들이 자신들의 전문직의 인정된 기준에 따라 통상의 배려를 발휘하지 않고 그래서 부주의하다면, 그들은 그로 인해 발생하는 어떠한 피해에도 책임을 져야 한다.

법적 책임과 도덕적 책임 간의 한 가지 중요한 차이는 전자는 일반적으로 실제의 피해를 필요로 하는 데 반해 후자는 그렇지 않다는 것이다. 피해가 수반되었는지 아닌지는 운에 따른 문제일 수도 있다. 그러나 피해를 실제로 일으키지 않은 행운이 도덕적 책임을 경감시키지는 않는다. 그것은 한 사람의 죄책감이나 혹은 도덕적 원칙에 따르지 못한 느낌이 다른 사람들의 비판적인 평가처럼 계속 작용하기 때문이다.

도덕적 책임과 유사하지 않은 것처럼 보이는 한 가지 법적 책임 개념이 있다. 법의 어떤 분야에서는 야기된 피해에 대한 **엄중한 책임**이 있다. 과실이나 비난으로 돌리지는 않지만, 배상을 하거나 수리를 해야 하는 등등의 법적인 책임이 존재한다. 엄격한 법적 책임은 조직 내의 개별 엔지니어들보다는 기업에게 돌아간다. 그렇지만 엔지니어들이 충직하고 신실한 피고용인이 되어야 할 의무를 지는 한, 그리고 아마도 특별히 부여된 업무에서도, 엔지니어들은 엄중한 법적 책임이 조직에 부과될 가능성이 최소화되도록 도와야 하는 도덕적 책임을 질 수 있다. 그래서 기업 수준에서의 엄중한 법적 책임조차도 개별 엔지니어들에게는 도덕적 함의를 가질 수 있다.

그러나 피해로부터 배상을 받으려는 소송은 일반적으로 불법행위법에 호소한다. 그 법은 대개 피해자 측에서 실수나 부주의의 결과로 다른 사람이 누군가에게 입힌 피해를 다룬다, 불법행위법에서의 입증기준은 **증거의 우세**로, 피고보다는 원고에게 유리한 증거가 더 많고 더 좋다는 것을 의미한다. 이것은 의심할 여지가 없는 입증을 요구하는 형법보다는 더 약한 기준이다. 이 차이를 인식하는 것은 두 법 중 하나에 해당되는 회사의 법적 책임을 최소화하려는 책임을 진 엔지니어들에게 중요할 수 있다.

끝으로, 비록 어떤 엔지니어들은 그들의 조직에 귀속되는 피해에 대해 앞서 논의한 방식으로는 전혀 책임이 없지만, 그들의 관리자가 엔지니어들에게 그들이 만들지 않은 문제들을 바로잡기 위해 책임을 맡길 수도 있다.

3.7 긍정적인 것으로 이동하기

배려의 기준을 충족시키지 못하는 것에 초점을 맞추는 것은 공학실무에서 나타날 수 있는 피해를 지나치게 강조하는 결과를 초래하기 쉽다. 이 기준을 충족시키는 공학적 **성공**은 어떤가? 쿰스 대 비디(Coombs v. Beede) 판례에서 강조되듯이, 전문직 종사자들은 "적어도 통상적으로 그리고 합리적으로 제대로" 서비스를 제공하고, 자신들의 "판단과 취향을 합리적으로 주의하여" 발휘할 것으로 기대된다. 이러한 관점에서 성공은 평범한 성취가 아니다. 그러나 특히 엔지니어들의 사례에서는, 우리는 이 성공을 당연시하는 경향이 있다. 우리는 늘

하던 대로 그리고 별 문제없이 우리의 일상 활동을 수행한다. 그리고 내가 다니는 다리가 안전하고, 내가 타는 승강기가 믿을 만하고, 우리가 이용하는 난방시스템이 효율적이고 안전한 것을 당연하게 생각한다—무언가가 잘못되지 않는다면, 또는 잘못되기까지는 말이다. 우리는 그러한 일들이 얼마나 나빠질 수 있는지를 안다. 사실, 언론의 가장 큰 주목을 받는 것은 성공보다는 이따금씩 일어나는 작은 불행한 사고들에 대한 이야기이다.

비록 배려의 기준이 법에서 두드러진 역할을 하지만, 그것이 더 광의의 도덕적 책임의 개념을 포괄한다는 점을 깨닫는 것이 중요하다. 배려의 기준의 역할을 법에서만 심사숙고하는 것은 어떤 이들에게는 합리적인 배려에 대한 보다 계산적이고 "율법주의적인" 고려로 비쳐질 수도 있다. 배려의 기준을 단지 법적 책임으로부터 자신(또는 우리의 고용주나 회사)을 보호하는 지침으로만 간주하는 것은 배려의 기준의 도덕적 기초들을 충분하게 평가한 것이 아니다. 이상적으로 배려의 기준은 피해와 범죄로부터 다른 사람들을 보호하려는 관심을 반영한다. 이 말은 다른 사람들에 대한 적어도 최소한의 도덕적 관심이라는 의미를 포착한다. 그러나 우리가 이 장의 서두에서 도입했던 책임의 스펙트럼은 훨씬 더 많은 것을 포괄할 수 있다.

우리는 제1장에서 이미 에어백의 선구자 클락(Carl Clark)을 언급하였다. 그는 은퇴 후에도 계속해서 자동차 충격을 줄이기 위한 에어백과, 넘어질 때 고관절이 골절되는 것을 막는 노인들을 위한 착용용 에어백을 개발하려고 했다. 그는 보수도 없이 그 일을 했다. 이것이 우리가 자신이 맡은 부문에서 직무 이상으로 하는 일, "직무범위를 벗어난" 일이라고 부르는 것이다. 그러한 일의 두 번째 예는 환경문제들에 강한 관심을 가진 통계학자인 스톨린(Michael Stoline)의 일이다. 그는 자원하여 뉴욕의 버펄로 근처에 있는 러브 운하(Love Canal)에 사는 주민들이 안전한지의 여부를 결정하기 위한 데이터 분석을 도왔다. 그리고 그 분석은 그 지역의 유독성 폐기물들이 심각한 건강상의 위험을 제기할 가능성 때문에 강제로 소개된 후 집으로 돌아오기 위한 것이었다. 비록 자신의 봉사에 대해 적당한 보상을 받았지만, 그는 훨씬 더 수익성이 좋은 많은 자문 기회들이 있음을 알고 있었다. 그 대신에 왜 이 일을 맡았는지를 묻자, 그는 이렇게 답했다. "그저 돈을 위해 데이터를 분석하는 것은 내게 어떤 의미도 없다. 나는 어떤 좋은 일을 하고 싶었다."[20]

이 두 가지 예는 자신들의 정식 직장이든지 혹은 다른 장소에서든지 흔히 그리고 마땅히 다른 사람에게 기대될 수 있는 것을 훨씬 넘어선 헌신을 보여준다. 비록 우리는 이런 개

20 웨스턴미시간대학교(Western Michigan University)의 스톨린(Michael Stoline)과의 개인적 대화에서.

인들이 부가적인 책임을 지니고 있다는 사실에 감사하지만, 우선 우리는 그것을 떠맡을 **의무**가 있다고 생각하지 않는다. 비록 그들은 스스로 "이것이 내가 해야만 하는 일이다."라고 말할 수도 있겠지만, 우리가 그들에게 그들이 하고 있는 일을 해야 한다고 말하는 것이 적절하다고 느낄 것 같지는 않다. 그 대신에 우리는 그들의 선한 업적을 칭찬하고 그들의 커다란 책임감을 존경한다.

그런 모범적인 일은 개인뿐만 아니라 집단에 의해서도 시작될 수 있다. 1930년대 후반에 GE(General Electric)의 엔지니어들은 실드 빔 전조등을 개발하기 위해 함께 연구하였다. 그 전조등은 야간운행으로 인한 사망자들의 수를 크게 낮출 것으로 기대되었다.[21] 이 일을 달성하기 위해서는 연구, 설계, 생산, 경제적 분석, 정부 규제에 엔지니어들이 참여하는 것이 필수적이었다. 비록 전조등 개선의 필요성이 널리 인정되었으나, 전조등의 기술적 · 경제적 실현가능성에 대한 폭넓은 회의가 있었다. 1937년까지 GE팀은 실드 빔 전조등의 기술적 실현가능성을 증명하였다. 그러나 남은 과제는 규제기관들에게 그 전조등의 장점을 설득할 뿐만 아니라 자동차 제조사들과 설계자들이 그 혁신을 지지하며 서로 협력하도록 설득하는 것이었다.

GE 엔지니어들이 단지 그들이 지시받은 것—즉, 보다 적절한 전조등을 제안하도록—을 하고 있었다고 가정할 이유는 거의 없다. 분명히 사실상의 여론은 이것이 이루어질 수 없다는 것이었다. 그래서 엔지니어들은 상당한 저항을 극복해야 했다. 그 당시의 다른 엔지니어의 논평으로 증명되었듯이, 이것은 보통 일이 아니었다.

> 실드 빔 전조등의 스펙에 구현된 합의에 도달하는 것은 극복해야 할 어려움에 관해 약간이라도 알고 있는 모든 사람들에게서 칭송을 받을 만한 업적이다. 그것은 조명공학 분야의 업적일 뿐만 아니라 더 나아가 안전공학, 인간공학, 협력의 기술에서의 업적이기도 하다.[22]

이 엔지니어 집단이 직면했던 어려움은 그런 일을 시작하기 위한 열정이 현실성과 조절될 필요가 있다는 점을 상기시킨다. 다른 요구와 제한조건들이 그러한 프로젝트를 떠맡지 못하도록 방해할 수도 있다. 그럼에도 불구하고 일반적으로 요구되는 것을 넘어서는 기회를 찾는 것은 물론, 그런 기회가 생겼을 때 이 기회를 이용하는 것은 엔지니어에게 바람직한

---

21 이 설명은 G. P. E. Meese, "The Sealed Beam Case," *Business & Professional Ethics*, 1, no. 3, Spring 1982, pp. 1-20에 기초해 있다.

22 H. H. Magsdick, "Some Engineering Aspects of Headlighting," *Illuminating Engineering*, June 1940, p. 533, cited in Meese, p. 17.

특성이다. 그런 모범적인 일이 보통 공학실무에서 발생한다는 점을 의식하기가 쉽지 않다. 관련된 사람들은 자신들이 단지 이루어져야 할 필요가 있는 것을 하는 것으로 간주할 수도 있다. 그들은 우리가 알아차리지 못하는 것들을 중요한 일로 여길 수도 있고, 그런 일을 조용히 해낸다. 아니면 우리는 그들이 자신들의 일을 착수해서 그들의 헌신과 성취를 당연하게 여기는 것에 익숙해질 수도 있다. 더군다나 일단 그들이 책임을 맡아 일이 진행되면, 흔히 그들이 그 일을 끝마치기 위해 책임을 지는 것이 적절하다. 우리가 간과할 수도 있는 것은 우선책임을 진다는 것이 그들의 선택이라는 점이다.

3.8 설계에서의 책임

이미 살펴보았듯이, 대부분의 공학윤리강령은 주장하기를, 제품을 설계할 때 엔지니어들이 공공의 안전에 대한 고려를 최고로 여길 것으로 기대한다. 하지만 안전기준을 충족시키는 방식은 한 가지 이상인 것 같으며, 특히 대략적으로 진술될 때는 더욱 그러하다. 그러나 안전기준을 충족시키는 방법이 한 가지 이상이라면, 설계자들은 어떻게 진행해야 할까?

만일 우리가 제품의 전반적인 안전을 논의하고 있다면, 물론 안전 이외의 고려사항들(이를테면, 전체적인 품질, 유용성, 비용)에 대한 여지를 주는 허용범위가 훨씬 더 클 수도 있다. 예를 들면, 1960년대 말에 소비자에게 비용이 2,000달러밖에 들지 않고 무게가 2천 파운드 이하의 매력적인 자동차를 생산한다는 제한조건으로 작업하면서, 포드사의 엔지니어들은 핀토(Pinto) 자동차의 연료탱크를 특이한 장소에 들어가게 하여 더 넓은 짐칸을 확보하기로 결정했다.[23] 이것은 후미충돌에 대한 안전문제를 제기하였다. 포드사는 자동차가 현행기준들을 통과했다고 주장했다. 그러나 일부 포드 엔지니어들은 연료탱크와 튀어나와 있는 볼트들 사이에 보호 완충장치가 삽입되어야 한다고 주장했다. 그들은 보호 완충장치를 쓰면 새로운 자동차에 곧 부과될 것으로 알려진 더욱 까다로운 기준을 핀토가 통과하게 될 것이라고 주장했다. 그들은 완충장치 없이는 핀토가 새로운 기준을 충족시키지 못할 것이라고 경고했다. 그리고 그들은 그 완충장치의 설치가 불법행위법에서 요구된 배려의 기준에 훨씬 더 가까이 충족시키게 될 것이라고 믿었다.

---

23 여기의 포드 핀토에 관한 정보는 벨라스퀘(Manuel Velasquez)에 의해 연구된 사례에 기초하고 있다. Manuel Velasquez, "The Ford Motor Car," *Business Ethics: Concepts and Cases*, 3rd ed.(Englewood Cliffs, NJ: Prentice-Hall, 1992), pp. 110-113.

포드는 완충장치를 넣지 않기로 결정했다. 현행의 안전기준을 충족시킨다면 법정과 배심원들이 합리적인 배려가 발휘되었다는 점에 반드시 동의할 것이라고 생각되었을 수도 있다. 그러나 이것은 잘못된 견해로 밝혀졌다. 이 책의 앞에서 지적했듯이, 법정은 기존의 기술적 기준들이 적절하지 않다는 사실을 밝힐 수 있었고, 엔지니어들도 가끔 그 결과를 증언하러 불려갔다.

포드가 핀토와 그 이후 소송의 내력과 관련하여 받았던 나쁜 평판을 고려해 볼 때, 포드는 보호용 완충장치를 주장했던 엔지니어들의 충고에 주의를 기울이지 않았음을 후회할 수도 있다. 보호용 완충장치가 원래 설계에 포함되었거나 아니면 초기의 설계 단계에서 실행가능한 다른 대안들이 있었을 것이다. 자동차가 시장에 나온 이후에라도, 변경이 이루어질 수 있었을 것이다. 이것은 값비싼 리콜을 수반했었을 테지만, 자동차산업에서 전례 없는 조치가 되지는 않았을 것이다.

이러한 가능성은 규제표준, 공학실무 및 공학설계의 공인된 표준에 관한 하나의 기본적인 요점을 보여준다. 엔지니어들을 위한 전문직 표준은 설계에 대하여 불충분한 결정을 제공할 뿐이다. 설령 실행되지는 않더라도 표준을 만족하는 방법에는 여러 가지가 있을 수 있다. 그렇다고 이것이 전문직 표준들이 실무에 아무런 영향을 미치지 못한다는 의미는 아니다. 샤피로(Stuart Shapiro)가 지적하듯이,[24]

> 기준은 기술의 복잡성을 포함하여, 어떤 종류의 기술적 복잡성을 관리하기 위한 주요 메커니즘들 중의 하나이다. 표준화된 용어, 물리적 특성들 그리고 절차들 모두 업계 종사자가 반드시 결정해야 하는 활동분야의 크기를 한정짓는 역할을 한다.

전문직에 대하여, 실무기준의 확립은 대체로 전문성에 기여하여 그런 서비스들을 받는 사람들이 보기에 전문직의 지위를 높이는 것으로 간주된다. 동시에 실무기준은 산업제품의 품질과 안전성 모두에 기여할 수 있다. 그럼에도 실무기준은 그 기준들에 명시되지 않은 특정 상황에 적용되어야 한다. 샤피로는 아래와 같이 지적한다.[25]

> 기계와 공정의 설계자와 제작자들에게는 많은 자유도가 주어져 있다. 이러한 맥락에서 실무기준은 보편적인 것을 국지적인 것으로 나타내는 수단을 제공한다. 오로지 생각해야 하는 것은 다리가 설계되는 지역의 매우 다양한 환경들과 그 환경으로 인해 생겨나는 똑같이 매우 다

24 Shapiro, "Degrees of Freedom," p. 290.

25 Ibid., p. 293.

양한 설계들이다. 그리고 현지에서 일어날 수도 있는 만일의 사태가 실무기준으로 구체화된 비교적 보편적인 특성의 틀 내에서 어떤 특정한 다리의 설계와 건설을 좌우하게 될 것이다.

샤피로의 관찰은 지역적이고 가변적인 상황들에 맞추어 엔지니어들이 설계를 조정하는 자유가 실무기준에서 얼마나 허용되는지에 초점을 맞춘다. 이것은 종종 설계뿐만 아니라 공식적 실무기준의 적합성에 관해서도 놀라운 결과들을 가져온다. 부치아렐리(Louis L. Bucciarelli)가 지적했듯이, 실무기준은 엔지니어들의 이전 경험과 시험에 기초해 있다. 설계는 "새롭고, 시도되지 않은 상황, 경험하지 못한 상황, 전례 없는 상황"의 언저리에서 이루어진다.[26] 따라서 엔지니어들이 혁신적인 설계를 제안할 때, 우리는 공식적인 실무기준 자체가 때때로 도전받고 변화가 필요한 것으로 알려지기를 기대해야 한다. 그러니까 더욱이 법정은 배려의 기준을 공식적인 실무기준과 그저 동등하게 취급하지 않으려 하는 것이다.

3.9 실무기준의 범위

어떤 실무기준은 범위가 확실히 지역에 한정되어 있다. 고층 구조물은 90도 각도에서 바람의 저항에 대한 검증을 받아야 한다는 뉴욕시 건축법규의 요건은 제한된 지리상의 지역 내에서만 적용된다. 그런 특수한 법규의 조건들은 그 기원과 적용가능성에 있어 지역적이다. 물론 어느 정도 유사한 요건들이 고층 빌딩이 있는 세계 도처의 다른 지역뿐만 아니라 미국 내 유사한 지역에서도 있으리라고 예상할 수 있다. 이것은 지역의 법규들, 특히 품질과 안전을 보장하려는 법규들이 더 일반적인 안전기준과 훌륭한 공학실무를 반영하고 있음을 암시한다.

우리가 보다 일반적인 기준을 의미 있게 말할 수 있는지에 대한 한 가지 테스트는 공학적 역량에 대한 판정기준(criteria)이 뉴욕시의 토목엔지니어와 시카고의 토목엔지니어의 기준처럼 단지 좁은 지역에 한정되는 것인지, 주 전체의 기준인지, 또는 국가적인 기준인지를 묻는 것이다. 철학자 웨일(Vivian Weil)이 주장했듯이 공학실무에 대한 전문직 기준들이 국가의 경계를 넘어설 수 있다고 믿는 데에는 충분한 이유가 있다.[27] 그녀는 20세기 초 러시아 엔지니어인 팔친스키(Peter Palchinsky)의 예를 제시한다. 팔친스키는 러시아의 주요 공학 프로

26 Louis L. Bucciarelli, *Designing Engineers*(Cambridge, MA: MIT Press, 1994), p. 135.

27 Vivian Weil, "Professional Standards: Can They Shape Practice in an International Context?" *Science and Engineering Ethics*, 4, no. 3, 1998, pp. 303-314.

젝트에 대해 비판적이었음에도 불구하고 조국에서 아주 유능한 엔지니어로 존경받았다. 또한 그는 독일, 프랑스, 영국, 네덜란드, 이탈리아에서도 대단히 존경받았던 컨설턴트였다. 비록 당시 러시아의 지도자들이 그를 정치적으로 위험한 인물로 여겼지만, 러시아나 그 외 지역에서 그의 공학적 능력을 의심하는 사람은 아무도 없었다.[28]

웨일은 또한 우리들에게 팔친스키가 일하던 곳마다 적용했던 공학의 두 가지 근본적인 원칙을 상기시킨다.[29]

> 상기해야 할 첫 번째 원칙은 특정 상황에 대한 충분하고 믿을 만한 정보를 수집하는 것이었다. 두 번째 원칙은 노동자들, 노동자들의 요구, 수송과 의사소통 체계, 필요한 자원, 자원 접근성, 경제적 실행가능성, 사용자 및 바람이 부는 곳에 사는 사람들과 같은 다른 영향을 받는 당사자들에 미치는 영향을 고려하면서 계획과 프로젝트들을 맥락 속에서 보는 것이다.

웨일은 팔친스키의 두 가지 원칙이 바탕을 두고 있는 것은 일반도덕의 원리들, 특히 노동자의 안녕에 대한 존중—레닌이 좋아했던 공학 프로젝트들이 반복적으로 침해했다고 팔친스키가 주장했던 원칙—이었다고 계속 지적한다.

우리는 공학협회들의 윤리강령이 대체로 그런 특정 협회의 회원들뿐 아니라 오히려 일반 엔지니어들에게 적용하려 했던 것처럼 보이는 원칙들을 지지한다는 점을 지적했다. 일반도덕은 이런 강령의 기본조항들(예를 들면, 공공의 안전과 건강, 복지에 대한 관심)을 위한 토대를 제공하는 것으로 제시되었다. 전문공학협회의 회원이 아닌 엔지니어들이 명시적 혹은 암묵적으로, 어떤 특정 협회의 윤리강령에서 분명히 표현된 원칙들을 실제로 받아들이는지의 여부는 물론 또 다른 문제다. 그러나 어떤 이들이 받아들이지 않는다 하더라도, 그들은 **받아들여야 한다**고 주장될 수 있다. 웨일의 요점은 원칙적으로 지지할 수 있는 국제적 기준들이 만들어지지 않거나 채택되지 않을 이유가 없다는 것이다. 더구나 이것이 윤리적 원칙의 추상적인 진술로 제한될 필요가 없다. 과학기술의 발전과 그 결과로 인한 제품들이 지구촌 전체에 걸쳐 등장함에 따라 기준들은 품질과 안전, 효율, 비용-효율, 지속가능성에

---

28 더 많은 팔친스키(Peter Palchinsky)의 생애와 이력에 관해서는 Loren Graham s, *The Ghost of an Executed Engineer: Technology and the Fall of the Soviet Union*(Cambridge, MA: Harvard University Press, 1993)를 보라.

29 Ibid., p. 306. 유사한 원칙들이 재난구조 전문가인 쿠니(Frederick Cuny)와 그의 댈러스, 텍사스, 공학구조 단체에 의해 지지되었다. 전 세계의 그의 구조 노력들로 유명한 쿠니의 효과적이고 책임 있는 재난구조의 원칙들은 그의 *Disasters and Development*(New York: Oxford University Press, 1983)에 분명히 나와 있다.

대한 지구적 관심과 함께 나타날 것으로 예상될 수 있다. 결국, 이것이 허용할 수 있거나 허용할 수 없는 공학설계와 실무, 제품들과 관련된 많은 분야에서 일관된 기준을 낳을 수 있다. 어쨌든 지구촌 경제가 새로이 등장하는 상황에서 이들 관심에 대한 건설적인 논의가 단지 지역적인 것으로 생각되어서는 안 된다.

3.10 책임에 대한 장애물

지금까지 이 장에서 우리는 공학적 책임의 다른 측면들, 즉 법적 측면과 도덕적 측면에 대해 설명하려고 해왔다. 그러나 공학적 책임을 기본적으로 이해하는 것과 실제로 공학실무에서, 특히 불법행위의 문제들을 다룰 때, 이런 이해를 적용하는 것은 아주 다르다. 불행히도 많은 장애물들이 책임뿐만 아니라 책임들을 조정하는 데 방해가 될 수 있다. **글상자 3.7**은 우리가 논의할 보다 중요한 것들 중 일부를 열거하고 있다.

글상자 3.7 책임에 대한 일반적인 장애물

- 여러 손들의 문제(또는 분열된 책임)
- 맹점
  - 자기기만
  - 의도적인 회피
  - 무주의 맹시(역주: 눈이 특정 위치를 향하고 있지만 주의가 다른 곳에 있어서 눈이 향하는 위치의 대상이 지각되지 않는다.)
- 일탈의 정상화
- 이기주의적 관점(자기 이익이 우선)
- 자기중심적 관점(다른 사람들이 문제들을 우리처럼 볼 것이라 추정하는 것)
- 미시적 시각(세부사항은 잘 보지만, 큰 그림은 놓침)
- 권위 대 자율
- 집단사고
  - 집단은 난공불락이라는 환상
  - 합리화
  - 자기검열
  - 동의에 대한 직접적인 압력
  - 공유된 고정관념
  - 도덕성의 환상
  - 만장일치의 환상
  - 마음 감시하기(반대자들을 멀리함)

여러 손들의 문제

개인들은 종종 불법행위에 대한 개인적 책임을 회피하려고 한다. 특히 큰 조직에 속해 있는 개인들에 의해 이루어지는 가장 흔한 방식은 아마도 여러 사람들이 피해를 일으키는 데 관여했다고 언급하는 것이다. 그 논증은 여기서 다음과 같이 이어진다. "아주 많은 사람들이 그 일에 책임이 있기 때문에 나를 포함한 어떤 특정 개인에게 책임을 묻는 것은 불합리하고 부당하다." 이것을 **분열된 책임의 문제(problem of fractured responsibility)** 혹은 (차라리) **여러 손들의 문제(problem of many hands)**라고 부르자.[30] 이러한 주장에 답하여 철학자 메이(Larry May)는 여러 사람들이 무위(나태)나 행위로 말미암아 피해를 일으키는 데 연루된 상황에서 개인들의 책임에 적용하기 위해 다음의 원칙을 제안하였다. 첫째, 집단적 나태로 말미암은 피해를 생각해보자. 메이가 제안하기를, "만일 어떤 피해가 집단적 나태로부터 발생했다면, 피해에 대한 어떤 추정집단 각 구성원의 개별적 책임의 정도는 반대로 그런 나태를 예방하는 데 각 구성원이 할 수 있었던 역할에 따라 달라야 한다"는 것이다.[31] 이 제안을 **집단적 나태에 대한 책임의 원칙(principle of responsibility for inaction in groups)**이라고 부르자. 이 원칙을 우리가 약간 수정한 버전은 다음과 같다. 집단적 나태로 어떤 피해가 발생되었던 상황에서 그 집단 각 구성원의 책임 정도는 구성원이 그 행위를 예방하기 위해 노력했을 것이라 합리적으로 기대될 수 있었던 정도에 달려 있다. "각 구성원이 행위를 예방하기 위해 노력했을 것이라 합리적으로 기대될 수 있었던 정도"라는 조건은 필수적이다. 왜냐하면 여기서 합리적인 기대에 대한 범위가 있기 때문이다. 만일 어떤 사람이 오로지 자신의 생명을 걸거나, 자신의 다리를 희생하거나, 다른 누군가를 해치는 것으로만 바람직하지 않은 행위를 예방할 수 있었다면, 우리는 그가 그것을 하리라고 합리적으로 기대할 수 없다.

비슷한 원칙이 피해를 야기하는 집단적인 행위에 적용될 수 있다. 그것을 **집단적 행위에 대한 책임의 원칙(principle of responsibility for action in groups)**이라고 부르자. 여기서, 집단 각 구성원에 대한 책임의 정도는 구성원이 합리적으로 피할 수 있는 어떤 행위로 그 행위를 야기한 정도에 따라 달라진다. 또 그 조건에 대한 근거는 다음과 같다. 만일 피해를

30 "여러 손들의 문제"라는 말은 Deborah G. Johnson and Helen Nissenbaum, eds., *Computers, Ethics, and Social Values*(Upper Saddle River, NJ: Prentice-Hall, 1995)의 "컴퓨팅과 책임"에서 니센바움(Helen Nissenbaum)에 의해 제안되었다. p. 529.

31 Larry May, *Sharing Responsibility*(Chicago: University of Chicago Press, 1992), 106. 공학에서의 책임 개념에 더하여 이 개념들에 대한 더 미묘한 차이를 나타내는 논의를 위해서는 Michael Davis, "Ain't No One Here but Us Social Forces," *Science and Engineering Ethics*, 8, no. 1, March 2012, pp. 13-34를 보라.

일으키는 어떤 행위가 (자신의 생명을 걸거나 다리를 희생하거나 혹은 다른 누군가를 해치는 것과 같은) 그 개인의 극단적이거나 영웅적인 행위로 말미암아 모면될 수 있다면, 우리는 그 사람에게 책임을 지울 수 없는, 혹은 최소한 그의 책임을 줄일 수 있는 타당한 이유를 찾을 수도 있다.

이러한 두 원칙들은 복잡한 조직에서 적용하기가 쉽지 않다. 많은 일이 벌어지는 그런 조직들은 이런 저런 개인이 무엇을 하고, 하지 않았는지를 정확하게 결정할 수 있게 해주는 그런 방식으로 분명히 설명할 수 없다. 그럼에도 불구하고, 문제가 되는 개인들에 대하여, 발생한 것에 대하여 그들이 아무런 책임을 지지 않는다고 진심으로 상상하는 것은 대단히 불확실할 수도 있을 것이다.

맹점(Blind spots)

자동차를 운전하는 사람들은 **사각지대(blind spots)**에 대해 익숙할 것이다. 이 용어를 조직과 사업 분야에 적용한 모버그(Dennis Moberg)는 사업의 맹점과 우리가 운전할 때 경험하는 사각지대 사이의 유사성을 이끌어 낸다.[32] 주의가 결핍된 영역에 일단 규칙적으로 주목하게 되면 운전습관은 개선되어 그러한 인지결핍을 보상해줄 수 있다. 운전의 경우에 그러한 적응은 모두에게 환영받는다. 그렇지만 사업 영역에서 맹점은 종종 우리들이 달갑지 않은 정보에 맞서지 않도록 막아준다.

맹점(*Blind Spots*)의 저자인 베이저만(Max H. Bazerman)과 텐브룬셀(Ann E. Tenbrunsel)은 우리는 거의 모두 다 자기 자신을 윤리적으로 괜찮다고 생각하지만, 우리의 맹점 때문에 우리가 실제로 얼마나 윤리적인지를 과대평가하는 경향이 있다고 주장한다.[33] 이런 맹점이 비윤리적인 의도와 혼동되어서는 안 된다. 물론 우리는 이럴 수 있다. 그러나 베이저만과 텐브루셀은 다른 경우라면 괜찮고 어떻게 선의가 있는 사람들이 그렇게 하려는 의식적인 의도 없이도 윤리적으로 허용될 수 없는 결과를 지지하게 되는지를 설명하는 데 더 관심이 있다.

자기기만(self-deception)은 이런 많은 것의 핵심이다. 비록 우리가 진심으로 불법행위에 반대하고 연루되기를 원하지 않는 것이 당연하지만, 우리는 또한 아마도 두려움이나 용기의 부족으로 인하여 크게 자극을 받아 다른 길로 가려고 할 수도 있다. 불법행위에 대항

---

32 Dennis Moberg, "Ethics Blind Spots in Organizations: How Systematic Errors in Person Perception Undermine Moral Agency," *Organizational Studies*, 27, no. 3, 2006, p. 414.

33 Max H. Bazerman and Ann E. Tenbrunsel, *Blind Spots: Why We Fail to Do What s Right and What to Do About It*(Princeton: Princeton University Press, 2011), p. 29.

하는 행위를 하는 것은 인기가 없어지거나 검열을 당하거나 심지어는 보복(이를테면, 좌천이나 실직)의 위험을 당할 수도 있다. 그러나 우리는 우리가 의식하지 못하는 것에 반대하는 행위를 할 수 없다. 의식하지 않는 것은 많은 사례들에서 우리가 **의도적인 회피(willful blindness)**라고 부르는 것일 수도 있다.[34] 중요한 정보에 대한 무지는 책임 있는 행위에 대한 명백한 장애물이다. 예를 들어, 만일 어떤 설계가 안전문제를 제기한다는 점을 엔지니어가 깨닫지 못한다면, 그는 그것에 대하여 어떤 것도 할 수 없을 것이다. 때때로 그런 인식의 부족은 의도적인 회피, 즉 정보가 제기할지도 모르는 도전을 다루지 않기 위해 그 정보를 외면하는 것이다. 그러나 흔히 그것은 상상력의 부족, 필요한 정보를 위한 올바른 장소를 찾지 않는 것, 계속하지 못하는 것, 마감시간의 압박으로부터 생기기도 한다. 비록 엔지니어들이 알 것으로 기대될 수 있는 것에 한계가 있지만, 이런 예들은 무지가 항상 좋은 핑계는 아니라는 것을 시사한다.

그럼에도 선택적 관심의 만연과 그 한계들은 1970년대 중반 나이서(Ulric Neisser)의 지각실험에서 효과적으로 예증되었다.[35] 한 실험에서, 참여자들은 한 무리의 사람들이 서로에게 농구공을 주고받는 짧은 비디오를 보았다. 비디오를 본 사람들은 완료된 패스의 수를 셀 것을 요청받았다. 한 차례의 비디오 시청에서 한 여성이 펼쳐진 우산을 들고 농구공을 주고받는 사람들 사이로 걸어가는 것을 주목한 참여자는 거의 없었다. 비디오를 다시 보여주자 그 여성에게 손쉽게 주의가 집중되었지만, 그 대가로 완료된 패스의 횟수를 셀 수 없었다. 나이서가 "선택적 보기(selective looking)"라고 부른 이것은 이제 **무주의 맹시(inattentional blindness)**라는 이름으로 불린다. 나이서의 단순한 실험은 일반적으로 우리가 보는 것이 우리가 찾고 있는 것의 작용이며, 이러한 선택성이 우리를 "우리 눈 바로 앞에 있는" 것들을 보지 않게 한다는 점을 효과적으로 보여준다. 그래서 우리가 단지 무엇을 할지를 고려하는 데 있어 어떤 것이 쉽게 도움이 되는지를 알아야 하고, 그런 요소들을 중심으로 다시 초점을 맞추기 위한 준비가 필요하다.

---

34 이것이 취할 수 있는 여러 가지 형태에 대한 탁월한 논의를 위해서는 Margaret Heffernan, *Willful Blindness* (Princeton, NJ: Walker and Company, 2011)를 보라.

35 나이서에 관해 더 많은 것을 알려면, 그에 대한 위키피디아를 구글로 검색해보라. 또한 그의 획기적인 인지심리학[*Cognitive Psychology*(Englewood Cliffs: Prentice-Hall, 1967)]을 보라. 또한 그와 하쉬(N. Harsch)의 저작인 "Phantom Flashbulbs: False Recollections of Hearing the News About Challenger," in *Affect and Accuracy in Recall: Studies of Flashbulb Memories*, eds., E. Winograd and U. Neisser, (New York: Cambridge University Press, 1992), pp. 9-31을 참조하라.

일탈의 정상화

컬럼비아 참사의 경우에 로차는 NASA의 경영자들을 "모래에 머리를 처박은 타조처럼 행동했다고" 비난했다.[36] NASA의 경영자들은 시험과 건전한 공학적 분석을 바탕으로 논란 중인 문제를 결정하는 대신에, 과거의 성공으로부터 결함이 있어도 문제를 야기하지 않을 것이라는 징후로 받아들여 스스로 확신했던 것처럼 보였다. 종종 그들은 문제를 바로 잡으려고 하는 대신에, 그저 **일탈의 정상화(normalizing deviance)**라는 관행에 빠져 건전한 공학적 기초를 무시하고 허용할 만한 위험의 범위를 확장시켰던 것이다.[37] 경영자들은 발포체의 충돌을 없애려고 노력하거나 그 충돌이 안전비행에 문제를 불러일으킬지의 여부를 밝히기 위해 광범위한 테스트를 하려고 하는 대신에, "그러한 일탈이 이전 우주비행들의 성공을 방해하지 않았다는 이유로 설계명세서보다 못한 여러 부품과 시스템의 성능을 점차 받아들이게 되었다."[38] 논란이 되는 문제에 대해 더 상세히 설명하면서 컬럼비아호 사고조사위원회는 "매번 성공적인 착륙으로 NASA 엔지니어들과 경영자들은 발포체가 조각조각 찢기는 것을 불가피한 것으로, 그리고 안전을 위태롭게 할 가능성이 없거나 그저 허용할 만한 위험으로 간주했던 것으로 보인다."라고 진술했다.[39]

끝으로 우주왕복선에 관한 입증책임에서 미묘한 변화가 있었다. 경영자들은 엔지니어들에게 우주왕복선이 비행하기에 안전하거나 발포체 타격이 비행안전의 쟁점을 유발하지 않았음을 증명하라고 요구하는 대신에, "엔지니어들은 상황이 안전하다는 것을 입증하는 평소의 요구들과 반대로, 그 상황이 안전하지 않다는 것을 입증해야 하는, 흔치 않은 입장에 자신들이 처해 있음을 알게 되었다." 위원회가 논평했듯이, "어떤 우주왕복선 프로젝트 책임자가 그저 '컬럼비아호가 피해를 입지 않았음을 나에게 증명하시오'라고 요구했다면 그 차이를 상상해보라."[40]

중요한 교훈은 다음과 같다. 조직은 단기적으로만 문제들을 살펴보거나 혹은 어떤 다른 결점을 살펴볼 때 중요한 요소들이 과소평가되고 있는지 아니면 심지어 간과되고 있는

36 "Dogged Engineer's Effort to Assess Shuttle Damage," p. A1.

37 "일탈의 정상화(normalizing deviance)"라는 개념은 본(Diane Vaughn)의 *The Challenger Launch Decision* (Chicago: University of Chicago Press, 1996), esp. pp. 409-422에서 중요하게 다루어지고 있다. 우리는 이것을 위험에 관한 제6장에서 더 상세하게 논의할 것이다.

38 *Columbia Accident Investigation Board*, p. 24.

39 Ibid., p. 122

40 Ibid., p. 198

지, 그리고 이것이 시간적인 압박의 결과인지를 계속적으로 결정할 필요가 있다. 어쨌든 일단 조직이 그러한 문제들을 확인했다면, 가능한 해결책을 적극적으로 추구할 필요가 있다. 여기서 핵심적인 질문은 다음과 같다. 첫째, 심각한 문제를 **확인하는 데** 있어 엔지니어들이 어떤 역할을 할 것인가? 둘째, 어떻게 그들은 이러한 문제들을 이 분야에 책임이 있는 관리자에게 가장 잘 **전달할** 수 있을까? 셋째, 이런 문제들을 해결하거나 적어도 최소화하는 기대가 되는 방법들을 그들이 제안할 수 있는가?

컬럼비아호 사례에서 NASA 경영자들은 우주왕복선과 관련된 심각한 문제들에 대해 종종 무지했던 것 같다. 이에 대한 이유들 중 하나는 정보가 조직의 위계를 따라 올라갈수록 이견들이 점점 더 많이 걸러지고, 그 결과 사실에 대한 훨씬 더 많은 다른 의견들이 걸러졌다는 것이다. 컬럼비아호 사고조사위원회에 따르면, 엔지니어들과 경영자들 사이에는 일종의 "문화적 장벽"이 있었다. 이것은 사실에 대한 불충분한 지식에 근거한 상급 경영자의 결정으로 끝이 났다.[41]

이기적 관점과 자기중심적 관점

인간 경험의 일반적인 특징은 우리가 매우 제한된 관점, 또는 "사고방식"으로 상황들을 해석하는 경향이 있다는 것과 더 포괄적인 관점을 가지기 위해서는 특별한 노력을 필요로 한다는 것이다.[42] 비록 이러한 제한된 관점들이 때때로 좁게는 자기본위(또는 이기적)일 수 있지만, 꼭 그런 것은 아니다. 보다 넓은 관점으로 사물을 이해하는 우리의 능력을 방해하는 것은 단지 자기본위만이 아니다. 예를 들면, 우리는 다른 사람들에 대해 좋은 의도를 지니고 있을지라도, 그들의 관점이 중요한 측면에서 우리의 관점과 다르다는 것을 깨닫지 못할 수도 있다. 이것은 일반적으로 **자기중심적(egocentric)** 사고로 불리며, 특히 매우 어린 아이들의 특징이다. 그러나 성인들도 결코 완전히 극복하지 못하는 사고이다. 예를 들어, 어떤 사람들은 그들의 건강에 대한 나쁜 소식을 듣고 싶지 않을 수 있다. 그들은 또한 다른 사람들도 이 점에 있어서 자신과 같다고 추정할 수도 있다. 그래서 그들이 다른 사람들에게 나쁜 소식을 주지 않는다면, 그들은 가장 좋은 의도로 이렇게 한 것이다. 비록 다른 사람들은 나쁜 소식들을 듣기를 원할지라도 말이다. 마찬가지로 엔지니어는 유용한 제품을 설계하고 싶

---

41 Ibid., p. 168, 170, 198.

42 이것과 기타 제한된 관점 또는 "사고방식"이 건전한, 윤리적 의사결정을 어렵게 하는 것에 대해서는 Patricia H. Werhane et al., *Obstacles to Ethical Decision-Making*(Cambridge, UK: Cambridge University Press, 2013)에서 상세하게 논의되고 있다.

어 할 수도 있지만, 제품 사용방법에 대한 평균적인 소비자의 이해가 제품을 설계하는 사람과 얼마나 다를 수 있는지를 깨닫지 못할 수도 있다. 이러한 이유로 일반 소비자와 함께 테스트를 시행하는 것이 바람직하다.

미시적 시각

데이비스(Michael Davis)는 그가 **미시적 시각(microscopic vision)**이라고 부른 것의 위험에 대해 경종을 울린다. 미시적 시각은 정밀하고 정확할 수는 있어도, 우리가 보는 범위를 크게 제한한다. 우리가 현미경을 볼 때 이전에 볼 수 없었던 것들을 보지만, 현미경의 초점이 맞추어진 해상도의 좁은 범위만을 본다. 우리는 미시적 수준에서 정확하고 상세한 지식을 얻는다. 동시에 우리는 보다 일상적인 수준의 사물을 보지 못한다. 이것이 미시적으로 사물을 보는 대가이다. 우리가 눈을 현미경에서 뗄 때에만 일상적인 수준에서 분명한 것을 보게 된다. 데이비스에 따르면, 모든 기술은 어느 정도 미시적 시각을 수반한다.

> 한 예로, 신발을 만드는 사람은 내가 일주일 동안 조사해서 신발에 대해 말할 수 있는 것보다 더 많은 것을 몇 초 내로 말할 수 있다. 그는 신발이 잘 만들어졌는지 불량인지, 재료가 좋은지 나쁜지 등을 알 수 있다. 하지만 나는 그 어떤 것도 알 수 없다. 그러나 제화공의 통찰력에는 대가가 있다. 사람들의 신발에 주의를 기울이는 동안 그는 그 신발을 신은 사람이 무엇을 말하는지 혹은 무엇을 하는지를 놓칠 수 있다.[43]

신발을 만드는 사람이 눈을 들어 고객들의 목소리에 귀를 기울일 필요가 있듯이, 엔지니어도 때때로 과학적이고 기술적인 지식의 세계에서 눈을 돌려 자신들이 하고 있는 일에 대한 더 큰 함의를 이해하기 위해 주위를 둘러볼 필요가 있다.

특히 큰 조직은 미시적 사고를 조장하는 경향이 있다. 개개인은 자신만의 전문화된 일을 해야 하고, 조직의 관점에서 다른 사람들의 일에 대해서는 책임이 없다. 이것은 NASA의 조직 구조에도 전반적으로 분명히 해당된다. 또한 그것은 컬럼비아호 사고에 기여한 하나의 요인이었을 수도 있다.

---

43 이 표현은 데이비스에 의해 공학윤리 문헌에 소개되었다. 그의 "Explaining Wrongdoing," *Journal of Social Philosophy*, now retain 1 & 2, Spring-Fall 1989, pp. 74-90를 보라. 데이비스는 이 개념을 챌린저호 참사에 적용했는데, 특히 룬드(Robert Lund)가 엔지니어의 입장을 버리고 경영자의 입장을 취하라는 요청을 받았을 때이다.

권위 대 자율성

공학윤리강령은 엔지니어들이 직무를 수행함에 있어 독립적이고 객관적인 판단을 내리는 것의 중요성을 강조한다. 때때로 이를 전문직의 **자율성**이라 부른다. 동시에, 윤리강령은 엔지니어들이 자신의 고용주와 고객들에게 충실할 의무를 진다고 주장한다. 독립적인 컨설턴트 엔지니어들은 크고 위계적인 조직에서 일하는 다른 대다수의 엔지니어들보다 직업적 자율성을 유지하면서 더 편안하게 일을 할 수도 있다. 대부분의 엔지니어들은 스스로 고용주가 아니며, 그들은 조직의 권위에 따르게 되어 있다.

사회심리학자 밀그램(Stanley Milgram)의 연구에서 발견된 중요한 사실은, 놀라울 정도로 높은 비율의 사람들이 무비판적으로 권위에 복종하는 경향이 있다는 사실이다.[44] 1960년대의 유명한 '복종에 대한 실험'에서 밀그램은 실험자원자들로 하여금 처음에 "학습자들"에게 보여줬던 낱말 쌍(예를 들면, nice/day, rich/food)을 반복하도록 하여, "학습자들"이 실수할 때마다 그들에게 전기충격을 가하도록 시켰다. 그는 실험자원자들에게 이것은 학습에 미치는 처벌의 효과를 측정하기 위해 고안된 실험이라고 이야기했다. 그러나 전기충격이 실제로 가해지지는 않았다. 밀그램이 실제로 실험한 것은, 실험자원자들이 생각하기에도 점점 더 고통스러운 전기충격을 가하도록 하는 실험자의 명령을 어느 수준까지 계속 따르는지를 알아보려는 것이었다. 밀그램조차도 놀랄 정도로, 거의 3분의 2의 자원자는 "학습자"와 바로 인접한 방에서 고통의 신음과 비명 소리가 들렸을 때조차도, 450볼트의 전기충격까지 줄곧 명령을 계속 따랐다. 실험은 여러 번 반복되었는데, 이는 원래 자원자들이 특별히 잔인하거나 무감각한 사람보다는 일반인을 대표할 수 있는 적절한 대상인지를 확인하기 위해서였다.[45]

밀그램 실험에서 자원자들은 "학습자들"이 영구적인 피해나 부상은 아니지만 고통을 경험할 것이라는 말을 들었다. 아마도 자원자들이 엔지니어들이었다면 전기충격 수준이 450볼트까지 올라갔기 때문에 이것에 의구심을 가졌을 것이다. 이는 엔지니어들이 극도로 고통스러운 전기충격이라고 생각한 것을 가하지 않으려 했을 거라는 것이 아니라 엔지니어들에게는 단지 그 숫자들이 바뀔 필요가 있을 뿐임을 의미할 것이다.

---

44 Stanley Milgram, *Obedience to Authority*(New York: Harper & Row, 1974).

45 일련의 인기 없는 전쟁들과 다양한 사회저항운동들 이후, 밀그램의 결과들이 오늘날 반복될 수 없었다는 점이 고려될 수도 있다. 그래서 오늘날에는 무비판적으로 권위에 따를 가능성이 더 적을 수 있다. 그러나 밀그램 실험에 대한 최근의 많은 반복은 그렇지 않다는 것을 시사한다. Jerry Bulger, "Replicating Milgram: Would People Obey Today?" *American Psychologist*, 64, no. 1, 2009, pp. 1-11를 보라.

밀그램의 실험에서 흥미로운 변수들 중 하나는 자원자들과 "학습자들" 각각의 위치였다. "학습자들"이 자원자들과 같은 방에 있지 않을 때 가장 잘 순종하였다. 자원자들은 어떤 불행한 결과일지라도 그것에 대한 모든 책임을 자신이 감수하겠다는 권위자의 안심시키는 말을 받아들이는 경향이 있었다. 그러나 자원자들과 "학습자들"이 같은 방에서 서로를 충분히 볼 수 있었을 때, 자원자들은 책임을 면하기가 훨씬 더 어렵다는 사실을 알게 되었다.

밀그램의 연구는 엔지니어들에게 특별한 함의가 있는 것 같다. 우리가 앞에서 주목했던 것처럼, 엔지니어들은 종종 분업으로 인해 특정 개인에게 책임을 추궁하기가 어려운 큰 조직에서 일하는 경향이 있다. 큰 조직의 위계구조에 세분화된 분업이 합해져서 엔지니어의 일과 공공에 미치는 결과 사이에 일종의 "거리감(distancing)"이 생기게 된다. 이것은 결과에 대한 엔지니어의 개인적 책임감을 감소시키는 경향이 있다. 그러나 그러한 거리감이 엔지니어가 직무의 궁극적인 결과에 심리적으로 더 쉽게 무관심해지게 만들지라도, 실제로 이것이 그런 결과들에 대한 책임으로부터 최소한 부분적으로라도 그를 구제해주지는 않는다.

밀그램의 실험에서 한 가지 더 재미있는 특징은 자원자들이 다른 자원자들과 함께 있었을 때는 전기충격을 주는 것을 계속할 의사가 줄어들었다는 점이다. 명백히, 실험을 계속하는 중에 서로의 불편함이 많아졌고, 그로 인해 그들은 그 실험에 더 쉽게 따르지 않으려 했다. 하지만 다음 절에서 논의하겠지만, 집단역학이 항상 비판적인 반응을 지원하는 것은 아니다. 종종 정반대의 경우가 발생하며, 오직 결연한 노력만이 매우 흔히 응집된 집단의 특징으로 나타나는 무비판적 순응 같은 것을 극복할 수 있다.

집단사고

엔지니어들이 일하는 조직 환경의 주목할 만한 특징은 개인들이 조직 안에서 그룹으로 일하고 숙의하는 경향이 있다는 점이다. 이것은 엔지니어가 흔히 개인적인 의사결정자로서 기능하기보다는 오히려 집단적인 의사결정에 참여한다는 것을 의미한다. 비록 이것이 더 나은 결정에 기여할 수도 있겠지만(속담에 "백지장도 맞들면 낫다"라는 말도 있듯이), 이것은 또한 잘 알려져 있지만 일반적으로 간과되는, 재니스(Irving Janis)가 말하는 집단사고—집단이 비판적 사고를 희생하면서 합의에 이르게 되는 상황—에 빠져드는 경향을 만들어낸다.[46] 재니스는 수많은 역사상의 실패들(이를테면, 진주만 폭격, 피그만 침공, 한국전쟁에서 38선

46 Irving Janis, *Groupthink*, 2nd ed. (Boston: Houghton Mifflin, 1982).

을 긋는 결정)을 포함하여 다양한 상황에서 집단사고의 예들을 기록하고 있다.[47] 높은 응집력, 결속력, 충성심(이 모든 것은 조직에서 칭송받는다.)으로 특징지어지는 집단들에 주의를 집중하면서, 재니스는 집단사고의 8가지 징후를 밝히고 있다.

- 실패에 대해 집단은 **난공불락이라는 환상**
- 외부인을 적수들 혹은 적대자들로 보면서 타인들에 대한 **공유된 고정관념**을 부추기는 강력한 "우리 정서(we-feeling)"
- 다른 사람에게 책임을 전가하는 경향이 있는 **합리화**
- 집단에 본래부터 고유한 도덕이 있다고 꾸밈으로써 집단이 하고 있는 일에 대한 도덕적인 함의에 대해 주의 깊은 평가를 못하게 하는 **도덕성의 환상**
- "평지풍파를 일으키지" 않으려는 바람에서 비롯되는 구성원 개개인의 **자기검열** 성향
- 집단 구성원들의 침묵을 찬성으로 해석하는 **만장일치의 환상**
- 통일된 집단을 유지하려는 노력으로 종종 집단의 리더에 의해 행해지는, 의견 차이의 조짐을 보이는 사람들에 대한 **직접적인 압력**의 적용
- **마음 감시하기(mindguarding)**, 또는 (예를 들면, 집단에 자신들의 의견을 제시하려는 외부인에 의해) 반대의견이 들어오지 못하게 막음으로써 집단을 보호하기[48]

전통적으로 엔지니어들은 자신이 좋은 팀 플레이어인 것을 자랑스럽게 여겨 왔다. 그러나 이러한 생각이 집단사고와 더불어 잠재적인 어려움을 더 심각하게 만든다. 어떻게 하면 엔지니어들에게 집단사고의 문제가 최소화될 수 있을까? 집단의 리더가 관리자든, 엔지니어든, 혹은 둘 다이든 간에 집단 리더의 자세에 많은 것이 달려 있다. 재니스는 리더들이 집단사고를 하려는 집단의 성향을 알아차려서 이를 극복하기 위한 건설적인 조치를 취해야 한다고 주장한다. 그는 쿠바의 피그만에 대한 무분별한 침략 이후, 존 F. 케네디 대통령이 그의 자문집단 구성원들 각각에게 비판적 역할을 부여하기 시작했음을 주목하였다. 그는 또한 몇몇 회의에 외부인들을 초대했고, 자신은 심의에 과도한 영향을 미치는 것을 막기 위해 자주 회의에 결석하였다.

NASA의 컬럼비아호 엔지니어들과 경영자들 중 상당수는 집단사고의 심리상태에 영향을 받았을지도 모른다. 발포체 충돌이 피해를 야기했는지의 여부를 확인하기 위해 우주

---

47 맥그로힐의 비디오 Groupthink의 가장 최신판은 챌린저호 참사를 재니스의 집단사고의 증상을 보여주는 대표적인 예로 다룬다.

48 Ibid., pp. 174-175.

왕복선의 왼쪽 날개 앞쪽 가장자리에 대한 또렷한 영상을 얻으려 하지 않은 경영자들의 결정을 논평하면서, 한 피고용인은 "나는 이것에 관해 별 것 아닌 걸로 난리법석을 피우는 겁쟁이가 되고 싶지 않다."라고 말했다.[49] 컬럼비아호 사고조사위원회는 NASA 조직의 이러한 특징을 명백히 알게 되면서 "사람들이 리더의 전략이나 집단의 합의에 반대하는 행위를 위협적인 것으로 여기는" 조직문화를 기술했다.[50] 위원회가 NASA에서 발견한, 이의제기를 하는 문화의 일반적인 부재는 집단사고의 심리상태를 부추겼을 것이다.

권위에 대한 무비판적 수용과 관련된 문제들을 극복하기 위해, 조직은 이의가 받아들여지고 심지어 장려되기까지 하는 문화를 확립할 필요가 있다. 컬럼비아호 사고조사위원회는 미 해군 잠수함 침수방지와 복구 프로그램 그리고 미 해군 핵추진 프로그램을 포함한, 이의 제기를 장려하는 조직들을 예로 든다. 이들 프로그램에서 관리자들은 이의제기를 격려하는 책임뿐만 아니라 부하들이 이의를 제기하지 않으면 그들 스스로 반대의견을 제안해야 하는 책임도 지닌다. 조사위원회에 따르면, "NASA의 프로그램 관리자들은 확실한 데이터보다는 주관적인 지식과 경험을 근거로 선입견 결론을 알림으로써 반대의견에 대해 거대한 장벽을 세웠다." 반대의견에 대한 관용과 격려가 NASA의 조직 내부에는 현저히 결여되어 있었다. 만일 반대가 없다면, 비판적 사고도 없다.

집단사고가 작동되었을 수도 있는 널리 논의된 또 다른 예는 1960년대 초반 GM사의 콜베어(Corvair) 자동차의 생산과 관련되어 있다. 엔지니어들과 경영진 간에는 안전성의 차이가 뜨겁게 논의되었다. 콜베어는 몇몇 엔지니어들이 안정도 문제가 있다고 주장하였음에도 불구하고 사람들에게 팔기 위해 공개되었다.[51] 첫 번째 모델(1960~1963년)들은 어떤 상황에서 "전복(tuck under)"되기 쉬운 스윙엑슬 서스펜션(swing-axle suspension) 설계가 적용되었다. 자동차를 안정시키기 위해서는 횡요방지대(anti-roll bar)(역주: 자동차가 좌우로 흔들리는 것을 막아주며, 모퉁이를 돌 때 지나친 쏠림을 방지하는 현가장치 속 금속막대)가 필요했다.[52] 그러나 타이어 압력수준을 더 높임으로써 그 문제를 해결하기로 결정하였다. 하지만 그 압력수준은 타이어 제조업체의 권장 허용오차 범위를 벗어난 것이었다. 게다가 그 차에 대하여 강력하게 비판하였던 네이더(Ralph Nader)에 따르면, 타이어 압력 변화는 쉐보레

49 "Dogged Engineer's Effort to Assess Shuttle Damage," p. A1.

50 *Columbia Accident Investigation Board*, p. 203.

51 J. Patrick Wright, *On a Clear Day You Can See General Motors* (Detroit, MI: Wright Enterprises, 1979), p. 237.

52 Ibid.

(Chevrolet) 판매원들과 콜베어 소유자들에게 분명히 알려지지 않았다.[53] 차가 지닌 심각한 공학적 문제들이 인정되지 않고 있었다. 네이더는 GM사의 팀이 안정도에 필요한 변화를 주기보다는 운전석 계기판에 근사한 특징들을 덧붙였다고 주장하였다. 이러한 반짝거리는 계기판의 특징들이 전면유리창에 반사되어 시각적인 장애를 일으켰고, 들리는 바에 의하면 반짝거리는 빛들이 운전자의 시야를 방해하기 때문에 충돌사고를 야기하였다고 한다. 이러한 근사한 변화에 700달러가 들었다. 안전성을 위해 필요한 변화들은 비용이 약 23센트에 지나지 않았을 것으로 추정되었다.[54] 들로리언(John Delorean)은 그 당시에 GM사의 엔지니어이자 부회장이었다. 그는 개별적으로는 경영자들이 "도덕적인 인간"이었다고 믿었다. 그러나 그는 그들이 하나의 집단으로 사고하면서 부도덕한 결정을 내렸다고 결론지었다.[55]

3.11 요약

엔지니어들은 자신의 업무에서 배려의 기준을 적용할 책임이 있다. 그들은 법을 따르고, 관련된 유사 분야에서 자신들의 업무에 합리적인 배려를 적용하는 유능한 엔지니어들이 일반적으로 받아들인 규범과 관례를 지키며, 불법적인 행위를 피하는 것에 관심을 가질 필요가 있다. 그러나 이것만으로는 충분하지 않을 수도 있다. 배려의 기준 관점은 기존의 규제기준이 적절하지 않을 수도 있어서, 이런 기준이 아직 적절하게 고려되지 않았던 문제들을 다루지 못할 수도 있다고 주장한다. 이것은 특히 기술적 혁신이 일어나는 분야에서 엔지니어들이 창의적이고 비판적인 사고를 발휘하여, 새로운 위험이 심각한 문제로 변화하기 전에 애써 그것을 예상하며 고심할 필요가 있음을 시사한다.

우리는 특정 상황에서 우리의 책임이 무엇인지를 결정하기 위해 어떤 일종의 알고리즘을 바랄 수도 있다. 그러나 이것은 헛된 바람이다. 공학전문학회/협회의 가장 상세한 윤리강령조차도 단지 일반적인 지침만을 제공할 수 있을 뿐이다. 책임에 대한 결정과 책임이 특정 상황에서 어떻게 추구되어야 하는지에 대한 결정은 엔지니어로서의 분별력과 판단에 달려 있다. 우리가 우리의 일과 연관된 책임에 접근하는 방식은 합리적으로 요청되는 것을 넘어설 수도 있지만, 그럼에도 불구하고 중요하다. 어떤 "선한 일"은 전적으로 당사자의 표

---

53 Ralph Nader, *Unsafe at Any Speed*(New York: Grossman Publishers, 1965), p. 14.

54 Ibid. Wright,

55 *On a Clear Day*, p. 237.

준 직무설명서를 벗어난다. 그러나 일단 떠맡게 되면, 의무가 동반된다.

비난책임은 개인 그리고 어쩌면 조직에게 적용될 수 있다. 만일 우리가 조직이 도덕적으로 책임 있는 행위주체일 수 있다고 믿는다면, 우리가 이론의 여지없는 도덕적 행위주체들(사람들)과 조직들 간의 유사성이 비유사성보다 더 강하다고 믿기 때문이다. 어떤 경우든, 조직은 그것이 야기한 피해 때문에 비판받을 수 있고, 일어난 피해에 대한 배상을 하도록 요구받을 수 있으며, 개혁이 필요하다고 평가받을 수 있다.

책임 개념을 이해하는 것은 실제로 당사자의 책임 요건을 충족시키는 노력을 동반할 필요가 있다. 이러한 노력은 맹점, 일탈의 정상화, 권위에 대한 복종, 집단사고 그리고 책임에 대한 그 밖의 장애들이 제기하는 도전을 다룰 필요가 있다.

CHAPTER 4

조직 내에서의 엔지니어

이 장의 주요 생각들

- 의사소통과 문화는 조직 내에서 필수적인 요소이고, 피고용인들은 그것을 잘 이해할 필요가 있다.
- 피고용인들은 스스로의 청렴성(integrity)과 독립성을 향상시키기 위해 조직 차원의 자원을 이용해야 한다.
- 조직 및 경영 실무는 여러 해 동안 바뀌지 않을 수 있으므로 윤리적 의사결정에 사각지대 또는 장애물로 작용할 수 있다. 장애물에 대해 이해하고 이러한 장애물을 치유함으로써 조직의 의사소통과 윤리적 의사결정을 개선할 수 있다.
- 다수의 조직에서는 윤리 및 준법 감시인을 두어 부적절한 정책과 절차가 있는지 면밀히 살피고, 피고용인들의 적절한 의사소통과 직장에서의 일과에 윤리적 선택을 할 수 있도록 돕는다.
- 엔지니어와 경영자는 둘 다 정당하면서도 서로 다른 관점을 가지고 있다. 경영자의 관점에서 또는 경영자에 의해 이루어져야 할 결정과, 엔지니어의 관점에서 또는 엔지니어에 의해 이루어져야 할 결정을 구분하는 것은 유용하다.
- 조직 내에서 서로 다른 의견은 엔지니어들 사이에도 존재할 수 있고, 엔지니어와 경영자 사이에서도 일어날 수 있다. 주도면밀한 구두 또는 서면 의사소통이 이러한 불일치를 타개하는 데 활용될 수 있다.
- 다른 모든 의사소통 방법이 통하지 않을 때에는 내부고발이 피고용인에게 때로는 하나의 필요한 선택이 될 수 있다. 피고용인은 조직 내의 문제를 해결하기 위해 고발 이전에 수많은 대책들을 강구해 보아야 한다. 다만, 직장에서의 문제를 해결하기 위해 온갖 방법을 다 사용하여 노력했다고 믿는 피고용인들을 돕기 위해 새로운 연방규정들이 도입되었다.

고객의 가치를 존중함으로써 앤더슨(Ray C. Anderson)은 이미 매우 이윤이 높은 사업을 한층 더 높은 것으로 바꿀 수 있었다. 앤더슨의 회사, Interface Carpets Global은 카펫 타일 모듈을 생산하는 사업을 하고 있다. 앤더슨은 이 회사의 창업주이자 38년 동안 최고경영자(CEO)

였다. (앤더슨은 2011년 사망할 때까지 그 직책을 보유하였다.) 그는 공학을 전공하였으며, 조지아공대의 산업시스템공학과를 우등생으로 졸업하였고, 1973년에 Interface Carpets를 창업하였다. 20년 후, 연구개발 부서의 엔지니어 하츠필드(Jim Hartzfield)가 "일부 고객들이 'Interface는 환경을 위해 무엇을 하는지' 알고 싶어 하는데, 어떻게 대답해야 하는가?"[1]라는 영업사원들의 질의를 전달했을 때, 고객을 향한 앤더슨의 개인적 및 직업적 태도가 바뀌었다.

앤더슨은 처음에는 환경에 끼치는 악영향보다는 고객을 잃는 것에 대한 걱정이 더 컸다고 한다. 그는 "당시 나는 고객이 우려하는 바를 무시하거나 어떤 종류의 사업기회도 포기할 마음이 없었다. 하츠필드가 전달해준 문의에 우리가 제대로 답하지 못하면, 매출이 떨어질 것임을 알고 있었다"라고 말했다.[2] 앤더슨은 Interface가 고객의 요구에 집중해야 한다고 주장했고, 호킨(Paul Hawken)의 **비즈니스 생태학**(*The Ecology of Commerce*)을 읽는 것으로 시작하였다. 이 책은 앤더슨의 고객지향 목표들을 환경친화적인 일련의 실무 관행으로 전환시켰다. "Mission Zero"는 앤더슨과 Interface Carpets가 2020년까지 회사가 환경에 미치고 있는 부정적인 영향들을 완전히 없애기 위해 시작한 고객과의 약속이었다. 2009년에 앤더슨은 Interface가 생산공정과 제품을 재설계하고, 새로운 기술을 도입하며, 폐기물과 유해물질 배출을 감소시키거나 제거하는 동시에 재생가능한 자원과 에너지원의 사용을 증가시키기 위한 노력을 통해, 목표를 절반 정도는 달성했을 것으로 추산하였다.[3]

4.1 서론

대부분의 엔지니어는 자영업자가 아닌 회사의 피고용인이다. 이는 엔지니어의 역할책임이 다른 엔지니어들뿐 아니라 경영자와의 관계, 그리고 그들이 몸담고 있는 조직의 목적과 목표에 의해 결정된다는 뜻이다. 따라서 대부분의 엔지니어는 독립적으로 일하지 못하며, 조

---

1 Ray C. Anderson and Robin White, *Confessions of a Radical Industrialist: Profits, People, Purpose – Doing Business by Respecting the Earth*(New York: St. Martin's Griffin, 2009), p. 17.

2 Ibid.

3 Ibid. 비록 앤더슨은 2011년에 별세하였지만, 그의 정신만큼은 Interface에서 그리고 레이앤더슨 재단을 통해서 계속되고 있다. 재단은 RayDay라는 연례행사를 주최하며, 여기에는 폐기물을 줄이고 지속가능한 환경을 지원하는 데 열심히 동참하는 수백 명의 사람들이 모여든다. (더 자세한 정보를 원한다면 인터넷에서 "Ray Anderson Foundation"을 검색해보라.)

직 내 책임자의 뜻을 존중할 것으로 기대된다.

앤더슨의 Interface Carpets 예처럼 한 조직이 그 목적을 급격하게 바꾸는 경우에, 엔지니어들은 주어진 변화에 적응하거나 또는 다른 직장을 찾아야만 한다. Interface에서 하츠필드는 엔지니어로서 CEO인 앤더슨이 조직의 목표를 재설정하는 데 중요한 역할을 하였다. Interface의 경우처럼 조직이 환경과 관련한 목적을 가지고 있는 한, 환경을 생각하는 엔지니어들이 근무하기에 이상적이라고 볼 수 있을 것이다. 그러나 이상과 현실 사이에는 종종 괴리가 있음을 인지해야 한다. 우리는 이제 문제가 있는 몇몇 분야들을 살펴보기로 하자.

4.2 엔지니어와 경영자

경영이론가 라일린(Joseph Raelin)은 "경영직과 전문직 간에는 교육경력, 사회화, 가치, 직업상의 관심, 노동습관, 시각에서의 차이가 있기 때문에 당연한 갈등이 있다"고 말한다.[4] 라일린에 의하면 엔지니어들은 고용주에 대한 충성과 직업적인 신의 사이에서 흔히 갈등을 경험한다.[5] 대부분의 엔지니어들은 회사의 재정을 염려하고 상관의 지시를 이의 없이 수행하는 충실한 피고용인이 되고 싶어 한다. 이는 1970년대 이전 공학윤리강령이 엔지니어의 첫 번째 의무를 회사의 "충실한 대리인"이 되는 것이라고 규정했던 것과 궤를 같이한다. 그러나 제1장에서 말한 바와 같이, 1970년대 초 전문공학단체들은 윤리헌장에 그들이 따라야 할 제1규범을 새로이 도입하였다. 이는 엔지니어들이 대중의 보건, 안전 및 복지를 가장 중요하게 생각할 더 근본적인 의무가 있다는 내용이었다.

문제를 더 복잡하게 만드는 것은, 많은 경영자들은 엔지니어가 아니기 때문에 공학 전문성이 없고, 이에 의사소통이 종종 어렵다는 사실이다. 엔지니어들은 경영자에게 기술적인 문제를 설명할 때 과도하게 단순화된 표현을 사용해야 하고, 그럼에도 경영자들이 공학적 쟁점을 제대로 이해하지 못한다고 불평하고는 한다.

마지막으로, 경영자가 아닌 많은 엔지니어들은 금전적 보상과 특권이 커 보이는 경영자의 위치에 오르기를 원한다. 따라서 아직 엔지니어와 경영자의 역할을 겸직하지 못하는 많은 엔지니어들은 앞으로의 커리어에 있어 언젠가 그렇게 할 것이라는 기대를 안고 살아간

---

4 Joseph A. Raelin, *The Clash of Cultures: Managers and Professionals*(Boston: Harvard Business School Press, 1985), p. xiv.

5 Ibid, p. 12.

다. 그러나 두 가지를 겸직하는 사람의 경우, 그 때문에 갈등을 겪을 수 있다. 예를 들어 챌린저 참사 때 모턴싸이오콜(Morton Thiokol)의 공학담당 부사장이었던 룬드(Robert Lund)는 엔지니어이자 경영자였다. 참사 직전 룬드의 상사는 그에게 공학적 시각보다 경영자의 시각을 갖출 것을 주문하였다.

글상자 4.1 엔지니어와 경영자

- 엔지니어는 대중의 보건, 안전 및 복지를 가장 우선적으로 보호할 더 근본적인 의무를 가진다.
- 어떤 엔지니어들은 경영자가 되기를 원할 수 있다. 그러나 엔지니어로서 그들이 가지는 우선적인 의무에는 변함이 없다.

이러한 엔지니어와 경영자 간의 시각차는 잦은 갈등의 가능성을 보여준다. 재캘(Robert Jackall)의 유명한 기업경영 연구는 단지 어쩌다가 경영자와 전문직 사이의 관계에 초점을 맞출 뿐이다. 그러나 가끔씩 엔지니어나 다른 전문직과 경영자 사이의 관계에 대해 그가 언급하는 내용에 비추어 보면, 경영자와 피고용인 관계에 대한 그의 일반적인 서술은 엔지니어를 포함한 전문직들과 경영자의 관계에도 적용된다고 봐도 무방하다. 미국의 몇몇 대기업의 경영자에 대한 연구에서 재캘은 큰 조직은 "특정한 목표를 추구하는 실용주의적인 성향"을 뜻하는 "기능적 합리성"을 중시한다는 사실을 발견하였다. 재캘은 자신이 연구한 경영자와 기업들이 양심적인 전문직들의 도덕적 헌신을 존중하는 데에 걸림돌이 되는 몇 가지 특징을 가지고 있음을 발견하였다.[6]

첫째, 조직 내의 기풍은 기업 경영자, 특히 고위직이 의사결정을 내리는 과정에서 참된 도덕적 헌신이 중요하게 자리할 수 있는 여지를 남기지 않는다. 직장생활에서 보여야 할 태도에 영향을 미치지 않는 한, 그들은 어떤 개인적인 도덕적 신념이든 추구할 수 있다. 개인적 양심과 기업활동을 분리하는 방법을 배워야 하는 것이다. 경영자는 한편으로는 도덕원칙과 다른 한편으로는 편의주의 간의 균형유지 관점에서 생각하기를 선호한다. 재캘에 의하면, 우리가 도덕적으로 진정 고려해야 할 사항으로 여기는 것들이 정작 경영자의 의사결정에서는 큰 역할을 하지 못한다.

6 Robert Jackall, *Moral Mazes: The World of Corporate Managers*(New York: Oxford University Press, 1988), p. 5.

둘째, 자신의 동료와 상사에 대한 충성은 경영자가 갖추어야 할 최우선 덕목이다. 성공한 경영자는 팀으로 공동업무를 잘해내는 사람으로서 도전을 받아들이고, 그 자신과 주변 사람들이 좋은 평가를 받을 수 있는 방향으로 업무를 진행한다.[7]

셋째, 자신과 동료들, 그리고 상관을 보호하기 위해서 고의로 책임의 경계를 모호하게 한다. 세부적인 일은 아랫사람들에게 시키고, 공적은 윗사람에게 돌린다. 책임을 피하기 위해 가능한 한 행위는 그 결과와 분리시킨다. 어렵고 논란이 많은 문제를 결정할 때 성공적인 경영자는 일이 잘못될 경우에 대비하여 가능한 한 많은 사람을 연루시켜 다른 사람을 책임자로 지목할 수 있게 할 것이다. 또한 그는 책임을 지지 않기 위해 서면으로 정리해 두는 것을 피한다. 그의 상관과 동료들, 그리고 자신을 보호하고 숨기는 것이 다른 모든 고려사항에 우선한다.

재캘의 연구는 경영자들이 조직의 번영에 대해 강하고 그리고 어쩌면 압도적인 관심을 가지고 있다는 것을 보여준다. 조직의 성과는 주로 재무적 측면에서 측정되지만, 긍정적인 공익 이미지와 비교적 갈등 없는 운영 또한 포함된다.

경영적 의사결정 과정에는 관련된 고려사항들 간에 절충점을 찾는 것 또한 포함된다. 윤리적 고려사항은 여러 고려사항 중 한 유형일 뿐이다(**글상자 4.2**). 더욱이 만일 우리가 재캘의 말을 믿는다면, 경영자들은 윤리적 고려사항에 대해 진지하게 받아들이지 않을 가능성이 높다. 그것이 대중적 이미지와 같은 회사의 번영에 직접적으로 영향을 미치는 요소가 되지 않는 한 말이다.

글상자 4.2 **주된 절충점들**

- 어떤 경영자들은 한편으로는 도덕적 원칙과 다른 한편으로는 편의주의 간의 관계를 절충의 관점에서 생각하기를 선호한다.
- 대부분의 경영자들은 조직의 번영에 지대한 관심을 가진다. 이는 주로 재무적 측면에서 측정되지만, 긍정적인 공익 이미지와 비교적 갈등 없는 운영 또한 포함된다.
- 조직문화는 일반적으로 최고 경영진에 의해 결정된다.

7 Ibid, p. 69.

4.3 조직 내에서 도덕적으로 지내기

조직문화의 중요성

앤더슨의 예는 공학이 최고 경영진에게 직접적으로 긍정적인 영향을 끼친 사례를 보여준다. CEO인 앤더슨과 그의 엔지니어들은 가치에 대해 라일린과 재캘이 그리는 일반적인 경영자의 시각과는 상충되는 견해를 가진 것으로 보인다. 세계적인 기업으로 성장한 앤더슨의 회사는 여전히 2020년까지 환경에 대한 부정적인 영향을 최소화한다는 목표를 유지하고 있고, 엔지니어들은 공장 설계 또는 카펫과 패드, 접착제의 원료 및 천연 카펫염색제에 이르기까지 다양한 분야에서 이 목표를 위해 노력하고 있다.[8]

그러나 Interface Carpets가 보여주는 진보적인 조직 환경은 엔지니어가 흔히 만날 수 있는 표준 범주에 들지는 않는다. 재캘의 연구에서처럼 자신이 고용된 조직에서 파멸을 맞이하지 않고 도덕적으로 책임 있게 행동하기 위해서는, 엔지니어들이 먼저 자신이 포함된 조직을 이해해야 한다. 이러한 지식은 엔지니어들로 하여금 (1) 자신과 경영자들이 조직의 영향 아래에 있는 쟁점들을 어떻게 틀 지우는지, (2) 어떻게 하면 도덕적인 책임을 저버리지 않으면서 조직 내에서 효율적이고 안전하게 행동할 수 있는지를 이해하도록 도와준다.

우리가 생각하는 조직의 성격을 여기서는 '조직문화(organizational culture)'라는 범주로 분류한다. 조직문화는 상부조직에 의해(고위층 경영자에 의해, 조직의 대표나 CEO, 중역들에 의해 그리고 때로는 소유자에 의해) 정해진다는 데 대체로 이견이 없다. 만일 조직이 청렴성과 윤리적 원칙보다 성공과 생산성에 더 높은 가치를 부여한다면, 이러한 가치들은 조직 구성원들의 결정에 강력하게 영향을 미칠 것이다. 마이어스(Christopher Meyers)는 이 가치들이 "하나의 사고방식, 참여자들이 세상을 바라보는 여과장치"가 된다고 말한다.[9] 만일 이런 여과장치가 조직문화 내에 강하게 뿌리내리고 있다면, 구성원의 행동에 한층 더 강한 영향을 미칠 것이다.

일부 저술가들은 이것을 '조직의 대본(script)' 혹은 '도식(schemas)'이라 표현하며, 세상을 볼 때 일부는 보게 하고 나머지는 보지 못하게 하는 일련의 방식으로 조직 구성원을 길들이는 수단이라고 일컫는다. 조이아(Dennis Gioia)는 1970년대 초 포드(Ford)사의 경영자였다. 그는 핀토(Pinto)가 비교적 사소한 사고들로 승객들을 불행한 죽음으로 이끌었다 하더라

---

8 Anderson and White, *Confessions*, p. 28.

9 Christopher Meyers, "Institutional Culture and Individual Behavior: Creating the Ethical Environment," *Science and Engineering Ethics*, 10, 2004, p. 271.

도, 리콜하지 말 것을 권고하였다. 그는 포드에서의 자신의 경험을 다음과 같이 기술한다.

> 나 자신의 도식화된 … 지식은 나로 하여금 지배적인 의사결정 환경에 맞춰 리콜 쟁점들을 인지하고 핀토 사례의 핵심적 특징을 무의식적으로 간과하도록 영향을 미쳤다. 주된 이유는 그것들이 기존의 각본에 맞지 않았기 때문이다. 되돌아보면 이 사례의 결과가 분명히 윤리적으로 함축된 의미들을 담고 있다 하더라도, 나의 인지와 행동을 이끈 도식들은 윤리적인 면에서 그 쟁점들을 고려하지 못하게 방해하였다. 왜냐하면 우리의 대본에는 윤리적 차원이 포함되어 있지 않았기 때문이다.[10]

우리는 여기서 조직문화의 영향에 대한 평가가 개인의 도덕적 책임에 대한 신념을 완전히 압도하게 하지 않도록 유의해야 한다. 하지만 그럼에도 전문직을 포함한 모든 피고용인들은 자신이 고용된 조직 안에서 결정을 내리게 되고, 그들은 자신이 내리는 결정에 영향을 미치는 요소들을 이해할 필요가 있다.

몇 가지의 제언

앞에서 얘기한 종류의 문제들을 유념하면서, 엔지니어와 조직 모두를 위한 다음 몇 가지의 제언을 하고자 한다.

첫째, 엔지니어와 다른 피고용인들이 문제점을 보고하도록 장려해야 한다. 간혹 임박한 문제 발생에 대한 불만사항과 경고를 알리기 위한 공식적인 절차들이 있긴 하다. 가능하다면 항의를 제기할 수 있는 공식적인 절차들이 있어야 한다. 가장 잘 알려진 절차 중의 하나는 미국원자력규제위원회(Nuclear Regulatory Commission, NRC)의 다른 전문적 관점(Differing Professional Views) 절차와 다른 전문적 견해(Differing Professional Opinions) 절차이다.[11] 또한 많은 기업들이 윤리적 행동을 장려할 뿐만 아니라 불만사항을 전달하는 경로로 '옴부즈맨'과 '윤리임원'들을 두고 있다. 그러나 몇몇 저술가들은 사내 윤리임원이 지나치게 조직의 편일 가능성이 높기 때문에, 불만사항과 내적인 불일치들을 조정하기 위해서는 사외 윤리상담역을 고용해야 한다고 제안한 바 있다. 요지는 사내의 윤리담당 임원들이 조직문화에 익숙해져 있고 자신의 봉급을 조직에 의존하기 때문에 진정 객관적인 관점을 가질 수 없다는

---

10 Quoted in Patricia Werhane, *Moral Imagination and Management Decision Making*(New York: Oxford University Press, 1999), p. 56.(Cited in Raelin, The Clash of Cultures, p. 271.)

11 Stephen H. Unger, *Controlling Technology: Ethics and the Responsible Engineer*, 2nd ed.(New York: Wiley, 1994), pp. 122-123.

것이다.[12]

둘째, 회사와 회사의 피고용인들은 무비판적이거나 맹목적인 충성보다는 '비판적 충성(critical loyalty)'의 태도를 취해야 한다. 고용주에 대한 무비판적 충성은, 고용주가 스스로 정의하는 이해관계를 수용하여 그 이해관계를 모든 경우보다 우위에 두는 것이다. 복종에 대한 밀그램(Stanley Milgram)의 연구는 우리들 중 얼마나 많은 이들이 권위자의 요구나 명령에 무비판적으로 순응하기 쉬운지를 보여준다. 반대로, 비판적 충성은 피고용인의 개인적, 전문가적 윤리의 제한조건 내에서 가능한 한 고용주의 이해관계를 존중하는 것이다. 우리는 비판적 충성을 창의적 중도의 개념으로 이해할 수 있다. 이는 조직의 정당한 요구뿐만 아니라 대중을 보호할 의무를 존중하기 위한 노력이다. 이러한 주장이 조직에 대한 불충을 조장한다는 의견이 있지만, 반대의 목소리를 내는 이들이 종종 조직의 편일 때가 많다는 점을 알아둬야 한다. 이 경우 조직의 리더는 하급자가 제대로 주의를 환기하지 않는다면 앞으로 다가올 위험을 알아채지 못할 수 있다. 내부고발자에 의해 문제가 조직 외부로 알려지는 것은 조직 내에서는 아주 평판이 나쁘게 받아들여질 일이지만, 내부고발자에게 이는 마지막 수단이자 조직의 장기적인 발전과 공공의 선을 위한 행위일 수 있다.

셋째, 피고용인들은 비판하거나 제안할 때 쌍방의 성격보다는 쟁점에 초점을 두어야 한다. 이 방법은 과도한 감정 표출을 자제하고 성격 차이를 어느 정도 극복할 수 있게 도와준다.

넷째, 건의사항, 특히 불만의 경우 서류화된 기록으로 보존해야 한다. 만일 법정소송 절차가 수반되어야 할 경우, 이는 매우 중요한 참고자료가 된다. 무엇을, 언제 말했는지를 "정확히 기록으로 남겨" 사실관계를 바로잡는 데 도움이 된다.

다섯째, 연루된 개인과 회사를 보호하기 위해 불만사항은 가능한 한 기밀로 유지되어야 한다.

여섯째, 분쟁조정에서 필요할 경우 조직 외부의 중립적인 인원이 참여할 수 있도록 규정을 만들어야 한다. 때때로 조직 내부의 피고용인들은 분쟁에 지나치게 감정적으로 빠져들거나 개인적인 유대가 너무 많아서 쟁점에 대해 냉정한 평가를 내리지 못한다.

일곱째, 보복으로부터 보호받을 수 있는 명시적인 규정을 만드는 것과 함께, 특정한 피고용인이 자신이 보복을 당했다고 생각한다면 이에 대해 항의를 제기할 수 있는 구조를 만들어야 한다. 상사와 의견이 다른 피고용인의 가장 큰 두려움은, 즉각적인 해고 다음으로

12 Meyers, 각주 9번: p. 257.

는 아마도, 분쟁이 해결되고 난 후에도 오래도록 승진과 업무분담에서 차별을 당할지도 모른다는 두려움일 것이다. 이러한 두려움으로부터 보호받는 것은 피고용인의 가장 중요한 권리들 중 하나이지만, 동시에 제공하기 가장 어려운 것이기도 하다.

여덟째, 조직상의 불복종을 다루는 절차는 가능한 빠르게 진행되어야 한다. 그러한 쟁점들의 해결을 미루는 것은 반대의견을 처벌하는 하나의 방법이 될 수 있다. 보통 지연이 충분하게 이루어지면 경영자가 제기된 이의에 대해 조치를 취할 시간이 생긴다. 피고용인의 행동이 전적으로 정당했다 하더라도, 불안과 조사과정에 수반되는 의혹의 그림자가 길어지면 길어질수록 이의를 제기한 피고용인을 응징하는 한 방법으로 작용하게 된다.

말했듯이 이는 제언이다. 이를 진지하게 받아들이는 조직은 엔지니어에게 좀 더 친화적인 환경을 제공할 수 있을 것이다.

물론 어떤 조직이든 간에 이를 실행하는 정도는 지켜봐야 할 것이다.

4.4 공학 고유의 결정(PED)과 경영 고유의 결정(PMD)

엔지니어와 경영자의 역할

우리는 엔지니어들이 해야 할 결정과 경영자들이 해야 할 결정 사이의 경계를 어떻게 정해야 할까? 이 질문에 답하기 위해서는 조직 내에서 엔지니어들과 경영자들이 각각 가지는 서로 다른 역할과, 이에 연결되는 관점의 차이를 설명하는 것부터 시작해야 한다.

조직 내 엔지니어들의 주요 업무는 조직과 소비자들에게 가치 있는 구조물, 제품, 공정을 만들어내기 위해 자신의 과학기술적 지식과 노하우를 이용하는 것이다. 하지만 엔지니어들은 전문가이기도 하며, 자신의 전문직종에서 기술적 지식을 사용하는 데 지침이 되도록 결정한 기준을 따라야 한다. 따라서 엔지니어들은 조직에도 충성해야 하고 자신의 전문직에도 충성해야 한다. 그들의 전문직에 대한 충성은 그들의 현재 고용주가 누구인가의 문제를 넘어선다[13](**글상자 4.3** 참조).

---

13 라일린은 조직을 초월하는 전문직의 직업에 대한 충성심이 중요하다고 이야기하는데, 경영자는 "지엽적"인 반면 대부분의 전문직은 "보편적"이라는 것이다. 그는 엔지니어가 대부분의 전문직보다는 좀 더 지엽적인 성향을 띤다고 봤지만, 본인의 조직에 대한 충성을 초월하는 직업적인 규범에 대한 충성이 존재함을 부인하지는 않는다. 지엽적 - 보편적 구분에 대한 더 자세한 설명은 라일린의 저서 *The Clash of Cultures*, pp. 115-118을 참고하라.

글상자 4.3 엔지니어가 당면하는 두 가지의 충성

엔지니어는 전문직이며, 기술적 지식의 사용을 위한 직업적인 기준을 지키기 위해 노력해야 한다. 따라서 엔지니어는 소속된 조직과 자신의 전문직, 두 가지의 충성 대상을 가진다.

제3장에서 얘기한 바와 같이, 엔지니어의 의무는 주로 좋은 설계와 일반화된 공학실무에 관련된 표준을 충족하는 것을 포함한다. 이러한 표준에 내포되어 있는 판정기준들은 설계의 효율성과 경제성, 행여 부적절한 제조와 작동일지라도 감내할 수 있는 능력의 범위, 그리고 최첨단기술이 사용되는 정도 같은 고려사항들을 포함한다.[14] 이러한 고려사항을 요약하면, 엔지니어들은 품질에 깊은 관심을 가진다고 말할 수 있다.

또한 엔지니어들은 안전에 매우 큰 중요성을 부여한다. 더욱이 안전과 관련된 문제는 신중해야 하기 때문에 이 문제에 접근할 때에는 보수적인 성향을 보인다. 예를 들면, 챌린저 참사의 사례에서 Morton Thiokol 엔지니어들은 낮은 온도에서의 오링의 반응에 대한 확실한 데이터를 갖고 있지 못했다. 비록 자신들의 추정에 의하면 심각한 문제가 될 수도 있는 징조를 보았지만 말이다. 그래서 그들은 발사에 반대하였다.

경영자들의 직무와 그에 따른 관점은 다르다. 그들의 직무는 엔지니어의 활동을 포함해서 조직 전반의 활동을 지도하는 것이다. 그들은 조직을 초월하는 기준을 지향하기보다는 오히려 조직 내에서 우세한 기준에 의해 움직이며, 어떤 경우에는 자신의 개인적 도덕적 신념이 더 큰 영향력을 행사하기도 한다. 경영자들은 스스로를 조직의 보호자로 여기며, 조직의 현재 및 미래의 번영에 가장 우선순위를 둔다. 이러한 번영은 대체로 경제적인 측면에서 판단되는 것이지만, 대중적인 이미지나 피고용인의 근로의욕과 같은 고려사항도 포함된다.

경영자들은 전문직의 실무와 기준에 따라 생각하기보다는, 관련된 고려사항을 모두 열거하고 난 후 그것들을 저울질하면서 결론을 내리는 경향이 있다. 경영자들은 낮은 가격을 유지해야 한다는 강한 압박감을 가지고 있으며, 엔지니어들이 가끔 안전을 너무 지나치게 추구해 비용이나 상품성 같은 경제적 요소를 간과한다고 생각할 수 있다. 반면 엔지니어들은 설계에 관련된 여러 사항에 순위를 매김으로써 다른 그 무엇보다 최소한의 안전과 품

---

14 최첨단기술이 항상 적절한 것이 아닐 수도 있다. 만일 엔지니어가 덜 산업화된 나라에서 사용할 보습(plow)을 설계한다면, 가장 진보된 기술보다는 단순함, 수리하기 쉬움, 수리용 부속품의 조달과 같은 속성이 더욱 중요할 수 있다.

질이 반드시 선제적으로 충족되도록 하는 경향이 있다.[15] 엔지니어들 역시 안전과 품질을 어느 정도 다른 요소들과 저울질할 수는 있지만, 그들은 경영자들과 협상하는 과정에서 안전과 품질기준들을 고수해야 하는 특별한 의무를 자신들이 지고 있다고 여길 가능성이 높다. 그들은 대개 제품이나 공정은 일반적으로 인정된 공학표준을 결코 위반해서는 안 되고 변화는 점진적으로 이루어져야 한다고 주장할 것이다. 이러한 고려사항들은 우리가 공학 고유의 결정(proper engineering decision, PED)이라고 부르는 것, 즉 엔지니어의 또는 공학적인 관점에서 판단해야 하는 결정과 경영 고유의 결정(proper management decision, PMD)이라고 부르는 것, 즉 경영자의 또는 경영적인 관점에서 판단해야 하는 결정이 구별됨을 말해준다. 필요충분조건이라는 의미에서 PED나 PMD의 완전한 정의를 제시한다고 주장하지는 못하겠지만, 우리는 이 두 가지 유형의 결정 절차들과 통상적으로 결부되는 몇 가지 특징들을 공식화해볼 수 있다. 우리는 다음과 같은 설명들을 공학 고유의 결정과 경영 고유의 결정의 "특징화"로 부를 것이다(**글상자 4.4**).

글상자 4.4 **공학 고유의 결정과 경영 고유의 결정**

- 공학 고유의 결정(PED): 공학적 전문지식을 필요로 하는 기술적 문제를 수반하거나, 공학강령에서 구현된 윤리기준들, 특히 엔지니어들에게 대중의 건강과 안전의 보호를 요구하는 윤리기준에 해당하기 때문에, 엔지니어가 판단해야 하거나 적어도 전문적 공학기준들의 지배를 받아야 하는 결정을 말한다.
- 경영 고유의 결정(PMD): 비용, 일정, 마케팅과 같은 조직의 번영과 피고용인의 사기나 복지와 관련되는 요소들을 수반하기 때문에 경영자가 판단하거나 적어도 경영적 고려사항들에 의해서 지배되어야 하는 결정을 말한다. 그리고 이 결정이 엔지니어들(혹은 다른 전문가들)이 자신의 기술적 혹은 윤리적 기준에 비추어 용인할 수 없는 타협을 하도록 강요해서는 안 된다.

15 우리는 이 명제와 이 절의 몇몇 다른 문제들에서 데이비스(Michael Davis)의 덕을 보았다. 데이비스는 롤즈(John Rawls)의 사전적 나열 개념을 이용해 우선순위를 배정한다. 그러나 롤즈는 사전적 나열과 순차적 나열을 동일시한 것으로 보인다. 그는 사전적 나열을 다음과 같이 정의한다. "첫 번째 순서의 원칙을 만족시켜야만 두 번째로 넘어갈 수 있고, 두 번째를 만족시켜야만 세 번째로 넘어갈 수 있다. 원칙은 그 전의 선결원칙들이 온전히 충족되거나 적용되지 않는 경우에만 고려될 수 있다. 그렇다면 순차적 나열은 원칙 간의 균형을 고려할 필요가 없다. 나열 순서에서 앞쪽에 있는 원칙이 뒤에 있는 것에 비해 절대적인 비중을 가지며, 예외 없이 적용된다." 다음 원전을 참조하라. John Rawls, *A Theory of Justice*(Cambridge, MA: Harvard University Press, 1971), p. 43; Michael Davis, "Explaining Wrongdoing," *Journal of Social Philosophy*, 20, Spring-Fall 1988, pp. 74-90.

우리는 공학 고유의 결정과 경영 고유의 결정의 특징화에 관한 세 가지 예비적인 논평을 할 것이다. 첫째, PED와 PMD의 특징화는 공학 결정과 경영 결정 사이의 구별이 의사결정 과정에서 우선시되어야 하는 기준과 관례에 따라 작성되었음을 보여준다. 나아가 PMD는 경영기준과 공학기준이, (특히 안전과 심지어 품질에 관해) 실질적인 갈등(substantial conflict) 관계에 놓이는 경우 경영기준이 공학기준보다 결코 우선시되어서는 안 된다는 점을 명백히 하고 있다. 그러나 '실질적인 갈등'이 무엇인지가 종종 논란이 될 수 있다. 만일 엔지니어들이 허용가능한 안전과 품질보다 훨씬 높은 수준을 원하는 경우라면, 엔지니어들의 판단이 우세해야만 하는지 명확하지 않다. 둘째, PMD는 합법적인 경영 결정이 단지 엔지니어들에게 자신의 전문적 실무와 기준을 위반하도록 강요해서는 안 될 뿐만 아니라 다른 전문가들에게도 그렇게 하도록 강요해서는 안 된다는 점을 조건으로 제시한다. 비록 여기서 가장 우선적으로 대비되는 것이 공학과 경영의 의사결정의 차이라 할지라도, 합법적인 경영 결정에 대한 구체적 지침에는 다른 전문직 규범들의 위반에 대한 더 포괄적인 금지조항이 포함되어야 한다. 합법적인 경영적 의사결정의 완전한 특징화를 위해서는 비전문직 피고용인들의 권리 침해에 반하는 금지조항들 또한 포함해야겠지만, 이렇게 될 경우 그 특징화를 한층 더 복잡하게 만들 것이고, 여기서 우리의 목적에는 맞지 않기에 생략한다.

셋째, 엔지니어는 언제든 조언을 할 준비가 되어 있어야 하며, 이는 때로는 경영자가 내리는 고유한 의사결정에도 적용된다. 경영 의사결정은 종종 엔지니어들의 조언으로부터 도움을 받는다(**글상자 4.5**). 비록 안전에 근본적인 문제가 없다고 해도 엔지니어는 설계의 향상이나 대안이 될 수 있는 다른 설계안, 제품을 더 매력적으로 만드는 방법과 같은 논점들에 대해서 중요한 기여를 할 수도 있다. 더 나아가, 엔지니어들은 제품이 미래에 일으킬 수 있는 문제점들, 예를 들어 얼마나 잘 작동하는지, 필요시 수리하거나 개선할 수 있는지 등을 예측하기에 가장 좋은 위치에 있다.

글상자 4.5 **경영자에게 엔지니어가 줄 수 있는 조언**

- 엔지니어는 가능한 한 경영자에게 앞으로 일어날 수 있는 문제에 대해 경고하고 대안에 대해 조언해주어야 한다.
- 이는 공학적 상상력과 함께 공학에 대한 전문성이 없는 사람과 효과적으로 의사소통할 수 있는 능력을 필요로 한다.

전형적 예와 비전형적 예

공학 고유의 결정과 경영 고유의 결정의 특징화에 있어 몇 가지 용어들은 의도적으로 정의하지 않은 채로 남겨두었다. PED의 특징화에서는 "기술적 문제", "건강", "안전"과 같은 용어를 정의하지 않았다. PMD는 단지 "비용, 일정, 마케팅과 같은 회사의 번영과 피고용인의 사기나 복지와 관련되는 요인들"을 인용할 뿐, 전형적인 경영적 고려사항들을 충분히 명시하고 있지 않다. PMD의 특징화는 경영적 결정이 엔지니어들에게 "그들의 전문직 표준에 비추어 용인할 수 없는 타협"을 강요하지 않도록 요구한다. 그러나 "용인할 수 없는"의 의미는 정의하지 않고 있다. 우리는 이 용어들에 일반적인 정의를 부여하려는 시도가 유용하다고 보지 않는다. 어떤 사례에서는 이 용어들의 적용이 비교적 논란거리가 되지 않을 것인데다가, 논란이 되는 사례들에서라면 명확하게 설명이 될 만한 정의를 내리기 어렵다.

이러한 영역에서 비롯되는 도덕적 쟁점을 다룰 때에는 선 긋기(line-drawing) 기법을 이용하는 것이 유용할 것이다. 우리는 비교적 논란의 여지가 없는 PED와 PMD의 예시들을 전형적 사례라고 일컫기로 한다.[16] 앞에서 논의된 PED와 PMD의 특징화는 그런 전형적인 사례들을 설명하기 위해 만들어진 것이다. 이 두 가지의 전형적 사례들은 사례 스펙트럼에서 양쪽 극단에 해당한다.

우리는 전형적 PED를 쉽게 상상할 수 있다. 엔지니어인 제인이 자신의 회사가 건설하고자 하는 화학공장의 설계에 참여하고 있다고 가정해보자. 그녀는 밸브 A와 밸브 B 중에 하나를 선택해야만 한다. 밸브 B는 제인의 팀장의 친구가 팔고 있지만, 제품이 최저 스펙조차도 충족하지 못한다. 사실 이 밸브는 인명손실을 포함해 몇 가지 사고를 일으켰기에, 그녀는 아직도 그것이 시판되고 있다는 사실이 놀라울 따름이다. 반대로 밸브 A는 최첨단 기술

표 4.1 전형적 PED

특징	PMD	테스트	PED
전문기술	필요 없음	____________X	필요함
안전	중요하지 않음	____________X	중요함
비용	중요함	____________X	중요하지 않음
일정관리	중요함	____________X	중요하지 않음
마케팅	중요함	____________X	중요하지 않음

16 분석을 위해, 우리는 모든 결정이 PED나 PMD의 범주에 속한다고 가정한다. 즉, 다른 그 누구도 아닌 경영자 또는 엔지니어 둘 중 하나가 결정을 내려야 한다는 가정이다.

이 적용된 제품이다. 무엇보다 차단 메커니즘이 빠르고 또한 응급상황에서 오작동할 가능성도 적다. 비록 밸브 A가 5% 정도 더 비싸지만, 그 정도의 비용은 회사가 충분히 감당할 수 있다. 그러므로 밸브 A에 대해서는 안전과 품질 모든 면에서 분명하고 논란의 여지가 없는 선택의 이유가 있다. **표 4.1**이 이를 설명해준다.

여기서 결정은 제인이나 다른 엔지니어들에 의해, 혹은 적어도 공학적 고려사항을 바탕으로 이루어져야만 한다. 이것은 (1) 일반적으로 인정된 기술적 표준들과 관련된 쟁점들을 수반하는 결정이고, (2) 그 결정이 중요한 방식으로 대중의 안전과 관련되어 있으며, 따라서 엔지니어들의 윤리적 기준들과도 관련되기 때문이다. 이때 밸브 A와 밸브 B 사이에서 선택하는 문제는 전형적 PED로 볼 수 있다.

우리는 이 예시를 수정하여 전형적 PMD에 대해 알아볼 수 있다. 밸브 A와 밸브 B가 품질과 안전 면에서는 동등하지만, B가 A보다 빨리 공급될 수 있고, 15% 정도 더 저렴하며, 어쩌면 제인 회사의 몇몇 제품들을 구입할 가능성이 있는 회사가 만든다고 가정해보자. 그러나 밸브 A는, 비록 이 회사와의 관계 형성에 더 장기적인 헌신이 필요할 것으로 판단되고 물건 값이 더 비싸지라도, 제인 회사의 더 큰 고객이 될 수 있는 회사가 만든다. 만약 관련된 다른 고려사항이 없다면, 밸브 A와 밸브 B 중 어느 것을 구입할지의 결정은 경영자에 의해 혹은 적어도 경영적 고려사항을 바탕으로 이루어져야 한다. PMD의 두 가지 기준을 바탕으로 각각의 결정을 비교해보면, (1) 경영적 고려사항들(가령 공급속도, 비용, 어느 고객과 관계를 다져야 하는가에 관한 결정 등)이 중요하고, (2) 어떤 결정을 내리더라도 각각에서 공학적 고려사항의 위반이 발생하지 않을 것이라고 말할 수 있다. 이 사례를 **표 4.2**에서 설명한다.

많은 사례들은 전형적 PED와 전형적 PMD의 양극단 사이에 위치한다. 어떤 사례들은 이 가상 스펙트럼의 거의 중간 위치에 놓인 나머지, 때로는 PED로 분류되고 때로는 PMD로 분류될 수도 있을 것이다. 위와 같은 사례에서 조금 다른 형태를 고려해보자. 밸브 A는 내구성 면에서 좀 더 좋은 기록을 가지고 있어 안정성 측면에서 우위를 가지는 반면, 밸브 B

표 4.2 전형적 PMD

특징	PMD	테스트	PED
전문기술	필요 없음	X__________	필요함
안전	중요하지 않음	X__________	중요함
비용	중요함	X__________	중요하지 않음
일정관리	중요함	X__________	중요하지 않음
마케팅	중요함	X__________	중요하지 않음

표 4.3 PED/PMD: 비전형적 사례

특징	PMD	테스트	PED
전문기술	필요 없음	__________X__	필요함
안전	중요하지 않음	________X____	중요함
비용	중요함	__X__________	중요하지 않음
일정관리	중요함	_____X_______	중요하지 않음
마케팅	중요함	_____X_______	중요하지 않음

는 10% 더 저렴한 가격에 바로 공급받아 빨리 시장에 내놓을 수 있다. 이 경우에 합리적이고 책임감 있는 사람들 역시 어떤 밸브를 구매할 것인지에 대한 최종 결정을 엔지니어와 경영자 중 누가 내려야 하는지에 대해 의견을 달리할 수 있다. 내구성과 안전에 대한 부분은 공학의 고려사항이지만, 비용과 일정, 마케팅 등은 전형적인 경영의 고려사항이다. **표 4.3**은 이 예시를 설명한다. 밸브 B를 주문하는 것이 안전과 품질의 공학적 기준에 대한 "허용될 수 없는" 타협이라고 할 수 있을까? 비용과 일정, 마케팅에 대한 문제들이 공학적 고려사항을 능가할 만큼 충분히 의미가 있을까? 이에 대해서는 선한 의도를 가진 합리적인 사람들도 서로 판단이 다를 수 있다. 이 같은 사례를 고찰할 때에는 모든 선 긋기 사례들에서처럼, 그 특징의 중요성이나 도덕적 '비중(weight)'을 고려해야 함을 반드시 기억해야 한다. 단순히 PMD나 PED 쪽에 해당하는 특징의 수를 세거나, 'X'가 선상의 어디에 위치해야 되는지를 따질 수만은 없다.

환경오염과 관련된 많은 쟁점들 또한 공학 고유의 결정과 경영 고유의 결정 사이의 경계에서 일어날 수 있는 문제들을 설명해준다. A 공정은 B 공정보다 더 많은 비용이 들어서 A의 사용이 회사의 존폐를 위협할 정도라고 가정해보자. 이에 더하여 B는 오염을 더 많이 일으키지만, 그 오염이 사람의 건강에 어떤 중대한 위협을 가하는지는 명확하지 않다. 이때에도 역시 선한 의도를 가진 합리적인 사람이라 해도 경영의 고려사항이 우선되어야 하는지 공학의 고려사항이 우선되어야 하는지에 대한 생각이 다를 수 있다.

4.5 책임 있는 불복종

엔지니어들은 때로 충실한 피고용인과 책임감 있는 전문직으로서의 역할을 동시에 수행하는 데 있어 심각한 어려움을 겪는다. 어떤 경우 그들은 "내부고발"이 필요한지에 대해 고민하기도 한다. 책임 있는 엔지니어가 이러한 행동을 취할지의 여부와 함께 어떻게 이를 실행할 것인지에 대한 기준은 무엇이 되어야 하는가?

고려해 볼 사례: *Richard M. Nixon v. Ernest Fitzgerald*

1969년에 닉슨(Richard M. Nixon) 대통령은 미 공군의 엔지니어이자 경영자였던 피츠제럴드(Ernest Fitzgerald)의 해고를 요청한다. 1965년에 피츠제럴드는 펜타곤에서 공군본부 재무관리차관실 관리시스템 부국장으로 재직 중이었다. 재직 초기부터 그는 국방계약과 관련된 비용초과의 문제에 대해 상부에 여러 차례 보고하였다. 다른 직원들은 비용초과를 은폐하라는 상부 지시를 맹목적으로 따랐지만, 피츠제럴드는 그렇게 하지 않았다. 1968년과 1969년에 걸쳐 그는 의회에 출석해 Lockheed C-5A 군용기에 대한 23억 달러 규모의 비용초과에 대해 증언하였다. 그의 의회 출석 이후 이른바 기밀정보를 유출했다는 죄목으로 닉슨 대통령은 그를 해고하도록 명령하였다. 이에 따라 국방장관 레어드(Melvin Laird)는 피츠제럴드를 해고하였다.[17] 그는 항소하였고, 복직되었다.[18] 피츠제럴드는 미국 연방대법원의 *Nixon v. Fitzgerald* 사건을 포함하여, 정부에 고용된 공무원들의 권리를 정의한 몇몇 재판에 연루되어 있었다. 그는 1989년 내부고발자보호법(Whistleblower Protection Act)의 전신이 된 1978년 공무원제도개혁법(Civil Reform Act)의 통과에 큰 영향을 끼쳤다.[19]

피츠제럴드의 사례가 말해주듯, 엔지니어들이 고용주의 행동이 너무 부당하다고 생각하는 나머지 그 부당한 행위에 가담하지 않는 것만으로는 충분하다고 느끼지 못하는 상황도 존재한다. 오히려 밖으로 이의를 제기하는 것, 즉 "내부고발"이 필요하다고 생각할 수 있다. 우리는 내부고발에 대한 일반적인 내용을 먼저 살펴본 후, 내부고발에 대한 두 가지 중요한 이론을 고찰하고자 한다.

내부고발이란 무엇인가?

"내부고발"의 어원이나 정확한 의미는 분명하지 않다. 데이비스(Michael Davis)는 내부고발(whistleblowing)의 어원으로 다음 세 가지를 추정하였다. 기차가 사람들에게 선로에서 피하

---

17 Alison Ross Wimsatt, "The Struggles of Being Ernest: A. Ernest Fitzgerald, Management Systems Deputy in the Office of the Asst. Sec of the Air Force," *Industrial Management*, July 2005, p. 28.

18 Ibid.

19 Ibid.

라고 경고하기 위해 경적(whistle)을 울리는 것, 심판이 반칙을 선언하기 위해 호각(whistle)을 부는 것, 경찰이 범죄행위를 멈추기 위해 호각(whistle)을 부는 것이다.[20] 데이비스가 지적했듯이, 이들 비유의 한 가지 문제점은 행위자들이 외부인이라는 것이다. 반면 내부고발자는 팀 내부의 반칙행위를 고발하는 팀원에 더 가깝다. 여기서 우리는 내부고발의 특징 두 가지를 알 수 있다. (1) 조직이 대중이나 당국에 알리고 싶지 않아 하는 어떤 정보를 공개한다는 점과, (2) 조직 내에서 인정되는 경로 외에 다른 수단을 사용한다는 점이다.[21] 내부고발자는 대개 내부자, 즉 조직의 일원으로 정의된다. 이런 이유에서 충성과 관련된 문제가 제기되기 마련이다.

4.6 내부고발과 충성

내부고발자는 회사의 일원이기 때문에, 내부고발에 대해 이야기할 때에는 충성에 관한 문제가 고려되어야 한다. 내부고발자는 회사 내의 경로가 아닌 외부에 정보를 전달할 것이다. 일반적으로 이러한 정보는 조직이 공개하고 싶지 않아 하는 것이다.

내부고발: 피해예방의 정당화

드조지(Richard DeGeorge)는 내부고발이 도덕적으로 정당화될 수 있기 위해 미리 충족되어야 하는 일련의 기준들을 제공하였다.[22] 드조지는 만일 다음과 같은 경우라면 내부고발이 도덕적으로 허용될 수 있다고 말한다.

1. "제품이 공공에 미칠 피해가 심각하고 상당한" 경우

---

20 Michael Davis, "Whistleblowing," in *The Oxford Handbook of Practical Ethics*, ed. Hugh LaFollette (New York: Oxford University Press, 2003), p. 540.

21 고발이 내부적으로 이루어질 때와 외부적으로 이루어질 때는 중요하게 구별되어야 할 지점이 있다. 내부에서 이루어지는 고발은 부정에 대한 경종이 조직 내부에 머무른다. 고발자가 직속상관을 건너뛰는 경우는 있을 수 있다. 특히 직속상관이 부정에 연루된 경우라면 더더욱 그러하다. 외부적 고발의 경우, 고발자는 조직 외부의 규제기관이나 언론을 택한다. 우리는 여기에서 외부적으로 이루어지는 고발에 초점을 맞출 것이다. 구별되어야 할 또 하나의 주요 지점은 고발이 익명으로 이루어지는지, 공개적인지의 여부이다. 공개적인 고발에서는 고발자가 본인의 정체를 밝히며, 익명의 고발에서는 본인의 정체를 비밀로 하기를 원한다.

22 Richard T. DeGeorge, *Business Ethics* (New York: Macmillan, 1982), p. 161. 이 설명은 다음 원전으로부터 가져온 것이다. Richard T. DeGeorge, "Ethical Responsibilities of Engineers in Large Organizations," *Business and Professional Ethics Journal*, 1, no. 1, Fall 1981, pp. 1-14.

2. "피고용인이 자신의 염려를 직속상관에게 보고한" 경우
3. "직속상관들로부터 만족할 만한 대응이 없는 상황에서, 조직 내에서 이용가능한 경로들을 다 사용한" 경우

또한 드조지는 다음과 같은 경우라면 내부고발이 도덕적인 의무라고 말한다.

1. 피고용인이 "책임감 있고 공정한 관찰자에게 그 상황에 대한 자신의 견해가 옳고 회사 정책이 틀렸다는 것을 보여줄 수 있는 납득할 만한 문서화된 증거"를 가지고 있는 경우
2. 피고용인이 "정보를 공개하는 것이 실제로 위협적인 심각한 피해를 막아줄 것이라는 강력한 증거"를 가지고 있는 경우

드조지의 모델에서, 공공에 피해를 끼칠 가능성에 주목해야 한다. 이것이 내부고발이 정당화될 수 있는 고려 자체의 시발점이 된다. 만일 이러한 피해가 제거된다면 공공에는 이익이 된다. 또한 이는 곧 조직에 손해를 끼칠 가능성이 될 수 있기에, 내부고발자는 고발 이전에 먼저 조직 내부의 이용가능한 모든 경로들을 활용하려고 노력함으로써 이러한 손해를 최소화시키도록 해야 한다. 또한 내부고발자에게 피해가 될 가능성이 있으므로, 다른 사람들에게 잘못을 납득시키고 그 피해를 막을 수도 있다는 어느 정도의 확신이 있을 때에만 피해에 대한 위험을 떠맡아야 한다. 드조지는 고발이 바람직한 결과를 얻어낼 가능성이 거의 없다면, 자신의 커리어를 위태롭게 할 아무런 이유가 없다고 여기는 듯하다. 위 기준을 정당하거나 필수적인 고발에 대한 일반적인 기준으로 받아들일 만한 근거는 상당하다. 그러나 드조지의 기준이 너무 과중한 경우도 분명 존재한다.[23]

1. 첫 번째 기준은 지나치게 엄격해 보인다. 드조지는 피고용인이 위험이 발생할 것이고 그 위험이 틀림없이 클 것이라는 점을 알아야만 한다고 가정하는 듯하다. 그러나 때때로 피고용인은 완전히 설득력 있는 증거를 수집할 만한 위치에 있지 않을 수 있다. 어쩌면 이용할 수 있는 최선의 증거를 기반으로 피해가 발생할 것이라고 생각하는 것만으로도 충분하다고 볼 수 있다.
2. 피고용인이 상관에게 자신의 염려를 알리는 것을 언제나 필수조건으로 보기는 어렵다. 직속상관이 문제의 원인인 경우가 잦고, 이 경우 편견 없이 상황에 맞는 판단을 내

---

23 몇몇 이러한 비평은 다음 원전에서 제기되었다. Gene G. James, "Whistle-Blowing: Its Moral Justification," reprinted in *Ethical Issues in Engineering*, ed. Deborah G. Johnson(Englewood Cliffs, NJ: Prentice Hall, 1991), pp. 263-278.

릴 것이라 기대하기 어렵다.

3. 조직상의 명령체계를 모두 거슬러 올라가 이용하는 것이 항상 필수여서는 안 된다. 항상 그럴 만한 시간이 있지 않으며, 그러다가 재앙이 일어날 수 있다. 또한 피고용인은 종종 더 고위층의 경영진에게 자신들의 항의를 알릴 효과적인 방법이 없을 때도 있다. 대중적으로 공개하는 것 외에는 말이다.
4. 문제에 대한 문서화된 증거를 항상 입수할 수 있는 것은 아니다. 보통 조직은 피고용인의 결정적인 주장에 꼭 필요한 주요 정보에 대해 접근권한을 주지 않는다. 그들은 항의 중인 피고용인이 컴퓨터와 자신들의 주장을 입증하는 데 필요한 정보의 출처에 접근하는 것을 막는다.
5. 항의를 하는 것이 의무적인 경우일지라도, 항의가 피해를 막을 수 있을 것이라는 강력한 증거가 있다고 볼 수는 없다. 피해에 노출된 사람들에게 피해가능성에 대해 자유의사에 따른 인지동의의 기회를 제공하는 것만으로도 항의에 대한 타당한 근거가 된다.

내부고발: 연루되지 않으려는 관점

데이비스는 내부고발의 정당화에 대해 매우 다른 이론을 제안하였다. "만일 내부고발자의 의무를, 피해를 예방할 수 있다는 사실보다 범죄에 연루되지 않으려는 절박한 욕구에서 나오는 것으로 이해한다면, 고발이 무엇인지 더 잘 이해할 수 있다."는 것이 그의 주장이다.[24] 데이비스는 자신의 '연루이론(complicity theory)'을 다음과 같은 방식으로 공식화한다.

당신은 다음과 같을 때, 자신이 아는 것을 공공 또는 적절한 공익의 대리인이나 대표자에게 알릴 도덕적인 의무가 있다.

기준 1 당신이 폭로할 내용이 조직 내에서 업무를 수행하는 과정에서 나온 것이다.

기준 2 당신은 그 조직의 자발적인 구성원이다.

기준 3 당신은 그 조직이 불법은 아니더라도 심각한 도덕적 부정을 저지르고 있다고 생각한다.

기준 4 당신은 자신이 아는 것을 공공에 알리지 않는다면, 그 조직에서의 당신의 업무가 얼마간 직접적으로 그 부정에 기여할 것이라고 생각한다.

기준 5 당신은 기준 3과 기준 4를 믿을 타당한 근거가 있다.

---

24 Michael Davis, "Whistleblowing," p. 549.

기준 6 기준 3과 기준 4는 진실이다.[25]

연루이론에 따르면, 고발에 대한 주된 도덕적 동기는 공공에 미치는 해를 막으려는 것보다는 부정한 행위에 참여하지 않으려는 데 있다.

글상자 4.6 연루이론과 내부고발

1. 연루이론 안의 내부고발자는, 조직이 저지른 부정에 대해 공범이 되고 싶지 않아 한다.
2. 회사가 받을 피해를 막는 것은 내부고발의 본질이 아니다.
3. 공공이 받을 피해를 막는 것은 바람직한 일이지만, 내부고발의 정당화에 대한 필수요건은 아니다.

고발의 도덕적 정당화에 대한 데이비스의 접근법에는 몇 가지 뚜렷한 장점들이 있다. 첫째, 공공에 미치는 피해를 예방하는 것이 고발의 동기가 아니기 때문에, 어떤 사람이든 자신이 고발하지 않는다면 피해가 발생할 것임을 알 필요가 없다. 둘째, 조직에 미치는 피해를 예방하는 것이 고발의 동기가 아니기 때문에, 조직상의 경로들을 통해 먼저 해결할 필요가 없다. 그러나 데이비스의 이론에도 고려해봐야 할 문제점들이 있다.[26]

첫째, 데이비스는 그 사람이 조직의 자발적인 구성원이기를 요구한다. 하지만 군에 징집된 윌리엄스가 자신의 동료병사들에게 가해지는 심각한 위협상황을 알아챘다고 가정해 보자. 윌리엄스는 고발을 해야 할 도덕적 의무를 가지며, 이 상황에서 그가 징집되었다는 사실은 거의 관련이 없는 것이나 마찬가지다.

둘째, 데이비스는 많은 이들이 내부고발의 명확한, 어쩌면 가장 중요한 정당화 요소라고 여길 만한 요소, 즉 조직이나 공공이 받을 피해를 예방한다는 명목의 중요성을 과소평가한 듯하다. 부정에 연루되지 않는 것 또한 내부고발을 정당화하는 합법적이고 중요한 요소이지만, 그것이 꼭 유일한 이유가 되어야 할 필요는 없다. 사실 데이비스의 연루이론을 조직이나 공공이 받는 피해를 예방하고자 하는 바람과 결부시킨다면 훨씬 설득력을 높여줄 것이다. 어떤 이들은 "무엇에 연루되는 것인가?"를 물을 수 있다. 이때 가장 강력한 답변은 조직이나 공공이 피해를 입도록 용인하는 과정에 연루된다는 것이다.

25 Ibid, pp. 549-550.

26 몇몇 이러한 비평은 A. David Kline의 "On Complicity Theory," *Science and Engineering Ethics*, 12, 2006, pp. 257-264로부터 취한 것이다.

이제 책임 있는 불복종에 관하여 지금까지 언급한 것을 고려하고, 또한 아무리 불복종하는 자가 책임 있게 행동했음에도 일어날 수 있는 복잡한 문제들에 관해 논의하면서, 내부고발의 대표적인 두 가지 사례에 대한 분석을 행함으로써 이 장을 마치고자 한다.

4.7 Paul Lorenz 사례

로렌츠(Paul Lorenz)는 Martin Marietta사에 고용된 기계공학 엔지니어였다. 그는 미국항공우주국(National Aeronautics and Space Administration, NASA)을 위해 Martin Marietta가 장비를 설계하는 과정에서, 이른바 재료의 품질에 대한 속임수와 왜곡을 거부하였다는 명목으로 1975년 7월 25일 해고되었다. 그 장비는 우주왕복선에 들어갈 외부 연료탱크를 위한 것이었다. 로렌츠는 해고되기 전, "경영진에 협조하는 법을 배워야 할 것"이라는 말을 들었다. 해고된 후 그는 불법적인 행위를 거부했다는 이유로 부당해고를 당했다며 Martin Marietta를 대상으로 손해배상 소송을 제기하였다. 연방법에는 연방정부기관에 고의로 허위 의사표시를 하는 것에 대한 금지규정이 있다. 그러나 하급법원은 직원에 대한 부당해고가 인정되지 않는다고 판단하여 로렌츠의 부당해고에 관한 소송을 기각하였다.

1992년, 콜로라도주 대법원은 "로렌츠가 재판 당시 임의고용의 원칙에 대한 공공정책의 예외조항에 해당되는 부당해고를 당했다는 유력한 증거를 제공했다고 볼 수 있다"고 판결하였다. 이에 법원은 새로이 재판을 열 것을 지시했으나, 재판은 열리지 않았다. 아마 로렌츠와 회사가 당사자 간 합의를 했기 때문일 것으로 보인다.[27]

Lorenz 사례의 분석

이 사례는 직장 안에서 전문직 피고용인의 권리에 대한 법률의 발전에 중요한 역할을 하였다. 재판의 주요 쟁점은 전통적인 관습법 안의 "임의고용의 원칙"에 대한 "공공정책의 예외조항"이었다. 관습법은 영국에서 기원한 판례법의 전통을 따르는 것으로, 미국법의 기반이 된다. 이는 어떤 판결이 선례를 남기고, 뒤따르는 법률가들이 결정을 내릴 때 선례를 기반으로 삼는 전통을 바탕으로 한다. 관습법은 성문법, 즉 입법부에 의해 명문화된 법과는 구별된다.

---

27 Justice Quinn, "The Opinion of the Court in *Lorenz v. Martin Marietta Corp., Inc.*" 802 P.2d 1146 (Colo. App. 1990).

전통적으로, 미국법은 관습법 안의 "임의고용의 원칙", 즉 계약서가 부재한 경우 고용인은 피고용인을 언제든 어떤 이유로든 해고할 수 있다는 원칙을 따라왔다. 법원의 결정은 중요한 이해관계가 걸려 있는 경우 전통적인 원칙을 수정해야 한다는 입장을 취하였으며, 로렌츠 사건에서도 마찬가지였다. 공공정책의 예외조항을 어떤 범위까지 적용시킬 것인지에 대해서는 아직 법원 내에서도 기준을 세우는 중이나, (로렌츠 사례와 같은) 위법행위에 대한 거부, 배심원 출석 등 공적인 의무의 수행, 언론의 자유 또는 실업급여 신청 등 명확한 법적 권리의 행사, 보건과 안전에 대한 명확한 위협으로부터 공공을 보호하는 행위 등을 포함한다. 일반적으로 공공정책의 예외조항은 단지 고용주와 판단의 차이가 있는 경우에 피고용인을 보호하기 위해 사용되지는 않는다.[28] 또한 법원은 전문직협회가 공포한 규정보다 주정부 규제위원회 등 행정 및 사법 기관의 규정이 더 중요성을 가진다고 판단해왔다.[29]

임의고용의 원칙에 대한 판례의 수정에 더해, 이의를 제기한 피고용인들은 주로 내부고발에 관한 법률에 의한 성문 규정의 보호를 받을 수 있게 되었다. 이러한 내용의 주법은 미시간주에서 1981년 가장 먼저 통과되었다. 만약 피고용인이 연방법, 주법, 또는 지방법 위반사실에 대해 당국에 보고했다는 이유로 불공평한 처우를 받았다면, 피고용인은 소급하여 미불임금을 지급받고 복직할 뿐 아니라, 재판비용과 변호사 수임료를 청구할 수 있다. 또한 고용주는 500달러 미만의 벌금에 처해질 수 있다.[30] 뉴저지주의 내부고발자보호법은 "대중의 보건, 안전 및 복지에 관한 명확한 공공정책"을 준수하기 위해 행해진 행위를 이유로 한 해고를 금지하고 있다.[31] 아주 개괄적으로 "피고용인의 권리"라고 명명할 만한 분야 안의 많은 사례들이 비전문직 피고용인에 대한 내용을 포함하겠지만, 우리의 관심사는 전문직 피고용인 중에서도 엔지니어에 집중된다. 로렌츠의 경우처럼 많은 사례들에서 전문직 피고용인과 경영자 사이의 갈등이 문제가 된다. 사실, 공학윤리의 고전적인 사례들은 대부분 엔지니어와 경영자 사이의 갈등에 관한 것이다.

---

28 "Protecting Employees at Will against Wrongful Discharge: The Public Policy Exception," *Harvard Law Review*, 96 no. 8, June 1983, pp. 1931-1951.

29 Ganna H. Rosten, "Wrongful Discharge Based on Public Policy Derived from Professional Ethics Codes," *52 American Law Reports*, 5, p. 405.

30 *Wall Street Journal*, April 13, 1981.

31 NJ Stat Ann at 34: 19-1 to 19-8.

4.8 Roger Boisjoly와 챌린저호 참사

보아졸리(Roger Boisjoly)가 전문직 엔지니어로 종사하면서 겪은 두 사건은 모두 1986년 챌린저호 참사와 관련된 것으로 이 장에 소개된 몇몇 주제들을 분명하게 설명해준다. 이 사건들 중 하나는 챌린저호가 발사되기 전날 밤에 열린 Morton Thiokol사와 NASA 간의 원격회의다. 이 극적인 사건은 의사결정에 있어 엔지니어와 경영진 사이에 있을 수 있는 갈등을 보여준다. 두 번째는 보아졸리가 대통령 직속 우주왕복선 챌린저 사고조사위원회(Presidential Commission on the Space Shuttle Challenger Accident)에서 증언한 사건이다. 보아졸리의 증언은 내부고발의 문제와 함께, 엔지니어가 자신이 속한 조직에 얼마만큼 충성하는 것이 타당한지에 대한 쟁점을 제기한다.

경영 고유의 결정과 공학 고유의 결정

모턴싸이오콜의 공학담당 부사장이었던 룬드(Robert Lund)는 엔지니어이면서 경영자였다. 참사 전날 저녁의 원격회의에서 그는 다른 엔지니어들과 함께 발사반대를 권고하였다. 이 권고는 우주선 발사가 예정된 날의 낮은 기온에서는 기본 및 보조 오링이 잘 밀봉되지 않을 수 있다는 판단에 근거하였다. NASA 책임자들은 발사반대 권고에 당황스러워했고, Morton Thiokol 경영진은 그들의 결정을 재평가하기 위해 원격회의 중단을 요청하였다. 중단된 30분 동안, Morton Thiokol의 수석부사장인 메이슨(Jerald Mason)은 룬드에게 연장을 버리고 펜을 쥐라고(엔지니어의 입장을 떠나 경영진의 입장을 취하라고) 이야기했다. 그 후 룬드는 자신의 발사반대 입장을 번복하였다.

메이슨이 룬드에게 엔지니어의 입장을 떠나 경영진의 입장을 취하라고 훈계한 것은 발사 결정은 경영적 판단이어야 한다는 의미였을 것이다(**글상자 4.7**). 메이슨은 챌린저 참사를 조사했던 로저스위원회 앞에서 증언할 때 이러한 신념에 대해 두 가지 이유를 제시하였다. 첫째, 엔지니어들의 의견이 만장일치가 아니었다는 것이다. "그 시점에서 내 생각에는 우리가 만장일치의 결정을 얻지 못할 게 분명해 보였다."[32] 만약 엔지니어들이 의견의 일치를 보지 못했다면, 엔지니어들의 기술적 혹은 윤리적 기준에 대한 명백한 위반이 없다고 짐작할 수 있었고, 그래서 경영 고유의 결정(PMD)에 필요한 두 가지 전제조건 모두에 위반되

32 *Report of the Presidential Commission on the Space Shuttle Challenger Accident*, vol. IV, Feb. 26, 1986 to May 2, 1986, p. 764.

지 않았다는 주장이 가능했다.

글상자 4.7 엔지니어의 입장

챌린저 참사 당시 룬드는 연장을 버리고 펜을 쥐라는 훈계를 들었다. 이는 마지막 순간에 오랜 관행을 뒤집어, 발사를 주장하는 쪽이 아닌 발사반대를 주장하는 쪽에 입증책임을 지우는 결정을 낳았다. 이는 사람의 생명을 보호해야 하는 엔지니어의 의무에 대한 심각한 위협이었다.

그러나 메이슨의 주장에 대해 사실의 정확성을 의심할 만한 이유들이 있다. 보아졸리는 1987년 매사추세츠공대(MIT)에서 챌린저호를 둘러싼 사건들에 대해 강연하던 중 메이슨이 엔지니어들에게 "[자신]만이 쏘아 올리고 싶어 하는지"를 물었다고 이야기했다.[33] 이것은 적어도 그 당시에는 발사에 찬성하는 엔지니어들이 있었다는 증거가 그에게 없었음을 암시하는 것이다. 몇몇 엔지니어들이 발사를 지지했고, 그래서 발사에 대해 엔지니어들이 만장일치로 반대한 것은 아니라는 자신의 주장에 메이슨이 부여할 수 있었던 유일한 정당성은, 원격회의 후에 이루어진 엔지니어들과의 개별적인 면담에 근거했던 것으로 보인다. 그럼에도 불구하고, 판단을 내릴 자격이 있는 사람들 간에 어느 정도 의견 차이가 있었다고 말한 메이슨의 주장은 옳을 수도 있다. 비록 이러한 정보가 사고가 일어난 후에야 확인되었다고 해도 말이다. 만약 엔지니어들이 기술적 쟁점에 대해 의견이 달랐다면, 공학적 고려사항은 아마 엔지니어들이 만장일치로 동의했을 때만큼 설득력을 갖지 못했을 것이다.

메이슨이 제시한 두 번째 이유는 다양한 온도에서 오링이 밀봉되는 데 필요한 시간을 수치로 환산할 수 없었다는 것이다.

킬 박사: 룬드 씨는 귀사의 공학담당 부사장이었습니다. 그는 동부표준시 8시 45분에 이루어진 첫 번째 원격회의에서 오링에 대한 귀사의 경험적 범위에서 벗어나는 화씨 53도 이하의 온도에서 발사하지 않도록 하는 권고와 관련 차트를 제시했습니다. 그 후 그에게 엔지니어의 입장을 버리고 경영자의 입장을 취하라고 요청했을 때, 당신은 무슨 생각을 했습니까?

메이슨: 나는 우리가 기본 오링의 변형에 필요한 시간, 즉 오링의 변형속도를 정량적으로 산

33 Roger Boisjoly, "The *Challenger* Disaster: Moral Responsibility and the Working Engineer," in *Ethical Issues in Engineering*, ed. Deborah Johnson(Englewood Cliffs, NJ: Prentice Hall, 1991), p. 6.

정할 수 없다는 사실을 확인했다고 생각했습니다. 우리에게는 그런 근거가 될 만한 데이터가 없었고, 따라서 우리가 결론지어야 할 사항에 대해 결론을 내리기 위해서는 공학적 계산이 아닌 주관적 판단이 개입해야 한다고 봤습니다.[34]

이것은 발사 결정이 PMD의 두 번째 기준을 위반하지 않았으며 PED의 첫 번째 기준을 분명하게 충족시키지 못했음을 주장하는 이유가 될 수도 있다. 그러나 각각의 온도에서 오링이 밀봉되는 데 걸리는 시간을 계산을 통해 확인할 수 없었다는 사실이, 반드시 경영 고유의 결정이 내려져야 했다는 결론을 정당화하는 것은 아니다. 오링이 밀봉되지 못하면 챌린저호가 파괴될 수도 있다는 사실은, 비록 공학적 고려사항이 적절히 증명될 수는 없었다 하더라도, 다른 무엇보다 중요했음을 의미한다. 안전에 대한 엔지니어들의 우려는 적절했다고 봐야 한다.

그러나 메이슨의 언급은 일견 타당한 의견일 수도 있다. 엔지니어들이 일반적으로 정량화된 계산에 기초한 판단을 선호한다는 것을 고려해볼 때, 그들은 더 낮은 온도에서의 오링의 성능저하 정도에 대한 정확한 수치가 없다는 사실에 불편한 감정을 느꼈을 것이다. 결과적으로, 이 사례에서 공학적 판단은 수치가 있었다면 주장할 수 있었던 정도의 단호함을 가지지 못하였다. 보아졸리가 주장할 수 있었던 유일한 사실은 성능저하의 정도가 온도와 연관된 것으로 보인다는 것이었고, 그가 이 주장을 지지하기 위해 근거로 사용할 수 있는 데이터는 한정적이었다.

종합해보면, 메이슨의 주장은 PMD의 두 번째 기준을 충족시키고자 하는 하나의 시도로 간주될 수 있다. 만약 발사권고 결정이 공학적 실무에 대한 명백한 침해가 아니라면, 엔지니어가 발사를 권고하는 것은 자신의 기술적 실무기준을 위반하는 것이 아니라고 할 수 있다. 그래서 메이슨의 논지는 발사할 것인지에 대한 결정이 적어도 PED의 전형적 사례가 아니라는 주장으로 간주될 수 있었다. 전형적 PED에서는 전문가의 명확한 동의가 있으며, 한 가지의 선택지를 명료하게 가리키는 정량적인 기준이 존재한다. 따라서 발사에 대한 권고는 적어도 기술적 공학실무를 위반하는 전형적인 사례는 아니었다고 볼 수 있다.

메이슨은 또한 PMD의 첫 번째 기준이 충족되었다고 주장할 수 있었다. NASA와의 계약갱신은 보장되어 있는 것이 아니었고, 발사를 권고하지 못할 경우 NASA 책임자들이 Morton Thiokol과의 계약을 갱신하지 않기로 하는 결정적인 요인이 될 수 있었다. 따라서

---

34 *Presidential Commission on the Space Shuttle Challenger Accident*, pp. 772-773.

발사반대 권고는 회사의 번영에 막대한 손해를 끼칠 수 있는 일이었다.

이러한 논지에도 불구하고, 발사 결정은 비록 전형적인 공학적 결정의 사례는 아니었을지라도 공학 고유의 결정이었어야 적절했을 것으로 보인다.

첫째, PMD의 첫 번째 기준은 메이슨이 생각했을 법한 정도의 설득력 있는 고려사항이 아니었다. 발사반대 결정이 Morton Thiokol의 존폐를 위협한다거나 회사의 번영을 근본적으로 위태롭게 할 것이라는 어떠한 증거도 없었다. 어쨌든 공학적 고려사항이 우선되어야 했던 것이다.

둘째, PED의 두 번째 기준은 이 사례와 관련이 있다고 볼 수 있는데, 이는 발사 결정이 엔지니어들이 어떤 기준을 조정하거나 변동시킬 때 작은 양만을 허용하려 하는 경향과 어긋나는 것이었기 때문이다. 발사 당일 온도는 이전에 행해진 모든 발사일자의 기온을 다 고려해도 화씨로 20도 이상 낮은 온도였다. 이것은 크나큰 변화이고, 엔지니어에게는 발사에 반대할 충분한 이유가 되는 일이었다.

셋째, PED의 첫 번째 기준도 관련성이 있다. 비록 정량적인 데이터가 제한되어 있었고 참사가 일어날 수도 있다는 결정적인 증거가 확실히 제시되지는 못했더라도, 존재하는 데이터는 그러한 방향을 가리키고 있었고 이는 정량적인 기준에 대한 공학적 요구를 어느 정도 충족시키는 수준이었다. 더구나 엔지니어들은 오링의 재료처럼 합성물로 이루어진 물질들이 온도에 민감하다는 사실을 알고 있었을 것이고, 상당히 낮은 온도에서는 가스누출의 확률이 상당히 커질 것이라고 충분히 합리적으로 예상할 수 있었을 것이다.

넷째, 생명이 달려 있는 문제였다는 점에서 PED의 두 번째 기준도 관련되어 있다. 엔지니어들은 윤리강령에 의해 대중의 보건과 안전에 관련된 문제에 대해서는 특별히 주의를 기울여야 할 의무가 있다. 이것은 위험한 환경에 처한 사람들이 특수한 위험에 대해 인지하고 동의하지 못했을 경우 더더욱 중요하다. 이는 오링의 문제점에 대해 어떤 지식도 가지고 있지 않았던 우주비행사들에게 해당되었다. 안전문제의 중요성은 발사를 반대하는 측이 아닌 발사 결정을 지지하는 측에서 입증책임을 져야 하는 실무상의 관행을 위반했다는 사실 때문에 더욱 강조되었다. 룬드는 로저스위원회 앞에서 증언할 당시, 중대한 요소였던 이 입증책임의 전환에 대해 이야기한 바 있다.

로저스 위원장: 입장을 번복할 당시 당신이 생각을 바꾼 사실에 대해 어떻게 설명하시겠습니까?

룬드: 저는 그것보다 좀 더 거슬러 올라가서 이야기를 시작해야 하지 않을까 생각합니다. Marshall 우주비행센터(NASA) 관계자들은 오랫동안 우리의 고객이었고, 우리는 항상

발사준비가 되어있다는 확신을 주기 위한 주장을 해왔었습니다. 그랬던 우리의 입장이 180도 달라져버린 사실을, 그 회의가 끝난 며칠 후까지도 깨닫지 못했던 것 같습니다. 그날 저녁처럼 Marshall 센터 관계자들에게 발사준비가 되지 않았음을 증명하라는 요구를 받았던 적은 없으니 말입니다.… 그래서 우리는 로켓모터가 제대로 작동하지 않을 것이라는 사실을 증명해야 한다는 생각에 매몰되어 있었던 듯합니다. 그러나 우리는 그 로켓모터가 작동하지 않으리라고 완벽하게 증명할 수 없었습니다.

로저스 위원장: 다시 말해서 당신은 정말로 그것이 작동하지 않으리라는 사실을 증명해야 할 의무가 있다고 생각했었다는 것입니까?

룬드: 글쎄요, 우리는 그날 그런 사고방식에 젖어있었던 것으로 생각됩니다. 그 전에는 항상 반대였는데 말입니다. 입증책임에 대한 역할이 바뀌어 있었던 겁니다. 제가 그것을 알아차렸어야 했는데, 그러지 못했습니다.[35]

입증해야 할 책임을 발사 결정이 아닌 발사반대를 권고하는 측에 지운 것은 오랫동안 고수해온 방침을 마지막 순간에 뒤집은 것으로써, 인간의 생명을 보호해야 하는 공학적 의무에 대한 심각한 위협이었다.

물론 현재 우리의 판단은 사고 이후 깨달은 사실로부터 도움을 받은 결과이지만, 발사 권고 여부에 대한 결정은 비록 PED의 전형적 사례는 아닐지라도 분명 경영 아닌 공학 고유의 결정에 가까웠다. 이 사례가 전형적인 공학적 결정에서 너무 많이 벗어나 있어서, 경영적 고려사항이 공학적 제한조건보다 더 중요하게 여겨질 수 있었다고 믿을 만한 충분한 이유가 없다. 경영자들이 아니라 엔지니어들이 발사 여부에 대한 최종 결정권을 가졌어야만 했다. 혹은 발사 권고의 주체가 룬드처럼 엔지니어이자 경영자의 직함을 가진 사람이었다면, 결정을 내릴 때 엔지니어의 입장을 고수했어야 한다. 이러한 결론을 확증하는 데 있어, 전형적 PED와 전형적 PMD 간의 구별과 아래에서 설명할 부수적인 방법론이 도움이 될 수 있다.

내부고발과 조직에 대한 충성

원격회의에서 발사를 중지시키고자 한 보아졸리의 시도는 아마 내부고발로 보기 힘들 것이다. 보아졸리가 Morton Thiokol 및 NASA 외부의 공공이나 정부관리들에게 알릴 시도를 하지 않았기 때문에, 그것은 확실히 외부고발의 예도 아니었다. 심지어 발사 전날 밤의 그의

35 Ibid, p. 811.

행동은 내부고발조차도 아니었을 것이다. 왜냐하면 (1) 알려지지 않은 정보를 폭로하는 행위가 수반되지 않았고(오히려 이미 이용가능한 정보들을 바탕으로 주장을 구성하였음) (2) 그가 승인된 경로들을 벗어나지 않았기 때문이다. 그러나 로저스위원회 앞에서 이루어진 보아졸리의 증언은 내부고발의 두 가지 조건을 충족한다. 그의 증언은 공공이 알지 못했던 정보를 공개했으며, 조직 외부, 즉 로저스위원회라는 경로를 이용했기 때문이다. 그렇다면 그의 증언은 정당한 내부고발의 사례였을까?

첫째, 드조지의 기준을 살펴보자. 그의 기준들은 피해를 예방하는 데 초점을 두고 있기 때문에, 우리가 즉각적으로 내릴 수 있는 결론은 참사가 이미 발생했으므로 보아졸리의 증언이 내부고발의 예가 될 수 없다는 것이다. 그러나 어느 저술가는 보아졸리가 자신의 증언이 미래의 우주비행의 안전에 기여할 수 있다고 생각했음을 주장하였다. 그는 주장을 뒷받침하기 위해 보아졸리가 MIT에서 했던 연설을 인용한다. 보아졸리는 이 강연에서 청중에게 전문직 엔지니어들은 "진실을 지키고 위험한 결과로 이어질 수 있는 의심스러운 행위를 폭로할" 의무를 지니고 있음을 상기시켰다.[36] 보아졸리가 자신의 증언이 미래의 재앙을 예방할 것이라고 스스로 믿었는지와는 별개로, 우리는 그의 증언이 정말 미래의 재앙을 예방할 수 있는 하나의 방법으로 정당화되는지에 의문을 가질 수 있다. 미래의 재앙에 따른 피해는 확실히 심각하고 상당할 것이다(기준 1). 보아졸리의 과거 경험에 비추어볼 때, 그가 상관에게 자신의 염려를 보고하는 것으로는 필요한 변화를 가져오기에 충분하지 않으리라고 믿었을 것으로 보인다(기준 2와 3). 이것이 사실이라면, 그의 증언은 내부고발의 한 사례로 봐야 하고, 의무적이지는 않더라도 허용되어야 할 만한 것이다. 챌린저 참사의 사실관계에 비추어 볼 때, 그의 증언은 아마도 책임감 있고 공정한 제3의 관찰자에게 오링 문제를 개선하기 위한 조치가 필요하다는 점을 납득시키기에 충분했을 것이다(기준 4). 반면 그가 이런 정보를 공개하는 것이 미래에 닥쳐올 수 있는 피해들을 예방할 것이라고 믿을 만한 강력한 증거가 있었는지(기준 5)의 여부는 아마 훨씬 더 불확실한 문제일 것이다.

그러므로 우리는 드조지가 제시한 기준의 관점에서는 보아졸리의 내부고발이 정당화될 수 있지만 의무는 아니었다고 결론지을 수 있을 것이다. 어쨌든 일련의 행위가 가져올 결과에 관한 우리의 믿음이 얼마나 타당한지의 여부가 주요 쟁점이라는 것만은 확실하다.

---

36 Roger Boisjoly, "The Challenger Disaster: Moral Responsibility and the Working Engineer," 각주 33: p. 14. Quoted in A David Kline, "On Complicity Theory," *Science and Engineering Ethics*, 12, 2006, p. 259.

이제부터는 정당한 내부고발에 대한 데이비스의 기준의 관점에서 보아졸리의 증언을 생각해보자. 미래에 일어날 수도 있는 피해를 막는 것이 최우선의 고려사항이었던 드조지의 기준과는 달리, 여기서 우리는 보아졸리가 자신의 도덕적 청렴성을 지키고자 하는 욕구에 주목해야 한다. 그는 자신의 도덕적 청렴성을 지키기 위해 내부고발을 해야 할 만큼 부정에 연루되어 있었을까? 기준에 비추어보면, 그의 내부고발은 조직에서 맡은 자신의 업무와 확실히 관련되어 있었다(기준 1). 게다가 그는 이 조직의 자발적인 구성원이었다(기준 2). 또한 그는 거의 확실히 Morton Thiokol이 비록 합법적인 조직이지만 중대한 실수를 저질렀고, 이것이 반복되어서는 안 된다고 믿었다(기준 3). 주요 쟁점은 네 번째 기준에서 비롯된다. 즉 자신이 침묵을 지속함으로 인해 Morton Thiokol과 NASA가 의미 있는 변화를 보이지 않음으로써, 미래에 발생할 수 있는 부정행위에 자신이 연루되게 될 것이라고 믿었는지의 여부이다(기준 4).

어떤 사람의 행동이 부정행위에 기여했다는 주장이 의미하는 것이 무엇인지를 좀 더 자세히 살펴보기 위하여, 클라인(A. David Kline)은 다음의 두 가지 예를 고찰하라고 말한다.[37] 첫 번째 예시에서, 연구원 1은 자신이 소속된 담배회사로부터 흡연이 중독성이 없다는 통계분석을 제시하라고 지시를 받았다. 그는 자신의 분석 데이터가 심각한 비판을 받기 십상이지만, 그럼에도 불구하고 회사는 대중을 오도하는 데 그 연구를 이용할 것이라는 사실을 알고 있다. 두 번째 예시에서, 연구원 2는 자신이 속한 담배회사로부터 흡연과 중독의 문제를 연구하라는 지시를 받았다. 그는 흡연이 중독성이 있다는 강력한 증거가 있다고 결론을 짓지만, 회사는 그의 연구를 무시한 채 흡연은 중독성이 없다고 공개적으로 주장한다. 클라인에 따르면, 연구원 1은 대중을 속이는 데 연루되어 있고, 연구원 2는 연루되어 있지 않다. 그러나 클라인에 따르면 보아졸리의 상황은 연구원 1의 상황보다 연구원 2의 상황에 더 가깝다. 클라인은 보아졸리가 잘못에 연루되어 있었다는 주장이 사실이 아니며, 따라서 데이비스의 기준은 보아졸리의 내부고발을 정당화할 수 없다고 얘기한다. 보아졸리는 자신의 도덕적 청렴성을 지키기 위해 고발할 필요가 없었다.

그러나 우리는 데이비스의 기준들을 수정해볼 수 있다. 보아졸리가 침묵을 지키는 것이 Morton Thiokol이 미래에 저지를 수 있는 부정행위에 그를 연루시키는 것인지 아닌지의 문제가 되는 것이다. 이 경우 두 가지 쟁점이 생긴다. 즉 고발을 하는 것이 미래의 부정행위를 예방할 수 있을 것인지의 여부와, 침묵이 보아졸리를 부정행위에 연루시키는 것인

37 Kline, 각주 26: p. 262.

지의 여부가 있다. 만일 이 두 질문에 대한 답이 모두 '예'라면, 보아졸리의 전문직 청렴성이 위태로워질 것이다.

우리는 이러한 질문들에 대해 독자들이 좀 더 충분히 탐구하도록 남겨두며, 단지 두 가지의 내부고발 이론 모두 보아졸리의 증언이 가지는 도덕적 함의에 대한 논의에 도움이 된다는 것을 지적하고자 할 뿐이다. 내부고발이 부정행위를 예방할 수 있을지에 대한 의문과 우리 자신의 도덕적 청렴성이 침묵으로 인해 손상되는지, 손상된다면 어느 정도일지에 대한 의문을 가지는 것은 중요하다. 현실적으로 두 의문은 모두 중요하다. 보아졸리의 증언이 제기하는 마지막 쟁점은 그가 자기 회사에 대한 충성의 의무를 위반했는지의 여부다. 충성의 의무가 무비판적인 충성을 요구하는 것이라면 보아졸리는 그에 미치지 못하였다. 그러나 충성의 의무가 비판적 충성을 요구하지는 않을지언정 허용한다면, 보아졸리는 이 의무를 다하였다고 주장할 수 있을 것이다.

어떤 경우이든, 보아졸리가 선택한 길이 쉽지 않았다는 것은 알아두어야 한다. 내부고발자의 행로는 대개 그렇다. 그러나 동료나 지역사회의 힐난을 받았을지라도, 보아졸리는 목소리를 낸 자신의 선택을 후회하지 않았던 것으로 보인다. 그는 개인적으로 큰 고통을 겪더라도 자신이 옳다고 생각하는 것을 하고자 하였다.

4.9 요약

Interface Carpets의 앤더슨처럼 뛰어난 리더들은 조직문화와 소통에 관해 높은 기준을 세워두었다. 앤더슨은 직원들이 고객과 지역사회의 가치를 알고 윤리적으로 행동하기를 기대하였다. 철저한 소통, 작은 단위의 실무조직, 그리고 여타 전략들을 통해 한 조직 내의 문화는 꽤 좋은 평가를 받을 수 있다.

엔지니어들을 포함한 피고용인들과 경영자들은 종종 업무 현장에서 갈등을 겪는다. 사회학자 재캘은 경영자들의 도덕적 청렴성에 대해 회의적으로 설명한다. 이는 피고용인들이 직장 내에서 항상 자신의 가치를 지키지는 못할 수도 있다는 뜻이기도 하다. 그러나 다른 저술가들은 피고용인들이 자신의 직업적 성공을 희생시키지 않고도 도덕적 책임을 다할 수 있다고 반박한다. 자신의 직업적 성공과 가치를 지키기 위하여 피고용인들은 "조직문화"를 이해하고 있어야 한다. 또한 그들은 정당하게 이의를 제기할 때, 위험을 최소화할 수 있는 몇몇 상식적인 기법들을 알고 받아들여야 한다.

엔지니어와 경영자가 다른 시각을 가진다는 것을 고려할 때, 조직은 경영자가 내려야 할 결정과 엔지니어가 내려야 할 결정을 구분하여 문제가 생기는 것을 피할 수 있다. 일반적으로 엔지니어들은 기술적 문제나 전문직 윤리에 따른 쟁점이 수반될 때 결정권을 가져야 한다. 경영자들은 조직의 번영과 관련된 고려사항이 수반될 때 결정권을 가져야 하고, 이 때문에 엔지니어들의 기술적, 윤리적 표준이 영향을 받아서는 안 된다. 어느 한 범주로 깔끔하게 분류되지 않는 여러 결정들이 있을 것이고, 따라서 선 긋기 방법은 누가 결정을 내려야 하는지를 정하는 데 유용할 수 있다.

가끔 엔지니어들은 자신의 조직에 대해 내부고발을 해야 할 것인가에 대한 문제와 맞닥뜨리게 된다. 드조지의 이론은 내부고발을 정당화함에 있어 관련된 피해와 이익을 따져보는 데 초점을 맞춘다. 한편 데이비스의 이론은 부정행위에 연루되지 않기 위하여 내부고발이 필요한지를 묻는 데 초점을 맞춘다. 어떤 경우이든 내부고발의 정당화에 관한 문제는 중요한 만큼 논란의 여지가 많고, 딱 떨어지는 해답을 좀처럼 찾기 어렵다.

CHAPTER 5

신뢰와 신뢰성

이 장의 주요 생각들

- 이 장은 정직, 비밀유지, 지적재산권, 전문가로서 증언, 공적 의사소통, 이해충돌과 같은 엔지니어의 신뢰성의 중요성에 관한 쟁점들에 초점을 둔다.
- 부정직의 형태는 거짓말, 고의적인 속임, 정보 은폐, 진실을 찾지 않음을 포함한다.
- 공학 연구와 실험에서의 부정직은 데이터의 표절과 위조, 날조를 포함한다.
- 사람들은 엔지니어들이 자신의 업무에서 직업상의 기밀을 준수하리라 기대한다.
- 전문가가 증언에서 성실하려면 진실함뿐만 아니라 전문지식을 필요로 하는 분야에 적합한 이력을 지녀야 하며 증언에 대한 준비도 필수적이다.
- 이해충돌은 전문가의 판단을 타협할 수밖에 없도록 만들기 때문에 특히 문제가 된다.

폭스바겐(VW)의 엔지니어 리앙(James Robert Liang)이 2016년 9월 미국 지방법원 대배심의 기소에 유죄를 인정하였다.[1] 그는 2008년부터 2016년 6월까지 VW 디젤엔진 성능향상 팀장이었으며, 미국 정부를 속여 인터넷뱅킹을 이용한 금융사기를 범하고, 대기오염방지법(Clean Air Act)을 위반하려는 음모를 획책한 혐의로 기소되었다.

그의 유죄인정 답변에서 리앙은 2009년부터 2015년까지 50만 대 이상의 자동차들이 미국 배기가스 시험을 통과한 것처럼 보이도록 자신이 폭스바겐의 "임의조작 장치(defeat device)"를 개발하고 사용한 것을 덮으려 한 폭스바겐의 노력에 연루되었다고 인정했다. 정부에 의한 자동차의 실험실 테스트에서는 정상적으로 배기가스 제어시스템이 작동했다. 그

1 이 설명은 디트로이트 뉴스 기사에 기초하고 있다, "폭스바겐 엔지니어의 유죄인정 답변들은 더 많은 기소를 암시할 수 있었다." 2016년 9월 9일(Jennifer Chambers, Michael Wayland, Melissa Burden, and Robert Snell이 씀).

러나 "임의조작 장치"는 일상적인 조건하에서 운전할 때에는 작동하지 않도록 되어 있었다. 단속기관은 마침내 그런 일상적인 조건에서 그 자동차들이 법적 규제의 허용치보다 스모그를 일으키는 질소산화물을 40배가 넘는 정도까지 방출했다는 사실을 발견하였다.

5.1 서론

점차 사회가 전문화되어 왔다는 점을 주목하면서, 윤리학자인 메이(William F.May)는 널리 공유되거나 이해되지 못하는 지식과 전문기술을 가진 전문가들의 서비스에 사람들이 점점 더 의존하게 된다는 것을 알게 되었다.[2] 이것이 의미하는 것은 전문화된 지식과 전문기술을 알지 못하며, 특별한 경우에는 그런 기술이 사용되었는지조차도 알지 못하는 가운데 우리가 전문가들을 신뢰할 만하다고 믿는 것이 보증되기를 희망한다는 것이다. 이런 전문직 종사자들에 개인으로서나 전문직 단체의 회원으로서나 엔지니어가 포함된다. 이 장은 특히 엔지니어의 신뢰성과 관련되는 도덕적 관심 분야, 즉 정직, 기밀유지, 지적재산권, 전문가로서 증언, 공공에 알리기, 이해충돌과 같은 분야들에 초점을 맞춘다.

메이가 지적하듯이, 점증하는 전문지식으로부터 나오는 "지식의 폭발"이 있지만, 그것은 대체로 전문가들에게만 한정된다. 그래서 그것을 공유하지 못하는 사람들에게는 "무지의 폭발"이 뒤따라온다. 그리고 우리들 중 아무도 이로부터 벗어날 충분한 전문지식을 가지고 있지 못하다. 그래서 메이는 "[전문가는] 덕이 있어야 한다. 그들을 믿지 못하는 입장에 있는 사람들은 아마 거의 없을 것이다.… 만일 지식이 힘이라면, 무지는 무기력이다."라고 결론짓는다. 그는 덧붙여, "성격과 덕에 대한 한 가지 시험은 아무도 보고 있지 않을 때 그 사람이 무엇을 하는가이다. 전문지식에 의존하는 사회는 그런 시험을 통과할 수 있는 사람을 더 많이 필요로 한다."라고 말한다.[3] 의심의 여지없이 종국에는 확증되겠지만, 엔지니어 리앙은 그저 디젤엔진 배기가스 스캔들에 연루되었던 폭스바겐의 몇몇 엔지니어들 중의 한 사람일 뿐이다. 그들이 있는 한, 그들은 전문가에 대한 메이의 시험에 통과하지 못한 것처럼 보인다.

---

2 William F. May, "Professional Virtue and Self-Regulation," in *Ethical Issues in Professional Life*, ed. Joan Callahan(Oxford: Oxford University Press, 1988), p. 408.

3 Ibid.

5.2 정직

메이의 시험을 통과하는 것 외에 엔지니어에게 필요한 것이 무엇이든, 정직은 그들의 전문직 업무에서 근본적인 것 같다. 메이가 찾고 있는 기본적인 역할을 하는 정직은 **덕(virtue)**이어야만 한다. 제2장(13절)에서 우리는 덕을 올바른 일을 하려는 경향이 있는 기질적인 특성으로 특징지었다. 비록 엔지니어에게 자신의 직업적 역할에서 거짓말이 정당화되는 특별한 경우들이 있을 수 있다 하더라도, 그것은 매우 드물다. 어쨌든 이것을 정당화하는 것은 아무도 보고 있지 않다는 사실이 아니다. 다행히도 정직이라는 덕을 습득한 사람들은 아무도 지켜보고 있지 않을 때조차도 정직하게 행동할 것이라고 우리는 믿을 수 있다. 우리가 제2장에서 말했듯이, 그것은 사람의 성격 중 일부분이기 때문이다.

공학실무에서 정직에 둔 가치는 공학전문학회들의 윤리강령에서 쉽게 발견할 수 있는 정직과 진실함에 대한 많은 조항들에 반영된다. 예를 들어, 미국전기전자공학회(Institute of Electrical and Electronics Engineers, IEEE) 윤리강령의 3번째 규범은 모든 회원들에게 "유효한 데이터에 의거한 평가나 요구를 진술할 때에는 정직하고 사실적이도록" 장려한다. 제7규범은 엔지니어들에게 "기술적인 일에 대하여 정직한 비판을 추구하고, 수용하며, 제시하도록" 요구한다. 미국기계학회(American Society of Mechanical Engineers, ASME)의 윤리강령도 똑같이 간단하다. 제2 기본규범은 엔지니어들이 "정직하고 공평하게" 전문직에 임해야 한다고 진술한다. 제7 기본규범은 "엔지니어들은 객관적이고 진실한 방법으로만 공적인 진술을 공표해야 한다."고 진술한다. 세부조항은 엔지니어들이 "공학에 관하여 진실하지 않고 불공정하거나 과장된 진술들을 유포하는 데 참여하지" 않도록 명한다.

미국기술사회(National Society of Professional Engineers, NSPE)의 강령은 엔지니어들에게 "오직 정직한 기업에만 참여하도록" 권고한다. 그 전문은 "엔지니어에 의해 제공되는 서비스는 정직성, 불편부당성, 공정성, 형평성을 갖추어야 한다."고 진술한다. 제3 기본규범(1.3)은 "전문직에 채용되려고 애쓸 때 기만적인 행위들을 피하도록" 엔지니어들에게 요구한다. 실무규칙에는 정직에 대하여 몇 가지를 언급하고 있다. Ⅱ.1.d항에서 강령은 다음과 같이 진술하고 있다. 즉 "엔지니어는 사기 또는 부정직한 사업에 관련된 것으로 믿어지는 어떤 사람이나 회사가 자신의 이름을 사용하게 허용하거나 그들이 추진하는 모험적 사업에 참여해서는 안 된다." 실무규칙의 Ⅱ.2.a항에서 Ⅱ.2.c항까지 그리고 Ⅱ.3.a항에서 Ⅱ.3.c항까지는 전문직 실무에 대하여 더 상세한 지침을 제시한다. Ⅱ.3항에서 "엔지니어는 공적인 진술에는 오로지 객관적이고 진실만을 담아야 한다."고 진술하고 있다. Ⅱ.5항에서는 "엔지니어들이 전문직으로 채용되려고 애쓸 때 허위광고를 하지 말아야 한다."고 진술하고 있다. Ⅱ.5.a와

Ⅱ.5.b에는 이런 진술을 어떻게 수행할 것인지에 관해서 더 상세하게 설명한다. Ⅲ절 "전문직의 의무"는 강령이 엔지니어들에게 정직하고 진실해야 할 의무와 사실을 왜곡하지 않아야 할 의무—그리고 다른 여섯 곳(Ⅲ.1.a, Ⅲ.1.d, Ⅲ.2.c, Ⅲ.3.a, Ⅲ.7, Ⅲ.8)에서도 그렇게 할 의무를 언급한다. 세 번째 실무규칙의 (a) 부분에 "엔지니어는 전문적인 보고서, 진술 또는 증언에 객관적이고 정직하게 임해야 한다. 그들은 그러한 보고서, 진술, 증언에 해당하는 모든 정보를 적절하게 포함해야 하고, 어느 시점에서의 현황인지 날짜를 밝혀야 한다."라고 진술하고 있다.

이런 윤리강령들에서 정직과 진실함에 주어진 모든 관심에도 불구하고, 이런 개념들의 미묘함과 뉘앙스 그리고 개념들과 밀접하게 관련된 관념들은 독자들이 결정하도록 남겨두기로 한다. 더구나 공학실무에 있어 부정직이 왜 일반적으로 받아들여질 수 없는지에 대한 논의도 없다. 우리는 이제 그러한 문제들을 탐구할 것이다. **글상자 5.1**을 보라.

글상자 5.1 속이는 방식들

- 거짓말
- 예상된 정보를 은폐함
- 거짓말은 아니지만, 계획적인 사기
- 진실을 추구하지 않음

5.3 부정직의 여러 형태

거짓말

우리가 부정직을 생각할 때, 대개 우리는 거짓말을 생각한다. 그러나 거짓말에 대하여 만족스러운 정의를 내리는 것은 어렵다. 그런 어려움에 대한 한 가지 이유는 모든 거짓말이 다 거짓말이 아니라는 것이다. 만일 엔지니어가 실수로 토양 샘플에 대한 잘못된 실험결과를 전달한다면, 보고된 것이 참이 아닐지라도 그(그녀)가 거짓말하는 것은 아니다. 거짓말이 되려면 그 사람은 고의적으로 혹은 적어도 알면서 사람들이 거짓 혹은 오해의 소지가 있는 정보라고 믿는 것을 전달하려고 해야 한다. 그러나 여기서조차도 문제가 생긴다. 어떤 사람이 실제로는 참일지라도 자신이 거짓이라고 믿는 정보를 줄 수도 있다. 이런 경우에 이것을 거짓말로 단정해야 할지 당혹스러울 수 있다. 거짓말을 하려는 사람은 자신이 말한 것이 실제로는 사실임을 알지 못하더라도, 그 의도는 속이려는 것이다.

문제를 더 복잡하게 만드는 것은, 어떤 사람이 다른 사람들에게 거짓 진술을 하는 것과는 다른 수단으로 거짓 정보를 제공할 수도 있다는 것이다. 간접적인 진술뿐만 아니라 몸짓과 고개의 끄덕임은 대화 속에서 잘못된 인상을 줄 수 있다. 이런 복잡함에도 불구하고 대부분의 사람들은 거짓말—혹은 적어도 거짓말의 범례적 사례들—은 세 가지 요소들을 갖는다고 믿는다. 첫째, 거짓말은 일상적으로 거짓말쟁이로 인해서 거짓의 혹은 심하게 오해의 소지가 있다고 생각되는 어떤 것을 수반한다. 둘째, 거짓말은 일상적으로 말로 진술된다. 셋째, 거짓말은 속이려는 의도로 만들어진다.

계획적인 사기

만일 앤드류가 고용주나 잠재적인 고객에게 감동을 주기 위하여 자신이 가지고 있지 않은 지식을 암시하는 방법으로 기술적인 문제들을 논의한다면, 그가 거짓말을 하고 있지는 않지만 확실히 계획적인 사기에 관여하고 있는 것이다. 자기 자신의 전문지식을 잘못 전하는 것일 뿐만 아니라 그것의 이점을 과도하게 부각시킴으로써 어떤 제품이나 설계의 가치를 잘못 전달할 수 있다.

정보 은폐

정보를 빠뜨리거나 알려주지 않는 것은 또 다른 유형의 기만적인 행동일 수 있다. 만일 제인이 자신이 홍보하고 있는 프로젝트의 부정적인 어떤 측면들을 자신의 윗사람에게 고의로 상의하지 않는다면, 그녀는 거짓말을 하고 있지는 않지만 진정으로 속이고 있는 것이다. 당신이 추천하고 있는 제품의 회사 주식을 당신이 소유하고 있다는 사실을 알리지 않는 것도 부정직의 한 형태이다. 더 일반적인 용어로 말해서, (1) 누구든지 청중이 당연히 받을 것으로 기대하는 정보를 전하지 않는다면 그리고 (2) 그런 의도가 속이려는 것이라면, 부정직의 한 형태를 행하고 있다고 할 수 있다.

진실을 추구하지 않음

정직한 엔지니어는 그저 부정직을 피하는 것이 아니라 진실을 추구하는 데 헌신하는 사람이다. 엔지니어인 메리가 자신이 실험실로부터 받았던 데이터의 일부를 부정확한 것은 아닌지 의심한다고 가정해보자. 있는 그대로 그 결과들을 사용한다고 해서 그녀가 거짓말을 하고 있거나 진실을 숨기고 있는 것은 아니다. 그러나 그녀가 데이터가 정확한지 더 조사하지 않고 그 결과들을 사용함으로써 무책임한 사람이 될 수도 있다. 이런 적극적인 의미에서 정직은 책임 있는 엔지니어들에게는 필수적인 부분이다.

거짓말을 하는 것이 계획적인 사기, 정보 은폐, 정보의 배포를 적절히 장려하지 않는 것, 혹은 진실을 추구하지 않는 것보다 항상 더 심각하다고 가정하는 것은 올바르지 않을 것이다. 가끔 거짓말의 결과는 이런 다른 행위들의 결과만큼 심각하지 않을 수도 있다. 진실을 오용하는 이런 네 가지 유형의 순서는 우선적으로 행위의 결과들에 따른 심각성보다 오히려 진실을 누군가가 실제로 왜곡하고 있는 정도를 반영한다.

5.4 부정직이 왜 잘못인가?

"정직"이라는 말은 어떤 긍정적인 의미를 가지고, "부정직"이라는 말은 완전한 진실을 말하는 것이 때때로 나쁠 수도 있고 가끔은 진실을 숨기는 것이 올바른 것이 될 수도 있다는 것을 우리가 잊을 수도 있는 그런 부정적인 함의를 가진다. 사람들이 전적으로 서로에게 솔직한 사회는 참기 어려울 것이다. 전적으로 솔직할 것을 요구하는 것은 사람들이 서로에 대하여 자신들의 견해를 잔인하리만큼 노골적으로 표현하고, 우리가 공손하고 문명화된 사회와 결부시키는 일종의 재치와 과묵함을 발휘할 수 없을 것임을 의미할 것이다. 전문직에 관해서는, 진실을 절대로 숨기지 말라는 요구가 엔지니어, 의사, 변호사 그리고 다른 전문가들이 기밀이나 사적인 소유의 정보를 보호할 수 없다는 것을 의미할 것이다. 의사들은 자신의 환자에게 진실을 전해야 한다. 그것은 그 환자가 진실을 듣고 싶어 하지 않고 진실을 전하는 것이 엄청난 충격을 줄 수 있다는 강력한 증거가 있을 때에도 마찬가지다.

그러나 가능한 예외에도 불구하고, 부정직과 진실을 오용하는 여러 다른 방식들은 일반적으로 잘못이다. 이것을 이해하는 데 도움이 되는 방법은 덕, 사람에 대한 존중 그리고 공리주의적 사고의 관점에서 부정직을 생각하는 것이다. 즉 각각은 정직과 관련된 도덕적 쟁점들에 대하여 생각하기 위한 가치 있는 의견들을 제공할 수 있다.

덕으로서의 정직

1968년에 루이스(Norm Lewis)는 워싱턴대학교 51세의 역사학 박사학위 예정자였다.[4] 그 프로그램의 기말시험을 치르는 동안 그는 화장실에 가고 싶다고 양해를 구했고, 거기서 자신

4 이 이야기는 2000년 7월 24일 시애틀 타임지에서 실렸던 기사에 기초하고 있다.

의 노트를 보았다. 그 뒤 32년 동안 루이스는 이것을 아무에게도, 심지어는 자신의 아내에게도 말하지 않았다. 83세에 그는 고백하기로 결정하였고, 대학교의 총장에게 자신이 부정행위를 했으며 여태까지 그것을 후회했다고 자백하면서 편지를 썼다.

그 사례를 언급하면서 대학진실성센터(Center for Academic Integrity)의 소장인 윌슨(Jeanne Wilson)은 다음과 같이 표현하였다. "나는 부정행위의 비용에 대하여 학생들을 위한 중요한 교훈이 여기에 있다고 생각한다. 그는 그 세월 동안 죄책감을 느꼈고, 그는 자신이 받았던 그 학위를 실제로는 결코 받지 못했다고 믿으면서 이 비밀로 인해 무거운 부담을 졌다고 느꼈다." 윌슨은 그의 고백, 그의 나이 그리고 결국 학위과정과 박사논문을 끝마쳤다는 사실을 고려해 볼 때, 워싱턴대학이 루이스에 대하여 조치를 취해서는 안 된다는 입장을 취했다.

윌슨은 루이스가 발각되지 않았기 때문에 잘못한 것이 없다는 견해를 갖지 않았다. 루이스가 부정행위를 한 것은 분명 나쁜 것이었다. 그녀가 했던 질문은 30년 이상 지난 후에 그것에 대하여 어떻게 해야 하는가였다. 이 문제에 관하여 그녀는 다음과 같이 말하면서 루이스의 연구분야와 그의 나이를 강조했다. "우리가 의학이나 법학 박사 혹은 자격증, 혹은 공학이나 교육과 같은 어떤 다른 전문직 분야에 대하여 이야기한다면, 그리고 당사자가 더 젊고 그 학위 혹은 자격증으로 여전히 고용되어 있다면 대학이 그 학위를 취소할 수밖에 없을 것 같다고 나는 생각한다."

학업의 신뢰성을 유지하는 것이 어떤 분야에서는 다른 분야에서보다 더 중요하다고 윌슨이 말하고 있는가? 우리의 개인적, 사회적 안녕은 의학, 법률, 교육, 그리고 공학에서 자신들의 전문지식을 이용하는 사람의 유능함과 신뢰성에 매우 많이 의존한다. 역사 연구(루이스의 경우에 종교적 역사 연구)는 이런 점에서 덜 치명적이라고 말하고 있는 것 같다. 그러나 그런 문제들에 대한 논쟁에 말려들지 말고, 한 분야에서의 부정행위가 다른 분야에서의 부정행위와 분명히 구분될 수 있다고 생각할 이유는 거의 없을 것이라는 것이 지적되어야 한다. "나는 역사학 혹은 사회학에서 부정행위를 하겠지만, —나의 미래가 있는 곳인— 공학에서는 그렇지 않을 것이다."라고 말하는 것을 어떻게 신뢰할 수 있는가? 짐작컨대 역사학에서 부정행위를 하는 공대생은 그렇게 하여 —학위를 향해 나아감으로써— 자신의 경력을 발전시키려고 하고 있다. 자신의 공학 경력을 향상시키기 위하여 부정행위를 하는 것과 이것이 얼마나 다른가? 습관을 통하여 정직이라는 덕을 획득한 사람은 자기 경력의 준비와 직접적으로 관련된 것으로 생각된 분야들에서 뿐만 아니라 전반적으로 부정행위에 맞서는 경향을 가지게 된다. 우리가 제2장에서 말했듯이, 덕은 넓고도 깊다. 자신의 모든 학교 공부에서 정직에 헌신하는 것은 그것의 폭을 예증한다. 30년이 넘게 자신의 부정직한 행동으로 시달려왔던 루이스는 그것의 깊이를 증명한다.

부정직과 인간존중

인간존중의 관점에서 몇 가지 중요한 구성요소들을 먼저 검토해보자. 제2장에서 논의했듯이, 이 관점에서 개인의 도덕적 행위주체성을 침해하는 행위들은 대체로 잘못이다. 도덕적 행위주체는 자신의 목표와 목적을 공식화하고 추구할 수 있는 인간들이다. 즉 자율적이다. "자율"이라는 말은 두 개의 그리스 말로부터 나왔다. "auto"는 "자아(self)"를 의미하고 "nomos"는 "규칙(rule)" 혹은 "법(law)"을 의미한다. 따라서 도덕적 행위주체는 자기를 다스린다는 의미에서 자율적이다. 자율적인 행동은 다음의 세 가지 측면을 가지고 있다. 첫째, 의도적이다. 즉 '어떤 계획에 따라 의도된' 것이다. 둘째, 외부에서 통제하는 영향들이 미치지 않는 상태에서 수행된다. 셋째, 이해로써 이루어진다.

따라서 환자들의 도덕적 행위주체성을 존중하기 위하여 의사들은 세 가지 책임을 진다. 첫째, 의사는 자기 환자들이 자신의 의료적 치료에 대하여 고지에 입각한 동의와 함께 결정을 내릴 수 있도록 보장해야 한다. 의사는 자기 환자들이 그런 결정에 따른 결과들을 이해한다는 것과 자신의 생존 계획과 어떤 관련이 있는 결정을 합리적으로 내릴 수 있는지 확인해야 한다. 둘째, 의사는 환자들이 스트레스, 병, 가족의 압박과 같은 그런 과도한 강제적인 영향 없이 결정을 내릴수 있도록 할 약간의 책임이 있다. 끝으로, 의사는 환자가 치료를 위한 선택지들과 각 선택에 따른 예상된 결과들에 대하여 충분한 정보를 받을 수 있게끔 보장해야 한다.

마찬가지로 엔지니어들도 고용주와 고객 그리고 일반 대중이 자율적인 결정을 내릴 수 있도록 보장할 어느 정도의 책임을 가진다. 하지만 그들의 책임은 의사들보다 더 제한되어 있다. 그들의 책임은 아마도 자율에 대한 세 가지 조건들 중 고용주와 고객 그리고 일반 대중이 과학기술에 관하여 이해하면서, 특히 과학기술의 결과들을 이해하면서 결정하도록 보장하는 세 번째에만 미친다. 예를 들어, IEEE 강령이 회원들에게 "공중이나 환경을 위태롭게 할 수도 있는 요인들을 즉시 공개하도록" 요구하고 있으며, 공중의 안전과 건강 그리고 복지가 위험하게 될 때 ASCE 회원들은 "자신의 고객들이나 고용주들에게 예상되는 결과들을 알려야" 한다는 사실을 우리는 보았다. 공학에서는 이것이 제품의 안전과 전문가의 충고와 정보의 제공과 같은 그런 쟁점들에 적용된다. 만일 고객들이 어떤 차에 특이한 안전 문제가 있다는 것을 모른다면, 그들은 그것을 구매할지에 관하여 적절한 정보에 입각한 결정을 내릴 수 없다. 만일 고객들이 전문가의 공학적 조언에 대하여 비용을 지불하고 있는데 잘못된 정보를 받는다면, 그들은 역시 자유롭고 고지에 입각한 결정을 내릴 수 없다.

1986년의 챌린저호 우주비행사들은 비행하는 날 아침에 발사대가 얼어 있는 것에 대한 정보를 받았고, 그들에게 발사를 연기하는 선택권이 주어졌다. 그들은 그 선택권을 행사하지 않았다. 그러나 아무도 낮은 온도에서의 오링의 거동에 대한 정보를 그들에게 주지 않았다. 그래서 오링의 위험에도 불구하고 그들은 발사에 대하여 완전한 고지에 입각한 동의를 하지 못했다. 왜냐하면 그들은 그 위험을 깨닫지 못했기 때문이다. 그러나 그 잘못은 일차적으로 엔지니어들에게 있었던 것이 아니라, 발사를 지지하여 그 위험에 대한 정보를 비행사들에게 알리지 않았던 경영자들에게 있었다.

하지만 많은 상황들은 더 복잡하다. 정보를 제공받기 위하여 결정권자들은 관련된 정보가 있어야 할 뿐만 아니라 정보를 이해하고 있어야만 한다. 그런데 아무도 관련된 정보를 다 가지고 있거나 정보를 완전하게 이해하고 있지 못하다. 그래서 이 두 가지 의미에서 정보를 제공받는 것은 정도의 문제이다. 그러므로 때로는 고지에 입각한 동의에 관한 엔지니어의 의무의 정도가 논란이 될 것이고, 때로는 의무가 이행되었는지의 여부가 논란이 될 것이다. 우리는 나중에 이런 고려사항들로 돌아갈 것이지만, 우리가 여기서 말했던 것은 정보를 은폐하거나 적절하게 배포하지 못하는 것도 전문직 의무의 심각한 위반이 될 수 있다는 것을 보이기에 충분하다.

공리주의적 고려사항들

이제 정직과 부정직에 관한 공리주의적 관점으로 돌리자. 공리주의적 관점은 우리의 행위들이 인간의 기쁨과 행복을 증진시키고 그 반대를 회피할 것을 요구한다. 공학전문직은 우리 사회가 의존하는 건물과 다리, 전자장치, 자동차 그리고 다른 많은 것들을 만들기 위한 설계를 제공함으로써 이런 공리주의적 목표에 기여한다. 또한 그것은 개인과 기업 그리고 공공정책 수준에서의 의사결정에 중요한 과학기술에 대한 정보를 제공한다.

공학 연구에서의 부정직은 이런 기능들을 약화시킬 수 있다. 만일 엔지니어가 거짓으로 데이터를 제공하거나 중대한 데이터를 빠뜨린다면, 다른 연구자들은 그 결과들을 확실히 믿을 수 없을 것이다. 이것은 과학 공동체의 기초가 되는 신뢰관계를 약화시킬 수 있다. 설계명세서에 기록된 재료의 강도를 믿지 못하는 설계자가 위해로부터 건물을 보호하지 못하는 것처럼, 전문 학술지에 제출될 데이터를 위조하는 연구자는 공학의 토대에 해를 끼친다.

부정직은 또한 고지에 입각한 의사결정을 약화시킬 수 있다. 입법자들뿐 아니라 사업의 경영자들과 정부의 관료들은 의사결정을 내리기 위해 엔지니어들에 의해 제공된 지식과 판단에 의존한다. 만일 이런 지식과 판단이 신뢰할 만하지 못하다면, 과학기술에 관하여 훌륭한 의사결정을 내리기 위해 엔지니어들에게 의존하는 사람들의 능력이 손상될 것이다. 이런 일이 발생할 경우에 엔지니어들은 공공의 복지를 증진시켜야 하는 자신들의 의무를 다하지 못한 것이다.

신뢰와 진실함

덕과 인간존중 그리고 공리주의적 사고의 관점에서 본다면, 기술적 정보와 판단에 관하여 진실을 오용하는 다른 행태는 물론, 노골적인 부정직도 대체로 잘못된 것이다. 이러한 행위들은 진실함에 전념하려고 하는 사람에게 타협하도록 위협하여 정직이라는 그 사람의 덕을 약화시킨다. 그런 행위들은 고지에 입각한 자유로운 동의로 의사결정을 내리지 못하게 함으로써 개인의 도덕적 행위주체성을 약화시켜 인간으로서 스스로를 충분히 존중하지 못하게 한다. 그것들은 또한 엔지니어들이 공공의 복지—공리주의적 사고의 궁극적인 목표—를 증진시키지 못하게 한다.

따라서 여러 형태의 부정직에 저항하는 것은 확실히 엔지니어들을 위한 윤리학의 중심적 특징이다. 물론, 정직과 진실함에 대한 헌신이 엔지니어들이 우리의 신뢰를 받는 데 필요한 모든 것은 아니다. 그들은 또한 유능하고 우리를 돕는 데 전념할 필요가 있다. 그러나 철학자 복(Sissela Bok)이 강력하게 지적하듯이, 정직과 진실함은 본질적이다.[5]

> 나는 여러 종류의 신뢰를 가질 수 있다. 즉, 당신은 나를 공정하게 대할 것이고, 당신은 진심으로 내게 관심을 가질 것이고, 당신은 나를 해롭게 하지 않을 것이다. 그러나 내가 당신의 말을 신뢰하지 않는다면, 나는 앞의 세 가지에서 진정한 신뢰를 가질 수 있을까? 만일 다른 사람들의 진실함에 대한 신뢰가 없다면, 그들이 공정하다는 것과 그들이 도우려는, 혹은 해를 끼치려는 의도를 평가할 어떤 방법이 있을까? 그러면 어떻게 그들이 신뢰받을 수 있을까? 인간에게 중요한 것이 무엇이든, 신뢰는 그것이 번창하는 토양이다.

선한 의도 자체만으로는 신뢰를 만들어내기에 충분하지 않다는 것을 깨닫는 것이 중요하다. 몇 년 전에 보고된 이 알래스카 사례를 생각하자.[6]

전직 앵커리지 시의원이었고 건설 엔지니어를 표방한 무면허 엔지니어인 랜더스

---

5 Sissela Bok, *Lying: Moral Choice in Public and Private Life*(New York: Vintage Books, 1999), p. 31.

6 이 사례는 갤빈(Molly Galvin)의 "무면허 엔지니어가 엄한 처벌을 받다."에 기초해 있다. *Engineering Times*, 16, no. 10, October 1994, pp. 1 and 6.

(Charles Landers)는 파트너인 윌슨(Henry Wilson)의 사인을 위조하고 최소 40건의 서류에 그의 전문직 인장을 사용한 것에 대하여 유죄판결을 받았다. 서류의 위조는 윌슨이 알지 못한 채 이루어졌고, 서명이 이루어졌을 때 윌슨은 자기 사무실에 없었다. 건설 엔지니어 업무는 정화시스템을 설계하고 테스트하는 것이었다. 그 서명되고 직인을 찍은 서류들은 앵커리지시 위생국에 지역 정화시스템이 도시 폐수처리 규정을 충족시켰음을 증명하였다. 순회판사인 울버턴(Michael Wolverton)은 일 년 동안 랜더스가 엔지니어와 건축가 그리고 측량사의 조수로 활동하는 것을 금했다. 그 판사는 또한 그를 20일의 감옥살이와 160시간의 사회봉사, 4,000달러의 벌금 그리고 1년의 보호관찰을 선고하였다. 끝으로 판사는 랜더스로 하여금 그 문제에 관하여 부동산 소유자들에게 문서로써 알리고, 그가 어떻게 그 문제를 바로잡을 것인지를 설명해야 하고, 그러한 문서를 검토하고, 서명하고 직인을 찍을 기술사에게 비용을 지불하도록 명령하였다.

검찰총장보인 쿠퍼(Dan Cooper)는 최고형인 집행유예 4년과 벌금 40,000달러를 구형했었다. 쿠퍼는 다음과 같이 주장했다. "40번이나 반복된 그의 위법행위들은 엔지니어의 직인을 악용한 것 중에서 가장 심각한 것들이다." 이와 같은 사례가 알래스카에서 고소된 것은 처음이었을 것이다. 법무부는 앵커리지 지역에 있는 몇몇 전문직 엔지니어들로부터 조언을 구한 뒤 그 소송에 착수하였다.

쿠퍼에 따르면 랜더스는 "자기 고객들이 즉시 어떤 것이 되기를 원했기" 때문에 자신이 그 서류들에 서명하고 직인을 찍었다고 했다(그 서류들은 부동산 거래를 진행하기 전에 필요하다). 랜더스의 변호사인 오벌리(Bill Oberly)는 공공의 건강과 안전이 실제로 위험에 처하지 않았기 때문에 그의 고객은 적은 형량을 선고받아야 한다고 주장했다—전문직 엔지니어가 그 서류들을 뒤이어 검토한 결과 (위조와 직인의 도용 외에) 다른 기준들의 위반은 발견되지 않았다. 그 서류들은 바꿀 필요 없이 다시 제출되었다.

그러나 판사 울버턴은 랜더스의 행위가 공적 신뢰를 심각하게 위반했다고 주장했다. 공공은 기술사들처럼 특별한 책임을 맡은 사람들의 말에 의존하기 때문에 "만약 그 사람들의 말을 믿을 수 없게 된다면, 우리의 시스템은 완전히 붕괴될 것이다."라고 그는 말했다.

그 판사는 또한 당시 알래스카 상무부와 경제개발부를 위한 건축가, 엔지니어, 측량사 등록 위원회의 의장인 암스트롱(Richard Armstrong)으로부터 온 편지를 인용했다. 암스트롱은 다음과 같이 말했다.

> 기술사들에게 자신의 설계에 직인을 찍도록 요구하는 이유들 중 몇 가지는 자격증 없이 일하는 사람들로부터 공공을 보호하는 것과 전문직의 역량에 대한 어느 정도 최소한의 수준을 보

장하는 것과 실무에 종사하는 건축가, 엔지니어, 측량사들이 자기들의 일에 책임감을 느끼도록 하는 것, 그리고 전문직의 윤리 수준을 증진시키는 것이다. 이 사건의 발발로 말미암아 올바르게 면허를 취득한 사람들에 의해 수행된 다른 공학설계에도 의심의 그림자를 드리울 것이다.

5.5 캠퍼스에서의 부정직

공학에서 정직에 관하여 공부하는 학생을 위한 문제들은 자신들의 학업을 끝마치기 전에도 생길 수 있다. 여기에 실생활의 예가 있다.[7] 존은 석유탐사 회사에서 여름 아르바이트를 하는 산학협력 학생이다. 그 회사는 거대 석유기업을 위해 탐사업무를 하고 있다. 그 회사는 시추하고, 시험하며, 시험결과에 기초하여 고객에게 자문 보고서를 작성해준다. 석유공학의 상급 졸업반 학생으로서 존은 고객이 지정한 여러 장소에서 시추하는 미숙련 노동자들과 기능공들로 이루어진 현장 팀에 대한 책임을 맡게 되었다. 존은 정리되지 않은 현장 데이터를 고객을 위해 간결한 보고서로 고쳐 쓰는 책임을 맡고 있다. 존의 고등학교 친구인 폴은 존이 속해 있는 팀의 감독이다. 사실 폴은 존이 고수익의 여름 아르바이트를 얻는 데 도움을 주었다.

마지막 시추보고서를 위한 현장 데이터를 검토하는 동안, 존은 중대한 단계가 빠져 있었다는 것을 알아챘다. 그 단계는 그 장소로 되돌아가서 회사에 막대한 비용을 들여 전체 시험을 되풀이하지 않고서는 바로잡을 수 없는 것이었다. 빠트린 단계는 감독이 시험 시추 장소로 주입되는 윤활유에 어떤 시험 화학약품을 첨가하는 것이었다. 그 테스트는 시추 장소가 천연가스 보호를 위해 개발할 가치가 있는지의 여부를 결정하기 위한 데이터를 제공하기 때문에 중요했다. 불행하게도 폴은 마지막 시추 장소에서 테스트 화학약품을 첨가하는 것을 잊어버렸다.

존은 폴의 실수가 알려진다면 그가 직장을 잃을 가능성이 있어 걱정한다. 폴은 석유사업이 침체되어 있고 자신의 아내가 임신하고 있는 시기에 일자리를 잃으면 안 된다. 존은 과거의 회사 데이터 파일로부터 화학약품 첨가제가 테스트의 대략 1% 내로 천연가스의 존재를 나타낸다는 것을 알게 된다.

---

7 이 사례를 제공해준 우리 학생인 플러머펠트(Ray Flumerfelt)에게 감사한다. 이름들은 관련된 학생들을 보호하기 위해 바꿨다.

존은 자기 윗사람들에게 천연가스에 대한 시험이 이루어지지 않았다는 정보를 숨겨야 할까? 폴과의 우정과 폴의 가족생활을 자신이 알고 있다는 것을 고려해 볼 때, 존이 아무것도 말해서는 안 될 것 같은 강한 압박을 느낄 것은 분명하다. 그럼에도 윤리적 문제로 검토할 때, 존이 고려할 필요가 있는 것은 그 이상이다. 먼저 그는 석유탐사 회사의 피고용인으로서, 폴이나 그 외 누군가와 자신의 우정과 상관 없이 고용주에 대해 특별한 책임이 있다는 것을 깨달아야 한다. 이런 책임에는 회사가 고객들에 대한 의무를 충족시키기 위해 석유탐사를 돕는 것이 포함된다. 고객들은 석유탐사회사가 믿을 수 있는 정보를 줄 것으로 기대한다. 결과적으로 고객들은 받은 정보에 기초하여 중요한 결정을 내려야 한다. 폴과 존에게는 자신들이 책임을 다하여 다른 사람들이 성공할 수 있도록 하는 중요한 역할이 있다. 존은 회사가 그 실수를 알게 된다면 폴이 일자리를 잃어버릴 수 있음을 걱정한다. 이런 걱정이 정당한 근거가 있는가? 만일 존이 그의 실수에 대해 폴을 해고하지 않을 거라면, 왜 그는 석유탐사 회사 경영진이 해고할 것이라고 추정하는가? 그것은 존 자신이 경영진에게 발각된다면, 폴의 실수가 실제로 당연히 해고되는 게 아닌지 고민하기 때문이 아닐까? 어쨌든, 이것은 누구의 결정이 되어야 할까? 존은 자신들의 우정이 아니었다면 폴의 해고를 지지할까? 존은 우정이 자신의 결정에 영향을 미치도록 해야 할까? 비록 이런 질문들에 답을 하려고 시도하는 것이 존이 무엇을 해야 하는지를 결정하기 어렵게 할 수도 있다 하더라도, 질문을 하는 것은 도덕적으로 중요하다. 존이 유념해야 하는 것은 자신과 폴이 전문직 환경에서 일하고 있다는 사실이다. 그리고 이것은 각자가 그런 환경과 맺어진, 그리고 친구로서의 우정과는 상관이 없는, 특별한 책임을 가진다는 것을 의미한다는 것이다.

여기에 또 다른 실제적 상황이 있다. 세 명의 학생들이 4학년 캡스턴 공학설계 프로젝트를 수행하고 있었다. 그 프로젝트는 자동차가 1갤런의 휘발유로 이동할 수 있는 거리를 측정하기 위해 자동차 계기판에 설치될 값싼 미터기를 설계하고 만들며 테스트하는 것이었다. 비록 그때 개인용 컴퓨터와 마이크로칩 계산기 그리고 "지능형 기기들"을 이용할 수 없었지만, 학생들은 성공할 확률이 높은 기발한 방법을 제안하였다. 그들은 엔진으로 가는 휘발유의 흐름과 주행기록계 위의 속도계 수치에 상응하는 전압을 곧바로 측정하는 동시에 이 두 가지의 비율을 누적적으로 계속 기록하는 설계를 고안하였다. 바꾸어 말하면, 한 시간에 가는 거리를 한 시간에 소비되는 휘발유 양으로 나눈 것으로, 자동차가 1갤런의 휘발유로 이동하는 거리에 대한 수치를 제공할 것이다. 학생들은 시간평균 데이터를 확보하기 위해 어느 쪽이든 신호에 나타나는 순간적인 변동을 제거하고 고르게 하는 방법을 고안하기도 하였다. 마지막으로 그들은 자신들의 개념이 실행가능하다는 것을 증명하기 위한 작업대 위의 실험장치를 고안하였다. 유일하게 빠뜨린 것은 엔진으로 흘러가는 시간당 휘발유의 흐름을 측정하고 그에 상응하는 전압 신호로 보여 줄 유량계였다. 오늘날 고객들은 이런 기능을 몇몇 자동차들에 선택사양으로 지정할 수 있지만, 그 당시에는 그 설계가 몹시 혁신적이었다. 그 프로젝트를 지도하는 교수(이 책의 원저자들 중의 한 사람인 래빈스)는 아주 감명을 받아서 유량계를 구입할 자금을 지원할 곳을 물색하였다. 그는 또한 세 명의 학생들에게 전문기술 저널에 자신들의 설계를 서술하는 논문의 초안 작성을 격려하였다.

몇 주 후, 그 교수는 유명 저널의 편집자로부터 그 저널이 세 명의 4학년 설계팀 학생들과 자신이 공동저자로 된 "우수논문"의 게재가 승인되었음을 알리는 축하편지를 받고 놀랐다. 그 교수가 알고 있기로는 그 유량계가 아직 도착도 하지 않았고, 그 논문의 어떤 초고도 보지 못했다. 그는 그 세 명의 학생들에게 설명을 요청했다. 그들은 교수의 조언을 따라 자신들의 설계에 대한 논문을 준비했다고 대답하였다. 그들은 대표저자로 교수의 이름을 올렸다. 왜냐하면 무엇보다도 그 논문을 쓰는 것이 교수의 생각이었고 그가 학부 지도교수였기 때문이었다. 그들은 초안으로 교수를 괴롭히고 싶지 않았다. 더구나 그들은 실제로 유량측정 기구가 도착하기를 기다릴 수 없었다. 왜냐하면 그들은 모두 몇 주 안에 졸업하여 새로운 일들을 시작하려고 계획 중이었기 때문이었다. 마지막으로 그들은 그 데이터가 예상했던 결과를 낼 것이라고 확신하였기에, 유량측정의 결과로 얻어질 전압이 나타낼 것으로 추정되는 것을 복제하기 위하여 전원공급 장치상에서 시간에 따라 변하는 전압의 일부를 모의신호로 만들어냈다. 그들은 말하기를 자신들은 유량계가 도착한 후, 유량 전압과 전체 시스템 반응을 점검하여, 필요하다면 논문을 약간 수정하려는 생각이 충분히 있었다고 했다.

사실 그 학생들은 가정을 잘못하여 그 유량과 전압이 선형적인 관계를 가질 것이라고 생각했다. 또한 자신들의 행위에 대한 교수의 반응에 대해서도 잘못된 추측을 하였다. 그 결과 그 논문은 그 저널로부터 취소되었고, 학생들은 그 저널에 사과의 편지를 보냈다. 편지의 복사본들이 자신들의 파일에 끼워졌고, 학생들은 졸업설계 과목에서 F학점을 받았다. 그리고 그들의 졸업은 6개월 뒤로 연기되었다. 이에도 불구하고 그들 중의 한 학생은 교수에게 자신이 구하고 있었던 여름 직장을 위한 추천서를 써 달라고 요청했다. 교수는 그 요청을 거절하였다.

공과대학에서 학생의 경험은 자신의 전문직 경력을 위한 훈련기간이다. 만일 부정직이 우리가 시사했던 만큼 공학전문직에 해로운 것이라면, 이런 전문직 훈련의 일부는 정직의 중요성에 초점을 두어야 한다. 그러나 일반적으로 학생으로서 부정행위를 하는 것은, 특히 교묘하게 피하여 성공한다면 비교적 작은 문제라고 생각될 수도 있다. 위의 그 세 명의 학생들은 운이 없었다. 그들의 의도는 그저 자신들이 자신하는 일에 대한 신용을 얻기 위한 것일 수도 있다. 그러나 그들은 게재를 위해 논문을 제출하기 이전에 실제 결과들을 기다릴 수 없다고 느꼈다. 적어도 그들은 교수를 대표저자로 올림으로써 그를 믿는다고 생각했을 수도 있다. 물론 그들은 아마도 인정받는 연구자를 대표저자로 올리는 것이—자신들의 학문적이지 않은 경력을 좋게 출발하기 위한 기회는 물론이고—그 논문이 받아들여질 가능성을 높이는 것임을 인지했을 것이다.

그래서 그 학생들의 실수가 그저 하나의 계산착오—연구 그 자체에서 최종적인 실패의 가능성에 대한 계산착오, 자신들의 책략에 대하여 그 교수가 찾아내지 못할 것이라는 계산착오, 혹은 그 교수가 대표저자로 올라간 사실을 마음에 두지 않을 것이라는 계산착오—였는가? 그들이 학문세계가 단순히 자신들을 위해 더 나은 세상, 즉 문제의 여지가 있는 과거(부정행위)가 경력의 발전으로 쉽게 잊혀지는 그런 세상으로 나아가는 하나의 수단이라고 생각했다면 어떻게 할 것인가?

다음 절에서 보겠지만, 과학에서든 공학에서든 혹은 인문학에서든 과학 공동체와 공학 공동체에는 학생들에 의해 드러난 부정직의 유형에 정확히 대응되는 부분들이 있다. 더구나 학생으로서의 부정행위를 유혹하는 압박과 같은 종류들이 실무현장에는 없다는 것은 절대로 사실이 아니다. 보고서에서 A학점을 받기 위해 1학년 물리학 실험보고서 그래프의 데이터 점들을 매끄럽게 다듬는 것, 바람직한 결론을 뒷받침해주는 연구 데이터를 선택하는 것, 데이터를 완전히 새로 만드는 것, 다른 사람들의 낱말들과 아이디어에 대한 표절, 이 모두는 자신의 학문적 목표들을 발전시킬 수 있으며, 유사한 일들이 학문분야가 아닌 상황에서도 분명히 일어날 수 있다.

5.6 연구와 시험에서의 부정직

과학과 공학에서의 부정직은 몇 가지 형태를 취한다. 데이터의 위조, 데이터의 날조, 표절 그리고 부적절한 저작권의 귀속은 **글상자 5.2**에서 나타나듯이 가장 흔한 것에 속한다.

글상자 5.2 연구와 시험에서 나타나는 부정직의 유형들

- 데이터의 위조: 데이터를 왜곡하여 표현하는 것(예를 들면, 관련된 데이터의 생략)
- 데이터의 날조: 데이터를 지어내는 것(예를 들면, 실제로 하지 않았던 시험들)

- 다른 사람들의 지적재산권을 침해하는 것(예를 들면, 기업비밀과 특허, 상표, 저작권을 침해하는 것)
- 표절: 다른 사람들의 연구를 자신의 것으로 부정하게 도용하는 것
- 저작권의 부적절한 귀속(예를 들면, 기여하지 않았던 누군가를 저자로 올리는 것)

데이터의 위조와 날조

데이터의 위조(falsification)는 고르지 못한 것들을 매끄럽게 함으로써 데이터를 왜곡시키거나 자신이 제시한 이론에 적합한 데이터들만을 제시하고 나머지는 버리는 것을 포함한다. 그런 위조가 발생했는지는 때때로 큰 논쟁이 되는 문제이다. 20세기 초반에 물리학자 밀리칸(Robert A. Milikan)의 유명한 기름방울 실험(oil drop experiment)이 적절한 사례이다.[8]

이 실험은 전자의 전하가 일정불변임을 보여준 것으로 간주되어 밀리칸은 자신의 연구로 노벨상을 받았다. 문제를 복잡하게 한 것은 그 후의 발견이었는데, 그 데이터의 출판 보고서에서 자신의 발견들이 자신이 행했던 모든 실험에 기초했다고 주장하였음에도 불구하고, 그의 실험노트들에는 그가 자신이 행했던 189번의 실험들 중 49번의 데이터를 포함시키지 않았음이 드러났다. 밀리칸을 옹호하는 사람들은 때때로 어떤 데이터는, 예를 들어 사용된 장비가 제대로 기능하지 못한다고 판단되면 그 데이터는 빼버리는 것이 적합하다고 지적한다. 비판자들은 만일 밀리칸에게 그런 문제가 있었다면, 그는 자신의 보고서에서 그 몇몇 데이터를 빼는 것에 대한 설명을 포함했어야 한다고 대꾸한다. 나아가 실험은 전자들의 전하의 일정불변에 대한 그의 결론을 확정했다. 그러나 어떤 이들은 여전히 밀리칸 자신의 실험이 이것을 증명한 것으로 받아들여야 하는지를 문제삼는다.

데이터의 날조(fabrication)는 데이터를 꾸며내고 심지어는 결코 한 적이 없는 실험결과들을 보고하는 것을 포함한다. 심리학자인 브로닝(Stephen Breuning)에 의한 데이터의 날조는 아마도 이로부터 초래할 수 있는 훨씬 광범위한 해를 보여준다.[9]

1983년 12월에 일리노이대학의 스프래그(Robert Sprague) 박사는 브로닝이 자신에게 제출했던 부정직한 연구를 증거서류로 하여 국립정신건강연구소(National Institute of Mental

---

8 밀리칸의 연구 리포트에 대한 논쟁은 홀턴(Gerald Holton)의 "Subelectrons, Presuppositions, and the Millikan-Ehrenhaft Dispute," *Historical Studies in the Physical Sciences*, 9, 1978, pp.161-224에서 논의되었다.

9 이 사례의 설명을 위해서는, 스프래그(Robert L. Sprague)의 "The Voice of Experience", *Science and Engineering Ethics*, 4, no.1, 1998, p.33를 보라.

Health)에 44페이지의 부록이 포함된 8페이지의 편지를 썼다. 브로닝은 주장하기를, 자신이 미시간의 콜드워터에 있는 정신병원에서 향정신성 약물치료가 도움이 필요한 어린이들에 미치는 영향에 관하여 행했던 연구를 발표한 것이라고 했다. 그러나 브로닝은 순전히 그 데이터를 지어낸 것이었다.

스프래그가 국립정신건강연구소(NIMH)에 편지를 보낸 후 석 달 만에 브로닝이 데이터를 날조한 것을 시인했지만, 그 사건은 1989년 7월까지 최종적으로 해결되지 않았다. 5년 6개월의 기간 동안 스프래그 자신은 첫 번째 조사 대상이 되었고, 그의 연구비는 크게 삭감되었으며, 여러 소송의 위협에 시달렸다. 그리고 미국 하원 위원회(U.S. House of Representative committee) 앞에서 증언을 해야 했다. 무엇보다 가장 고통스러운 것은 오랜 기간의 당뇨병으로 스프래그의 아내가 1986년에 사망한 것이었다. 사실상 스프래그는 아내의 심각한 당뇨병이 국립정신건강연구소에 즉시 "내부고발(whistle-blowing)"을 하게 된 주요 요인들 중의 하나였다고 말하였다. 당뇨병에 걸린 아내가 신뢰할 만한 연구와 약물치료에 얼마나 의존적인지를 깨닫게 되면서 스프래그는 특히 예민하게 되었는데, 그 이유는 일반적으로 어린이와 취약계층 환자들이 그들을 돌보는 사람들뿐만 아니라 실험적인 약물연구에 그들을 이용하는 사람들을 얼마나 지극히 신뢰하는지를 알았기 때문이다.

브로닝 소송이 끝난 후 몇 년간 책을 쓰면서, 스프래그는 브로닝의 연구 위법행위에 따른 다른 가능한 희생자들, 즉 브로닝이 데이터를 날조했음을 모른 채 그와 함께 공동연구를 하였던 다른 심리학자들과 연구자들에게로 독자들의 관심을 돌리면서 그 자신의 경험들에 관한 반성으로 결론을 맺었다.

한때 브로닝을 학생으로 지도했던 심리학자 폴링(Alan Poling)은 연구 중인 자신의 공동연구자들을 위해 브로닝의 위법행위의 결과들에 대하여 썼다.[10] 특히, 폴링은 1979년과 1981년 사이에 브로닝은 그가 연구하고 있었던 것으로 주장한 정신약리학 분야에 관한 모든 출판된 연구의 34%에 달하는 투고자였다고 지적한다. 물론 그것이 브로닝의 모든 출판물들이 날조된 데이터에 기초하였다는 결론으로 이어지지는 않지만, 어떤 것이 날조된 것이고 그렇지 않은 것인지를 결정하는 것은 시간이 걸리는 고된 일이다. 그래서 자신의 연구에서 브로닝의 출판물들을 인용한 사람들은 아직 검증되지 못한 그런 출판물의 신뢰성에 대하여 궁금할지도 모른다. 그리고 그들은 '연루된 범죄(guilty by association)'에 대한 비난으로 고

10 Alan Poling, "The Consequences of Fraud," in *Research Fraud in the Behavioral and Biomedical Sciences*, eds. David Miller and Michel Hersen(New York: Wiley, 1992), pp.140-157.

통을 받았을 수도 있다. 폴링이 지적하듯이, 다른 사람들과 함께 한 브로닝의 공동연구들에서는 전혀 속임수가 없었던 그런 경우에는 이것이 특히 불공평하다. 요컨대 브로닝의 날조는 공리주의와 인간존중의 관점 모두로부터 심각한 윤리적 쟁점들을 드러냈다. 브로닝 자신에 대해서는 덕의 관점의 결여는 명백하다.

5.7 지적재산권

"지적재산권(intellectual property)"은 기업비밀, 특허, 상표, 그리고 저작권을 포함하여 여러 가지 방식으로 보호될 수 있는 지적 능력에 따른 창작품들을 가리킨다.

기업비밀(trade secrets)은 경쟁사들보다 이점을 얻기 위해 기업에서 사용하는 제조법이나 양식, 설비 혹은 정보 편찬물들이다. 코카콜라 제조법은 기업비밀의 한 예이다. 기업비밀은 누구나 허가 없이 쓸 수 있는 것이어서는 안 되고 기업에 의해 보호되어야 한다. 그 이유는 기업비밀이 특허로 보호되지 않기 때문이다.

특허는 그 특허의 소유자가 서류작성일로부터 20년 동안 특허받은 정보를 다른 사람들이 사용하지 못하도록 정부에 의해 발행된 서류이다. 특허를 받기 위해서는 발명이 새롭고 유용하며, 너무 뻔하지 않은 것이어야 한다. 한 예로 펑크에 견딜 수 있는 타이어는 특허를 받는다.

상표는 단어, 구절, 디자인, 소리 혹은 상품이나 서비스와 연관된 상징이다. "Coca-Cola"는 등록된 상표다.

저작권은 책, 사진, 그래픽, 조각, 음악, 영화 그리고 컴퓨터 프로그램과 같은 창조적인 제작물에 대한 권리이다. 예를 들어, 스타워즈(*Star Wars*)의 대본은 저작권의 보호를 받는다.

많은 회사들은 종종 1달러라는 명목상의 금액을 대가로 피고용인들의 모든 특허와 발명이 회사의 재산이 되도록 그들이 특허권 양도에 서명하기를 요구한다. 때때로, 피고용인들은 자신들이 그런 쟁점들에 관하여 두 고용주 사이에 끼여 있음을 알게 된다. 타이어 제조회사 로드러버사(Roadrubber, Inc)의 선임 생산관리자인 빌의 경우를 생각해보자. 빌은 경쟁사의 주의를 끌었던 혁신적인 제조기술을 개발함으로써 회사의 생산원가를 크게 줄이는 데 성공했다. 슬리퍼리 타이어사(Slippery Tire, Inc)라는 한 경쟁회사가 빌에게 훨씬 많은 급여와 더불어 수석관리자직을 제안한다. 빌은 슬리퍼리 타이어사에 자신이 직장을 옮기더라도 2년 동안은 로드러버사에서 알았거나 개발한 아이디어들 중 그 어떠한 것도 사용하거나 누설하지 않겠다고 로드러버사와 표준계약서에 서명했다고 통지한다.

슬리퍼리 타이어의 관리자들은 빌에게 자기들도 이해하며, 어떠한 비밀도 그에게서 알아내려고 하지 않을 것이며, 단지 그의 탁월한 관리능력 때문에 채용하고 싶어 한다고 안심시킨다. 슬리퍼리 타이어사에서 일한 지 몇 달 후, 빌과의 이전 교섭에 참여하지 않은 어떤 이가 빌에게 로드러버사에 있을 때 개발한 비밀공정을 조금만 알려달라고 요구한다. 빌이 거절하자, 그는 "이봐요, 빌! 엄청나게 많은 봉급을 받고 여기에 고용된 이유를 당신도 알고 있지 않습니까! 우리가 알고자 하는 것을 말하지 않으려면, 여기서 나가시오!"라고 말했다. 이것은 정보를 훔치려는 시도가 명백한 경우이다. 만일 빌을 슬리퍼리 타이어사로 발탁한 경영자들이 엔지니어들이었다면, 그들은 NSPE 강령 또한 위반한 것이다.

NSPE 윤리강령의 "전문직의 의무" Ⅲ.1.d항에는 "엔지니어는 거짓이나 호도하는 꾸밈으로 다른 고용주로부터 어떤 엔지니어를 빼오려는 시도를 해서는 안 된다."라고 쓰여 있다. 어떤 사례들은 그리 분명하지 않다. 때때로 어떤 피고용인은 A회사에서 아이디어를 개발한 후, 그것과 동일한 아이디어가 비록 완전히 다른 용도라 하더라도 새로운 고용주인 B회사에 유용할 수 있다는 사실을 알게 된다.

베티가 옮긴 회사가 경쟁관계에 있는 타이어 회사가 아니라 고무보트를 제조하는 회사라고 가정해보자. 러버보트에 고용된 지 몇 달 후, 베티는 러버보트에 새로운 공정을 제안한다. 그녀는 얼마 후에 자신이 이전에 로드러버에서 했던 일로 말미암아 아마 그 아이디어를 생각했음을 깨닫는다. 그 공정들은 여러 가지로 다르고 러버보트사는 로드러버사와 경쟁사가 아니지만, 그녀는 자신의 아이디어를 러버보트사에 제안하는 것이 옳은지 생각하고 있는 중이다.

NSPE 윤리강령은 그런 상황에 대해 뭐라고 말하는지 검토해보자. 이미 지적했듯이, 실행규칙 아래의 Ⅱ.1.c항은 "엔지니어는 법률 또는 이 강령에 의해 허용되거나 요구되는 것을 제외하고는 고객이나 고용주의 사전동의 없이 전문직의 자격으로 획득한 사실, 데이터, 정보를 공개해서는 안 된다." Ⅲ.4항은 다음과 같이 진술한다.

> 엔지니어는 현재 또는 과거의 고객이나 고용주의 동의 없이 업무나 기술적 공정들과 관련된 기밀정보를 공개해서는 안 된다. (a) 다른 사람들에게 고용된 엔지니어는 모든 이해 당사자들의 동의 없이 특별하고 전문적인 지식을 얻은 특정 프로젝트와 관련하여 일자리 부탁이나 협상을 시작해서는 안 되며, 개업을 하거나 다른 일을 준비해서도 안 된다. (b) 엔지니어는 모든 이해 당사자들의 동의 없이 이전 고용주나 고객을 대신하여 특별하고 전문적 지식을 얻을 특정 프로젝트나 진행상황과 관련하여 경쟁자의 이익에 참여하거나 대변해서 안 된다.

마찬가지로 미국 공학 및 측량 기술자 시험위원회(National Council of Examiners for Engineering and Surveying, NCEES)의 직무행위 표준규칙은 엔지니어가 "법으로 권한을 위임한 고객이나 고용주의 사전동의 없이 전문직의 자격으로 얻은 사실, 데이터 혹은 정보를 공개하지 않을" 것을 요구한다(I.1.d).

이런 강령의 진술들은 두 번째 사례에서 베티가 러버보트의 경영진에게 말해서 로드러버사와 라이선스 교섭에 들어가야 한다고 강하게 시사한다. 다시 말해 그녀는 여전히 남아 있는 로드러버사에 대한 자신의 모든 의무를 정직하게 이행해야 한다.

그러나 다른 사례들은 훨씬 더 모호할 수 있다. 베티가 로드러버사에 있을 동안 개발했던 아이디어들이 로드러버사에서 결코 이용되지 않았다고 가정해보자. 그녀는 그것들이 필요 없어 로드러버사의 경영진에게 그것들을 전혀 설명조차 하지 않았음을 깨달았다. 그래서 그것들은 그녀와 로드러버사 사이에 어떤 일말의 합의사항으로 고려되지 않았을 수도 있다. 하지만 그 아이디어들은 로드러버사의 컴퓨터들과 실험장비들을 사용하여 개발되었다. 아니면 비록 베티의 아이디어들이 아마도 로드러버사에서 어느 정도 연관된 문제들을 연구하고 있지 않았다면 그녀에게 결코 생기지 않았겠지만, 그 아이디어가 로드러버사의 피고용인으로 있었던 동안 자신의 집에서 생겨났다고 생각해보자.

우리는 이러한 문제들을 선 긋기 방법을 사용함으로써 잘 다룰 수 있다. 우리가 보았듯이, 그 방법은 도덕적 상태가 분명한 사례들과 도덕적 상태가 덜 분명한 사례들 간의 유사점과 차이점을 찾아내는 것을 수반한다. 어떤 특별한 사례를 분석하는 데 부가적인 특징들이 알려질 수도 있다. 여기서 제시된 사례들 사이에 다른 중간사례들 또한 있을 수 있다. 특별한 관심사례가 허용되는 행위와 허용되지 않는 행위 사이의 어디에 경계가 그어져야 하는지를 결정하는 사례들의 스펙트럼으로 비교되어야 한다.

여태까지 지적재산권에 대한 우리의 논의는 영업이익의 보호에 초점을 두었다. 그러나 이 외에도 그것들이 사업목적에 도움이 되든 아니든 책과 논문에 실린 아이디어의 독창적인 표현에 대한 저자의 공로에 관한 도덕적 그리고 법적 쟁점들이 존재한다.

예를 들면, 적절한 허가나 인정 없이 다른 사람들의 지적재산권을 사용하는 것을 **표절(plagiarism)**이라 하며, 다른 많은 형태를 취한다. 표절은 실제로 일종의 도둑질이다. 다른 사람들의 지적재산권을 합법적으로 사용하는 것과 불법적으로 사용하는 것 사이에 선을 긋는 것은 종종 어렵지만, 선 긋기의 방법은 유용해서 우리가 그 두 가지를 식별하는 데 도움을 준다. 어떤 사례들은 부인할 수 없는 표절의 예들이다. 즉, 적절한 허가나 인용 없이 다른 사람의 정확한 단어들 혹은 데이터가 포함된 확장 구절을 사용하는 경우가 그런 예이다.

그 스펙트럼의 다른 편에 있는, 다른 사람들이 적절하게 저자를 밝히고 짧은 진술들을 인용하는 것은 분명히 허용할 수 있다. 이런 두 극단 사이에는 선 긋기가 더 어려운 많은 사례들이 있다.

정직에 관해 종종 제기될 수 있는 심히 성가신 쟁점들은 과학기술 연구에서 **논문의 저자(authorship of papers)**를 적절하게 귀속시키는 것이다. 때때로 40명에서 50명에 이를 만큼 많은 연구자들이 한 논문의 저자로 열거된다. 누구나 이런 관행에 대한 몇 가지 타당한 이유들을 생각할 수 있다. 첫째, 종종 많은 수의 과학자들이 어떤 형태로든 연구에 참여하며 그들은 모두 진짜로 연구에 기여한다. 예를 들어, 많은 수의 사람들이 가끔 의학연구에 참여하는 것이다. 둘째, 어떤 이가 논문의 저자인지 아니면 그저 인용만 될 가치가 있는 사람인지를 구분하는 것은 어떤 상황에서는 정말로 보잘 것 없을 수도 있다.

이해하기 어려운 일이긴 하지만, 가급적 많은 출판물에 이름을 올리고 싶어 하는 공통적인 욕망이 복잡한 문제를 만들어낸다. 이것은 대학에 있든 대학에 있지 않든 과학자나 엔지니어 모두에게 적용될 수 있다. 더구나 많은 대학원생과 포스트닥터들은 자신의 경력을 쌓기 위하여 출판물로 공적을 얻을 필요가 있다. 때때로 더 높은 선임연구원들은 비록 출판물에 대한 기여가 미미하더라도 학생의 연구실적을 가능한 한 인상적이도록 만들기 위하여 대학원생들을 저자로 올리고 싶어한다.

윤리적 관점에서 다중 저작권에는 최소한 두 가지의 잠재적인 문제들이 있다. 첫째, 사실 기여가 상대적으로 미미할 때도 연구에 대해 중요한 기여를 했다며 이름을 올려 달라고 주장하는 것은 사기를 치는 것이다. 만일 저자임을 주장하는 것이 정말로 사기를 치는 것이라면, 과학자나 엔지니어의 연구를 평가하는 사람들은 자신이 평가하는 것에 관하여 거짓된 혹은 믿을 수 없는 정보를 제공받고 있는 것이다. 이것은 거짓말이며, 인간존중에 대한 실패이다. 공리주의적 관점에서 만일 이런 잘못된 정보에 의존한다면, 일을 제대로 잘하지 못하는 학생들과 같은 그런 불행한 결과들이 생길 수 있다. 둘째, 저자라고 속이는 주장들은 일과 승진 그리고 과학적 공동체에서의 인정을 위한 경쟁에서 누군가에게 불공정한 이점을 줄 수 있다. 인간존중의 관점에서는 이런 종류의 불공정함은 그 수준에 한참 미치지 못한다. 덕의 관점에서는 저자라는 부당한 주장을 지지하는 것은 일종의 부정직이며, 이런 이유만으로도 회피해야 한다.

5.8 비밀유지

누구나 거짓말을 하거나 진실을 왜곡하거나 숨김으로써, 또는 (5.7절에서 간략하게 논했던) 피고용인이 기업비밀을 드러내는 것과 같이 부적절하게 그것을 드러냄으로써도 진실을 악용할 수 있다. 개인사업을 하는 엔지니어들은 가끔 고객의 동의 없이 기밀정보를 드러내고 싶을 수도 있다. 만일 고객이 엔지니어에게 정보를 제공하거나 고객을 위해 일을 하는 과정에서 엔지니어가 정보를 발견한다면, 그것은 비밀일 수 있다.

대부분의 엔지니어들이 피고용인이라는 점을 고려한다면, 정보의 부당한 사용을 포함하는 보다 일반적인 문제는 이전에 근무하던 기업이 소유한 정보의 침해이다. 이전에 근무하던 기업의 설계와 다른 독점적인 정보를 이용하는 것은 부정직일 수 있고, 심지어는 고소를 당할 수도 있다. 이전의 직장에서 일하는 동안 발전시킨 아이디어들을 이용하는 것조차도, 특히 그런 아이디어들이 기업비밀, 특허 혹은 라이센싱 계약에 관련된 것이라면 문제가 될 수 있다.

대부분의 엔지니어들은 대기업 직원이지만, 특히 토목엔지니어들처럼 어떤 엔지니어들은 고객이 있는 설계회사들과 하청계약을 맺는다. 이런 엔지니어들에 대해서는 변호사나 의사와 마찬가지로 고객–전문직 사이의 비밀을 지켜야 할 의무가 있다. 비밀은 일반적으로 고객이 제공한 민감한 정보와 고객에게 돈을 받고 일을 하는 과정에서 전문가가 획득한 정보 모두를 포함할 것이다.

엔지니어는 고객–전문직 사이의 비밀을 두 가지 방식으로 잘못 다룰 수 있다. 첫째, 비밀이 정식으로 허가되어 있지 않을 때 비밀을 누설할 수도 있다. 둘째, 공공에 대한 더 높은 의무로 인하여 비밀의 누설이 요청될 때 그것을 거부할 수도 있다. 다음은 비밀을 잘못 다루는 것에 대한 첫 번째 유형의 예이다.[11] 토목엔지니어인 제인은 캘리포니아 그린빌에 새로운 쇼핑몰을 짓기 위해 예비연구를 하는 계약을 맺었다. 그 마을에는 이미 20년이 된 쇼핑몰이 있다. 그 낡은 쇼핑몰의 소유주는 그것을 보수할지 아니면 폐쇄할지를 결정하려 하고 있다. 그는 제인과 많은 사업을 같이해 온 사이라서 그녀에게 새로운 쇼핑몰에 대하여 꼬치꼬치 질문을 한다. 제인은 그 물음들에 답을 한다.

다음은 첫 번째 유형의 또 다른 예이다. 어떤 엔지니어가 보수를 받고 집주인을 위해 주택을 검사한다. 그는 그 주택이 약간의 사소한 수리가 필요하지만 일반적으로 좋은 상태

11 이 예는 홀채플(Mark Holtzapple)에게서 도움을 받았다.

임을 알게 된다. 그 엔지니어는 주택을 매매하는 부동산 회사에 복사본을 보낸 사실을 알리면서, 집주인에게 한 페이지 분량인 보고서의 사본을 보낸다.

이 사례는 NSPE 윤리심사위원회에 의해서 검토되었는데, "엔지니어가 집주인을 대신하여 부동산 회사에 주택검사 사본을 제출한 것은 비윤리적인 행동이었다."고 판결했다. 그 판결은 NSPE 강령의 Ⅱ.1.c항을 인용하였는데, 그 항은 "엔지니어는 법률 또는 이 강령에 의해 허용되거나 요구되는 것을 제외하고는 고객이나 고용주의 사전동의 없이 전문직의 자격으로 획득한 사실, 데이터, 정보를 공개해서는 안 된다."고 명시한다.[12] 고객들은 정보를 주었기 때문에 그것의 배타적인 소유에 대한 권리를 주장할 수 있다. 그 주택은 원래 안전했고 공공의 복지가 위험에 처한다고 믿을 아무런 이유가 없었다. 만일 근본적인 구조적 흠이 있었다면 그 사례가 더 곤란했을 것이다. 그러나 여기서도 우리는 생명에 대한 근본적인 위협이 없었다고 주장할 수 있다. 따라서 구매할 의향이 있는 사람들은 언제나 기꺼이 자체적으로 검사를 의뢰하고 검사의 대가를 지불할 것이다.

다음의 가설적인 사례는 비밀유지가 무시되어야 하는지에 관하여 더 심각한 도덕적 문제들을 제기한다. 엔지니어인 제임스가 어떤 고객을 위해 한 건물을 검사한다고 가정해 보자. 그 고객은 그 건물을 팔기 위해 내놓았다. 제임스는 공공의 안전을 위협할 수 있는 근본적인 구조적 결함을 발견한다. 제임스는 그 건물의 결함을 그 고객에게 알리고 팔기 전에 사람들을 대피시키고 수리할 것을 권한다. 그 고객은 다음과 같이 답하였다.

> 제임스, 나는 그 건물을 비우고 싶지 않고, 팔려고 내놓기 전에 그 건물에 전혀 많은 돈을 들이고 싶지도 않소. 더구나 만일 당신이 그 정보를 당국이나 구입할 만한 어떤 사람에게 알린다면, 나는 내가 당신에 대해 취할 수 있는 어떠한 법적인 행동이라고도 할 것이오. 그뿐만 아니라 내게는 많은 친구들이 있소. 만일 내가 그 얘기를 그들에게 알린다면, 당신은 큰 사업을 잃게 될 것이오. 그 정보는 나의 것이오. 나는 그것에 대해 비용을 지불했고 당신은 내 허락 없이 어떤 누구에게도 알릴 권리가 없소.

자신의 고객에 대한 제임스의 의무는 명백히 공공에 대한 자신의 의무와 어긋난다. 비록 그가 구매할 가능성이 있는 사람들에 대한 의무가 있더라도, 그의 더 직접적이고 긴급한 의무는 현재 그 건물에 거주하는 사람들의 안전을 지키는 것이다. 앞에서 인용한 NSPE 강

12 *Opinions of the Board of Ethical Review*, Vol. VI(Alexandria, VA: National Society of Professional Engineers, 1989), p. 15.

령의 조항은 엔지니어들에게 "법이나 이 강령"에 의해 인정되는 예외 조항들을 제외한 어떤 경우라도 자신들의 고객의 비밀을 지킬 것을 요구한다는 사실을 주목하라. 이것은 아마도 그 강령의 일부(특히 공공의 안전에 더 높은 의무를 강조하는 부분)가 비밀의 요구보다 우선해야 하는 사례일 것이다.

그러나 여기서도 제임스는 아마 자신의 고객과 그 건물의 거주자들 그리고 구매할 의향이 있는 사람들에게 자신의 의무를 존중하도록 하는 창의적 중도를 찾으려 노력해야 할 것이다. 그는 구조적인 결함들을 고치는 것을 거부하는 그의 의도가 도덕적으로 잘못이고 아마도 자신의 장기간의 이익에도 좋지 못하다고 그 고객을 설득하려고 시도할 수도 있다. 그는 그 고객이 소송에 휘말리게 될 수도 있다는 점과 만일 참사가 발생한다면 그가 스스로 감당하기 어렵다는 것을 확실히 알게 될 것임을 주장할 수도 있다.

불행히도, 그런 접근은 효과가 없을 수도 있다. 제임스의 고객이 자신의 마음을 바꾸기를 거절할 수 있다. 그때 제임스는 자신의 상충하는 의무들의 순서를 매겨야 한다. NSPE 강령을 포함한 대부분의 공학강령들은 엔지니어의 최고의 의무가 공공의 안전이라는 점을 분명히 한다. 따라서 제임스는 우리가 해석한 대로 적어도 NSPE 강령에 따라 그 건물의 구조적 결함에 대하여 공공에 알려야 한다.

여전히 비밀유지와 관련된 모든 경우가 제임스가 직면한 것만큼 분명하지 않을 것이다. 사실, 그의 상황은 사례들의 스펙트럼에서 하나의 극단적인 사례로 활용될 수 있을 것이다. 다른 극단적인 경우는 어떤 엔지니어가 자신의 재정적인 이익을 증진시키기 위해서 비밀유지를 어기는 사례가 될 수가 있다. 이 두 극단 사이에 결정이 곤란할 수도 있는 많은 다른 가능한 상황들이 있을 수 있다. 그런 사례들에서는 역시 선 긋기 방법을 사용하는 것이 적절할 것이다.

5.9 전문가로서 증언

엔지니어들은 가끔 사고들, 결함이 있는 제품들, 구조적 결함들 그리고 특히 침해를 수반하는 사례들뿐만 아니라 유능한 기술적 지식이 요구되는 다른 분야들에서 전문가 증인으로 고용된다. 전문가 증인을 요청하는 것은 변호사들이 그런 소송들에서 만들 수 있는 가장 중요한 조치들 중의 하나이다. 그리고 엔지니어들은 대개 자신들의 증언으로 충분히 보상을 받는다. 그러나 전문가 증인이 되는 것은 시간이 들고 종종 스트레스를 받는 일이다.

전문가 증인들은 어떤 윤리적 곤경에 직면한다. 가장 분명한 것은 증인석에서의 위증

죄다. 보다 그럴듯한 유혹은 고객의 소송에 불리할 수도 있는 정보를 주지 않는 것이다. 윤리적으로 의심의 여지가 없는 것 말고도, 그런 주지 않는 행위로 엔지니어가 난처해질 수 있는데, 그 이유는 반대심문에 의해 그것이 드러나기 때문이다. 이런 종류의 문제들을 피하기 위하여, 전문가는 **글상자 5.3**에 약술된 몇 가지 규칙들을 따라야 한다.

글상자 5.3 전문가 증인들을 위해 제안된 규칙들

- 철저한 조사를 위한 충분한 시간을 갖지 못한다면 소송을 맡아서는 안 된다. 시간에 쫓긴 준비는 전문가와 의뢰인 모두의 명성에 파멸을 초래할 수 있다.
- 선한 양심으로 증언이 이루어질 수 없다면, 소송을 맡아서는 안 된다. 이것은 정직하게 증언할 수 있는 것을 의미하며, 자신의 의뢰인을 위한 소송에 유리하게 하려고 정보를 숨길 필요가 없음을 의미한다.
- 엔지니어는 변호사와 다방면으로 논의해야 한다. 그래야 변호사는 소송의 기술적인 세세한 사항들에 가능한 친근해질 수 있고, 반대심문을 위한 전문가로서 증언을 준비할 수 있다.
- 증인은 법정 증인석에서 객관적이고 편견 없는 태도를 유지해야 한다. 이런 태도에는 특히 반대심문에서 묻는 질문들에 충실하게 답하고 침착한 기분을 유지하는 것이 포함된다.
- 증인은 재판 과정 중이라도 항상 새로운 정보를 숨김이 없어야 한다.

다음의 예는 전문가로서 증언을 포함하지 않지만, 소송 중에 얻은 새로운 정보가 얼마나 중요해질 수 있는가를 나타낸다. 캔자스에서 사고 사건의 재판 중에 피고는 자신의 지하실에서 자신의 회사가 사고에 과실이 있음을 결정적으로 보여주는 낡은 서류를 발견했다. 비록 그 서류가 자기 회사에 수백만 달러의 비용을 안겼고 캔자스의 역사에서 가장 큰 사고 법정 판결을 야기했지만, 그는 법정 소송에서 이 새로운 증거를 제시하였다.[13]

전문가 증인이 될 가능성이 있는 사람이 고객에 대하여 취할 수 있는 한 가지 입장은 **글상자 5.4**에서의 제안과 유사한 어떤 것을 말하는 것이다.

글상자 5.4 전문가로서 증언을 위해 제안된 입장

"내가 증인석에서 당신을 위해 말할 것은 '실제' 의견이나 어떤 이야기가 아니라 그저 하나의 의견일 뿐입니다. 내 의견은 내가 할 수 있는 한 편견이 없고 객관적일 것입니다. 나는 그 소송을 살핀 후 내 의견을 정리할 것이고 당신은 내게 그 소송의 모든 사실들을 확인해야 합니다. 나는 증인석에서 진실과 내가 본 대로의

13 "Plaintiffs to Get $15.4 Million," *Miami County Republic* [Paola, Kansas], April 27, 1992, p.1을 보라.

모든 진실을 말할 것입니다. 그리고 나는 당신에게 내가 사전에 말할 것을 이야기할 것입니다. 만일 당신이 나의 증언을 이용할 수 있다면 나는 당신을 위한 전문가 증인으로 도움이 될 것입니다. 만일 그렇지 않다면, 당신을 나를 해고할 수 있습니다."

글상자 5.4에서 제안된 입장이 모든 문제들을 풀지 못할 수도 있다. 만일 전문가 증인이 증거를 훼손시키기 때문에 변호사에 의해 해고된다면, 심지어는 그때 공공의 안전이 관련된다 하더라도, 그 증거를 알리지 않고 그저 떠나는 것이 윤리적으로 허용가능할 수 있는가? 요청을 받는다면 증인은 다른 편을 위해 증언해야 하는가?

5.10 공공에 알리기

기술적 정보를 다루는 데 있어 전문직의 무책임에 대한 몇 가지 유형들은 정보의 부재로 인하여 자신들의 결정이 손해를 입게 되는 사람들에게 알리지 않는 것으로 가장 잘 묘사될 수 있다. 인간존중의 윤리 관점에서 이것은 도덕적 행위주체성에 대한 심각한 침해이다. 공리주의적 사고의 견지에서, 기술적 정보를 필요로 하는 사람들에게 엔지니어가 유용한 정보를 보장하지 않는 것은 그 정보를 활용함으로써 재난을 피할 수 있는 경우에 특히 나쁘다.

애플게이트(Dan Applegate)는 1972년에 맥도널 더글러스(Mcdonell Douglas)와의 하청 계약을 이끈 컨베어(Convair)사의 선임 엔지니어이다.[14]

그 계약은 DC-10기의 화물출입구 문을 설계하고 만드는 내용이었다. 최초의 DC-10기가 조립라인에서 압력검사를 받았을 때, 그 화물출입구의 문이 파열되었고 객실 바닥은 뒤틀렸다. 그 결과 몇몇 유압 공급선과 전력 공급선들이 파손되었다. 설계의 변경도 그 문제를 해결하지 못했다. 후에 온타리오 윈저 상공에서 DC-10기는 화물출입구 문이 휙 열리고 객실 바닥이 다시 뒤틀려서 디트로이트에 비상착륙을 해야 했다.

이런 문제들을 고려하여 애플게이트는 설계의 위험들을 항목별로 적어서 컨베어사의

---

14 Paul Eddy, *Destination Disaster: From the Tri-Motor to the DC-10*(New York: Quadrangle/New York Times Book Company, 1976), pp. 175-188. Reprinted in Robert Baum, *Ethical Problems in Engineering*, Vol. 2(Troy, NY: Center for the Study of the Human Dimensions of Science and Technology, 1980), pp. 175-185.

부사장에게 메모를 남겼다. 그러나 컨베어사의 관리자들은 사고가 발생했을 경우 벌금과 소송 가능성 때문에 이 정보를 맥도널 더글러스에 넘기지 않기로 결정하였다. 2년 후, 1974년에 가득 실은 DC-10기가 파리의 오를리 공항 바로 외곽에 추락하여 346명의 여행객 모두가 사망했다. 그 추락은 애플게이트가 자신의 메모지에 약술했던 이유 때문에 발생하였다. DC-10기 설계의 위험들을 연방정부나 일반 대중에게 알리는 데에는 진정한 법적 장애가 있었다. 그러나 이 이야기는 정보를 밝히지 않은 것이 대참사의 결과를 낳을 수 있다는 사실을 강조한다.

이 사례에서 우리 대부분은 아마도 다음과 같이 말할 것이다. 공공의 안전을 보호해야 하는 전문직의 책임 때문에 애플게이트는 DC-10기에 대한 자신의 전문직의 염려를 알리기 위해 무언가를 하도록 요구했다고 말이다. 만일 그들의 "전문직에 따른 판단이 공공의 안전과 건강, 재산 혹은 복지가 위험에 처해지는 상황에서 무효화된다면" 엔지니어들이 고용주에게 "혹은 적절할 것 같은 그런 다른 관계당국"에 알릴 것을 요구함에 있어, NSPE 강령은 이것(Ⅱ.1.a)을 의미하는 것처럼 보인다. 거의 동일한 언어를 사용하여, NCEES 직무행위 표준규칙은 등록자들에게 "공공의 생명, 건강, 재산 그리고 복지가 위태로운 상황에서 자신들의 전문직에 따른 판단이 무효화될 때 고용주나 고객 그리고 적절할 것 같은 그런 다른 관계당국에 알리도록" 요구한다(1.c). 애플게이트의 메모는 올바른 방향을 위한 첫 단계였다. 불행하게도 그의 상관들은 그의 염려를 맥도널 더글러스에 전해주지 않았다. 이런 정보를 전혀 받지 못한 고객을 위해 누가 책임을 질 것인가는 또 다른 문제이다. 그러나 그 위험을 다른 사람들에게 경고하지 않음으로 해서 큰 비용과 인명의 손실을 초래했고, 승객들은 비행기를 타고 가는 중 흔치 않은 위험을 받아들임에 있어서 고지에 입각한 결정을 내릴 수 있는 능력을 박탈당했다.

유사한 쟁점들은 잘 알려진 또 다른 사례인 1970년대 초 포드의 자동차 핀토의 가스탱크에서 제기된다. 핀토가 시판된 당시에 포드는 새로운 소형 일본산 수입자동차와 경쟁하기 위해 무게 2,000파운드를 넘지 않고 2,000달러보다 싼 자동차를 2년 내에 생산하려고 모든 노력을 기울이고 있었다.[15] 그 프로젝트의 엔지니어인 아이어코카(Lee Iacocca)와 그의 관리팀은 미국의 대중이 그들이 설계하고 있던 제품을 원할 것이라고 믿었다. 그들은 또한 미국의 대중이 가스탱크가 폭발하는 위험을 없애기 위해 추가로 11달러를 지불하려고 하지 않을 것이라 믿었다. 핀토의 초기 기본형 모델의 후방충돌 검사를 책임지고 있었던 엔지니어들은

15 Grimshaw v. Ford Motor Co., App., 174 Cal. Rptr. 348, p. 360.

핀토가 후방충돌에서 안전 요구사항들에 대한 당시의 규정을 충족시켰음을 알았다. 그러나 그들은 또한 그 차가 바로 2년 안에 효력이 발생될 예정인 새로운 더 높은 기준을 충족시키지 못한다는 것을 알았다. 사실상 그 차는 새로 규정된 시속 20마일의 충돌검사에서 12번의 후방충돌 중 11번을 통과하지 못했다. 새로운 충돌검사에서 그 가스탱크들은 폭발했고 자동차들은 불이 붙었다. 그래서 포드의 많은 엔지니어들은 핀토의 운전자들이 스스로가 알지 못하는 흔치 않은 위험에 빠질 것임을 알았다. 또한 그들은 경영진이 자신들의 안전에 대한 염려에 공감하지 않는다는 것도 알았다. 핀토 검사 프로그램에서 일하는 엔지니어들 중 한 명은 차를 구매할 가능성이 있는 운전자들이 차의 위험에 대하여 알지 못하는 것은 용납할 수 없음을 깨달아 설계를 다시 하고 공공에 알릴 것을 결정했다. 그래서 그 엔지니어는 차를 사는 사람들에게 고지에 입각한 동의와 함께 핀토를 구매하는 데 필요한 지식을 제공했다.

포드의 경영진이 안전에 대하여 반드시 냉담하게 무시한 것은 아니라는 증거는 있다. 불과 몇 년 전에 포드 경영진은 회사에 그릇된 충성심을 보인 몇몇 작업라인 직원들이 새로운 모델에 관한 미국환경보호청(Environmental Protection Agency, EPA) 규정들을 준수하기 위해 새로운 엔진의 배기가스 데이터를 조작했음을 자발적으로 보고했다. 이런 정직한 폭로의 결과, 포드는 엄청난 벌금을 물 것을 명령받았고 더 큰 비용을 들여 구형의 엔진을 새 차에 교체해야 했다.

공공의 건강과 안전을 보호해야 하는 엔지니어의 의무는 거짓말을 삼가하거나 단순히 정보를 숨기기를 거부하는 것 이상을 요구한다. 때때로 그것은 과학기술을 소비하는 사람들이 그런 과학기술의 사용에 관해 고지를 받지 못한 결정들을 어쩔 수 없이 내리지 않도록 보장하기 위해 엔지니어들이 스스로가 할 수 있는 것을 과감하게 할 것을 요구한다. 이것은 과학기술의 이용이 드물고 눈에 띄지 않는 위험을 수반할 경우에는 특히 그렇다. 이런 의무는 엔지니어들이 그런 드문 위험을 제거하거나 혹은 적어도 과학기술을 이용하는 사람들에게 그것의 위험들을 알리는 데 필요한 것을 하도록 요구할 수도 있다. 그렇지 않으면, 그들의 도덕적 행위주체성은 심각하게 잠식된다. 7명의 챌린저호 승무원들의 입장에 여러분 자신을 둔다면, 여러분은 아마 발사를 허가하기 전에 로켓 추진엔진의 오링 밀봉에 낮은 온도가 미치는 위험한 영향에 대한 관련된 공학적 사실 모두를 듣고 싶어 했을 것이다. 유사한 고려사항들이 DC-10기를 탔던 사람들이나 핀토를 운전하였던 사람들에게도 적용된다.

5.11 이해충돌

우리가 이 장에서 생각해 볼 신뢰와 신뢰성에 대한 관심의 마지막 분야는 이해충돌이다. 미국기술사회(National Society of Professional Engineers, NSPE)의 윤리심사위원회는 공학의 모든 종류의 윤리적 사례들을 검토해 달라는 요청을 받는다. 그들의 임무는 NSPE 윤리강령의 관점에서 이런 사례들을 논평하는 것이다. 강령에 의해 다루어진 어떤 다른 분야들보다 이해충돌에 대한 문제들을 제기한 사례들이 단연코 훨씬 더 많이 제출되었다. 그럼에도 어떤 곳에도 강령은 이해충돌의 개념에 대한 분석을 제시하고 있지 않다. 우리는 어떤 하나를 마음에 두는 것이 이해충돌을 수반하는 사례들을 논의하는 데 아주 큰 도움을 줄 수 있다고 믿는다(**글상자 5.5**).

글상자 5.5 이해충돌

- **이해충돌이란 무엇인가?** 선량한 판단을 내려야 하는 의무와 그러한 판단을 타협할 수도 있는 이익(들) 사이의 충돌
- **잠재적 이해충돌** 누군가가 x를 한다면, 실제적인 이해충돌이 있게 될 어떤 상황
- **외관상의 이해충돌** 실제로는 없음에도 다른 사람들이 이해충돌이 있다고 생각할 수도 있는 어떤 상황
- **이해충돌 피하기** 대부분의 공학윤리강령은 가능한 한 이해충돌 혹은 외관상의 이해충돌을 피할 것을 요구한다.

철학자 데이비스(Michael Davis)는 이해충돌에 대한 매우 유용한 분석을 제공한다. 우리는 데이비스가 수정한 정의를 이용하여 다음과 같이 말할 수 있다. 즉 이해충돌은 전문가가 전문직의 역할을 수행함에 있어 이익을 얻으려고 고객이나 의뢰인이 정당하게 기대하는 것보다 이익이 날 가능성이 줄어들도록 전문가적 판단을 내리는 경향이 있을 때 존재한다는 것이다.[16] 당장 이 사례를 생각해보자. 존은 밸브를 사용하는 작은 회사에서 설계 엔지니어로 일하고 있다. 자기 회사의 의뢰인들을 위해 제품 설계를 추천하는 가운데, 그는 다른 회

---

16 Michael Davis, "Conflict of Interest," in *Ethical Issues in Engineering*, ed. Deborah Johnson(Englewood Cliffs, NJ: Prentice Hall, 1991), p. 234. 이해충돌에 대한 더 이상의 논의를 찾아보려면 Michael Davis and Andrew Stark, eds., *Conflicts of Interest in the Professions*(New York: Oxford University Press, 2001)과 Michael S. Pritchard, *Professional Integrity:Thinking Ethically*(Lawrence: University Press of Kansas, 2006), pp. 60-66을 보라.

사들에서 만든 밸브가 더 적합할 경우에도 대개 자기 친척이 만든 밸브를 지정한다. 그의 회사의 의뢰인들이 이것을 발견한다면, 그들은 존이 이해충돌에 개입되어 있다고 꽤 불평할 것이다. 이것이 무엇을 의미하는가?

이 예에서, 존은 자신의 친척과 좋은 관계를 유지하는 중에 자신의 전문가적 판단을 남용하여 이익을 챙겼다. 그에게 비용을 지불한 의뢰인들의 이익보다는 자기 친척과의 개인적인 이익을 돌봄으로써 자신의 고객들이 그의 전문가적 판단에 두었던 신뢰를 져버렸다.

이해충돌은 전문가정신에 심각한 타격을 가할 수 있다. 이것은 전문가들이 자신의 전문가적 의무를 실행하는 데 있어 자신의 전문지식과 편견 없는 전문가적 판단에 대해 보수를 받기 때문이고, 이해충돌이 의뢰인들과 고용주들 그리고 공공이 그런 전문지식과 판단에 둔 신뢰의 기반을 허물어 위태롭게 하기 때문이다. 이해충돌이 있을 때, 전문가가 실제적으로 어떤 이익을 추구하는 것과 당연히 해야 하는 자신의 전문가적 의무들을 수행하는 것 사이에 고유한 갈등이 존재한다.

공학의 윤리강령들은 대개 이해충돌에 대하여 어떤 것을 주장하고 있다. NSPE 강령의 기본규범 4는 엔지니어들이 전문직의 의무들을 수행하는 데 있어 "충실한 대리인 혹은 수탁자"로 처신해야 한다는 관념에 역점을 두고 있다. 그 표제 아래 첫 번째 항목은 이와 같다. 엔지니어들은 모든 "알려진" 혹은 "잠재적인" 이해충돌을 자신의 고용주나 의뢰인에게 밝혀야 한다는 것이다. 전문가의 의무에 관한 제Ⅲ절은 몇 가지 특수한 금지사항들을 명기한다.

5. 엔지니어는 자신의 전문직 책무에 있어서 상충되는 이해관계 때문에 영향을 받아서는 안 된다.

   a. 엔지니어는 재료 또는 설비의 공급자로부터 그 제품을 지정하는 것을 대가로 무료 공학설계를 포함하여 어떤 경제적 또는 기타 보상을 수락해서는 안 된다.

   b. 엔지니어는 자신이 책임져야 하는 업무와 관련된 계약자 또는 자신의 고객이나 고용주와 거래하는 기타 당사자로부터, 직접적으로든 간접적으로든, 수수료 또는 경비를 수수해서는 안 된다.

그러나 이런 금지사항과 이해충돌을 보다 일반적으로 숙고함에 있어서 몇 가지 중요한 점들을 유념해야 한다. 첫째, 이해충돌은 그저 충돌하는 이해들의 어떤 집합이 아니다. 어떤 엔지니어가 테니스와 수영을 좋아한다고 해서 어떤 것이 자신에게 더 중요한지를 결정할 수는 없다. 이것은 이해충돌이 아니다. 그 이유는 전문가적 판단에 영향을 미칠 수 있을 것 같은 이해와 관련이 없기 때문이다. 이 용어는 특별한 의미에서 전문직 윤리에서만 사용된다.

둘째, 누군가가 주어진 시간에 수행할 수 있는 것 이상으로 더 헌신하는 것은 이해충돌이 아니다. 과도하게 책무를 감당하는 것은 책무의 갈등으로 가장 잘 특징지어질 수 있다. 이것 역시 피해야 한다. 그러나 이해충돌은 얼마나 할 일이 없는지와 무관하게 어떤 특별한 직무와 특별한 이해 사이에 내재된 갈등에 따른 것이다. 예를 들면, 연구비의 지급을 판정하기 위한 검토위원으로 봉사하면서 그 검토위원회에 연구비 신청서를 제출하는 것은 연구비를 받으려는 이해관심과 제출된 제안서들에 대한 공평한 판단을 행사해야 하는 책임 사이에 내재된 갈등을 만든다.

셋째, 엔지니어가 보호해야 하는 의뢰인과 고용주 혹은 공공의 이익은 도덕적으로 합법적인 사람들에게 제한되어 있다. 어떤 고용주 혹은 의뢰인은 불법적인 활동(예를 들어, 사기, 도둑질, 횡령과 살인)을 통해서만 도움이 되고 보호될 수 있는 이해관심을 가질 수도 있다. 엔지니어는 그런 이해관심에 도움을 주거나 보호해야 할 전문직 의무를 지니고 있지 않다. 반대로 엔지니어는 외부 당국에 그런 이해관심을 폭로해야 할 의무를 지닐 것이다.

넷째, 실제적 및 잠재적 이해충돌 사이에 가끔 어떤 구분이 이루어진다. 다음이 그러한 예들이다. **실제적**: 존은 자기 회사 제품들 중 하나에 들어갈 부품들을 추천해야 한다. 납품회사들 중에 존이 투자를 아주 많이 한 회사인 에이잭스사가 있다. **잠재적**: 로저가 자신의 제안서를 검토하도록 사전에 제출하고 난 뒤에 제안서를 검토하는 위원으로 봉사하기로 합의한다면, 이해충돌에 빠질 것이다.

첫 번째 가정된 사례는 이해충돌에 대하여 아주 중요한 어떤 것을 예시한다. 이해충돌이 있는 것이 그 자체로 비윤리적인 것은 아니다. 존은 이해충돌에 빠져 있지만, 그가 필시 어떤 나쁜 짓을 한 것은 아직 아니다. 그가 자신의 이해충돌을 어떻게 다루는가는 상관이 없다. 만일 그가 이해충돌에 빠져서 에이잭스사를 추천한다는 것을 다른 사람들에게 숨기려 한다면, 그는 윤리적으로 문제가 될 수 있는 행위에 말려들게 될 것이다. 그러나 그는 이해충돌을 인정하고 이 사례에서 추천하지 않을 수 있다. 그래서 그의 이해충돌은 자신의 판단이 훼손되는 결과에 이르지 않을 것이다.

다섯째, 비록 이해충돌을 피하는 것이 최선이지만, 가끔은 이것이 잘 안 될 때가 있다. 그런 때조차도, 전문가는 고객이나 공공이 이해충돌을 알아낼 때까지 기다리기보다 이해충돌이 있음을 드러내야 한다. 이와 관련하여 NSPE 강령의 실무규칙 4는 다음과 같이 진술한다.

> 엔지니어는 자신의 판단이나 서비스 품질에 영향을 미치거나 미칠 것으로 보이는 어떠한 사업제휴, 이해관계 혹은 여타 상황들을 자신의 고용주나 의뢰인에게 신속하게 알려줌으로써 모든 알려진 혹은 잠재적인 이해충돌을 드러내야 한다.

공개 후, 의뢰인과 고용주는 그런 이해충돌이 야기할 수도 있는 전문가의 판단으로 생길 가능한 부패의 위험을 기꺼이 감수할지를 결정할 수 있다. 그리하여 고객과 고용주의 고지에 입각한 자유로운 동의가 지켜진다.

만일 어떤 엔지니어가 비록 다른 사람들이 그렇게 생각하지 않더라도 자신은 이해충돌에 빠지지 않는다고 확신한다면 어쩌겠는가? 이 쟁점에 대하여 두 개의 논평이 진술되어야 한다. 첫째, 자기기만이 항상 가능하다. 실제로 이해충돌이 있는 경우에 스스로에게 이것을 인정하지 못하는 어떤 동기가 있을 수도 있다. 둘째, 외관상의 이해충돌조차 전문직의 서비스에 대한 객관성과 신뢰성에 있어서 공공의 신임을 깎아내려서 전문직과 공공 모두에 해를 끼친다는 사실을 깨닫는 것이 중요하다. 그러므로 엔지니어는 외관상의 이해충돌조차도 주의를 기울이는 것이 최상이다.

어떠한 전문직 서비스일지라도 중요한 부분은 전문직의 판단이다. 이해충돌이나 여타 관련없는 고려사항들에 의해 전문직의 판단이 부패되거나 과도하게 영향을 받도록 허용하는 것은 또 다른 유형의 진실 오용으로 이끌 수 있다. 엔지니어 조가 화학공장을 설계하고 있고 그가 오랫동안 알아 왔던 판매원의 회사가 만든 장비의 몇 가지 큰 부품들을 지정한다고 가정해보자. 그 장비는 품질이 좋지만 더 새롭고 더 혁신적인 작업라인들이 실제로 더 나을 수도 있다. 자기 친구의 장비를 지정하면서 조는 자신의 고용주나 의뢰인에게 최고의 이익과 가장 편견 없는 전문가적 판단을 제공하고 있지 않다.

5.12 요약

공학실무에서 신뢰와 신뢰성의 중요성을 인정하여 윤리강령은 엔지니어들에게 전문직의 판단에 있어 정직하고 공정할 것을 요구한다. 부정직의 형식에는 거짓말하기와 고의적인 속임뿐만 아니라 진실을 은폐하는 것과 진실을 추구하지 않는 것도 포함된다. 인간존중 윤리의 관점에서 부정직은 개인들로 하여금 고지된 동의 없이 결정을 내리도록 함으로써 도덕적 행위주체성을 침해하기 때문에 잘못이다. 공리주의적 관점에서 부정직은 과학공동체가 기초로 두고 있는 신뢰 관계들뿐만 아니라 정보에 입각한 의사결정을 위태롭게 하여 과학기술의 발전을 방해할 수 있기 때문에 잘못이다. 덕의 관점에서 부정직은 진실함에 부여된 성격적 특성인 정직이라는 근본적인 덕으로부터 벗어나 있다.

캠퍼스에서의 부정직은 학생을 부정직에 익숙하게 하며, 그(그녀)의 전문직 삶에서도 그것을 계속 이어가게 할 수 있다. 실제로 과학적 연구와 공학 공동체에는 캠퍼스에서 학생들에 의해 저질러진 부정직의 유형들과 정확하게 대응하는 것들이 있다.

엔지니어는 전문가의 비밀유지를 존중해야 한다. 비밀유지의 한계는 논쟁의 여지가 있고 대부분의 전문직에서처럼 공학에서도 종종 결정하기 어렵다. 기업비밀, 특허와 저작권이 있는 자료에 대하여 지적재산권의 적절한 사용에 관련한 결정을 내리기가 종종 어렵다. 왜냐하면 그런 결정은 지적재산권을 사용하는 정도에 따라 변하기 때문이다. 이런 문제들을 해결하는 데는 선 긋기 방법이 유용하다.

온전한 전문가 증언이 되기 위해서 엔지니어는 준비하기 위한 적절한 시간이 있을 때만 소송에 참여할 필요가 있다. 그리고 의뢰인을 위해서 선한 양심으로 증언할 수 없을 때는 소송에 참여를 거절할 필요가 있다. 또한 그 소송의 기술적, 법적 세부사항들에 관하여 변호사에게 폭넓게 조언하고, 객관적이고 편견 없는 품행을 유지하며 새로운 정보에 대하여 항상 숨김이 없어야 한다. 엔지니어는 특히 관련된 정보가 공공의 건강과 안전 그리고 복지에 영향을 주는 경우에는 이런 정보를 고용주와 의뢰인, 공공에 알려야 한다.

이해충돌은 전문가로 활동하는 과정에서 만일 적극적으로 추구한다면, 자신의 전문가적 판단을 타협하도록 위협하고 자신의 전문가적 의무를 만족스럽게 수행하는 것을 방해하는 다른 이해관심을 가질 때 존재한다.

CHAPTER 6

엔지니어의 책임: 위험을 평가하고 관리하기

이 장의 **주요 생각들**

- 엔지니어는 설계에 있어서 그리고 공학 시스템과 하부구조를 관리함에 있어 공공에 위험을 부과하기에 이런 위험들을 평가하고 관리할 의무를 진다.
- 엔지니어와 위험 전문가는 위험을 피해의 확률과 피해의 크기의 곱으로 정의한다.
- 위험을 정량적으로 계산함에 있어 엔지니어와 위험 전문가는 전통적으로 경제적 손실, 육체적 상해 또는 사망자 수와 같은 그런 비교적 쉽게 정량화된 피해들만을 고려해왔다.
- 엔지니어와 위험 전문가들이 위험을 다루는 방법의 새로운 관점에서 "역량" 접근법은 사람들이 가치 있다고 여기는 그런 종류의 삶을 사는 사람들의 "역량"에 미치는 위험과 재난의 보다 광범위한 영향에 초점을 맞춘다.
- 공공은 정보에 입각한 동의와 위험의 공정한 분배에 관심이 있다.
- 엔지니어는 피해의 원인과 가능성을 추정하는 기법들을 가지고 있지만, 그것들의 유효성은 제한적이다.

1945년 7월 28일 안개 자욱한 토요일 아침, 쌍발 엔진의 미 육군항공단 B-25 폭격기는 안개 속에서 길을 잃어 지상 914피트(약 279 m) 높이에서 엠파이어스테이트 빌딩에 충돌했다. 이 충돌로 빌딩 북쪽 표면에 가로 18피트, 세로 20피트의 구멍이 났고 비행기의 연료는 빌딩 안으로 흩뿌려졌다. 불길은 뉴욕 소방대원들에 의해 40분 만에 꺼졌다. 이 사고로 승무원 3명과 일하던 사람 11명이 사망했지만, 빌딩은 곧바로 복구되었고 지금도 여전히 서 있다.[1]

그로부터 10년 후인 1955년에, 뉴욕의 은행계와 부동산 업계의 대표들이 모여 세계무

---

1 "B-25 Crashes in Fog," *New York Times*, July 29, 1945, p. 1.

역센터(WTC) 건립 계획 수립에 착수했는데, 이 건물은 나중에 세계에서 가장 높은 쌍둥이 빌딩으로 알려지게 되었다.[2] 하지만 이 계획이 드러나자마자 그 건물들은 새로운 건축기술을 필요로 한다는 사실이 분명해졌다.

2001년 9월 11일, 테러리스트들은 공중납치한 보잉 727 제트여객기 2대로 날아가 그 건물들을 공격했는데, 각 제트여객기는 각 건물의 대략 2/3 지점을 강타하였다. 그 공격으로 인한 심각한 결과는 불이 났던 것이며, 그 불은 흘러넘친 제트 연료를 태우면서 몇몇 층에 걸쳐 타오르기 시작했다. 그로 인해 그 위의 층들에서 근무하던 2,000명 이상의 사람들이 고립되었다. 그 사람들 중 단지 18명만 불타는 계단통로로 안전한 곳에 내려올 수 있었고, 나머지 대부분은 뒤이은 건물의 붕괴로 사망했다. 그에 비해, 불이 난 곳의 아래층에서 근무하던 사람들 대부분은 건물이 붕괴하기 전에 안전한 곳으로 내려올 수 있었다. 엠파이어스테이트 빌딩과 비교하여, 이보다 새로운 구조물의 매우 다른 결과는 고층 건물을 건설하는 기술의 차이뿐만 아니라 실려 있던 연료의 양의 차이와 같은 요인들과 관련이 있다.

비행기 충돌에 뒤이어 많은 외부 기둥들이 파괴되거나 손상되고 나머지 부분들에서 화재 방지장치가 사라지자, 오래 계속된 강렬한 불꽃의 열기(화씨 1,000도 이상의)로 구조물의 강철 부분들이 강도를 잃게 되고, 빔들이 아래로 처지면서 남아있는 외부 기둥들이 안쪽으로 휘게 되었다. 결과적으로 층 구조물들이 외부 기둥들로부터 분리되었다. 또한 꼭대기 층이 떨어지면서 아래층들에 강한 충격을 일으켜 기둥들이 지탱할 수 없게 되었고, 따라서 두 건물은 점진적으로 붕괴하였다.[3]

엔지니어에게 9/11은 다음과 같은 문제를 제기한다. 어떻게 이런 구조적인 실패가 발생할 수 있었는가? 왜 건축법규들은 공공을 더 잘 보호하지 못했는가? 그리고 장차 그런 재앙과 같은 위험을 어떻게 줄여야 하는가? 공공정책상의 쟁점으로서 허용가능한 위험과 위험에 대한 적절한 접근법에 대한 한층 더 넓은 문제들이 있다.

---

2 Peter Glantz and Eric Lipton, "The Height of Ambition," *New York Times Sunday Magazine*, September 8, 2002, p. 32.

3 Z. Bazant and M. Verdure, "Mechanics of Progressive Collapse: Learning from World Trade Center and Building Demolitions," *Journal of Engineering Mechanics*, ASCE, March 2007, pp. 308-319.

6.1 서론

공학에서 안전에 대한 염려는 늘 있어왔다. 엔지니어는 안전과 위험에 대한 쟁점들을 어떻게 다루어야 하는가? 이 문제는 특히 그들이 피해에 대한 법적 책임에 관련될 가능성이 있을 때 더욱 절실하다. B-25 항공기에 의해 일어난 충격과 화재를 견뎌냈던 엠파이어스테이트 빌딩의 시대로부터 세계무역센터를 설계하고 건설했던 시대까지, 두 건물이 비슷한 사고를 당했음에도 매우 다른 결과를 초래한 요인들로 건축기술의 변화들이 가설로 제기되어 왔다. 세계무역센터 빌딩의 더 가벼운 유리 벽면과 비교되었던 엠파이어스테이트 빌딩은 주목할 만한 두께의 벽돌과 함께 훨씬 더 무거운 구조물로 감싸져 있었다. 가장 중요한 것은, 축방향 하중의 일부를 전달하는 데에도 도움이 된 8인치 두께의 콘크리트 층으로 덮인 엠파이어스테이트 빌딩의 강철 기둥들이 화재로부터 보호되었고, 모든 계단통로들이 "불연성"으로 설계되었다. 그 계단통로 덕분에 대부분의 주민들은 안전하게 대피할 수 있었다. 무게를 더 가볍게 만드는 세계무역센터의 건설기술은 더 높은 건물의 건설비용을 줄였고 비슷한 높이의 건물들에 비해 더 적은 규모의 기둥들이 요구되었다. 더 가벼운 기둥들은 엠파이어스테이트 빌딩과 비교해 볼 때 충격과 화재 손상 모두에 취약함을 증가시키기에 확실히 중요한 차이라고 할 수 있다. 이것은 중요한 사실을 예증한다. 즉 공학에는 반드시 위험이 따르고 위험은 기술이 변화하면서 변한다. 그저 검증되고 정밀하게 만들어진 설계들에 머물러 있다고 해서 위험을 피할 수 있는 것도 아니며, 새로운 기술도 잘 깨닫지 못할 수 있는 위험을 수반한다. 그리고 그 위험은 잠재적으로 파손의 확률을 증가시키거나 심지어 지금까지 알려지지 않은 파손의 양상을 나타내는 것으로 인하여 발생한다. 다리나 건물은 새로운 재료나 새로운 디자인으로 건설된다. 늘 인류나 환경에 미치는 장기간의 영향에 대한 충분한 지식도 없이 새로운 기계들이 만들어지고 새로운 화합물들이 합성된다. 심지어는 한때 안전하다고 여겼던 생산품과 공정, 화학제품들에서도 새로운 위험이 발견될 수 있다. 따라서 공학에서 위험은 고유한 것이면서 역동적이다.

공학과 건설실무가 시간이 지남에 따라 점차 변화하는 반면, 공학실무는 또한 위험이 변하듯이 혹은 위험에 대한 우리의 이해가 변하듯이 변한다. 국제코드위원회(International Code Council, ICC)의 국제건축코드(International Building Code, IBC) 2009년 판—이것은 많은 주권지역(국가)들에 의해 채택된 표준코드이다—은 설계와 건축을 위한 규칙들과 화재방지에 있어 몇 가지 중대한 변화들을 포함하며, 이 변화들은 세계무역센터 빌딩의 붕괴로부터 배운 교훈을 반영하고 있다. 그리고 이 변화들은 엠파이어스테이트 빌딩과 세계무역센터 빌딩의 설계와 건설 시기 사이의 건축실무와 건설방법들에 있어 점진적인 변화들보다 훨씬 더 빠르게 일어났다.

제1장에서 언급했듯이, 지금 실제로 모든 공학의 윤리강령들은 엔지니어들이 공공의 안전과 건강, 복지를 최고로 여겨야 한다고 진술하면서 안전을 중대하게 여긴다. 미국기술사회 강령의 첫 번째 기본규범은 회원들에게 "공공의 안전과 건강, 복지를 가장 중요하게 여기도록" 회원들에게 요구한다. Ⅲ.2.b항에서는 엔지니어들에게 "적용가능한 공학기준과 부합하지 않는 계획서나 명세서를 완결시키거나 서명하거나 날인하지" 않도록 지시한다. Ⅱ.1.a항은 엔지니어들에게 만일 생명이나 재산을 위태롭게 하는 상황에서 자신의 전문가적 판단이 무효화될 경우, 자신의 고용주나 의뢰인 그리고 적합할 수도 있는 그런 관계당국에 통보해야 한다고 지시한다. 비록 "적합할 수도 있는 그런 관계당국"이 정의되지 않은 채로 있지만, 그것은 아마도 지역 건축규정을 집행하는 이들과 규제기관들을 포함할 것이다.

안전과 위험은 명백히 관련된 개념들이다. 엔지니어들은 설계를 더 안전하게 하는 일을 한다. 그러나 활동이나 시스템은 전혀 위험이 없는 것은 아니며, 어떤 제작된 시스템을 더 안전하게 만드는 것은 일반적으로 그 시스템의 제작비용을 높이는 것을 의미한다. 너무 값비싸게 제작된 시스템들은 납세의 의무가 있는 대중이나 구입하는 소비자에겐 알맞지 않다. 그리고 그것은 비용의 제약을 의미하고 매우 현실적이다. 설계 엔지니어들은 만족할 만한 안전하고 알맞은 가격으로 설계하려고 노력해야 하며, 제작된 시스템들을 운용하는 엔지니어들은 만족할 만한 안전한 방식으로 그러한 시스템들을 운용하도록 해야 한다. 즉 허용불가능한 위험들을 끌어들이지 않는 그런 방식으로 말이다. 일반적으로 허용가능한 안전의 수준은 제품이나 문제의 시스템에 대한 설계규정으로 성문화된다. 그리고 설계 엔지니어는 설계규정에 기술된 대로 받아들여진 규정을 그냥 고수해야 한다. 그러나 만일 설계자가 어떻게든 받아들여진 관례를 벗어나는 혁신적인 설계를 발전시킨다면, 결과로 나타난 혁신적 설계는 지금까지 알려지지 않은 위험을 일으킬 수도 있다.

엔지니어들은 많은 종류의 위험들에 대하여 염려한다. 엔지니어도 물론 다른 사람들처럼 재정적 안전과 개인적 안전을 포함하여 일상생활의 같은 위험에 직면한다. 그리고 가끔씩 실무현장의 위험들과 특수한 일과 연관된 개인적 안전에 미치는 다른 특수한 위험들이 있다. 많은 엔지니어들은 또한 남성 혹은 여성 사업가이며, 이들은 그 역할에서 확실히 사업을 운영하는 것과 연관된 조직적 그리고 재정적 위험들에 영향을 받는다. 그러나 이 장에서 우리는 공학업무로 인하여 대중이 떠맡게 되는 위험에 초점을 맞춘다. 그래서 공학업무는 역할에 특화된 윤리적 차원을 갖는다. 우리는 위험에 대한 공학적 정의를 제시하고 공학업무가 공공에 위험을 끼칠 수 있는 여러 다른 방식을 살펴볼 것이다. 우리는 엔지니어들이 자신들의 업무로 인하여 떠맡게 되는 위험을 어떻게 확인하고 평가할 수 있는가를 검토하고, 허용가능한 위험을 결정하는 것과 관련된 도덕적 문제들을 논의할 것이다.

6.2 위험에 대한 엔지니어의 접근법

위험에 대한 공학적 정의

피해의 위험을 평가하기 위해서 엔지니어는 그것을 식별하고 정량화할 수 있어야 한다. 엔지니어들은 종종 위험을 방정식 6.1에서와 같이 어떤 피해의 확률(p_i)과 그 피해의 크기(h_i)의 곱으로 정의한다. 이런 식으로 정의된 위험의 단위들은 고려되는 피해의 단위들이다. 그래서 다른 피해를 갖는 위험들이 합산되거나 직접 비교될 수 없다. 그때 합산 기호는 비슷한 피해들을 갖는 모든 위험 구성성분들의 총합을 의미한다. 예를 들면, 특수한 유지보수를 수행하는 전력선 가설공이 감전사로 사망할 위험을 추정하는 것은 가능하다. 그리고 다리의 붕괴로 야기되는 경제적 손실의 위험을 추정하는 것도 가능하다. 그러나 이 두 개의 다른 계산된 위험의 비교는 의미가 없다. 왜냐하면 그것들은 다른 피해, 즉 다른 단위들을 갖기 때문이다. 그러나 다리 붕괴로 인한 사망의 위험은 전력선의 유지보수로 가설공이 사망할 위험과 비교되거나 그 위험에 더해질 수 있다.

$$위험 = \sum_{i=1}^{n} p_i h_i \qquad (6.1)$$

엔지니어들은 전통적으로 비교적 쉽게 정량화될 수 있는 것들, 즉 인명의 손실, 개인의 상해 혹은 질병 그리고 재산 혹은 환경의 손실에 따른 피해를 생각한다. 점점 더 엔지니어들은 우리가 즐기는 그런 종류의 삶을 살게 해주는 "역량(capabilities)"의 손상도 고려하고 있다.

엔지니어들은 위험을 어떻게 부과하고 관리하는가?

위험은 다양한 공학실무에서 다양한 방식으로 부과되고 관리된다. 위험은 공학설계에서 설계코드(design code)—허용된 공학실무에 부합하는 설계들을 만들어내는 것으로 입증되었고 허용할 수 없는 위험을 도입하지 않는 규칙들—에 의해서 관리된다. 이런 설계규칙들은 통상적으로 시스템을 비례화시키는 데 초점을 두어서 설계의 능력(강도)이 지정된 예비율을 고려한 요구조건(하중)의 한계를 넘어서도록 하기 위함이다. 그러나 설계규칙들도 가끔은 어떤 기본적인 공학원리들을 적용하는데, 그 원리들이란 잉여분, 시각적 및 청각적 경고를 주는 파손 모드를 위한 설계, 혹은 하중을 제한하는 장치들과 같은 것이다. 예를 들어, 미국 주 도로 및 교통 행정관 협회(American Association of State Highway and Transportation Officials, AASHTO)에 의해서 공표된 도로교(highway bridge) 설계규칙은 1967년 출퇴근 시간대의 실버 브리지(Silver Bridge) 붕괴와 46명의 죽음을 초래한 오하이오 강의 아이바체인 현수교(eyebar-chain suspension bridge)의 붕괴 이후 파괴에 민감한 그런 도로교들에 여분의 능력을 추가하도록 변경되었다. 그런 사고는 또한 모든 도로교에 대하여 더 엄격한 교량점검과 유지관리 요구의 발단이 되었다.

위험은 또한 공학 시스템을 가동하는 데 있어 입증된 운용상의 규칙과 유지관리 규칙을 준수하고 발전시킴으로써 관리된다. 1979년 시카고에서의 아메리칸항공 191편의 추락사고를 생각해보자. 이륙하는 동안 왼쪽 엔진과 파일런(pylon)(역주: 엔진이나 연료탱크 등 무거운 장착물을 항공기 날개 밑이나 동체 외부에 달기 위한 구조물)이 날개로부터 분리되어 유압관이 손상되었고 그것이 제어 불가능한 추락사고로 이어져 273명의 죽음과 DC-10 항공기의 손실을 초래하였다. 그 파손은 파일런과 날개를 연결하는 구면베어링들을 정비하는 데 사용된 허가되지 않은 유지관리 절차로 인하여 날개구조에 균열이 일어나 야기되었다. 한 세트인 엔진과 파일런을 제거하는 것에 관한 비표준 절차는 몇몇 항공사 유지관리 조직들의 혁신적인 노력이었다. 왜냐하면 그것은 파일런에 엔진을 연결하는 많은 유압관들과 연료관들, 전기선들을 끊었다가 다시 연결할 필요가 없게 만들었고 표준화된 절차들과 비교하여 항공기당 약 200 맨아워(한 사람이 한 시간에 하는 일의 양)를 절약했기 때문이다. 그러나 엔진과 파일런을 한 덩어리로 제거하는 과정에서 과도한 힘이 지지부에 작용하여 날개구조에 균열을 일으켰다.

원자력발전소의 운용은 유사하지만 훨씬 더 복잡한 어려움과 훨씬 더 심각한 문제들의 가능성을 제공한다. 표준화된 과정들에 대한 끊임없는 훈련과 준수는 대단히 중요하며 그러한 과정들에 대한 잦은 검토도 매우 중요하다. 제작된 시스템을 운용하는 엔지니어들은 손쉬운 방법들에 대해 특히 조심해야 하며, 항상 자신들이 운용하는 시스템의 잠재적인 취약성에 대하여도 경계해야 한다. 후쿠시마 원자력발전소에서 안전에 대하여 폭넓게 생각하면서 쓰나미 침수에 취약한 예비발전기를 주목하고 개선에 착수했던 어떤 운용 엔지니어를 상상해보자—아마도 우리 시대의 가장 큰 재앙들 중의 하나를 막을 수도 있었을 것이다.

엔지니어들에 의해 관리된 위험의 근원

엔지니어들이 우려하는 위험의 근원에는 기상 사건들, 지진 사건들, 또는 심지어 우주적인 사건들 그리고 고의가 아니거나 고의적인 인간의 행동들로부터 결과하는 환경적인 부담이 포함된다. 설계 과정에서 사람들의 실수로 인한 잘못된 건물의 설계는 소유주에게 경제적 손실을 주고, 일부 입주자들의 부상 또는 사망, 그리고 전체 공동체에 과세표준을 하락시키는 붕괴를 초래할 수 있다. 더욱더 엔지니어들은 제작된 시설물에 대한 공격을 우려하는데, 이에는 테러범과 사이버공격에 의한 전쟁 혹은 침략 행위들을 모두 포함한다. 테러범의 공격으로부터 야기되는 위험에 대한 평가는 확률과 피해보다 더 많은 속성들을 포함할 수 있다. 그런 위험분석들은 또한 위협과 취약성 모두에 대한 식별을 포함해야 한다. 왜냐하면 위협이 존재하는 경우 취약성이 증가할수록 공격의 확률이 증가한다고 추정될 수 있기 때문이다. "취약한" 표적(soft target)은 공격받기가 더 쉽다. 반면에 "견고한" 시설과 시스템들은 공격의 확률을 떨어뜨릴 수 있다. 대조적으로, 훌륭한 내진설계는 지진이 일어날 가능성을 줄일 수 없다(비록 지진의 피해는 줄일 수 있다고 하더라도). 인간의 실수와 테러범의 공격 가능성을 고려하지 않고서 훌륭한 공학설계는 합리적으로 기대될 수 있는 가장 극심한 환경적 하중요소들(바람, 눈, 지진, 태양풍)에 대한 추정을 필요로 한다. 하지만 그런 사태를 예측하는 우리의 능력은 불완전하다. 그리고 그것이 공학설계가 절대로 위험을 벗어날 수 없는 하나의 이유이다.

위험은 역동적이다. 즉 실제의 위험은 어떤 제작된 시스템의 존속기간 동안 변화할 수 있다. 가끔 이런 변화는 새로운 과학기술의 사용으로 말미암아 야기된다—셰일의 생산을 자극하기 위해 수압으로 파괴하는 지역에서 극적으로 증가된 지진활동에 대한 최근의 관찰을 생각해보라. 이런 변화가 근처의 제작된 시설에 대한 중대한 새로운 위험으로 나타날 것인지는 아직 알려져 있지 않다. 마찬가지로 해안지역에서 폭풍으로 일어난 범람의 위험은 바다의 수면이 높아진다면 증가할 것이다. 위험 그 자체의 역동적인 본성에 더하여, 위험을 평가하는 우리의 능력과 허용가능한 혹은 견딜 만한 위험들에 대한 우리의 묘사 또한 시간과 함께 변화한다. 후쿠시마 원자력발전소가 설계되었던 1960년대에 이런 위험들에 대한 지식의 상태와 비교하여, 2008년의 지진위험들에 대한 개선된 이해와 쓰나미의 해제를 예측하는 방법들은 후쿠시마 원자력발전소에서 추가적인 위험관리 수단을 강구했어야만 했다. 대신에 발전소 관리자들은 훨씬 더 심각한 지진과 발전소를 설계한 사람들이 고려했던 것보다 훨씬 더 높은 쓰나미 기간만료의 가능성을 시사하는 2008년 내부보고서를 "현실적인" 것으로 받아들이지 않았다. 액튼과 힙스는[4] 후쿠시마 사고에 대한 자신들의 관찰에서 위험들에 대한 변화하는 이해를 강조했다.

> 최종적인 분석에서 후쿠시마 사고는 이전에 알려지지 않았던 원자력과 연관된 치명적 흠이 드러나지 않는다. 오히려 역동적인 외부의 위협들과 발달하는 최선의 방법들을 고려하여 발전소의 안전을 주기적으로 재평가하는 것의 중요성을 강조한다.

위험은 일반적으로 공학의 설계와 운용 모두에서 혁신으로 말미암아 증가된다. 공학을 가르치는 사람들은 공학설계 문제에 대하여 혁신적인 해결책들을 권장하지만, 때때로 혁신과 위험 사이의 중요한 관계를 강조하지 못한다. 정의에 의하면, 혁신은 현재의 관행의 범위를 벗어난 설계 특징과 세부사항을 포함한다. 설계기준은 특별한 혁신적 해결책으로 제기된 모든 쟁점들을 예상하지 못할 수도 있다. 따라서 혁신적 해결책을 제안하는 엔지니어가 새롭게 도입된 위험들을 확인하고 고심하여 다루었다는 것을 확실히 하기 위하여 더 많은 문제들이 다루어져야 한다. 씨티그룹 빌딩의 설계는 설계에 따르는 특이한 제약을 상당히 혁신적인 구조공학으로 해결한 사례로 인정된다. 그리고 건물의 층은 엔지니어가 새로운 위험이 확인될 때 어떤 대응이 기대되는지에 대한 하나의 중요한 예시를 제공한다. 그러나 새로운 위험은 그 건물이 완공되고 난 후에만 제기된다. 왜냐하면 구조 엔지니어가 자신의 혁신적인 구조건설(framing) 방법으로 생겨난 모든 위험들을 예상하지 못하기 때문이다. 그리고 그런 방법은 표준적인 실무의 범위 안에 있지 않으므로 설계규정에서 예상할 수 없다. 엔지니어는 이런 새로운 위험을 설계하는 과정에서는 식별하고 관리하지 못하였으며, 우리는 그 구조물이 설계의 바람 하중(wind loads)을 받기 전에 바로 발견하게 되었다는 것이 매우 다행스럽다. 요약하면, 정말로 혁신적인 세부사항이나 시스템을 사용하기로 선택한 엔지니어는 새로운 세부사항이나 시스템의 도입으로 어떤 새로운 파손의 위험들이 있는지 확인하고 다루어야 할 추가적인 책임을 지닌다. 안전이 중차대한 설계에서 그런 혁신적인 해결책을 선택하는 엔지니어에게는 이런 책임을 수행하는 능력과 결정이 중요한 덕목이다.

미국개간국(U.S. Bureau of Reclamation, USBR)은 권장서를 발간했는데, 이는 댐에 의해 생겨난 위험의 관리에 대하여 어떤 위험 수준들이 위험을 줄이기 위한 추가적인 노력을 정당화하는지를 결정하기 위한 것이었다. 이런 권장서는 카트리나 홍수에 대한 ASCE의 외

4 J. M. Acton, *Why Fukushima Was Preventable*(Washington, DC: Carnegie Endowment for International Peace, 2012). Retrieved November 2016, from http://carnegieendowment.org/files/fukushima.pdf

글상자 6.1 **댐 안전 위험관리 지침**

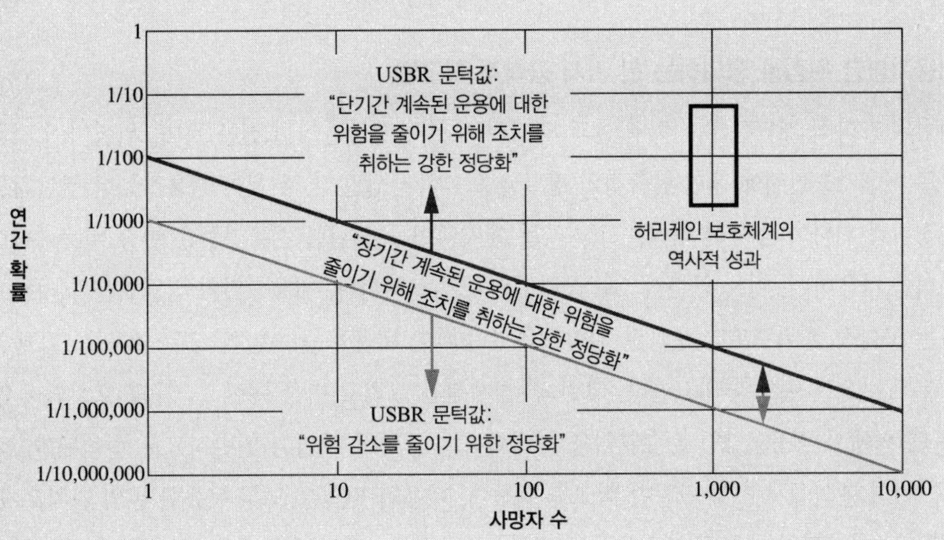

부 검토[5]에서 뉴올리언스에서 허리케인 보호체계와 연관된 위험을 정량화하고 평가하기 위한 방법으로 논의되었다. **글상자 6.1**에서 제시된 USBR 권장서는 사망위험의 구역(연간 확률 대 사망자 수)을 세 개의 상황으로 나눈다. "위험 감소를 줄이기 위한 정당화"로 이름이 붙여진 가장 낮은 위험 상황은 연간 사망위험이 10^{-3}(1,000년당 1명 혹은 1,000,000년당 1,000명의 위험) 아래다. "단기간 계속된 운용에 대한 위험을 줄이기 위해 조치를 취하는 강한 정당화"로 이름이 붙여진 가장 높은 위험 상황은 연간 10^{-2}(100년당 1명의 사망 혹은 100,000년당 1,000명의 사망위험)의 사망위험 위에 있다. 이런 두 개의 상황들 사이에 "장기간 계속된 운용에 대한 위험을 줄이기 위해 조치를 취하는 강한 정당화"로 이름이 붙여진 상황이 있다. 대조적으로 그것의 역사적 성과에 기초하여 뉴올리언스 허리케인 보호체계의 추정된 위험은 100년당 1,000명의 사망위험 혹은 연간 10명의 사망위험에서 더 높은 기준치를 훨씬 웃돌았다. 만일 댐에 대한 허용가능한 위험에 관한 USBR 권장서가 허리케인 보호체계에도 적용될 수 있다면, 비록 그것들이 댐들과 매우 다르다 할지라도, 카트리나 이전

5 ASCE Hurricane Katrina External Review Panel, *The New Orleans Hurricane Protection System: What Went Wrong and Why*(Reston, Virginia: American Society of Civil Engineers, 2007). Retrieved February 27, 2017, from http://biotech.law.lsu.edu/katrina/reports/EPRreport.pdf

의 허리케인 보호체계에 의해 제시된 위험들은 받아들일 수 없을 정도로 높았고 추가적인 위험을 줄이는 투자를 견고하게 정당화하였을 것이다.

허용가능한 위험을 정의하는 한 가지 공학적 접근법

위험의 공학적 개념은 피해의 확률과 크기의 사실적 쟁점들에 초점을 두며, 위험이 도덕적으로 허용가능한지에 대한 함축적인 평가를 포함하지 않는다. 위험이 허용가능한 것인지를 결정하기 위하여 공학적 해법을 고려하는 엔지니어들과 위험 전문가들은 종종 비용-편익 분석을 사용하며, 이는 근본적으로 공리주의적 접근법이다. 비용-편익 접근법은 고려하고 있는 공학적 행위로부터 부과된 위험들을 수량화한 비용들을 포함한 모든 비용을 그 행위로부터 나오는 편익과 비교한다. 그런 후 경제적인 그리고 다른 제한조건들과 모순되지 않는 (편익에서 비용을 뺀) 순수편익을 최대화하는 공학적 해법이 일반적으로 선택된다. 비용-편익 분석에서 가장 단순한 비교를 위하여, 비용과 편익은 모두 동등한 돈의 가치로 표현된다. 대안적인 공학적 행위들을 비교하는 이 비용-편익 접근법은 도덕적 쟁점들에 대한 대안적 행위들 사이에서 선택하는 공리주의적 접근법과 많은 공통점이 있다. 도덕적 쟁점들에 대한 공리주의적 접근법은 효용(편익)과 피해(비용)에 대하여 —양적인 비교가 아니면— 최소한 질적인 비교를 수반한다. 그리고 가장 큰 수에 대하여 가장 큰 선을 낳는 대안의 선택을 하도록 한다. 피해의 확률과 크기의 곱으로 나타낸 위험에 대한 초기의 정의를 고려해본다면, 우리는 엔지니어의 허용가능한 위험에 대한 판단기준을 다음의 방식으로 진술할 수 있다. 즉 허용가능한 위험은 편익의 확률과 크기의 곱이 피해의 확률과 크기의 곱과 같거나 초과하는 것이다.

어떤 제조공정이 대중의 건강에 위협이 될 수도 있는 악취가스를 만들어내는 사례를 생각해보자. 비용-편익의 관점에서 그 냄새로부터의 위험이 노동자들에게 허용할 만한가? 비용-편익의 관점에서 이것이 허용가능한 위험인지를 결정하기 위해 우리는 그 위험과 연관된 비용을 그것을 예방하거나 급격하게 줄이는 비용과 비교해야 할 것이다. 모든 피해를 막는 비용을 계산하기 위하여, 우리는 그 가스를 만들어내는 과정을 변경하는 모든 비용, 보호마스크를 공급하는 비용, 더 나은 환기시스템을 제공하는 비용, 그리고 위험을 경감하는 데 필요한 다른 안전조치들의 비용을 포함해야 한다. 그런 후 우리는 그 가스로 인해 발생한 죽음을 막지 못한 비용을 계산해야 한다. 여기서 우리는 추가적인 의료서비스에 따르는 비용, 사망으로 인하여 생길 수 있는 소송비용, 언론의 나쁜 평판에 따른 비용, 노동자 가족들의 수입 손실 그리고 인명피해와 관련된 기타 비용 등의 요인들을 포함시켜야 한다. 만일 인명피해를 막는 전체 비용이 사망을 막지 못한 것에 따른 전체 비용보다 더 크다면, 위험의 현재 수준은 허용할 만하다.

비용-편익 분석에서 구체화된 위험에 대한 공리주의적 접근법은 명확함, 간결함 그리고 수치적 해석의 편리함이라는 점에서는 확실한 이점이 있다. 그럼에도 불구하고 명심해야 할 몇 가지 한계들이 존재한다.

첫째, 각 선택과 연관된 모든 효과들을 예상하는 것이 가능하지 않을 수도 있다. 이것이 이루어질 수 없는 한에서, 비용-편익 방법은 믿을 수 없는 결과를 산출할 것이다.

둘째, 모든 위험과 이익을 금전적으로 환산하는 것이 항상 쉽지만은 않다. 어떻게 우리가 새로운 기술이나 습지대를 제거하는 것 또는 브라질의 열대우림에서 특정 종을 멸종시키는 것과 관련된 위험을 평가할 수 있을까? 그러나 이것을 행하는 것과는 별도로, 비용-편익 분석은 완전하지 못하다.

이 점에 있어서 가장 논쟁의 여지가 많은 쟁점은 아마도 인간의 생명에 주어져야 하는 금전적 가치일 것이다. 이를 위한 한 방법은 미래의 소득에 대한 가치를 추정하는 것이다. 하지만 이것은 정년퇴직을 한 사람과 가정주부와 같이 돈을 벌려고 일하지 않는 다른 사람들의 인생은 무가치하다는 것을 암시한다. 그래서 좀 더 합당한 접근법은 증가하는 위험들과 연관된 금전적 가치를 추정하려고 시도하는 것이다. 예를 들면, 사람들은 종종 더 많은 위험을 수반하는 일을 맡아 하게 되면 거기에 걸맞은 임금을 요구한다. 몇몇 경제학자들은 말하기를, 더 큰 위험을 수반하는 일에 대하여 증가하는 위험과 사람들이 요구하는 증가하는 임금을 계산함으로써, 사람들이 그런 증가하는 위험에 부여하는 자신의 생명에 대한 금전적 가치에 대한 추정치를 이끌어 낼 수 있다고 한다. 그렇지 않으면 사람들이 더 안전한 자동차에 얼마나 더 많은 비용을 지불하려고 하는지를 관찰함으로써, 우리는 그들이 사용하는 자동차나 혹은 다른 것들의 위험을 줄이기 위해 얼마나 더 많이 지불할 것인지를 계산할 수 있다. 불행히도 이런 접근법에는 여러 가지 문제들이 있다. 일이 매우 적을 때, 어떤 사람은 더 많은 일이 있다면 맡으려고 하지 않을 위험한 일을 맡으려고 할 수도 있을 것이다. 더구나 부유한 사람들은 아마도 더 가난한 사람들보다 안전성을 증가시키기 위해 더 많은 비용을 지불하려고 할 것이다.

셋째, 비용-편익 분석은 그것을 평상시에 적용할 때 비용과 편익의 실제 분배를 고려하지 않는다. 공장 노동자들을 질병과 죽음의 위험에 노출시킴으로써 전체적인 효용을 더 많이 산출할 수 있다고 가정해보자. 대다수의 편익이 실제로 피해를 당하는 그런 소수의 개인 노동자들의 고통과 죽음에 연관된 비용을 능가하는 한, 그 위험은 비용-편익 분석에서 정당화될 수 있다. 그러나 우리 대부분은 아마 허용가능한 위험에 대한 받아들일 수 없는 설명이라고 여길 것이다.

넷째, 비용-편익 분석은 기술로 인해 부과되는 위험들에 대하여 고지에 입각한 동의를 위한 여지를 주지 않는다. 일반인들의 위험에 대한 접근법을 논의하면서 우리는 대부분의 사람들이 고지에 입각한 동의가 정당화된 위험의 가장 중요한 특징들 중의 하나라고 생각한다는 것을 알게 될 것이다. 결과로 일반인들은 가끔 허용가능한 위험의 평가에 있어 위험 전문가(엔지니어)의 생각에 동의하지 않는다.

포드 핀토의 사례는 편익과 피해의 분배가 극도로 불공평했고 허용가능한 위험에 대한 공공의 의견충돌이 매우 명백하였던 교훈적인 예이다. 포드는 후방충돌로 초래하는 화재의 위험을 줄이기 위해 핀토의 연료탱크를 여러 가지로 개선하는 것에 따른 비용과 편익을 비교했다. 화상 피해자들을 의학적으로 치료하기 위한 비용과 사고로 인한 사망자 각각에 대하여 200,000달러의 비용의 배당을 포함시켰다. 사고와 화상 피해자 그리고 사망자 수는 추정된 생산 자동차 수, 자동차 수명 그리고 자동차 사고율로부터 추론되었다. 이런 비용은 연료 유출의 위험을 줄이려 했던 개선된 연료탱크와 주입기 라인 시스템의 비용 그리고 개선하지 않은 핀토의 생산을 지지한 비용-편익 계산들과 대조되었다. 마치 인간 생명의 가치에 대한 포드의 추정(200,000달러)이 너무도 낮은 것처럼 보일 수도 있지만, 1970년 당시 공대 졸업생의 연봉이 약 10,000달러였던 저자들 중의 한 사람이 (포드의 핀토를 탔고) 단지 5,000달러의 생명보험계약에 가입했다는 사실이 언급되어야 한다. 그래서 아마도 초기의 제조물 배상책임 소송의 공판을 참가했던 배심원들을 너무도 실망시켜서 원고에게 수백만 달러를 주었던 것은 인간의 생명에 대한 특별한 평가가 아니었을 것이다. 오히려 다른 차였다면 생존이 가능한 자동차 사고에서 산채로 불에 탄 것이, 편익(핀토를 구매한 모든 사람들에게는 단지 몇 달러 줄어든 가격)과 비용(소수의 불행한 운전자들에게는 부상과 죽음)을 비교했을 때 극적으로 불공정한 분배와 받아들일 수 없는 권리들의 침해에 대한 배심원들의 목록에서 아마도 상위를 차지하였을 것이라는 사실이었을 것이다.

이런 한계점들에도 불구하고, 비용-편익 분석은 위험 평가에서 합당한 자리를 차지하며 개인의 권리에 대한 심각한 위협이 수반되지 않을 때에는 결정적일 수도 있다. 비용-편익 분석은 체계적이고, 어느 정도의 객관성을 제공하며 소위 금전적 비용이라는 공통의 척도의 사용에 따른 위험과 편익을 비교하는 방법을 제공한다. 그러나 핀토 사례는 디자인 결정에서 위험 평가에 공리주의적 접근법(비용-편익 분석)을 사용하는 엔지니어는 항상 마지막으로 피해와 위험의 분배에 대한 공평성을 고려하고 인간존중의 접근법이 비용-편익 분석의 결과를 능가하거나 제한해야 하는지를 스스로에게 물어야 한다는 사실을 우리에게 가르쳐준다.

위험에 대한 공학적 설명을 확장하기: 피해와 이익을 구별하기 위한 역량 접근법

우리가 지적했듯이, 위험들을 식별하고 허용가능한 위험을 평가하는 데 있어 엔지니어들은 전통적으로 피해를 비교적 쉽게 정량화되는 경제적 손실과 사망자 수와 같은 요인들을 통해 식별해왔다.[6] 그러나 이런 다소 제한된 방식으로 피해를 식별하는 데에는 네 가지의 주요 한계가 있다. 첫째, 종종 사망자 수 혹은 전기가 들어오지 않는 집들의 수와 같은 그런 즉각적으로 드러나거나 초점에 맞는 결과들만이 포함된다. 그러나 위험은 사회에 대하여 부차적인 결과나 보다 광범위하고 간접적인 피해를 준다. 둘째, 자연적, 공학적 위험들은 기회들을 만들어낼 것이며, 그 기회는 재난의 여파로 설명되어야 한다. 오로지 부정적인 영향에만 초점을 맞추고 이런 편익들을 포함시키지 않는 것은 어떤 위험의 부정적인 사회적 결과들을 과대평가하게 할 수도 있다. 셋째, 어떤 위험으로부터의 결과들(피해와 편익)을 정량화하기 위한 정확하고 일률적인 그리고 일관된 측정기준이 필요하다. 예를 들면, 개인들에게 치명적이지 않은 육체적 또는 심리적 피해나 혹은 사회에 미치는 위험들의 간접적인 영향을 정량화하기 위한 만족스러운 방법은 없다. 정량화라는 과제는 어렵고 복잡하다. 그리고 부차적인 결과들과 기회들이 평가에 포함될 때는 특히 그러하다. 넷째, 현재의 기법들은 가정의 해체와 개인적 또는 사회적 안녕의 축소 그리고 삶의 질과 같은 그런 구체적인 피해들과 손실들 사이의 연관성을 입증하지 못한다. 그럼에도 위험을 고려할 때 근본적으로 쟁점이 되고 있는 삶의 질에 미치는 효과라는 더 큰 문제가 분명히 있다.

경제개발에 관한 자신들의 연구에서, 경제학자 센(Amartya Sen)과 철학자 누스바움(Martha Nussbaum)은 "역량"이라는 개념을 도출하였다. 그리고 그 두 학자는 역량의 개념이 공학적 재난도 포함하는 재난의 피해(때로는 편익)를 측정하는 더 적절한 방법의 토대가 될

6 이 절에 나오는 역량의 개념과 피해를 측정하는 이 접근법의 기술에 대해 더 알아보려면 Amartya Sen, *Development as Freedom*(New York:Anchor Books, 1999); Martha Nussbaum, *Women and Human Development: The Capabilities Approach*(New York: Cambridge University Press, 2000); Colleen Murphy and Paolo Gardoni, "The Role of Society in Engineering Risk Analysis: A Capabilities-Based Approach," *Risk Analysis*, 26, no. 4, pp. 1073-1083; and Colleen Murphy and Paolo Gardoni, "The Acceptability and the Tolerability of Societal Risks: A Capabilities-based Approach," *Science and Engineering Ethics*, 14, no. 1, 2008, pp. 77-92를 보라. 우리는 이 절의 기초를 제공해 준 머피 교수와 가르도니 교수에게 도움을 받았다.

것이라고 믿었다.[7] 철학자 머피(Colleen Murphy)와 엔지니어 가르도니(Paolo Gardoni)는 위험분석에 대하여 역량중심접근법(capabilities-based approach)을 개발했다. 이 접근법은 전체 인류의 안녕에 재난이 미치는 효과에 초점을 맞춘다. 안녕은 개인적 역량 혹은 "사람들이 가치가 있다고 여길 이유가 있는 그런 삶으로 이끄는 사람들의 능력"으로 정의된다. 구체적인 역량은 기능하기의 측면에서 혹은 개인이 자신의 삶에서 할 수 있거나 가치 있는 것이 될 수 있는 것으로 정의된다. 기능하기의 예들은 생존하기, 건강하기 그리고 보호받기이다. 어떤 역량은 기능하기를 성취할 수 있는 개인들의 현실적인 자유이고, 그들이 이용할 수 있는 현실적인 선택을 지칭한다. 역량은 개인의 안녕을 구성하는 요소들이다.

역량은 어떤 특별한 개인의 정신적 만족, 즐거움 또는 행복을 지칭하는 효용과 구별된다. 종종 만족을 측정하기 위해 사람들의 선호도나 선택을 사용한다. 효용은 선호 기능을 나타내도록 정해져 있다. 달리 말해서, 만일 어떤 개인이 B보다 A를 선택한다면, A는 B보다 더 큰 효용을 가진다. 그러나 개인의 안녕을 측정하기 위해서 효용을 이용하는 것은 문제가 있다. 왜냐하면 행복이나 선택의 만족은 개인의 안녕에 대한 충분한 지표가 되지 못하기 때문이다. 예를 들면, 한정된 자원을 가진 어떤 사람은 많은 풍부한 재력을 가진 사람에 비해 단지 최소한으로만 만족하면서 작은 것들을 즐기는 법을 배울 수도 있다. 가난에 찌든 상황에 처해 있는 사람은 극도로 제한된 자신의 모든 욕망이 만족될 수도 있다. 공리주의적 관점에서 그 사람은 행복한 사람으로 묘사되고 높은 수준의 생활을 즐긴다고 이야기될 것이다. 그럼에도 이 개인은 객관적으로는 여전히 궁핍할 뿐이다. 여기서의 문제는 공리주의가 개인들이 이용할 수 있는 선택의 수와 질을 고려하지 않는다는 사실이다. 그런데 역량이 그것을 정확하게 포착한다.

역량의 관점에서, 위험은 개인의 역량이 어떤 위험 때문에 줄어들 수도 있는 확률이다. 어떤 위험을 결정할 때, 첫 단계는 재난에 의해 손상될 수도 있는 중요한 역량을 식별하는 것이다. 그런 후, 역량이 손상될 수 있는 방식들을 정량화하기 위해 우리는 역량과 상호 관련되어 있는 몇몇 "지표들"을 알아야 한다. 예를 들면, 놀이에 대한 역량의 손상 지표는 공원이나 체육관 시설의 손실일 것이다. 다음으로 그 지표들의 표준화된 값이 비교될 수 있도록 그 지표들은 공통의 측정기준으로 평가되어야 한다. 그런 후, 각 표준화된 지표에 의해 제공된 정보를 결합함으로써 개괄적 지표가 구성되어, 위험지수(hazard index, HI)가 만들어진

---

7 S. Anand and Amartya Sen, "The Income Component of the Human Development Index," *Journal of Human Development*, 1, no. 1, 2000, 83-106.

다. 끝으로 위험지수를 관련된 맥락에 대입시켜서 그 값을 그 위험에 의해 영향을 받는 인구로 나누면, 각 사람에게 미치는 위험을 측정하는 위험영향지수가 만들어진다.

이를 지지하는 사람들에 따르면, 위험이 사회에 미치는 영향을 식별하는 데 있어 역량중심 접근법을 사용하면 네 가지의 주요한 이점이 있다. 첫째, 역량은 전통적으로 고려되어 왔던 결과들을 넘어서 위험으로 인한 부정적인 영향과 기회를 잡아낸다. 둘째, 역량은 개인의 안녕을 구성하는 여러 측면이기 때문에 이 접근법은 위험이 사회에 미치는 영향을 평가하는 데 있어 우리가 우선적으로 관심을 가져야 할 것에 주의를 기울이게 한다. 셋째, 역량중심 접근법은 위험이 개인의 행복에 미치는 실제적인 영향을 평가하기 위한 더 정확한 방법을 제공한다. 넷째, 정량화의 어려움을 가중시키는 다양한 결과들을 고려하기보다는 소수의 적절히 선택된 역량들을 고려할 것을 요구한다.[8]

더 정확하게 그리고 완벽하게 위험의 영향을 식별하는 것에 더하여, 이 접근법의 지지자들은 역량중심접근법이 허용가능하고 견딜 만한 위험인지를 판단하기 위한 원칙적인 토대를 제공한다고 믿는다.[9] 허용가능한 위험들에 대한 판단은 개인들의 역량에 잠재적인 위험이 미치는 영향의 관점에서 이루어진다. 그러므로 역량접근법에 따르면, 만일 위험이 발생할 확률이 충분히 작아서 위험의 부정적인 결과가 원칙적으로 허용가능한 역량달성의 최소 수준의 경계 아래로 떨어진다면, 위험은 허용할 만하다. "원칙적으로"라는 조건은 이상적으로 우리가 개인들이 어떤 수준 아래로 떨어지기를 원하지 않는다는 생각을 정확히 담아낸 것이다. 하지만 특히 엄청나게 큰 피해를 입히는 재난을 당한 직후에는 이것을 보장하지 못할 수도 있다. 실제로 그때는 그런 상황이 복구가 가능하고 일시적인 한에서 그리고 역량이 참을 수 있는 단계 아래로 떨어질 확률이 충분히 작은 한에서, 개인들은 재난 이후에 일시적으로 허용할 만한 경계 아래로 떨어지는 것을 참을 수 있을 것이다. 영구적인 손상을 일으키지 않고 사람들이 절대 최소 수준 아래로 떨어지지 않는 한, 일시적으로 역량은 약간 낮아질 수 있다.

---

8 Colleen Murphy and Paolo Gardoni, "Determining Public Policy and Resource Allocation Priorities for Mitigating Natural Hazards; A Capabilities-based Approach," *Science & Engineering Ethics*, 13, no. 4, 2007, pp. 489-504.

9 Colleen Murphy and Paolo Gardoni, "The Acceptability and the Tolerability of Societal Risks: A Capabilities-Based Approach," *Science and Engineering Ethics*, 14, no. 1, 2008, pp. 77-92.

6.3 피해의 원인과 가능성의 결정에 따른 어려움: 비판적 태도

의심의 여지없이 어떤 피해의 확률과 크기를 추정하는 것으로 정의된 위험을 추정하는 것은 "유리를 통하여 어렴풋이" 보는 것으로 어떤 작가가 묘사하였다.[10] 물론 공학실무로부터 발생하는 가능한 피해와 각 피해의 확률을 모두 정확하게 예측할 수 있다면 아주 바람직한 일일 것이다. 그 대신에 엔지니어들은 단지 어떤 예상된 피해의 확률과 크기를 추정할 수 있을 뿐이다. 설상가상으로, 종종 엔지니어들은 추정조차도 만족스럽게 할 수 없다. 그러므로 실제의 업무에서 위험의 추정(혹은 "위험 평가")은 가능한 바람직하지 않은 결과들에 대한 경험에서 우러난 추측과 각 결과의 확률에 대한 불확실한 예상을 수반한다. 이 절에서 우리는 위험을 추정하는 몇 가지 방법들, 이런 방법들에 있어서의 불확실성 그리고 이런 불확실성이 동반하는 가치판단을 고찰할 것이다.

파손 유형을 식별할 때의 한계들

엔지니어들과 과학자들은 새로운 과학기술에 의해 영향을 받는 사람들이 떠안는 위험을 추정하는 몇 가지 방법을 알고 있어야 한다. 위험을 평가하기 위한 방법 중 하나는 고장예측 계통도 분석(fault tree analysis, FTA)의 이용과 관련된다. 이 분석은 어떤 바람직하지 않은 사건의 직접적이고 기본적인 원인들을 결정하기 위하여 일정한 방식에 따라 회고하여 추론하는 연역적 분석이다. 고장예측 계통도 분석에서 확인된 각각의 바람직하지 않은 사건(후속결과)에 대하여 불 논리(Boolean logic)를 사용하여 먼저 그 사건의 직접적인 원인들을 식별한 다음 기본적인 원인들을 식별한다. 그때에 각 기본적이고 직접적인 원인의 확률을 추정하기 위하여 확률론적 위험도 평가(probabilistic risk assessment, PRA)가 수행될 수 있으며, 그 사건의 확률에 대한 신뢰도 높은 추정을 가능하게 한다.

글상자 6.2에 예시된 예와 같은 고장예측 계통도는 종종 원자로의 노심용해와 같은 직접적인 경험이 거의 없거나 전혀 없는 위험들을 예상하는 데 사용된다. 그것들은 엔지니어가 바람직하지 않은 최종 결과를 초래할 수 있는 다른 사건들이나 파손유형들을 체계적으로 분석할 수 있게 해준다. 어떤 파손유형은 구조, 메커니즘, 시스템 혹은 과정이 제대로 작동하지 않는 하나의 방식이다. 예를 들면, 구조물의 일부가 장력으로 망가질 수 있으며, 압축에 의해 부서지거나 비틀어질 수 있고, 굽힘에 의해 균열이 생기거나 파단될 수 있다. 그리

10 Cranor, *Regulating Toxic Substances*, p. 11.

글상자 6.2 고장예측 계통도 예

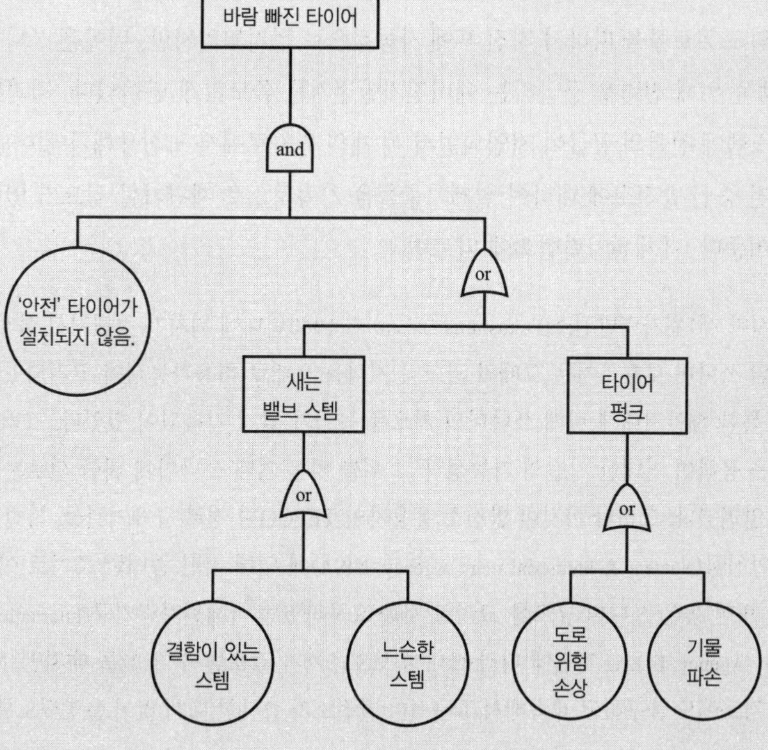

바람 빠진 타이어의 고장예측 계통도 분석: 당신의 새 차에 바람이 빠진 타이어는 몇 가지 원인 때문일 수 있다. 만일 제조사가 의도한 대로 '안전 타이어'가 설치되어 있다면, 그 문제는 예방된다. 그러나 만일 일반 타이어가 대신 설치되어 있다면, 펑크나 밸브스템을 통해 바람이 샐 수 있다. 그런 두 가지의 중간에 있는 원인들은 두 개의 근본적인 원인들로 나타난다. 만일 기본적인 원인들 각각의 가능성이 확률로 추정된다면, 바람 빠진 타이어의 확률은 추정될 수 있고 그 위험은 평가될 수 있다. 만일 그 위험이 과도한 것으로 간주된다면, 기본적인 원인들의 일부에 대한 확률은 더 잦은 조사 및 (또는) 유지보수에 의해서 혹은 개선된 보안(기물파손의 확률을 줄이기 위해 안전한 차고에 주차하는 것)에 의해 감소될 수 있다.

고 부식이나 마모로 인하여 두께가 감소하거나 강도를 잃을 수도 있고, 과도한 내부의 압력으로 인해 폭발하거나 혹은 과도한 온도 때문에 강도를 잃거나 타버릴 수 있다.

고장예측 계통도 분석은 너무 낙관적인 전망을 제시하는 것으로 비판을 받아왔다. 가장 큰 이유는 고장예측 계통도 분석이 식별된 파손유형들의 총 확률에 대한 추정이기 때문이다. 피해를 일으키는 파손유형들이 이런 분석을 하는 동안에 식별되지 않는 것은 때때로 사실이다. 결과적으로 그 위험은 추정되지 않는다. 그런 경우의 분석은 실제로 존재하는 것보다 더 낮은 위험을 의미하는 것으로 오판을 불러올 수 있다.

2011년 3월 후쿠시마 원자력발전소에서의 파손과 원자로의 노심용해(meltdown)가 딱 들어맞는 사례이다. 재난은 큰 지진 바로 뒤에 일어난 쓰나미에 의해 발생되었다. 원자로들이 평상시의 프로토콜을 따라서 지진 후에 자동적으로 정지되었지만, 뒤이은 쓰나미가 비상 냉각시스템을 위해 전력을 공급하는 예비전기발전기를 쓸모없게 만들었다. 결과적으로 비상 냉각시스템에 전력의 공급이 지연되면서 세 개의 원자로에서 노심용해가 일어났다. 이런 파손은 운전 중인 발전소에 대하여 설계기준들을 지속적으로 재평가할 필요가 있음을 두드러지게 보여준다. 세계원자력협회에 따르면,

> 후쿠시마 제1원자력발전소(Fukushima Daiichi)가 1960년대에 위치가 정해져서 설계되었을 때 채택된 쓰나미 보호조치는 그때의 과학적 지식을 토대로 허용가능성이 고려되었다. 그래서 그 독특한 해안지대에 비해 쓰나미의 쳐오름 높이가 낮게 기록되어 있었다. 그러나 2011년 재난을 통하여 거대한 지진의 가능성과 그 뒤를 잇는 거대 쓰나미에 대한 새로운 과학적 지식이 알려졌다. 그러나 이것이 발전소 운용자인 TEPCO나 정부 규제기관들, 특히 원자력 및 산업안전국(Nuclear & Industrial plant Agency, NISA)에 의해 어떤 중대한 조치로 이어지지 않았다. 또한 높은 쓰나미 규모를 고려할 것을 요구하였던 국제원자력기구(International Atomic Energy Agency, IAEA) 지침에 따라 쓰나미 보호조치가 검토될 수 있었을 테지만, NISA는 분명한 경고에도 불구하고 계속해서 후쿠시마 발전소가 충분한 대책 없이 운영되도록 하였다.[11]

파손유형들에 대한 체계적 평가에 대한 다른 접근법은 사건발생 계통도 분석(event tree analysis, ETA)이다. 이 분석은 **글상자 6.3**에 예시되었듯이 앞을 내다보며 귀납적으로 분석하는 접근법이다. 이 분석에서 우리는 가설적인 초기사건이 앞으로 어떤 결과를 초래할지 추론에 의해 결정해 보고 나서 그러한 결과들의 확률을 추정한다.

비록 엔지니어들이 가능한 한 많은 파손유형들을 고려해왔음을 보증하기 위하여 그런 분석들을 수행하는 것이 필수적이라고 당연히 믿는다 하더라도, 그 분석들은 심각한 한계를 가진다. 첫째, 파손을 야기할 수도 있는 모든 기계적, 물리적, 전기적 그리고 화학적 문제들을 예상하는 것이 불가능하다. 예를 들면, 테러범이 공격할 개연성이 위험분석과 추정에 새로운 차원으로 추가되었다.

둘째, 파손을 야기할 수 있는 인적 오류의 모든 유형들을 예상하는 것이 전혀 가능하지

11 World Nuclear Association Web page on Fukushima Accident 2011, updated April 14, 2012, found at http://www.world-nuclear.org/info/fukushima_accident_inf129.html

글상자 6.3 사건발생 계통도 분석 예

비상전력 고장의 사건발생 계통도 분석: 이런 분석은 비상전력 공급이 요구된 8시간의 지속이 유효하지 않을 확률의 추정을 용이하게 한다. 비상전력 고장이라는 손실을 초래하는 위험을 받아들일 수 없다면, 그 위험은 증가하는 P_1(아마 늘어난 조사와 예방적인 유지보수에 의해서 혹은 여분의 시스템들을 추가함으로써)에 의해서 혹은 증가하는 P_3(아마도 유지보수 조직의 개선된 훈련이나 추가적인 보수 부품들을 비축함으로써)에 의해 감소될 수 있다.

않다. 셋째, 파손유형에 지정된 확률은 종종 매우 추측에 의존해 있고 항상 확실한 실험적 테스트에 기초한 것은 아니다. 예를 들어, 우리는 연쇄적으로 반응하며 핵분열을 일으키는 그런 사건발생의 확률을 결정하기 위해 핵 반응로를 녹이지는 않을 것이다. 많은 경우에 우리는 극도로 높아진 온도에서 물질들이 어떻게 거동할지 그 확률을 알지 못한다.

조밀한 결합과 복잡한 상호작용으로 인한 한계들

사회학자 퍼로우(Charles Perrow)는[12] 고위험 과학기술들의 두 가지 특성이 있다고 주장하면서 이런 문제들 중 몇 가지 사실을 보여주었는데, 그것들은 특히 사고를 일으키기 쉽게 만들기 때문에 우리는 그것을 "통상적인 사고(normal accidents)"라고 부른다. 이런 두 가지 특징은

12 Charles Perrow, *Normal Accidents: Living with High-Risk Technologies* (New York: Basic Books, 1984), p. 3.

과학기술 시스템의 일부를 이루는 "조밀한 결합(tight coupling)"과 "복잡한 상호작용(complex interactions)"이다. 이 두 가지 요인은 사고가 더 일어나기 쉽게 만들 뿐만 아니라 예측이나 통제를 더 어렵게 만든다. 결과적으로 이것은 위험의 추정을 더 어렵게 만든다.

조밀한 결합에서는 시간적인 요소가 결정적이다. 과정들이 조밀하게 결합되어 있다는 것은 한 공정이 다른 공정에 영향을 미치는 것으로 알려져 있을 뿐만 아니라 보통 아주 짧은 시간 안에 그렇게 되는 그런 방식으로 연결되어 있기 때문이다. 조밀한 결합에서는 대개 고장을 바로잡을 시간이 거의 없으며, 고장을 시스템의 한 부분으로 제한할 가능성도 거의 없다. 결과적으로 전체 시스템이 손상을 입게 된다. 화학공장은 조밀하게 결합되어 있는데, 그 이유는 공장의 한 부분에서 고장이 나면 즉시 공장의 다른 부분에 영향을 미칠 수 있기 때문이다. 대조적으로 대학은 느슨하게 결합되어 있는데, 그 이유는 한 학과가 기능을 하지 않는다 해도 대학 전체의 기능은 대개 위협받지 않기 때문이다.

복잡한 상호작용에서는 후속 결과들을 예상할 수 없다는 것이 대단히 결정적이다. 공정들은 시스템의 모든 부분들이 예상치 못한 방식들로 상호작용할 수 있다는 점에서 복잡하게 상호작용할 수 있다. X가 고장이 났을 때 Y에 영향을 미칠 것이라는 점을 아무도 상상하지 못한다. 화학공장들은 부분들이 항상 예상될 수 없는 피드백 패턴으로 서로 영향을 미친다는 점에서 복잡하게 상호작용한다. 대조적으로 우체국은 그렇게 복잡하게 상호작용하지 않는다. 그 시스템의 부분들은 대개 쉽게 이해되는 선형적인 방식으로 서로 관련되어 있다. 그리고 모든 부분들은 대개 우체국이 기능을 멈추어야 할 정도로 예상을 벗어난 방식으로 상호작용하지 않는다. 만일 어떤 우체국이 기능을 멈춘다면, 대체로 그것은 쉽게 이해되는 고장 때문이다.

복잡하게 상호작용하고 조밀하게 결합된 기술적 시스템의 예로는 화학공장뿐만 아니라 원자력발전소, 전력 그리드 네트워크, 우주탐사 임무, 그리고 핵무기 시스템이 있다. 조밀하게 결합되고 복잡하게 상호작용하는 것은 예상치 못하는 고장을 초래하여 그 문제들을 수정할 시간이 거의 없을뿐더러 전체 시스템에 영향을 미치지 못하게 막지도 못한다. 이것은 사고를 예측하기 어렵게 하고, 오작동이 나타나는 순간 참사를 피하기도 어렵게 만든다.

불행히도 조밀하게 결합되고 복잡하게 상호작용하는 시스템을 사고가 덜 발생하게끔 그리고 예측을 더 쉽게 하도록 바꾸는 것은 어렵다. 복잡성을 줄이기 위해서 예상하지 못한 사건들에 독립적으로 그리고 창의적으로 대응할 능력을 운용자에게 제공하는 분권화가 요구된다. 그러나 조밀한 결합을 다루기 위해 기능의 집중화가 요구된다. 고장을 피하기 위해서 운용자는 전체 시스템을 통제하고 재빨리 그리고 문제없이 명령을 따를 수 있도록 할 필요가 있다. 게다가 한 시스템을 느슨하게 연결하면서 복잡하지 않게 만드는 것은 아마 가능하지 않을 것이다. 엔지니어들은 자신이 가끔 복잡성으로 인한 고장들을 막기 위한 지엽적으로 독립된 자동제어를 포함시켜서 이런 딜레마를 극복하고, 조밀한 결합으로 인한 고장을 막기 위해 수동조작으로 그것들을 결합시킬 수 있음을 안다. 그럼에도 불구하고 퍼로우에 따르면, 복잡하고 조밀하게 결합된 시스템에서 기인하는 어떤 사고들은 아마도 불가피할 것이고, 이런 의미에서 "통상적"이다.

다음은 복잡하게 상호작용하고 조밀하게 결합되어 있던 시스템에서 일어난 사고의 한 예이다. 1962년 여름, 뉴욕 전화회사가 뉴욕 용커스에 있는 새로운 회계사무소 건물에 추가로 난방시스템을 설치했다. 3층짜리 네모진 건물은 최신 기술을 이용한 안전설계의 전형적인 사례였다.

1962년 10월, 그 건물이 입주되어 근무자들이 들어온 후, 그 건물의 새롭게 확장된 난방시스템이 지하에 설치되고 마지막 조정이 이루어지고 있던 중이었다. 이 시스템은 기름보일러 세 개가 나란히 붙어 있었다. 그 보일러는 6.0 psi 미만의 낮은 압력으로 설계되었고, 그래서 미국기계학회(American Society of Mechanical Engineers, ASME)의 보일러 및 압력용기 법규에 해당되지 않았다. 각 보일러는 용수철이 든 안전보호 밸브가 달려 있어서 압력이 너무 높게 올라가면 열려서 대기 중으로 증기를 내뿜도록 설계되어 있었다. 각 보일러는 또한 압력식 차단밸브가 장치되어 있어서 과도한 보일러의 압력이 있는 경우에 보일러 연소기로 흐르는 기름을 차단하게 되어 있었다. 보일러의 증기압력이 증기 방열기로 배출되고, 각 방열기에는 자체 안전밸브가 달려 있었다. 마지막으로 다른 모든 것이 고장 났을 때, 계기판에 "위험 범위"라고 붉게 표시되고 겉면이 붉게 칠해진 지름이 1피트인 압력계량기가 각 보일러 꼭대기에 놓여 있었다. 만일 압력이 너무 높아지면, 그 계량기가 보일러를 운영하는 관리인이 연소기들을 끌 수 있게끔 경고를 울리도록 설정되어 있었다.

1962년 10월 2일에 다음의 사건들이 일어났다.[13]

1. 건물 관리인은 그해 가을, 처음으로 난방시스템 1번 보일러를 작동시키기로 결정했다. 전기기사들이 새로운 3번 보일러의 제어시스템에 곧바로 전선을 연결하여 전기신호의 흐름을 성공적으로 테스트를 마친 직후였다.

---

13 이 비극적인 사건의 설명을 위해서는 1962년 10월 15일 뉴욕 타임즈를 보라. 공학적 세부사항들은 사고의 원인들에 관하여 뉴욕시 건축위원회에 제출한 킹(R. C. King), 마골린(H. Margolin), 래빈스(M. J. Rabins)의 출판되지 않은 보고서로부터 인용된 것이다.

2. 관리인은 전기기사들이 연료차단 제어시스템을 연결하지 않은 채 떠났다는 사실을 알지 못했다. 전기기사들은 그 시스템을 연결하지 않았는데, 그 이유는 그들이 그 다음 주에 3번 보일러에 추가적인 작업을 할 예정이었기 때문이다. 그들은 세 개의 보일러를 차례로 (즉, 셋 중 어느 하나의 높은 압력이 모든 보일러를 정지시키게 될) 연료차단 제어시스템에 전선을 연결할 작정이었다.
3. 관리인은 기계적으로 온수분배기(header valve)를 잠갔다. 왜냐하면 가을이었지만 따뜻한(Indian summer) 날이었고 그래서 위층의 난방기들로 증기를 보내고 싶지 않았기 때문이다. 따라서 보일러는 막혀진 밸브로 증기압력을 내보내고 있었고 개별 증기난방기 밸브들은 제어루프(control loop)가 꺼져 있었다.
4. 사건 이후의 검증에서 나타났듯이, 안전밸브는 보일러가 마지막에 가동되었던 이전의 봄에 몇 가지 검사를 한 후 닫힌 채 녹이 슬어 있었다. (후에 뉴욕주에서 법이 제정되었는데, 그 법은 저압(low-pressure)의 보일러시스템에 대해서도 닫힌 채로 반드시 녹이 슬지 않도록 매 24시간에 한번 수동으로 작동시킬 것을 요구한다. 그 당시에 저압의 보일러시스템은 이런 요구사항을 따르지 않았다.)
5. 그날은 월급 전날인 목요일이었다. 관리인은 1번 보일러를 켜놓고 바로 현금을 찾으러 점심시간에 잠시 은행에 갔다.
6. 카페테리아는 보일러 끝이 인접해 있던 벽의 맞은편에 있었다. 종업원들이 카페테리아 서빙 테이블에서 차례를 기다리면서 벽에 기대어 줄을 서 있었다. 월급날에 많은 노동자들이 자신들의 급료를 돈으로 찾아 근처 식당에서 점심을 먹기 위해 나왔기 때문에 평소의 금요일보다 줄을 선 사람들이 더 많았다.
7. 1번 보일러가 폭발했다. 최고의 압력으로 떨어져 나간 보일러의 끝이 벽 바로 옆에서부터 카페테리아까지 날아가면서, 보일러가 로켓 같은 발사체로 변하였다. 보일러는 그것의 지지대 기둥에서 떨어져 나와 카페테리아와 충돌하였고, 후에 높은 속도로 그 건물의 3층 전체를 뚫고 계속 솟아올랐다. 이 사고로 25명의 사람들이 사망했고 거의 100명이 중상을 입었다.

이런 재난으로 이끌었던 사건들은 복잡하게 서로 관련되어 있다. 고장예측 계통도 분석이나 사건발생 계통도 분석이 이런 연쇄적 사건들을 예측할 수 있었던 가능한 방법이란 존재하지 않는다. 만일 외부의 온도가 더 서늘했다면, 관리인은 온수분배기를 잠그지 않았을 것이고 각 층의 방에 있는 개별 증기난방기 밸브는 열렸을 것이다. 만일 안전밸브가 매일 수동으로 조작되었더라면, 오작동이 발견되었거나 아마도 수리되었을 것이다. 만일 때가 정오였고 월급날 이전이었다면, 관리인은 지하에 머물렀을 것이고 고압의 계기판 눈금을 보고 연소기를 껐을 것이다. 점심시간이 아니었더라면, 운이 없는 희생자들이 카페테리아에서 보일러가 있는 벽 반대편에 기대어 줄을 서 있지도 않았을 것이다.

사건들은 또한 조밀하게 결합되어 있었다. 압력이 올라가기 시작하자마자 문제를 바로잡을 시간이 많지 않았고 건물의 나머지 장소에서 보일러의 고장을 참사로부터 따로 떼어놓을 방법도 없었다. 한 가지 공학적 설계의 변화가 있었는데, 만일 채택이 되었다면, 사건들의 연쇄가 끊어져서 그 사고가 예방되었을 것이다. 그것은 만일 연료 차단시스템이 어떻게든 손상되었다면 연료흐름의 차단을 포함하는 하나의 단순한 문제였을 것이다. 그러나 이것과 같은 복잡하게 상호연결된 시스템에서는, 때늦은 지혜가 예견보다는 언제나 훨씬 더 쉬운 법이다.

일탈의 정상화와 자기기만

더욱더 위험을 증가시키고 피해를 예상하는 우리의 능력을 감소시키는 또 다른 요인이 적절한 안전기준과 허용가능한 위험으로부터 용인되는 일탈을 증가시키고 있다. 사회학자 본(Diane Vaughn)은 이런 현상을 "일탈의 정상화(normalization of deviance)"라고 말한다.[14]

모든 설계는 설계된 대상이 사용 중에 어떻게 작동해야 하는지에 대한 확실한 예측들을 그 안에 포함하고 있다. 가끔씩 이런 예측들이 실행되지 않아 보통 변칙들이라 일컫는 것을 만들어낸다. 변칙을 만들어내는 설계 혹은 운영상의 조건들을 바로잡기보다는 엔지니어 또는 관리자들은 너무 자주 바람직하지 않은 방법으로 일을 처리한다. 그들은 그저 변칙을 받아들이거나 오히려 허용가능한 위험의 한계들을 높일 수 있다. 때로는 이런 과정이 재앙으로 이어질 수 있다.

이런 과정은 챌린저호 참사로 이어진 사건에 의해 극적이면서도 비참하게 예시된다.[15] 계약자 Morton Thiokol사 그리고 미국항공우주국(National Aeronautics and Space Administration, NASA) 모두 고체로켓부스터(SRB)에 있는 결합부들을 밀봉하는 합성고무 오링(O-ring)이 엔진 점화의 뜨거운 가스로 손상되라고는 예상하지 못했다. 더구나 부분적으로 타버릴 것이라

---

14 Diane Vaughn, *The Challenger Launch Decision*(Chicago: University of Chicago Press, 1996), pp. 409-422.

15 우주왕복선 챌린저호 사고조사특별위원회(Presidential Commission on the Space Shuttle *Challenger* Accident)의 "Report to the President by the Presidential Commission on the Space Shuttle *Challenger* Accident."를 보라.

고 전혀 예측하지도 못했다. 하지만 이전의 우주왕복선 비행에서 밀봉된 오링들이 손상되었을 때, NASA나 Morton Thiokol의 반응은 변칙들을 일으킨 문제점들을 고치려고 하지 않고 그 변칙들을 받아들이는 것이었다.

다음은 참사가 일어나기 이전에 어떻게 일탈이 정상화되었는가에 대한 예들이다.

1. 1977년에 테스트 결과는 고체로켓부스터 결합부들이 점화 시에 회전하면서 갈라져 탱(tang)과 클레비스(clevis) 사이에 틈을 더 크게 벌어지게 했음을 보여주었다. NASA 엔지니어들에 따르면, 그 틈은 주된 오링이 점화사이클에서 늦어져 제구실을 못한다면 보조 오링이 밀폐하는 것을 어렵게 할 만큼 충분히 넓었다. 그럼에도 오링 뒤에 밀봉용 접합제를 추가하는 등 약간의 수정 후, 비록 그 결합부의 작동이 설계 예측[16]에서 벗어났음에도 불구하고 결합부가 공식적으로 허용가능한 위험으로 승인되었다.
2. 또 다른 변칙은 1981년 11월, STS-2 비행 후에 발견되었다. 당시 오른쪽 고체연료부스터의 후방 본체 결합부에서 주된 오링의 '충격침식(impingement erosion)'이 있었다.[17] 뜨거운 추진제 가스는 결합부들의 크롬산아연 접합제의 "바람구멍들(blow holes)"을 통하여 새어나왔다. 바람구멍들은 접합제를 바를 때 유입되어 갇힌 공기로 인해 생성되었다. 이런 곤란하게 하는 현상이 예견되지 못했을지라도, 그 결합부가 또 다시 허용가능한 위험으로 승인되었다.
3. 세 번째 변칙이 1984년에 STS-41-B의 발사와 함께 발생하였다. 처음으로 두 개의 다른 결합부의 두 개의 주된 오링이 침식된 때였다.[18] 또 다시 두 결합부의 침식이 허용가능한 위험으로 분류되었다.[19]
4. 또 다른 변칙이 1985년에 발생하였는데, 그때는 뜨거운 가스의 "누출(blow-by)"이 노즐 결합부의 보조 밀봉에 닿았다. 노즐 결합부는 안전하다고 생각되었다. 그 이유는 본체 결합부와 달리, 그것들은 다른 그리고 아주 안전한 보조 "표면 밀봉(face seal)"이 되어 있었기 때문이다. 문제는 비슷한 오작동이 훨씬 더 심각한 위험을 지닌 본체 결합부에서도 발생할 수 있다는 점이었다. 하지만 이런 문제들은 다루어지지 않았다.

---

16 Vaughn, *The Challenger Launch Decision*, pp. 110-111를 보라. 다음의 설명은 본에게서 그리고 보아졸리와의 개인적인 대화에서 가져온 것이다. 그러나 이 설명은 본이나 보아졸리보다는 저자들 덕분이다.

17 Ibid., pp. 121-122.

18 Ibid., pp. 141-142.

19 Ibid., pp. 153-154.

5. 아마 허용가능한 위험의 한계들을 확장시키는 가장 극적인 예는 발사를 위한 허용할 만한 온도의 부분에서였다. 챌린저호의 발사 이전에, 발사할 때의 가장 낮은 밀봉 온도는 화씨 53도였다. (그 당시 주변 온도는 60도 후반이었다.) 그러나 챌린저호 발사 전날 밤에 밀봉 온도는 29도일 것으로 그리고 그 주변 온도는 영하일 것으로 예상되었다. 그래서 허용가능한 위험의 한계들이 24도까지 확장되었다.

(1) 기본적인 문제(부실한 밀봉 설계)를 고치려는 적절한 시도를 하지 않고 이런 변칙들을 받아들이고 (2) 발사를 위해 허용가능하다고 생각된 온도를 낮춘 결과는 챌린저호의 비극적인 파괴와 승무원들의 죽음이었다. 본은 이런 종류의 문제들이 기술 시스템에서 제거될 수 없고, 그 결과 사고들도 피할 수 없다고 주장한다. 이것이 사실이든 아니든 간에 기술이 대중에게 위험을 부여한다는 점과 이런 위험들이 종종 발견하고 제거하기가 어렵다는 점에는 이론의 여지가 없다.

이 사례는 또한 일탈을 정상화하는 데 관련된 자기기만이 위험을 올바로 예견하는 엔지니어들의 능력을 얼마나 제한할 수 있는지를 예증한다. 몇몇 엔지니어들, 특히 공학 관리자들은 설계 예측으로부터 여전히 하나 이상의 일탈을 허용하는 것이 실패의 위험을 증가시키지 않거나 최소한 허용가능한 위험이라고 되풀이하여 확신하였다. 하지만 그 결과는 비극적인 재앙이었다.

6.4 위험에 대한 대중의 접근법

전문가와 일반인: 사실에 기초한 믿음의 차이

엔지니어들과 다른 위험전문가들은 종종 대중이 위험에 대하여 혼동을 일으킨다고 믿는다. 때때로 그 이유는 대중이 어떤 피해의 가능성에 대하여 올바른 사실에 기초한 정보가 없기 때문이다. 1992년 환경보호청(Environmental Protection Agency, EPA)에 대한 국가공영라디오(National Public Radio) 기사는 대중의 위험 이해에 대한 위험전문가의 비판을 예시했던 EPA 직원 피셔를 인용하면서 시작하였다.

> 우리의 많은 우선권들이 대중의 의견에 의해 정해진다. 그리고 대중은 꽤 자주 실제로 위험을 일으키는 일들보다 더 큰 위험을 일으키는 것으로 알고 있는 일들에 대하여 더 불안해한다. 우리의 우선권들은 종종 의회를 통하여 정해진다. … 그리고 그런 [결정들]은 실제적인 위험을 반영할 수도 있고 못할 수도 있다. 그것들은 위험에 대한 사람들의 의견이나 혹은 위험에

대한 의원들의 의견을 반영할 수도 있다.[20]

피셔는 미국 의회의 구성원들과 일반인들이 위험에 대하여 혼란스러워 할 수도 있는 반면에 전문가들은 위험이 무엇인지를 안다고 믿는다. 위험은 객관적으로 측정될 수 있는 어떤 것이다. 즉 피해의 확률과 크기의 곱이다.

위험에 대한 공학과 대중의 접근법 사이의 엄청난 차이들은 의사불통과 심지어는 악감정을 유발하는 근원이 되어 왔다. 그러면 두 가지 질문이 제기된다. 즉 엔지니어는 왜 이러한 차이들을 이해할 필요가 있을까? 그리고 위험을 보는 관점에서 이런 엄청난 차이들에 대한 근거는 무엇인가?

첫 번째 질문에 관한 대답은 엔지니어가 위험과 이익을 정량화할 때 명심해서 대중의 이해와 엔지니어의 일로 인하여 떠안게 될 위험을 받아들이는 것에 대하여 생각해야 한다는 것과 그것이 엔지니어들이 위험을 평가하는 방법과 매우 다르다는 것을 알아야 한다는 것이다. 만일 엔지니어가 어떤 위험의 허용가능성에 대하여 결정을 내리고 여하튼 대중이 알고 있는 것을 잘못 계산한다면, 그리고 피해가 공학적 평가에서 허용할 만하다고 생각된 위험들로부터 발생한다면, 대중은 엔지니어의 행동을 다른 관점에서 그리고 냉담하게 볼 수도 있다. 우리는 이점을 기억해야 하는데, 대중은 때때로 12명의 배심원단으로 봉사하는 사람들로 나타나게 되고 엔지니어들이 위험에 대하여 어떤 허용할 만한 방법으로 이런 결정들을 내렸는지를 평가함으로써 기소한다는 것이다.

두 번째 질문에 관하여 첫 번째 차이는 엔지니어들과 위험전문가들은 대중이 가끔 여러 가지 활동들이나 과학기술로 인한 사망과 부상의 확률을 평가하는 데 있어 실수를 저지른다고 믿는다는 것이다. "실제의 위험(real risk)"에 대한 EPA 직원 피셔의 언급을 회상해보라. 그녀에 의하면 그것은 피해의 확률에 대한 실제적인 계산을 의미했다. 위험전문가 스타(Chauncey Starr)도 유사하게 피해의 확률에 대한 대중의 지식을 대수롭지 않게 여긴다. 그는 사람들이 사망의 원인과 연관된 발생할 확률이 낮은 위험을 과대평가하고, 사망의 원인들과 연관된 발생할 확률이 높은 위험들을 과소평가하는 경향이 있음을 언급한다. 후자의 경향은 과신하는 편견 혹은 고착(anchoring)으로 이어질 수 있다. 고착에서 위험에 대한 초기의 평가가 이루어지는데, 상당히 잘못될 수도 있는 평가이다. 허용가능한 위험의 평가에 중요한 요인들에 대하여는 **글상자 6.4**를 보라. 그 평가가 정정된다고 하더라도, 원래의 평가로부

20 국영라디오 기사는 1992년 12월 3일 아침에 방송되었다. 이 설명은 Center for Biotechnology Policy and Ethics, Teax A & M University의 뉴스레터 (2:1, January 1, 1993, p. 1)로부터 따온 것이다.

터 충분할 만큼 수정되지 않는다. 원래의 평가가 모든 미래의 평가들을 고착시켜서 새로운 증거들에 직면해서도 충분한 조정이 이루어지지 못한다.[21]

글상자 6.4 허용가능한 위험의 평가에 중요한 요인들

- 일반인은 위험전문가들과 매우 다른 관점을 가지고 평가를 한다.
- 새롭거나 친숙하지 않은 위험들은 친숙한 위험들보다 대중이 받아들이기 더 어렵다.
- 자발적으로 떠맡은 위험들은 본의 아니게 떠맡겨진 위험들보다 허용할 만하다고 여겨지기 더 쉽다.
- 보다 높은 위험을 수반하는 일들은 일반적으로 더 높은 임금을 요구한다.
- 고지에 입각한 자유로운 동의, 공평성, 그리고 정의는 허용가능한 위험에서 중요한 요인들이다.

다른 학자들도 비슷한 결과들을 보고했다. 슬로비치(Slovic), 피시호프(Fischhoff), 그리고 리히텐슈타인(Lichtenstein)에 의한 연구는 다음과 같은 사실을 보여준다. 즉 비록 전문가들조차도 여러 위험에 대한 평가에서 실수를 저지를 수 있다고 하더라도, 그들은 일반인만큼 심하게 틀리지는 않는다는 것이다.[22] 그 연구는 연간 실제 사망자 수 대 연간 인지된 사망자 수를 대비한다.[23] 전문가들과 일반인들에게 흡연, 자동차 운전, 오토바이 운전, 기차 탑승, 스키 타기 등과 같은 활동에 대하여 연간 사망자들의 수가 얼마나 되는지 그들의 생각을 물었다. 각각의 몇몇 다른 위험에 대한 실제 사망자 수(x축)에 대하여 인지된 사망자 수(y축)를 나타내는 그래프에서, 사망자 수에 대한 인지가(일반인들이든 전문가들이든) 정확했다면, 그 결과는 45도의 기울기를 가진 선일 것이다. 다시 말해, 실제 사망자와 인지된 사망자는 일반인이나 전문가의 인지를 나타내는 도표에서 같아질 것이다. 오히려 전문가들은 인지된 위험에 대한 인식에서 대략 한 자릿수(즉, 대략 10배)로 낮았고, 일반 대중은 두 자릿수(즉, 대략 100배)로 아주 낮아서, 전문가들은 45도보다 낮은 선들로 나타났고 일반인들은 훨씬 더 낮은 선들로 나타났다.

---

21 Chauncey Starr, "Social Benefits versus Technological Risk," Science, 165, September 19, 1969, pp. 1232-1238. Reprinted in Theodore S. Glickman and Michael Gough, *Readings in Risk*(Washington, DC: Resources for the Future), pp. 183-193.

22 Paul Slovic, Baruch Fischhoff, and Sarah Lichtenstein, "Rating the Risks," Environment, 21, no. 3, April 1969, pp. 14-20, 36-39. Reprinted in Glickman and Gough, pp. 61-74.

23 Starr, "Social Benefits versus Technological Risk," pp. 183-193.

"위험한" 상황과 허용가능한 위험

한편으로 엔지니어와 위험전문가, 그리고 다른 한편으로는 일반 대중은 어떤 사건들이 일어날 확률에 관하여 서로 다르게 평가한다는 것은 사실인 듯하다. 그러나 주요한 차이는 위험 자체에 대한 개념과 허용가능한 위험에 대한 믿음에 있다. 여기서 그 차이들 중의 하나는 대중이 자주 위험의 개념과 허용가능한 위험의 개념—엔지니어와 위험전문가가 엄격하게 분리시키는 개념—을 결합한다는 점이다. 나아가 대중의 논의에서는 아마도 "위험"이라는 명사보다는 "위험한"이라는 형용사를 더 쉽게 사용할 것이다.

우리는 "위험"과 "위험한"의 개념으로 시작할 수 있다. 대중의 논의에서, "위험한"이란 말의 사용은 어떤 사건들의 확률을 지칭하기보다는 대개 어떤 분야에서 특별한 주의를 해야 한다는 신호인 경고표시의 기능을 한다.[24] 어떤 것을 위험으로 분류하는 한 가지 이유는 새롭고 친숙하지 않다는 점이다. 예를 들면, 대중은 비교적 낮긴 하지만 병원균으로부터 오염이 되어 있는 음식을 위험으로, 반면에 방사능에 노출된 음식을 먹는 것은 "위험한" 일로 생각할 수도 있다. 사실상 피해의 확률에 따르면, 방사능보다 병원균이 더 위험할 수도 있다. 그러나 병원균들에 의해 제기된 그 위험은 친숙하고 흔하다. 반면에 방사능에 노출된 음식들로 인한 위험은 낯설고 새롭다. 어떤 것을 위험으로 분류하는 또 다른 이유는 그것에 대한 정보가 의심스러운 출처에서 나온 것일 수 있다는 점이다. 우리는 믿었던 친구로부터 차를 사는 것은 그 친구로부터 차의 상태가 좋다는 것을 검사할 수 있기 때문에 위험하지 않지만, 중고차 판매원으로부터 차를 사는 것은 그를 알지 못하기 때문에 위험하다.

일반인들은 예측되는 사망이나 부상에 관하여 위험을 엄격하게 평가하지 않는다. 게다가 그들은 다른 요인들을 고려한다. 예를 들어, 그들은 일반적으로 원치 않는 위험들보다 1,000배나 불확실한 자발적인 위험을 떠맡으려 한다. 따라서 자발적으로 떠맡은 위험은 원하지 않는 위험보다 더 잘 받아들여진다. 사람들이 일터에서 받아들이고자 하는 위험의 양은 일반적으로 추가적인 위험에 대한 보상으로 제공된 임금 증가량의 세제곱에 비례한다. 예를 들어, 임금을 두 배로 올리면 노동자가 8배의 위험을 떠맡도록 설득하는 데 도움이 된다. 그러나 일반인들은 또한 자발적인 노출에 따른 위험(예를 들어, 흡연)과 위험한 일에 대한 원치 않는 노출에 따른 것으로 인지된 위험(예를 들면, 어떤 기업이 맹독성 쓰레기 처리

---

24 이것과 다음에 언급되는 몇 가지 점들에 대해서는 톰슨의 논문을 참고하기 바란다. Paul B. Thompson, "The Ethics of Truth-Telling and the Problem of Risk," *Science and Engineering Ethics*, 5, 1999, pp. 489-510.

장을 자기 옆집에 놓아 둘 때)을 1,000배 차이로 구분할 수도 있다. 여기서 자발적으로 떠맡은 위험들은 그저 더 허용가능한 것은 아니지만, 본래 덜 위험한 것으로 간주된다. 일반인들은 또한 생명을 구하기 위해 다른 지역들에 각기 다른 액수의 돈을 보내는 것에 만족하는 것처럼 보인다. 환경보호청(EPA)과 직업안전보건국(Occupational Safety and Health Administration, OSHA)을 포함한 워싱턴 DC의 5개의 다른 정부기관에서 실시한 57개의 위험감소 프로그램들에 대한 연구에서, 스타는 그런 프로그램들이 생명을 구하기 위해 지불한 돈의 액수가 크게 다르다는 사실을 보여준다. 어떤 프로그램은 한 생명을 구하는 데 170,000달러를 들인 반면에, 다른 프로그램은 한 생명을 구하는 데 3백만 달러를 들였다.[25]

다른 연구자인 리타이(D. Litai)는 위험을 26개의 위험요소들로 구분하였다. 각각은 그에 관련된 양분된 척도를 가진다.[26] 예를 들어, 어떤 위험은 그 기원이 자연에 있거나 혹은 사람에게 있을 수도 있다. 만일 그 위험의 기원이 사람에게 있다면, 리타이는 인지된 위험이 자연으로부터 나온 위험보다 20배나 크다는 보험회사로부터의 통계자료를 분석하여 결론을 내린다. 어떤 원치 않게 떠맡은 위험은, 그 기원이 자연에서든지 혹은 인간에게서든지, 자발적으로 떠맡은 위험보다 100배 더 큰 것으로 인식된다. 어떤 당면한 위험은 보통의 일상적인 위험보다 30배 더 큰 것으로 인식된다. 반대로 규칙적인 위험은 가끔씩 일어나는 위험만큼 큰 것으로 인식되며, 불가피한 위험은 쾌락으로 유발된 위험만큼 크다. 여기서 다시 위험과 허용가능한 위험의 개념들이 뒤섞여 있는 증거가 존재한다.

위험과 허용가능한 위험에 대한 대중의 개념화에서 두 가지 쟁점은 특별한 도덕적 중요성, 즉 고지에 입각한 자유로운 동의와 공정 혹은 정의를 가진다. 이 두 개의 개념들은 공리주의보다 인간존중의 윤리에 더 가깝다. 이 윤리적 관점에 따르면, 우리가 보았듯이 개인들의 도덕적 행위주체성을 부정하는 것은 잘못이다. 도덕적 행위주체들은 자신의 목적을 공식화하고 추구할 수 있는 존재들이다. 우리는 개인들의 도덕적 행위주체성을 부정하는 경우가 있는데, 그때는 우리가 그들 자신의 목표들을 공식화하고 추구할 수 있는 능력을 부정하거나 다른 도덕적 행위주체들에 관하여 불공정한 방법으로 그들을 대하는 경우이다. 이런 각 개념을 더 상세하게 검토해보자.

---

25 Starr, op. cit., pp. 183-193.

26 D. Litai, "A Risk Comparison Methodology for the Assessment of Acceptable Risk," PhD dissertation, Massachusetts Institute of Technology, Cambridge, MA, 1980.

고지에 입각한 자유로운 동의

기술이 빚어낸 위험들에 대하여 고지에 입각한 자유로운 동의를 위해서는 세 가지가 필요하다. 첫째, 사람이 강요되어서는 안 된다. 둘째, 사람이 관련된 정보를 알고 있어야 한다. 셋째, 사람이 그 정보를 평가할 만큼 충분히 합리적이며 능력을 갖추고 있어야 한다. 불행히도 언제 의미 있고 고지에 입각한 동의가 주어질지를 결정하는 것은 몇 가지 이유로 항상 쉬운 것은 아니다.

첫째, 동의가 언제 자유로운지 알기가 어렵다. 알려진 안전상의 위험이 있는 공장에서 노동자들이 계속 일을 할 때, 그들이 자유로운 동의를 했을까? 아마도 그들이 할 수 있는 다른 일이 없을 것이다.

둘째, 사람들은 종종 위험에 대하여 적절하게 고지를 받지 못하거나 그것들을 올바로 평가하지 못한다. 우리가 보았듯이, 때때로 일반인들은 위험을 평가하는 데 있어 잘못을 저지른다. 그들은 이전에 발생하지 않았거나 그들이 주목하지 못하는 사건들의 확률을 과소평가한다. 반면에 그들은 극적이거나 큰 재난이 될 사건들이 일어날 가능성을 과대평가한다.

셋째, 흔히 기술로 인한 위험에 처한 개인들에게서 중요한 고지에 입각한 동의를 얻기란 불가능하다. 공장이 소수의 주민들에게 가벼운 호흡기 문제들을 일으키는 어떤 물질을 대기 중으로 방출하기 위해서 공장관리자가 지역주민들로부터 어떻게 동의를 얻을 수 있을까? 주민들이 항의하지 않는다는 사실이 그들이 동의했다는 충분한 증거가 될까? 만일 그들이 그 물질에 대해서 알지 못한다면, 그것이 어떤 작용을 하는지 알지 못한다면, 그 결과를 정확하게 이해하지 못한다면, 아니면 혹시 그저 다른 일들에 마음이 너무 쏠려 있다면 어떻게 될까?

고지에 입각한 자유로운 동의를 얻는 경우의 어려움을 고려한다면, 우리는 기술로 말미암아 그들에게 미친 실제적인 피해들에 대한 사실이 드러난 뒤 개인들에게 보상할 수 있을 것이다. 예를 들어, 사람들은 자동차의 결함이 있는 설계나 화학공장으로부터 유출된 독성가스로부터 초래된 피해들로 보상을 받을 수 있다. 이런 접근법은 동의를 얻지 않아도 되는 이점을 가진다. 그러나 동시에 그것은 몇 가지 단점도 있다. 첫째, 그것은 적절한 보상을 어떻게 결정할지를 알려주지 않는다. 둘째, 그것은 개인의 자유를 제한하는데, 어떤 사람들은 죽음으로 인하여 결코 동의할 수 없기 때문이다. 셋째, 때로는 심각한 부상이나 사망의 경우와 같이, 피해에 대한 적절한 보상이 존재하지 않는다.

기술로 말미암은 위험에 노출된 사람들의 도덕적 행위주체성을 존중하도록 하는 윤리적 요구사항을 다루는 방법으로서 고지에 입각한 동의와 보상 모두에는 문제점이 있다. 그럼에도 불구하고 이러한 요구사항을 이행하기 위한 몇 가지 노력이 이루어져야 한다. 이제 우리는 위험에 관한 인간존중의 도덕성에 대한 두 번째 요구사항을 검토해보자.

공평과 정의

인간존중의 윤리는 더 큰 사회의 비용과는 무관하게 개인들의 도덕적 행위주체성을 존중하는 것을 대단히 강조한다. 철학자 롤즈(John Rawls)는 이러한 관심을 다음과 같이 표현한다.[27] "사회의 각 구성원들은 정의에 토대를 둔 불가침성을 가진다고 생각된다. … 따라서 모든 다른 사람들의 복지조차도 무시할 수 없다." 인간존중의 윤리로부터 도출된 정의를 위한 요구사항의 예로서 크래놀[28]의 책에 나오는 다음의 예를 생각해보자. 그 예는 자기 남편의 건강이 목화 먼지 때문에 면폐증(면섬유 흡입으로 생기는 폐질환)으로 얼마나 심하게 손상을 받았는지를 묘사하는 어떤 여성을 인용하고 있다.

> 내 남편은 1937년부터 1973년까지 면직공장에서 일했습니다. 그는 호흡이 너무 가빠서 그가 일했던 지난 2주 동안은 주차장에서 문까지 걸어갈 수도 없었어요.
>
> 그는 낚시, 사냥, 수영, 공놀이를 좋아했고 캠핑을 사랑했던 덩치 큰 사람이었어요. 우리는 산에 가서 곰들을 보는 것도 좋아했죠. 그가 그렇게 되고서는 숨을 쉴 수가 없어 약간의 거리도 걸을 수 없었고, 그래서 우리는 어디를 다니는 걸 그만둬야 했어요. 게다가 진료비와 병원비, 약값이 너무 많이 나와서 우리의 캠핑용 자동차, 보트와 트럭을 팔았죠. 우리는 지금 더 이상 어디 가지도 못합니다. 의사가 말하기를, 남편의 폐가 겨우 살아 있을 정도로 나쁘다고 했어요. 처음에 그는 한 주에 약 2~3번 산소탱크를 사용했고, 그 후에는 너무 나빠져서 점점 더 많이 사용했죠. 그래서 지금 그는 산소발생기를 차고 있고, 하루 종일 그것을 차고 있어야 해요. 그는 병원에 갈 때면, 작은 휴대용 산소통을 가지고 가요.
>
> 그는 지금 아파서 침대에 누워있어요. 정말 부끄러운 것은 그 목화 회사가 면폐증(brown lung)에 대하여 보상하기를 원하지 않는다는 거예요. 만일 그들이 와서 지금 그의 상태를 보기만이라도 한다면, … 그는 겨우 61살밖에 되지 않았어요.

공리주의자는 면직공장이 면폐증의 위험으로부터 노동자들을 보호하도록 강제하지 않음으로써 생긴 탈버트 씨의 큰 피해를 수많은 사람들에 대한 작은 이점들과 균형을 맞추

---

27 John Rawls, *A Theory of Justice*(Cambridge, MA: Harvard University Press, 1971), p. 3.

28 Carl F. Cranor, *Regulating Toxic Substances: A Philosophy of Science and the Law*(New York: Oxford University Press, 1993), p. 152.

려 할 수도 있다. 어쨌든 그런 보호는 흔히 비용이 너무 많이 들고, 이런 비용들은 결국 면제품들을 더 비싼 가격으로 소비자들이 떠안아야 한다. 더 높은 가격은 미국 면제품들을 더 비싸게 할 것이고, 따라서 세계시장에서의 경쟁력을 떨어뜨릴 것이며, 그로 인하여 미국 노동자들이 일자리를 잃을 것이다. 노동자들을 보호하려는 규제는 많은(아마도 모든) 미국 면직 공장들을 망하게 할 수도 있다. 그런 피해를 초래하는 것들은 세상의 모든 탈버트 씨들에게 피해를 주는 것보다 훨씬 더 대단할 수도 있다.

그러나 인간존중의 윤리의 관점에서는, 그런 고려사항들이 탈버트 씨가 불공정하게 대우를 받았던 사실을 모호하게 해서는 안 된다. 비록 많은 사람들이 공장이 주는 이익을 누린다고 하더라도, 탈버트 씨와 소수의 사람들은 유해한 노동조건에 따른 결과로 고통을 받는다. 편익과 피해는 불공정하게 분배되었다. 신체의 건강과 생명에 대한 그의 권리들은 부당하게 침해를 받았다. 황금률의 관점에서 보면, 아마 관찰자가 탈버트 씨의 입장이 되길 원하는 사람은 거의 없을 것이다.

물론 모든 위험과 편익을 공평하게 분배하는 것은 가능하지 않다. 가끔씩 기술로 인해 떠맡은 위험들을 견디는 사람들은 같은 정도로 편익을 나누어 받지 못할 수도 있다. 예를 들어, 몇 년 전 텍사스에서 멀리 떨어진 멕시코 만에 액화천연가스를 하역하는 부두를 건설하자는 제안이 나왔다. 천연가스는 미국의 많은 주들에 배로 운송될 것이고, 그래서 그 지역의 대다수 시민들은 이 프로젝트로부터 혜택을 받을 것이다. 그러나 단지 그 항구에 가까이 사는 주민들만이 증가하는 배나 저장탱크들에 따른 위험을 분담할 것이다.[29] 그 위험을 균등하게 나눌 방법이 없기 때문에, 고지에 입각한 동의와 보상이 그 프로젝트를 계획하는 데 있어서 중요한 고려사항이 되어야 한다. 따라서 고지에 입각한 동의와 보상 그리고 공정이 도덕적 평가에서 밀접하게 관련된 고려사항들이다.

비록 일반인들이 흔히 위험의 개념을 허용가능한 위험의 개념과 결합한다고 하더라도, 우리는 아래와 같은 방법으로 허용가능한 위험에 대한 일반인의 판단기준을 공식화할 것이다. 즉

> 어떤 허용가능한 위험은 (1) 고지에 입각한 자유로운 동의 또는 적절하게 보상된 위험 그리고 (2) 공정하게 분배되거나 적절히 보상된 위험이다.

---

29 Ralph L. Kenny, Ram B. Kulkarni, and Keshavan Nair, “Assessing the Risks of an LNG Terminal,” in Glickman and Gough, pp. 207-217.

우리는 고지에 입각한 자유로운 동의, 보상 그리고 정의의 요구사항을 실행하는 데 있어 종종 큰 어려움들이 따른다는 것을 알았다. 그럼에도 불구하고 그것들은 일반인들의 관점에서—그리고 도덕적 관점에서—결정적인 고려사항이다.

6.5 위험 알리기와 공공정책

공중에 위험 알리기

앞 절에서 집단이 다르면 위험에 관한 행동지침(agenda)이 약간 다르다는 것을 보았다. 엔지니어들은 위험에 대한 위험전문가의 접근법을 따를 가능성이 가장 많다. 그들은 위험을 피해의 크기와 확률의 곱으로 정의하고 허용가능한 위험을 평가하는 공리주의적 방법에 동조한다. 전문직 강령들은 엔지니어들이 대중의 안전과 건강, 복지를 최고로 여기도록 요구한다. 그래서 엔지니어들은 위험을 최소화시킬 의무를 진다. 그러나 공학실무에서 허용가능한 위험의 수준을 결정할 때, 엔지니어들은 비용-편익 접근법을 이용하거나 적어도 그 접근법에 호의적일 가능성이 높다.

일반인들은 위험에 대한 쟁점을 아주 다른 접근법으로부터 끌어온다. 비록 시민들이 가끔 어떤 유형의 기술적 위험들로부터 기인하는 피해의 확률에 대하여 부정확한 견해들을 갖는다 하더라도, 그들의 다른 접근법이 그저 사실적인 잘못으로 무시될 수는 없다. 접근법의 차이에 대한 부분은 위험의 가능성과 허용가능성에 대한 판단들을 결합하려는 경향으로부터 생긴다. ("위험한"이란 말은 두 가지 개념들 모두를 포함하는 것 같다.) 예를 들어, 만일 기술이 비교적 새롭고 그것에 대한 정보가 대중이 믿을 수 없는 것으로 간주해 왔던 출처(전문가 혹은 비전문가)로부터 나온다면, 그 기술의 사용은 더 위험하다. 더 중요한 것은, 일반 대중은 고지에 입각한 자유로운 동의와 위험의 공평한 분배(또는 적절한 보상)를 허용가능한 위험의 결정에서 중요한 것으로 여긴다는 것이다.

더구나 과도한 기술적 위험들로부터 공중을 보호할 특별한 의무를 가진 정부의 규제기관들은 거짓으로 밝혀진 피해에 대한 주장을 피하기보다는 대중을 피해로부터 보호하는 것에 더 많은 관심을 갖는다. 이런 편향은 엔지니어와 일반인 모두의 행동지침과 어느 정도 대조를 이룬다. 정부의 규제기관들로서 비록 그들이 자주 비용-편익 분석을 허용가능한 위험을 결정하는 방법의 일부로 사용할지라도, 대중을 피해로부터 보호해야 하는 특별한 의무를 지며, 이런 의무는 비용-편익 고려사항들이 요구하는 범위를 넘어설 수도 있다. 대중과 소통할 때, 다른 접근법들에 대해서는 **글상자 6.5**를 보라. 다른 한편으로, 고지에 입각한 자유로운 동의와 공정이 중요한 반면에 비용-편익 고려사항들로 인하여 상쇄될 수도 있다.

글상자 6.5 위험에 대하여 대중에게 알리기

- 친숙한 용어를 사용하라—"피해가 일어날 확률"은 아마도 "위험"보다는 더 분명하게 이해될 수도 있다.
- "친숙한" 위험과 대조하여 "새로운" 위험을 질적으로 대조하라. "새로운 개발과 관련하여 홍수가 일어날 확률은 현재의 홍수가 일어날 확률보다 더 커서는 안 된다."
- 위험평가의 불확실성을 인정하라.
- 비용 대 편익만이 허용가능한 위험을 결정하는 데 유일한 요소가 아니라는 점을 인식하라.
- 모든 공적인 진술들에서 "객관적이고 진실"하라.

이런 세 가지 다른 행위지침들에 비추어 볼 때, 위험에 관한 사회정책은 위험전문가 접근법이 권하는 것보다 더 폭넓은 관점들을 고려해야 한다는 점은 명백하다.

이런 주장에 대하여 적어도 두 가지 이유가 존재한다. 첫째, 대중과 정부 규제기관들은 자신들의 행동지침을 기술적 위험에 대한 공적인 토론에 도입하자고 아마도 계속 주장할 것이다. 민주주의에서 아마도 이것이 의미하는 바는, 엔지니어들과 위험전문가들이 인정하든 말든, 이런 고려사항들이 기술적 위험에 관한 공공정책의 일부가 될 것이라는 점이다. 이것은 그야말로 엔지니어들과 위험전문가들이 적응해야만 하는 사실이다. 둘째, 우린 위험에 대한 두 가지 대안적 접근법 각각이 진정한 도덕적 토대를 갖는다고 믿는다. 고지에 입각한 자유로운 동의, 공정, 대중을 피해로부터 보호하는 것—이것들은 도덕적으로 정당한 고려사항들이다. 그러므로 위험에 관한 공공정책은 아마도 우리가 여기에서 제안했던 고려사항들뿐만 아니라, 의심의 여지없이 우리가 논하지 않았던 많은 다른 것들의 혼합체가 되어야 한다.

그러면 위험에 관한 엔지니어의 전문적 의무는 무엇일까? 한 가지 대답은 엔지니어들이 위험에 대한 위험전문가의 접근법을 계속 따라야 하며, 공적인 토론이 더 폭넓은 고려사항들에 신경을 쓰도록 해야 한다는 것이다. 우리는 이런 주장에 약간의 타당성이 있다고 믿으며, 다음 절에서 위험에 대한 전형적인 공학적 접근법의 쟁점들인 고려사항으로 돌아갈 것이다. 그러나 우리가 제3장과 다른 곳에서 주장했듯이, 우리는 엔지니어들이 더 광범위한 전문직 의무를 갖는다고 믿는다. 엔지니어들은 전문직 의무를 가지고서 위험에 관한 민주적 숙의에 참여하여 자신들의 전문지식으로 이런 토론에 공헌한다. 그렇게 하면서 그들은 대안적 접근법과 행동지침들을 깨달아 심각한 혼동과 과도한 독단을 피해야 한다. 이런 견지에서 우리는 위험을 알리는 엔지니어들을 위해 아래의 지침들을 제안한다.[30]

1. 대중에 위험을 알리는 경우에, 엔지니어들은 위험에 대한 대중의 접근법이 위험전문가의 접근법과 똑같지 않다는 점을 깨달아야 한다. 특히, "위험한"이라는 말은 피해가 일어날 확률의 척도와 동일시 될 수 없다. 따라서 엔지니어들은 "피해가 일어날 확률"을 의미할 때는 "위험"이라고 말해서는 안 된다. 두 용어를 따로 사용해야 한다.
2. 엔지니어들은 "절대적인 안전(zero risk)과 같은 것은 없다"라고 말할 때 조심해야 한다. 대중은 흔히 어떤 것이 피해가 일어날 확률을 포함하지 않는다는 점에서가 아니라 친숙한 위험이어서 더 이상 숙고할 필요가 없음을 나타내기 위해 "절대적인 안전"을 사용한다.
3. 엔지니어들은 대중이 항상 전문가들을 신뢰하는 것은 아니며 전문가도 과거에 가끔 실수를 저질렀다고 믿는다는 사실을 깨달아야 한다. 그러므로 엔지니어들은 대중에게 위험을 제시할 때 그들의 입장에서 가능한 한계들을 인정하도록 조심해야 한다. 그들은 또한 일반사람들이 전문가의 예측 결과에 근거하여 행동을 취할 것인지 아닌지를 결정할 때 자신들의 가치에 의존할 수도 있음을 깨달아 알고 있어야 한다.
4. 엔지니어들은 정부 규제기관들이 공중을 보호해야 하는 특별한 의무를 진다는 점과 이런 의무가 자신들에게 정확한 비용-편익 접근법과는 다른 고려사항들을 참작하도록 요구할 수도 있음을 깨달아 알고 있어야 한다. 비록 공공정책이 비용-편익 고려사항들을 계산에 넣어야 한다고 할지라도, 정부 규제기관들의 특별한 의무도 고려해야 한다.
5. 전문직 학회/협회들과 같은 전문직 공학단체들은 기술의 위험에 관한 정보를 제공해야 하는 특별한 의무를 진다. 그들은 피해가 일어날 확률에 관하여 가능한 한 객관적인 정보를 제공해야 한다. 그들은 또한 논쟁의 여지가 많은 분야(예를 들어, 원자력)에서 기술의 위험에 관한 공공정책을 생각할 때, 대중이 피해가 일어날 확률보다는 다른 요인들을 고려할 수도 있음을 인정해야 한다.

이 지침들의 주요 주제는 엔지니어들이 위험의 평가에 대하여 비판적인 태도를 지녀

---

30 이 목록은 톰슨이 제안한 네 가지 "위험을 알리기 위한 금언(dicta for risk communication)"에서 제안되었다. op. cit., pp. 507-508. 이 목록에서 몇몇 항목들은 톰슨의 것과 똑같지만, 우리는 그의 목록을 수정하고 확장시켰다.

야 한다는 점이다. 이것은 그들이 그들 자신과는 다른 관점들이 존재한다는 것을 깨달아 알고 있어야 함을 의미한다. 비판적인 태도는 또한 다음과 같은 사실을 의미하는데, 피해가 일어날 확률과 크기를 평가하는 엔지니어 자신의 능력에 한계가 있음을 깨달아 알고 있어야 한다는 것이다. 다음 절에서 우리는 공학에 특유한 위험평가의 유형을 검토하는 데 있어서조차 이러한 한계들과 그 결과에 따른 비판적 태도가 필요한 예를 고찰할 것이다.

공공정책의 예: 건축법규

공공정책이 공학의 전문지식에 의존해야 하고 동시에 공학이 공공정책에 영향을 받는 가장 직접적인 방법들 중의 하나는 지역의 건축법규를 통해서이다. 지역의 건축법규는 설계규칙들을 명시하는데, 그 규칙들에는 안전계수(factor of safety)와 그 지역에서 요구되는 건설대책(예를 들어, 내화시공 또는 자재 요구사항들)이 반영된다. 건축법규는 법적 지위를 가지고 공청회(public hearing)와 입법 조치 없이는 변경될 수도 없다. 입법은 흔히 전문가들로 이루어진 위원회를 임명하여 새로운 건축법규나 기존의 것에서 필요한 변화들을 제안하는 것으로 이루어질 것이다. 예를 들면, 세계무역센터의 쌍둥이 빌딩의 붕괴에 뒤이어 여러 주요 기관들의 조사 노력이 있었는데, 그것은 붕괴의 원인들을 밝히고 출구를 개선하는 것 외에 사망의 위험들을 줄이고자 뉴욕시 건축법규의 변화를 제안하는 것이었다.

전문직 엔지니어들이 일반 대중(그리고 그들의 안전)에 대하여 관심을 나타내는 보다 중요한 방법들 중의 하나는 지역의 건축법규 요구사항을 수행하여 건물, 엘리베이터, 에스컬레이터, 다리, 인도, 도로, 육교와 같은 것들을 설계하는 데 있다. 책임 있는 엔지니어가 설계에서 건축법규의 위반을 인지하고서도 그것에 반대하지 않을 때, 그 엔지니어는 그 결과로 생기는 어떤 부상이나 사망에 대해 어느 정도 책임을 진다. 마찬가지로 어떤 엔지니어가 건축법규에서의 어떤 제안된 변화가 대중에 위험을 만들어낸다는 점을 자신이 알고서도 이런 변화를 막기 위해 어떤 것도 하지 않는다면, 그 엔지니어는 일어난 어떤 피해에 대하여 어느 정도 책임을 진다.

쌍둥이 빌딩 사례는 이런 쟁점들을 예시한다.[31] 1945년에 시행 중이었던 뉴욕시 건축법규는 모든 계단통들이 무거운 벽돌과 콘크리트 구조물로 둘러싸이도록 요구했다. 그 결과

31 World Trade Center Building Performance Study: Data Collections, Preliminary Observations and Recommendations, FEMA 403, Federal Emergency Management Agency, Federal Insurance and Mitigation Administration, Washington, DC, September 2002.

1945년에 소방관들이 계단통을 통해서 즉시 엠파이어스테이트 빌딩 내부로 들어가서 40분 만에 화재를 진압할 수 있었다. 엠파이어스테이트 빌딩과 세계무역센터 타워의 설계 사이의 기간 동안에, 건축법규들은 "지시적인" 법규 요건들이 "성능" 법규 요건들로 대체되는 경향과 함께 전국적으로 전면적인 변화를 겪었다. 한 가지 사례가 초기법규들에서 강철구조물 구성요소에 대한 내화재료 코팅들이 지정된 방식이다. 그때는 특정 두께의 콘크리트가 지정되었지만, 내화재료를 위해 더 낮은 정하중(절대하중)과 보다 경제적인 적용방법들을 낳은 개량된 재료들이 발달함에 따라, 대신 어떤 수준의 성능을 지정하는 것으로 법규가 변경되었다. 고층 건설 재료들과 방법들에 있어서 경량의 콘크리트 바닥판(floor slabs)과 더 가벼운 바닥들보 시스템의 사용과 같은 비슷한 변화들은 더 높은 건축물들을 더 알맞은 비용으로 짓게 해 주었다. 이런 더욱 경제적이고 더 가벼운 무게의 건물 구성요소들 중 일부는 훨씬 더 무거운 엠파이어스테이트 빌딩에 견주어 두 개의 새로운 쌍둥이 건물들의 전혀 다른 성능을 초래한 요인들이었을 수도 있으며, 몇몇 비평가들은 우리가 미래의 건물들을 위하여 오래된 기술로 되돌려야 한다고 제안하였다.

그러나 50년 된 관행을 되돌리는 것이 답도 아니고 가능하지도 않다. 오히려 표준 건축법규에서 성능기준들을 유지하게 하는 것은 오늘날의 엔지니어들에게 달려 있다. 그들은 자신들이 봉사할 공공에 허용할 수 없는 위험을 끌어들이지 않고서도 비용이 알맞은 구조물을 만들어낼 것이다. 연방재난관리청(Federal Emergency Management Agency, FEMA)과 미국토목공학회의 구조공학협회(Structural Engineering Institute of the American Society of Civil Engineers)는 세계무역센터의 붕괴와 인명의 손실과 관련된 건축법규를 연구하여 결론을 내렸다. 그 결론은 충돌사고의 충격하중에 대응하여 그 구조물이 잘 작동하였고 야기된 심한 손상 후에도 계속 서 있었다는 것이다. 그런 점은 설계에 대한 검증이 되지만, 약 10,000갤런의 불타는 제트연료로 시작되어 생겨난 불에 건물 가구들과 건축자재들이 더 공급되어 구조물의 강철구조들에 온도를 너무 높게 올려서 화재방지 시스템에 역학적인 손상을 주었다. 설계와 건설의 화재방지 특징들은 최소한의 법규 요건들을 충족하거나 넘어선 것으로 알려졌지만, 그 연구는 미래의 건축법규 요건들을 위해 몇 가지 특징들에 대하여 더 상세한 평가를 권고한다. 그리고 그 권고는 바닥을 트러스 시스템으로 하면서 견고하게 하고, 출구통로 주위를 내충격성의 재료로 둘러싸며, 화재방지 시스템이 물리적 손상을 견딜 것과 출구통로들의 위치를 포함한다. 그러나 그 연구의 저자들은 "모든 구조물들을 빠르게 움직이는 항공기에 의한 충격에 따른 영향을 견디도록 설계하고 건설할 수 있는 설계 조항들을 개발하는 것이 기술적으로 실행가능하지 않을 수도 있다"고 결론을 내리면서 항공기의 충격에 대하여 구조물을 강하게 하는 구체적인 요구사항들은 권고하지 않았다.

뉴욕시 건축법규의 심각한 결점의 또 다른 예로 사례집에 있는 씨티그룹 빌딩 사례를 보라. 이 사례에서 르메쉬리에르는 그 건물의 주요 하중을 견디는 강철구조를 법규에 지정된 최악의 경우도 고려한 바람의 조건으로 설계하였지만 그 조건은 맞지 않았다. 다행히도, 르메쉬리에르는 법규에 있는 오류를 인지하여 이미 지어진 구조물을 그것에 맞도록 변경하였다. 그 법규는 나중에 정정되었다.

건축법규들은 엔지니어들에게 직접적으로 영향을 미치고 그것들을 제정할 때 엔지니어들로부터 정보를 가장 분명히 요구하는 공공정책의 측면들 중의 하나이다. 그것들은 공학적 전문지식이 공공정책의 공식화에 필요할 뿐만 아니라, 공공정책이 공학설계에 중대하게 영향을 미치는 가장 구체적이고 명확한 방법들 중의 하나라는 점을 보여준다.

6.6 위험에 대한 엔지니어의 법적 책임

우리는 위험이 추정하기 어렵다는 것과 엔지니어들이 종종 바로잡기 위한 조치를 취하지 않고 변칙들이 쌓이도록 내버려 두고, 심지어는 그런 변칙들을 수용하여 허용가능한 위험의 범위를 확장시키려 한다는 점을 보았다. 우리는 또한 위험전문가, 일반인 그리고 정부 규제기관들에 의해 드러났듯이, 허용가능한 위험의 정의에 대한 접근법이 서로 다르고, 때로는 양립할 수 없다는 사실도 보았다.

엔지니어들에 대한 윤리적이고 전문가적인 관심을 불러일으키는 또 다른 쟁점은 위험에 대한 법적 책임이다. 여기에는 최소한 두 가지 쟁점들이 있다. 하나는 불법행위법(tort law)과 과학에서의 입증기준이 달라서 이것이 흥미로운 윤리적 갈등을 만들어낸다는 점이다. 또 다른 쟁점은 불필요한 위험으로부터 공공을 보호할 때 엔지니어들 스스로 법적 책임을 질 수도 있다는 점이다. 이런 쟁점들 각각을 고찰해보자.

불법행위법의 기준

피해로부터 보상을 청구하는 소송은 아주 일반적으로 불법행위법에 호소한다. 그 법은 대개 가해자 측의 잘못이나 부주의의 결과로, 한 사람이 다른 사람에게서 당한 상해를 다룬다. 기술에 의해 피해를 입었다는 주장을 포함하는 가장 유명한 법적 소송들 중 많은 것들은 불법행위법으로 분류되어 왔다. 석면에 의한 피해와 관련된 소송이 한 예이다. 1936년에 산업용 단열재 근로자로 일하기 시작했던 보렐(Clarence Borel)[32]은 1973년에 Fiberboard Paper Products 기업을 상대로 소송을 벌였다.

> 보렐은 1969년에 석면(침착)증이라는 병으로 일을 할 수 없을 때까지 보통 텍사스의 많은 곳에서 고용되어 직장생활을 했다. 보렐은 일 때문에 단열처리용 자재에서 발생되는 높은 농도의 석면에 노출되지 않을 수 없었다. 그는 공판 전의 진술 녹취록에서, 석면을 함유하는 단열처리용 자재들을 다루는 일이 끝나고 난 후 옷들은 보통 먼지가 너무 많아서 그 옷들을 털어내지 않고서는 거의 집어 올릴 수가 없었다고 증언했다. 보렐은 "그래도 단지 아주 조금 밖에 털어내지 못하고 먼지투성이 채로 있다가 퇴근 때 콧구멍에서 이 먼지를 한 움큼씩 풀어냈어요. 심지어 나는 약간의 먼지도 내 목구멍으로 넘어가지 않도록 내 콧구멍에 멘소래담을 사용했지만, 모두 제거하는 것은 불가능했어요. 여러분의 옷들도 에어 호스로 털어내지 않는다면 계속 먼지투성이로 그대로 남아 있을 겁니다."라고 진술했다. 1964년에 의사들은 보험계약과 연계하여 보렐을 진찰하였고 폐 엑스레이가 흐릿하게 나왔다고 그에게 알렸다. 의사들은 보렐에게 그 원인이 설비 노동자로서의 직업 때문일 수 있다고 말하고서는 할 수 있는 한 많이 석면 먼지를 피하라고 충고하였다. 1969년 1월 19일, 보렐은 입원하여 폐 조직검사가 이루어졌다. 보렐의 상태는 석면폐(pulmonary asbestosis)로 진단을 받았다. 그 병은 회복될 수 없다고 여겨져 보렐은 퇴원했다. 그의 상태는 1969년의 나머지 기간 동안 점점 더 악화되었다. 1970년 2월 11일, 그는 오른쪽 폐를 잘라내기 위해 수술을 받았다. 진찰했던 의사들은 보렐이 중피종(mesothelioma)으로 알려진 일종의 폐암에 걸렸는데, 그 병은 석면(침착)증이 원인이 되었다고 결정하였다. 이 병의 결과로, 보렐은 후에 재판이 결정되기도 전에 사망했다.[33]

텍사스 연방지방법원은 보렐의 형편에 유리하게 판결했고 제5 연방순회항소법원이 그 판결을 확정했다.

불법행위법에서 입증기준은 증거의 우세이며, 이는 피고보다 원고를 위한 증거가 더 많고 더 낫다는 것을 의미한다. 원고는 반드시 다음의 사실을 보여야 한다.

> (1) 피고가 불법행위법에 의해 부과된 법적 의무를 위반했다는 사실과, (2) 원고는 불법행위법에서 보상받을 만한 상해를 입었다는 사실, (3) 피고의 법적의무 위반이 원고의 상해의 원인이 되었다는 사실, (4) 피고의 법적의무 위반이 원고 상해의 직접적인 원인이었다는 사실을 제

---

32 *Borel v. Fiberboard Paper Products Corp.* et al., 493 F.2d(1973) at 1076, 1083. Quoted in Cranor, Regulating Toxic Substances, p. 52.

33 Cranor, *Regulating Toxic Substances*, p. 58.

시해야 한다.[34]

어떤 주어진 물질이 피해의 가장 근접한 원인이라는 입증기준은 당연히 95%의 확실성을 요구하는 과학자가 따지게 되는 기준보다 덜 엄격하다. 또한 합리적인 의심 이상의 증거를 요구하는 형사소송절차의 증거기준보다 덜 엄격하다.

이런 더 낮은 증거기준을 보여주는 하나의 예로, 러바닉 대 위트코 화학회사와 몬산토사(Rubanick v. Witco Chemical Corporation and Monsanto Co)의 사례를 고찰해보자. 원고의 유일한 전문가 증인인 뉴욕의 슬론 케트링 암센터(Sloan-Kettering Cancer Center)에서 은퇴한 암 연구원은 사망한 사람의 암이 염화비페닐(polychlorinated biphenyls, PCBs)에 노출된 것이 원이이었다고 증언했다. 그는 아래의 사실을 근거로 자신의 의견을 제시했다.

> (1) 30세 이하 남성들의 낮은 암 발병률(사망한 사람은 29세), (2) 사망한 사람의 좋은 식습관과 비흡연 그리고 가족력 내의 암에 관한 유전적 소견 없음, (3) 같은 기간 동안에 위트코 근로자 105명 중 5명에게서 암 종류의 병이 발병, (4) PCBs가 인간에게 암을 일으킨다는 과학적 증거 문헌들.[35]

법정은 이 전문가에게 역학적 조사로 자신의 의견을 입증하라고 요구하지 않았다. 단지 특정 과학 분야에서의 적절한 교육, 지식, 훈련 그리고 경험과 자신의 의견에 대한 적절한 사실적 기초를 보이라고 요구했을 뿐이다.[36]

제초제 파라콰트(paraquat)를 뿌린 결과로 폐의 손상을 입었다고 주장했던 페러비(Richard Ferebee)와 같은 다른 더 잘 알려진 사례에서도 법정은 연구목적으로는 받아들여지지 않았을 인과적 주장에 대하여 증거기준으로 받아들였다.[37]

그러나 몇몇 법정은 불법행위 기준에 의한 손상의 회복을 위해 과학에서 사용된 기준들과 비슷한 더 높은 증거기준을 부과하기 시작하였다. 에이전트 오렌지(Agent Orange) 사례에서 와인스타인(Jack B. Weinstein) 판사는 주장하기를, 전염병학의 연구가 인과관계에 어떤 영향을 미치는지를 아는 유일하게 유용한 조사이고, 이런 기준에 의해서는 어떠한 원고도

---

34 576 A.2d4(N.J. Sup. Ct. A.D.1990) at 15(concurring opinion).

35 Cranor, *Regulating Toxic Substances*, p. 81. Summarized from "New Jersey Supreme Court Applies Broader Test for Admitting Expert Testimony in Toxic Case," *Environmental Health Letter*, August 27, 1991, p. 176.

36 "New Jersey Supreme Court Applies Broader Test," p. 176.

37 *Ferebee v. Chevron Chemical Co.*, 736 F.2d 11529(D.C. Cir 1984).

논거의 정당함을 입증할 수 없다고 하였다. 법률 논평가인 블랙(Bert Black)도 이와 유사한 견해를 취했다.[38] 그는 법정(즉, 판사들)이 전문가 증인의 논증을 적극적으로 면밀히 조사해서, 그것이 자세히 검토된 과학적 연구로 뒷받침되거나 적어도 견고한 과학적 지지를 받도록 요구해야 한다고 믿는다. 몇몇 사례에서 그는 판사들이 과학적 증거기준에 기초하지 않은 판결을 내린 배심원단에 반대해야 한다고 믿는다.[39]

비록 이런 견해가 불법행위법에서의 통상적인 증거규칙에서 벗어나는 것으로 나타나지만, 어떤 경우에는 피고들에게 더 공정할 수도 있다. 그 이유는 원고 측에 유리한 몇몇 판결은 피해에 대한 책임을 정당하게 입증하는 데 기초를 두지 않을 수도 있기 때문이다. 또한 불리한 점도 똑같이 명백하다. 더 높은 입증기준을 요구함으로써 법정은 종종 원고 측에 그들이 충족시킬 수 없는 증거부담을 지운다. 많은 경우에 과학적 지식은 인과적 관계들을 결정하기에 적합하지 않으며, 이것은 원고 측에 불리하게 작용할 것이다. 또한 법적 절차에서 그런 행동주의자 역할을 취하는 판사들을 격려하는 문제도 있다. 그러나 주된 윤리적 문제는 우리가 불공정하게 피해를 입었을 수도 있는 원고 측의 권리를 보호하는 데 더 많은 관심을 가져야 할 것인가, 아니면 경제적 효율을 증진시키고 피해에 대한 부당한 비난에 대항하여 피고 측을 보호하는 데 더 많은 관심을 가져야 할 것인가이다.

위의 논의가 상정하는 것은 어떤 위험이 허용가능한 것인가에 대하여 법정에서 이의가 제기된 엔지니어의 결정이다. 또한 그 주장이 어떤 위험이 허용가능한가에 대한 엔지니어의 결정을 반박하지 않지만, 오히려 그 엔지니어가 설계를 잘못했거나 혹은 위험에 영향을 미치는 몇 가지 요인들을 고려하지 않아서 허용가능한 위험보다 더 큰 위험으로 그리고 약간의 부상으로 이끌었다는 주장들도 가능하며, 아마 더 일반적일 수 있을 것이다.

불법행위법이 안고 있는 몇 가지 문제들

불법행위법에서 근접한 원인이 규명될 수 있다는 겉으로 드러난 편의성은 법정이 더욱 엄격한 허용가능한 위험의 기준을 도입해야 한다는 점을 제안할 수도 있다. 그러나 그 법의 다른 측면들은 그것이 마땅히 해야 하는 것보다 대중을 보호하지 못한다. 예를 들면, 법적 책임이라는 위협은 엔지니어들이 대중을 위험으로부터 적절히 보호하지 못하도록 할 수 있

38 Bert Black, "Evolving Legal Standards for the Admissibility of Scientific Evidence," *Science*, 239, 1987, pp. 1510-1512.

39 Bert Black, "A Unified Theory of Scientific Evidence," *Fordham Law Review*, 55, 1987, pp. 595-692.

다. 자영업을 하고 있는 엔지니어들은 법적인 책임과 위험에 관한 특별히 어려운 고려사항에 마주칠 수도 있으며, 어떤 경우에는 그들이 법적 책임으로부터 더 많은 보호를 필요로 할 수도 있다.

예를 들어, 기초공사, 파이프라인 또는 하수관을 매설하기 위해 땅을 파는 공사에서의 안전 쟁점들을 고찰해보자.[40] 깊고 가파른 면이 있는 도랑은 원래 불안정하다. 조만간 측면 벽이 붕괴할 것이다. 도랑의 벽이 붕괴하기 전까지 버틸 수 있는 시간은 몇 가지 요인들, 이를테면 절개면의 길이와 너비, 기후조건, 토양의 습도, 토양의 성분, 굴착방법 그리고 근처에 무겁고 진동을 일으키는 장비의 존재 등에 달려 있다. 깊은 도랑에서 일하는 사람들은 상당한 위험에 빠져 있으며, 매년 수백 명의 노동자들이 벽이 무너져 부상을 당하거나 사망한다.

위험을 줄이기 위해서 건설 엔지니어들은 설계에서 트렌치박스의 사용을 명시할 수 있다. 트렌치박스는 노동자들을 보호하기 위해 도랑 안쪽에 끼워져 있는, 뒤집은 U자형 횡단면을 갖는 긴 박스이다. 노동자들이 트렌치박스 안에서 일을 하는 동안은 사망이나 부상의 위험이 크게 줄어든다.

불행히도 트렌치박스의 사용은 건설 프로젝트에 들어가는 비용과 시간을 상당히 증가시킨다. 박스를 구입하거나 대여한 뒤, 굴착이 진행되면 옮겨야 하고, 건설작업의 지연과 추가비용을 더해야 한다. 게다가 트렌치박스들을 다루는 것이 관련된 노동자들에게 또 다른 부상의 위험을 초래한다. 엔지니어들은 트렌치박스의 사용과 관련하여 난처한 입장에 서게 된다. 그 박스가 건축법규에 의해 요구되지 않는 곳에서는 특히 그러하다. 만일 그들이 박스의 사용을 명시하지 않는다면, 노동자들을 높은 사망과 부상의 위험에 빠지는 상황으로 몰아넣게 될 수도 있다. 만일 그들이 박스의 사용을 명시한다면, 트렌치박스의 사용으로 말미암아 사고가 생길 경우에 법적 책임을 질 수도 있다. 이와 같은 상황을 염두에 두고, 미국기술사회(NSPE)는 미국 의회에 엔지니어들이 건설 안전조치들을 명시하지만 다른 사람들에 의해 부적절하게 사용되거나 사용되지 않은 탓으로 일어난 사고들에 대한 법적 책임으로부터 그들을 특별히 면제해주는 법을 통과시키려고 적극 로비활동을 벌여 왔다. 이것은 엔지니어들이 노동자들의 안전을 더 효과적으로 보호할 수 있게 해줄 것이다. 불행히도 그 제안

---

40 See R. W. Flumerfelt, C. E. Harris, Jr., M. J. Rabins, and C. H. Samson, Jr., Introducing Ethics Case Studies into Required Undergraduate Engineering Courses, Final Report to the NSF on Grant DIR-9012252, November 1992, pp. 262-285.

들은 결코 법으로 제정되지 않았다.

트렌치박스의 문제는 더 일반적인 쟁점을 보여준다. 만일 엔지니어들이 방임이나 부적절한 사용에 대한 책임을 지지 않고 안전조치들을 명시하지 않아도 된다면, 그들은 공중을 안전하게 보호해야 하는 책임의 한 측면을 더 쉽게 수행할 수 있다.

법적 책임으로부터 엔지니어들을 보호하기

엔지니어들은 불법행위법 아래에서 부상이나 손상에 대한 법적 책임에 관하여 두 가지 문제에 직면한다. 첫째, 그들은 자신이 허용할 만하다고 여겼지만 이후에 어떤 부상을 초래했던 위험에 대한 자신의 평가와 관리를 옹호해야 할 수도 있다. 둘째, 그들은 자신이 몇 가지 계산에 있어서 실수를 했거나 위험의 어떤 측면을 제대로 고려하지 못했다는 주장에 대항하여 자신의 업무를 변호해야 할 수도 있다. 어떤 유형의 주장에 대항하는 효과적인 변론에는 공학설계와 관리결정에 대한 뛰어난 경력이 필요하다. 실수들이 생겨나지 않고 중요한 쟁점들이 간과되지 않았음을 보여줄 수 있도록 각 회의나 대화의 핵심을 기록하는 근무일지가 매우 유용할 수 있다. 그리고 과실태만 책임보험계약("errors and omissions" insurance policy)의 구입도 그런 실수나 누락이 피해를 초래하는 경우들을 위한 보장으로 중요하다. 어쨌든 책임있는 엔지니어는 실수나 간과로 이어지는 피해나 부상을 보상하고 싶어 할 것이다.

또한 엔지니어들이 태만하고 무능하다는 주장에 대응하기 위해서는 불법행위법에서 요구되는 "배려의 기준(standard of care)"을 이해하고 고수하는 것이 중요하다. 배려의 기준은 공학의 의사결정을 위한 하나의 법적 기준으로, 주어진 분야에서 자격증이 있는 엔지니어들이 개업하여 수행하는 통상적인 기량, 능력 그리고 근면으로 정의된다. 배려의 기준에 따라 엔지니어들이 완벽하거나 실수가 없으리라 기대하지 않는다. 오히려 같은 일에 연관되어 있는 다른 사업자들만큼 유능하고 세심할 것으로 기대한다. 부주의 측, 특히 다른 사업자들과 동일한 근면성을 발휘하지 못하는 것은 법적 책임을 규명하는 데 중요한 요인이다. 또한 중요한 것은 공학 서비스를 장려할 때 배려의 기준을 깨닫는 것이다. "최첨단(leading edge)"과 같은 그런 형용사들을 사용하거나 혹은 "업계 최고의 전문성 기준"이라고 홍보하며 자신의 서비스를 설명하는 엔지니어는 고객이 더 높은 배려의 기준을 기대하는 것이 정당하다는 주장을 제기할 수 있다.

6.7 위험에 관하여 책임 있는 엔지니어 되기

위험에 대하여 윤리적으로 책임을 다하는 과정의 첫 번째 단계는 위험이 종종 추정하기 어려우며 미묘하고 신뢰할 수 없는 방식으로 증가될 수 있다는 사실을 깨닫는 것이다. 두 번째 단계는 허용가능한 위험을 결정짓는 데 다른 접근법들이 있다는 것을 아는 것이다. 특히 엔지니어들은 위험에 대한 자신의 접근법을 정량화하려는 강한 편견이 있어 일반 대중의 관심과 정부 규제기관들 관심조차도 충분히 지각하지 못하게 할 수도 있다. 세 번째 단계는 대중과 정부 규제기관들이 위험에 관하여 약간 다른 행동지침을 가지고 있다는 점을 충분히 깨달아 과학기술의 전문가로서 위험에 관한 쟁점들을 대중과 소통해야 할 책임을 떠맡는 것이다.

우리는 허용가능한 위험의 원칙을 공식화하려는 시도로 끝마치고자 한다. 이 원칙을 공식화하기 위하여 위험에 대한 몇 가지 법적 논의를 좀 더 고찰해보자.

법은 위험과 편익에 대하여 두 갈래로 나타나는 것 같다. 한편으로, 어떤 법들은 이 두 가지의 균형을 맞추려고 시도하지 않는다. 1958년에 제정된 음식, 의약, 화장품 법령(Food, Drug and Cosmetics Act, FDCA)의 화학 식품첨가제 수정조항은 "안전하지 않다고 여겨지는" 화학물질은 "안전하게 이용될" 수 없다면 음식에 첨가되어서는 안 된다고 요구한다.[41] 안전한 사용이란 음식에 첨가하는 화학물질이 "무해할 것"이라는 의미로 상원 노동공공복지위원회(Senate Committee on Labor and Public Welfare)에서 정의되었다.[42] 잘 알려진 딜레이니(Delaney) 수정조항도 동물이 삼켰을 때 암을 일으키는 것으로 알려진 어떤 화학물질을 음식에 첨가하지 못하게 금한다.[43]

다른 한편으로, 공공의 복지와 개인들의 권리 사이에 균형을 유지하려는 시도가 흔히 있다. 1976년의 유해물질규제법령(Toxic Substances Control Act, TOSCA)은 "건강이나 환경에 대한 상해를 일으킬 불합리한 위험"이 있는 화학물질은 어떤 것이라도 규제하도록 환경보호청(EPA)에 권한을 위임했다.[44] 그러나 단지 규제를 야기하는 것은 "불합리한 위험"일 뿐이다. 그래서 어느 정도의 위험은 분명히 용인된다. 하원 상업위원회의 보고서는 이런 균형을

41 Public Law No. 85-929, 72 Stat. 784(1958).

42 Senate Report No. 85-2422, 85th Congress, 2nd Session(1958).

43 c21 United States Code, sect. 348 (A)(1976).

44 Public Law No. 94-469, 90 Stat. 2003(1976). "불합리한 위험"에 대한 동일한 기준에 관해서는 Flammable Fabrics Act, Public Law No. 90-189, Stat. 568(1967)를 보라.

맞추는 과정을 다음과 같이 묘사한다.

> 피해가 발생할 확률과 그 피해의 크기와 심각성이 제안된 규제조치가 그 물질 또는 혼합물의 이익이 사회의 유용성에 미치는 영향에 균형을 맞출 것, 규제를 필요로 하지 않는 물질 또는 혼합물의 대체물질의 유용성, 그리고 그런 제안된 조치가 사회에 미칠 수도 있는 다른 역효과를 고려할 것.

이렇게 말하면서, 그 보고서는 계속해서 "위험들에 … 그리고 사회의 비용들에 금전적인 가치가 부여되어 있는 공식적인 비용-편익 분석"이 필요하지 않다고 말한다.[45]

1954년의 원자력 법령은 계속해서 "공공의 건강과 안전"을 언급하지만, 이 용어들을 정의하려고 거의 시도하지 않는다. 그러나 원자력규제위원회(Nuclear Regulatory Commission, NRC)의 규정들은 "과도한 위험 없이"라는 표현을 사용하고 있어 위험과 이익의 균형을 맞추는 것을 다시 제안하는 듯이 보인다.[46] 실제로 한 법률 논평가의 말에서, 특히 초기에, "위험의 허용가능성은 기술의 지속적인 발전에 도움이 되는 경제적, 재정적 환경을 위태롭게 하지 않고 위험을 줄일 수 있는 정도로 측정된다."고 했다.[47] 다시 우리는 개인에 대한 보호와 공공복지의 증진 사이에서 균형을 맞추려고 시도한다.

때때로 이 두 접근법 간의 충돌은 하나의 논쟁에서 분명히 나타난다. 벤젠의 노출을 수반하는 작업장 문제를 판결한 대법원의 사례에서, 직업안전보건국(OSHA)은 본질적으로 인간존중의 관점을 취하여 벤젠에 대한 일정 수준의 노출이 암을 일으키지 않는다는 것을 증명하는 입증부담은 산업체에 있어야 한다고 주장했다. 직업안전보건국에 대한 비판에서 현재의 기준이 노동자들에게 피해를 초래하지 않는다는 증거에 비추어 위험은 보다 더 엄격하게 기준을 평가하는 것에 따르는 편익과 비교하여 균형이 맞추어져야 하며, 보다 엄격한 기준이 정당하다는 것을 보이는 입증부담은 직업안전보건국에 있다고 대법원은 논평했다.[48]

이런 고려사항들을 고려해 볼 때, 우리는 허용가능한 위험의 보다 일반적인 원칙을 구성할 수 있다. 그 원칙은 언제 어떤 위험이 도덕적 허용가능성의 한계 내에 있는지를 결정하는 데 몇 가지 지침을 제공할 수도 있다.

---

45 Public Law No. 83-703, 68 Stat. 919(1954), 42 United States Code 2011 et. seq.(1976).

46 10 CFR 50.35 (a) (4).

47 Harold P. Green, "The Role of Law in Determining Acceptability of Risk," in *Societal Risk Assessment: How Safe Is Safe Enough?*(New York: Plenum, 1980), p. 265.

48 *Industrial Union Department, AFL-CIO v. American Petroleum Institute* et al., 448 U.S. 607(1980).

> 사람들은 기술의 해로운 영향들로부터 보호되어야 한다. 특히 그 피해가 동의를 얻지 못할 때나 그것이 부당하게 분배될 때는 더욱 그러하다. 단, 이런 보호는 때때로 다음의 두 가지와 균형이 맞추어져야 한다. (1) 크고 대체할 수 없는 편익을 보존할 필요, (2) 고지된 동의를 얻을 수 있는 우리 능력의 한계.

이 원칙은 위험을 수반하는 상황에 기계적으로 적용될 수 있는 알고리즘을 제공하지 않는다. 이것을 사용하는 데 많은 쟁점들이 생긴다. 각각은 그 자체의 장점들로 고려되어야 한다. 우리는 이 원칙을 적용하는 데 생기는 쟁점들 중 몇 가지를 열거할 수 있다.

첫째, 우리는 우리가 피해로부터 사람들을 "보호한다"는 것이 무엇을 의미하는지를 정의해야 한다. 이것은 사람들이 어떤 형태의 기술은 위험이 없다고 확신하는 것을 의미하지 않는다. 기껏해야 "보호"는 그냥 피해의 확률로 공식화될 수 있을 뿐이며, 우리는 이것조차도 상당히 잘못되기 쉽다는 것을 알게 되었다.

둘째, 많은 논쟁들이 무엇이 피해를 구성하는지에 관하여 생겨날 수 있다. 악취가 나는 냄새를 하루 종일 맡는 것이 피해일까? 양조장이나 하수처리장에서 일하는 노동자들은 어떨까? 여기서 악취는 제거될 수 없으므로 어떤 피해가 제거되어야 하느냐는 질문은 그 피해가 동시에 다른 좋은 것들을 제거하지 않고도 제거될 수 있는지에 대한 질문과 분리될 수 없다.

셋째, 무엇이 크고 대체할 수 없는 편익을 구성하는지에 대한 결정은 특정한 상황의 맥락 속에서 이루어져야 한다. 냉동된 야채들의 색깔을 더 강렬하게 만드는 식품첨가제는 크고 대체할 수 없는 편익이 아니다. 만일 그런 첨가제가 강력한 발암물질임을 알게 된다면, 그것을 제거해야 한다. 다른 한편으로 대부분의 사람들은 자동차를 아주 소중하게 여겨서 자동차 사고로 말미암은 사망과 부상의 가능성에도 불구하고 아마도 그것이 없어지기를 원치 않는다.

넷째, 우리는 이미 고지에 입각한 동의를 결정하는 데 생기는 어려움과 많은 상황에서 고지에 입각한 동의를 얻는 한계들을 지적해왔다. 인간존중의 윤리의 관점에서 고지에 입각한 동의는 큰 중요성을 가진 고려사항이다. 그러나 종종 해석하고 적용하기가 어렵다.

다섯째, 피해의 부당한 분배에 대한 판단기준도 적용하기 어렵다. 위험과 연관된 어떤 피해들은 아마도 부당하게 분배된다. 예를 들어, 제대로 건설되지 않았거나 감시되지 않는 유독성 산업폐기물 처리장에 인접해 있는 것과 연관된 위험들은 부당하게 분배되어 있다. 석탄채굴과 연관된 위험들 역시 부당하게 분배된 것으로 볼 수 있지만, 석탄으로부터 나오는 에너지는 크고 대체할 수 없는 편익으로 생각될 수도 있다. 그래서 석탄산업에 위험을 줄이라는 요구는 석탄산업을 무너뜨리지 않고 석탄채굴의 위험들이 가능한 많이 줄어들어야 하는 것일 수도 있다. 이것은 석탄채굴을 안전하게 할 만큼 충분히 석탄의 가격을 올려서 경제적으로 더 많이 보상해 줄 것을 요구한다.

여섯째, 어떤 주어진 시점에서의 허용가능한 위험은 다른 시점에서는 허용가능한 위험이 아닐 수도 있다. 설계의 책임을 진 엔지니어뿐만 아니라 운용상의 책임을 진 엔지니어들은 공공의 건강과 안전을 보호해야 할 의무를 진다. 이런 의무는 엔지니어들이 새로운 위험이 출현할 때 혹은 위험의식이나 허용가능성이 변할 때, 혹은 기술의 혁신이 알려진 위험들을 더 많이 줄여 줄 때조차도 위험을 줄일 것을 요구한다. 이런 의무를 후쿠시마 원자력 발전소의 운영자들 혹은 규제기관들은 인지하거나 이행하지 않았다. 그래서 쓰나미 위험에 대한 향상된 예측이 대책으로 이어지지 못했다.

6.8 요약

위험은 공학의 일부이며 특히 기술의 진보의 일부를 이룬다. "안전계수"의 개념은 공학에서 중요하다. 실제로 모든 공학 강령들은 안전에 최고의 지위를 부여한다. 엔지니어들과 위험 전문가들은 사회의 여느 사람들과는 약간 다른 방식으로 위험을 본다. 엔지니어에게, 위험은 피해의 확률과 크기의 곱이다. 위험의 허용가능한 수준은 공공정책을 나타내며, 일반적으로 실무수행 이력에 기초하여 전문가 집단에 의해 결정된다. 허용가능한 위험들은 건축법규나 설계기준 혹은 표준화된 운용실무에서 수행된다. 다른 지침이 유용하지 않을 때, 허용가능한 위험은 편익의 확률과 크기의 곱이 피해의 확률과 크기의 곱과 같거나 초과하며 편익의 확률과 크기의 곱이 실제로 더 큰 다른 선택이 존재하지 않는 위험으로 정의될 수도 있다. 하지만 이 접근법은 위험의 분배에 있어 용납할 수 없는 불평등을 초래할 수도 있다. 피해와 편익을 계산할 때, 엔지니어들은 전통적으로 비교적 쉽게 정량화되는 요인들, 즉 경제적인 손실과 인명손실을 피해와 동일시했다. "역량" 접근법은 이런 계산들을 더 세련되게 만들어 재난으로부터 전체의 안녕에까지 피해와 편익을 측정하는 더 적절한 방법을 발전시키려고 한다. 그리고 역량 접근법은 사람들이 가치 있는 종류의 삶을 사는 것을 역량으로 정의한다. 위험으로 인한 부작용이 원칙적으로 허용가능한 역량달성의 최소 수준의 한계점 아래로 떨어질 확률이 충분히 작다면, 위험은 허용가능하다.

대중은 위험을 예상된 사망이나 부상에 따라 단순히 개념화하지 않고, 오히려 다른 요인들, 즉 문제가 되는 피해가 받아들이기 어려울 정도로 심각한지, 위험이 고지에 입각한 자유로운 동의와 함께 분배되는지 또는 그 위험이 공정하게 부과되는지와 같은 그런 요인들 역시 고려한다. 정부 규제기관들은 위험에 대한 다른 접근법을 여전히 취하고 있는데, 그 이유는 피해로부터 공공을 보호해야 하는 특별한 의무를 지고 있기 때문이다. 그 결과 그들은 공공에 혜택을 주는 것보다 공공을 보호하는 것에 더 큰 비중을 둔다. 이런 다른 행동지침의 견지에서 사회정책은 위험전문가의 관점보다 더 폭넓게 고려해야 한다.

엔지니어들은, 그리고 특히 전문직 공학협회는 위험에 관한 공적인 논의에 기여해야 하는 책임이 있기 때문에 전문적인 정보를 제공해야 할 뿐 아니라 공적인 논의에서의 관점들이 위험전문가의 관점만으로 구성되지 않을 것이라는 점을 인지해야 한다. 건축법규에 대한 논의들은 위험에 대한 이런 공적 논의의 몇몇 측면들을 보여준다.

피해의 원인과 가능성을 추정하는 것은 많은 어려움을 제기한다. 엔지니어들은 고장 예측 계통도와 사건발생 계통도와 같은 여러 기법들을 사용한다. 그러나 "조밀한 결합"과 "복잡한 상호작용"과 같은 현상들 때문에 재난을 예측하는 우리의 능력이 제한된다. 실행 과정에서 기대되는 성과로부터 일탈이 늘어나는 것을 수용하려는 경향도 역시 재난으로 이끌 수 있다.

엔지니어들은 위험에 대한 과도한 법적 책임으로부터 자신을 보호할 필요가 있지만, 이러한 필요가 때로는 사회정책에 중요한 쟁점들을 제기한다. 한 가지 쟁점은 과학의 기준과 불법행위법의 기준 간의 충돌이다. 어떤 것이 피해를 야기하는지에 대한 불법행위법의 입증기준은 더 우세한 증거이지만, 과학에서의 증거기준은 훨씬 더 높다. 보다 낮은 불법행위법의 기준은 부당하게 피해를 입었을 수도 있는 원고 측의 권리를 보호하는 경향이 있고, 더 높은 과학의 기준은 피고 측을 보호하고 아마도 경제적인 효율성을 증진시키는 경향이 있다. 피해로부터 공공을 보호하는 동시에 부당한 법적 책임들로부터 스스로를 보호하는 데 있어 엔지니어들이 갖는 문제점들은 트렌치박스 사용에 의한 예시로 설명된다. 끝으로 허용가능한 위험의 원칙은 어떤 위험이 도덕적 허용가능성의 범위 내에 있는지를 결정할 때 어떤 지침을 제공한다.

CHAPTER 7

공학과 환경

이 장의 주요 생각들

- 현대적 환경운동은 1960년대와 1970년대에 시작되었다. 이 움직임은 세계적으로 법과 정책뿐 아니라 공학실무에도 영향을 주었다.
- 수명주기 분석(LCA, life cycle analysis)은 환경에 영향을 주는 많은 종류의 공학에 유용한 도구이다.
- 지속가능성이라는 이상은 여러 형태를 취하는데, 대부분 현재세대와 미래세대를 위해 그리고 개발도상국의 경제적 발전을 위해 지구의 자원을 고려할 것을 요구한다.
- 기업들은 환경문제에 대한 우려에 대해 여러 가지의 태도를 취하지만, 어떤 기업들은 진정으로 발전적인 태도를 보이기도 한다.
- 엔지니어가 환경문제에 대해 관심을 갖도록 동기부여를 한다는 점에서, 자연에 대한 존중이라는 전문직의 덕목은 함양될 필요가 있다. 지속가능한 세상을 위한 엔지니어회(Engineers for a Sustainable World, ESW) 등의 단체에서 활동하는 학생들은 아마 이런 덕목을 이미 갖췄을 것이다.

콜로라도주립대(CSU) 기계공학과의 윌슨(Bryan Willson) 교수는 엔진 및 에너지 보존 연구소(EECL), 청정에너지 슈퍼클러스터의 창립자이자 소장이다. 그는 또한 Envirofit International의 공동창립자이고, 조류(algae) 기반의 바이오연료 대량생산 시스템을 개발하는 Solix Biofuels의 공동창립자이자 최고기술전략가이다. 윌슨은 수백 명의 대학원생 제자들의 학비를 대주었고, 과학 월간지인 *Scientific American*이 선정한 "과학이 인류를 위해 발전하도록" 하는 데 중요하게 기여한 10인의 과학자에 꼽히기도 했다.[1] *Scientific American*에 의하

1 "Scientific American 10: Guiding Science for Humanity," *Scientific American*, June 2009.

면 그의 연구실은 인도나 필리핀의 가정에서 쓸 수 있는 실내용 오븐을 개발했는데, 이 오븐은 일산화탄소나 벤젠 등의 해로운 유해가스 배출을 줄이고, 연료를 덜 사용하며, 더 빨리 가열되고, 약 10달러에서 40달러 사이의 가격에 구입할 수 있다. 그의 학생들은 오토바이 택시용 체결용품 세트를 개발해 아프리카, 인도, 필리핀 등지에서 연료효율을 35%까지도 증가시킬 수 있도록 하였다. 윌슨의 연구실에서 파생된 비영리단체인 Envirofit은 이 세트를 약 200달러의 가격에 필리핀에서 판매한다. 그의 다른 프로젝트로는 조류기반 연료를 포함하여 바이오매스로부터 유도된 연료를 개발하는 것, 1마력에서 2,500마력으로 엔진의 효율을 높이고 배기가스를 감소시키는 것, 대규모 스마트그리드 기술을 구현하는 것 등이 있다. 윌슨의 연구실은 "인류에 이익이 되고 세계에 긍정적인 영향을 미칠 수 있는 혁신적인 에너지 솔루션과 사업모델을 만드는 것"을 미션으로 한다.[2]

7.1 서론

위의 예시에서 알 수 있듯이, 윌슨의 프로젝트 중 다수는 크게 두 가지의 주제에 속한다. 한 가지는 환경친화적인 공학기술을 육성하는 것이고, 다른 한 가지는 전 세계의 가난하고 소외된 계층을 돕는 것이다. 이 책의 주요 주제는 엔지니어들이 인류의 안녕을 증진하는 책임을 자청했다는 것이다. 환경이 안녕에 미치는 영향을 생각할 때, 이 두 가지 주제는 밀접하게 관련되는 경우가 많다. 이 장에서 우리는 윌슨의 환경에 대한 관심을 주의 깊게 살펴볼 것이다. 기술이 환경에 미치는 영향은 엔지니어의 주요 관심사여야 한다. 이는 엔지니어가 모든 전문직을 통틀어 환경에 가장 많은 영향을 끼칠 수 있기에 더더욱 그러하다.

대체로 엔지니어들에 의해 발전해 온 기술은 대기오염, 수질오염부터 습지의 파괴, 독성 화학물질 등 확실히 많은 환경문제를 야기해왔다. 다른 한편으로 엔지니어들은 기존 기술을 수정하거나 새 기술을 개발해 이러한 부정적 영향을 막고 환경과 인간의 삶의 질을 개선할 수 있는 기회를 자주 가진다. 엔지니어들이 환경문제의 유발에 기여한 측면이 있다면, 그 문제의 해결에도 기여할 수 있다는 것이다.

2 http://www.eecl.colostate.edu/1Mpact/

7.2 현대적 환경운동의 발전

《침묵의 봄》과 지구의 날

현대적 환경운동이 언제 어떻게 시작되었는지에 대해서는 논쟁의 여지가 있으나, 1962년 9월 27일 출간된 카슨(Rachel Carson)의 저서 《침묵의 봄(*Silent Spring*)》이 환경운동 초창기의 주요한 지점이었다는 데에는 이견이 없을 것이다. 첫 장인 "내일을 위한 우화"는 디디티(DDT) 살충제로 인해 악영향을 받은 미국의 한 목가적인 시골마을에 대한 가상의 이야기를 다룬다. 마을 사람들은 살충제가 그들의 세계를 위협하기 전까지 정말 행복한 삶을 살았다.

> 그런데 어느 날 낯선 병이 이 지역에 퍼지기 시작했고, 모든 것이 달라졌다. 마을에 어떤 사악한 저주가 내린 것 같았다. 닭들은 원인 모를 병에 걸렸고, 소와 양 떼도 시름시름 앓다가 죽어 나갔다. 마을 곳곳에 죽음의 그림자가 감돌았다. 농부들은 가족들의 잦은 병치레를 걱정하였다. 시내 의사들은 처음 보는 병에 걸린 환자들이 내원하자 어리둥절했다. 갑작스럽고 원인을 알 수 없는 죽음이 곳곳에서 보고되었다. 이는 어른들에게만 국한된 일이 아니어서, 아이들이 놀이를 하다가 갑자기 고통을 호소하더니 단 몇 시간 만에 숨을 거두는 일도 있었다.
>
> 이상한 정적이었다. 새들은 도대체 어디로 사라진 것일까? 마을 사람들은 이 현상에 대해 의문과 일말의 불편함을 표시하였다. 뒤뜰에 설치해 둔 새 모이통은 이제 휑하였다. 간혹 새가 목격되는 경우엔, 날지 못하고 바들바들 떨고 있는 숨을 거두기 직전의 상태였다. 어떤 소리도 들리지 않는 고요한 봄이었다. 여명을 알리던 울새, 개똥지빠귀, 비둘기, 어치, 굴뚝새 그리고 수많은 다른 새들의 합창이 사라진 아침은 적막했다. 오로지 침묵만이 들판과 숲과 습지에 내려앉았다.[3]

이 드라마틱한 도입부가 책 제목의 소재가 되기는 했지만, 살충제와 특히 그중에서도 DDT가 환경에 미치는 영향을 세세히 각주를 달아가며 기록한 책의 전반적인 내용을 대표하지는 않는다. 해양생물학자인 카슨은 《침묵의 봄》, 《우리를 둘러싼 바다(*The Sea Around Us*)》 등의 저서에서 빼어난 글솜씨를 통해 자연에 대한 애정을 불러일으킴과 동시에 그동안 우리 인간이 환경에 입힌 피해에 경악하게 만든다. 카슨은 우리는 우리가 사랑하는 것만을 보호한다고 믿었고, 그래서 자연을 사랑하게 만드는 것이 그녀의 목적 중 하나였다. 이 책은 살충제 사용금지를 주장하지는 않았지만, 화학산업계와 다른 단체들의 항의를 불러 일으켰다. 카슨을 비판하는 자들은 재빠르게 DDT의 장점을 언급했는데, 그중 하나는 제2차 세계

---

3 Rachel Carson, *Silent Spring*(Greenwich, CT: Fawcett Publications, 1964), pp. 13-14.

대전 당시 미군을 말라리아로부터 보호하는 데 일조했다는 것이었다. 그럼에도 불구하고 이 책은 대중에게 어마어마한 영향을 끼쳤고, 아마 그것은 미국 남북전쟁 직전 "톰 아저씨의 오두막(*Uncle Tom's Cabin*)"이 북부가 노예제 반대에 대해 한목소리를 낼 수 있도록 영향을 준 것과 비슷한 양상이라 할 수 있을 것이다.[4]

어떤 이들은 환경운동의 시작점을 《침묵의 봄》 출간일이 아니라, 지구의 날이 처음으로 제정된 1970년 4월 27일로 보기도 한다. 지구의 날은 위스콘신주 출신의 넬슨(Gaylord Nelson) 상원의원이 제안하였다. 당시 깨끗한 환경을 위해 첫 번째 지구의 날에 시위에 나선 사람의 수는 2,000만 명을 넘었다. 그해 말, 미국환경보호청(Environmental Protection Agency, EPA)이 설립되고 대기오염방지법(Clean Air Act)이 제정되었다. 앞으로 의회에서 제정될 많은 환경관련 법률 중 첫 번째였다.

7.3 환경관련 법령 및 정책

미국의 환경관련 법령

공학적 관점에서 환경을 바라볼 때 반드시 법체계에 대한 고려가 포함되어야만 한다. 엔지니어는 자신의 이익을 위해서라도 환경관련 법령에 대해 알아야 할 이유가 있는데, 바로 문제의 소지를 피하기 위해서다. 그렇지만 업무상 환경과 관련된 부분들을 적절하게 처리하기 위한 직업적인 이유도 있다. 미국에서는 환경관련 법령이 각 주마다 다르기 때문에, 연방법에 초점을 두기로 하자. 미국 연방환경법의 주요 주제들을 아래에서 간단히 요약한다.

대부분의 연방환경법은 공해를 예방하는 것에 초점을 둔다. 1969년 의회는 역사상 가장 중요하고 영향력 있는 환경관련 법령이 된 국가환경정책법(National Environment Policy Act, NEPA)을 통과시켰다. 의회는 또한 위 법령의 집행기구로 환경보호청(EPA)을 설립하였다. 이 법은 미국의 각 주에서 환경관련 법령을 입법하는 데 있어 본보기로 여겨졌을 뿐 아니라, 다른 국가에도 영향을 주었다. 이 법은 "인간과 자연환경 간의 생산적이고 즐거운 조화를 도모하는 국가정책"의 시작을 알렸고, "모든 미국인에게 안전하고 건강하고 생산적이며, 미적으로 그리고 문화적으로 만족스러운 환경을 보장하려는" 시도를 담고 있다.[5]

---

4 참조: "The Story of Silent Spring" at www.nrdc.org/stories/story-silent-spring and "How 'Silent Spring' Ignited the Environmental Movement," *New York Times Magazine*, https://nyti.ms/P3yGKz.

5 42 United States Code [USC] sect. 4331(1982) note 20.

가장 잘 알려진 규정 중 하나는 환경영향평가에 관한 것으로, 이 조항은 연방기관의 결정이 환경에 영향을 미칠 때 요구된다. 이 평가는 복잡한 동시에 포괄적이며, 어떤 프로젝트가 환경에 미칠 수 있는 거의 모든 경우의 수를 포함한다. 널리 알려진 것과는 다소 다르게, 평가의 범위는 프로젝트가 자연환경과 구축된 환경 모두에 미치는 영향을 포함한다. 대기와 수자원의 양과 질, 유해폐기물의 생성, 에너지, 동식물, 멸종위기종, 범람원, 연안지역, 지질학, 습지 등 자연환경에 미치는 영향과 함께, 사적이나 고고학 유적지, 경제적 쟁점, 인접지역, 소음, 교통 등 구축된 환경에 미치는 영향을 함께 분석할 것을 요구한다. 또한 평가의 범위, 즉 예를 들면 영향평가의 분석대상이 된 대지의 크기 등에 대한 설명도 반드시 포함되어야 하며, 프로젝트 수행의 방법에 어떤 대안이 있었는지, 그리고 부정적 영향을 어떻게 제거할 수 있을지에 대한 내용도 요구된다. 또한 대중으로부터 의견을 받는 것도 필수적인데, 공청회나 이의제기에 대한 평가가 이에 해당된다.[6] 1970년 제정된 대기오염방지법이나 1976년 제정된 자원보전복구법(Resource Conservation and Recovery Act, RCRA) 등은 환경 분야에 있어 연방정부의 사법권을 확대시켰다.

환경에 관한 법령 중 1990년에 제정된 공해방지법(Pollution Prevention Act)을 살펴볼 필요가 있다. 이 법령은 공해방지를 국가적인 목표로 수립한 예라 할 수 있다. 이 법에 따라 EPA는 오염원을 줄이기 위한 전략을 개발하고 실행해야 한다. 이는 단순히 오염물질이 생기면 이를 관리하는 것에 초점을 두는 다른 법령들과 뚜렷이 구별되는 지점이다. 이 법은 공해방지를 가장 바람직한 방안으로 내세우며, 그 다음으로 재활용, 처리, 폐기 등의 순서로 대책을 세워나간다.

환경관련 법령을 해석하는 문제에 있어, 법원은 주로 양극단의 중간 지점을 택하고 있는 듯하다. 한편으로는 작업장에서의 벤젠 허용치에 관한 유명한 대법원 판결이 보여주듯이, "안전함"이 "위험 없음"을 의미하지는 않는다.[7] 다른 한편으로는 워싱턴 D.C. 순회법원의 1986년 판결이 보여주듯, 산업에 부과되는 일정한 비용은 그것이 성취하는 안전의 수준과 '지나치게 불균형적'이지 않는 이상 환경보호를 위해 용인될 수 있다.[8]

---

6 Betty Bowers Marriott, *Environmental Impact Assessment*(New York: McGraw-Hill, 1997).

7 *Industrial Union Dept. AFL-CIO v. American Petroleum Institute*, 448 US 607, 642(1980).

8 *Natural Resources Defense Council v. EPA*, 804 F.2d 719(DC Cir. 1986).

국제사회의 환경관련 정책 및 법령

많은 환경관련 문제들은 개별 국가에 의한 해결이 어렵다. 여러 국가, 또는 가급적이면 전 세계 사람들이 합심하여 노력해야만 한다. 이러한 문제의 예로는 인구증가, 생물다양성, 오존층 파괴, 남극의 운명, 대양오염과 해양생태계에 대한 위협, 국경을 초월한 대기 및 수질 오염, 사막화 등이 있다. 이러한 문제에 대한 우려가 시작된 것은 미국에서 환경에 대한 의식이 고취되기 시작할 무렵이었다.

국제사회의 환경에 대한 관심은 국제연합(UN)이 1972년 스톡홀름에서 개최한 유엔인류환경회의(United Nations Conference on the Human Environment, UNCHE)를 그 시작점으로 봐도 무방할 것이다. 이를 기념하기 위해 세계 환경의 날이 제정되었다. 당시 스웨덴은 다른 나라들로부터 기인된 환경오염으로 골머리를 앓고 있었다. 스톡홀름 회의는 재생가능한 자원을 생산하고 재생불능 자원은 공유할 것, 야생 동식물을 보호할 것, 오염발생의 수준을 환경이 자정작용을 할 수 있는 한도 아래로 조절할 것 등의 원칙을 강조하였다. 또 하나의 중요한 국제회의는 1992년 브라질 리우데자네이루에서 개최된 유엔환경개발회의(United Nations Conference on Environment and Development, UNCED)이다. 이 회의의 주요 주제로는 지속가능한 개발, 환경영향평가, 공해유발자 부담의 원칙 등이 있었다. 2002년 남아프리카공화국 요하네스버그에서 열린 지속가능한 개발에 관한 세계정상회의(World Summit on Sustainable Development, WSSD)에서는 지속가능한 개발에 대한 의지가 재확인되었다. 이는 2012년 리우 환경정상회의에서 지속가능한 개발 그리고 "녹색" 경제에 대해 다루면서 다시 한 번 더 확인되었다.[9]

이러한 주요 국제회의들과 더불어, 스톡홀름 회의 이후로 다자간 환경협약의 숫자도 두 배 이상 증가하였다. 국제 분쟁조정 또한 발전되어 왔으며, 특히 국경을 가로지르는 하천오염과 같은 분야 등에서 그러하다. 환경관련 분쟁은 관세 및 무역에 관한 일반협정(General Agreement on Tariffs and Trade, GATT)에 의해 중재되기도 했는데, 대표적인 사례들로는 멕시코와 미국 간의 '참치-돌고래 사건'과 걸프전이 야기한 환경파괴에 관한 분쟁 등이 있다.[10]

---

9 Google "International Environmental Conferences, a short view – slide show" for an excellent summary.

10 Daniel Bodansky, Jutta Brunnee, and Ellen Hey, eds. *The Oxford Handbook of International Environmental Law*(Oxford, UK: Oxford University Press, 2007), p. 36. See also Lakshman D. Guruswamy and Devin L. Doran, *International Environmental Law*(St. Paul, MN: West Publishing Co., 1997)

환경법의 적용-충분히 깨끗한가?

초창기의 환경운동은 대부분 땅, 공기, 물을 오염시키는 유해물질과 같이, 여러 종류의 환경오염에 초점을 맞췄다. 오하이오주의 쿠야호가강(Cuyahoga River)이 1969년 그랬던 것처럼 오염 때문에 강에 불이 붙기 시작하자, 시민들은 당연하게도 환경을 깨끗하게 만들기 위한 조치를 요구하였다. 여기에서 환경이 어느 정도면 충분히 깨끗하다고 받아들여지는지의 문제가 제기되는데, 이는 대다수 환경관련 법령의 적용에 있어 매우 중요한 문제이다. 여러 가지 기준이 제시된 바 있고, 모두 어느 정도의 상식적인 타당성을 갖지만, 이 책에서는 마지막 기준을 강조하고자 한다.

(1) **비교의 기준(comparative criterion)**: 환경의 어떤 측면을 놓고 봤을 때, 그것이 인간 삶이나 건강에 미치는 위협이 대부분의 사람들이 적정하다고 생각하는 다른 위험보다 적다면, 충분히 깨끗하다고 볼 수 있다. 이는 불완전한 기준이다. 대중은 그들이 수용하는 위험의 심각성을 이해하지 못할 확률이 크고, 상대적 위협에 대한 데이터는 종종 얻기 어려운 경우가 많다.

(2) **정상의 기준(normalcy criterion)**: 환경의 어떤 측면을 놓고 봤을 때, 그 안에 내포된 오염물질이 보통 때에도 같은 수준으로 내포되어 있다면, 충분히 깨끗하다고 볼 수 있다. 그러나 강이나 공기에 오염물질이 "정상적으로" 포함되어 있다고 해도 여전히 인간이나 동물의 건강에 위협이 될 수 있다.

(3) **최적 오염축소의 기준(optimal pollution reduction criterion)**: 환경의 어떤 측면을 놓고 봤을 때, 오염을 감소시키기 위해 필요한 자금이 전체 인류의 복지에 더 기여하는 방식으로 사용될 수 있다면, 충분히 깨끗하다고 볼 수 있다. 이 기준에 따르면, 쿠야호가강을 충분히 깨끗하게 만들기 위해 필요한 자금이 다른 곳의 더 큰 환경문제를 해결하는데 쓰일 수 있다면, 쿠야호가강은 현재의 상태로 머물러야 한다는 말이 된다. 이는 불충분하다고 여겨진다.

(4) **최대보호의 기준(maximum protection criterion)**: 환경의 어떤 측면을 놓고 봤을 때, 인간 건강을 위협할 것으로 인식되는 오염의 위험을 기술과 법 집행으로 가능한 한도 내에서 제거했다면, 충분히 깨끗하다고 볼 수 있다. 이 기준에 따르면 가용한 모든 자금이 심각하다고 여겨지는 한 개의 환경복원 프로젝트에 투입될 수 있으며, 다른 문제들이 해결되지 못하는 일이 발생하게 된다.

(5) **입증가능한 피해의 기준(demonstrable harm criterion)**: 환경의 어떤 측면을 놓고 봤을

때, 인간 건강에 해롭다는 것이 입증되는 모든 오염물질이 제거되어야 충분히 깨끗하다고 볼 수 있다. 위 기준들보다 강력하지만, 비용이나 기술적 실현가능성의 문제를 배제한다는 점에서 문제가 있다. 또한 인간 건강에 어떤 물질이 해롭다는 것은 종종 증명하기 어렵다. 따라서 이 기준으로 비현실적으로 보인다.

(6) **피해정도의 기준(degree of harm criterion)**: 환경의 어떤 측면을 놓고 봤을 때, 인간 건강에 명확하고 긴급한 위협을 제거하는 데 있어 비용이 고려해야 할 문제가 아닐 경우에는 충분히 깨끗하다고 볼 수 있다. 그러나 피해 정도가 명확하지 않을 때에는, 경제적 요소가 고려되어야 한다. 이 기준은 비용과 건강에 대한 고려 사이에 최선의 균형을 추천하고 있으며, 많은 판례들이 고수하는 입장이기도 하다.

7.4 수명주기 분석

환경에 대해 관심을 갖는 많은 과학자와 엔지니어들은 환경오염을 소위 말하는 허용가능한 한계 이내로 유지하는 것만으로는 충분히 환경을 보호하지 못한다고 생각한다. 환경친화적인 생산이 되기 위해서는 사용하는 재료나 제품이 환경에 미치는 영향뿐 아니라 생산공정 자체가 환경에 미치는 영향까지 확인하여야 한다. 유용하게 사용되는 방법 중 하나가 바로 수명주기 평가(life cycle assessment)라고도 불리는 수명주기 분석(LCA)이다.[11] LCA는 특정 제품이나 생산공정이 환경에 끼치는 영향을 "요람에서 무덤까지" 분석하는 것이다. 원자재의 생산부터 제조와 사용, 그리고 폐기처리까지, 제품이나 생산공정의 총 수명을 포괄적으로 다룬다. 한 LCA 평가위원에 따르면, LCA라는 공식적인 도구 없이는 다양한 제품이 환경에 미치는 상대적인 영향이나 제품의 재활용에 대한 찬반 여부에 관한 합리적인 판단을 내리는 것이 불가능하다.[12]

LCA는 여러 가지로 사용된다. 기업들은 종종 환경에 최소한의 부정적 영향을 미친다는 사실을 그들의 제품이 "친환경"이라는 주장의 근거로 사용하고는 한다. 또한 LCA는 다양한 제품과 생산공정이 환경에 미치는 영향을 비교하는 데 있어 중요한 도구가 된다. 예를 들어 카펫타일 대 비닐타일, 폴리스타이렌컵 대 종이컵, 도심을 주행하는 버스에 사용되는

11 LCA에 대해서는 텍사스 A&M 대학 토목공학과 교수인 오텐리트(Robin Autenrieth)의 설명을 참조하였다.

12 Robert U. Ayres, "Life Cycle Analysis: A Critique," *Resources, Conservation and Recycling*, 14, 1995, pp. 199-223, 219.

디젤엔진과 주로 고속도로를 달리는 트럭에 사용되는 디젤엔진을 비교하는 데에도 필수적이다. 특히 마지막 사례에서의 쟁점은 전통적인 화석연료가 아닌 에탄올을 포함하는 e-디젤 연료를 사용하는 것이 환경문제의 관점에서 더 이로운지를 확인하는 것이었다.[13] 철제 포장과 플라스틱 포장을 비교한 다른 LCA 사례는, 어떤 포장방식이 환경에 미치는 영향이 덜한지, 최종 사용자에게 배달된 이후 포장재는 어떻게 처리되는지, 그리고 스웨덴과 다른 국가들 간에 포장방식의 차이는 무엇인지 등을 확인하고자 하였다.[14]

글상자 7.1 LCA의 네 단계

1. **목표와 범위** 제품이나 생산공정, 평가의 문맥, 분석의 범위(지리적 및 시공간적 범위, 다른 시스템의 수명주기 분석과 이 분석 간의 경계 등), 그리고 환경에 대한 영향을 정의한다.
2. **목록분석** 제품이나 생산공정에 관련되는 에너지, 수자원, 기타 자원의 투입 및 산출을 확인하고, 화학물질 방출을 확인 및 정량화한다.
3. **영향평가** 자원의 사용, 인간 건강과 생태계에 대한 영향, 온실가스 배출 등 제품과 관련된 가장 중요한 환경영향에 대해 확인 및 정량화한다.
4. **해석** 위 세 단계에서 얻은 결과와, 그 결과를 얻기 위해 사용된 추정과 불확실성을 평가한다. 이에 근거해 최상의 제품이나 생산과정을 선택한다.

LCA는 **글상자 7.1**에서 설명한 것처럼 네 단계로 이루어진다.

LCA와 같은 도구가 분명 필요함에도 불구하고, 몇 가지 약점이 있다.

첫째, 제대로 된 LCA 수행을 위해서는 오랜 시간이 걸린다. 목록분석 단계에서는 이산화탄소 및 다른 온실가스의 방출에 대한 분석이 포함되어야 한다. 데이터를 수집하는 형식이 적절하게 설계되어야 하며, 물론 데이터 자체가 정확해야 한다. 데이터 수집은 가장 많은 자원을 필요로 하는 단계이다. 영향평가 단계에서는 목록분석 단계에서 확인한 에너지, 수자원, 기타 자원에 관련하여 인간과 생태계가 받을 수 있는 영향에 신중하게 접근해야 한다.

둘째, LCA를 위해 유용하고 신뢰할 만한 데이터를 구하는 데에 있어 여러 가지 문제가 있다. 오로지 정량적인 데이터만이 사용될 수 있다. 비평가들은 많은 LCA에 사용되는 데이터가 의심스럽다고 주장한다. 때때로 "기밀"이고 독점적인 산업계 내부자료가 데이터

---

13 http://www.dantes.info/Publications/Publications-info/proj_info_publ_Ediesel.html

14 http://www.dantes.info/Publications/Publications-info/proj_info_publ_Packaging.html

의 원천이 되는 경우, 관계자들은 온전한 정보를 주지 않으려고 할 수 있다. 제품의 수명 또한 추측에 의거하는 경우가 많다. 정확도에 대한 주장이 지나친 경우도 있다. 예를 들어, 어떤 데이터는 소수점 넷째자리까지 표기되어 있지만, 보통 이런 경우 정확도의 검증은 불가능한 수준이다.[15]

셋째, LCA를 사용하는 가장 중요한 목적 중 하나인 비교는 종종 결론에 이르지 못한다. 예를 들어, 한 저술가에 따르면, 일회용 기저귀는 고체폐기물을 90배나 더 많이 생산하지만, 천 기저귀는 수질오염을 약 10배 증가시키면서 동시에 에너지를 3배 더 사용한다.[16] 이러한 경우 어느 것이 환경에 더 해로운지 어떻게 판단할 수 있을까?

이러한 약점에도 불구하고, LCA는 일반적으로 건물, 제품, 생산 과정이 환경에 미치는 영향을 평가함에 있어 유용한 도구로 사용된다. 그러나 위에서 열거한 한계점에 대해서도 알아두도록 하자.

7.5 지속가능성: 환경 대 인간세상의 발전

환경영향의 문제는 환경 훼손과 오염에 국한되지 않으며, 궁극적으로 인간과 다른 생명체들의 장기적인 지속가능성에 미치는 영향을 포함한다. 자연의 무생물계에 대한 영향도 고려되어야 한다. 이때 중요한 것은 제품이나 생산공정이 필요로 하는 지구 자원의 관점에서 어떤 것들이 개선될 수 있느냐이다. 이는 성가시고 논란이 많지만 지극히 중요한 지속가능성이라는 주제를 우리에게 상기시킨다.

옥스퍼드 영어사전에 따르면, "지속하다"라는 동사의 기본적인 의미 중 하나는 "존재를 유지"하거나 "어떤 상태를 계속하도록 야기하는" 것이다. 우리는 유엔환경회의에서 지속가능성이라는 개념을 환경에 적용한 것이 주요한 주제로 받아들여지는 것을 본 바가 있다. 여러 공학윤리강령들 또한 지속가능성을 언급한다. 미국기술사회(National Society of Professional Engineers, NSPE)의 강령은 "엔지니어들은 미래세대를 위한 환경보전을 위하여 지속가능한 개발의 원칙을 지킬 것이 권장된다"라고 하였다(Ⅲ.2.d). 미국토목학회(American Society of Civil Engineers, ASCE)의 강령 제1규범(canon) 또한 "엔지니어들은… 직업상의 의무를 수행함에 있어 지속가능성의 원칙을 지키기 위해 노력해야 한다"고 명시한다. 두 가지

15 Katherina Simonen, *Life Cycle Assessment*(New York: Routledge, 2014), pp. 30-33.

16 Ayres, p. 200.

강령 모두 '권장'이나 '노력' 등의 단어를 사용하는 등 엔지니어들에게 절대적인 규정으로 강요하지는 않으나, 공학실무에 있어 이상적인 지속가능성에 대한 책무를 분명하게 가리키고 있다.

그렇다면 지속가능성이란 무엇인가? 2009년 10월 ASCE 이사회는 지속가능한 개발을 "천연자원의 가용범위를 유지하는 한도 내에서, 천연자원, 인적자원, 경제적 자원을 이용하여 사회 전체의 안전, 복지, 삶의 질을 향상시키는 과정"으로 정의하였다.[17] 이러한 정의가 환경에 대한 고려와 인류발전에 대한 고려 사이에 팽팽한 긴장을 야기함을 이해해야 한다. 지속가능성을 논의할 때 빠질 수 없는 것이 두 가지 사이의 긴장관계이다.

이러한 관계는 지속가능성에 대한 가장 잘 알려진 정의에서 더욱 잘 드러난다. 사실 이는 지속가능성이 아닌 "지속가능한 개발"에 대한 정의로, 개념의 정의 자체에 긴장이 내포된다. 세계환경개발위원회(World Commission on Environment and Development, WCED)의 의장이었던 노르웨이 외교관 브룬트란트(Grow Brundtland)의 이름을 딴 브룬트란트 보고서에는, "지속가능한 개발"을 "현세대의 개발욕구를 충족시키면서도 미래세대의 개발능력을 저해하지 않는" 것으로 정의하고 있다.[18] 이 보고서는 지속가능한 개발을 위한 다섯 가지의 세부목표를 제시하였다.

글상자 7.2 브룬트란트 보고서의 지속가능한 개발을 위한 다섯 가지 목표

1. 경제성장
2. 경제발전을 지속하기 위한 자원의 공정한 분배
3. 더 민주적인 정치제도
4. 지구의 생태학적 자원 내에서 양립가능한 생활방식의 채택
5. 지구의 생태학적 자원의 수준과 양립가능한 인구의 수준

이 정의는 여러 가지 요소를 포함하지만, 가장 근본적인 대립관계는 분명해 보인다.

---

17 American Society for Civil Engineers, *Code of Ethics*, 이 참고문헌을 위해서는 다음을 참조하라. Glen Miller, "Exploring Engineering and Sustainability: Concepts, Practices, Politics, and Consequences," *Engineering Studies*, 6, no. 1, 2014, pp. 23-43, 36.

18 World Commission on Environment and Development, *Our Common Future*(Oxford, UK: Oxford University Press, 1987), cited in Stanley R. Carpenter, "Sustainability," in Ruth Chadwick, ed., *Encyclopedia of Applied Ethics*(San Diego, CA: Academic Press, 1998), pp. 275-293.

바로 경제성장, 공정한 분배, 민주주의에 대한 인간중심적 우려(목표 1~3)와 소비 및 인구 증가를 억제하는 환경적 고려(목표 4, 5) 간의 관계이다. 이러한 서로 다른 목표들을 대하는 정치적인 동기는 명확하다. 저개발 국가는 가난한, 때로는 절망적인 빈곤에 시달리는 국민들의 필요를 충족시키기 위해, 경제성장에 대한 제약을 받지 않기를 원했다. 계속적인 경제발전에 대한 주장은 일종의 부당하다는 느낌으로 인해 더욱 거세졌다. 선진국들은 이미 산업혁명 이후 급격한 경제적, 물질적 성장을 이룩하는 과정에서 환경에 무수한 피해를 입혔음에도, 지금에 와서는 개발도상국이 같은 선택을 하지 못하게 막는다는 것이다. 개발도상국들은 이를 불공정하다고 여겼다. 반면에, 선진국들은 현재세대와 미래세대 모두를 위해 환경악화를 막거나 축소하고자 하였다. 브룬트란트 보고서의 지속가능한 개발에 대한 정의는 이해관계가 다른 양측 간의 정치적 절충안으로 볼 수 있다. 양쪽의 주장 모두 도덕적인 측면에서 의미가 있다.

WCED의 지속가능한 개발에 대한 정의와 관련 목표들에 대해 몇 가지 더 알아둘 필요가 있다.

첫째, 지속가능성과 계속적인 경제성장이 과연 진정으로 양립가능한 것인지에 대해 의문을 제기할 수 있을 것이다. WCED는 개발도상국들의 삶의 질을 높이기 위한 계속적인 경제개발에 대한 요구와, 지구의 제한된 자원과 미래세대가 필요로 할 것들과 양립가능하도록 사는 것의 필요성을 통합하고자 하였다. 지속가능성과 개발의 두 개념을 결합함으로써, WCED는 미래세대를 위한 지속가능성과 개발도상국을 위한 계속적인 경제개발을 모두 성취할 수 있음을 시사하였다. 어떤 이들은 이것이 불가능하며, "지속가능한 개발"이라는 문구는 서로 모순되는 단어의 조합이라고 얘기하기도 한다.

지구가 금속과 석유 등 재생불능 자원은 제한된 양만을 가지고 있으며, "개발"은 개발도상국들이 필요한 것을 공급받기 위해 이러한 자원을 사용하는 것이라고 (실제로도 그렇지만) 한 번 가정해보자. 우리는 인구가 계속 증가한다는 가정 또한 함께 염두에 둬야 한다. 이러한 전제들을 바탕으로 한다면, 개발이 어떻게 지속가능할 수 있는가? 유한한 재생불능 자원을 계속하여 사용하는 것이 어떻게 무한히 지속가능할 수 있겠는가?

둘째, 인구를 조절하고 생활방식을 전환하는 것은 이상적이지만 성취하기 어려운 목표이다. 미래세대를 위한 지속가능성과 세계적인 빈곤해결을 결합하는 가장 좋은 방법에는 (1) 인구를 제한하거나 감소시키는 것과 (2) 새로운 자원을 지속적으로 사용하게 되는 소비중심의 생활방식과 현재의 생산 관행을 변화시킴으로써 지구로부터 새로운 재료를 채취하는 대신에 기존의 자원을 재사용할 수 있을 것이다. 이러한 목표는 현재 시점에서 보기에는 너무 이상적일 수 있으나, (2)번과 관련하여 어느 정도의 진전이 이루어지고 있음을 확인할 수 있을 것이다.

셋째, 지속가능성을 위해 재화의 공평한 분배와 민주적인 정부형태가 필요한 이유는 무엇일까? 지속가능성만 놓고 봤을 때, 재화를 모두가 공평하게 나누어 가지는 것과 소수의 특권층이 독차지하는 것이 어떤 차이가 있는가? 또한 독재정부가 민주적인 정부보다 지속가능성의 원칙을 집행하는 데 있어 더 효율적이지는 않을까? 우리세대가 말하는 평등과 민주주의가 미래세대를 위한 지속가능성과 가지는 연결고리는 불분명하다.

"지속가능한 개발"의 고전적인 정의가 가지는 이러한 논란거리들에도 불구하고, 현재세대와 미래세대를 위해서, 그리고 특히 가난한 이들을 위한 경제개발을 위해서 지구를 존중하고자 하는 목표는 지속가능한 개발의 개념과 연관되는 것으로 여겨져 왔다. 그렇다면 우리는 이 정의에 최소한 두 개의 이상이 존재하고, 그것들이 온전히 양립가능하지 않다고 해도, 둘 다 중요하다고 말할 수 있을 것이다.

7.6 지속가능한 개발의 도덕적 근거

지속가능한 개발은 여러 학계, 산업계, 전문직 사회에 의해 수용된 개념이다. 지속가능한 개발의 도덕적 기반은 무엇일까? 일반적인 정책을 둘러싼 많은 도덕적 논란들과 마찬가지로, 여러 가지 도덕적 관점에서 이 개념을 살펴보는 것이 필요하다.

그러나 주장들을 살펴보기 전에 먼저 중요하게 짚고 넘어가야 할 것이 있다. 우리가 아래에서 살펴볼 주장들은 **'인간중심적(anthropocentric)'**이다. 즉 개발도상국의 가난한 사람들을 위해서든, 선진국의 잘 사는 사람들을 위해서든, 미래세대를 위해서든, 어쨌든 인류의 복지를 위한 관점에서 비롯되는 주장인 것이다. **'환경중심적(ecocentric)'**인 주장을 하는 사람들도 있다. 이는 인간의 복지에 대한 고려와 별개로, 자연세계의 "이해관계"라는 관점을 기반으로 하는 주장이다. "이해관계"에 강조표시를 한 데서 알 수 있듯이, 환경중심적 입장의 주장들은 일반적으로 더 논란의 여지가 있고 여기에서 다루기 적절치 않다고 여겨진다. 자연이 이해관계나 권리를 가지거나, "고유의" 어떤 가치를 가진다고 할 수 있을까? 이러한 논란을 차치하고 우리는 인간중심적인 주장들에 초점을 두기로 한다.

지속가능한 개발에 관한 공리주의, 인간존중, 덕 윤리의 주장

공리주의적 관점에서 볼 때, 인간(그리고 심지어 동물)의 미래세대는 공리가 극대화되는 지점을 찾는 작업에 있어서 현재세대와 함께 고려되어야 한다.[19] 도덕적 고려에 있어 미래세대를 포함하는 대상 모두가 같은 지분을 가진다면, 우리는 우리뿐 아니라 가능한 한 미래세대의 삶의 질을 극대화시킬 의무가 있는 셈이다. 이를 부정문으로 바꾸면, 우리는 가능한 한 현재세대 또는 미래세대의 삶의 질을 감소시키지 않아야 할 의무가 있다.

우리의 도덕적 의무를 공리주의적 관점에서 볼 경우 여러 문제들이 제기된다. 첫째, 재생불능 자원의 사용에 대하여 이 관점은 어떤 입장을 취하는가? 우리가 재생불능 자원을 조금이라도 사용한다면, 우리는 우리가 가졌던 만큼을 미래세대에게 물려줄 수 없는 셈이다. 지속가능한 개발에 대한 공리주의적 주장은 재생불능 자원을 아예 사용하지 말아야 한다는 결론에 이를 수 있고, 이것은 불가능한 일이다. 둘째, 우리 미래세대가 무엇을 필요로 하는지 어떻게 알 수 있는가? 기술발달과 사회의 발전은 미래세대가 필요로 하는 것들을 전부 바꿔놓을 수 있고, 심지어 그래서 우리가 그들이 필요할 것이라고 가정하는 것들이 전부 틀릴 수도 있다. 그러나 우리는 합리적인 확신을 가지고 인간은 깨끗한 물과 공기, 음식, 연료, 그리고 몇 개의 다른 필수품들을 항상 필요로 할 것이라고 말할 수는 있다. 이외에 미래세대의 필요에 대해서는 그저 우리의 최선의 판단을 믿을 수밖에 없는 것이다.

인간존중의 관점에서, 우리는 가능한 한 모든 사람들의 권리를 동등하게 존중할 의무가 있다. 이는 현재세대와 미래세대 모두의 권리를 포함한다. 지속가능성과 가장 연관이 깊은 권리는 아마 생존권과 신체의 완전성에 관한 권리이겠지만, 다른 것도 있을 수 있다. 이미 언급한 바와 같이 권리 측면에서 접근할 경우 다음과 같은 문제가 제기될 수 있다. 선진국들이 지구의 자원을 활용하여 현재 수준의 물질적 풍요를 이루었다면, 개발도상국도 똑같이 할 권리가 있지 않은가? 선진국이 개발도상국에게 자신들은 따르지 않았던 규제를 강제하는 것이 공평한가? 한 가지 가능한 창의적 중도 해결책은 개발도상국이 동일한 지속가능한 개발 지표를 맞출 수 있도록 선진국들이 도움을 주는 것이지만, 이 방안은 여전히 논란이 있다. 어쨌든, 공리주의적 관점과 인간존중의 관점 모두 우리가 미래세대에 대한 도덕적 의무가 있다는 근거를 제공한다.

덕 윤리(virtue ethics)의 관점에서는, 자연에 대한 돌봄과 존중이라는 미덕이 중요하게 여겨질 것이다. 돌봄의 대상은 현재세대의 모든 구성원 및 미래세대 구성원들, 특히 가난하고 소외된 계층을 포함해야 한다. 모든 그룹이 동등한 돌봄을 받아야 하는 만큼, 이 세 그룹이 받는 돌봄의 적용에 있어 균형을 추구하는 것은 정당화될 수 있다. 또한 자연에 대한 존

19 이 논의에서는 고려대상을 현재와 미래의 인간으로 한정짓기로 한다.

중은 환경에 대한 관심의 강력한 동기가 될 수 있다. 이 장의 마지막에서 우리는 자연에 대한 존중의 미덕을 다룰 것이다.

환경 또는 사회의 붕괴?

환경에 대한 대표적인 주장들은 공리주의적이고 인간중심적인 경우가 다수 있다. 인류사회가 어떤 형태로든 지속가능한 개발을 적용하는 것에 실패할 경우 어떻게 될 것인가? 미래가 어떻게 될지는 아무도 모르지만, 지속가능한 개발의 지지자들은 지속가능성을 추구하지 않는 것의 결과는 환경 또는 사회의 붕괴를 포함할 것이라고 주장한다. 맬더스(Thomas Malthus)는 이러한 재난을 처음 예언한 학자들 중 한 명이다. 1798년에 출간된 그의 저서 〈인구론(*An Essay on the Principle of Population*)〉에서 인구는 기하급수적으로 증가하지만 식량은 산술적으로 또는 아예 선형적으로 증가한다고 주장하였다. 초창기에 맬더스는 인구-식량 함정은 피할 수 없고 특히 빈곤층에게는 심각한 고통을 안겨줄 것으로 보았다. 나중에 그는 결혼 연령의 고령화 또는 질병이나 전쟁으로 인한 죽음이 이 불가피한 참사를 늦출 수는 있겠지만, 시간문제일 것이라고 덧붙였다.[20]

재난에 대한 현대의 유명한 주장으로 하딘(Garrett Hardin)이 이야기한 "공유지의 비극"을 들 수 있다.[21] 한 마을에 어떤 개인도 소유하지 않는, 누구든 소에게 풀을 먹일 수 있는 "공동"구역이 있다고 가정해보자. 농부들은 모두 스스로의 사리사욕에 따라 움직이며, 이익을 극대화하기 위해 공동구역에 최대한 많은 수의 가축을 들여보낼 것이다. 결국 소의 숫자는 공동구역의 "수용능력", 즉 공동구역이 먹여 살릴 수 있는 최적의 가축 수를 초과할 것이고, 가축은 예전처럼 살이 찌지 않을 것이다. 농부들은 더 많은 가축을 공동구역으로 들여보낼 것이고, 가축들이 살 수 없는 환경이 되면, 모두가 손해를 보게 된다.

자원고갈이나 고갈 위험은 이미 곳곳에서 일어나고 있다. 북대서양에서는 과도한 어업이, 중서부에서는 과도한 지하수 사용이, 태평양 연안 북서부에서는 과도한 벌목이 문제를 야기하고 있는 것이다.[22] 그렇다면 무엇을 해야 하는가? 이 물음에 대한 유일한 해답은 지구의 자원을 지속가능한 수준으로 사용할 수 있도록 정책을 만드는 것이다.

이러한 고려는 **'예방의 원칙(precautionary principle)'**의 타당성을 강화해준다. 이는 "환

---

20 Peter Jacques, *Sustainability: The Basics*(New York: Routledge, 2015), pp. 68-69.

21 Garrett Hardin, "The Tragedy of the Commons," *Science*, 162, no. 3859, 1968, pp. 1243-1248.

22 Kent E Portney, *Sustainability*(Cambridge, MA: MIT Press, 2015), p. 49.

경에 대한 돌이킬 수 없거나 심각한 피해의 위험이 있는 경우, 과학적인 확신이 부재한다고 해서 예방 또는 개선을 위한 행위를 연기할 충분한 이유가 되지 않는다."[23] 이 원칙은 지구온난화를 예방하거나 그 속도를 늦추기 위한 행위들을 정당화하는 데 적용되었으며, 설령 사실관계가 완전하게 명확하지 않더라도 지속가능성을 촉진하는 행위를 정당화하는 데 유용할 수 있다.

7.7 지속가능한 개발과 공학실무

실행의 어려움

재생불능 자원의 그 어떤 감소도 회피하고자 하는 목표에 문자 그대로 집착하다보면, 공학실무가 심각하게 제한될 수 있다. 엔지니어들이 지구로부터 이미 추출된 재생가능 또는 재생불능 재료를 처리하기 위해서 풍력이나 태양광 등 재생가능한 에너지만을 사용해야 할 테니 말이다. 역설적으로, 이러한 제약은 많은 환경친화적 기술의 발전을 방해했을 수 있다. 예를 들어, 콤팩트디스크(CD)를 생산하기 위해서는 재생불능 자원인 알루미늄과 금이 필요하다. 이미 지구로부터 추출되어 사용된 알루미늄과 금을 재사용할 수 있다는 가정이 아니라면, CD를 생산하고 판매하는 것은 불가능했을 것이다. 그러나 CD 생산기술은 더 환경친화적인 스트리밍이나 PC 및 모바일 음성인식 기술을 위한 기반을 닦아주었다.[24] 덜 환경친화적인 기술을 "건너뛸" 수 있는지의 여부는 불분명하다. 그렇다면 현재의 공학실무는 아마 순수한 지속가능성의 이상과는 거리가 있을 것이다. 그럼에도 불구하고 우리의 목표는 이상과 최대한 가까워지는 것이다. 아래에서 이상적 수준에 가까운 두 가지 사례를 살펴보도록 하자.

요람에서 무덤까지

브룬트란트 보고서가 내린 지속가능성의 대표적인 정의에 의하면, 인간은 스스로의 필요를 충족하기 위해 미래세대의 능력을 저해하지 않아야 한다. 이를 문자 그대로 해석하면, 우리가 살아가는 방식은 인간과 다른 생명체들이 이 행성에서 무기한 살아갈 수 있도록 하

23 "Sustainability," *Encyclopedia of Applied Ethics* (San Diego, CA: Academic Press, 1998), Vol. 4, p. 275.

24 Miller, op. cit. pp. 32-33.

는 것이어야 한다. 이는 최소한 (a) 인간은 생명체가 더 이상 살 수 없을 정도로 지구를 오염시켜서는 안 되며, (b) 인간은 재생불능 자원을 사용하여 그것이 미래세대가 사용할 수 없도록 고갈되게 해서는 안 된다는 것을 암시한다. 현재 시점에서는 두 가지 기준 모두 충족되고 있지 않다. 대지, 공기, 수자원의 오염은 계속되고 있으며, 재생불능 자원을 조금이라도 사용하는 것은 결국 언젠가 자원의 고갈을 가져오고 미래세대를 위협할 것이다. 어떤 이들은 재생가능 자원만을 사용하는 대안을 찾을 수 있을 때까지 재생불능 자원을 가능한 한 절약하면서 사용해야 한다고 주장하지만, 이 경우에도 예방의 원칙은 위 문제들을 지금 고려해볼 것을 요구한다.

이 문제들에 대한 이상적인 해결방안은 명확하다. 환경문제를 일으키는 오염물질은 제거되어야 하고, 재생불능 자원은 지구에서 추가적으로 추출되어서는 안 된다. 대신, 이미 추출된 자원이 재사용되어야 한다. 이는 정말로 이상적인 것으로, 대부분의 환경계획들은 "오염을 최소화"하거나 천연자원을 "더 효율적으로" 사용하거나 "폐기물을 최소화"하는 등의 표현을 사용함으로써 이를 인정하고 있다. 엄밀히 말하자면 이는 충분하지 않다. 그러나 "부분적인 지속가능성"이라고 부를 수 있는 방향으로 어느 정도 진전이 있음을 볼 수 있을 것이다.

오염과 관련해서는 두 가지의 가능한 방안이 있다. 미국 국가환경정책법 등 초기의 환경법들이 제정된 이후 환경문제를 해결하기 위한 움직임은 주로 오염물질이 만들어진 이후에 어떻게 관리할 것인지에 초점을 두었다. 생산공정에서 만들어진 유해물질은 억제하고 처리해야 하는 폐기물의 일종으로 여겨졌다. 그러나 나중에 언급할 3P운동(Pollution Prevention Pays)의 예처럼, 더 좋은 방안은 오염물질의 생산을 최소화하거나 아예 제거할 수 있게 설계하는 것이다.

재생불능 자원의 사용에 관해서는, 새로이 재생불능 자원을 사용하는 것을 최소화하고, 유해물질을 포함한 폐기물이 폐기장에 버려지는 것을 막기 위한 시도를 병행하는 것이 일반적이다. 이는 재활용을 통해 어느 정도 달성할 수 있다. 폐타이어를 샌들이나 값싼 다른 제품으로 만들 수도 있고, 플라스틱 병을 공원의 벤치로 바꿀 수도 있다. 유해물질은 생산공정에서 아예 제거하거나, 이미 발생한 경우 나머지 물질이 폐기되기 전에 재사용하는 방법이 있을 수 있다. 그러나 아직도 많은 유해물질이 폐기장에 버려지고 재활용되는 물건에 묻어 나오기도 한다. 예를 들어, 하수를 처리해 비료로 만드는 과정에서, 하수에 들어 있는 중금속은 제거되지 않을 수 있다. 더 나아가 재사용의 과정에서 "다운사이클링(downcycling)"이 되는 경우 경제적 가치가 떨어지게 된다. 일례로 새로운 차를 만드는 데 있어 철강을 재사용할 경우 구리나 다른 물질이 섞여 들어가 강도가 떨어질 수 있기 때문에 적절하지 않을 수 있다. 마지막으로, 많은 유용한 재료들이 제대로 쓰이지 못하고 있다. 폐기장은 구리나 다른 유용한 금속재료로 가득하다. 결과적으로 더 많은 재생불능 자원이 사용되어야 한다. 이러한 접근방식은 단지 지속불가능을 지연시키는 것일 뿐, 진정한 지속가능성을 만들어 내지 못한다.

요람에서 요람까지

위에서 살펴본 방안들은 원재료의 생산부터 사용되지 못한 재료의 폐기까지 한 제품의 수명주기를 분석하는 절차가 근본적으로 선형적이다. 이는 대부분의 LCA가 택하는 접근방법이다.

더 이상적인 접근방법들은 순환적인 경우가 많은 자연의 과정을 따라하려고 시도해왔다. 이는 **'자연의 모방(biomimicry)'**을 적용하는 방식으로, 요람에서 요람까지(cradle to cradle, C2C)라는 별칭으로 불리기도 한다. 이 방식의 지지자들의 주장은 햇빛을 이용하는 자연적 과정은 딱 필요한 만큼의 에너지만을 사용하기에 지극히 효율적이라는 것이다. 나아가 자연은 모든 것을 재활용한다. 이러한 시각에 따르면, 자연에는 폐기물이라는 것이 존재하지 않는다. 협력과 상호의존, 다양성이 모든 곳에 분명하게 자리한다.[25] 자연적 과정에 대한 이러한 관점은 대부분의 햇빛이 낭비된다는 등의 비판을 받기는 하나, 대단히 영향력 있는 주장 중 하나이다. 지지자들은 이것이 진정한 지속가능성의 기반이 되어야 한다고 주장한다.

건축가 맥도너(William McDonough)와 화학자 브라운가르트(Michael Braungart)에 따르면, 인간은 오염의 문제가 아니라 설계의 문제를 안고 있다. 제품이 부서지거나, 허물어지거나, 다른 방식으로 무용해졌을 때의 용도가 아니라, 제품이 처음 사용되는 시점을 염두에 두고 설계한다는 것이다.[26] 개미 떼를 살펴보자. 그들은 폐기물을 스스로 처리하고, 식량을 재배하고 수확하며, 재활용 가능한 방식으로 집을 짓고, 흙을 더 건강하게 만들어 준다.[27] 낭비

---

25 J. Garcia-Serna, L. Perez-Barrington, and M. J. Cocero, "New Trends for Design towards Sustainability in Chemical Engineering: Green Engineering," Chemical Engineering Journal, 133, 2007, p. 12. 저자들은 다음 출처의 내용을 요약하였다. J. M. Benyus, Biomimicry: Innovation Inspired by Nature(New York: Harper Perennial, 1997).

26 William McDonoough and Michael Braungart, *The Upcycle*(New York: North Point Press, 2013), pp. 7-8.

27 William McDonoough and Michael Braungart, *Cradle to Cradle*(New York: North Point Press, 2002), p. 79.

되는 것은 아무 것도 없다. 맥도너와 브라운가르트가 말했듯이, "폐기물을 없애는 것은 처음부터 제품, 패키징, 시스템을 설계할 때 제품의 사용수명이 다했을 시점에 무기질 또는 '기술적인' 부품이 유기질 부품과 분리될 수 있게 해야 한다는 의미이다. 그래야만 무기질은 '업사이클링(upcycling)'되어 다른 제품을 만드는 데에 쓰일 수 있고, 유기질은 자연적 과정에서 재사용될 수 있도록 지구로 되돌아갈 수 있다."[28]

C2C 접근방식은 대부분의 경우 아직도 이상적인 것이지만, 몇몇 생산공정은 이러한 이상에 아주 가까워졌음을 볼 수 있다. 맥도너와 브라운가르트의 저서인 〈요람에서 요람까지(*Cradle to Cradle*)〉의 출간과정에서 사용된 '종이'는 플라스틱의 일종이었으며, 잉크는 비료로 사용될 수 있는 무해한 물질이었다. 따라서 이 책은 유해물질 없이 땅속에서 분해될 수 있다. 저자들은 필요 없어졌을 때 땅에 묻으면 분해될 수 있는 책 덮개의 재료까지 개발하였다.

맥도너와 브라운가르트, 그리고 다른 저술가들은 지속불가능의 문제는 어떤 특정한 마음가짐에서 비롯되는 것이라고 주장하였다. 이는 인류의 번영을 위해서는 더 크고 많은 물질적 부가 필요하다는 마음가짐이다. 반면 지속가능성의 기반은, 어떤 이들이 중독성이라고 얘기하기도 하는 현대인의 삶의 양식으로부터 돌아서는 것이 될 것이다.[29] 미국인들은 전 세계 인구가 소비하는 양의 네 배를 소비하며, 점점 더 많은 사람들이 미국의 물질적 생활수준을 열망하고 있다. 맥도너와 브라운가르트의 제안에도 불구하고 내적인 변화에 대한 필요성은 없어지지 않는다. 이러한 변화를 가져오는 것은 대개 엔지니어의 직업적 의무를 넘어서는 것이나, 이 점에 대해서는 이 장의 후반부에 다시 다루도록 하자.

7.8 산업과 지속가능한 개발

환경에 대한 세 가지의 태도

페툴라(Joseph Petulla)에 따르면 환경에 대한 기업들의 태도에는 대략 세 가지의 서로 다른 입장이 있다. 페툴라의 조사는 너무 오래된 것이지만, 그의 기업들의 태도에 대한 세 가지의

---

28 Ibid, p. 104.

29 이 문단의 이러한 발상에 대해서는 다음을 참고하라. John A. Ehrenfeld, *Sustainability by Design: A Subversive Strategy for Transforming Our Consumer Culture*(New Haven, CT: Yale University Press, 2008).

분류는 **글상자 7.3**과 같이 여전히 유용하다.[30]

글상자 7.3 **환경에 대한 기업들의 세 가지 태도**

- **최소 이하의 태도(subminimal attitude)**는 환경규제에 최소한으로 순응하거나 요구되는 수준에 미치지 못하는 것을 말한다. 이러한 태도를 취하는 기업들은 환경관리만을 전담하는 직원이 없고, 환경문제에 대한 재정적인 지원을 최소화하고, 동시에 환경규제를 따르는 것을 거부하는 경우가 많다. 만일 지시된 변경사항들을 따르는 쪽보다 벌금을 내는 쪽이 더 저렴하다면, 벌금을 내는 쪽을 택한다. 이 그룹에 속하는 경영자들은 일반적으로 회사의 최우선적인 목표는 돈을 버는 것이고, 환경규제는 그저 이러한 목적을 방해하는 장애물일 뿐이라고 여긴다.
- **최소주의 혹은 순응주의적 태도(minimalist or compliance attitude)**를 취하는 기업들은 정부의 규제를 사업에 드는 비용의 일부로 받아들일 뿐, 열성이나 헌신을 보이지는 않는다. 경영자들은 환경규제의 가치에 대해 매우 회의적이다. 그렇지만 이런 기업들에는 대개 환경에 관련된 프로젝트를 규제하는 회사 정책이 따로 마련되어 있다.
- **진보적인 사고방식(progressive attitude)**은 환경에 대한 대응성을 추구하며, 이는 일반적으로 CEO의 환경에 대한 개인적인 관심을 반영한다. 이러한 태도를 취하는 기업들은 직원들이 잘 갖춰진 환경전문부서가 있고, 최첨단 장비를 사용하며, 정부의 규제기관과 좋은 관계를 유지한다. 경영자들은 아마 법적 규제를 넘어서 지역사회의 호감을 얻고 소송을 피하는 것이 기업에게 있어 장기적으로 이익이라고 믿을 것이다. 아니면 더 나아가 환경보호와 심지어는 지속가능성에 진정으로 헌신적이고, 이러한 가치를 지키기 위한 전담팀을 설치했을 수 있다.

7.9 진보적인 자세 기르기

"사업에 좋다"는 것은 보통 "기업의 대중적 이미지를 개선하는 데에 좋다"거나 "수익에 도움이 된다"는 것을 의미한다. 또는 둘 다에 해당할 수도 있다. 한 연구팀은 이제 지속가능성이 기업혁신의 핵심요소이며 기업의 이윤과 명성에 도움이 된다고 주장한 바 있다. 그들에 따르면 지속가능성을 염두에 두기로 결정한 기업들은 다음과 같은 다섯 단계의 변화를 거친다.[31] **글상자 7.4**에 다섯 단계를 요약하였다.

---

30 Joseph M. Petulla, "Environmental Management in Industry," *Journal of Professional Issues in Engineering*, 113 no. 2, April 1987, pp. 167-183.

31 Ram Nidomolu, C. K. Prahalad, and M. R. Rangaswami, "Why Sustainability is Now the Key Driver of Innovation," *Harvard Business Review*, 87, no. 9, 2009, pp. 56-64. 저자들이 제시한 가이드라인을 본문에 요약하였다.

글상자 7.4 환경친화적 기업의 발전 단계

1. 더 강한 규제가 시행되었을 때 다른 기업들보다 앞서 있기 위해서, 준수해야 할 규정들은 혁신과 도전의 대상으로 바라보고 가장 엄격한 규제마저도 지키기 위해 노력한다. 이는 시장에서 유리한 고지를 점할 수 있을 것이라는 믿음에 근거한다.
2. 제품과 서비스를 더 지속가능한 방식으로 설계한다.
3. 공급자들이 연료효율이 좋은 운송수단이나 기계를 개발하는 등 더 지속가능한 방식으로 회사를 운영할 것을 요구한다.
4. 폐기물이나 오염물질을 이윤을 남기고 판매할 수 있는 가치 있는 상품으로 만들어낸다.
5. 제품이나 서비스의 밑바탕에 깔린 가정에 의문을 제기하고 이를 통해 '새로운 사고방식'을 취한다. 가령 물기가 없는 세제를 만들 수 있을 것인가 하는 의문을 던진다.

미국의 100대 기업 중 많은 기업들이 매년 지속가능성 보고서를 출판하고, 포춘(Fortune)이 선정하는 1000대 기업의 대부분이 지속가능한 경영방식을 도입했다고 주장한다. 지속가능한 경영방식을 채택하는 이유에는 단연 좋은 평판, 경쟁우위, 비용절감 등이 있다.[32] 경쟁우위를 놓친 사례로 Ford와 Chrysler가 있는데, 만약 이들이 캘리포니아주의 좀 더 엄격한 규제를 준수하기 위해 노력했다면, 설계에 있어 경쟁자들보다 앞서 나갈 수 있었을지 모른다. 경쟁우위를 점하는 데 성공한 사례로 휼렛패커드(Hewlett-Packard, HP)는 땜납에 들어가는 납이 결국 금지될 것이라고 예측했고, 유럽표준에 부합하는 무연땜납을 개발하였다. 새로운 표준이 시행되었을 당시 HP는 경쟁사들보다 앞서 있었다. 비용절감의 사례로는 반품된 제품을 재활용하여 수익을 낸 Cisco가 있다. FedEx 또한 Kinko's의 프랜차이즈 인쇄소와 협력하여 전자문서를 전송하고 마지막 수신지에서 문서를 고화질로 출력하여 배달해주는 문서전달시스템을 개발하였다. FedEx는 또한 연료효율이 더 높은 트럭과 비행기를 개발함으로써 수백만 달러의 연료비용을 절감할 수 있었다.[33]

규제보다 앞서나가는 것의 또 다른 장점은 기업들이 규제기관과 좋은 관계를 유지하게 해줄 뿐 아니라, 새로운 규제를 정하는 데 영향력을 행사할 수도 있다는 점이다. 마지막으로 이러한 혁신의 대부분은 기업의 평판을 개선해주었을 것이다. 진보적인 사고방식에 대

32 Bhavik R. Bakshi and Joseph Fiksel, "The Quest for Sustainability: Challenges for Process Systems Engineering," *AIChE Journal*, 49, no. 6, June 2003, p. 1351.

33 Ibid.

한 사례를 두 가지 더 살펴보도록 하자.

케레스(CERES) 원칙

케레스 원칙은 환경에 대한 진보적인 사고방식을 잘 보여주는 사례이다. 엑손발데즈(Exxon Valdez) 원유 유출사고 이후 형성되었기 때문에 처음에는 발데즈 원칙으로 불렸으나, 나중에 농업과 다산을 관장하는 로마 여신 케리스의 이름을 따 변경되었다. 독자들이 http://www.ceres.org/about-us/our-history/ceres-principles에서 환경보호를 위한 이 훌륭한 원칙들의 전문을 꼼꼼히 살펴볼 것을 적극 권장한다. 다음은 10가지 원칙을 간략하게 정리한 것이다.

1. **생물권 보호(Protection of the biosphere).** 환경을 훼손하는 물질을 줄이고 제거해 나갈 수 있도록 노력하며, 서식지, 개활지와 야생지역을 보호하고 생물다양성을 보존하라.
2. **천연자원의 지속가능한 사용(Sustainable use of natural resources).** 물, 토양, 숲과 같은 재생가능한 천연자원들을 지속가능하게 사용하고, 재생불가능 자원들을 주의해서 사용하라.
3. **폐기물 절감 및 처리(Reduction and disposal of wastes).** 폐기물을 줄이고, 가능하다면 없애라. 그리고 안전하고 신뢰할 수 있는 방법으로 폐기물을 처리하고 폐기하라.
4. **에너지 보존(Energy conservation).** 에너지를 절약하고 모든 작업에서 에너지 효율을 개선하라. 그리고 환경적으로 안전하고 지속가능한 에너지원들을 사용하려고 노력하라.
5. **위험 줄이기(Risk reduction).** 환경훼손 및 피고용인들과 주위의 지역사회의 건강과 안전상의 위험을 최소화하도록 노력하고, 비상사태에 대비하라.
6. **안전한 제품 및 서비스(Safe products and services).** 환경훼손이나 건강 혹은 안전상의 위험을 초래하는 제품과 서비스의 사용, 제조, 판매를 줄이고, 가능하다면 없애라. 그리고 자사의 제품이나 서비스가 환경에 미치는 영향을 소비자들에게 알려라.
7. **환경복원(Environmental restoration).** 회사가 유발한 건강, 안전 혹은 환경을 위태롭게 하는 상황들을 신속하고 책임 있게 바로잡고, 상처를 치유하고, 환경이 훼손되었다면 복원하라.
8. **대중에게 알리기(Informing the public).** 건강, 안전, 환경에 영향을 미치는 회사의 행위로 인해 영향을 받을 수도 있는 모든 사람에게 시기적절하게 알리고, 위험한 사고를 경영진이나 관계당국에 보고하는 피고용인에게 보복하지 마라.
9. **경영진의 헌신(Management commitment).** 이사회와 최고경영자가 환경적 쟁점들에 대

해 충분한 보고를 받고 회사의 환경정책에 대해 전적으로 책임질 수 있도록 보장하는 프로세스로 이러한 원칙들을 실행하라. 그리고 이사회 구성원들을 선출할 때 환경에 대한 약속이 하나의 요인이 되도록 하라.

10. 감사 및 보고서(Audits and reports). 이러한 원칙들을 실행하면서 진전상황에 대해 해마다 자체 평가를 실시하고 연례 CERES 보고서를 작성하여 공표하라.

기업이 이러한 정책을 채택하는 데에는 아마 손익추구의 계산이 한 역할을 할 것이다. 많은 기업과 산업체들은 법적인 문제나 지속적인 대중의 비판을 겪고 나서야 진보적인 정책을 도입하기 시작하였다. 이러한 정책의 동기 중 하나는 대중의 신뢰를 되찾고 평판이 더 추락하는 것을 피하는 것일 것이다. 기업의 동기가 무엇이든, 일각에서는 기업들이 점점 더 진보적인 태도를 택하고 있다고 믿는다.

3P 프로그램

3M(Minnesota Mining and Manufacturing)은 위에서 다룬 몇 가지의 관점들을 재확인해준다. 3M은 약 90,000명의 직원과 60,000가지가 넘는 제품을 가진 회사이다. 환경운동이 초창기 단계였던 1975년에 3M은 3P 프로그램을 시작하였다. 3M의 목표는 (1) 오염을 줄이거나 제거하고, (2) 에너지사용을 줄이거나 생산 재료 및 자원을 효율적으로 사용하여 환경에 이롭게 하고, (3) 회사의 자금을 절약하는 것이었다. 마지막 목표는 오염관리 설비를 구입하지 않고, 작업량과 재료비용을 줄이고, 판매량을 증대시킴으로써 성취될 수 있었다.

오염을 예방하는 것은 오염이 발생한 후 제거하기보다는 제품이나 생산공정 등 오염이 발생하는 근원에서 제거하는 방식으로 이루어질 수 있었다. 3M은 이러한 접근이 오염화학물질이 발생한 후 제거하는 것보다 환경 측면에서 효과적이고 더 저렴하다고 생각했다. 그리고 더 나아가 이 목표를 제품개선, 생산공정의 수정, 설비의 재설계, 재활용과 폐기물 회수를 통해 이룩할 수 있다고 믿었다. 미국 내에서 실행된 지 1년 만에 3P 프로그램은 112,000톤의 대기오염, 15,300톤의 수질오염, 397,000톤의 슬러지와 고체 폐기물, 그리고 10억 갤런(약 38억 리터)의 폐수를 절감하는 데 성공하였다.

3P 프로그램의 작동방식을 다음 세 가지의 사례를 통해 살펴보자. 앨라배마주의 3M 생산시설에서는, 냉각수와 폐수를 동시에 배출했고 모두 "폐기물"로 분류되었다. 냉각수를 재사용함으로써, 폐수처리시설의 수용량을 분당 2,100갤런(7,950리터)에서 1,000갤런(3,785리터)으로 낮출 수 있었다. 새로운 재활용시설을 짓는 데 48만 달러의 비용이 들었지만, 폐수

처리시설의 수용량 감축으로 인해 3M은 80만 달러의 설비비를 절약할 수 있었다. 다른 프로젝트에서는 합성수지 분무공정에서 과도한 분무를 최소화하기 위해 새로운 설비가 도입되었다. 이 설비에 4만 5천 달러가 투입되었지만, 3M은 불과 1년 만에 12만 5천 달러의 합성수지 비용을 절감하였다.[34] 프랑스 생투엔루몽(St Ouen l'Aumone)에 위치한 3M 공장에서는 직원들이 공장에서 생산된 제품들을 실어 나를 트럭들에 새로운 환차장치를 설치하였다. 이 시스템은 팔레트들이 서로 겹쳐져 제품이 손상되는 것은 막으면서도 한 트럭이 두 층의 제품 무더기를 실어 나를 수 있게 했다. 이 공장의 하루 트럭운행은 40% 가까이 감소했고, 1년에 약 12,500갤런(47,320리터)의 연료와 11만 달러가 절감되었다.[35]

3M은 2015년에서 2025년까지 10년간 실행할 새로운 목표들을 수립하였다. 더욱 지속가능한 재료와 제품의 개발, 폐기물을 추가로 10% 절감, 매출을 반영해 생산시설의 30% 이상에서 "비매립 처리" 상태 달성, 매출을 반영해 수자원 사용을 10% 추가절감, 총 전기 사용의 약 25%까지 재생가능한 에너지 사용을 증가시키는 것 등이다. 1975년에서 2015년까지 3P 프로그램에 의해 200만 톤의 폐기물 발생을 감축하고 19억 달러의 비용을 절감하였다.[36]

7.10 자연존중의 덕목 갖추기

카슨은 우리는 사랑하는 것을 보호하려는 특성을 갖기 때문에, 그녀의 저술이 자연세계에 대한 사랑을 불러일으키기를 바란다고 말한 바 있다. 어쨌든 엔지니어들이 환경친화적인 공학을 실천하게 하는 것은 중요한 지향점이다. 더 나아가 제2장에서 살펴봤듯이, 엔지니어들은 자연에 대한 존중이라는 전문적인 덕목을 함양할 필요가 있다. 자연세계에 대해 "배려하고, 침해하지 않도록 하고, 경의를 표해야" 한다는 뜻이다. 덕목은 이성적인 요소와 감정적인 요소를 모두 포함하기에, 자연에 대한 존중의 덕목을 갖춘 사람은 자연을 존중해야 한다는 이성적인 신념뿐 아니라 감정적인 헌신 또한 갖는다. 감정적인 요소는 자연세계에 대한 사랑뿐 아니라 자연에 대한 침해로 인해 마음을 다치거나 혐오감을 느끼는 것을 포함한다.

---

34 See "Case Study: How 3M Makes Pollution Prevention Pay Big Dividends," *Pollution Prevention Review*, Winter 1990-91, www.mmm.com/sustainability

35 www.mmm.com/sustainability

36 http://www.mmm.com/3M/en_US/sustainability-us/goals-progress

환경친화적인 공학 프로젝트에 열정적으로 참여한다면, 상관의 지시가 있었기 때문만이 아니라 그것이 본인 안에 내재되어 있기 때문일 것이다.

엔지니어가, 또는 누구든, 자연에 대한 존중의 덕목을 함양하기 위해서는 어떻게 해야 할까? 우리는 두 가지의 방식을 제안하고자 한다. 한 가지는 자연세계를 경험하는 것의 가치에 대한 과학적인 주장과 관련된 것이고, 다른 한 가지는 자연세계를 경험하는 것의 직접적인 감정 측면의 효과에 더 관련된다.

자연의 치유/회복과 관련된 특성들

최근 연구들은 인간심리에 미치는 환경의 영향이 어마어마함을 확인한 바 있다. 자연을 산책하는 것만으로도 지속적인 집중을 요하는, 예를 들면 원고교정 같은 작업을 해내는 능력이 향상된다. 자연의 사진을 보는 것만으로도 도심 속을 걷는 것보다 인지능력이 더 향상된다. 반면에 하루의 대부분을 구축된 환경 속에서 보내는 것은 탈진과 활력 및 건강의 손실을 가져올 수 있다. 예를 들어 근처에 자연적 환경이 조성되어 있는 경우 사람들은 혈압과 콜레스테롤 수준이 낮고 더 건강했다.[37] 게다가 병원 창문에서 내다보이는 풍경의 질은 환자의 회복에 중요한 영향을 준다.[38] 창문으로 좋은 경치가 보이는 감방에 갇힌 죄수는 훨씬 덜 자주 보건소를 방문한다.[39] 자연에 더 오래 노출될수록 더 극적인 결과로 이어질 수 있다. 나흘간 야생의 자연을 체험하는 것은 놀랍게도 창의적 사고와 문제해결 능력을 50% 이상 증가시킨다.[40]

이러한 발견은 정신적 피로의 감소라는 측면에서 설명할 수 있을 것으로 보인다. 정신적 피로는 심리학자들이 말하는 "집중된 주의", 즉 노력과 집중을 필요로 하는 심리적인 작용이 과도하게 사용될 때 발생한다. 이는 떠다니는 구름을 바라보거나 다른 방법으로 자연을 즐기는 "회복성 경험"을 통해 감소하거나 제거될 수 있다. 이러한 경험들은 노력과 집중

---

37 http://heapro.oxfordjournals.org/content/21/1/45.full

38 S. Vanderber, "Dimensions of Person-window Transactions in the Hospital Environment," *Environment and Behavior*, 18, 1986, pp. 450-466.

39 E. O. Moore, "A Prison Environment's Effect on Health Care Service Demands," *Journal of Environmental Systems*, 11, pp. 17-34.

40 Ruth Ann Atchley, David L. Strayer, and Paul Atchley, "Creativity in the Wild: Improving Creative Reasoning through Immersion in Natural Setting," PLOS ONE, 7, no. 12, December 2012, e51474, www.plosone.org.

을 적게 필요로 하고 "머리를 비울 수 있게" 해주기 때문이다.[41]

인간의 관심사를 초월하는 자연세계의 경험이 주는 감정적 효과

역설적으로, 인간의 관심사를 초월하는 자연세계의 가치를 인정하는 것은 인류의 번영과 자연존중의 덕목의 발전에 기여할 수 있다. 이러한 기여는 아마 이성적인 것보다는 좀 더 감정적인 특성을 띨 것이다. 철학자 헤이브론(Daniel Haybron)은 소년 시절 카롤리나 연안의 외딴 섬마을에서 여름을 보내고는 했다. 그는 "그 섬"에서 살았던 경험을 이렇게 표현하였다.

> 살기 힘들고 가끔은 잔인한 장소이기도 했다. 우리처럼 잠시 머무는 사람들에게도, 그곳에 있는 건 대부분의 시간을 조금 불편하게 지낸다는 것과 같았다. 벌레에게 물리고, 더웠으며, 돼지풀이 발바닥에 들러붙었고, 전기는 복불복이었고, TV는 없다고 봐야 했으며, 물은 물통에 빗물이 고여 있어야 마실 수 있었고, 가장 가까운 의사는 바다 건너 한나절 거리에 있었다. 내가 이해하기로는 우리 같은 방문자들과 주민들 거의 모두가 똑같이 이 섬을 사랑하였다.[42]

헤이브론과 주민들이 섬의 아름다운 풍경 또한 사랑했음은 말할 필요도 없는 일이다. 섬의 주민들은 근본적으로 인간의 통제를 벗어나 있고, 인간의 욕구충족을 지향하지 않는 자연을 경험하면서 압도되었다. 그들은 스스로의 육체가 얼마나 허술하고 취약한지를 경험했고, 의료혜택을 받으려면 상당한 어려움이 수반되었다. 그들은 아마 죽음의 가능성을 항상 염두에 둬야 했을 것이다. 섬의 주민들은 자연을 지배하는 입장이 아니라, 자연에 의해 지배당하는 느낌이었을 것이다. 이 모든 것은 헤이브론이 "사람들이 원하는 것을 제공하기

---

41 실증적 결과를 뒷받침하는 이론적 배경은 주로 이 분야의 선구자인 심리학자 레이첼 카플란(Rachel Kaplan)과 스티븐 카플란(Stephen Kaplan)의 저술에 기반을 둔다. 이들은 심리학자이자 철학자인 제임스(William James)의 주장을 받아들여 주의를 두 가지로 분류한다. "집중되지 않은 주의(undirected attention)"란 제임스가 말하는 "불수의적 주의(involuntary attention)"와 같은 개념으로, 노력이 필요 없거나 거의 필요하지 않다. 그저 떠다니는 구름처럼 주위에서 일어나는 일들을 관찰한다. 관찰의 주체는 무의식적으로 그것에 관심을 기울이게 된다. 반면 "집중된 주의(directed attention)"는 제임스의 "수의적 주의(voluntary attention)" 개념과 같은 것으로, 어떤 통제의 측면이 포함된다. 예를 들면, 교정을 보거나 하는 좀 더 높은 수준의 인지활동이다. 제임스는 이러한 통제가 주의를 기울이는 대상에 집중하려는 노력에 의해서 보다는, 수의적 또는 집중된 주의를 방해할 수 있는 모든 요소를 억제하는 좀 더 간접적인 방법을 통해 실현된다는 이론을 제시했으며, 카플란 부부는 이에 동의하였다. Rachel Kaplan and Stephen Kaplan, *The Experience of Nature* (New York: Cambridge University Press, 1989), pp. 179-200.

42 Daniel M. Haybron, *The Pursuit of Unhappiness* (Oxford, UK: Oxford University Press, 2008), pp. 24-25.

위한 문명… 우리의 욕구와는 무관한 현실과 이어지는 것을 불필요한 것으로 여기는, 각자의 욕구에 맞춰진 세상"이라고 부르는 것과는 아주 대조된다.[43] 그는 "신비와 질감이라고는 찾아볼 수 없는" 세상을 어떻게 사람들이 "우주의 비서비스 부문이 제공하는 길들여지지 않은 선물"만큼 만족스럽게 받아들이는지 이해할 수 없다고 말하기도 한다.[44]

많은 이들이 그런 경험의 중요성을 인정한다. 심리학자 셀리그먼(Martin Seligman)은 인간이 스스로를 초월해 더 거대하고 영원한 무언가를 염원하는 능력이 인류의 번영을 위해 중요하다고 말한다.[45] 셀리그먼은 주로 어떤 대의명분에 대한 헌신의 중요성에 관심을 두는 듯하지만, 이것은 헤이브론이 "우주의 비서비스 부문"이라고 부르는 경험에도 적용된다.[46]

헤이브론의 경험은 성인이 되어서도 그에게 강력한 영향을 주었고, 위의 문단이 발췌된 책을 저술하는 주된 동기가 되었다. 헤이브론과 그의 아버지는 모두 개발에 의해 섬 고유의 생활방식이 파괴되는 것을 지켜보며 깊은 슬픔을 표한 바 있다.

지속가능한 세상을 위한 엔지니어회

이미 많은 공학도들에게 자연에 대한 존중과 미래세대의 번영이 동기로 작용할 것이다. 2002년 코넬대학교에서 창립된 지속가능한 세상을 위한 엔지니어회(ESW)는 전문적 재능을 좀 더 지속가능한 세상을 위해 쓰고자 하는 학생, 대학교수, 전문직으로 구성되어 있다. 이러한 열정은 캠퍼스 내에서, 지역사회에서, 나아가 세계적인 프로젝트들로 이어졌다. ESW 회원들은 지속가능성에 대해 대중을 교육시키는 일에도 헌신하고 있다. ESW에는 약 1,000명의 회원이 있고, 북미 지역에 약 50개의 지부가 주로 대학캠퍼스 내에서 운영되고 있다. ESW는 앞에서 언급한 더 큰 규모의 국경 없는 엔지니어회(ESB)와 유사한 측면이 있으나,

---

43 Ibid, p. 25.

44 Ibid, p. 25.

45 Martin Seligman, *Flourish*, (New York: Free Press, 2011), p. 259.

46 종교저술가들은 종종 초월적인 존재를 가늠하는 가장 일반적인 방법은 자연세계를 통하는 것이라고 주장한다. 헤이브론과 그의 아버지가 섬에서 겪은 경험에 대해 살펴보자. 다음은 대니얼 헤이브론(Daniel Haybron)의 아버지이며 물리학 교수인 론(Ron Haybron)의 일기로부터 발췌된 것이다. "연못에는 석양이 지고, 갈매기 한 마리가 연못 어딘가 보금자리에서 신나게 울고 있다. 제비갈매기가 수면 위로 지나가며 얕은 고랑을 만든다. 그 자국은 영원하지 않다. 이곳에서는 아무것도 영원하지 않다. 우리와 존재의 진실 사이에는 금방이라도 걷어낼 수 있을 것 같은 아주 얇은 천 한 자락이 놓여있을 뿐이다. 이곳에서는 객관적 현실과 주관적 현실 사이의 괴리에 대해 깊이 생각하려는 특별한 노력이 필요치 않다." *The Pursuit of Unhappiness*, p. 115.

개발도상국 사회에 물과 식량을 공급하는 프로젝트 등의 지속가능성을 촉진하기 위해 지역단체들과 협력하는 일에 특히 초점을 두고 있다. 예를 들어 온두라스에서는 ESW가 신선한 물을 공급하기 위해 들인 노력이 지역단체와의 협력을 통해 확장되어, 한 지역에 그치지 않고 몇십 개의 지역이 혜택을 받았다.[47]

ESW의 창립은 학생들과 엔지니어들이 환경문제에 대해 가지는 관심을 반영하며, 적어도 부분적으로는 자연에 대한 존중에 의해 동기부여가 될 것이다. 지속가능성에 대한 관심은 결국 공학교육 커리큘럼의 변화로 이어져야만 한다. 그러나 환경에 대한 고려, 특히 지속가능성에 대한 고려를 공학교육에 통합시키는 것은 종종 어려운 일이다. 강사들은 지속가능성을 고려할 때 포함되어야 할 환경관련 법령, 생물학, LCA, 그리고 여타 많은 주제들을 완전히 익히기 위해 필요한 시간을 쓰는 것을 꺼릴 수 있다. 학생들은 지속가능성의 개념에 대해, 그리고 그 중요성을 명확히 깨닫지 못할 수 있다.[48]

7.11 요약

현대적 환경운동은 1960년대에서 1970년대 사이에 카슨과 같은 환경옹호론자들과 함께 시작되었다. 미국과 다른 국가들에서 많은 환경관련 법령들이 제정되었고, 국제연합(UN) 등의 주최로 다양한 환경관련 주제에 관한 국제회의들이 개최되었다. 공학의 반응은 LCA와 같은 공식적인 도구를 개발함으로써 제품과 생산공정이 환경에 미치는 영향을 확인하는 것이다.

지속가능성의 개념은 환경운동에서 중요한 위치를 차지하며, 몇몇 공학윤리강령에도 등장한다. 브룬트란트 보고서가 제안한 지속가능성의 정의처럼, 많은 정의들이 미래세대를 위해 환경을 보호하는 것과, 개발도상국의 경제성장을 촉진하는 것의 두 가지 이상향 간의 긴장관계를 드러낸다.

지속가능성의 방향으로 가고자 하는 공학의 대응방식은 '요람에서 무덤까지'와 '요람에서 요람까지'라는 두 가지 접근방식을 포함한다. 기업의 반응은 주로 세 가지로 구분되는데, 세 번째이자 가장 긍정적으로 평가되는 것이 진보적인 태도이다. 케레스 원칙과 3M의

47 https://www.eswusa.org/drupal/about-us

48 Casper Boks and Jan Caarel Diehl, "Integration of Sustainability in Regular Courses: Experiences in Industrial Design Engineering," *Journal of Cleaner Production*, 14, 2006, pp. 932-939.

3P 프로그램이 이러한 진보적인 태도를 잘 보여주는 예이다.

자연에 대한 존중의 덕목은 엔지니어들이 환경친화적 공학을 위해 정진하도록 동기부여하는 데 있어 중요하다. 이는 자연세계의 경험이 인간에게 주는 가치에 대한 이성적이고 과학적인 인정과 함께, 자연의 초월적인 면모에 대한 직접적인 경험을 통해 함양될 수 있다. 지속가능한 세상을 위한 엔지니어회(ESW)는 이러한 덕목을 아마 이미 함양한 학생들로 구성된 단체 중 하나이다.

CHAPTER 8

세계적 맥락에서의 공학

이 장의 주요 생각들

- 국제 기술표준을 확립하는 데 약간의 진전이 있었다. 전 세계 엔지니어들이 스스로를 전문가로 여기는지(또는 여겨야 하는지)에 대해서는 논란의 여지가 있다.
- 국가 간 경제적 · 문화적 · 사회적 차이는 때로 엔지니어가 국경을 넘어 다른 나라에서 일하려 할 때 문제를 일으킨다('경계초월 문제'). 이를 해결하려면 절대주의와 상대주의를 피하고 도덕적 엄격주의와 도덕적 방종주의 사이에서 바람직한 길을 찾아야 한다.
- 본국의 기준을 수정 없이 적용하거나, 주재국의 기준을 무비판적으로 수용하는 태도는 국제환경에서 엔지니어로 일할 때 발생하는 도덕적 문제를 만족스럽게 해결하지 못한다.
- 제2장에서 논한 윤리적 문제를 해결하는 방법과 기준을 적용하면 국제환경에서 발생하는 문제를 해결하는 데 유용할 수 있다. 창의적 중도 해결책이 종종 매우 유용하다.
- 엔지니어가 국제환경에서 일할 때, 착취, 뇌물, 강탈, 촌지, 족벌주의, 과도한 선물, 온정주의, 세금협상 등 다양한 윤리적 문제가 생길 수 있다.

브라질 엠브라에르(Embraer S. A.)는 세계에서 세 번째로 큰 상업용 항공기 제조사로 상업용, 군사용 항공기와 소형 민간항공기를 주로 만든다. 2016년 10월 24일, 미국 증권거래위원회(SEC)는 미국 법무부, 브라질 정부와 더불어 국제적인 뇌물행위에 대해 2억 500만 달러의 벌금을 징수하기로 합의하였다. 엠브라에르는 법무부에 1억 700만 달러, 증권거래위원회에 7,800만 달러, 브라질 정부에 2,000만 달러를 지불하기로 했다. 엠브라에르 사장 쿠라도(Frederico Curado)는 사임했고, 주가가 떨어져 2년 동안 반등하지 못했다. 스캔들의 내용은 2009~2011년 엠브라에르의 뉴욕은행 계좌에서 고위공무원들에게 총 1,300만 달러 이상의 뇌물을 주었다는 것이었다. 뇌물을 통해 사우디아라비아, 모잠비크, 도미니카공화국, 인도와의 항공기 구매계약이 경쟁입찰 없이 체결되었다. 엠브라에르는 이로 인해 8,300만 달러 이상의 수익을 올렸다. 브라질 정부는 주요 인물 열한 명을 형사고발했고, 사우디아라비아는 두 명에 대해 고소하였다. 미국에서는 해외부패방지법(Foreign Corrupt Practices Act, FCPA)에 의거하여 수사가 진행되었다. 엠브라에르는 뇌물을 은폐하기 위해 가짜 장부를 만들었었고, 지금은 과거의 행위를 "깊이 반성한다."라고 하였다.[1]

8.1 서론

항공기 제조사인 엠브라에르의 스캔들에 관여한 인물 중에는 엔지니어나 공학전공자가 포함되어 있었을 가능성이 높다. 어쨌든 이 일화는 국제환경에서 엔지니어들이 직면하는 무척 흔한 윤리적 문제, 즉 뇌물에 관해 잘 보여준다. 그런데 뒤에 나오겠지만 뇌물은 엔지니어가 새로운 국제환경에서 맞닥뜨리는 유일한 문제가 절대 아니다. 흥미롭게도 세계화된 환경에서는 공학의 세계화와 공학 전문가정신의 지위 자체가 문제가 된다.

8.2 세계화된 공학교육 표준을 향한 움직임

공학 세계화의 첫 단계 중 하나는 공학교육의 보편적 기준을 세우는 일이다. 이를 행하는 1차적 수단으로 워싱턴어코드(Washington Accord)가 있다. 1989년에 창립된 워싱턴어코드는 각 국가 또는 주권지역(jurisdiction)의 공학교육 프로그램을 인증하는 권위를 지닌 기관들 간의 협약이다. 미국의 공학교육 프로그램을 인증하는 책임을 맡은 미국공학교육인증원(Accreditation Board for Engineering and Technology, ABET)이 미국을 대표하는 정회원이다. 워싱턴어코드의 주된 목적은 회원국 사이에 공학교육 필수요건에 관한 "실질적인 등가성"을 확립함으로써, 다른 회원국의 인증된 교육기관을 졸업한 엔지니어들의 자질을 자국 엔지니어의 자질과 동등한 것으로 인정하는 것이다. 인증된 교육기관이 배출한 엔지니어는 교육과정에서 최소한의 기술적 표준을 만족할 뿐 아니라 역량을 갖추어야 하고, 바람직한 행동수칙(code of conduct)을 준수할 것으로 기대된다. 그러나 이러한 행동수칙에 무엇이 포함되어야 하는지는 별로 논의되어 있지 않다.

---

1 See various documents on the Internet, including "Embraer to pay $205 million to settle corruption probes," at http://www.bloomberg.com.

창립 당시 정회원은 영국, 아일랜드, 미국, 캐나다, 오스트레일리아, 뉴질랜드였다. 워싱턴어코드는 오늘날 정회원이 20개국으로 늘었고, 5개국이 준회원으로 참여 중이다. 현재 정회원은 최초 여섯 나라에 더하여 가입순서대로 홍콩, 남아프리카공화국, 일본, 싱가포르, 한국, 대만, 말레이시아, 터키, 러시아, 인도, 스리랑카, 중국, 파키스탄, 페루이다. 관련 분야에서 비슷한 상호인정을 장려하기 위한 협약이 더 있다. 2001년에 시작된 시드니어코드(Sydney Accord)는 정회원들의 공학기술인증 자격요건의 실질적 등가성을 인정하고, 2002년 시작된 더블린어코드(Dublin Accord)는 정회원들의 공학테크니션인증 자격요건의 실질적 등가성을 인정한다.[2]

훨씬 오래된 국제기구인 유럽 국가공학협회연맹(Fédération Européenne d'Asssociations Nationales d'Ingénieurs, FEANI)은 엔지니어의 역량을 위한 표준화된 자격기준에 조금 다르게 접근한다. 공학교육 표준의 등가성에 초점을 맞추는 대신에 각 엔지니어 개인에게 자격증을 주는 유럽 공통의 표준요건을 마련하였다. FEANI는 엔지니어에게 EUR ING(역주: '유럽 엔지니어'를 뜻하는 프랑스어에서 따온 명칭)라는 전문자격을 준다. 이는 "유럽 엔지니어 자격의 상호 인정을 촉진하고, 사회에서 엔지니어의 지위, 역할, 책임을 강화하기 위한" 노력의 일환이다. 유럽의 EUR ING 자격증은 미국의 기술사(PE) 자격증과 매우 유사하다. FEANI는 2012년에 창립 60주년을 맞이하였다.[3]

8.3 국제적 전문가정신과 윤리

공학 세계화의 또 하나의 단계는 과연 엔지니어가 전문가인지, 만약 그렇다면 전문가정신이 무엇을 의미하는지에 관해 합의하는 것이다. 그런데 전 세계의 엔지니어들이 전문가인지 묻기 전에, 전 세계의 공학협회들이 자기네 회원들을 전문가로 부르는지 물어보자. 단지 회원들을 전문가로 부른다고 해서 전문가가 되기에 충분한 것은 아니지만, 이것은 분명 좋은 출발점이다. 사실 공학협회들은 많은 공식문서에서 회원들을 전문가로 기술하고 있다.

공학협회들은 회원들을 전문가로 부르는가?

아시아태평양 공학협회연맹(Federation of Engineering Institutions of Asia and Pacific, FEIAP)은 "기

2 http://www.ieagreements.org

3 http://www.feani.org/scte.

술발전을 전 세계의 경제적 · 사회적 진보에 적용하는 일을 장려하고, 공학을 모든 사람을 이롭게 하는 '직업'으로 발전시키고, 세계평화를 증진하는 것"을 목적으로 한다.[4]

일본PE협회(Japanese Society of Professional Engineers, JSPE)는 2000년 9월에 설립되었고 회원이 약 380명이다. 이 협회의 목적은 "미국 기술사 자격시스템에 녹아들어 있는 공학윤리 및 전문가윤리"를 고취하는 것이다. 회원들은 미국 기술사(PE) 자격증이나 엔지니어연수생(Engineer-in-Training) 자격증을 갖고 있고 협회는 미국기술사회(National Society of Professional Engineers, NSPE)의 자매기관이다. 협회는 윤리와 전문가다운 행동을 중시하고 엔지니어에게 일반 대중의 보건, 안전 및 복지를 증진할 의무가 있음을 천명한다. 또한 일본 엔지니어의 사회적 지위가 높아지도록 노력한다. 회원 대부분이 지금은 일본에 살지만, 적어도 교육의 일부는 미국에서 받았고 영어를 할 줄 안다. 이 단체가 일본 엔지니어들을 대표할 수 있는지에 대해서는 의문을 제기할 수 있지만, 회원들을 전문가 또는 최소한 전문가의 길을 걷는 중으로 인정한다는 사실은 분명하다.[5] [역주: 일본기술사회로 부를 수 있는 단체로는 Institution of Professional Engineers, Japan(IPEJ)가 있으며, 세계적으로 각국 기술사회들 간의 협약인 International Professional Engineers Agreement(IPEA)에도 IPEJ가 정회원으로 활동하고 있다. http://www.engineers.or.jp를 참조하라. 상기 JSPE는 일본기술사에 대한 대표성이 없다.]

영연방 엔지니어평의회(Commonwealth Engineers Council, CEC)는 다수의 아시아 국가들을 많이 포함하여 총 53개국의 회원으로 구성되어 있다. 이 단체는 "인류의 번영을 위해 과학, 예술, 공학실무를 발전"시키고자 한다. 그리고 계속해서 공학을 "다른 직업들"과 연결 짓는다. "공학은 사회적, 경제적 발전의 중심에 있다. 엔지니어로서 우리는 다른 직업군과, 그리고 전체적인 공학공동체와 밀접하게 함께 일하는 것의 중요성과 책임을 인식한다." CEC는 또한 지속가능한 개발을 지향한다.[6]

세계 공학단체연맹(World Federation of Engineering Organizations, WFEO)은 1968년에 창립되었고 현재 회원국이 90개국이며, 전 세계 2,000만 명의 엔지니어를 대표한다고 주장한다. WFEO의 윤리강령(Code of Ethics)은 다음과 같은 서술로 시작된다. "공학실무를 하는 중에 기술사들은 …" 회원들의 전문가로서의 지위를 주장하는 것과 더불어, 이 윤리강령은 나

4 http://www.feiap.org.

5 http://www.jspe.org 및 관련 웹사이트 참조.

6 http://cec.ice.org.uk/

중에 논의할 공학단체들에서 전형적으로 나타나는 다른 공약사항들도 다룬다.[7]

전 세계 엔지니어들은 '전문가' 개념을 가지고 있을까?

전 세계 많은 공학단체들이 자기네 회원들을 전문가라고 부른다. 그들은 정말 전문가일까? 이 질문에 대답하기 위해 제1장에 나왔던 전문성에 관한 세 가지 설명을 떠올려보자(**글상자 8.1**).

글상자 8.1 전문성에 관한 세 가지 설명

- **사회학적 설명** 공공의 안녕에 반드시 필요한 폭넓은 훈련 · 지식 · 기술, 특정 서비스제공의 독점, 직장에서의 흔치 않은 자율성, 윤리적 표준에 의해 통제된다는 주장
- **사회계약적 설명** 직업군과 사회 사이의 암묵적 계약으로 대중에게 고품질의 전문지식을 제공하고 윤리적 표준에 의해 통제된다. 그 대가로 사회적 특권을 얻고 평균 이상의 보수를 받음
- **데이비스의 설명** 법규, 시장, 도덕, 여론이 요구하는 것 이상으로 공통의 도덕적 이상을 도덕적으로 허용되는 방식으로 공개적으로 추구하며 생계를 꾸리기 위해 자발적으로 조직된 다수의 동종직업인

전문성 관련 연구는 유럽과 북아메리카를 벗어나면 아시아에 초점을 맞추므로 아시아를 살펴보기로 하겠다. 일본 학자 이세다(Tetsuji Iseda)는 '전문성' 개념은 다분히 서양의 발상으로 보편적으로 적용될 수 없고 일본문화에는 '직업정신'이라는 개념의 역사적 뿌리가 없다고 주장한다. 이세다는 일본 엔지니어들은 사회적 특권과 평균 이상의 보수를 누리지 못하므로 전문성에 관한 사회계약적 설명이 일본에 적용되지 않는다고 생각한다. 일본 엔지니어는 사회과학자보다 연봉이 적고, 다른 많은 직업군이 지니고 있는 높은 사회적 지위도 없다. 이세다는 '전문가'가 된다는 사실이 일본 엔지니어에게 그다지 매력적일 리가 없고, 전문성에 수반되는 엄격한 행동기준을 지킬 만큼 호소력이 충분하지 않다고 본다. 그는 전문성 개념 대신에 사회적 인정 여부에 무관하게 엔지니어 스스로의 일에 대한 고유한 자부심에 호소하면 엄격한 행동기준을 지키도록 장려할 수 있다고 제안한다.[8]

학자 카오난얀(CAO Nanyan), 수준빈(SU Junbin), 후밍얀(HU Mingyan)은 전문성에 관

---

7 Google World Federation of Engineering Organizations.

8 Tetsuji Iseda, "How Should We Foster the Professional Integrity of Engineers in Japan? A Pride-Based Approach," *Science and Engineering Ethics*, 14, 2008, pp. 165-176.

한 데이비스(Michael Davis)의 설명을 인용하면서 데이비스가 언급한 전문성의 도덕적 차원("도덕적 이상을 공개적으로 추구함")을 특히 중요시하는 것으로 보인다. 그들이 중국 내 48개 공학단체들의 정관을 조사했을 때 도덕성과 관련된 내용이 거의 없었다. 그 대신에 준법, 경제적 · 기술적 개발, 전국적 · 국제적 소통 강화, 협회 내 민주주의 요구와 관련된 내용이 주를 이루었다. 윤리강령을 따로 제정한 협회가 별로 없었고, 환경이나 대중의 보건 · 안전 · 복지와 같은 주제에는 주의를 기울이지 않았다. 중국공정원(Chinese Academy of Engineering, CAE)과 중국컴퓨터연맹에는 별도의 윤리강령이 있지만, 공학윤리보다는 학술연구윤리에 초점을 맞추었다. 학자들은 이를 두고 "옳은 일을 하는 것"보다 "잘하는 것"을 전반적으로 강조한다고 표현하였다. 그들은 "중국 본토의 공학단체들은 공학 전문가윤리에 대한 인식이 떨어진다."라고 결론을 내렸다.[9]

데이비스와 장(Hengli Zhang)은 조금 더 긍정적인 결론에 이르렀다. 그들은 대체로 엔지니어로 일한다고 볼 수 있는 사람 71명(비록 이 중 28%는 학사학위가 없었지만)을 대상으로 설문을 돌렸다. 설문 결과는 중국 엔지니어들이 전문성에 관한 사회계약적, 사회학적 설명에 동조한다는 주장을 뒷받침하지 못하였다. 그들의 보수는 대학교수(12,000위안)보다 공장노동자(5,000위안)에 가까웠고, 그들은 직업윤리에 관한 지식이나 사회계약의 개념을 거의 몰랐다. 하지만 다른 엔지니어들과 더불어 "윤리적 표준이나 윤리강령"을 요구하는 공통의 약속을 공개적으로 추구하고 있다고 스스로 생각하였다. 90% 이상의 엔지니어가 환경문제에 대한 책임을 수용했고, 공학의 도덕적 이상은 대체로 사회의 물질적 조건을 향상시키는 일이라고 인식하는 듯했다. 데이비스와 장은 "모두는 아니지만 설문에 응한 대부분은 (데이비스의 정의의 따른) 전문가로서의 개념을 갖고 있다."라고 결론지었다. 물론 여기서 설문에 참여한 인원수는 매우 적다.[10]

이러한 제한적인 연구를 통해 우리는 아마 아시아의 엔지니어들에게 전문가 자격인정 여부는 아직 논란의 여지가 있고, 사용된 전문성의 정의가 무엇이냐에 따라 부분적으로 결론이 달라질 수 있다고 봐야 할 것이다. 이제 엔지니어가 윤리적 전통이 다르고 어쩌면 경제개발 수준도 다른 나라로 갈 때 직면하게 되는 구체적 문제들을 살펴보기로 하자.

---

9 CAO Nanyan, SU Junbin, and HU Mingyan, "Ethical Awareness in Chinese Professional Engineering Societies: Textual Research on Constitutions of Chinese Engineering Organizations," in Diane P. Michelfelder, Natasha McCarthy, and David E. Goldberg, eds. *Philosophy and Engineering: Reflections on Practice, Principles and Process*(Dortrecht, Netherlands: Springer, 2013), p. 208.

10 Published online on 23 November, 2016, in *Science and Engineering Ethics*.

8.4 경계초월 문제

국경과 문화적 경계를 넘어갈 때 맞닥뜨리는 문제들을 '경계초월 문제(boundary-crossing problems)'라고 부르도록 하자. 엔지니어가 원래 살던 국가(이 책에서는 미국)를 '본국(home country)', 그가 이주하게 되는 다른 국가를 '주재국(host country)'이라고 부르겠다.

경계초월 문제의 간단한 해결책은 유혹적이지만 종종 바람직하지 않다. 그중 하나는 주재국의 가치와 다르더라도 본국의 가치와 일처리 방식을 그대로 고수하는 것이다. 그러려면 본국의 가치들을 다른 사회로 들여와야 하므로 이를 '절대주의자 해결책' 또는 **'제국주의자 해결책(imperialist solution)'**이라 부를 수 있다. 그러나 본국의 기준을 주재국에 적용하면 심각한 문제, 때로는 극복 불가능한 문제들을 야기할 수 있다. 예를 들어 뇌물관행 등의 관습이 주재국에서 너무나 만연하고 깊이 뿌리박혀 있어서 그 관습을 따르지 않고는 사업이 불가능할 수도 있다. 아니면 주재국의 가치와 기준도 본국의 가치와 기준만큼이나 정당하지만 판이하게 다를 수 있다.

반대편 극단에는 "로마에서는 로마 사람이 하는 대로 하라."는 법칙을 따르는 '상대주의자 해결책'이 있다. 이 접근법을 사용하면 본국 국민은 설령 본국의 기준에 어긋나더라도 언제나 주재국의 법률, 관습, 가치를 지킨다. 이 해결책도 심각한 문제들을 유발한다. 불법행위를 하게 될 수도 있다. 이를테면 1977년 미국 의회가 통과시킨 해외부패방지법(FCPA)에 따르면 미국 국민은 주재국의 평범한 관행이더라도 뇌물 또는 강요에 의해 재물을 주는 행위가 불법이다. 또 하나의 문제는 주재국의 일부 관행이 너무 불쾌해서 본국 엔지니어가 그 관행을 따르기 힘들어하는 것이다. 예를 들어, 보건 및 안전기준이 너무 낮아서 노동자와 어쩌면 엔지니어까지도 건강을 크게 해칠 수 있다.

이와 관련된 다른 문제는 어느 표준을 수용하느냐보다 표준을 어떻게 적용하느냐와 관련이 있다. 한쪽 극단에는 도덕 원칙이 어떤 상황에서는 당면한 도덕적 문제와 지나치게 동떨어져 보여서 도덕 원칙을 정확하게 적용할 수 없고 따라서 거의 모든 행위가 허용된다는 **'도덕적 방종주의(moral laxism)'**가 있다.[11] 도덕적 방종주의자는 본국이나 주재국의 도덕 표준을 심각하게 위반하는 도덕적 문제 해결책을 허용할 수 있다. 예를 들어 많은 정부사업을 발주할 능력이 있는 X국의 정부관리가 딸의 생일파티에 엔지니어를 초대했다고 치자. 엔지니어는 자신이 고가의 선물을 가져가면 안 된다는 사실을 안다. 그런데 X국에서는 친

---

11 James F. Childress and John Macquarrie, eds., *The Westminster Dictionary of the Christian Church* (Philadelphia: Westminster Press, 1966), p. 499.

구 사이에 흔히 고가의 선물을 주고받는다. 엔지니어가 어떻게 할지 고민하다가 두 손을 번쩍 들고 이렇게 말한다. "우리나라의 기준은 여기에서는 적절하지 않다. 나는 나와 내 회사를 위해 최선인 일을 하겠다." 그래서 파티에 고가의 선물을 가져간다.

반대편 극단은 본국의 것이든 주재국의 것이든 도덕 원칙은 모든 상황에서 엄격하게 적용해야 한다는 **'도덕적 엄격주의(moral rigorism)'**이다.[12] 도덕적 엄격주의자는 어떤 행동이 이상적이지 않더라도 그 상황에서 가장 합리적일 수 있다는 사실을 받아들일 생각이 없다. 이를테면 회사 직원들이 25달러 이상의 선물을 주고받을 수 없다는 사규가 있다고 치자. X국에서 25달러의 선물은 모욕적일 정도로 저렴하다고 여겨지는데도, 도덕적 엄격주의자라면 사규를 문자 그대로 지킬 것이다. 이는 가장 합리적인 행동이 아닐 수도 있다.

극단적인 엄격주의나 방종주의를 따르는 도덕적 문제 해결책은 별로 없지만, 이러한 구분은 창의적 중도 해결책(creative middle-way solution)과 같은 여러 도덕적 문제 해결책의 본질을 이해하는 데 중요하다.

8.5 세계화된 공학을 위한 윤리적 자원

윤리적 자원에 관한 다음 설명들은 미국 엔지니어가 다른 문화에서 마주하는 문제들을 어떻게 처리할지, 그리고 미국 이외 국가의 엔지니어가 그들의 전문적 업무에 적합한 표준을 세울 수 있을지 고민할 때 사용하는 도구상자의 몇몇 도구들의 목록으로 간주되어야 한다. 기본적인 아이디어에는 친숙하겠지만, 국제환경에 맞게 조정되었음에 유의하라. 언제나 그렇듯이 해당 문제에 가장 적절한 접근방법을 택한다.

창의적 중도 해결책

로라의 회사는 X국의 농부들이 겨우 먹고사는 지역에서 비료공장을 운영한다. 이 공장은 지역 농부들이 구매할 수 있는 비교적 저렴한 비료를 생산하는데, 한편으론 미국 허용치보다 훨씬 많은 오염물질을 방출한다. 오염물질의 양은 X국의 환경기준을 위반하지 않는다. 오염문제를 개선하려면 비료가격을 올려야 하므로 농부들이 구매할 수 없게 되고, 그 결과 이 지역의 많은 사람들이 굶어죽을 수도 있다. 이때 미국 엔지니어는 공장운영에 개입

12 Ibid, p. 633.

해야 할까?

공장운영에 개입하면서 비용이 덜 드는 개선책을 적극적으로 찾는 것이 하나의 창의적 중도 해결책일 것이다. 이것은 미국의 법과 표준에 따른 극단적인 도덕적 엄격주의 해결책이 아니라는 점에 주목하자. 상당한 수준의 오염, 심지어 개인과 환경에 해로운 오염이 허용되기 때문이다. 그리고 환경에 대한 우려를 멈추지 않고 단순히 자기이익만 추구하지 않으므로 도덕적 방종주의 해결책도 아니다.

황금률

같은 사례를 다시 살펴보자. 황금률(golden rule)의 관점에서 다음과 같은 질문을 할 수 있다. "내가 X국 국민이라면 중도 해결책을 수용할 용의가 있는가?" 앞에서 보았듯이 황금률을 적용하는 일의 수많은 복잡한 문제들을 고려하면, 문화, 경제조건, 생활여건, 가치가 자신과 다를 수 있는 다른 나라 사람의 입장을 생각하기가 특히 어렵다는 사실은 놀랍지 않다. 그럼에도 불구하고 일반적으로 몇 가지 가정을 할 수 있다. 누구도 기본적인 인간으로서의 존엄성을 훼손당하거나 신체의 안녕에 필수적인 조건들을 빼앗긴 상태를 원하리라고 상상하기 어렵다. 인간의 존엄성을 보호하고 사회적, 경제적 개발을 증진하는 두 가지 주제는 국제환경에서 중대한 사안이고 국제윤리의 핵심이다. 앞에서 보았듯이 인간 존엄성을 보호하는 일은 특히 인간을 존중하는 접근과 관련이 있고, 경제적 · 사회적 개발을 증진하는 일은 특히 공리주의적 접근과 관련이 있다. 다음 두 섹션에서 이 두 가지 주제를 다루겠다.

존엄성: 보편적 인권

인간 존엄성에 대한 관심은 종종 인권으로 표현되고, 현재 서양이 아닌 곳을 포함하여 많은 국가의 국민들이 인권에 호소한다. 인권에 관한 논의는 윤리적 담론의 거의 보편적인 언어가 되었다. 인권의 비교문화적 본질을 가늠하는 하나의 척도는 1948년에 채택된 유엔 국제인권장전(United Nations International Bill of Human Rights)과 나중에 마련된 경제적 · 사회적 · 문화적 권리에 관한 국제규약(International Covenant on Economic, Social, and Cultural Rights) 및 시민권 · 정치권에 관한 국제규약(International Covenant on Civil and Political Rights)이다.[13] **글상자 8.2**에 이 권리들의 일부를 보여준다. (여러 권리를 이렇게 분류한 것은 필자들의 의견이다.)

---

13 *The International Bill of Human Rights*, with foreword by Jimmy Carter(Glen Ellen, CA: Entwhistle Books, 1981). No author.

글상자 8.2 **국제인권장전**

- 인간의 생명, 자유, 신체의 안전
- 결혼, 사유재산권
- 사회보장, 노동
- 차별철폐, 최소한의 생활수준
- 노예제도, 고문, 비인간적이거나 모멸적인 형벌, 강제결혼으로부터 벗어날 자유
- 법 앞에서의 발언권, 공정한 재판
- 생각의 자유, 평화로운 집회, 정부에 참여
- 교육, 노동조합 참여와 설립

이 중 일부는 우리가 '적극적 권리'라고 앞에서 칭했던 것이라는 점에 주목하자. 즉, 노예가 되지 않을 권리, 고문당하지 않을 권리처럼 단지 타인에게 간섭받지 않을 소극적 권리뿐만 아니라 교육, 사회보장, 노동의 권리처럼 혜택을 얻을 권리도 포함된다. 적극적 권리는 타인을 간섭하지 않는 소극적 의무와 더불어 타인이 그런 권리들을 쟁취하도록 돕는 적극적 의무를 요구한다. 우리 대다수는 이 모든 권리를 매우 바람직하다고 여길 것이다. 문제는 이를 권리로 보느냐, 단지 바람직한 것으로 보느냐이다.

니클(James Nickel)은 자원과 조건이 허락하는 한 모든 국가가 국민에게 보장해야 할 권리(우리는 이를 '국제적 권리'라고 부르기로 하자.)를 가늠하는 세 가지 기준을 제안하였다. 일반성과 추상성 기준에서 보면 국제적 권리는 인간존중의 이론에서 유래한 매우 추상적인 권리와 개별 정부의 법률 · 헌법이 보장하는 더 구체적인 권리 사이에 있다. 니클의 기준 중에서 우리의 논의와 밀접한 관련이 있는 것들을 **글상자 8.3**에 수록하였다.

글상자 8.3 **국제적 권리를 식별하는 기준**

1. 해당 권리는 일반적으로 매우 중요한 무엇인가를 보호한다.
2. 해당 권리는 상당하고 반복적인 위협을 받고 있다.
3. 해당 권리가 부과하는 의무나 부담은 국가의 자원, 국가가 이행해야 하는 다른 의무들, 부담이 국민들에게 분배되는 공정성 측면에서 감당할 수 있어야 한다.[14]

이러한 기준으로 판단할 때 유엔 국제인권장전에 수록된 일부 또는 모든 권리는 진정

14 James W. Nickel, *Making Sense of Human Rights: Philosophical Reflections on the Universal Declaration of Human Rights*(Berkeley, CA: University of California Press, 1987), pp. 108-109.

한 국제적 권리의 조건을 갖추지 못했을 수도 있다. 예를 들어, 최소한의 교육이 아무리 바람직하더라도 어떤 국가는 그것을 뒷받침할 경제적 자원이 없을 수도 있다. 어쩌면 이 권리들은 국가가 제공할 능력이 있는 한 바람직하다고 말하는 편이 옳겠다.

이러한 권리들은 확실히 서양 지향적이지만, 점차 세계 곳곳에서 수용되고 있다고 본다. 게다가 서양 엔지니어는 니클의 기준으로 보았을 때 진정으로 국제적 권리라고 볼 수 있는 개인의 생명, 자유, 안전을 근본적으로 위반하는 활동에 참여하기 어려울 것이다.

개발: 인류의 기본적 복지증진

윤리적 해결책이 만족스러운지 가늠하는 또 하나의 도덕적 기준은 그 해결책에 영향받는 사람들의 복지를 증진하는지의 여부이다. 복지를 증진하지 않는다면 그 해결책을 쓰지 말아야 할 강한 이유가 된다. 공학이 복지를 증진할 수 있는 하나의 중요한 방식은 물질적 · 경제적 개발을 통해서이다. 그러나 단순한 경제발전은 충분한 기준이 아닐 수 있다. 경제학자 센(Amartya Sen)과 철학자 누스바움(Martha Nussbaum)은 이 주제를 다룬 적이 있다. 특히 누스바움은 "인간의 기본적인 기능적 역량" 몇 가지를 제안하였다. 이는 곧 합리적인 삶의 질을 누리기 위해 충족할 수 있어야 하는 기본역량들이다.[15] **글상자 8.4**에 이 역량들이 수록되어 있다.

글상자 8.4 누스바움의 인간의 기본적인 기능적 역량

1. 통상적인 수명의 삶을 살 수 있다.
2. 좋은 건강, 영양, 주거, 성적 만족, 자유로운 이동을 누릴 수 있다.
3. 불필요하고 유익하지 않은 통증을 피할 수 있고, 유쾌하고 즐거운 경험을 할 수 있다.
4. 감각, 상상, 사고, 이성을 사용할 수 있다.
5. 사물과 사람에게 애정과 애착을 형성할 수 있다.
6. 선(善)의 개념을 형성할 수 있고, 인생계획을 비판적으로 반추할 수 있다.
7. 타인에게 관심을 보일 수 있고, 사회적 교류를 할 수 있다.
8. 동물, 식물, 자연계에 대해 관심을 갖고 더불어 살 수 있다.
9. 웃고 놀고 여가활동을 즐길 수 있다.
10. 다른 누군가의 삶이 아닌 자신의 삶을 살 수 있다.

---

15 Martha Nussbaum and Jonathan Glover, eds., *Women, Culture, and Development*(Oxford, UK: Clarendon Press, 1995), pp. 83-85.

누스바움에 따르면 공학은 인간의 복지에 이바지하는 이 역량들 중 다수와 직간접적으로 관련이 있다. 깨끗한 물과 위생관리를 제공함으로써 공학은 건강과 장수에 크게 기여하였다. 비료와 농경보조도구의 생산은 사람들이 식량을 자급하는 능력을 증가시켰다. 기술발전은 더 많은 부를 가져다주고, 이는 누스바움이 언급한 다른 역량들에 중요하다.

덕 윤리학의 자원

인간의 근본적인 가치들은 도덕적 사고 기준으로 가장 보편적으로 수용되는 편이므로, 가치와 그 가치를 드러내는 도덕적 본보기가 되는 인물에 호소하는 것은 때로 도덕적 권고뿐 아니라 도덕적 분석에도 유용한 도구가 될 수 있다. 예를 들어, 뇌물과 강탈은 흔히 숨겨지므로 부정한 행위임이 암시되고, 많은 사회가 정직함의 미덕을 지지한다. 여기서 무슨 일이 벌어지고 있는가? 뇌물 공여와 강탈에 참여하는 사람들은 그것이 부정한 행위임을 알아차리지 못한 것일까? 그들은 합법적인 예외가 존재한다고 생각하는 것일까? 그들은 정직함의 미덕을 온전히 거부하는 것일까?

덕 윤리학은 도덕적 분석의 다른 방법들을 보완하는 유용한 수단이 될 수 있다. 특히 다른 방법으로 도달한 해결책을 본국과 주재국 주민들이 개인적으로 용납할 수 있는지 가늠할 때 도움이 된다. 도덕적 문제에 대한 창의적 중도 해결책을 제안할 때, 덕이 높은 사람이 그 해결책을 받아들일지 자문해보는 일은 유용하다. 정직하거나, 정의감이 강하거나, 인정이 많은 사람이라면 그 해결책을 받아들일까? 족벌주의와 온정주의 문제에 대한 해결책은 연민과 정직성과 양립가능하거나, 어쩌면 연민과 정직성에 의해 요구되는가? 뇌물처럼 보이는 측면이 있는 세금조정 협상에 참여하는 것은 어떠한가? 그러한 국제적 경험을 하고 난 엔지니어는 자신의 도덕적 인격이 용납할 수 없는 방식으로 더럽혀졌다고 느낄까?

공학단체의 윤리강령

공학윤리강령 또한 다른 나라에서 일하는 엔지니어 개인, 그리고 자신과 국민을 위해 가이드라인을 세우고 있는 주재국 엔지니어에게 지침을 제공해줄 수 있다. 미국의 몇몇 공학윤리강령은 회원이 어디에 살고 있든지 적용될 것을 분명히 의도하고 있다. 미국전기전자공학회(Institute of Electrical and Electronic Engineers, IEEE)는 오늘날 명백한 국제단체이고, 윤리강령의 첫 문장에서 "전 세계의 삶의 질에 영향을 주는 우리 기술의 중요성"을 인정한다. 지금은 미국국제기계공학회(ASME International)가 된 과거의 미국기계학회(American Society of Mechanical Engineers, ASME) 윤리강령도 이와 비슷하게 국제환경을 언급한다. 미국기술사회(NSPE) 윤리심사위원회(Board of Ethical Review, BER)의 1996년 결정(사례 96-5)에 따르면 NSPE 회원은 다른 국가에서도 NSPE 윤리강령을 준수해야 한다. 이 경우에 쟁점은 미국 엔지니어가 주재국 엔지니어를 고용하고, 주재국 엔지니어가 계약을 따기 위해 주재국 공무원에게 뇌물을 제공하는 일이 윤리적으로 허용되는가였다. 위원회는 이 관행이 NSPE 윤리강령을 위반하고 미국 엔지니어가 그러한 관행에 참여하는 일은 비윤리적이라고 판단하였다. 국제 공학단체들의 윤리강령도 또한 해당된다. 세계공학단체연맹(WFEO) 윤리강령의 핵심 아이디어를 **글상자 8.5**에 요약하였다.

글상자 8.5 WFEO 윤리강령의 주요 아이디어 요약

- "기술사"는 "사기성, 부패, 범죄성 관행"을 피하고, 자신의 자격 또는 역량 내에서 "허용되는 공학의 관행"에 부합되게 실무를 집행한다.
- 엔지니어는 "사회의 삶의 질을 높이는 방향으로 일하고, 지속가능한 미래를 위해 공학적 해결책을 창출하고 이행한다."
- 엔지니어는 "각종 조치와 사업의 경제적 · 사회적 · 환경적 여파를 염두에 두고, 공동체와 환경의 보건 · 안전 · 복지를 증진하고 보호한다."
- 부패하고 범죄적인 관행을 금지함으로써 뇌물을 금지한다.
- 윤리강령은 "삶의 질"과 "안녕"을 언급하고, 공학실무의 환경에 대한 여파, 그리고 지속가능성과 환경에 대한 고려를 "염두에 둘 것"을 요구한다.

기존의 전문직 윤리강령은 국제환경에서 윤리적 딜레마에 처한 개별 엔지니어에게 중요한 지침을 제공한다. 또한 자신들의 강령을 세우고자 하는 주재국 엔지니어와 국제환경에서 일할 생각이 있는 엔지니어에게도 지침이 된다. 다음 절들에서 그런 엔지니어가 직면할 수 있는 더 구체적인 문제들을 다룬다. 윤리강령이 말하는 것과 더불어 말하지 않는 것이 무엇인지도 흥미롭다. 윤리강령에는 착취와 사회정의가 전혀 언급되지 않고, 일반적으로 공학윤리강령도 그러하다. 바로 이 점 때문에 우리는 앞에서 언급한 더 일반적인 윤리적 개념과 방법에 의존해야 한다. 다음 절에서 자세히 살펴보기로 하자.

8.6 경제적 후진국: 착취 문제

착취, 특히 취약계층에 대한 착취는 심각한 도덕적 문제이다. 이는 경제개발이 덜 되어 일자리가 별로 없는 국가에서 나타날 가능성이 높다. 구딘(Robert E. Goodin)은 다섯 가지 조건을 만족할 때 착취의 위험이 생긴다고 주장하였다.[16] **글상자 8.6**을 참조하라.

다음 사례를 살펴보자. 엔지니어 조(Joe)의 회사 카퍼자이언트(Coppergiant)는 세계에서 가장 막강한 구리 채굴 및 제련 회사이다. 카퍼자이언트는 세계 구리시세를 통제하고 수익성이 뛰어난 구리광을 경쟁자들이 접근하지 못하게 독차지하고 있다. 조는 수익성이 가장 높은 구리광이 있는 X국에서 카퍼자이언트 소속으로 일한다. 카퍼자이언트는 X국에서 세계시장 시세보다 훨씬 저렴한 가격에 구리를 구매하고 채굴 및 제련 노동자에게 세계에서 가장 낮은 임금을 지불한다. 그 결과, 카퍼자이언트는 어마어마한 수익을 올린다. 카퍼자이언트가 X국 정부관리에게 뇌물을 주고 세계 구리시장을 좌지우지하므로, 다른 채굴회사나 제련회사는 X국에 발을 들이지 못한다. X국은 지극히 가난하고 구리는 X국이 외화를 버는 주요 원천이다.

글상자 8.6 **착취의 조건**

- 지배자와 종속자 사이의 (보통 경제적인) 힘의 불균형
- 종속자는 자신에게 매우 중요한 이익을 보호하기 위해 지배자의 자원을 필요로 한다.
- 종속자에게 지배자는 그런 자원을 얻을 수 있는 유일한 출처이다.
- 지배자는 종속자가 필요로 하는 자원을 재량껏 통제한다.
- 종속자의 자원(천연자원, 노동력 등)은 적절한 보수 없이 사용된다.

이 사례는 구딘의 다섯 가지 착취의 조건을 모두 만족한다. X국 노동자(어쩌면 X국까지도)와 카퍼자이언트 사이의 힘의 균형은 한쪽으로 기울어졌다. X국 노동자는 일자리를 절박하게 필요로 하고 X국은 외화를 필요로 한다. 카퍼자이언트는 X국이 일자리와 외화를 얻는 유일한(또는 주된) 출처이다. 카퍼자이언트는 시장을 통제함으로써 일자리와 외화를 재량껏 통제한다. 마지막으로 X국의 천연자원과 노동력은 적절한 보수 없이 이용된다. 이것은 X국과 X국 노동자가 착취당하는 전형적인 사례이다.

착취는 보통 잘못된 행동이다. 앞에서 언급한 도덕 표준과 여러 가지 조건을 위반하기 때문이다. 세계 어느 문화권의 어떤 사람도 정상적인 상황에서 착취의 희생자가 되고 싶을

16 Robert E. Goodin, *Protecting the Vulnerable: A Reanalysis of Our Social Responsibilities*(Chicago, IL: University of Chicago Press, 1985), pp. 195-196.

리 없으므로 착취는 황금률을 위반한다. 착취는 연민의 미덕을 담고 있지 않으므로 덕 윤리에도 어긋난다. 또한 X국 국민에게 최소한의 생활수준을 제공하지 않고 누스바움이 언급했던 역량들의 실현을 막기 때문에 공리주의를 위반한다. 공리주의적 입장에서 이 착취가 X국 경제개발의 유일한 방법이고 궁극적으로 모든 국민에게 이득을 주므로 정당화된다고 주장할 수도 있지만, 이런 종류의 착취 없이도 경제개발은 거의 틀림없이 가능하므로 이 논리는 타당하지 않다.

이 사례에서 서술된 착취는 정당화할 수 없으므로, 상황을 바꿔야 한다고 결론을 내릴 수밖에 없다. 어쩌면 임금을 인상하고 구리가격을 시장수준으로 올려도 여전히 X국 노동자에게 적절한 보수를 제공하지 못할 수도 있다. 현재 상황은 창의적 중도 해결책을 추구하는 관점에서 정당화할 수도 있다. 임금을 더 올리면 카퍼자이언트가 경제적으로 무너지거나 X국에서 철수할 수도 있기 때문이다. 그러면 X국 노동자와 국가경제는 이전보다 더 나쁜 상황에 처할 것이다. 그러나 이렇게 될 확률은 높지 않다. 비록 경영진이 아니고 힘없는 엔지니어에 불과하더라도 조는 자신의 회사가 도덕적으로 정당화할 수 없는 행위를 한다는 사실을 인식해야만 한다.

현실적인 착취의 사례들은 대부분 착취의 다섯 가지 조건을 모두 만족하지 않으므로 전형적인 사례가 아니다. 특히 임금인상을 위해 가격을 올리면 시장에서 회사의 경쟁력이 떨어지므로 자원을 재량껏 통제하지 못할 수 있다. 어느 정도의 보수가 '적절'한지에 대한 논의에서는 어려운 관념적, 사실적 문제와 적응성 문제가 발생한다. 임금이 미국 기준으로는 낮아도 주재국 기준으로는 최소한의 생활수준을 제공하기에 충분할 수 있다. 이것들은 윤리강령이나 일반적 진술로 해결할 수 없는 쟁점들이지만, 착취라는 기본적인 문제는 개별 엔지니어가 자주 직면하는 상황이고 국제 공학윤리강령을 세울 때 주목해야 마땅하다.

8.7 특별대접의 대가: 뇌물 문제

뇌물은 미국 엔지니어가 다른 나라에서 일할 때 마주치는 매우 흔한 문제이다. 미국 의회는 1977년 뇌물 문제에 대응하여 해외부패방지법(FCPA)을 제정하였다. 이 법은 범위가 제한적이다. 정부관리에게 주는 뇌물만 금지하고, 현지 재산을 보호하기 위한 얼마간의 강탈을 허용한다. 그럼에도 불구하고 획기적인 법이었고 다른 국가에서도 유사한 법안을 제정하게 하였다.

공학실무에서 뇌물은 보통 공식적 의무나 책임을 위반하는 대가로 정부관리에게 준다. 뇌물을 주면 그 관리가 이를테면 품질 때문이 아니라 뇌물 때문에 제품을 구매하는 결과를 낳는다. 다음은 전형적인 뇌물 사례이다. A회사의 경영진은 X국 국립항공사에 항공기 25대를 판매하기를 원한다. 거래가 성사되려면 X국 교통부장관의 승인이 필요하다. A회사 경영진이 알기로 정직하기로 소문난 교통부장관은 다른 회사와 더 나은 거래를 할 수 있지만, 현재 개인적으로 재정적 어려움을 겪고 있다. 따라서 A회사 경영진은 X국 교통부장관에게 A회사 항공기 구매를 인가해 달라며 30만 달러를 제공한다. 장관은 뇌물을 받고 A회사 항공기 구매를 지시한다.[17]

이 전형적인 뇌물 사례를 바탕으로 뇌물을 이렇게 정의할 수 있다. "뇌물은 타인이 자신의 공무, 지위, 역할에 합당한 의무과 양립할 수 없는 특별대접을 해주는 대가로 타인에게 지불하는 돈(또는 귀중품)이다."[18]

뇌물은 또한 한 사람(뇌물을 받은 사람)이 다른 사람(뇌물을 준 사람)에게 그가 받을 가치가 없는 것을 주도록 유도한다. 뇌물을 주고받는 행위는 그 뇌물이 특정 행동에 대한 대가라는 합의를 전제로 한다는 점을 염두에 두자. 이러한 합의가 존재하지 않는다면 뇌물을 선물이나 포상과 구분하기 어려워진다.

뇌물을 주는 행위와 받는 행위 모두 앞에서 인용된 WFEO 강령을 비롯한 전문엔지니어 윤리강령에서 금지되어 있다. 여기에는 몇 가지 근거가 있다. 첫째, 엔지니어가 뇌물을 받으면 직업적 판단을 변질시키고 엔지니어 직업군의 명예를 더럽히는 상황을 만드는 것이다. 둘째, 엔지니어가 뇌물을 준다면 발각될 경우에 엔지니어 직업군의 명예를 더럽히고 어쩌면 대중의 복지를 증진할 의무를 위반하는 활동에 참여한 것이다. 공무원을 포함하여 뇌물을 받은 사람 역시 국민이나 거래회사에 최선의 이익을 줄 의무를 위반했으므로 부정한 행위에 대한 책임이 있다. 셋째, 뇌물 주고받기는 가격에 비해 품질이 떨어지는 제품을 구매하게 함으로써 시장의 효율성을 해칠 수 있다. 넷째, 뇌물 주고받기는 특정회사를 불공정한 방식으로 경쟁사보다 유리한 위치에 두므로 정의와 페어플레이의 기준에 어긋난다.

법학자이자 도덕성 역사의 권위자인 누난(John T. Noonan)은 뇌물에 반대하는 의견이

---

17 이 시나리오는 필립스(Michael Philips)가 제시한 "Bribery" in Patricia Werhane and Kendal D'Andrate, eds., *Profit and Responsibility*(New York: Edwin Mellon Press, 1985), pp. 197-220.의 내용을 수정한 것이다.

18 Thomas L. Carson, "Bribery, Extortion, and the 'Foreign Corruption Practices Act'," *Philosophy and Public Affairs*, 14, no. 1, 1985, pp. 55-90.

전 세계에서 강해지고 있다고 주장한다.[19] 일본, 이탈리아를 비롯한 여러 나라에서 뇌물에 관해 불평하는 여론이 거세다. 법을 제정할 때에도 반(反)뇌물 윤리가 자주 구현되고 있다. 뇌물과 비슷한 점이 많은 선거후원금에 대해서도 사람들은 점차 의문을 제기하고 있다. 뇌물과 노예제도 사이에는 차이점이 많지만, 노예제도가 한때 수용되었다가 지금은 보편적으로 규탄을 받듯이 뇌물도 (여전히 자주 행해지고 있지만) 점점 더 도덕적으로 용납되지 않고 있다. 그렇다면 뇌물은 막아야 할 일이다. 적어도 대부분의 경우에 창의적 중도 해결책도 용납되지 않는다.

8.8 응당한 서비스에 대한 지불: 강탈 및 촌지 문제

강탈

뇌물처럼 보이는 많은 행위가 사실은 강탈 사례이다. 앞에서 서술한 A회사 경영진 사례가 약간 변형된 경우를 살펴보겠다. A회사 경영진이 국립항공사의 항공기 구매를 승인할 권한을 지닌 X국 공무원에게 실제로 가장 좋은 거래조건을 제시하고 있고 그 사실을 알고 있다고 가정하자. 그러나 X국 공무원에게 거액의 현금을 주지 않으면 A회사의 거래조건이 고려의 대상조차 되지 않을 것이라는 사실도 안다. 이 현금은 A회사의 계약 성사를 보장하지 않고 다만 고려의 대상에 포함시켜줄 것이다. 이 상황에서 A회사 경영진이 X국 공무원에게 현금을 바친다면, 이것은 뇌물이 아니라 강탈에 속한다.

강탈은 뇌물보다 정의하기 어렵다. 불충분하기는 하지만 한 가지 정의를 소개한다. "강탈은 강탈자가 우선권이 없는 이익을 얻기 위해 강탈 대상자에게 (강탈자가 가할 자격이 없는) 손해를 입히겠다고 위협하는 행위이다."[20] 이 정의의 범주에 들지 않는 강탈행위도 있기 때문에 이 정의는 부적절하다. 예를 들어, 공무원의 위법행위를 폭로하는 일이 도덕적, 법적으로 허용되는데도, 그가 거액을 지불하지 않으면 위법행위를 폭로하겠다고 위협한다면 강탈이다. 그러나 필자들은 강탈에 관하여 완전히 적절한 정의를 내리는 일이 가능하지 않았다. 다만 우리가 말할 수 있는 것은 위의 정의가 강탈의 필요조건은 아니지만 충분조건에 해당한다는 사실이다.

---

19 John T. Noonan, *Bribery*(New York: Macmillan, 1984).

20 Carson, "Bribery, Extortion, and the 'Foreign Corruption Practices Act'," p. 73.

뇌물과 강탈을 구분하기 어려울 때가 있다. 자국으로의 제품배송을 승인해주겠다며 사업가에게 돈을 요구하는 세관검사원은 제품이 자국의 기준에 못 미친다고 주장할 수 있다. 법이 너무 복잡하기 때문에 세관원이 거짓말을 하는 것인지 알기 어렵고 알아내는 데 비용이 많이 들 수 있다. 이 경우에 사업가가 돈을 주기로 한다면, 이것이 뇌물인지 강탈인지 본인도 모를 수 있다. 물론 회사가 진실을 밝히려는 노력을 전혀 하지 않는 것은 무책임한 일이다.[21]

유명한 부패 사례들은 뇌물과 강탈의 경계에 있는 듯이다. 예를 들어 걸프사(Gulf Oil Corporation)는 1966~1970년 사이에 한국의 여당이었던 민주공화당에 400만 달러를 지불하였다. 걸프사는 이 돈을 지불함으로써 한국에서 계속 사업이 번창할 수 있다고 믿었다. 이 돈 덕분에 걸프사가 경쟁자들을 제치고 특별대접을 받았다면 이것은 뇌물이다. 부당한 보복이나 제약 없이 모든 경쟁자가 내는 돈이었다면 이것은 강탈이다.[22]

강탈의 도덕적 상황은 다음과 같은 이유로 뇌물의 도덕적 상황과 다르다. 첫째, 뇌물은 종종 직업적 판단을 변질시키지만 강탈의 경우에는 직업적 판단이 변질되지 않는다. 둘째, 강탈에 순응하는 일은 직업적 명예를 더럽힐 수 있지만, 뇌물만큼 더럽히지는 않는다. 엔지니어는 사업을 지속하기 위해 강탈에 응해야 했다고, 범죄자가 아니라 희생자라고 주장할 수 있다. 셋째, 강탈의 경우에는 고용주나 고객에게 최선의 이익을 주지 않는 행동(이를테면 열등한 제품을 택하는 행위)을 하지 않아도 된다. 그러나 가장 바람직하거나 생산적이지 않은 방향으로 고객이나 고용주의 자금을 쓰게 될 수 있다. 넷째, 강탈은 비록 자금을 가장 적절하게 사용하지는 못할지언정, 품질이 열등하거나 더 값비싼 제품의 선택을 추진함으로써 시장의 효율성을 해치지 않는다. 다섯째, 강탈의 경우에는 경쟁자들이 강탈에 응하지 않거나 못하는 상황이 아니라면 경쟁자들을 제치고 불공정한 이익을 챙길 수 없다. 어떤 나라에서는 강탈에 응하는 것이 사업을 하기 위한 조건일 때가 있다. 해당 사업활동이 본국과 주재국에 이롭고 다른 도덕적 표준을 심각하게 위반하지 않는다면, 어떤 경우에는 강탈이 정당화될 수도 있다.

촌지

촌지는 보통 세관에서의 상품 통관을 재촉하거나 허가증 발급을 앞당기는 등 정례적인 관료

---

21 Ibid, p. 79.

22 Ibid, p. 75.

적 결정을 촉진하기 위해 제공한다. 촌지는 뇌물과 강탈에 비해 비교적 소액이다. 세관에서 합법적인 상품을 통관시키거나 허가증 발급이 지나치게 또는 사실상 영원히 지연되는 일을 막기 위해 촌지가 필요하다면 이는 소액강탈로 본다. 불법상품의 통관을 허가받거나 타인에게는 불공정한 방식으로 순서를 무시하고 먼저 허가증을 발급받기 위해 촌지를 지불한다면 이는 소액뇌물이다. 촌지는 때로 정부에 의해 암묵적으로 용납된다. 예를 들어 많은 국가에서 그렇듯이, 공무원의 연봉이 낮아서 정부는 공무원들이 촌지를 생계에 보탠다고 전제할 수 있다. 마치 웨이터가 팁으로 월급을 보완한다고 고용주가 전제하는 것처럼 말이다.

도덕적 엄격주의자는 촌지를 허용할 수 없다고 주장할 수 있다. 분명 촌지를 없애고 연봉을 충분히 올리는 편이 더 나을 것이다. 연봉 지급은 은밀하게 주고받는 촌지와 달리 공개적이고 공식적이다. 게다가 앞에서 보았듯이 촌지는 때로 지불한 사람이 받을 자격이 없는 특별대접을 누리게 하기에 뇌물에 가깝다. 그렇더라도 도덕적 엄격주의자가 아니라면, 다른 도덕적 기준에 심각하게 어긋나지 않는다면 때로는 촌지를 허용할 수도 있을 것이다.

8.9 가족단위의 확장: 족벌주의 문제

세계 곳곳에서 사회를 이루는 주요 단위는 현대 서양처럼 개인이 아니라 더 큰 집단이다. 형제자매와 그들의 가족과 고모, 삼촌, 사촌 등을 포함하는 대가족일 수도 있고, 부족처럼 꽤 커다란 단위일 수도 있다. 집단 구성원끼리는 서로 돕는 관계이다. 한 사람이 어려움을 겪으면 다른 구성원들이 그를 돌봐줄 의무가 있다. 그리고 누군가가 연봉이 높은 일자리를 구하는 좋은 일이 생기면, 그 사람은 친족(대개 형제자매 혹은 그 배우자나 자녀)의 일자리를 찾아줄 의무가 있다. 그런데 이 관습은 기업에 문제를 일으킬 수 있다. 실제 사례를 바탕으로 재구성한 다음 사례를 고려해보자.[23] 당신은 인도의 한 철강회사에 근무하는데, 이 회사는 복지정책의 일환으로 직원의 자녀 중 한 명을 채용하기로 약속한다. 이 정책은 자녀와 대가족 구성원에게 일자리를 찾아주는 전통이 있는 인도에서 인기가 매우 많다. 하지만 당신이 보기에 이러한 정책은 족벌주의이고, 가장 뛰어난 지원자를 채용한다는 더 바람직한 방침에 어긋난다. 어떻게 해야 할까?

23 이 사례와 관련 논의에 있어서는 다음을 참조하라. Thomas Donaldson and Thomas W. Dunfee, "Toward a Unified Conception of Business Ethics: Integrated Social Contact Theory," *Academy of Management Review*, 19, no. 2, 1994, pp. 152-284.

도덕적 엄격주의자가 아니라면 이를 인도문화의 맥락에서 용납할 수 있는 창의적 중도 해결책이라고 생각할 수 있다. 물론 항상 가장 뛰어난 지원자를 채용하는 방침이 가장 바람직한 접근법이다. 능력과 무관하게 직원의 가족 여러 명을 채용하는 것은 경제적 효율성을 크게 저해하므로 용납될 수 없을 것이다. 그러한 방침은 또한 정의의 미덕과 다른 지원자들의 차별받지 않을 권리를 지나치게 침해할 것이다. 반면에 직원가족 중에서 단 한 명만 채용해주는 방침은 용납할 수 있는 수준의 창의적 중도 해결책인 듯하다. 이것은 전통지향적인 문화권의 많은 사람이 굳게 믿는 신념을 인정해주고, 조화로운 근무환경을(어쩌면 이로써 경제적 효율성까지도) 이끌어낸다. 이 해결책은 도덕적 엄격주의와 도덕적 방종주의 사이의 지점을 택할 필요성을 다시 한 번 보여준다.

8.10 사업과 우정: 과도한 선물 문제

많은 문화권에서 사업관계는 개인적인 친분에 바탕을 둔다. 두 사람이 먼저 친구가 되었다가 함께 사업을 하게 된다. 서양에서 쉽게 수용되는 '공과 사를 구분하라'는 원칙은 냉정하고 비인간적으로 여겨진다. 나아가 우정은 종종 선물을 통해 견고해진다. 애정과 신뢰를 보여주려면 선물을 주면 된다.

서양 사람들이 보기에 과도한 개인적 선물은 뇌물과 너무도 비슷해 보인다. 이 문제에 대한 창의적 중도 해결책이 있을까? 패디먼(Jeffrey Fadiman)은 한 가지 방법을 제안하였다. 선물을 개인이 아니라 공동체에 주는 것이다. 그가 제시한 한 사례에서 어느 기업은 공동체를 위한 선물로 황폐한 땅에 아주 많은 나무를 심었다. 또 다른 사례에서 어느 기업은 국립공원에서의 살생금지법 집행에 애를 먹고 있는 나라에 차량과 부품을 기증하였다. 이러한 선물은 개인에게 뇌물을 주지 않고도 호의를 이끌어냈다. 물론 이것이 비록 전형적인 뇌물은 아니더라도 여전히 뇌물과 공통점이 많다고 여기는 사람도 있을 것이다. 만약 경계를 분명히 정하고자 한다면, 선물이 뇌물과 같은 특징들을 가지고 있음을 입증해야 할 것이다. 예를 들면, 선물은 뇌물처럼 호의를 줌으로써 영향력을 얻을 수 있다. 하지만 선물은 뇌물과 달리 공개적으로 주고, 개인에게 주지 않는다. 어떤 측면에서든 뇌물처럼 보이는 것은 뭐든지 잘못되었다고 말하는 도덕적 엄격주의자가 아니라면, 위와 같은 해결책이 몇몇 상황에서 최소한으로 허용될 수 있을 것이다. 이것은 뇌물 주고받기를 피하는 윤리적 요건과 주재국에서 사업을 하려는 바람직한 목표 사이의 창의적 중도 해결책이다. 그러나 이 방법은 뇌물과 비슷한 측면이 있으므로, 완전히 만족스러운 해결책으로는 고려하지 않을 것이다.

위에서 논의한 사례들과 대조적으로 때로는 적어도 미국 기준으로 값비싼 선물을 개인에게 주는 일도 생긴다. 주재국에서 '일반적인' 수준의 선물이 미국 기준에서는 '지나칠' 수도 있다. 이를테면 X국 부유층끼리 우정과 존경의 표시로 거액의 선물을 일상적으로 주고받는다고 가정하자. 모두가 선물을 일상적으로 주고받기 때문에 이 선물들은 특별대접을 요구하지 않는다. X국에서 사업을 하는 엔지니어가 이 관행에 참여하는 일이 용납될 수 있을까?

다음 사항들을 고려해야 한다. 첫째, 주재국의 선물관행을 조사해야 하고 선물의 가격이 주재국 기준에서 '과도한지' 판단해야 한다. 만약에 주재국 기준에서 일상적인 수준이라면 그 선물은 아마 특별대접을 요구하지 않을 것이다. 둘째, 과도한 선물을 금지하는 의도를 명심해야 한다. 그것은 특별대접을 돈으로 사는 행위와 그로 인한 불공정한 사업경쟁을 막는 일이다. 이 의도에 어긋나지 않는다면 선물을 고려할 수 있을 것이다.

미국 반도체회사 텍사스인스트루먼트(Texas Instruments, TI)는 위의 두 가지 고려사항을 포함하여 미국 외 국가에서의 선물에 관한 정책을 수립하였다.

> TI는 선물 주고받기에 관해서 전반적으로 보수적인 원칙을 따른다. 그러나 미국에서 과도한 선물로 여기는 것이 세계 각지의 현지관습과 다를 수도 있다. 우리는 미국 달러로 선물의 상한액을 규정해왔으나, 이는 국제적 거래에서 실용적이지 않다. 그 대신에 선물 공여는 사업을 따내거나 답례를 암시하려는 과도한 압력을 행사하는 방식으로 이루어져서는 안 된다는 지침을 따를 것을 강조한다.[24]

필자들은 이 정책이 도덕적으로 용납가능하다고 생각한다. 이는 주재국의 관행을 무조건 거부하는 태도(그 결과 아마 그곳에서 사업을 못하게 됨)와 명백한 뇌물공여 사이의 창의적 중도 해결책이다.

8.11 기술적-과학적 정교함의 부재: 온정주의 문제

산업화가 덜 된 나라의 국민은 교육수준이 상대적으로 낮고 일상에서 기술을 접할 기회가 적기 때문에, 기술에 관련된 많은 사안에 대해 오해하기 쉽다. 특히 위험, 건강, 안전, 환경 관련 쟁점에 대해서 더욱 그러하다. 이러한 상황은 착취 또는 온정주의를 초래할 수 있다.

---

24 http://actrav-english/telearn/global/ilo/texas.html

착취는 개인(엔지니어 포함), 정부 또는 기업이 국민의 무지를 이용해서 자신의 이익을 추구할 때 발생한다. 예를 들어, 노동자가 위험을 인지하지 못하는 상황에서, 노동자를 불필요한 건강 및 안전 문제에 노출시키는 규정을 채택할 수도 있다.

온정주의는 개인(엔지니어 포함), 정부 또는 기업이 사람들이 해야 할 일(또는 하지 말아야 할 일)을 스스로 결정하는 능력을 그들의 이익을 위해 무시하고 대신 결정해줄 때 발생한다. 그들의 결정을 무시하는 것은 그들을 위한 것이므로, 이것은 착취가 아닌 온정주의이다. 온정주의적 행위는 착취와 그 동기가 매우 다르다. 자기 이익보다 타인을 먼저 걱정하는 것이다. 그럼에도 불구하고 온정주의적 행위는 심각한 도덕적 문제를 일으킬 수 있다. 타인의 결정, 혹은 적어도 결정하는 능력을 무시해야만 하기 때문이다.

타인을 위해 결정을 내리는 사람을 '온정주의자', 온정주의적 행동의 대상을 '수혜자'라고 부르기로 하자. 다음은 온정주의의 한 가지 사례이다. 로빈의 회사는 X국에서 대규모 파인애플 농장을 운영한다. 회사는 고용된 노동자들의 건강을 유지하는 데 지나치게 어려움을 겪고 있다. 로빈은 노동자 건강문제의 주된 원인을 그들이 거주하는 전통식 마을의 비위생적인 환경으로 판단하였다. 이를 개선하기 위해 로빈은 노동자들에게 전통식 마을을 떠나, 균일하게 배치된 거리에 지어진 똑같이 생긴 작은 집에서 살도록 요구하였다. 그는 노동자가 비위생적인 전통식 마을과 높은 질병 발병률 간의 상관관계를 이해하고 새로운 생활환경의 장점을 인정하도록 '가르칠' 수 있다고 믿었다. 하지만 노동자들은 강하게 거부하고 있다. 새로운 생활환경이 따분하고, 그들의 전통적인 생활방식을 파괴하기 때문이었다.

로빈이 취한 조치의 도덕적 위치를 논하려면, 먼저 **글상자 8.7**에 나오는 약한 온정주의와 강한 온정주의를 구분해야 한다.

글상자 8.7 **두 종류의 온정주의**

- **약한 온정주의** 수혜자가 도덕적 행위자로서 효과적으로 행사할 수 없다고 믿을 만한 근거가 있는 상황에서 온정주의자가 수혜자의 결정능력을 무시한다.
- **강한 온정주의** 수혜자가 도덕적 행위자로서 효과적으로 행사할 수 없다고 믿을 만한 근거가 없는데도 온정주의자가 수혜자의 결정능력을 무시한다.

약한 온정주의의 경우, 온정주의자는 수혜자가 도덕적 행위자로서 효과적으로 기능하지 못하기 때문에 '나쁜' 결정을 내린다고 믿는다. 강한 온정주의의 경우, 수혜자는 도덕적 행위자로서 효과적으로 기능하고 있는데도 온정주의자는 수혜자가 '나쁜' 결정을 내린다고 믿는다.

공리주의 및 인간존중의 관점에서 약한 온정주의는 때로 정당화될 수도 있다. 인간존중의 관점에서 약한 온정주의적 행위는 수혜자의 도덕적 행위자로서의 기능을 보호해준다. 수혜자에 대한 온정주의적 통제를 행사할 때, 온정주의자는 수혜자의 도덕적 행위자로서의 기능을 훼손하는 것이 아니라, 정말로 보호해주고 있는 것이다. 공리주의적 관점에서는 온정주의적 행위가 수혜자의 복지와 어쩌면 다른 이들의 복지까지도 증진할 수 있다고 본다. 온정주의자의 개입이 아니었다면 수혜자는 비합리적으로 행동했을 것이기 때문이다.

어떤 사람이 **글상자 8.8**의 조건 중 하나라도 만족한다면, 그는 도덕적 행위력을 효과적으로 행사할 수 없다는 뜻이다. 따라서 개별 조건은 각각 약한 온정주의를 정당화하는 데 충분하다.

글상자 8.8 **약한 온정주의를 정당화하는 조건**

- 과도한 감정적 압박을 받고 있어서 합리적인 결정을 내릴 수 없다.
- 자신의 행동이 초래할 결과에 대해 무지해서 상황에 정통한 결정을 내릴 수 없다.
- 너무 어려서 자신의 결정과 관련된 요소들을 이해할 수 없으므로, 합리적이고 정보에 근거한 결정을 내릴 수 없다.
- 수혜자가 자유롭고 정보에 근거한 결정을 내릴 수 있는지 판단하기 위해 온정주의자가 시간이 필요할 수 있다. 따라서 수혜자가 진정으로 자유롭고 정보에 근거한 결정을 내릴 수 있다는 것이 명확해질 때까지는 수혜자가 어떤 결정도 내리지 못하게 개입하는 온정주의자를 정당화할 수 있다.

강한 온정주의의 경우, 우리는 수혜자가 자유롭고 정보에 근거한 결정을 내린다고 가정하지만, 온정주의자가 보기에는 수혜자가 '올바른' 결정을 내리지 않는다고 간주한다. 인간존중의 관점에서는 강한 온정주의를 정당화할 수 없겠지만, 공리주의적 입장에서는 때로 정당화할 수 있다. 수혜자는 자신이 옳은 결정을 내린다고 생각하지만, 사실은 자기 이익을 최대화하는 결정을 내리지 않는다는 것이다.

이제 위의 사례로 돌아가 보자. 주어진 설명에 따르면, 로빈이 약한 온정주의를 행사했는지 강한 온정주의를 행사했는지 분명하지 않다. 노동자들이 전통식 마을생활에 수반되는 건강상의 위험을 온전히 이해하지 못했다면, 로빈은 그들을 더 위생적인 주거지로 이사하게 하는 데 약한 온정주의를 행사한 것이다. 노동자들이 모든 것을 제대로 이해하고서도 여전히 전통적 생활방식을 지키기 위해 질병이 많고 열악한 보건환경을 택했다면, 로빈은 강한 온정주의를 행사하고 있는 것이다. 강한 온정주의는 약한 온정주의에 비해 도덕적 관점에서 정당화하기가 더 어렵기 때문에(도덕적 행위자의 의사결정 능력을 무시하므로), 로빈의 행동이 정당했음을 입증하는 일이 훨씬 더 힘들다.

산업화가 덜 된 나라의 국민은 약한 온정주의, 몇몇 경우에는 강한 온정주의조차도 정당화하는 상황을 겪을 가능성이 특히 높다. 교육수준과 기술지식이 모자라므로 국민이 자신의 복지를 위한 책임 있는 결정을 내릴 수 없게 된다. 이런 상황에서 합리적인 사람은 온정주의적으로 대우받는 데 동의할 수 있다. 몇몇 경우에는 수혜자가 얻은 혜택, 심지어 수많은 사람이 받는 전반적인 혜택이 강한 온정주의적 행위를 정당화할 수 있다.

약한 온정주의가 정당화되는 사례를 소개하겠다. 존은 X국에서 분유를 판매하는 대기업에서 일한다. 존의 회사는 X국에서 분유를 파는 유일한 기업이다. 많은 어머니가 오염된 물의 위험을 이해하지 못하고 분유를 오염된 물에 타서 아기에게 먹인다. 또는 영양실조를 유발한다는 사실을 모른 채, 돈을 절약하려고 분유를 지나치게 희석시켜 먹인다. 존은 회사에 X국에서의 분유판매를 중단하기를 권한다. 경영진은 이에 동의하여 X국에서의 분유판매를 중단한다.[25]

이 경우에 약한 온정주의를 정당화하는 조건 중 적어도 한 가지(행동이 초래할 결과에 대한 무지)가 충족된다. 따라서 분유판매 중단, 그리고 X국 어머니들이 분유를 이용하는 선택지를 박탈한 것은 정당화된다. X국 어머니들이 도덕적 행위자로서의 역할을 자유롭고 정보에 근거한 방식으로 행사하지 못한다는 증거가 충분히 존재하였다.

8.12 사업관행의 차이: 세금협상 문제

주재국의 사업관행은 미국 엔지니어와 때로는 주재국의 엔지니어마저도 딜레마에 빠뜨린다. 여러 국가에서 행해지는 관행을 보여주는 다음 사례를 살펴보자. 제임스는 X국에 위치한 미국회사에서 일한다. X국에서는 회사가 실제 수입의 절반만을 신고할 것으로 예상하고 정부가 터무니없이 높은 세율로 과세하는 것이 관례이다. 만약에 어떤 기업이 실제수입을 그대로 신고한다면, 과도한 세금 때문에 망해버릴 것이다. 제임스의 회사는 미국 기준으로

---

25 J. Krasny, "Every Parent Should Know the Scandalous History of Infant Formula," *Business Insider*, June 25, 2012. Retrieved April 4, 2017, from http://www.businessinsider.com/nestles-infant-formula-scandal-2012-6?op=1

는 불법이지만 X국에 수입을 낮춰서 신고하는 현지 관행을 따를지 고민하는 중이다. 어떻게 결정하든, 미국정부에는 계속해서 수입을 정직하게 신고할 작정이다.

X국의 관행은 아마도 세금을 징수하는 최선의 방법은 아닐 것이다. 세금협상 과정에서 뇌물을 주고받기 쉬워지고, 어떤 회사는 다른 회사보다 큰 폭의 세금감면을 받을 수도 있기 때문에(특히 정부 공무원에게 뇌물을 주면) 과세의 불공정성을 야기한다. 그럼에도 불구하고 제임스의 회사가 수입의 절반만 X국 정부에 신고하는 것이 기업내규를 위반하지 않고 미국정부에 수익을 정직하게 신고하는 한, 이 관행은 아마도 도덕적으로 용인될 수 있을 것이다.[26] 이 회사는 다른 회사도 똑같이 행동해도 괜찮다고 생각하므로, 이 관행은 황금률을 어기지 않는 듯하다. 이 관행은 누군가의 권리를 크게 침해하지 않고, X국에서의 기업활동이 직원들과 X국 국민에게 이익을 가져다준다는 전제하에서 다른 어떤 대안보다도 전반적으로 유익하다. 나아가 이런 방식의 세금징수는 바람직하지 않더라도, X국 정부의 합법적인 활동에 재원이 된다. 마지막으로 X국에서 살아남는 모든 기업이 같은 관행을 따르고 있다는 사실이 일반적으로 알려져 있으므로 이 관행은 비밀이 아니다.

8.13 요약

세계화를 향해 전진하는 공학 전문직업군은 공학 및 기술 교육을 위한 국제표준을 확립하려고 애쓰고 있다. 1989년 창립된 워싱턴어코드(WA)는 회원국 간에 공학교육의 필수요건에 관한 "실질적인 등가성"을 확립하려는 노력이다. 이보다 훨씬 오래된 단체인 유럽 국가공학협회연맹(FEANI)은 개별 엔지니어에게 'EUR ING' 면허를 부여하는 유럽 공통의 표준을 마련하였다.

많은 공학협회(특히 아시아 포함)의 공식문서에서 엔지니어를 전문가로 부르고 있지만, 엔지니어가 자신을 전문가로 생각하는지, 전문가로 불려야 마땅한지는 명백하지 않다. 부분적으로는 상황을 해석할 때, 전문성에 관한 설명 중 어느 것을 사용하는가에 따라 달라진다.

엔지니어가 지리적 · 문화적 경계를 넘어갈 때 직면하는 문제들을 '경계초월 문제'라

26 비슷한 결론에 다다른 비슷한 사례에 관하여 다음을 참조하라. Thomas Donaldson and Thomas W. Dunfee, *Academy Ties That Bind: A Social Contracts Approach to Business Ethics*, (Boston, MA: Harvard Business School Press, 1999), pp. 198-207.

고 부를 수 있다. 이러한 문제들은 단순히 본국의 가치를 다른 문화에 그대로 적용하거나, 아무런 가치 판단 없이 다른 문화의 기준을 맹목적으로 수용한다고 해서 금세 해결되지 않는다. 그보다는 제2장에서 논의한 윤리에 관한 자원들이 경계초월 문제를 해결하는 데 유용할 수 있다. 조심스럽게 타국 문화에 적용한다면 말이다. 창의적 중도 해결책이 특히 유용하고, 황금률, 덕 윤리, 보편적 인권, 인류의 번영을 위한 필수조건, 공학 법규 역시 유용할 수 있다.

국제환경에서 엔지니어가 맞닥뜨리는 문제 중에는 취약계층에 대한 착취가 있다. 뇌물은 아마도 가장 널리 만연한 문제일 것이다. 마땅히 받아야 할 대접을 받기 위해 돈을 내는 상황인 강탈은 뇌물보다 도덕적으로 덜 문제된다. 적은 액수의 금품인 촌지는 상황에 따라 소액뇌물 또는 소액강탈에 해당한다.

많은 나라의 관습과 전통에 따르면 취업에 성공한 사람은 가족의 능력이 부족하더라도 가족의 일자리를 구해주어야 한다. 이러한 족벌주의 문제는 때로 창의적 중도 해결책으로 처리할 수 있다. 많은 문화권에 존재하는, 값비싼 선물을 주는 관습은 반드시 뇌물이나 강탈이 아닐 수도 있다. 이러한 관습에 적응하려면 미국에서 용납되는 것보다 비싼 선물을 주어야 할 수도 있다. 단, 선물이 뇌물로 사용되어서는 안 된다. 기술적-과학적 지식의 부재는 도덕적으로 문제가 될 수 있는 온정주의적 행동을 야기할 수 있다. 약한 온정주의는 대체로 강한 온정주의보다 쉽게 정당화된다. 마지막으로 세금조정 협상의 관행은 뇌물을 비롯한 여러 부정행위를 야기할 수 있지만, 이 관행을 전적으로 거부할 필요는 없다.

CHAPTER 9

공학의 새로운 지평선

이 장의 주요 생각들

- 기술은 빠르게 진화하고 있다. 새로운 기술은 새로운 기술적 · 도덕적 문제를 낳는 동시에 미래 엔지니어들을 위한 새로운 도구로 쓰일 것이다.
- 공학의 미래에 대해 숙고해보기를 바라는 마음에서 이러한 문제 중 몇 가지를 다뤄보고자 한다.

1962년 저명한 공학교육자인 브라운(Gordon S. Brown)[1]은 기술적 변화와 과학적 탐구의 속도가 빨라짐에 따라 엔지니어의 교육방식도 변화해야 한다고 지적했다. 그는 "제2차 세계대전 직전 십여 년 동안 … 공학교육은 … 학생들이 대학에서 배운 내용이 그들이 평생 이어나갈 기술자로서의 삶을 지탱해줄 것이라는 가정을 기반으로 했다"고 말한다. 그는 이 시대를 공학적 발전 및 적용이 과학적 탐구, 즉 공학발전의 이론적 기반보다 앞서는 일이 종종 일어났던 시대라고 설명한다. 그러나 그 이후 새로운 과학이론의 발전은 가속화되었고, 브라운은 이것이 앞으로 수많은 공학발전으로 이어지리라고 믿었다. 그는 이것이 미래의 엔지니어에게 아주 다른 종류의 책무를 지우게 될 것이고, 그들에게 공학을 가르쳐준 선생님이나 멘토들이 설계했던 것과는 사뭇 다른 공학시스템을 설계하고 실행하게 될 것이라고 예측했다. 브라운은 공학과학(engineering science)을 강조하고 공학 해석 및 합성에 더 집중하는 방향으로 공학교육을 변화시킬 것을 주장했다. 그는 미래의 엔지니어에게는 과거 데이터의 도움 없이 새로운 공학시스템의 성능을 모델링하고 정확하게 예측할 수 있는 능력이 중요

1 G. S. Brown, "New Horizons in Engineering Education," *Daedalus*, 91, no. 2, Spring 1962, pp. 341-361. Retrieved from https://www.jstor.org/stable/20026715.

할 것이라고 보았다. 또한 엔지니어에 대한 평생교육의 중요성이 점점 증가할 것임을 인지하였다. 그 이후 공학교육은 정말로 브라운이 예상했던 방향으로 발전해왔다. 설계자에게 있어 모델링의 중요성을 강조함에 따라, 오늘날 공학교육을 이수한 졸업생들은 새로운 과학적 원리를 기반으로 새로운 공학시스템을 모델링하고, 설계하고, 구현할 수 있게 되었다.

9.1 서론

오늘날에도 기술의 변화는 가속화하고 있는 가운데, 우리는 공학교육의 또 다른 변화의 흐름을 마주한다. 바로 학부에서의 공학 교육과정 내에 공학윤리가 필수적인 역할을 하게 된 것이다. 이러한 흐름은 새로운 기술을 공학시스템에 적용하는 과정에서 나타나는 새로운 윤리적 문제와 기술적 문제, 그리고 엔지니어에 대한 사회의 직업적 기대수준 증가 등으로 인해 추구된다. 브라운은 공학도들에게 그들의 스승은 알지 못했던 기술적 문제들을 해결할 수 있는 능력을 키워주기 위해, 공학과학, 특히 기본 원칙들을 기반으로 공학시스템을 모델링하는 방법들에 더 많이 노출될 수 있도록 해야 한다고 믿었다. 우리는 이와 마찬가지로, 미래의 엔지니어들이 새로운 윤리적 문제들에 대응할 수 있게 하기 위해서는 윤리 이론과 적용에 더 많이 노출되어야 한다고 본다.

미국공학한림원(National Academy of Engineering, NAE)이 2008년에 발표한 14개의 '주요 도전과제' 등 앞으로 닥칠 문제들에 대한 해결책은 거의 모든 경우 윤리적인 문제를 일으킬 것이고, 어떤 경우에는 새로운 윤리적 문제를 낳기도 할 것이다. 이러한 도전에 대해 구상하는 해결책은 대중의 보건, 안전, 복지나 고용주에 대한 책임, 지속가능한 개발, 사생활 침해, 사회적 정의 등 서로 갈등관계에 있는 의무들을 해결하는 것을 포함한다. NAE가 선언한 공학의 주요 도전과제에 대한 추가 예시는 다음을 참고하라.

글상자 9.1 NAE가 선정한 공학의 주요 도전과제

- 맞춤형 학습을 발전시켜라.
- 가상현실(VR)을 향상시켜라.
- 더 나은 의약품을 만들어라.
- 도시 인프라를 복원하고 개선하라.
- 깨끗한 물을 제공하라.
- 핵 테러를 방지하라.
- 탄소 격리방법을 개발하라.
- 태양광에너지를 경제적으로 만들어라.
- 뇌를 역설계하라.
- 건강정보학을 발전시켜라.
- 사이버공간을 안전하게 보호하라.
- 핵융합으로부터 에너지를 제공하라.
- 질소순환을 관리하라.
- 과학적 발견의 도구들을 설계하라.

9.2 환경에 대한 책임과 지속가능개발

날이 갈수록 전문직 사회와 공공 모두 엔지니어는 구축된 환경뿐만 아니라 자연환경에 대해서도 일종의 특별한 책임이 있다고 생각하는 듯하다. 군사체계에서 민간의 교통시스템, 인프라, 소비재에 이르기까지, 공학적 설계를 거치는 모든 시스템이나 제품은 환경에 어느 정도의 영향은 미친다. 거의 모든 경우에 설계자는 환경에 대한 악영향을 줄일 수 있다. 한 세기 전에는 엔지니어의 가장 중요한 책임이 고객이나 고용주를 그 대상으로 했지만, 이제는 직업적 특성이 변화하였다. 많은 공학윤리강령들은 엔지니어의 가장 우선적인 책임이 대중의 보건, 안전, 복지라고 명시하거나 암시한다. 공중보건과 복지에 환경이 미치는 영향에 대한 인식이 증가하면서, 공학전문직 사회와 대중 사이에는 엔지니어가 환경보호에 좀 더 직접적인 책임을 져야한다는 생각이 증가하고 있다. 그러나 현재 엔지니어들에게는 스스로의 책임의 범위가 어디까지인지, 또 환경보호의 이익과 관련된 비용 간의 균형을 어떻게 맞춰야 하는지에 대한 가이드라인이 충분하지 않다. 엔지니어의 책임은 환경보호에 대한 최소한의 수준을 정의하기 위해 제정된 법령과 규제를 초월하는가, 아니면 이러한 법령과 규제가 설계에 있어 필요충분조건으로 기능할 수 있는가? 공학전문직 사회는 윤리강령을 통해 엔지니어의 환경보호 책임을 완전하게 정의하려고 노력하고 있다. 이러한 노력에는 지속가능한 개발에 대한 공학적 책임, 구축된 환경의 개발과 자연환경의 연계, 미래세대에 대한 엔지니어의 책임 공식화 등이 있다. 지구온난화에 대한 공공정책은 앞으로 몇 십년간 진화할 것이며, 이에 대한 공학적 요소들의 반영이 필수적이다. 미래의 엔지니어들은 이러한 정책발전에 관한 논의의 기틀을 잡는 데 참여하도록 권장된다.

NAE는 "깨끗한 수원 확보", "질소순환 관리", "탄소 분리방법 개발", 그리고 연관성이 높은 "경제적 에너지 제공", "태양광에너지의 경제성 확보", "핵융합에너지 제공" 등의 도전과제를 통해 환경문제의 중요성을 유념하고 있다. 또한 "도시 인프라 복원 및 개선"의 과제를 통해 구축된 환경의 중요성도 인지하고 있음을 알 수 있다.

육상교통 시스템은 구축된 환경의 주요 요소 중 하나이다. 고속도로와 공공도로는 지속적인 유지관리와 함께 인구증가에 따른 추가적인 증설을 필요로 하는 어마어마한 규모의 인프라 투자를 뜻한다. 특히 수용능력 증대를 위해 고속도로나 공공도로 차선을 증설하는 데 들어가는 비용은 도시환경에서 더 높은 부동산가격에 의해 증가하며, 가끔은 오히려 비싼 고가도로나 지하도로가 더 경쟁력 있는 선택지가 되기도 한다. 교통 엔지니어들은 날이 갈수록 차선증설을 하지 않고서도 교통량 수용능력을 개선할 수 있는 방법을 찾고 있으며, 지능형 차량도로 시스템(intelligent vehicle highway system, IVHS)과 자율주행자동차가 그 해결책으로 제시되는 듯하다. 그러나 IVHS와 자율주행자동차는 중요한 기술적, 법적, 사회적 문제를 새로이 제기한다.

9.3 자율주행자동차 개발

조건부 자율주행시스템, 예를 들어 Tesla Model S가 탑재하고 있는 "오토파일럿(autopilot)" 시스템조차 윤리적 문제에서 자유롭지 못하다.[2] Tesla의 사장과 관리자는 Tesla의 오토파일럿 시스템이 켜져 있을 때에도 운전자가 핸들에서 손을 떼지 않고, 시스템 작동을 주의 깊게 관찰하며, 언제든지 시스템으로부터 통제권을 도로 가져올 수 있는 준비가 되어 있어야 한다고 누차 경고한 바 있다. 그러나 미국 도로교통안전국(National Highway Traffic Safety Administration, NHTSA)은 운전자들이 종종 이 경고를 따르지 않을 것이라고 "예측했다". 위협이 "예측가능"하다면, 보통 엔지니어가 이를 해결하리라 보는 것이 일반적이다. 이러한 설계의 경우, 대부분의 시간 동안 개입이 필요 없이 자율적으로 운행하는 자율주행시스템을 운전자가 성실하게 관찰한다는 가정에 의존해야 한다는 문제점이 있다. Ford는 이를 인지해 미국자동차학회(Society of Automotive Engineers, SAE)의 수준 3 자동차를 개발하지 않겠다고 밝혔다. 대신에, 사람의 관찰과 개입에 의존하지 않는, 수준 4와 5를 충족하는 자율주행자동차에 집중하겠다는 것이다. 분류체계에 관련해서는 다음을 참고하라.

글상자 9.2 SAE 자율주행자동차 분류체계

수준 0 – 자동화 없음 (인간 운전자)
수준 1 – 운전자 보조 (즉, 적응형 순항제어)
수준 2 – 부분적인 자동화 (운전자는 지속적으로 관찰하고 통제권을 가져올 준비가 되어 있어야 함)
수준 3 – 조건부 자동화 (운전자 대기 중)
수준 4 – 고도 자동화 (특정상황의 특정모드에서 완전한 컴퓨터 제어가 이루어짐)
수준 5 – 완전한 자동화 (인간의 개입은 필요하지 않으며, 모든 경우에 컴퓨터 제어가 이루어짐)

---

2 Preliminary Report, Highway HWY16FH018, National Transportation Safety Board, from https://www.ntsb.gov/investigations/AccidentReports/Reports/HWY16FH018-Preliminary-Report.pdf on 19 June 2017.

완전 자율주행자동차, 즉 SAE의 수준 4와 5에 해당하는 자동차는 정의상[3] 인간의 관찰이나 개입을 필요로 하지 않는다. 이론적으로 수준 5에 해당하는 자동차는 인간 운전자가 운전하기 위해 필요한 제어장치들마저 가지고 있지 않을 수도 있다. 이렇게 새로 진화하고 있는 공학시스템은 새로운 윤리적 문제를 낳게 된다. 자율주행자동차가 철도 정비공을 피하기 위해서, 또는 법을 지키기 위해서 철도 복선을 가로지를 수 있게 프로그래밍되어야 할지의 문제에 관련하여, 공학연구자 거디스(Chris Gerdes)는 이렇게 설명한다. "우리는 한 걸음 뒤로 물러나서, '잠깐, 이게 자동차가 생각하도록 프로그래밍할 만한 문제인가? 이런 질문이 애초에 옳기는 한가?'라고 되뇌어 볼 필요가 있다. 우리는 실제 사람들의 행동을 반영하는 도로교통법규에 대해 고민함으로써 프로그래머가 무엇이 안전하고 무엇이 준법한지를 결정해야 하는 상황에 놓이지 않도록 해야 한다."[4] 윤리학자 린(Patrick Lin)[5]은 자율주행자동차에 윤리규범을 프로그래밍시켜야 한다면, 이것이 각 운전자의 개인 윤리의식을 반영하는 "사용자 맞춤형"으로 프로그래밍될 수도 있는지에 의문을 던진다. "한 고객은 다른 그 무엇보다 본인의 목숨을 열심히 보호하기를 원할 수 있고, 다른 고객은 모든 생명을 똑같이 중시하고 피해를 최소화하는 것을 선호할 수 있다. 또 법적인 책임이나 비용을 최소화하기를 원하는 사람도 있을 수 있다…" 우리는 이 새로운 기술이 더 발전해 나갈수록 훨씬 더 많은 윤리적 문제들이 제기되는 것을 각오해야 할 것이다.

9.4 사물인터넷(IoT), 빅데이터, 사이버보안

디지털 통신에 있어서 이용가능한 속도 및 대역폭의 증가와 2017년으로 예상되는 5G로의 전환은 자율주행자동차, 스마트시티, 의학기술, 기타 데이터를 기반으로 하는 기술의 발전에 중요한 역할을 할 것이다. 그러나 세상 대부분이 전자적으로 연결되고 관찰되며, 통제되

---

3 On Road Automated Driving(ORAD) Committee, Society of Automotive Engineers, "Taxonomy and Definitions for Terms Related to Driving Automation Systems for On-Road Motor Vehicles," *Surface Vehicles Recommended Practice*(United States: SAE International, September 30, 2016).

4 K. Naughton, *A Stanford Professor's Quest to Fix Driverless Cars' Major Flaw*, October 7, 2015. Retrieved February 20, 2017, from Bloomberg Technology: https://www.blooberg.com/news/articles/2015-10-07/a-stanford-professor-s-quest-to-fix-driverless-cars-major-flaw

5 P. Lin, Wired.com. August 8, 2014. Retrieved February 20, 2017, from "Here's a Terrible Idea: Robot Cars with Adjustable Ethics Settings": https://www.wired.com/2014/08/heres-a-terrible-idea-robot-cars-with-adjustable-ethics-settings

는 사물인터넷(Internet of Things, IoT)의 지속적인 발전으로 인해, 이용할 수 있는 취약점의 숫자가 상당히 증가했다. 이는 개인의 사생활보호에 위협이 될 뿐 아니라, 악의를 가진 이들이 사이버 세상에 더 쉽게 접근할 수 있게 해준다. 잠재적 해커인구는 단순히 지적 호기심으로 시작한 사람들도 포함하겠지만, 절도, 관음증, 협박, 기물파손, 사이버전쟁에 관심이 있었던 사람들도 포함한다. 시스템에 이르는 길의 숫자는, IoT가 2020년까지 500억 대의 기기를 확보할 것으로 기대하는 만큼, 기하급수적으로 증가하고 있다.

IoT와 관련된 새로운 기술의 발전은 확실히 이 분야에서 일하고 있는 엔지니어들에게 윤리적 문제를 제기할 것이다. 사생활 침해와 사이버공격의 위험 등은 아주 현실적인 우려의 대상이며, 기술의 적용이 가져다 줄 이익과 비교해서 검토해야 한다.

공학의 다른 새로운 지평선

NAE가 규정한 도전과제에 대해 곰곰이 생각해보면, 기술낙관주의자라 하더라도 우려할 수밖에 없는, 상상 밖의 범위와 크기의 기술적 발전으로 인해 가까운 미래에 문제가 발생할 것이라는 결론에 다다르게 된다. 어떤 국가들은 테러리스트가 그 기술을 쟁탈해가는 것에 대한 강건한 보호막 없이도 대량 살상무기의 생산을 지속한다. 핵 또는 다른 종류의 대량 살상무기를 이용한 테러리즘에 대한 걱정은 증가할 것이다. 의약품과 의용생체공학의 빠른 발전은 사생활, 안락사, 유전자 선택 등의 문제를 수반할 것이다. 나노물질의 발전은 새로운 물질이 우리의 환경 안으로 들어오는 것을 의미하기에, 새로운 환경문제를 야기할 것이다. 이러한 문제들에 대한 해결책을 마련해야 하는 미래의 엔지니어들은 아주 바쁠 것이다.

공학의 새로운 지평선 중 또 하나의 중요한 분야는 여성, 소수인종, 장애인을 위한 평생교육과 고용기회 제공이다. 일반적으로 미래사회의 문제를 해결하기 위해서는 엔지니어 전문직 사회가 더 크고 다양해져야 한다고 믿는다. 더 많은 사회문제가 공학적 해결방법을 필요로 할 것이기 때문에 더 커야 하고, 문제를 해결하는 사람들의 구성이 다양할수록 더 다양한 공학적 해결방법을 제시할 수 있기 때문에 더 다양해야 한다는 것이다. 역사적으로 이러한 집단에 대한 교육과 고용을 촉진하기 위해 설립된 많은 기관들이 아직 존재하고, 공학과 STEM(과학, 기술, 공학, 수학) 분야에서 다양성에 대한 필요가 아직 강하다는 것을 보여준다.

미국에서는 1914년부터 여성 공학자에 대한 지원이 여성을 위한 지역 공학지부와 주로 대학에 위치한 전국적 조직들을 통해 시작되었다. 1950년 설립된 여성공학자회(Society for Women Engineers, SWE)는 여성 엔지니어에 대한 가장 강력한 지원 조직이다. SWE의 미션은 여성이 엔지니어와 지도자로서 온전히 가능성을 펼칠 수 있도록 격려하고, 엔지니어 전문직이 삶의 질을 개선하는 긍정적인 영향력을 가지고 있다는 이미지를 확산시키고, 다양성의 가치를 발현시키는 것이다.[6] 이 단체는 많은 기업과 법인들의 후원을 받아 학부 및 대학원생 회원들에게 장학금을 지급한다.

공학분야에서 여성과 소수인종을 위한 고용과 교육을 지지하는 단체들 중에는 국립과학재단(National Science Foundation, NSF)도 있다. 2017년 NSF의 '과학과 공학 분야에서의 여성, 소수인종, 장애인'[7]이라는 보고서는 이러한 집단 안에서 교육과 고용을 장려하기 위해 출간되었다. 이 보고서에 따르면, 여성, 장애인, 그리고 세 개의 인종 집단(히스패닉, 흑인, 미국 인디언 또는 알래스카 원주민)은 공학 및 과학 분야에서 그 지위가 미약하다.

이 보고서는 학위취득의 측면에서는 여성과 남성이 평등한 수준에 다다랐다고 말한다. 그러나 과학자와 엔지니어로 고용된 여성의 비율은 현저히 낮다. 여성은 미국 노동인구의 47%를 차지하지만, 공학 및 과학 분야에 한정할 경우 그 비율은 26%이다.

또한 이 보고서에 따르면 흑인, 히스패닉, 미국 인디언 또는 알래스카 원주민은 공학 및 과학 분야에서 학위를 취득하는 비율은 점차 증가해왔지만, 여전히 고용이나 학업에 있어 소외되어 있다. 미국 흑인공학자회(National Society of Black Engineers, NSBE)는 2014년 3,501명이었던 흑인 졸업생을 2025년까지 10,000명으로 늘리기 위한 10개년 계획을 세운 바 있다(http://www.nsbe.org/home.aspx 참조).

미국 히스패닉기술사회(Society for Hispanic Professional Engineers, SHPE)는 1974년 설립되었고 지금까지도 단체의 목표였던 네트워킹, 멘토링, 히스패닉 공동체 안에서의 롤 모델 창출 등을 지속 유지하고 있다.[8] SHPE는 STEM 분야에 관한 인지, 접근, 지원, 개발을 통해 히스패닉 공동체가 온전히 가능성을 발휘하고 세계에 영향을 미칠 수 있도록 노력하고 있다.[9]

이러한 단체들은 온라인으로 활발하게 활동 중이며, 구성원들의 현 상태를 점검하는

---

6 SWE Mission, Society of Women Engineers. (n.d.) Retrieved March 29, 2017, from https://societyofwomenengineers.swe.org/about-swe

7 National Science Foundation, National Center for Science and Engineering Statistics, *Women, Minorities, and Persons with Disabilities in Science and Engineering*. Special Report NSF 17-310, 2017. Retrieved March 29, 2017, from nsf.gov/statistics

8 Society of Hispanic Professional Engineers. (n.d.) shpe.org/about(S. o. Engineers, ed.). Retrieved March 29, 2017, from http://shpe.org/about

9 Ibid.

보고서를 자주 발간한다. SWE는 최근 '기후 조절: 공학 분야의 성차별과 인종차별'이라는 연구결과를 출간했다. 이 연구는 2년 이상의 경력을 가진 3,000여 명의 참가자를 대상으로 했다. 연구결과는 성별 격차가 크고, '지속증명 편견(Prove-It-Again Bias)', '외줄타기 편견(Tightrope Bias)', '모성의 벽 편견(Maternal Wall Bias)' 등을 포함하여 여러 가지 패턴으로 나타나고 있음을 보여준다.[10]

'지속증명 편견'에 관련해서는, 여성의 61%가 동료와 비슷한 수준의 존중과 인정을 받기 위해서는 지속적으로 자신을 증명해야 한다고 답한 반면, 같은 대답을 한 백인 남성의 비율은 35%에 그쳤다. '외줄타기 편견'은 여성의 경우 수용가능한 행동의 폭이 백인 남성에 비해 좁다는 것을 의미한다. 여성은 너무 남성적으로 또는 너무 여성적으로 보이지 않고 균형점을 찾기 위해 외줄타기를 한다는 것이다. '모성의 벽 편견'에 관련하여 거의 80%에 가까운 남성이 아이를 가진 것이 동료가 자신을 보는 방식에 영향이 없었다고 답한 반면, 같은 대답을 한 여성은 55%에 불과했다. 이러한 결과는 여러 가지 문제가 아직 존재함을 알려주지만, 동시에 이에 맞서기 위한 노력이 꾸준히 이루어지고 있다는 사실은 고무적이다.[11]

남성이든 여성이든, 엔지니어들은 NAE의 도전과제들을 해결하는 것과 더불어 미래 사회의 필요와 욕구를 제공하기 위해 함께 일해야 할 것이고, 그 과정에서 미래 기술발전이 가져오는 예측하지 못한 결과인 새로운 윤리적 과제들을 맞닥뜨리게 될 것이다. 공학교육은 오늘날 엔지니어들에게 미래의 기술적 문제들을 해결할 수 있게 교육시켜야 함을 인정한 바 있다. 이와 마찬가지로 우리는 엔지니어들이 기술이 발전하고 적용되면서 분명히 나타날 새로운, 또는 그동안 의식하지 못했던 윤리적 문제들을 인식하고 해결할 수 있는 능력 또한 함양할 수 있도록 해야 한다.

기술낙관주의는 "미래가 밝다"고 말하고, 비관주의는 "글쎄"라고 말한다. 어찌 됐든, 미래의 공학전문 사회는 인간의 필요와 욕구를 위해 자연이 제공하는 재료와 힘을 윤리적이고, 경제적이고, 지속가능한 방식으로 개발하고 이용할 책무를 가지게 된다.

---

10 J. C. Williams, *The Climate Control: Gender and Racial Bias in Engineering – Executive Summary* (Society of Women Engineers, ed.), August 16, 2016, Retrieved March 29, 2017, from http://research.swe.org/climate-control/

11 Ibid.

사례집

여기에 수록된 사례들은 본문에 등장하는 내용들과 더불어 사용할 수 있을 것이다. 사례들은 길이나 복잡한 정도, 목적에 있어서 많이 다르다. 몇몇은 실제 사건이나 상황을 보여주기도 하고, 다른 것들은 가상의 사례이지만 실감이 난다. 몇몇은 개별 엔지니어가 겪는 윤리적 문제들을 보여주지만, 다른 것들은 주로 엔지니어가 일하는 회사나 기관의 환경에 초점이 맞추어져 있다. 사례 28 "여성들은 어디에 있는가?"처럼 하나의 직업으로서 공학 분야의 일반적인 문제에 초점을 맞추는 것들이 있는 반면에, 다른 것들은 지구온난화와 같은 거대스케일의 이슈들에 초점을 맞추고 이러한 이슈들이 엔지니어 개인에게 그리고 엔지니어 집단에 제기하는 도전과 기회에 관하여 살펴본다. 어떤 사례들은 부정행위나 무책임성을 따져보는 반면, 다른 사례들은 모범적인 공학실무를 소개하기도 한다.

제6판에서는 10개 이상의 새로운 사례를 추가하였는데, 특히 근래에 뉴스거리로 등장했던 상황들에 관해 논의하였다. "폭스바겐 배출가스 스캔들"처럼 어떤 경우에는 아직 소송 중이어서 그 전모가 완전히 드러나지 않은 사례도 있지만, 필자들은 새로이 등장하는 사례들에 대한 논의가 중요하다고 믿는다. 이 책의 이전 판에서 다루었던 몇몇 사례들은 이번에는 포함되지 않은 것들도 있지만, 그 대부분은 다른 여러 사례들과 함께 인터넷상에서 쉽게 찾아볼 수 있다. 온라인윤리센터(www.onlineethics.org)와 Texas A&M 공학윤리 웹사이트(www.ethics.tamu.edu)는 모두 프리처드(Michael S. Pritchard)가 편집한 *Engineering Ethics: A case Study Approach*를 제공한다. 이는 미국 국립과학재단(NSF)이 지원한 연구과제의 결과물로서, 서른 가지 이상의 주석을 곁들인 사례들이 수록되어 있다. Texas A&M 웹사이트는 이 사례들을 원형 그대로 제공하면서, 그것들을 주요 주제(안전과 보건, 이해상충, 정직 등)에 따라 분류한 체계를 곁들이고 있다(사례는 "1992 NSF Sponsored Engineering Ethics Cases"로 검색할 수 있음). 프리처드의 에세이도 하나 포함되어 있다. 온라인윤리센터는 같은 사례들을 다른 개별 제목 아래 각각에 관한 간단한 서술과 함께 보여준다. NSF가 지원하고 해리스(Charles E. Harris)와 래빈스(Michael J. Rabins)가 공동으로 수행한 두 개의 프로젝트로부터 도출된 사례와 에세이는 Texas A&M 웹사이트에서 찾아볼 수 있다. 이들은 온라인윤리센터에서도 검색할 수 있다(*Numerical and Design Problems and Engineering Ethics Cases from Texas A&M*). 이것들은 "Professional Practice" 제목 아래에 "Cases" 소제목으로 검색된다. 온라인윤리센터는 이 책과 함께 사용될 수 있는 다른 사례들과 에세이를 풍부하게 갖추고 있다. 그중에서도 특히 흥미로운 것은 *Professional Ethics in Engineering Practice: Discussion Cases Based on NSPE BER Cases*인데, 이를 통해 미국기술사회(NSPE) 윤리심사위원회가 생산하는 사례와 주석을 찾아볼 수 있다. 이것들은 "Professional Practice" 제목 아래에 "Cases"(*Discussion Cases from NSPE*) 소제목으로 검색된다.

사례 목차

사례 1　애버딘(Aberdeen)의 세 사람

애버딘 성능실험장(Aberdeen Proving Ground)은 미국 육군의 여러 군사기지들 중에서 화학무기를 개발하던 곳이다. 미국 육군은 제2차 세계대전 이래로 이 기지를 화학무기를 개발, 시험, 저장, 폐기하는 데 사용해왔다. 1983년부터 1986년 사이의 주기적인 조사에서, 파일럿 플랜트(pilot plant: 새로운 공법이나 신제품을 본격적으로 생산하기 전에 시험적으로 건설하는 소규모 설비)로 알려진 기지의 한 부분에서 다음과 같은 심각한 문제들이 드러났다.

- 불에 타기 쉽고 암을 유발하는 물질들이 노천에 버려져 있었고,
- 서로 섞이면 치명적일 수 있는 화학약품들이 같은 방에 보관되어 있었으며,
- 유독물질을 담아 놓은 드럼통들이 새고 있었다.

제자리에 놓여있지 않거나 라벨이 붙어있지 않았고, 또한 용기에 허술하게 담겨있는 화학약품들이 여기저기에 널려 있었다. 지붕의 일부가 무너졌을 때, 그 아래에 보관되어 있던 화학약품 드럼통 몇 개를 후려쳤는데, 몇 주 동안 아무도 엎질러진 물질이나 부서진 용기들을 치우거나 옮기지 않았다.[1] 옥외의 탱크에서 200갤런의 황산이 새어나와 근처 강으로 유출되었을 때, 주 및 연방 조사관들이 조사를 위해 소집되었다. 그들은 화학약품을 가두어 놓은 둑이 파손된 채로 있고, 유해 화학약품들을 담아 처리하도록 만들어진 시스템은 부식되어 화학약품들이 땅으로 새어 나오고 있음을 발견하였다.[2]

2년간의 조사 끝에 1988년 6월 28일, 화학공학 엔지니어 3명[지금은 "애버딘의 세 사람(Aberdeen Three)으로 알려진 겝(Carl Gepp), 디(William Dee), 렌츠(Robert Lentz)]이 유해 폐기물을 불법적으로 처리, 분류, 폐기한 혐의로 자원보전복구법(Resource Conservation and Recovery Act, RCRA) 위반으로 기소되었다. 비록 3명의 엔지니어들이 화학약품들을 실제로 다루지 않았더라도, 그들은 위반에 대해 최종적으로 책임이 있는 관리자들이었다. 검찰 조사관들은 파일럿플랜트의 문제를 충분히 깨닫고 있었던 그들 이외에는 위반에 대한 책임을 돌릴 사람이 없다는 결론을 내렸다. 3명의 엔지니어들은 미국의 화학무기 개발에 중요한 역할을 담당했던 유능한 전문가들이었다. 이원화 화학무기(binary chemical weapon) 개발자였던 디는 화학무기 개발팀장이었다. 렌츠는 화학무기 생산에 사용될 공정의 개발을 맡고 있었다. 파일럿플랜트의 관리자였던 겝은 디와 렌츠의 부하였다.

기소된 지 6개월 후, 검찰은 세 피고를 법정에 세웠다. 각 피고는 폐기물을 불법적으로 관리 및 폐기했다는 네 가지 죄목으로 기소되었다. RCRA 위반과 관련하여, 디는 한 가

지 죄목에 대해 유죄판결을 받았고, 렌츠와 겝은 각각 세 가지 죄목에 대해 유죄판결을 받았다. 비록 각 피고는 최고 징역 15년과 벌금 75만 달러까지에 처해질 수 있었지만, 그들은 사회봉사 1,000시간과 집행유예 3년을 선고받았다. 판사는 피고들의 높은 사회적 지위와 이미 엄청난 소송비용을 감당해야 할 처지에 놓인 점을 감안해 비교적 가벼운 형을 내렸다고 밝혔다. 3명의 엔지니어들은 형사상의 죄로 기소되었기 때문에, 미국 육군은 소송 변론에서 그들을 도울 수 없었다. 이것은 연방 공무원들이 RCRA 위반으로 형사상 유죄판결을 받은 첫 사건이었다.

사례 2 빅딕(Big Dig) 터널 붕괴사고[3]

2006년 7월 10일, 어느 부부가 보스턴의 빅딕(Big Dig) 터널시스템의 한 연결터널을 자동차로 달리고 있었다. 이 터널시스템은 93번 주간고속도로(Interstate 93)가 보스턴 중심가 아래로 통과할 수 있게 해주고 또한 매사추세츠 유료고속도로(Mass Turnpike)를 로건(Logan) 공항까지 연결시켜준다. 부부의 차가 지나가고 있을 때, 천정 벽면에 붙어 있던 최소 26톤에 이르는 콘크리트 패널이 떨어져 자동차를 덮쳤다. 그 사고로 부인은 그 자리에서 숨졌고, 남편은 경미한 부상을 입었다. 다음 날 매사추세츠 검찰은 빅딕 프로젝트에 관여된 사람들에게 소환장을 발부했다. 곧이어 연방정부의 조사가 이어졌다.

미국 연방교통안전청(National Transportation Safety Board, NTSB)은 사고 발생 1년 후에 조사결과를 공개했다. 보고서의 초점은 콘크리트 패널과 철물을 터널 천정에 체결시키는 데 사용된 고정용 에폭시(anchor epoxy)에 맞춰져 있었다. 이 제품은 콘크리트, 벽돌, 강철을 고정시켜 체결시키는 소재들을 전문적으로 제조하여 판매하는 파워스패스너(Powers Fasteners, Inc.)사가 판매 및 유통을 하고 있었다.

조사관들은 파워스사가 두 종류의 에폭시, 즉 표준경화(standard set)와 속성경화(fast set)를 유통시켰음을 알게 되었다. 무너진 천정타일에 사용된 후자(속성경화) 유형의 에폭시는 "크리프(creep)"(역주: 재료가 일정한 응력 하에서 시간이 흐름에 따라 천천히 변형하는 현상; 온도가 높을수록, 또 응력이 클수록 변형속도가 빠름)를 일으키기 쉬웠기 때문에 고정장치들을 느슨하게 만들었다. 조사관들은 이러한 과정이 마침내 2006년 7월 10일 천정 타일이 무너지게 하였다고 결론을 내렸다.

NTSB의 보고서에 따르면, 파워스사는 속성경화 에폭시가 크리프를 일으키기가 쉬워 단기간의 하중을 지탱하는 데에만 유용하다는 사실을 알고 있었다. 파워스사는 마케팅 자료에 이러한 차이를 분명하게 하지 않았고, 그 자료를 터널 프로젝트 매니저와 엔지니어들에게 배포했다. 보고서는 계속해서, 파워스사가 중앙 간선도로/터널 프로젝트(Central Artery/Tunnel project)에 자사의 속성경화 에폭시가 장기간 지속적인 "인장하중(tensile loads)"을 유지하는 데 적합한지에 대해 충분히 완벽하고 정확한 그리고 상세한 정보를 제공하지 않았다고 하였다. 또한 보고서는 파워스사가 빅딕 터널시스템의 일부에서 1999년에 발견된 고정장치의 처짐이 속성경화 에폭시를 사용한 데 따른 "크리프"와 관련이 있었음을 확인하지 않았다고 언급하였다.

NTSB의 보고서에 근거하여 파워스사는 보고서가 발간된 후 며칠 만에 매사추세츠 검찰에 의해 과실치사로 기소되었다. 고소장에는 "파워스사가 천정붕괴를 예방할 수 있는 충분한 지식과 기회가 있었지만 그렇게 하지 않았다."고 적혀 있었다.

NTSB는 또한 비록 추가적인 기소는 이루어지지 않았지만, 해당 사고를 책망하기 위해 몇 가지 다른 자료들에 초점을 맞추었다. NTSB는 건설 계약자인 가네트플레밍(Gannett Fleming)사와 벡텔/파슨스브링커호프(Bechtel/Parsons Brinkerhoff)사가 장기간 지속적인 하중하에서의 크리프 발생 가능성을 설명해 주지 않았다고 결론지었다. 보고서는 이 회사들이 접착제의 사용을 허가하기 전에 반드시 하중시험을 행하도록 요구했어야 하며, 매사추세츠 유료고속도로 관리국도 정기적으로 연결터널을 점검했어야 했다고 지적했다. NTSB는 만일 당국이 이러한 점검을 했더라면 크리프가 충분히 일찍 발견되어 재난을 예방할 수도 있었다고 주장했다.

보고서는 빅딕 터널 사고와 이해관계가 있는 당사자들에게 권고하였다. 다음은 미국토목학회(American Society of Civil Engineers, ASCE)에 권고된 내용이다.

> 귀 단체에서는 간행물과 웹사이트, 학술회의를 통해 2006년 7월 10일, 보스턴에서 일어난 사고의 상황을 이용하여, 지속적인 인장하중이 가해지는 여건에서 접착제 고정장치를 사용하기 전에 먼저 그것의 크리프 특성을 적절히 평가할 필요가 있음을 회원들에게 강조해 주시기 바랍니다.

엔지니어들은 안전을 확보하기 위해, 한 프로젝트에 사용되는 다양한 소재들과 프로젝트에 도입되는 공정들에 관해 스스로 어느 정도로 학습해야 하는가? 만일 지식의 결핍이 붕괴사고를 일으키는 데 일정 부분 역할을 했다면, 그러한 이해가 엔지니어들이 미래에 일어날 수 있는 비슷한 사고를 예방하는 데 특별히 어떻게 도움이 될까? 비슷한 사고를 예방하기 위하여 엔지니어들이 취할 수 있는 것으로는 그밖에 무엇이 있을까?

참고문헌

1. National Transportation Safety Board, Public Meeting of July 10, 2007, "Highway Accident Report Ceiling Collapse in the Interstate 90 Connector Tunnel, Boston, Massachusetts", July 10, 2006. This document can be accessed online at https://www.ntsb.gov/investigations/AccidentReports/Reports/HAR0702.pdf
2. The Commonwealth of Massachusetts Office of the Attorney General, "Powers Fasteners Indicted for Manslaughter in Connection with Big Dig Tunnel Ceiling Collapse." This document can be accessed online at www.mass.gov.

사례 3 미국의 다리들[4]

2007년 8월 1일, 미네소타주 미니애폴리스를 흐르는 미시시피강의 I-35W 다리가 출근 시간대에 붕괴되어 13명이 사망하고 수많은 사람들이 부상을 당하는 사고가 발생했다. 붕괴된 다리는 1967년에 개통된 이래 2년마다 점검되어 오다가, 1993년부터는 매년 점검받고 있었다. 가장 최근의 점검은 2007년 5월 2일에 이루어졌고, 당시에는 용접 세부사항과 관련된 사소한 구조적 문제들만이 언급되었다. 이때 다리는 0에서 9까지의 등급(0 = 폐쇄, 9 = 완벽)에서 4등급을 받았다. 4등급은 비록 다리의 부속품들의 상태가 좋지 않지만, 어떤 하중의 제한 없이 그 다리를 관리해도 된다는 의미였다.

4등급이나 그 이하의 평가를 받은 다리는 "구조적으로 결함이 있는" 것으로 간주된다. 미국 교통부에 따르면 이 표시는 "다리에 관리 혹은 보수가 필요한 구성요소가 있음"을 나타낸다. 다리에 "결함이 있다"는 사실은 붕괴될 가능성이 있다거나 안전하지 못하다는 의미는 아니다. 그것은 관찰, 점검, 정비되어야 함을 의미한다. 몇몇 경우에는 구조적으로 결함이 있는 다리에는 하중제한이 적용된다.

도로복구 건설프로젝트 도중에 발생한 이 사건의 원인은, 주 트러스 거셋플레이트가 가해지는 하중을 견딜 수 있을 만큼 충분한 두께로 설계되지 않은 오류 때문이었다. NTSB의 보고서는 충분하지 않은 두께의 플레이트가 사용된 여러 가지 이유를 확인했다.[5] 설계를 맡은 회사(Sverdrup & Parcel and Associates, Inc.)는 적절한 두께를 구체적으로 명시하지 않았고,

설계 품질관리를 위한 프로세스에서는 이 문제가 발견되지 않았다. NTSB는 “연방 및 주정부의 교통관련 공무원들 사이에는 점검 시 거셋플레이트에 적절한 주의를 기울이지 않고 … 정격하중 분석에서도 제외하는 관행이 있다”고 언급했다.

이 사고는 미국에 있는 다리들의 상태에 대한 중요한 문제들을 제기한다. 미네소타주에는 구조적으로 결함이 있는, 즉 검사 결과 4등급 혹은 그 이하의 등급을 받은 다리들이 1,907개 존재한다. 이들은 또한 “기능적으로 낡은” 것들로 생각될 수도 있는데, 이 표현은 ASCE가 미국의 사회기반시설에 내린 통지표에서 “약간 오래된 설계 특성들을 가지고 있고, 모든 차량에 위험한 것은 아니지만 현행의 교통량과 차량의 크기 및 무게를 안전하게 감당할 수 없는” 다리로 정의된 것이다. 2003년, 미국에 있는 다리 중 27.1%가 구조적으로 결함이 있거나 기능적으로 낡은 것으로 간주되었다.

ASCE는 다리 시스템에 관련된 사회기반시설의 문제를 줄이기 위해서는 “미국이 운송양식을 바꾸고, 모든 각급 정부수준에서 교통투자를 늘리고, 최신의 기술을 이용해야 한다.”라고 주장한다. 미국인들이 이러한 과제에 부응하기 위해서는 그 문제에 관심이 있어야 한다. 미국 다리들의 상태를 대중에 알리는 데 있어 엔지니어와 공학학회들은 어떤 역할을 해야 할까? 의회의 지지를 받고 적당한 연방정부의 재정이 다리의 보수와 재건설에 배정되도록 하기 위해 엔지니어들이 로비를 해야 할까?

참고문헌

1. ASCE, “Report Card for America's Infrastructure, 2005. This document can be accessed online at http://www.infrastructurereportcard.org/wp-content/uploads/2016/10/2005-ASCE-Report-Card-for-Americas-Infrastructure.pdf
2. Minnesota Department of Transportation, “Interstate 35W Bridge Collapse,” 2007. This document can be accessed online at http://www.dot.state.mn.us/i35wbridge/index.html
3. U.S. Department of Transportation, Federal Highway Administration, “I-35 Bridge Collapse, Minneapolis, MN.” This document can be accessed online at http://www.fhwa.dot.gov/pressroom/fsi35.htm

사례 4 씨티그룹 빌딩[6]

르메쉬리에(William LeMessurier)는 1977년에 자신이 수행한 맨해튼 중심가에 있는 씨티그룹

(Citicorp Center) 빌딩의 구조설계를 자랑스러워했다. 그는 혁신적인 방식으로 골치 아픈 문제를 해결했었다. 59층짜리 건물이 건설되고 있던 구역 모퉁이에 교회가 있었던 까닭에, 르메쉬리에는 네 모퉁이가 아닌 건물 각 측면의 중앙에 4개의 지지기둥을 놓고 교회 위로 건물을 지을 것을 제안했다. 1층이 지면으로부터 9층 높이에서 시작함으로써 교회에는 충분한 공간이 확보되었다. 르메쉬리에는 지주로 무게를 이동시키는 대각선가새(diagonal bracing, 골조의 변형을 막기 위해 대각선 방향으로 넣는 경사재) 설계를 사용했고, 바람으로 인한 흔들림을 줄이기 위해 오일베어링(oil bearing) 위에 400톤의 콘크리트 블록이 떠 있도록 동조질량감쇠기(tuned mass damper, TMD)를 얹었다.

1978년 6월에 르메쉬리에는 근처 대학의 한 학생으로부터 자신의 지도교수가 씨티그룹 빌딩의 지지기둥이 모퉁이들 사이의 중간쯤보다는 각 모퉁이에 세워져야 한다고 주장했다는 전화를 받았다. 르메쉬리에는 혁신적인 설계가 뒤에서 엇몰아치는, 즉 대각선으로 부는 바람에 더 잘 견디도록 만들어졌다고 덧붙이면서 그 교수가 설계문제를 이해하지 못하고 있다고 대답하였다. 그러나 뉴욕시 건축조항은 수직바람(90-degree winds)의 효과만을 계산하도록 요구하였기 때문에 실제로 뒤에서 몰아치는 바람에 대한 계산은 아무도 하지 않았다. 이때 르메쉬리에는 이 설계문제에 대해 고민해보는 것이 자신의 학생들에게 유익할 것이라는 결정을 내렸다.

이러한 결정은 그 학생의 전화뿐만 아니라 정확히 한 달 전 르메쉬리에가 발견했던 문제에서 시작되었다. 피츠버그에서 건축프로젝트의 자문을 맡았을 당시, 그는 본사에 씨티그룹 빌딩에 사용했던 것과 같이 비스듬하게 철제 대들보들의 접합부를 결합하는 데 얼마나 비용이 드는지 찾아줄 것을 요청했다. 놀랍게도 그는 완전용입 용접(full-penetration weld, 용접금속이 이음새 뒷면까지 완전히 들어가는 용접)을 요구했던 본래의 설계명세서가 지켜지지 않았음을 알게 되었다. 대신에 결합부는 볼트로 죄어졌다. 하지만 이것은 뉴욕 건축법규의 요건을 충분히 만족시키고도 남았기 때문에 르메쉬리에는 크게 관심을 갖지 않았다.

그러나 수업에 사용하기 위해 계산을 해보면서, 그는 피츠버그에서의 발견을 떠올리게 되었다. 그는 볼트로 결합한 부분들이, 건물이 휘몰아치는 바람에 견디는 능력에 어떻게 영향을 줄지 궁금했다. 놀랍게도 르메쉬리에는 구조물의 일부분에서 나타나는 40%의 응력증가가 빌딩의 일부 접합부에서는 160%의 응력증가를 초래할 수도 있다는 점을 알아냈다. 이것은 빌딩의 어떤 부분이 “16년 폭풍”(16년을 주기로 맨해튼을 강타하는 일종의 폭풍)을 맞게 된다면 전체적인 붕괴로 이어질 수 있다는 것을 의미했다. 한편, 허리케인이 부는 계절은 그리 멀지 않았다.

르메쉬리에는 자신이 알게 된 것을 발표하면 엔지니어로서 자신의 평판과 자기회사의 재정적인 상황을 실제적으로 위태롭게 할 수도 있다는 걸 깨달았다. 그럼에도 불구하고 그의 결정은 빠르고 단호했다. 그는 문제를 바로잡는 데 필요한 시간과 비용을 평가하여 계획을 세웠고, 자신이 알아낸 사실을 씨티그룹 소유주들에게 즉시 알렸다. 씨티그룹의 대응도 과감했다. 르메쉬리에가 제안한 조치들은 받아들여졌고, 즉각 수정 조치들이 취해졌다. 9월 초에 보수가 거의 끝나가자마자 허리케인이 뉴욕 방향으로 해변을 따라 움직이고 있다고 보고되었다. 다행히 허리케인은 아무런 해를 끼치지 않고 대서양 저편으로 지나갔지만, 보수 작업을 진행하던 사람들뿐만 아니라 사태가 악화될 경우 지역으로부터 사람들을 피신시키는 계획을 담당한 책임자들 사이에서도 상당한 불안감이 감돌았었다.

비록 문제를 바로잡는 데 몇 백만 달러가 들었지만, 모든 부분의 관련자들이 즉시 책임감 있게 대응했다. 책임보험률 할증에 직면한 르메쉬리에의 회사는 그의 책임 있는 상황대처 덕분에 어쩌면 훨씬 더 큰 참사가 예방되었을 것이라며 보험회사들을 확신시켰다. 그 결과 보험률은 실제로 줄어들었다.

이 사례에서 제기되는 윤리적 이슈들을 알아보고 토론해 보자.

사례 5 재난구호[7]

1995년 맥아더재단(John D. and Catherine T. MacArthur Foundation Fellowships)의 기금 수상자 24명 가운데 재난구호 전문가 쿠니(Frederick C. Cuny)가 포함되어 있었다. 이 기금 프로그램은 보통 "천재 프로그램"으로 불리지만, 맥아더재단의 집행부는 "다른 사람들이 뒤따라올 수 있도록 자신의 전문분야의 한계선에 도전하고 확장해나가는 전문가들"에게 보상하는 프로그램이라고 기술하고 있다.[8] 수상자 선정프로그램 책임자인 심슨(Catherine Simpson)은 이 프로그램이 "가능한 한 세상을 넓게 보고, 기꺼이 안락구역을 벗어나 도전적으로 살고자 하며, 신경의 끝을 열어두는 것의 중요성을 상기시키는" 역할을 할 것이라고 말한다.[9]

쿠니의 수상은 두 가지 면에서 특이했다. 첫째, 수상이 발표될 당시 그가 체첸에서 처형당했을 것이라는 짐작만 있을 뿐 행방을 알 수 없었다. 둘째, 그는 현역으로 활동하고 있던 엔지니어였다. 대부분의 맥아더 기금 수상자는 작가와 예술가, 대학교수들이다.

역설적이게도 쿠니는 공학적 업적으로 상을 받았지만, 그는 공학으로 어떤 학위를 받은 적이 없었다. 처음에는 해병대 조종사가 되기 위해 텍사스 A&M 대학에서 ROTC 프로그램으로 학위를 받을 계획이었으나, 낮은 성적 때문에 이듬해에 중퇴해야 했다. 그는 ROTC 과정을 계속하기 위해 킹스빌에 소재한 텍사스 A&I로 옮겼다. 하지만 거기서도 여전히 성적이 그를 괴롭혔다. 그는 비록 해병대 조종사는 되지 못했지만, 후에 이라크와 소말리아에서 해병대 장교들과 실제로 근무하였다.[10]

킹스빌에서 학교를 중퇴한 후, 쿠니는 여러 지역사회 프로젝트에서 일을 계속했다. 그는 킹스빌에서 가난한 멕시코인들과 함께 스페인어 사용자 거주 지역에서 일하면서 자기의 소명을 깨달았으며, 자신의 전 생애를 이끌 상식적인 지침들을 형성할 수 있었다. 그는 재난구호 일로 옮기면서, 원조란 곤경에 처한 사람들이 스스로 벗어날 수 있도록 설계되어야 한다는 사실을 즉각 알아차렸다. 그는 어떤 재난에 대한 구호원조를 계획하는 방법을 보다 잘 이해하기 위해서는 재난이 가져온 중심문제에 집중해야 함을 알게 되었다. 그래서 만일 문제가 주거라면 사람들에게 이전보다 더 나은 방식으로 파괴된 자신의 집을 재건축하는 법을 가르쳐 주어야 했다. 유사한 접근법들이 기아와 가뭄, 질병, 전쟁에도 적용되었다.

쿠니가 처음으로 참여한 주요 공학 프로젝트는 댈러스 국제공항(Dallas-Ft. Worth Airport)과 관련된 것이었다. 그러나 그는 인도주의적인 일에 이끌려, 1969년에 비아프라에서 재난구호 작업을 맡았다. 그리고 2년 후 27세의 나이로 댈러스에 인터텍트 재난구호 및 재건협회(Intertect Relief and Reconstruction Corporation)를 설립하였다. 인터텍트는 자신들에 대해 다음과 같이 기술한다.

> 프로그램 설계 및 수행, 캠프 계획 및 관리, 병참업무, 취약성 분석, 훈련 및 전문인력 개발, 기술이전, 사정, 평가, 네트워킹과 정보보급을 포함하여, 개발영향 완화(mitigation), 대비, 구호, 복구, 재건, 재정착과 같은 자연재해 및 난민 긴급관리의 모든 측면에서 전문화된 서비스와 기술적 지원을 제공하는 전문단체.[11]

인터텍트는 또한 "문제해결에 있어서 [자신들의] 다학제적이고 유연하며 혁신적이고 문화적으로 적절한 접근방법"을 자랑스러워한다.[12] 분명히 그러한 기업에는 엔지니어의 전문지식이 필요하다. 그러나 또한 사회복지사업, 건강 및 의료보건 전문가들, 사회학, 인류학 및 다른 분야들의 지원도 필요하다.

쿠니는 학문분야들을 넘나들며 일하는 것이 수월했던 듯하다. 그는 학부생 때 아프리카 역사를 공부하기도 했다. 때문에 그가 1960년대 말 나이지리아 정부와 비아프라 정부 사이에 일어났던 충돌과정에 특별한 관심을 가졌던 것은 당연한 것이었다. 1969년에 그는 나이지리아 내무부장관에게, “저는 텍사스에서 왔습니다. 이곳에 전쟁에 관해 연구하러 왔고, 전쟁이 끝난 뒤 인도주의적인 지원을 받기 위해 할 수 있는 일들을 제안하려고 합니다.”라고 알렸다.[13] 장관에게 거절당했지만, 쿠니는 비아프라로 날아가 굶주린 비아프라 사람들에게 단기원조를 제공할 항공보급체계를 조직하는 일을 도왔다.

쿠니는 비아프라에서 일하면서 두 가지 중요한 교훈을 얻었다. 첫째, 재난구호 시 식량배급은 종종 집과 작업장으로부터 도시와 공항에 있는 배급소로 사람들을 끌어 모은다는 것이다. 쿠니는 “내가 깨달은 첫 번째는 사람들을 공항에서 멀리 떨어진 시골로 돌려보낼 수 있도록 시스템을 바꾸어야 한다는 것이었다.”라고 말했다. 둘째, 공중위생이 주요한 문제이고, 그것은 세심한 계획을 통해서만 효과적으로 다룰 수 있다는 사실을 알게 되었다. 여기에는 예를 들면, 더 나은 배수시설과 도로, 주거지 등의 건설과 같은 공학적인 노력이 필요하다. 동시에 쿠니는 구호기관에 엔지니어들이 거의 없다는 사실을 알게 되었다. 그래서 인터텍트를 설립하게 된 것이다. 쿠니는 자신의 생각을 다른 사람들과 공유하기 위해 1983년에 재난구호의 기획과 공급에 대한 일련의 상세한 지침들을 담은 《재난과 개발(*Disasters and Development*)》(Oxford University Press)이라는 책을 출판했다. 그 책의 줄거리에서 실질적으로 도움을 주는 구호를 위해서는 장기원조를 제공할 수 있도록 현지조건을 신중히 연구할 필요가 있다는 것이다.

소규모에도 불구하고 인터텍트는 1971년 설립된 이래 쿠니가 활동하는 동안 약 70여 국가의 구호 프로젝트에 참여했다. 그의 작업들은 수많은 주요 재난구호 프로젝트에 도움이 되는 재정을 공급하였던 부유한 헝가리 출신의 박애주의자 소로스(George Soros)의 이목을 끌게 되었다.

그중 특히 용감했던 프로젝트는 1993년 사라예보의 포위된 지역에서 물과 난방시설을 복구하는 일이었다.[14] 정수시스템을 위한 모듈은 크로아티아의 수도인 자그레브에서 사라예보로 날아가는 C-130 수송기에 꼭 맞게 특별히 설계되었다.(쿠니는 당시 비행기의 저장공간은 각 면에서 단 3인치밖에 떨어져 있지 않을 정도로 여유가 없었다고 말했다). 그 모듈을 들키지 않기 위해서는 세르비아 검문소를 통과할 때 10분 내로 비행기에서 짐을 내려야 했다.

모듈을 준비하고 인도하려면 주의 깊은 계획과 실행할 용기가 필요했다. 그러나 그에 앞서 그 시스템이 사라예보의 상황에 적합한지에 대한 결정이 먼저 내려져야 했다. 쿠니와 동료들이 사라예보에 도착했을 때, 많은 사람들이 사용하는 식수원인 강은 이미 오염되어 있었다. 그 강까지 가려면 수천 명에게 부상을 입히고 수백 명을 살해한 저격병들에게 스스로를 노출시켜야 했다. 그래서 주민들은 추가적인 위험에도 불구하고 오염된 물이 담긴 컨테이너를 가지고 오기 위해 목숨을 걸었다. 쿠니의 팀은 최근 사라예보 시가 저지대로 확장되었고, 새로운 정수시스템이 기존의 구 사라예보 시의 고지대로 물을 퍼 올려야 한다는 것에 주목하면서, 구시가지에 이전의 시스템이 틀림없이 남아있을 것이라는 결론을 내렸다.[15] 새로운 정수장을 설계하고 설치하기 위한 토대를 제공하는, 여전히 정상적으로 잘 동작하는 낡은 수조와 수로의 연결망을 찾아냈다. 250만 달러에 달하는 이 프로젝트의 비용은 소로스재단이 지원했고, 또한 재단은 2만 명이 넘는 사라예보 시민을 위하여 270만 달러에 달하는 난방 복구비용을 내놓았다.

쿠니는 작가인 메릴(Christopher Merrill)에게 다음과 같이 말했다. "만일 사람들이 위험에 처해 있다면, 거기서 그들을 구해야 한다. 가장 우선되고 가장 중요한 것은 생명을 구하는 것이다. 목숨을 구하는 데 그 어떤 대가를 치르더라도 그렇게 할 것이다. 국가의 주권 따위는 개나 주라지!"[16] 이러한 철학은 사라예보의 수천 명의 생명뿐 아니라 사막의 폭풍 작전(Operation Desert Storm, 1991년 걸프전쟁 때의 작전명) 이후 이라크 북부의 40만 쿠르드족을 구한 그의 노력이 배후에도 깔려 있다. 그러나 아마도 이것이 1995년 체첸공화국에서 자신의 생명을 잃게 하였을 것이다.

아마 쿠니 혼자서 행한 가장 만족스러운 노력은 사막의 폭풍 작전에 바로 뒤이은 이라크 북부에서였을 것이다. 이라크가 평화조약에 서명하자마자, 사담 후세인은 남쪽의 시아파와 북쪽의 쿠르드족을 공격하기 위해 군대를 돌렸다. 40만 명의 쿠르드족은 터키와 인접한 산악지역으로 도망쳤고, 터키 사람들은 그들이 국경을 넘어 오지 못하도록 막았다. 겨울이 다가오고 식량은 부족해졌다. 부시 대통령은 이라크 북부에 비행금지 구역을 설정하고, "원조제공작전(Operation Provide Comfort)"이라 불린 쿠르드족을 구조하도록 해병대에 명령했다. 책임을 맡은 해병대장은 쿠니를 고문으로 세웠고, 쿠니는 곧 작전지휘에서 사실상의 2인자가 되었다.

원조제공작전이 더 이상 필요 없다고 여겨졌을 때, 쿠르드족은 고별축제를 열었고 전체 해병대대는 첫 줄 맨 앞에 민간인 쿠니를 세우고 기뻐하는 군중들 앞으로 행군하였다. 쿠니는 그 순간의 사진을 확대하여 댈러스에 있는 자신의 책상 위에 걸어두었다. 사진에는 퍼레이드를 이끌었던 해병대장의 사인이 있다.

쿠니에게 재난구호에 대한 그의 기본적인 접근방식에 대해 물었을 때, 그는 다음과 같이 말했다. "어떤 대규모의 재난에서든, 만일 어떤 부분만 분리해서 봤을 때 이해가 된다면, 대개는 전체시스템을 이해하는 데까지 이르게 될 겁니다."[17] 사라예보의 경우, 주된 문제는 물과 난방에 집중되어 있는 것 같았다. 그래서 쿠니와 동료들은 그 일부터 시작했다. 쿠니는 재난구호 작업을 준비하면서, 의료전문가와 의료물자를 국제적 재난지역들로 보내는 것은 관례이지만, 엔지니어와 필요한 장비 및 보급품은 그렇지 않다는 사실에 대해 놀라워했다. 그는 매번 "왜 당신네 관리들은 그저 위생상태가 붕괴된 후 나올 불가피한 결과들을 막는 데 급급해하는 대신에, 하수시스템을 수리하는 것을 최우선으로 삼지 않는가?"라고 생각했다.[18]

엔지니어가 쿠니처럼 대중의 주목을 받는 것은 특이한 경우다. 우리는 엔지니어가 행하는 선행을 당연하게 여기는 경향이 있다. 엔지니어들이 "뉴스거리가 되는" 경우는 아마도 공학적 재난이 발생했거나, 제품이 대단한 비판을 받고 있거나, 혹은 엔지니어가 내부고발을 행하였을 때일 것이다. 쿠니의 이야기는 주로 성공한 인도주의적 모험들에 대한 것이다.

불시에 찾아온 쿠니의 죽음은 비극적이었다. 1995년 4월, 체첸전투에서 부상자를 위한 야전병원을 조직하는 도중에 쿠니와 러시아적십자 소속 의사 2명, 러시아 통역관 1명이 실종되었다. 오랜 조사 끝에 이들 4명 모두 처형된 것으로 결론이 났다. 체첸인들이 이들 4명에 대해 러시아 스파이라는 고의로 잘못 전달된 정보를 들었을 수 있다는 추측만이 있을 뿐이다. 쿠니는 〈뉴욕 리뷰 오브 북스(New York Review of Books)〉에 기고한 "죽음의 체첸"이란 기사에서, 체첸에 대한 러시아의 태도를 아주 비판적으로 다루었다. 그리고 이것은 그의 생각이 아마도 러시아에 반감을 살 수밖에 없지 않았나 하는 일종의 암시를 준다.[19] 〈뉴욕타임스(New York Times)〉, 〈뉴요커 매거진(New Yorker Magazine)〉, 〈뉴욕 리뷰 오브 북스〉에서 이미 특집기사로 다루어졌던 쿠니는, 그의 실종 사실이 대대적으로 주목을 받고 클린턴 대통령과 정부관리들이 즉시 반응할 정도로 충분한 국민적인 인정을 받았다. 1995년 8월 18일, 쿠니의 죽음을 가족들이 기정사실로 받아들였음을 공표하기 전까지, 4월 초순부터 쿠니와 동료들을 수색하는 과정이 정기적으로 기사화되었다.

쿠니의 업적에 대한 많은 칭송이 뒤따랐다. 인터텍트의 동료인 리드(Pat Reed)는 쿠니가 실종된 직후 "쿠니는 비상관리 분야에서 몇 안 되는 선각자들 가운데 1명이다. 그는 정말로 자신이 무엇을 하고 있는지를 안다. 그는 단지 무모한 카우보이가 아니다."라고 말했다.[20] 수색 종결을 선언하는 모스크바 기자회견에서 쿠니의 아들 크리스(Chris Cuny)는 "모든 국가와 인도주의 기구들이, 러시아가 세계적으로 위대한 한 인도주의자의 죽음에 책임을 져야 한다는 사실을 알아두길 바란다."라고 말했다.[21] 쇼크로스(William Shawcross)는 "우리 시대의 한 영웅"이라는, 다음의 기사로 적절하게 결론을 짓고 있다.

프레더릭 쿠니의 생애를 기리는 워싱턴 추도모임에서 그가 놀라운 방식으로 사람들을 감동시켰다는 것이 분명했다. 그는 확실히 나를 감동시켰다. 나는 그가 위대한 사람이었다고 생각한다. 프레더릭에게 영원한 기념비는 그가 도왔던 수십만에 달하는 '사람들'이다. 그리고 정부나 다른 기구가 세계 도처에서 재난으로 고통 받고 있던 사람들을 구호하는 일에 그가 끼쳤거나 앞으로 끼칠 '영향'이다.

후기

쿠니와 같이 비범한 사람을 뽑아서 칭송하는 것은 분명 좋은 일이다. 그의 인생은 영웅적으로 보인다. 그러나 우리는 영웅들에게 도움을 준 사람들도 함께 기억해야 한다. 쿠니는 인터텍트와, 인터텍트가 협력했던 여러 기관들의 사람들과 함께 일했다. 거기에는 사라예보에서 함께 일했던 무명의 엔지니어들도 있다. 예를 들면, 쿠니가 속한 사라예보 팀은 현지 엔지니어와 역사학자들의 도움을 받아 낡은 수조와 수로의 위치를 찾아낼 수 있었다.[22] 그 지역 엔지니어들은 정수시스템을 설치하는 일을 도왔다.

더구나 일단 시스템 설치를 끝낸 뒤에는, 그 물이 깨끗한지 검사되어야 했다. 여기서 쿠니와 국제구호위원회(International Rescue Committee)에서 파견된 전문가들 그리고 현지 엔지니어들과, 현지 수질안전검사원들 사이에서 의견충돌이 일어났다. 현지 수질검사원들이 추가적인 검사를 요구했기 때문이다. 물을 충분히 검사했다고 확신하는 현지 엔지니어들과 쿠니, 국제구호위원들이 참지 못한 것은 당연했다. 그러나 수질안전 전문가들의 신중한 태도 또한 마찬가지로 당연했다. 사라예보 수자원연구소의 부대표인 즐라타(Muhamed Zlatar)는 "오염된 물을 내보낸 결과는 대재앙이 될 수도 있었다. 폭격보다 더 나쁠 수 있었다. 우리는 3만 명의 사람들을 위장병에 걸리게 할 수 있었고,[23] 그들 중 누가 옳았을지 감히 단정하지는 못하지만, 우리는 FDA 공무원 켈시(Fran Kelsey)의 사례를 기억해도 좋을 것이다. 그는 1962년 탈리도마이드(thalidomide, 기형아의 원인이 될 수 있다는 사실이 밝혀지기 전인 1960년대까지 임산부들에게 진정제로 투약하던 약물)의 추가적인 검사가 이루어지기 전까지 그 승인을 거부했었다. 다시 말하면 좋은 일을 추진하더라도 신중함을 잃지 말아야 한다.

쿠니의 이야기에서 제기되는 윤리적 이슈들을 알아보고 토론해보자.

사례 6 길베인의 보물(Gilbane Gold)

인기 있는 비디오테이프인 Gilbane Gold에 제시된 가상적인 사례연구는 잭슨(David Jackson)에 초점이 맞추어져 있다. 그는 길베인 시에 위치한 ZCORP의 환경업무 부서에서 근무하는 젊은 엔지니어이다.[24] 컴퓨터 부품을 만드는 그 회사는 그 도시의 공공 하수구로 납과 비소를 버리고 있다. 그 도시는 하수 찌꺼기를 비료로 가공처리하여 수익을 얻는 사업을 하고 있으며, 그 지역의 농부들이 그 비료를 이용한다.

새로운 첨단기술산업에서 배출되는 유독성 폐기물로부터 귀중한 상품인 길베인의 보물을 보호하기 위해, 그 도시는 공공 하수구로 버려지는 납과 비소의 양을 고도로 제한하는 법규를 부과했다. 하지만 최근의 검사들을 보면 ZCORP는 그 기준치를 어기는 것으로 보였다. 잭슨은 회사가 오염처리 설비에 더 많은 투자를 해야 한다고 믿고 있다. 그러나 경영진은 여기에 엄청난 비용이 들 것이라고 생각한다.

잭슨은 네 가지 중요한 도덕적 요구들의 수렴으로 특징지어질 수 있는 갈등상황에 직면해 있다. 첫째, 잭슨은 회사의 이익을 증대시켜야 하는 충실한 피고용인으로서의 의무를 지니고 있다. 그는 불필요하게 회사의 자금을 낭비하거나 회사의 평판을 손상시키는 조치를 취해서는 안 된다. 둘째, 잭슨은 개인적인 청렴과 전문직 엔지니어로서의 청렴, 그리고 환경공학자로서의 특별한 역할에 근거하여 중금속배출에 관한 데이터를 그 도시에 정직하게 보고해야 할 의무를 지고 있다. 셋째, 잭슨은 공공의 건강을 보호해야 하는 엔지니어로서의 의무를 지닌다. 넷째, 비록 의무는 아니지만, 잭슨은 자신의 경력을 보호하고 승진을 위해 노력할 권리를 가지고 있다.

잭슨이 직면한 문제는, 어떻게 이러한 요구들 모두를 정당하게 처리할 수 있는지에 대한 것이다. 만약 그것들 모두가 도덕적으로 타당하다면, 그가 그것들 모두를 존중하려는 노력을 기울여야 하지만, 주어진 상황에서 그것들은 상충하는 것처럼 보인다. 잭슨의 첫 번째 선택은 그 요구들이 주어진 상황에서 양립하지 않는 것처럼 보인다 할지라도 창의적 중도 해결책을 찾는 시도여야 한다. 가능한 창의적 중도 해결책에는 어떤 것들이 있는가?[25]

한 가지 가능성은 중금속을 제거하는 저렴한 기술적 방법을 찾는 일일 것이다. 불행히도 그 비디오는 이러한 가능성을 직접적으로 다루지는 않는다. 그 비디오는 ZCORP가 위기를 겪는 가운데서 시작한다. 그리고 잭슨이 달갑지 않은 자신의 회사를 내부고발해야 하는지의 문제에만 거의 오로지 초점을 두고 있다. 길베인의 보물을 분석하는 다른 방법은 이야기 속의 여러 인물들이 보이는 책임을 지는 태도들이다. 예를 들면, 잭슨(David Jackson),

폴트(Phil Port), 콜린스(Diane Collins), 리처드(Tom Richards), 시더스(Frank Seeders), 매씬(Winslow Massin) 등이 두드러진다. www.niee.org/pd.cfm?pt=Murdough에서 이용할 수 있는 기록들을 보라. 여러분이 찾은 중요한 유사점들과 차이점들은 무엇인가?

사례 7 온실가스 방출[26]

2007년 11월 15일, 샌프란시스코의 제9 연방순회항소법원은 경량트럭과 SUV(sport utility vehicle)들에 대한 부시 행정부의 연료절감 표준을 기각하였다. 3명의 판사로 구성된 합의부는 그 규제들이 배기관의 가스방출이 기후변화에 미칠 것으로 예상될 수 있는 경제적 영향을 충분히 고려하지 못한다고 반대했다. 또한 판사들은 그 기준이 왜 승용차들보다 경량트럭들에 대해 훨씬 더 낮은지 의문스러워 했다. (그 기준은 2010년까지 경량트럭들은 평균 23.5 mpg를 달성해야 하는 반면, 승용차들은 평균 27.5 mpg를 달성해야 한다고 명시하였다.)

비록 연방대법원에 항소가 이루어지겠지만, 이 판결은 규제기관들에게 산업으로부터 이산화탄소와 다른 온실효과를 일으키는 가스방출에 대한 기준들을 마련함에 있어 기후변화의 위험을 고려하도록 촉구한 최근의 몇몇 연방법원의 판결들 중 하나이다.

버몬트 로스쿨 환경법 교수인 패런토(Patrick A. Parenteau)는 "이 판결이 우리에게 알리는 바는 법원이 기후변화를 따라가고 있으며 법도 기후변화를 따라가고 있다는 점이다"라고 말한다. 기후변화는 사법 심사에 관한 한 완전히 새로운 시대를 예고하였다.[27]

그 판사들 중의 한 사람인 플레처(Betty B. Fletcher)는 연방환경정책법(National Environmental Policy Act, NEPA)을 언급하며 온실가스의 환경적 영향을 명백히 고려한 누진적 영향 분석을 요청하였다. 비용-편익 분석이 연료절감 기준들에 대한 현실적 한계를 적절히 보여줄 것이라는 점을 인정하면서도, 그녀는 "더 엄격한 환경기준에 대해 비용을 과대평가하고 편익을 과소평가함으로써 저울 한편에 손가락을 올려두는 것은 옳지 않다."고 주장했다.

마지막으로 플레처 판사는 "20년 전에는 법으로 정한 우선순위들의 합리적 균형이었던 것이, 오늘날에 와서는 합리적인 균형이 아닐 수도 있다."고 판결문에 썼다.

최근 법정의 판결 경향을 고려해볼 때, 그런 영향을 받는 분야에서 활동하는 엔지니어들의 책임(그리고 기회)에 대해서는 어떤 함의가 있는가?

사례 8 위험한 프로젝트 멈추기

1980년대 중반, 샘(Sam)은 NATO 정부기관들과 거래하는 회사들을 위해 제작된 무기용 폭탄을 생산하는 새로운 계약에서 알파전자(Alpha Electronics) 프로젝트의 리더였다.[28] 그 장치는 아이들이 지뢰밭에서 오래 놀게 될 몇 년 후 보다는, 콘덴서 회로로 특정한 시간에만 폭발을 일으킬 수 있도록 전자제어장치가 장착되어 있는 진보된 기술의 지뢰였다. NATO는 모든 기술적인 세부사항들을 제공했고, 알파전자는 문제없이 그 계약을 이행했다. 그렇지만 샘은 이 장치의 사용자 중 누군가가 기폭장치의 안전한 부분을 제거할 경우, 이 지뢰를 무기시장의 다른 어떤 지뢰보다도 더 위험하게 만들 수 있다는 것을 염려했다.

NATO와의 계약이 끝난 후, 샘은 알파전자가 특허받은 장치를 훔쳐 테러리스트 조직들과 거래하기로 유명한 동유럽의 어떤 회사와 또 다른 계약을 체결했다는 사실을 알고는 경악했다. 샘은 그 장치의 생산을 중단했다. 그런 다음 동료 몇몇에게 자문을 구했고 미국 국무부 군수통제국의 단속관리들과 접촉했다. 돌이켜보니 그는 미국 국방부뿐만 아니라 미국 상무부 수출관리국과도 접촉했더라면 하고 생각한다. 또한 그는 이 사안을 훨씬 더 빨리 끝냈어야 했는데 하고 후회한다.

샘이 일방적으로 취소한 이 계약은 15년에 걸쳐 자그마치 200만 달러에 달하는 것이었다. 샘은 추가적인 인력고용이나 장비가 필요하지 않을 것임을 알고 있었고, 그래서 그 계약은 수익이 아주 높을 것으로 기대되었다. 도리어 계약을 파기하는 데 15,000달러의 위약금을 물어야 했다.

세계적인 기업 시민정신에 따르면, 알파전자는 합법적으로 NATO 회원국들을 위해 무기를 생산할 수 있지만, 동유럽 회사들에 대해서는 그렇게 할 수 없다는 사실은 분명했다. 그 당시에는 냉전이 한창이었다.

지역적인 기업 시민정신에 따르면, 알파전자는 지역공동체에 기대되는 영향력을 고려해야만 한다는 점이 분명했다. 특히 동유럽 국가가 그 무기를 누구에게 팔려고 하는지 그리고 그 무기가 결국에는 어떻게 사용될지에 관해서는 아무것도 확실치 않았다.

샘은 자신의 결정이 대부분 회사의 주주이기도 한 회사의 고위 경영진이나 이사회, 동료 직원들에게 어떻게 보일지에 관해서는 아무런 사전지식도 없이 자기 스스로 일을 추진했다. 다행히도 샘은 자신의 일방적인 생산중지 결정에 대해 어떠한 처벌도 받지 않았다. 그는 최근에 알파전자에서 공동 부사장으로 은퇴했다. 그는 그의 행동에 감사하는 제2차 세계대전, 한국전쟁, 베트남전쟁에 참전했던 수많은 알파전자 직원들에게 특히 고마워했다.

샘은 자신의 행동이 자신의 나라와 공공복지를 위해 해야만 하는 옳은 일이었다고 굳게 믿고 있다. 공학윤리에서 일반적으로 다루는 어떤 이념들이 그러한 확신을 뒷받침할까?

사례 9 자동차도로 안전성 개선[29]

23세의 웨버(David Weber)는 미국 중서부 어떤 주의 제7구역(여덟 카운티에 걸친 넓은 지역)의 안전성 개선업무를 맡고 있는 토목공학 엔지니어이다. 회계연도가 끝날 무렵, 그 구역 엔지니어는 새로운 제설장비의 납품이 연기되었으며, 이로 인해 용도가 책정되어 있지 않은 자금이 5만 달러가 남아있다는 것을 웨버에게 알려주었다. 그는 웨버에게 현 회계연도 내에 계약이 체결될 수 있는 안전프로젝트를 제안하라고 권했다.

가능성이 있는 프로젝트들을 신중히 검토한 후, 웨버는 2개의 가능한 안전개선 프로젝트로 스스로 선택범위를 좁혔다. A 지점은 구역 내의 대도시에 위치한 메인(Main) 거리와 오크(Oak) 거리의 교차로이다. B 지점은 시골에 위치한 그레이프(Grape) 거리와 퍼(Fir) 거리의 교차로이다.

두 교차로와 관련된 데이터는 다음과 같다.

	A 지점	B 지점
주요도로 교통량 (차량 대수/일)	20,000	5,000
부수도로 교통량 (차량 대수/일)	4,000	1,000
연간 사망자 수 (3년 평균)	2	1
연간 부상자 수 (3년 평균)	6	2
PD* (3년 평균)	40	12
개선할 사항	신호등 신설	신호등 신설
개선비용	$50,000	$50,000

* PD(Property Damage)는 단순사고에 의한 재산손실을 나타낸다.

도로공학 교본에는 웨버가 제안한 개선된 신호체계로 사고발생 빈도의 평균 감소율을 표로 제시하고 있다. 그 표는 지난 20년 동안 미국 전역에 분포한 도시와 시골 지역의 교차로들에 대한 연구에 근거하고 있다.

	도시	시골
사망자 감소율(%)	50	50
부상자 감소율(%)	50	60
PD 감소율(%)	25	−25*

* 시골지역은 고속으로 주행하는 차량을 멈추게 하면 차량의 후미 추돌사고가 증가하기 때문에 단순사고에 의한 재산손실(PD)은 증가할 것으로 예상된다.

웨버는 이러한 감소 요인들이 광범위한 물리적 특성들(진입로의 수, 교차로의 각도 등)과 모든 기후지역에서, 트럭과 승용차의 다양한 섞임, 여러 가지 진입속도들, 여러 가지 운전습관 등을 포함하여 교차로들의 평균을 나타낸다는 사실을 알고 있다. 그러나 그는 이들 표에 나타나 있는 일반적인 상황 외에 A와 B 지점만의 특수한 상황에 대한 자료는 가지고 있지 않다.

마지막으로, 여기에 웨버가 알아야 할 약간의 추가적인 정보가 있다.

1. 1975년, 국립안전평의회(National Safety Council, NSC)와 미국 도로교통안전국(National Highway Traffic Safety Administration, NHTSA)은 모두 다음과 같이 사고비용을 비교하는 표를 발표했다.

	NSC	NHSTA
사망	$52,000	$235,000
부상	3,000	11,200
PD	440	500

2. 부근의 다른 한 주는 다음과 같이 가중치를 사용한다.

사망	9.5 PD
부상	3.5 PD

3. 두 그룹 모두 면허세, 유류세 등 개인들이 지불하는 교통세는 거의 같다.

여러분은 웨버가 두 지점 중에 어느 곳을 추천해야 한다고 생각하는가? 이러한 추천에 대한 여러분의 근거는 무엇인가?

사례 10 허리케인 카트리나(Katrina)

교재에서 보았듯이, 1970년 무렵까지 거의 모든 공학윤리강령들은 엔지니어의 첫 번째 의무를 자신의 고용주와 고객에 대한 충성이라고 여겼다. 그러나 1970년 이후 곧 대부분의 강령들은 "엔지니어들은 공공의 안전과 건강, 복지를 최고로 여겨야 한다."고 주장했다. 1970년 초반에 아무리 이러한 변화를 예견했다고 하더라도, 2001년 9월 11일의 맨해튼 쌍둥이 빌딩의 붕괴에서 2007년 8월 1일의 미니애폴리스/세인트폴 시의 고속도로 다리의 붕괴에 이르기까지 최근의 사건들은 이러한 원리가 대단히 중요함을 명백히 보여준다. 2005년 8월 말에 루이지애나, 미시시피, 앨라배마주들의 멕시코만 해변을 따라 허리케인 카트리나에 의해 입은 참상도 딱 들어맞는 극적인 사례이다.

가장 강한 타격을 받은 곳은 루이지애나였으며, 그 주는 1,000명 이상의 인명손실과 수천의 주택들, 200억 달러 이상의 거주지역과 비거주지역의 재산피해 그리고 거의 70억 달러에 이르는 것으로 추정되는 공공기반시설의 손실을 견뎌야 했다. 가장 심한 타격을 받은 도시는 뉴올리언스였으며, 도시의 대부분이 철수했고, 10만 개 이상의 일자리를 잃는 고통을 겪었다. 그 도시는 여전히 동요하고 있고, 인구의 상당수를 영구히 잃었으며, 거주지였던 지역들은 겨우 천천히 복구되고 있다.

미국 육군공병단(U.S. Army Corp of Engineers, USACE)의 요청을 받은 미국토목학회(ASCE)는 공병단의 부처 간 성능평가 대책반(Interagency Performance Evaluation Task Force)의 포괄적인 작업을 재검토하기 위한 허리케인 카트리나 외부검토위원단(External Review Panel)을 구성했다. 이에 따른 ASCE 보고서인 〈뉴올리언스 허리케인 방어시스템: 무엇이, 왜 잘못되었는가?(The New Orleans Hurricane Protection System: What Went Wrong and Why)〉는 공중보건, 안전 및 복지를 보호해야 할 엔지니어들의 윤리적 책임들에 대한 상세하고 감동적인 보고서이다.[30]

ASCE 보고서는 공학적인 실패들, 조직적이고 정책적인 실패들과 미래를 위해 알아야 되는 교훈들을 상세히 기록하고 있다. 이 보고서의 제7장, 대재난의 직접적인 원인들은 다음과 같이 시작한다.[31]

> 다른 자연적 재난들과 비교할 때 허리케인 카트리나로 인해 뉴올리언스 지역에 일어난 참상에서 독특한 것은 많은 파괴가 공학적 실패와 공학과 관련된 정책의 실패의 결과였다는 점이다.

공학적 관점에서 그 위원단은 토양의 강도가 과대평가된 나머지 제방들이 견뎌야했던 것보다 더 취약하게 만들어졌고, 본래의 설계에서 제방들과 펌프들의 안전에 기본적인 요소들을 충족시키지 못하였으며, 그 도시와 주민들이 접하게 되었던 허리케인의 공적인 위험수준을 결정해서 분명히 알리지 못하였다고 주장한다. 그 위원단은 다음과 같이 결론을 내린다.[32]

> 뒤늦은 깨달음 덕분에, 미심쩍은 공학적 결정들과 관리자의 선택 그리고 조직 내에서와 조직들 간의 부적절한 의사소통, 이 모든 것들이 그 문제에 기여했다는 것을 우리는 지금에야 알게 되었다.
>
> 이것은 비난책임에 속한다고 제안할 수도 있다. 그러나 위원단은 그보다도 책임을 지우기가 어려움을 지적하면서 그런 방향을 따르지 않기로 했다.[33]
>
> 어떤 사람이나 결정을 비난하는 것이 아니다. 공학적 실패들은 복합적이고, 그것에는 오랜 기간에 걸쳐 많은 조직들 내의 많은 사람들에 의한 수많은 결정들이 관련된다.

책임을 돌리려는 시도보다 오히려 뒤늦은 깨달음을 이용한 그 위원단은 미래에 대한 권고를 하기로 하였다. 그 보고서는 위원단이 필요하다고 여기는 일련의 비판적 조치들을 구분해낸다. 이러한 조치들은 생각과 접근방법에 있어 필요한 네 가지 변화들 중 하나에 속한다.[34]

- 위험을 제대로 알고 안전을 굳게 약속하라.
- 허리케인 방어시스템을 수정하라.
- 허리케인 방어시스템의 관리자들을 재구성하라.
- 공학적 자질을 강조하라.

가장 먼저 권고된 조치는, 전문가들이나 시민들 모두가 상대적으로 가까운 미래에 같은 사태가 재현될 것 같지 않다는 사실에 기반해 안주하는 것을 선택하기보다는 미래에 올 허리케인의 가능성을 대비하면서, 공공의 우선순위들 중에서 안전을 제일 앞에 두는 것이다. 두 번째와 세 번째 권고사항은 위험평가를 분명하게 하고 정량화하는 것과 비전문가들이 그러한 위험들을 수용할지의 여부를 결정할 때 현장의 소리를 들을 수 있는 방법으로 대중과 의사소통하는 것과 관련된다.

다음의 일련의 권고사항들은 계획성 없고, 조직적이지 못한 허리케인 방어 "시스템"을 정말로 잘 조직된, 일관된 시스템으로 대체하는 것과 관계가 있다. 이것은 "훌륭한 리더십, 관리능력과 책임을 맡은 누군가"를 필요로 한다고 위원단은 생각한다.[35] 고위급의 자격을 갖춘 엔지니어 혹은 뛰어난 자질과 공인된 엔지니어들로 구성된 위원회가 충분한 권한을 가지고 그 시스템을 감독하는 것이 위원단의 권고사항이다.[36]

> 권한을 가진 사람의 대단히 중요한 책임은 공적 우선순위들 중 허리케인과 관련된 안전을 무엇보다 우선시하는 것일 것이다. 그 권한은 리더십과 전략적 비전, 역할과 책임에 대한 정의, 공식화된 의사소통 수단, 기금사용의 우선권 부여 그리고 비판적 구성과 유지, 운영에 따르는 조정을 규정할 것이다.

위원단의 일곱 번째 권고사항은 각 기관들 간의 조정과정을 개선하는 것이다. 여태까지의 역사적인 기록에 따르면 각 기관들 간의 의사소통이 무질서하고 메커니즘이 빈약하다고 주장한다.[37]

> 허리케인 방어시스템의 유지에 책임이 있는 사람들은 시스템 설계자들과 제작자들이 시스템을 점검하고 보수하며 작동하는 것을 개선할 수 있도록 협력하여 그 시스템이 허리케인과 홍수를 대비하도록 보장해야 한다.

여덟 번째와 아홉 번째 권고사항은 설계절차들을 개선하고 검토하는 것과 관계가 있다. 위원단은 "ASCE에는 공공의 안전과 건강, 복지에 결정적인 공적 연구프로젝트들에 대해 그 프로젝트들과 무관한 외부 동료에게 검토를 권하는 오래된 정책이 있다."고 지적한다.[38] 허리케인 카트리나가 덮쳐왔을 때처럼 특히 비상사태 아래에서 책임이 중대하다는 것이다. 그러한 외부의 검토과정에 따른 효율적인 운영이 허리케인 카트리나의 사례에서 결코 전부는 아니었지만 상당한 양의 파괴를 줄일 수 있었다고 위원단은 결론을 내린다.

위원단의 마지막 권고사항은 본질적으로 우리의 한계들을 일깨우고 "안전을 최우선으로 두라."는 일관된 윤리적인 명령이다.[39]

> 비록 뉴올리언스를 대재난으로 이끈 상황들이 특이하다 하더라도, 어떤 프로젝트를 수행하는 엔지니어들에게 놓여 있는 근본적인 제약들은 그렇지 않다. 모든 프로젝트는 예산과 (혹은) 스케줄에 따른 제약들이 있다. 모든 프로젝트는 자연적인 환경과 인공적인 환경을 전체로 통합시켜야 한다. 모든 주요 프로젝트에는 정치적으로 파생되는 결과들이 있다.
>
> 자금을 아끼거나 초과근무를 하라는 압력에 직면하여, 엔지니어들은 결단코 공공의 안전에 대해 타협하지 않고 전문직 윤리규범의 요구사항들을 굳건히 지키고 적용해야 한다.

위원단은 ASCE 윤리강령의 가장 근본적인 규범을 보다 폭넓게 적용해 줄 것을 호소하면서 결론을 내린다. 공공의 안전과 건강, 복지에 대한 헌신이 뉴올리언스의 허리케인 방어시스템을 위한 지침 원칙이어야 할 뿐만 아니라 또한 "뉴올리언스에서, 미국에서, 그리고 세계 각처에서 엔지니어 업무의 모든 면에 똑같이 엄격하게 적용되어야 한다."[40]

위원단의 보고서 전체를 읽는 것은, ASCE의 가장 근본적인 법규가 허리케인 카트리나 재난에 관해서 뿐만 아니라 공학적 실천에 고유한 공공에 대한 다른 기본적인 책임들에 관해서도 요구하는 것을 충분히 생각하는 귀중한 연습이 될 것이다.

관련된 읽을거리로는 로완대학교 공대학생들로 구성된 팀과 상담교수가 쓴《공학에서의 리더십과 서비스러닝, 최고 경영진: 로완대학교의 허리케인 카트리나 복구팀(Leadership, Service Learning, and Executive Management in Engineering: The Rowan University Hurricane Katrina Recovery Team)》이 있다.[41] 요약문에서 저자는 허리케인 카트리나 복구팀 프로젝트를 위한 세 가지 목적을 확인한다.

> 주요 목표는 멕시코만 지역의 고통 받는 공동체들을 돕는 것이다. 둘째, 이 프로젝트는 폭넓은 사회적 쟁점들을 다룰 뿐만 아니라 우리는 전문직 엔지니어로서 우리가 섬기는 공동체에 대한 책임으로 무엇을 해야 하는가 그리고 우리는 공동체를 더 살기 좋고 더 공정한 장소로 만드는 데 있어 무엇을 남길 수 있나와 같은 질문들을 던지는 지역에서 가시적인 기여나 영향을 남기고자 한다. 마지막 목표는 몇몇 물류상의 도전들을 포함하여 관리팀의 경험에 대한 성공적인 평가이다. 이러한 목표로 이 글은 하나의 일관되고 사용자 친화적인, 시범적 경험에 도움이 되는 방법으로 우리의 서비스러닝 경험을 전달하여 학생들이 중심인 다른 프로젝트들에 도움이 되고자 한다.

기업의 대응

허리케인 카트리나에 대해 후원하는 기업의 대응들은 재빨랐다. 2005년 9월 중순까지 3억 1,200만 달러어치 이상의 지원이 주요 기업들에 의해 이루어졌으며, 그 대부분은 고통 받는 지역에서 공장을 경영하거나 사업을 하지도 않는 회사들에 의한 것이었다.[42] 엔지니어들은 9/11 쌍둥이 빌딩 공격과 아시아의 쓰나미 재앙 이후 그랬듯이, 이러한 구호 노력에서 두드러진 역할을 했었다. 하프너와 도이치는 다음과 같이 논평한다.[43]

> 몇몇 기업들은 두 번의 재난으로 그들이 배운 교훈을 허리케인과 관련한 자선사업에 적용하고 있다. GE가 적절한 사례이다. 쓰나미 동안에 그 기업은 프로젝트 엔지니어들(휴대용 정수기, 에너지, 건강관리, 의료장비 전문가들) 50명을 한 팀으로 모았다.
>
> 허리케인 카트리나 이후 GE 이사진은 GE의 최고경영자인 이멜트(Jeffrey R. Immelt)에게서 힌트를 받아 뉴올리언스를 위해 같은 쓰나미 팀을 재가동하였다. "이멜트는 우리에게

'필요한 도움을 주는 데 방해가 되지 않도록 하라.'고 말했다"고 기업시민권 부대표인 코코란(Robert Corcoran)은 전한다.

기업의 후원과 함께, 프레더릭 쿠니의 《재난과 개발(*Disasters and Development*)》(1983)에서 효과적인 재난구호에 대한 그의 생각에 찬성하는 엔지니어들이 카트리나의 공학적 도전에는 어떻게 접근할 것인지를 토론해보라.

사례 11 하얏트리젠시 호텔 연결통로 참사

1981년 캔자스시 하얏트리젠시(Hyatt Regency) 호텔의 비극적인 연결통로 붕괴사고가 있은 지 약 4년 만에 이 사건은 다시 한 번 신문의 기삿거리가 되었다. 1985년 11월 16일자 〈뉴욕타임스〉 기사는 미주리 주정부 청문회 위원들을 위한 행정법 판사인 도이치(James B. Deutsch)의 결정을 보도했다.[44] 도이치 판사는 2명의 호텔 구조 엔지니어들에게서 엄청난 부주의와 위법행위, 비전문가적 행위에 대한 죄를 찾아냈다.

도이치 판사가 이야기했듯이 "설계도면을 준비하고 그 프로젝트에 대한 시공상세도의 검토를 주로 책임지고 있던 하얏트 프로젝트 책임자는 엔지니어로서 전문직업적 의무에 대해 의도적인 무관심으로 일관했다."[45] 판사는 또한 수석 엔지니어가 "경력이 있는 엔지니어로서 자신의 전문직업적 의무에 의도적인 무관심"으로 프로젝트 관리자의 일을 꼼꼼히 감독하지 않았다고 지적했다.[46]

미국토목학회(ASCE)가 이러한 법적 판결에 영향을 끼쳤을 수도 있었다. 판결이 내려지기 바로 전에 ASCE는 구조 엔지니어들이 한 설계의 구조적인 안전성에 대해 그들에게 책임을 물어야 한다는 방침을 알렸다. 이러한 방침은 1983년, 그 재난을 평가하기 위해 소집된 ASCE 위원회의 권고사항을 반영하였다.

이러한 소송사례는 엔지니어들이 그들 자신의 행위뿐만 아니라 자신이 감독하고 있는 다른 사람들의 행위에 대해서도 책임을 져야 할 수 있음을 보여준다. 또한 그것은 엔지니어들이 특별한 전문직업적 책임을 지니는 것으로 간주한다.

여러분은 이 사례에서 ASCE가 분명히 수행한 종류의 역할을 공학학회들이 얼마나 해야 한다고 생각하는지 토론해보라. 여러분은 엔지니어들의 윤리적 책임을 분명히 하고 해석하려는 전문분야 공학학회들의 시도를 개업 엔지니어들이 어느 정도로 지지해야 한다고 생각하는가?

"트루스틸 사건(The Truesteel Affairs)"은 하얏트리젠시 연결통로 참사를 둘러싼 상황과 유사한 상황을 가상적으로 꾸려본 것이다. 이 비디오를 보고 그것이 제기하는 윤리적 쟁점들을 토론해보라. (이 필름은 Fanlights Production, 47 Halifax St., Boston, MA 02130으로부터 구할 수 있다.)

연결통로 붕괴에 대한 더 자세한 설명은 "Hyatt Regency Walkway Collapse," Engineering.com, October 24, 2006을 참조하라. 또한 "Hyatt Regency Walkway Collapse (Texas A&M University Engineering Ethics Cases)"도 참조하라. 온라인공학윤리센터 자료는 February 16, 2006, National Academy of Engineering, www.onlineethics.org/Resources/Cases/hyatt_walkway.aspx를 참조하라.

사례 12 하이드로레벨(Hydrolevel)사[47]

"이해충돌은 예민한 계기판에 들어 있는 먼지와 같다." 이것은 한 개인의 경력에 오점을 남길 뿐만 아니라 또한 전체 전문직의 명예를 실추시킬 수 있다.[48] 따라서 전문가로서 엔지니어는 이해충돌을 나타내는 신호를 항상 경계해야 한다. 미국기계학회(American Society of Mechanical Engineers, ASME) 대 Hydrolevel사의 소송사건은 전반적으로 공학전문직의 명예를 실추시키는 비싼 법정소송에 개인, 회사, 전문 공학단체들이 얼마나 쉽게 휘말릴 수 있는지를 보여준다.

1971년 시카고의 McDonnell & Miller사의 영업부사장 미첼(Eugene Mitchell)은 물이 부족해지면 연료가 차단되는 기능이 있는 자사의 난방보일러가 시장에서 계속해서 우세를 보이는 데 관심을 가지고 있었다. 그 제품은 보일러 내부에 물이 충분하지 않으면 점화되지 않게 설계되어 있었다. 물이 부족해지면 폭발을 일으킬 수도 있었다.

Hydrolevel사는 몇몇 모델들에 시간지연 기능을 추가한 전자제어 저수위 연료공급차단장치로 저수위 차단밸브 시장에 진입했다. Hydrolevel사의 밸브는 대규모 난방보일러 설치회사들 중 한 곳인 브루클린 가스회사로부터 긴요한 사용승인을 받았다. Hydrolevel사의 몇몇 제품들은 전자탐침센서에 있는 물 수위의 출렁임이 정상이면 연료공급 장치가 부적절하고 반복적으로 켜지고 꺼지지 않도록 시간지연 장치를 추가하였다. 미첼은 Hydrolevel사의 연료차단에 대한 시간지연이 ASME의 B-PV 규정을 위반하고 있다고 진술하는 해석을 확보할 수 있다면 McDonnell & Miller사의 판매량이 보장될 수 있을 것이라고 생각했다. 그는 ASME 규정의 해당 절을 언급했다. "자동으로 점화된 증기 또는 증발시스템 보일러는 물이 부족해지면 자동으로 연료를 차단하게 되어 있고, 수위계의 가장 낮은 부분 아래로 수면이 떨어지면 자동으로 연료공급이 차단되도록 설계되어 있다."[49] 미첼은 ASME에 해당 규정에 관련된 Hydrolevel사 장치의 작동 메커니즘을 해석해 줄 것을 요청했다. 그러나 그는 요청서에 특별히 Hydrolevel사 장치를 언급하지는 않았다.

미첼은 그의 생각에 관해 McDonnell & Miller사의 연구부사장 제임스(John James)와 여러 차례 논의했다. 제임스는 ASME 난방보일러 소위원회의 위원이었고, 미첼이 요청한 보일러 규정의 일부를 작성하는 데 주도적인 역할을 했었다.

제임스는 미첼과 함께 ASME의 난방보일러 소위원회 위원장인 하딘(T. R. Hardin)을 만나보자고 했다. 하딘은 하트포드 스팀보일러검사(Hartford Steam Boiler Inspection and Insurance Company)사의 부사장이기도 했다. 4월 초 하딘이 업무차 시카고를 방문했을 때 이들 세 사람은 드레이크 호텔에서 함께 식사를 했다. 식사 중에 하딘은 ASME의 B-PV 조항에 대한 미첼과 제임스의 해석이 옳다는 데 동의했다.

하딘을 만난 직후 제임스는 질의서의 초안을 ASME에 보내고, 복사본을 하딘에게 보냈다. 하딘은 약간의 수정을 제안했으며, 제임스는 그것을 최종 질의서에 반영하였다. 제임스의 최종 질의서는 B-PV 보일러 및 압력용기 위원회의 간사인 호이트(W. Bradford Hoyt)에게 보내졌다.

호이트는 매년 수천 건의 유사한 질의를 받는다. 하지만 제임스의 질문은 호이트가 미리 준비해둔 판에 박힌 답변으로 대답할 수 없는 종류였다. 그래서 그는 관련 소위원회 위원장인 하딘에게 그 편지를 보냈다. 하딘은 소위원회 위원 전원의 자문을 구하지 않고 답변서를 작성했다. 그는 답변서가 "비공식적인 교신"으로 처리되는 경우에 그 작성에 대한 권한을 가지고 있었다.

1971년 4월 29일에 작성된 하딘의 답변서는 저수위 연료차단 기능은 즉시 효력이 발생되어야 한다고 명시하였다. 비록 답변서가 Hydrolevel사의 시간지연에 의한 연료차단 기능이 위험하다는 것을 말하고 있지는 않지만 McDonnell & Miller사의 영업사원들은 Hydrolevel사 제품에 대항하기 위해 하딘의 판정을 이용했다. 이것은 미첼의 지시로 이루어졌다.

1972년 초, Hydrolevel사는 편지의 사본을 가지고 있던 고객을 통해서 ASME 편지의 존재를 알게 되었다. Hydrolevel사는 ASME에 공식적으로 편지의 사본을 요청했다. 1972년 5월 23일, Hydrolevel사는 ASME에 재검토 및 판결의 수정을 요청했다.

ASME의 난방 및 보일러 소위원회(ASME Heating and Boiler Subcommittee)는 Hydrolevel사의 요청에 관하여 논의하기 위해 전체회의를 열었으며, 하딘이 행한 해석 원안의 일부를 승인하였다. 하딘의 후임 소위원회 위원장인 제임스는 계속 토론에 참가하는 것을 삼가하고 있었으나, 그 후 Hydrolevel사에 대한 소위원회 답변서의 중요 부분의 작성을 도왔다. ASME는 1972년 6월 9일자로 답변서를 보냈다.

1975년 Hydrolevel사는 셔먼법(Sherman Antitrust Act, 독점금지법)에 따라 영업방해를 공모한 혐의로 McDonnell & Miller사, ASME, Hartford Steam Boiler사에 대해 소송을 제기했다.

Hydrolevel사는 재판 이전에 조정을 통해 McDonnell & Miller사와 Hartford Steam Boiler사로부터 각각 75만 달러와 75,000달러를 받기로 합의했다. 반면 ASME는 소송에 대응하기로 했다. ASME의 임원들은 단지 학회일 뿐인 ASME는 아무런 잘못이 없고 자신의 이익에 따라 행동하는 개별 회원들의 잘못된 행위에 대해 책임을 져서는 안 된다고 생각했다. 결국 그런 행동으로부터 ASME는 아무것도 얻은 게 없었기 때문이다. ASME 임원들은 또한 재판 전의 합의가 다른 성가신 소송들을 몰고 올 수 있는 위험한 선례가 될 수 있다고 믿었다.

그러나 ASME의 주장에도 불구하고, 배심원단은 330만 달러에 이르는 Hydrolevel사의 손해를 ASME 측에서 배상하라는 결정을 내렸다. 재판관은 판결 이전에 조정을 통해 80만 달러를 공제한 후 클레이튼법(Clayton Act)에 따라 남은 액수의 3배를 부가했다. 결국 Hydrolevel사에 750만 달러를 지불하라는 판결로 끝났다.

1982년 5월 17일 순회법원의 2심에서도 ASME의 책임이 인정되었다. 대법원은 논란 끝에 6대 3으로 ASME의 독점금지법 위반을 확정했다. 재판관 블랙먼(Blackmun)이 전달한 다수 의견은 다음과 같다.

> ASME는 국가경제에 막대한 영향력을 행사하고 있다. "소위 자발적 표준(voluntary standards)"으로 불리는 ASME의 규정 및 표준(codes and standards)은 수많은 주와 도시의 정책에 영향을 미치고 있으며, ASME의 가이드라인에 대한 해석은 제조업 전 분야뿐만 아니라 "전국에 퍼져 있는 모든 규모의 수많은 사업체에 경제적 성공이나 실패를 가져다 줄 수 있다." … ASME는 "주간(interstate) 통상규정과 제한사항에 대한 규칙을 정하는, 사실은 또 하나의 정부기구"라고 할 수 있다. ASME의 평판이라는 권위로 소위원회 위원들을 감싸게 되면, ASME는 그 대

리인들이 사업의 운명에 영향을 미치는 것을 허용하게 되고 따라서 그들에게 시장에서 경쟁자를 방해하는 권력을 주게 되는 것이다.[50]

거의 한 달 동안 지속된 재판에서 배상금 문제가 재심되었다. 6월에 배심원단은 110만 달러의 평결을 재판장에게 제출했으며, 그것에 3배가 곱해져 330만 달러가 되었다. 양측이 주장하는 변호사 비용은 400만 달러를 넘어섰고, 최종 금액은 475만 달러로 판결되었다.

판결에 따라 ASME는 다음과 같이 절차를 개정했다. Hydrolevel사 관련사건 판결에 따라 우리학회는 규정 및 표준에 대한 해석을 관리하는 방식을 바꾸었다. 또한 그것의 집행과 이해충돌 방지 규칙을 강화하고 실천사항으로 새로운 "소멸시효" 검토 절차를 채택했다.

가장 놀라운 변화들은 규정 및 표준의 해석에 대한 학회의 취급방식에서 나타난다. 이제 모든 해석은 발표되기 전 적어도 다섯 사람에 의해 검토되어야 한다. 이전에는 두 사람이 검토했다. 학회 규정에 명확히 정리되어 있지 않는 다양한 질문에 대한 답변을 매달 "기계공학(ME)"이나 다른 ASME 간행물의 규정 및 표준 섹션에 게재함으로써 이러한 해석이 대중에게 공개되게 하였다. 이전에는 그런 답변은 질문자와 관련된 위원회나 소위원회 위원들만 알고 있었다. 마지막으로 ASME는 자신들의 한계를 상세히 설명하면서 조항 해석에 이용된 편지의 상단에 법적 책임 거부 조항을 인쇄하여 구체화한다. 더 많은 부가적인 정보가 이용가능하게 될 경우 의견이 바뀔 수 있고, 각자 개인들은 해석이 불공정하다고 생각한다면 이를 호소할 권리가 있다는 내용이다.

이해충돌에 관련해 ASME는 이제 모든 직원과 위원들에게 잠재적인 갈등에 대비하여 포괄적이고 잘 정의된 지침을 지킬 것을 맹세하는 진술서에 서명을 요구하고 있다. 덧붙여 이제 ASME는 모든 직원과 위원들에게 표준행동의 법률적인 의미를 설명하는 출판물과 함께 공학윤리 조항 사본을 제공하고 있다.

마지막으로 ASME는 이제 평의회, 위원회, 소위원회들에게 2년마다 활동에 대한 "소멸시효"를 검토하도록 요구하고 있다. 그 기준은 그들의 활동이 공공의 이익에 부합하는지 그리고 그들이 ASME의 절차에 따라 효과적으로 행동했는지를 포함하고 있다.[51]

이해충돌 사례들은 다음 질문들이 보여주는 바와 같이 매우 복잡해졌다.

- McDonnell & Miller사는 어떻게 이해충돌을 피할 수 있었을까? 이것은 미첼과 제임스 모두에게 적용된다.
- B-PV 난방 및 보일러 소위원회 위원장으로서 하딘의 책임은 무엇인가? ASME의 이익을 보호하기 위해 그가 달리 어떻게 처신할 수 있었을까?

- 공학학회는 일단 이해충돌이 나타나면 그들의 이익을 보호하기 위해 무엇을 할 수 있는가?
- ASME에 대한 최종 판결이 공정했는가? 그렇다고 혹은 그렇지 않다고 생각하는 이유는 무엇인가?
- ASME의 개정된 절차는 이해충돌 문제를 완전하게 처리할 수 있을까? 그렇다고 혹은 그렇지 않다고 생각하는 이유는 무엇인가?

사례 13 모랄레스(Morales)에서의 사건

모랄레스에서의 사건은 미국 공학윤리연구원(National Institute for Engineering Ethics, NIEE)에서 개발한 여러 단계의 비디오 사례연구이다. 그것은 경쟁에서 우위를 점하기를 바라면서 새로운 화학제품을 개발하기 위해 공장을 다급히 짓고 있는 어떤 회사의 컨설팅 엔지니어가 직면한 다양한 윤리적 쟁점들을 포함한다. 쟁점들은 국제적인 환경 속에서의 환경문제, 재정문제, 안전문제를 포함한다. 비디오의 제작에 참여한 몇몇 엔지니어들과 윤리학자들이 단 주석이 삽화들 사이에 들어가 있다. 비디오를 주문하려면 NIEE 혹은 공학전문직을 위한 머독센터(http://www.depts.ttu.edu/murdoughcenter)에서 정보를 확인할 수 있다. 비디오의 전체 대사와 전체 연구안내서는 머독센터에서 온라인으로 구할 수 있다.

사례 14 악의 없는 발언?

스트롱(Jack Strong)은 지역 산업공학회의 저녁 모임에서 에반스(Tom Evans)와 핸슨(Judy Hanson) 사이에 앉아 있었다. 스트롱과 핸슨은 다양한 관심사에 대하여 광범위한 토론을 하는데, 대부분의 관심사는 자신들의 공통된 공학적 이해관계와 관련되어 있다. 만찬의 말미에 스트롱은 에반스을 향해 미소를 지으며 "오늘밤 너와 더 많이 이야기하지 못해 아쉬워. 하지만 너보다 주디가 더 예쁘잖아!"라고 말한다.

핸슨은 스트롱의 말에 깜짝 놀란다. 그녀는 급우들 중 20% 이상이 여성인 학교의 최근 졸업생으로, 여성이 남성만큼 공학에 잘 어울리지 않는다는 전형적인 편견이 마침내 사라지고 있다고 믿게 되었다. 그러나 그녀의 첫 번째 직장은 이러한 그녀의 견해에 약간의 의심이 들게 하였다. 그녀는 자기 혼자만 여성 엔지니어인 부서로 배정되었다. 직장생활을 시작한 지 거의 1년이 지났는데도, 그녀는 사람들이 자신의 생각들을 진지하게 받아들이게 하기 위해 고군분투해야 한다. 그녀는 무엇보다도 먼저 훌륭한 엔지니어로 인정받고 싶어 한다. 그래서 그녀는 스트롱과 "전문적인 이야기를 하는 것"을 즐겼다. 그러나 그녀는, 그가 아무리 별 뜻 없이 했을지라도, 에반스에게 한 말에 놀라게 되었다. 갑자기 그녀는 아주 다른 관점에서 이 지난 대화를 생각하게 되었다. 또 다시 그녀는 자신이 엔지니어로서 충분히 진지하게 받아들여지지 않고 있다고 느꼈다.

핸슨은 스트롱의 표현에 어떻게 대응해야 하는가? 그녀는 무슨 말을 해야 하는가? 에반스가 그녀의 관점을 이해한다고 가정하고 무엇인가 말을 한다면, 어떤 것을 말하거나, 해야 하는가?

사례 15 미국전기전자공학회(IEEE)의 회원 지원

1970년대 중반, 뉴욕 경찰국은 스프린트(SPRINT)라 불리는 경찰차를 급파하는 시스템을 컴퓨터를 사용하여 온라인으로 운영하였다. 경찰에 지원을 요청하는 전화가 걸려오면, 담당자가 도움을 청하는 사람의 위치를 컴퓨터에 입력하면 컴퓨터는 몇 초 안에 가장 가까운 거리에 있는 순찰차의 위치를 보여준다. 비상호출에 대한 응답시간을 줄임으로써 스프린트 시스템은 아마도 많은 생명을 구할 수 있었다.

1977년에 뉴욕시 검찰청은 스프린트와 같은 호스트 컴퓨터를 사용하는 또 다른 시스템인 프로미스(PROMIS)를 구상하고 있었다. 프로미스 시스템은 증인들의 이름과 주소, 증언청취 날짜, 피고인들의 보호관찰 상태 그리고 체포된 범죄자들의 현재 상태를 조사하고 싶어 하는 검사들이나 체포 경찰관들을 지원할 다른 정보를 제공할 것이다. 이 프로젝트는 형사사법조정위원회(Criminal Justice Coordinating Council) 또는 형사사법담당 부시장, 경찰국장, 의장을 맡은 맨해튼 검찰총장 모겐쏘(Robert Morgenthau)를 포함한 시 고위관료들로 구성된 위원회인 써클프로젝트(Circle Project)에서 관리하고 있었다.

그 위원회는 컴퓨터 전문가를 프로젝트 책임자로 고용했고, 이어 그의 감독 하에서 일할 수석정보과학자로 경험 많은 시스템분석가인 에절턴(Virginia Edgerton)을 고용했다. 에절턴은 근무를 시작한 지 얼마 지나지 않아서 컴퓨터에 추가적인 작업을 실행함으로써 스프린트의 응답시간에 영향을 미칠 수 있는 가능성에 대하여 프로젝트 책임자에게 우려를 표명하였다. 그러나 책임자는 그 일을 무시하고 넘어갈 것을 지시했다. 에절턴은 자신이 회원인 미국전기전자공학회(Institute of Electrical and Electronics Engineers, IEEE)에 조언을 구했다.

컬럼비아대학의 어떤 전기전자공학 교수가 그녀의 관심사가 장차 연구할 만한 가치가 있다고 인정한 후, 그녀는 과부하 문제에 대한 연구를 요청하는 통지문을 프로젝트 책임자에게 보냈다. 그는 통지문을 즉석에서 거부하였고, 그 후 에절턴은 곧 통지문의 사본을 설명서와 함께 써클프로젝트 위원들에게 보냈다. 그러자 프로젝트 책임자는 에절턴이 위원들에게 직접 연락을 취함으로써 자신의 지시를 어겼다는 것을 근거로 즉시 그녀를 해고하였다. 또한 그는, 비록 자신의 주장을 지지할 어떤 서류도 제시하지 않았지만, 그녀가 제기했었던 쟁점들은 경찰국의 컴퓨터 담당 직원들과 이미 계속 논의 중이었던 것이라고 진술했다.

그 후 이 사례는 IEEE의 기술의 사회적 함의에 관한 위원회(Committee on the Social Implications of Technology, CSIT)의 윤리 및 고용관행 실무그룹(Working Group on Ethics and Employment Practices)에서 조사했고, 이어 새롭게 구성된 IEEE의 회원품행위원회(Member Conduct Committee)에서도 조사했다. 이 두 위원회는 에절턴의 조치가 전적으로 정당했다는 데 동의했다. 1979년에 그녀는 제2회 IEEE 우수공공봉사상(IEEE-CSIT)을 받았다. 그녀는 해임된 후에 데이터처리 서비스를 취급하는 작은 회사를 차렸다.[52]

이 사례에서 IEEE가 지원한 역할에 대해 토론해보자. 이것이 전기전자공학 엔지니어들에게 IEEE에 가입하거나 IEEE를 지지하기 위한 윤리적 토대를 제공하는가?

사례 16 기름 누출[53]

피터(Peter)는 빅니스 석유회사(Bigness Oil Company)의 지역 자매회사에서 수년 동안 일해 왔으며, 지역기지 관리자인 제시(Jesse)와 강한 신뢰관계를 형성했다. 피터의 권고에 따라 그 기지는 모든 환경규제 조항을 준수했으며, 주정부 규제기관의 확고한 신망을 받고 있다. 지역기지는 파이프라인과 탱크로리를 통해 다양한 종류의 석유화학 제품을 받아들인 후, 다시 개인사업자들에게 판매하기 위해 그것들을 혼합하는 일을 한다.

피터의 일처리에 매우 만족해왔던 제시는 피터를 컨설팅 엔지니어로 계속 일하도록 본사에 추천하였다. 이것은 피터와 그의 컨설팅 회사에 중대한 진전이며, 컨설팅 회사 내에서 피터의 안정되고 인상적인 승진을 굳히는 계기가 될 것이다. 수년 내로 부사장이 될 것이라는 말도 있었다. 어느 날, 커피를 마시며 제시는 파이프라인을 통해 공급받은 석유화학원료들 중 하나에서 알 수 없는 분실이 발생했던 이야기를 피터에게 꺼낸다.

관리가 소홀했던 1950년대 어느 시기, 회계장부를 감사하던 도중에 일부 화학물질의 손실이 발견되었다. 사라진 화학물질은 분명히 10,000갤런이나 되었다. 파이프라인에 대한 압력테스트를 한 후 공장장은 파이프들 중 한 곳이 부식되었으며, 이로 인해 화학물질이 땅으로 새고 있었다는 것을 발견했다. 누출을 막은 다음, 공장에서는 관측 및 샘플 채취용 우물을 팠다. 누출된 화학물질은 수직 기둥모양으로 땅속에 있고 깊은 대수층으로 천천히 퍼져나가고 있음을 발견했다. 공장부지 바깥의 지표면이나 지하수에 오염이 없었기 때문에, 공장장은 아무런 조치를 취하지 않기로 결정했다. 비록 샘플용 우물들에 대한 마지막 검사에서 지하 400피트 이내 지하수의 화학물질 농도는 분명 '0'이었지만, 제시는 여전히 공장 아래 어딘가에 이와 같은 화학물질 기둥이 존재할 것이라고 믿고 있었다. 우물들은 폐쇄되었으며, 그 이야기는 결코 보도되지 않았다.

피터는 악의가 없어 보이는 이런 뜻밖의 이야기에 깜짝 놀랐다. 주정부의 법에 따르면 그는 모든 누출을 보고해야 한다. 하지만 오래 전에 어떤 누출사고가 일어났으며, 이미 누출의 영향이 사라져버린 것으로 보이는 사고를 어떻게 보고할 것인가? 그는 눈살을 찌푸리며 제시에게 "당신도 알다시피 우리는 주정부에 그 유출사건을 보고해야 합니다."라고 말했다.

제시는 못 믿겠다는 표정이었다. "그러나 누출은 더 이상 존재하지 않아요. 만일 주정부가 우리한테 찾으라고 해도 아마 우리는 찾을 수 없을 겁니다. 설사 우리가 찾았다고 하더라도 그것을 퍼내거나 담는 것은 어쨌든 말이 안돼요."

"그러나 법에 따르면 우리는 보고하도록 되어 있는데…"라고 피터가 말끝을 흐렸다.

"이봐요. 나는 당신을 믿고 얘기해주었어요. 당신에게도 고객의 비밀을 지키는 공학윤리가 있을 거예요. 그리고 이 사실을 주정부에 보고해서 좋을 게 뭐가 있겠어요. 달라질 게 아무것도 없어요. 단지 상상할 수 있는 일이라고는 고칠 수도, 개선할 수도 없는 문제를 해결하기 위해 회사가 이리저리 불려 다니며 쓸데없이 돈을 낭비할 것이란 겁니다."

"그래도…"

"피터, 솔직하게 말해 봅시다. 당신이 이것을 주정부에 보고한다고 해도 회사나 환경, 그리고 당신 자신의 경력이나 그 어느 것에도 도움이 되지 않아요. 나는 고객에 대한 충성을 하찮게 여기는 컨설팅 엔지니어는 필요 없어요."

이 사례에서 윤리적 쟁점들은 무엇인가? 다루어질 필요가 있는 사실적, 개념적 문제들은 무엇인가? 피터는 이러한 상황에 어떻게 대처해야 하는가?

사례 17 포드 핀토(Pinto)[54]

1960년대 후반, 포드(Ford)사는 무게가 2,000파운드 이하이고 판매가격도 2,000달러 이하인 소형차 핀토(Pinto)를 설계했다. 외국산 소형차들과 몹시 경쟁하고 싶었던 Ford사는 통상적으로 3년 반의 기간이 걸리는 것에 비해 겨우 2년이 조금 넘는 기간에 차를 생산하기 시작했다. 더 짧은 시간적 제한을 감안하고, 또한 근사한 외관이 공학보다 훨씬 중요하였기에 공학적 설계가 보통 때보다 더 많은 제약을 받았다. 결과적으로 연료탱크를 놓을 가장 좋은 위치는 뒤 차축과 범퍼 사이로 결정되었다. 차동장치의 덮개 밖으로 볼트헤드들이 노출되어 있어 만일 연료탱크가 후방의 충격으로 볼트헤드들에 부딪혀 앞으로 밀리면 연료탱크에 구멍을 낼 수 있었다.

법정에서는 포드사의 충돌시험들이 다음과 같이 기술되었다.[55] 포드사는 2대의 핀토 생산품뿐만 아니라 시제품들에 대하여 후방 추돌사고 시 연료시스템의 결함여부를 검사하는 충돌시험을 실시했다. … 시속 21마일로 움직이는 장벽에 의해 후방충돌을 당한 시제품들은 연료탱크가 앞으로 기울어지며 구멍이 뚫려 연료가 누출되었다. … 시속 21마일로 달리는 자동차의 고정장벽에 대한 충돌시험에서 핀토 생산품 중 1대는 가스탱크에서 연료탱크가 떨어져나갔고, 그 연료탱크에는 차동기어박스의 볼트헤드들에 의한 구멍이 뚫렸다. 적어도 한 번의 테스트에서 누출된 연료가 운전석으로 흘러들어 갔다.

포드사는 연료탱크를 뒤 차축 뒤보다 약간 위에 두었을 뿐 아니라 연료탱크 속에 고무주머니를 넣어 후방충돌시험을 실시했다. 양쪽 모두 시속 20마일의 후방충돌시험을 통과했다.

비록 연방정부가 연료탱크 설계에 대하여 엄격한 규정을 적용하고 있었지만 포드사의 핀토는 그 당시 연방 안전기준을 모두 충족시켰다고 주장하였다. 포드사의 자동차안전 이사인 에콜드(J. C. Echold)는 〈충돌에 의한 연료누출과 화재와 관련된 사망자 수〉라는 연구 보고서를 발표했다.[56] 그는 보고서에서 사회적 편익을 위해 차량당 11달러의 설계개선 비용을 지불하는 것이 당연하다고 주장했다. 그 보고서는 비용과 편익을 다음과 같이 기술하고 있다.

편익	
절약	화상으로 인한 사망자 180명, 화상으로 인한 심각한 부상자 180명, 불에 탄 자동차 2,100대
단위비용	사망자 1명당 20만 달러, 부상자 1명당 67,000달러, 차 1대당 700달러
총수익	180×20만 달러+180×67,000달러+2,100×700달러=4,915만 달러
비용	
판매	승용차 1,100만 대, 경량트럭 150만 대
단위 비용	승용차 1대당 11달러, 트럭 1대당 11달러
총비용	1,100만×11달러+150만×11달러=1억 3,700만 달러

사망자, 부상자 그리고 손상된 차량의 수에 대한 추정치는 통계연구들에 근거했다. 인명손실은 미국 도로교통안전국(National Highway Traffic Safety Administration, NHTSA)의 자료에 근거하여 사회적 비용을 다음과 같이 20만 달러로 추정했다.[57]

구성 요소	1971년 기준 비용
미래 생산성 손실	
직접적인 손실들	132,000달러
간접적인 손실들	41,300달러
의료비용	
병원	700달러
기타	425달러
개인적 재산 손실	1,500달러
보험 재정의 손실	4,700달러
법률 및 소송 비용	3,000달러
고용주에 대한 손실	1,000달러
유족들의 고통	10,000달러
장례비	900달러
사회적 자산 손실(소비의 증발)	5,000달러
기타 사고관련 비용	200달러
인명사고당 총손실	200,725달러

공학설계에 있어 안전성을 높일 것인지를 결정하기 위해 포드사가 이러한 자료를 이

용하는 것이 적절한지 토론해보자. 이것이 적절하지 않다고 여긴다면, 어떠한 대안을 제시하겠는가? 이와 같은 상황에서 엔지니어가 져야할 책임은 무엇이라고 생각하는가?

사례 18 수익과 교수들

〈월스트리트저널〉에는 다음과 같은 기사가 실렸다.

> 대학에서 첨단기술의 시작은 24시간 쉬지 않고 기꺼이 일하려는, 그리고 가장 재능 있는 학생들이 꾸준히 공급되지 않고서는 순조롭게 이루어질 수가 없다. 그러나 빡빡한 스케줄 때문에 학생들은 중요한 학문적 연구를 하지 못할 수도 있다. 그리고 회사를 성공시키기 위한 막대한 재정적 동기를 학생과 선생이 공유하고 있을 때, 학업성적이 떨어지거나 과제가 방해되는 것을 눈감아주는 일이 생길 수 있다.[58]

몇몇 사례들에서, 이 기사는 학생들이 재정적으로 아주 매력적인 연구에 더 깊이 전념하기 위해 학위를 마치기도 전에 학교를 떠나는 것을 진지하게 고민한다고 주장한다.

1999년에 아카마이(Akamai)사는 MIT 슬로언 경영대학이 해당 분야에서 가장 두드러져 보이는 신진회사에 주는 올해의 e-비즈니스 신인상을 탔다. 기사는 다음과 같이 논평한다.

> 지금까지 어떤 회사도 MIT와 아주 밀접한 관계를 맺어온 회사는 없었다. 이 회사는 대략 3년 전에 MIT의 컴퓨터시스템공학 교수인 레이턴(Leighton) 씨가 지도한 연구 프로젝트에서 유래되었다. 레이턴 교수가 지도한 대학원생들 가운데 한 명인 레윈(Daniel Lewin)이 알고리즘 혹은 컴퓨터 수치명령을 인터넷 폭주 문제에 적용하는 방법에 관한 중요한 아이디어를 생각해냈다.[59]

곧 레이턴과 레윈은 알고리즘을 코드화하는 것을 도와줄 15명의 학부생을 고용하여 팀을 짜서 아카마이를 조직하였다.

그들은 MIT와 아카마이의 책임을 구분하려고 애썼다. "왜냐하면 레윈과 함께 벤처사업을 계속하는 동안 그의 학문적인 연구를 지도함에 있어 갈등이 빚어질 것을 염려했기 때문에," 레이턴은 그에게 그의 석사논문에 공동으로 서명할 부교수를 구하도록 충고했다. 그 공동서명인은 레윈의 본래 연구 프로젝트에 포함되었던 사람이었음이 드러났고, 논문이 끝난 후에 그는 때때로 아카마이에서 파트타임 연구과학자가 되었다.

아카마이는 계속해서 회사 직원인 MIT 학생들에게 크게 의존하고 있다. 그렇지만 회사는 그들이 학위를 마치기 전까지는 풀타임으로 고용하지 않는다. 그럼에도 불구하고 그 기회들은 아주 매력적인 것 같다. 기사에 따르면 맷킨스(Luke Matkins)는 대학 2학년을 마친 여름 동안 아카마이에서 여름직장을 얻었다. 학위를 마치기 전 21세에 그는 한 해 7만 5천 달러를 벌었고 100만 달러 이상의 가치가 있는 것으로 평가된 주식 6만 주를 받았다.

맷킨스는 회사일로 모든 숙제를 끝마칠 시간이 거의 없었기 때문에 학교 성적이 더 나빠졌다. 그러나 그는 전혀 후회하지 않는다. "맷킨스는 대학 4학년에 백만장자가 되는 기대가 '대단히 근사하다.'고 말한다. 그는 MIT를 사랑하지만 많은 점에서 아카마이가 자신의 진짜 대학교라고 말한다. 그는 '일을 배우는 여러 다른 방식들이 있다. 나는 교실에서보다 아카마이에서 더 많이 배웠다.'고 말한다."[60]

그 기사는 레윈의 박사학위 논문이 아카마이에서의 작업에 의거하고 있을 것이라고 말한다. 비록 아카마이 이사회에 자료 일부를 사용하겠다는 허락이 필요하겠지만 말이다. 기사는 이렇게 결론짓는다. "그는 또한 그의 박사학위 조언자로 밝혀진 아카마이의 최고 과학자인 레이턴의 승인도 필요할 것이다."[61]

앞의 기사가 제기하는 윤리적 쟁점을 확인하고 토론해보자.

사례 19 분쇄기

프레드는 기계공학 엔지니어로, 슈퍼멀처(Super Mulcher Corporation)사의 직원이다. 회사는 정원쓰레기를 흙에 섞어 퇴비를 만들 수 있는 작은 입자들로 갈아주는 10마력의 파쇄기인 분쇄기모델 1(Model 1 Pulverizer)을 제조한다. 그 장치는 쓰레기 매립지에 버려진 많은 양의 정원쓰레기를 줄이는 데 관심이 있는 개인주택 소유주들에게 특히 인기가 있다.

그 분쇄기는 강력한 엔진과, 주의하지 않으면 사용자가 쉽게 다칠 수 있는 빠르게 회전하는 칼날을 가지고 있다. 분쇄기 모델 1이 팔린 5년 동안, 보고된 사고만 300건에 이르렀다. 가장 일반적인 사고는 파쇄된 정원쓰레기로 배출구가 막힐 때 사용자가 쓰레기를 제거하기 위해 배출구에 손이 닿는 즉시 발생한다. 손을 너무 멀리 뻗으면, 회전하는 날이 손가락을 자르거나 심한 상처를 줄 수 있다.

슈퍼멀처사의 대표인 번스(Charlie Burns)는 분쇄기 모델 1의 판매와 연관된 법적 책임을 줄이는 방법을 상의하려고 엔지니어들과 법무직원들로 구성된 회의를 소집한다.

- 분쇄기 모델 1에 "위험! 빠르게 회전하는 칼날이 있으니 기계가 돌아가고 있을 때에는 손을 넣지 마시오!"라고 알리는 밝은 노란색 경고 신호를 부착한다.
- 사용자 안내서에 다음의 경고문을 포함시킨다. 즉 "사용자는 기계가 작동 중일 때 돌아가는 칼날에 손을 가까이 해서는 안 된다."
- 사용자 안내서에 분쇄기 모델 1을 안전하게 사용하려면 배출구 너머에 찌꺼기수집 자루가 필요하다고 명시한다. 사용자는 분쇄기 모델 1이 작동하고 있을 때 찌꺼기 수집 자루를 제거해서는 안 된다고 명시한다. 배출구가 막히면 사용자는 분쇄기 모델 1을 끄고 찌꺼기수집 자루를 제거한 후, 찌꺼기수집 자루를 새로 바꾸어서 엔진을 재가동시키도록 알려준다.

프레드는 분쇄기 모델 1이 작동하는 순간부터 배출구가 막히는 경향이 있다는 것을 안다. 그 기계는 재가동하기가 어렵기 때문에 찌꺼기수집 자루 없이 그 장치가 돌아가고 있는 중에 배출구를 뚫고 싶은 유혹이 매우 크다.

다음의 시나리오들에 대하여 프레드가 문제를 해결하는 여러 가지 방법들을 토론해 보자.

시나리오 1: 프레드는 동료들에게 분쇄기 모델 1이 막히지 않도록 재설계되어야 한다고 제안한다. 그의 동료들은 회사가 아마도 모델 1을 재설계하는 데 드는 비용을 제공할 수 없을 것이라고 답한다. 그리고 그들은 법무직원의 권고를 따라야 한다고 결론짓는다. 이에 만족하지 못한 프레드는 짬을 내어서 분쇄기 모델 1을 재설계하고 알맞은 방법으로 배출구가 막히는 문제를 해결한다.

시나리오 2: 프레드는 그 기계가 작동될 때 찌꺼기수집 자루가 필요하다는 실현 불가능한 일에 대해 동료들에게 아무것도 말하지 않는다. 그는 법무직원의 충고를 받아들여 경고 표시와 소유자 매뉴얼 사용설명서를 추가한다. 분쇄기 모델 1의 설계에는 아무런 변화가 없다.

시나리오 3: 프레드는 동료들에게 경영진을 설득해 분쇄기 모델 1이 막히지 않도록 재설계되어야 한다고 제안한다. 그들도 동의하고 5만 달러의 비용이 드는 재설계 계획을 준비한다. 그런 후 그들은 경영진에게 자신들의 계획을 가지고 간다.

사례 20 개심한 해커?

마르코프(John Markoff)의 작품 《어느 해커의 오디세이: 범법자에서 컨설턴트로(Odyssey of a Hacker: From Outlaw to Consultant)》에 따르면 드레이퍼(John T. Draper)는 과거의 잘못에 대해 사회에 보답하는 소위 "선량한 해커(white-hat)"가 되려고 애쓰는 중이다.[62] 1970년대 초반, 드레이퍼는 공짜로 전화를 걸기 위하여 캡 & 크런치(Cap'n Crunch) 씨리얼 상자에 포함된 장난감 호루라기로 전화 네트워크에 접근하는 방법을 알아낸 후에 일명 "Cap'n Crunch"로 알려지게 되었다. 자신의 잘못된 행위로 감옥살이를 하는 동안 그는 1981년에 IBM의 첫 번째 PC를 위한 첫 워드프로세싱 프로그램인 이지라이터(EasyWriter)의 초기 설계를 생각해냈다. 하지만 마르코프에 의하면, 그 후 몇 년간 드레이퍼는 컴퓨터 네트워크로 들어가 해킹하는 데 자신의 기술을 사용하여 백만장자가 되었으며, 그 후 직장을 잃고 집까지 잃게 되었다. 그러나 지금 드레이퍼는 기업들의 온라인 재산보호를 전문으로 하는 인터넷보안 소프트웨어와 컨설팅회사를 운영하도록 돕는 데 적극적으로 협력하고 있다. 드레이퍼는 이렇게 말한다. "나는 나쁜 놈이 아닙니다." 그러나 필연적으로 의혹을 품는 사람들이 있을 수밖에 없다는 점을 인식하고는 그는 이렇게 부연한다. "그러나 나는 닭장을 지키는 여우처럼 취급당하고 있습니다." SRI연구소(SRI International)의 컴퓨터보안 전문가인 노이만(Peter Neumann)은 이러한 염려를 다음과 같이 요약한다.

> "악한 해커(black hats)가 선량한 해커(white hats)로 바뀔 수 있는지의 여부는 흑백 문제가 아닙니다. 대체로 출감 후 착실한 생활을 하며 아주 유능한 사람이 된 악한 해커들이 몇몇 있습니다. 그러나 공공연히 악한 해커들을 고용하는 것이 당신의 보안을 더 탄탄하게 할 것이라는 극단적으로 단순화된 생각은 명백히 신화에 불과합니다."

이 사례가 제기하는 윤리적 쟁점을 토론해보자. 의혹을 품는 사람들에게 드레이퍼가 실제로 개심했다고 이치에 맞게 납득시킬 수 있는 게 무엇일까? 컨설팅회사의 고객들이 드레이퍼의 경력과 회사에서의 그의 역할에 관해 안다고 말할 자격이 있는가?

사례 21 프로젝트에서 사임하기

1985년, 컴퓨터과학자 파르나스(David Parnas)는 전략방위구상기구(Strategic Defence Initiative Organization, SDIO)의 자문위원직을 사임했다.[63] 그는 전략방위구상(SDI)이 위험할 뿐만 아니라 돈 낭비라고 결론지었다. 그의 염려는 어떤 소프트웨어도 좋은 SDI 시스템이 되기 위한 필요조건을 적절히 만족시킬 수 없다는 것이었다.[64] 그가 사임한 근본적인 이유는 다음의 세 가지 윤리적 전제에 근거하고 있다.[65] 첫째, 그는 자신에게 유리한 결정을 내리는 다른 사람들에게 의존하기보다는 자신의 행동에 대한 책임을 져야 한다. 둘째, 그는 윤리적 쟁점을 외면하거나 무시해서는 안 된다. 파르나스의 경우, 이것은 그가 하고 있는 일이 사회에 무슨 이익이 되는지의 여부를 묻는 것을 의미한다. 끝으로 그는 "나의 상관에게 그저 단기적인 만족을 제공하기보다는 내가 실질적인 문제를 해결하고 있다고 확신시켜야 한다."

그렇지만 파르나스는 자문위원직에서 사임하는 것 그 이상을 했다. 그는 또한 SDI에 대해 공개적으로 반대하기 시작하였다. 이것은 그가 언급한 기술적 문제들에 관한 과학적 논의에 그의 동료 자문위원들과 SDIO가 관심을 가지지 않았기 때문에 야기되었다. 대신에 파르나스는 자신이 다음과 같은 답변을 받았다고 말한다. "정부는 다음과 같이 결정했습니다. 우리는 그것을 변경할 수 없습니다.", "그 돈은 소비될 것입니다. 당신이 할 수 있는 전부는 그 돈을 잘 사용하는 것입니다.", "시스템은 만들어질 것입니다. 당신이 그것을 변경할 수는 없습니다.", "당신의 사임이 이 프로그램을 멈추게 하지 못할 것입니다."[66] 이에 대해 파르나스는 이렇게 답변했다.

> 진실로, 쓰레기를 땅에 버리지 않겠다는 내 결심이 쓰레기를 제거하지는 못할 것입니다. 그러나 만약 우리가 쓰레기를 제거하려 한다면, 나는 쓰레기를 땅에 버리지 않겠다고 결심해야 합니다. 우리는 모두 변화를 일으킬 수 있습니다.

자신에 관한 한, 파르나스는 왜 그가 SDI 프로그램이 성공할 수 없다고 확신하는지 그 이유를 대중이 이해하도록 도울 책임이 있고, 그들 스스로가 결정할 수 있게 해야 한다는 것이다.[67]

파르나스의 우려는 SDI를 멈추지 못하였다. 그는 또한 대학의 연구에 대해서도 우려를 표명하였다.[68]

> 전통적으로 대학들은 이와 같은 쟁점에 관해 교수진이 거리낌 없이 이야기할 수 있도록 임기를 보장해주고 학문적인 자유를 제공해준다. 많은 대학들이 그렇게 해오고 있다. 불행히도 미

국 대학에서는 어떤 기관에서든 연구비를 받을 수 있으면 받아야 하는 제도적인 압력이 있다. 자금을 끌어오는 연구자의 능력이 그의 능력의 잣대로 사용되고 있다.

파르나스가 제기하는 윤리적 쟁점을 확인하고 토론해보자. 논의되어야 할 다른 윤리적 쟁점이 있는가?

사례 22 책임 있는 고발[69]

터너(Ed Turner)는 1961년에 2년제인 산타모니카 전문대학(Santa Monica College)을 졸업하고 (준)학사 학위를 받았다. 그는 8년간 로스엔젤리스시의 공학부서에서 근무하였고, 캘리포니아에서 경력전문직 엔지니어(Engineer-in-Training, EIT) 시험을 치렀다. 그리하여 그는 아이다호주에서 토목공학 기술사 자격증을 취득하고 등록하였다. 그 자격증을 따기 위해, 그는 자격증이 있는 감독관들의 지도 아래에서 일해야만 했고, 그 모두로부터 면허취득 자격이 있다는 강력한 추천을 받았다. 그는 공학교육인증제를 실시하는 공학대학에서 공학사 학위(BS)를 받지 못했기 때문에, 그의 경력이 특출해야만 했다.

1960년대 후반, 터너는 아이다호폴스(Idaho Falls)시로 이주하여 시의 공공사업부에서 일하게 되었다. 1980년에 면허가 있는 기술사로서, 그는 시에서 하는 모든 공학실무에 대해 최종결정권을 가지고 있었다. 그와 시 사이가 멀어진 것은 그가 공공사업 프로젝트의 공학설계안에 대한 승인을 거부하면서 시작되었다. 그 프로젝트에는 인도가 빠져 있어서, 학생들이 학교에 가기 위해서는 차도로 걸어갈 수밖에 없게 되어 있었다. 공공사업 책임자와 시장은 그가 승인을 거부하자 그를 강등시키고 사무실에서 쫓아내어 새로운 작은 업무영역의 자리로 보냈다. 그들은 그를 대체하여 자격증이 없는, 엔지니어가 아닌 사람을 시의 토목공사 관리자로 임명해 모든 토목공사 업무에 관해 결재하도록 하였다. 이것은 아이다호주의 법을 위반한 것이었다.

터너는 시의 토목공사 업무를 감시할 수 있는 한계 내에서 새로운 일을 계속하였다. 왜냐하면 그는 가족을 부양할 소득이 필요했기 때문이다. 결국 그는 해고되었고, 터너 부부는 살아남기 위해 그리고 법정 소송비용을 마련하기 위해 감자를 선별하고 관리하는 일을 해야만 했다.

아이다호주 직업고용부서는 그의 실업보험수혜 요청을 승인하였으나, 아이다호폴스시에서는 뒤이어 이 결정을 번복하였다. 아이다호주 산업위원회에서는 시의 결정을 다시 번복하게 되었고, 터너는 마침내 실업보험 급여를 받게 되었다.

터너와 뉴욕에 있는 미국공학연맹(American Engineering Alliance, AEA)은 아이다호폴스시가 그에게 행한 부당한 해고와 시가 토목공사 업무에 대해 책임 있는 의무를 다하지 않은 것에 맞서 싸웠으며, 그는 이 사건에 대해 22개 주로부터 지지를 이끌어내었다. 미국기계학회(ASME), 미국토목학회(ASCE), 미국공학연맹(AEA)과 기타 다른 여러 전문공학협회가 그를 지지했듯이, '아이다호주 기술사등록위원회(Idaho State Board of Professional Engineers)'와 '미국기술사회(NSPE)'도 그를 지지하였다. 터너의 부인 데브라는 4년간에 걸친 법정소송 과정 내내 중요한 역할을 하였다. 법정서류를 차근차근 정리하는 일 외에도 그녀는 증인석에 섰고, 시 소속의 변호사들로부터 반대심문을 당하기도 하였다.

이 책의 저자들 중 한 사람을 포함한 많은 사람들이 이 문제를 인식하고 터너에게 아무런 대가없이 필요한 서비스를 자원했으며 법정에서 증언을 했다. 그러나 이 사건을 심의하던 아이다호폴스시의 법정에서는 이 같은 증언들이 채택되지 않았고, 법정에 제출된 서류도 기한이 지났을 뿐 아니라 형식 역시 잘못되었기에 법정에서 기각되었다.

다행히도 이 이야기는 해피엔딩으로 끝났다. 터너의 전임 변호사는 터너의 새 변호사를 비롯한 여러 사람들의 자문으로 인하여 다른 시의 법정에서 배임행위로 제소되었다. 배임 소송이 성공하기 위해서는 배심원들이 먼저 원래의 사건이 승소 가능한지에 대해 반드시 투표해야 하고, 후에 해당 사건에서 배임행위가 있었는지에 대한 판단은 반드시 별도로 내리게 되어 있다. 터너는 이 두 판결에서 승소하였고 법정은 아이다호폴스시 정부가 주법을 위반하였다고 판결하였다. 사건의 합의금은 상당했지만 터너가 '원상회복'이 되지 않았다고 말한 것으로 보아 법정 소송비용과 세금을 지불하고 남은 것이 없는 것으로 보인다. 그러나 그는 다시 면허자격을 가진 토목기술사로 일하고 있고 전문직과 공공의 안전에 기여할 수 있게 되어 행복하다고 했다. 2005년에 허리케인 카트리나가 빚은 참상을 보고 터너와 그의 부인 데브라는 희생자들에게 도움을 주기 위해 앨라배마에서 몇 달 동안 자원봉사를 하며 보낸 사실은 주목할 만하다.

사례 23 서비스러닝[70]

미국공학교육인증원(ABET)[71]은 인증 받은 공학프로그램들이 학생들이 "공학전문직과 공학실무의 윤리적 특징들에 대한 이해"를 습득하도록 돕는 내용을 요구한다.[72] ABET EC2000은 졸업생들이 공학과 관련된 현행의 쟁점들에 대한 지식과 함께 공학이 세계적/사회적 맥락에 미치는 영향을 이해하도록 공학교육 프로그램들이 더욱 구체적으로 보여줄 것을 요구한다. 최근 높아진 공학교육의 서비스러닝에 대한 관심은 학생들에게 이러한 ABET의 기대를 채워줄 창의적이고 직접적인 가능성들을 제시한다.

서비스러닝은 학생이 배우는 과정에서 배우는 것에 대한 반성을 자아내는 방식으로 지역사회에 대한 서비스와 대학의 연구를 결합하는 것을 수반한다. 학생들을 경제적/환경적/사회적/정치적 요소들에 부가하여 윤리적 요소들이 포함된 "중요한 설계경험"에 참여시키라는 ABET EC2000의 요구사항을 고려해 볼 때, 공학의 서비스러닝이라는 개념은 특별히 장래성이 있을 수 있다. 그러나 이러한 개념은 다른 이유로도 중요하다. 많은 공학윤리 문헌들은 부정적인 측면(부정행위와 이것의 예방, 부정행위의 적절한 처벌)을 강조한다. 이것은 항상 근본적인 관심사가 될 것이다. 그러나 공학윤리에는 더 많은 것이 있다. 일터에서든지 혹은 지역사회 봉사에서든지, 자신의 일을 책임감 있게 그리고 잘 해내는 데 초점을 두는 더 많은 긍정적인 측면이 있다.

보통 공학윤리를 부정행위와 그것의 예방으로 결부시켜 볼 때, 지역사회 봉사가 조금이라도 공학윤리의 일부로 간주되어야 하는지에 의문을 제기할 수도 있다. 그러나 다른 전문직들이 전문직윤리의 중요한 특징으로 무료봉사를 포함시키는 것은 드물지 않다. 이것은 크게 보면 누군가는 필요하지만 아무나 제공할 수 없거나 쉽게 접근할 수 없다는 인식을 기초로 한다. 의료와 법률 서비스가 쉽게 떠오를 것이다. 하지만 이것은 공학에서도 마찬가지이다.

이것이 공학윤리강령에서도 인정되는가? 적어도 NSPE와 ASCE 같은 그런 두 강령 속에는 있다. 공학이 공공에 미치는 중대한 영향을 강조하면서, NSPE 공학윤리강령의 전문에 공학은 "대중과 고객, 고용주, 전문직의 편에서 가장 높은 윤리적 행위의 원칙들에 대한 지지를 필요로 한다."고 서술하고 있다. 이에 따라 윤리강령은 그 첫 번째 근본원리로 엔지니어들은 전문직업적 의무들을 수행함에 있어 공중보건, 안전 및 복지를 최우선으로 여겨야 한다고 언급한다. 제Ⅲ절 전문직 의무들의 조항 2에 "엔지니어들은 항상 공공의 이익에 봉사하기 위해 노력해야 한다."고 적혀 있다. 이러한 의무의 세부항목에는 "엔지니어들은 시민의 일에 건설적인 도움이 되는 기회들을 찾아서 공동체의 안전과 건강, 복지를 진전시키기 위해 일해야 한다."고 적혀 있다. 여기서 엔지니어들이 공동체에 도움이 되는 기회들을 찾아야 한다는 주장은 주목할 만하다. 더구나 "전문직업적 의무들을 수행함에 있어" 자격을 주는 사람은 존재하지 않는다. 이것은 공공의 복지에 관한 엔지니어들의 의무가 자신들이 고용된 일터 내부로 책임이 한정되는 것이 아니라는 뜻을 암시한다.

ASCE 강령의 첫 번째 기본규범에 "엔지니어들은 공공의 안전과 건강, 복지를 최고로 여겨야 하며, 전문직업적 의무들의 수행에 있어 지속가능한 개발의 원칙들을 따르기 위해 힘써야 한다."고 나타나 있다. 바로 이 아래의 세부항목 e에는 "엔지니어들은 시민의 일에 건설적인 도움이 되는 기회들을 찾아서 그들 공동체의 안전과 건강, 복지를 진전시키고 지속가능한 개발의 실천을 통하여 환경을 보호하기 위해 일해야 한다."고 명기되어 있다. 세부항목 f에는 "엔지니어들은 일반 대중의 삶의 질을 향상시키기 위하여 지속가능한 개발의 원칙들에 따라 환경을 개선하는 데 헌신해야 한다."고 되어 있다.

비록 NSPE와 ASCE의 조항들이 다소 폭넓게 진술되어 있지만, 적어도 두 개의 중요한 공학전문직 협회들의 견해로부터 공동체에 대한 봉사가 공학윤리의 중요한 특징이라는 결론을 내릴 만한 근거를 제공한다.

많은 사람들은 오늘날의 학생들이 자기중심주의적인 세대라고 염려한다. 그러나 동시에 자원봉사활동에 대한 학생들의 관심이 현저하게 높아지기도 했다. 얼마 전까지만 해도 학생들의 대학연구와 그들이 떠맡는 자원봉사활동의 유형들 사이에 강한 상관관계가 있지 않았다. 이러한 상관관계의 결여에 주목하면서, 캠퍼스콤팩트(Campus Compact)와 같은 조직은 학생들이 전공과 관련된 자원봉사활동을 찾고, 의식적으로 그 연관성에 대해 숙고해볼 수 있도록 장려하는 노력들에 협력해 왔다.[73]

사범교육과 건강관리 전문직 같은 학문분야들은 즉시 스스로를 서비스러닝 교과과정의 후보로 추천한다. 교직을 준비하는 학생들은 학교에 개별지도 봉사나 멘토링 서비스를 제공할 수 있고, 간호사 교과과정에 있는 학생들은 양로원이나 기타 보건의료시설들에 자진해서 봉사할 수 있다. 그러나 공학도들은 더 일찍이 공학 관련분야, 특히 컴퓨터과학, 수학, 과학, 기술 분야에서 학교에 개별지도 봉사를 할 수 있다. 예를 들어 창(Edmund Tsang)이 남앨라배마 대학교(University of South Alabama)에 머무는 동안, 기계공학 과정에 도입한 것은 서비스러닝 프로젝트를 포함한다.[74] 공대 학생들로 이루어진 팀은 학교 이동전화시스템과 공학프로그램의 소수민족을 위한 남동컨소시엄(Southeastern Consortium for Minorities in Engineering Program)과 협력했다. 이 강좌의 학생들은 교사들과 중학생들을 위해 운동과 에너지, 힘, 수학적 모델링에 대한 기본원리들을 실제로 보여주는 장비를 설계하였다.

학생들과 프로젝트에서 혜택을 누리는 사람들 모두에게 서비스러닝 프로젝트의 잠재적인 가치를 보여주기 위해서는 한 가지 예를 약간 상세하게 논의하는 것이 유익하다. 이것은 몇 년 전 텍사스 A&M 대학교(Texas A&M University)의 톨리(Tom Talley)의 종합설계 과목에서 일단의 전기공학 학생들이 시작했던 프로젝트였다.[75] 이 과정은 학생들이 산업체에서 직면할 프로젝트 설계와 관리에서의 어려움(challenge)들을 대비하는 것을 돕기 위한 것이었다. 이 경우 학생들은 또한 지역사회봉사를 처음으로 경험하게 되었다.

팀 구성원들은 톨리가 브레이조스밸리 재활센터(Brazos Valley Rehabilitation Center)로부터 받은 편지를 그들과 공유하기까지 어떤 프로젝트를 시작해야 할지 결정하지 못했다. 그 편지는 장애 어린이들의 시각적 기능을 평가하고 훈련할 수 있게 해주는 시청각추적기(Auditory Visual Tracker, AVIT)가 필요하다는 사실을 일깨워 주었다. 톨리는 대부분의 학생들에게 잠정적인 시제품을 만드는 것까지만 끝내라고 말했다. 그러나 이 사례에서 그는 "학생들이 보통의 프로젝트로 기대될 수 있었던 것보다 그들이 생산하기에 더 규모가 크고 잠재적으로 더 많은 비용이 드는 프로젝트를 떠맡았다."고 지적했다.

"우리는 그것이 실제로 이용될 수 있는 프로젝트였다는 사실이 마음에 들었다."라고 팀 구성원인 실러(Robert D. Siller)가 말했다. 그리고 "그것은 아무런 의미도 없이 그냥 끝나버리는 것이 아니었다."고 무디(Myron Moodie)가 말했다. "우리가 센터에 AVIT를 보여주었을 때, 우리는 그것을 사용하는 몇몇 아이들을 보게 되었다. 아이들이 좋아하는 것을 지켜볼 만한 가치가 있었다." 그러나 프로젝트의 완성은 결코 쉽지 않았다. 한 가지 곤란한 문제는 그 팀이 다양한 학문적 배경의 팀원들로 구성되었다는 점이다. 경영학과의 학생을 포함하였고, 그것은 그 팀이 톨리의 종합설계 수업에서 여느 프로젝트보다 더 산업체 같은 특성을 시도하면서 프로젝트 관리 환경을 도입하였음을 뜻하였다. 설상가상으로 경영학과 학생이 그 학기 동안 자동차 사고로 심하게 다쳤다. 그러나 그녀는 프로젝트를 계속할 수 있었다. 학기의 마지막까지 프로젝트는 완전히 끝나지 않았다. 그러나 학생들은 그 학기 후에도 계속 남아 재활센터를 위해 쓸 수 있는 AVIT를 너무나도 헌신적으로 만들었다.

학생의 언급에서 명백해 보이는 것은 그들이 봉사를 아주 보람된 경험의 일부로 여겼다는 사실이다. 물론 학생들이 엔지니어로 취직한 이후에도 이런 경험이 계속 지역사회봉사의 기회들을 찾도록 그들을 격려할지는 추측해 볼 수 있을 뿐이다. 또 추측해 볼 수 있는 것은 이런 경험이 이 학생들을 고용한 직장에서 요구하는 유형의 엔지니어들에 대해 긍정적으로 언급한다는 것이다. 적어도 톨리는 아주 낙천적이다. 그는 "그들은 분명 요구된 선을 넘어섰다. 그것이 바로 '애기 정신(Aggie spirit, 한 번 애기는 영원한 애기)'이다. 어떤 사람들은 이런 훌륭한 젊은 엔지니어들을 고용하게 될 것이다."라고 말했다. 이러한 언급은 이 학생들이 직장에서는 엔지니어로 그리고 공공의 선에는 공공심이 있는 기여자로 예상됨을 포함하는 것으로 받아들여질 수 있다.

도움을 받는 사람들과 직접적인 상호작용을 하면서 마무리된 이런 특별한 종류의 프로젝트는 학생들이 자신의 직업과 지역사회봉사에서 가지는 책임에 대한 이해와 평가를 높일 수 있다. 이 경우 그 프로젝트는 시제품을 설계하는 것을 훨씬 넘어선다. 즉 모든 것이 잘 처리되었다. 그러나 이에는 센터의 직원과 도움을 필요로 하는 아이들의 특정한 요구에 매우 신중한 주의가 필요하였다. 자원봉사자가 관련되든 일이 관련되든 이것은 책임 있는 공학에서 매우 중요한 교훈이다.

서비스러닝의 관점에서 이 예의 두 가지 한계점이 지적되어야 한다. 첫째, 비록 학생들이 분명히 봉사의 중요성을 경험의 일부로 반영했다 하더라도, 이것은 프로젝트의 명확한 목적이 아니었다. 서비스러닝은 서비스와 연구를 신중하게 결합함으로써 구별된다. 즉 "서비스러닝과 자원봉사활동을 구별하는 특성들 중 하나는 더 나은 서비스를 제공하고 참여자들의 더 나은 학습을 위하여 참여자들이 지역사회에 봉사하는 행위와 그 행위에 대한 반성 사이의 균형이다."[76] 이 프로젝트는 그저 단순히 자원봉사활동의 예가 아니었다. 즉, 그것은 수업에서 필요한 프로젝트였다. 하지만 그것은 먼저 공학설계 프로젝트였으며, 수업의 관점에서 단지 부수적으로 지역사회봉사를 포함시켰을 뿐이다. 그럼에도 불구하고 이것은 마음속에 서비스러닝의 모든 목표들을 지니고 시작될 수 있었던 일종의 프로젝트이다. 비록 그것이 공식적인 수업일정의 일부는 아니었지만, 그러한 목표들 중 많은 것이 실제로 수행되었다.

둘째, 첫 번째와 관련된 점인 AVIT 프로젝트는 실제로 독립적이다. 톨리의 종합설계 수업에서 혹은 텍사스 A&M 대학교의 다른 설계교과목에서 학생들이 시작한, 서비스러닝의 목표들을 추구한 다른 프로젝트들이 있었을 수도 있다. 그러나 계획되고 조화된 활동으로서 공학에서의 서비스러닝은 훨씬 더 지속적인 노력을 필요로 한다. 다음 두 번째 예는 이 점을 보여준다.

초기의 공학 서비스러닝 프로그램은 케이스웨스턴대학교(Case Western Reserve University) 학생들이 시작한 케이스공학지원그룹(Case Engineering Support Group, CESG)으로, "치료나 평범한 일상활동이 불가능한 사람들을 돕기 위해 장비를 설계하고 만드는"[77] 공학도들로 구성된 비영리 공학봉사 조직으로 1990년에 설립되었다. CESG 안내책자에 따르면, 장비는 치료센터들에서 무료로 개인에게 제공된다. CESG는 산업체로부터 장비를 기증받았고, 미국과학재단(NSF)과 케이스웨스턴 동창회(Case Alumni Association)로부터는 재정적인 지원을, 케이스웨스턴 로스쿨 상담소로부터는 법률서비스를, 클리블랜드의 의료 및 보건복지 단체들로부터 협력과 지원을 받았다.

CESG는 첫 해에 18명의 학생들이 6개의 프로젝트를 완성했다. 1995년부터 2년 동안, 120명의 학생들이 60개의 프로젝트를 완성했을 뿐만 아니라 이전 프로젝트들을 이어갔다. 그 때에 CESG는 네 개의 주요 프로그램들을 지원했다.[78]

- 주문생산개발 프로그램(Custom Product Development Program): 보다 높은 수준의 독립적인 삶을 누릴 수 있도록 도와주는 적응장치들과 장비들을 개인에게 무료로 설계하고 제조하여 제공해주는 직원들과, 장치들과 장비들을 개조하고 변경하며 제공하는 데 있어 의사들과 물리치료사, 직업치료사, 언어치료사들과 함께 일하는 프로그램.
- 기술제공 프로그램(Technology Lender Program): 기증받은 컴퓨터 장비를 보수하고 개조하며 특별한 의사소통, 직업적 혹은 교육적 요구가 있는 사람들을 위해 전문 소프트웨어를 설계하는 프로그램.
- 장난감개조 프로그램(Toy Modification Program): 특별히 개조된 장난감들을 장애아들이 있는 가족들과 병원들에 제공하고, 고등학교 2, 3학년생들에게 직업으로서의 공학에 흥미를 자극하기 위해 관련된 워크숍을 개최하는 프로그램.
- 컴퓨터로 조종되는 휠체어 프로젝트(Smart Wheelchair Project): 특별한 센서들과 인공지능의 루틴에 적합한 '컴퓨터로 조정되는 휠체어(Smart Wheelchair)'를 설계하고 조정하며 개선하기 위해 클리블랜드 임상재단의 좌석과 바퀴가 달린 이동치료소(Seating/Wheeled Mobility Clinic)와 인바케어(Invacare Corporation)사 그리고 NASA 루이스연구소(Lewis Research Center)의 엔지니어들과 함께 일하는 프로젝트.

최근 들어 공학에서 서비스러닝 프로그램들이 급속하게 성장하고 있다. 지난 2006년 공학의 서비스러닝을 위한 국제학술지(*International Journal for Service Learning in Engineering*)가 출간되었다. 이 잡지는 교수와 학생들이 쓴 서비스러닝 프로젝트들에 대한 상세한 설명을 제공한다. LSA(Learn and Serve America)의 서비스러닝 클리어링하우스(National Service Learning Clearinghouse)는 공학의 서비스러닝에 관한 종합적인 웹 자료들의 목록뿐만 아니라 프린트 자료들의 목록도 제공한다(www.servicelearning.org). 아래에 소개하는 세 개의 웹사이트에 대해서는 특별한 설명이 필요하다.

국경 없는 엔지니어회(*Engineers Without Borders*) (www.ewb-usa.org). 2000년에 설립된 이 단체는 전 세계에 걸쳐 개발지역들에 대한 원조와 공학적으로 필요한 것들을 제공하는 비영리 전국규모 조직이다. 이 단체는 "새로운 종류의 국제적으로 책임 있는 공학도를 끌어들여 훈련시키는 것"을 목표로 한다. 이 웹사이트는 자신들의 웹사이트와 함께 EWB-USA에 등록된 모든 학생 지부들을 열거하고 있다. 또한 EWB-USA는 위키피디아 수록어를 가지고 있다(http://en.wikipedia.org). 국제적인 네트워크인 "국경 없는 엔지니어회"의 회원으로 확인된다. EWB-USA의 프로젝트들은 대체적으로 호스트 국가의 지역사회에 의해 시작되어 완성되는 프로젝트로, 식수, 위생시설, 에너지 그리고 대피 시스템의 설계와 건설을 포함한다. 위키피디아 수록어에 따르면, "이러한 프로젝트들은 호스트 지역사회의 기부로 시작되고, 기부로 완성된다. 그리고 지역사회는 외부의 원조 없이 시스템을 운영할 수 있도록 훈련받는다. 이런 식으로 EWB-USA는 확실하게 프로젝트들이 지역사회에 적합하여 그 지역이 자립하도록 한다."

지역사회봉사 공학 프로젝트(*Engineering Projects in Community Service* (*EPICS*) *National Program*): (https://engineering.purdue.edu/EPICS/university). EPICS는 "멘토의, 장기간의, 대규모의, 팀을 기초로 한, 다학제적인 설계 프로젝트로, 학부 재학생들의 공학교육과정으로 잘" 통합되어 있다. "팀들은 지역사회에 봉사하기 위한 조직의 능력을 상당히 개선한 프로젝트들을 정의, 설계, 건설, 시험, 배치, 지원하기 위해 지역사회의 비영리조직과 함께 밀접하게 일한다."

공학의 서비스러닝(*Service-Learning in Engineering*: *A Resource Guidebook*): (www.compact.org/publications). 오크스(William Oaks)가 개발하고 캠퍼스콤팩트(Campus Compact)에서 출판한 이 안내책자는 공학의 서비스러닝에 대한 생각을 소개하고 EPICS 프로그램의 모델과 강좌 설명과 강의계획서(syllabus), 평가도구들을 제공한다. 캠퍼스콤팩트 웹사이트에서 내려 받을 수 있다.

사례 24 도서관용 소프트웨어[79]

작은 도서관이 서적들을 분류하고 고객들이 빌려간 자료의 기록을 보존하기 위해 소프트웨어 시스템을 구한다. 현재는 무슨 자료들을 언제 빌려갔는가 등의 기록을 검색대 뒤의 파일 서랍 속에 보존하고 있다. 이러한 기록은 기밀로 취급된다. 고객들은 이러한 기록들이 도서관 직원 이외의 누구도 접근할 수 없다고 확신한다. 그러나 물론 서랍은 아무도 보지 않을 때 열릴 수 있다. 더 큰 안전은 보장하지 않더라도, 설치하려는 소프트웨어 시스템이 그만큼의 안전을 주리라는 보장은 얼마나 되는가? 도서관에 있는 그 누구도 소프트웨어 전문가가 아니라고 가정한다면 도서관은 아마도 필요한 전문지식을 가진 사람을 들여놓는 것 외에는 대안이 없다. 가장 훌륭한 시스템조차도 완벽하게 추적보안(sleuth-proof)이 되지 않는다는 사실을 명심하고, 전문가가 얼마나 관여해야 하는가? 더구나 도서관이 일반적으로 소프트웨어를 비싸게 사거나 싸게 사지 않는다는 보장은 무엇인가? 도서관의 여러 가지 필요사항들이 무엇인지를 정확하게 결정하는 데, 그리고 보다 더 큰 수익을 보장하기 위해 필요 이상으로 제공하거나 더 낮은 입찰가격으로 참가하기 위하여 필요 이하로 제공하기보다는 그러한 필요사항들을 충족시키려고 노력하는 데 소프트웨어 전문가가 어느 정도로 관여되어야 하는가?

사례 25 지속가능성

과학자들, 엔지니어들, 그리고 정부는 공개적으로 지속가능한 과학적 및 기술적 개발이라는 도전을 다루어야 할 필요성에 대해 절박한 관심을 보이고 있다. 예를 들면, 지구온난화로 빙하가 녹아내려 해변 도시들을 위협할 정도의 바다 수위의 상승에 대한 우려를 제기한다. 이와 관련된 또 하나의 우려는 산에 쌓인 눈의 높이가 낮아지면 미국 서부의 담수의 수위도 역시 낮아진다는 것이다. 거트너(Joe Gertner)가 지난 2007년 〈뉴욕타임스〉에 기고한 글인 '미래는 메말라가고 있다(The Future Is Drying Up)'에는 로렌스버클리 국립연구소의 책임자이자 노벨상 수상자인 추(Steven Chu)가 21세기의 후반을 낙관적으로 예상하더라도 북캘리포니아의 식수 대부분을 공급하는 시에라네바다 산맥의 눈덩이로 뒤덮인 높이가 30%에서 70%로 낮아질 것으로 보인다고 한 말이 인용된다.[80] 거트너는 계속해서 지구온난화와 증가하는 인구의 소비욕구와 수요의 결과로 서구 국가들이 직면해야 할 그 밖의 있음직한 담수 문제들을 논하고 있다. 또한 그는 너무 늦어져 재앙을 막지 못할 때까지 기다리기보다는 지금 적극적으로 이러한 문제들을 다루기 위한 엔지니어들의 몇 가지 노력을 간략하게 추려서 서술한다.[81]

우리는 제7장에서 대부분의 공학협회 윤리강령들은 엔지니어들의 환경에 대한 책임에 관해 직접적으로 진술하고 있지 않다고 지적했다. 그러나 2007년에 NSPE는 그렇게 진술하는 공학협회들의 대열에 합류하였다. 제3절 전문직의 의무 조항 2에서 "엔지니어들은 언제나 공공의 이익을 위해 봉사하도록 노력해야 한다."라고 적고 있다. 이런 제목 아래에 새로운 항목인 d: "엔지니어들이 미래세대를 위해 환경을 보호하기 위하여 지속가능한 개발의 원칙들을 충실히 지키도록 권장되고 있다." 각주 1은 "지속가능한 개발"이 무엇을 의미하는지에 대한 개념적 문제를 다룬다.

> '지속가능한 개발'은 미래의 개발을 위해 필수적인 기초요소인 환경의 질(environmental quality)과 자연자원을 보존하고 보호하는 동시에 자연자원, 산업생산품, 에너지, 식량, 교통, 주거지와 효과적인 폐기물 관리에 대한 인간의 욕구를 만족시키는 것에 대한 도전이다.

비록 지속가능한 개발에 대한 이러한 정의가 많은 근본적인 개념적 문제들과 그러한 문제들을 더 분석할(예를 들어 인간의 욕구란 무엇인가?, "환경의 질"이란 무엇을 의미하는가?) 필요가 있는 여지를 남겨두고 있지만, 그것은 연구를 위한 일반적인 틀을 제공한다. 또한 그것은 다양한 근본적인 관심분야들(예를 들면, 식량, 교통, 폐기물 관리)을 식별하게 해준다. 물론 이러한 분야들에서의 책임이 단지 엔지니어들에게만 속하는 것은 아니다. 게다가 정부 공무원, 경제학자, 사업가들과 일반 시민들도 포함될 필요가 있다. 그래서 기본적인 문제는 함께 작업할 필요가 있는 사람들이 얼마나 최선을 다할 것인가와 엔지니어는 어떤 역할을 담당할 것인가와 관련이 있다. 우리는 논의를 위해 세 가지 예시를 제시한다. 첫째는 지속가능한 개발을 지원하는 프로젝트에 다른 지식분야의 학생들을 끌어들이려는 초기의 노력이다. 둘째는 최근에 전국에 걸쳐 대학캠퍼스에 지속가능성을 위한 센터들과 연구소들의 증설이다. 셋째는 지속가능한 설계와 개발을 지원하는 서비스러닝 기회들이다.

재생가능한 에너지[82]

라파예트대학의 토목환경 엔지니어인 브레거(Dwayne Breger)가 3~4학년 공학, 생물학, 환경과학 학생들을 초대하여, 라파예트대학이 소유한 농장을 이용할 프로젝트를 설계하기 위해 대학의 임무를 지원하는 방식으로 다학제적인 팀을 짜서 지원하도록 했다. 토목환경공학, 기계공학, 화학공학, 일반공학 분야에서 각 2명, 생물학과 3명, 지질 · 환경지구과학과 1명, 이렇게 12명의 학생이 프로젝트를 위해 뽑혔다. 이 학생들은 경제학과 경영, 환경과학, 화학, 정부, 법과 같은 분야들을 부전공으로 삼았다. 그 프로젝트의 결과는 캠퍼스 화력발전소를 대체하는, 재생가능한 자원을 공급할 수 있는 유망한 바이오매스 농장을 설계하는 것이었다.[83]

브레거 교수는 이와 같은 프로젝트들이, 학생들에게 지속가능한 자원을 위해 우리의 에너지 사용을 재구축하도록 공헌하는 일에 전념할 수 있는 중요한 기회를 제공하는 것으로 여긴다. 공학교육과정을 평가하기 위한 미국공학교육인증원(ABET)의 공학인증기준 2000(EC2000)은 공학교육과정에서 졸업생들이 "전문직업적이고 윤리적인 책임에 대한 이해"와 "세계적이고 사회적인 맥락에서 공학적 해결책이 미치는 영향을 이해하는 데 필요한 폭넓은 교육" 그리고 "동시대의 쟁점들에 대한 지식"을 습득한다는 점을 입증하도록 하는 요구사항을 포함한다. 기준 4는 학생들이 경제, 지속가능성, 제조가능성, 윤리, 건강, 안전, 사회적이고 정치적인 쟁점들과 같은 요소들이 설계에 미치는 영향을 고려사항으로 포함하는 "전공 설계경험"을 하도록 요구한다.[84] 라파예트대학 프로젝트가 기준 4, 특히 윤리적 고려사항들을 얼마나 충족시키는지 토론해보자.

지속가능성을 위한 대학의 센터들

역사적으로 대학들과 대학교에서의 공동연구는 다른 학문분야들과 협력하기보다는 오히려 개별적으로 닫힌 학문분야들 내에서 이루어졌다. 그래서 생물학자는 다른 생물학자들과, 화학자는 다른 화학자들과, 경제학자는 다른 경제학자들과, 정치학자는 다른 정치학자들과 공동으로 연구해 왔다. 최근 지속가능성을 위한 센터들과 연구소들의 출현은 그런 전통으로부터 중요하고 의미 있는 탈피를 나타낸다.

2007년 9월에 로체스터대학교(Rochester Institute of Technology)가 골리사노 지속가능성 연구소(Golisano Institute for Sustainability)를 운영하기 시작했다.[85] 새로운 프로그램들이 단지 하나의 학문분야 내에서 운영되는 것이 관례라고 지적하면서, 연구소장인 나스르(Nabil Nasr)는 "그러나 지속가능성의 문제는 경제학, 사회적 요소들, 공학, 모든 것을 망라한다. 단순히 하나의 학문분야에 의해서 혹은 2개의 학문분야들을 결부시킨다 해도 해결될 수 없다."고 논평한다.[86]

최근 Dow Chemical은 캘리포니아대학 버클리캠퍼스에 지속가능성센터를 설립하도록 1,000만 달러를 제공하였다. Dow Chemical의 호킨스(Neil Hawkins)는 "버클리는 세계에서 가장 뛰어난 화학공학 학부들 중의 하나이지만, 식수문제에 대한 소액금융 해결책과 같은 분야들을 이해하는 MBA를 배출할 학교가 될 것이다."라고 말한다.[87] 그 센터는 맥켈라니(Kellie A. McElhaney)가 소장인 버클리의 기업의 사회적 책임 센터(Center for Responsible Business)에 들어있다. 학생과 교수들에게 맡겨진 연구의 상업화가 기대된다. 그러나 맥켈라니는 "만일 화학공학 엔지니어들과 사업의 유형들이 조화를 이루지 못한다면 상업화에는 엄청나게 오랜 시간이 걸릴 것이다. 그래서 만일 화학공학과 졸업생들이 미리 영업부서들과 어떻게 상호작용하는가를 안다면, 그들이 기업 내에서 일하는 것이 얼마나 더 쉬워질지를 생각해보라."라고 지적한다.[88]

어떠한 윤리적 고려사항들이 지속가능성을 위한 센터들과 대학들의 협동적인 노력과 융합하는지 토론해보자.

서비스러닝 기회들

최근 2006년에 시작된 공학의 서비스러닝 국제학술지(*International Journal for Service Learning in Engineering*)의 처음의 두 쟁점들은 서비스러닝 프로젝트들이 지속가능한 설계와 개발을 떠맡을 수 있는 직접적인 기회들을 제공할 수 있다는 생각을 장려하는 세 개의 논문을 중요하게 다루었다. "지속가능한 개발을 위한 공학과 과학의 서비스러닝"에서 펜실베이니아 클라리온대학교 물리학자 피어스(Joshua M. Pearce)는 학부생들이 지속가능한 개발을 위해 적절한 기술들을 적용하는 프로젝트들에 참여할 기회를 가져야 한다고 강조한다.[89] 특히 제3세계의 빈곤을 완화시키는 데 관심이 있는 피어스는 다음과 같이 강조한다.

> 개발을 위한 욕구는 그 어느 때보다 크지만, 미래의 개발은 단순히 자원을 낭비하고 거대한 공해를 일으키는 경향이 있었던 과거의 경제활동 모델들을 따를 수 없다. 전 세계는 지금 더러운 것과, 서구의 개발모델 때문에 미래세대를 위해 잃어버렸던 엄청난 양의 가치 있는 자원을 치우는 데 비용을 들이고 있다. 미래를 위해 전 세계의 인구는 경제적/사회적/환경적 목적을 동시에 성취하는 방법들을 필요로 한다.

그는 그들이 떠맡은 지역에서 쉽게 이용할 수 있는 소재들을 활용한 아이티와 과테말라에서의 성공적인 프로젝트들을 인용한다.

"서비스를 통한 지속가능한 설계 배우기"라는 논문에서, 스탠포드대학교 박사과정 학생 알-카파지(Karim Al-Khafaji)와 모스(Margaret Catherine Morse)는 지속가능한 설계를 가르치기 위해 '지속가능한 세계를 위한 엔지니어회 스탠포드지부(Stanford Chapter of Engineers for a Sustainable World)' 강령에 기초하여 서비스러닝 모델을 제시한다.[90] 그들은 2004년 12월 26일의 지진과 쓰나미 이후 재건에 초점을 둔 안다만 섬(Andaman Islands)의 스탠포드 프로젝트를 논의하면서 이 모델을 보여준다. 그런 프로젝트들 뒤에는 학생 주도의 강좌인 "지속가능한 세계를 위한 설계"가 있다. 그리고 그것은 다음 사항들을 추구한다.

- 학생들의 되풀이 설계기법, 프로젝트 관리와 협력관계를 구축하는 능력, 지속가능성의 인식, 문화적 민감성, 공감, 그리고 평화와 인류의 발전을 증진시키기 위해 기술적 능력을 이용하려는 욕구를 개발한다.
- 지속가능한, 문화적으로 적절한, 기술에 기초한 해결책을 통하여 개인의 인간적 권리들을 보장하도록 지역사회의 개발을 돕는다.
- 전 세계의 지속가능성에 대한 스탠포드대학의 관리를 증대시킨다.[91]

캘리포니아대학교 버클리캠퍼스의 토목환경공학과의 졸업생들인 앤더슨(John Eric Anderson), 메리맨(Helena Meryman), 포르쉐(Kimberly Porshe)는 "프랑스령 폴리네시아의 지속가능한 건축재료들"이라는 논문에서 지속가능한 건축재료들을 그 지역에서 제조하기 위한 시스템을 개발하는 데 있어 프랑스령 폴리네시아를 돕기 위해 설계된 서비스러닝 프로젝트에 대해 상세하게 기술적으로 묘사하고 있다.[92]

사례 26 TV 안테나[93]

몇 년 전 휴스턴의 한 TV 방송국은 방송출력을 높이기 위해 텍사스주의 미주리시(Missouri City)에 높이 1,000피트에 이르는 새로운 송신탑을 세우기로 결정했다. 방송국은 TV 안테나 설계회사에 송신탑의 설계를 의뢰했다. 설계 결과 송신탑은 50피트짜리 조각 20개로 이루어졌다. 그 조각들은 크레인에 의해 순차적으로 들어 올리게 되어 있었다. 조각을 트럭에 싣고 크레인으로 들어 올리려면 걸 수 있는 고리를 달아야 했다. 분리하여 설치하는 그런 일을 전문으로 하는 업체에 송신탑의 실제적인 작업이 맡겨졌다.

마지막 20번째 송신탑의 조각을 받은 설치업체는 새로운 문제에 직면했다. 그 고리는 조각을 트럭에 수평으로 싣는 데에는 적합했지만, 수직으로 들어 올리는 데에는 적합하지 않았다. 조각 꼭대기에 있는 안테나의 뼈대가 크레인 밧줄에 걸리는 문제가 나타났다. 설치업체는 설계회사에 일시적으로 안테나의 뼈대를 제거하도록 요청했으나 거절당했다. 그 설계회사의 간부들은 지난번에도 이와 유사한 변경을 허용했다가 제거하는 중에 손상된 안테나 뼈대를 수리하고 정확하게 재조정하여 다시 올리는 데 수만 달러의 비용이 들었다고 말했다.

설치업체 직원들은 심각한 결함이 있는 해결책을 고안하였다. 그들은 확장지지대를 탑 조각에 볼트로 고정시켰고 필요한 볼트의 크기를 잘못된 모형에 근거하여 산정하였다. 정역학을 이수한 공대 2학년 정도의 학생이라면 그런 결함을 알아챌 수 있었으나, 설치업체 직원들 중에는 엔지니어가 아무도 없었다. 설치업체 직원들은 자신들의 전문기술이 부족하다는 것을 알고 안테나 설계회사의 엔지니어에게 자신들이 제안한 해결책을 검토해 줄 것을 요청했다. 설계회사의 엔지니어는 또다시 거부했다. 그는 회사의 간부로부터 설계도면을 살펴보는 일뿐만 아니라 마지막 조각을 들어 올릴 때에도 공사현장을 방문하지 말라는 지시를 받았다. 설계회사 간부는 사고 시 책임을 져야 할지도 모른다는 사실이 두려웠다. 안테나 설계회사의 엔지니어는 또한 설치업체에게 그들의 계획을 검토할 수 있는 공학 컨설턴트를 고용할 것을 제안하지도 않았다.

설치업체 직원들이 마이크로웨이브 안테나 틀과 함께 탑 꼭대기 부분을 들어 올리려고 시도한 순간, 탑이 떨어져 7명이 사망했다. TV회사는 미래 TV사업의 발전을 위해 마지막 조각을 들어 올리는 장면을 녹화하고 있었으므로, 그 비디오테이프는 그들이 떨어져 사망하는 모습을 담고 있다. 만일 당신이 탑을 들어 올리는 계획의 검토를 거부한 설계 엔지니어였다면, 또는 만일 당신이 그 엔지니어에게 계획을 검토하지 못하도록 지시한 회사의 간부였다면, 비디오테이프를 보고 어떻게 반응할 것인지 생각해보자.

유사한 예로, 내과의사가 환자를 진찰하던 중 자신의 전공이 아닌 분야에서 의심스러운 점을 발견한 경우를 생각해보자. 그 의사가 다른 전문의에게 조언을 부탁했을 때 그 전문의는 자신이 책임져야 할 상황이 벌어질지도 모른다는 생각에 조언을 거부한다. 더구나 그 전문의는 환자가 의사를 만나보아야 할 것이라는 제안도 하지 않는다. 이 사례에서 가장 일반적인 것처럼 보이는 책임의 개념은 무엇인가? 이러한 비극을 피하는 데 도움이 될 수 있을 다른 개념을 제안할 수 있는가?

사례 27 과학자와 책임 있는 시민들

젊은 시절 브라운(Harrison Brown, 1917~1986)은 시카고대학과 오크리지 국립연구소의 맨해튼 프로젝트에서 두드러진 역할을 하였다. 1943년에 그는 오크리지 플루토늄 프로젝트의 화학국장보가 되었다. 원자폭탄을 개발하는 데 걸린 매우 짧은 몇 년 동안, 브라운과 그의 많은 동료 연구과학자들은 과학자로서의 책임에 대해 진지하면서도 깊이 있는 토론들을 했다. 1945년에 원자폭탄이 사용된 후, 브라운은 즉시 《파괴가 우리의 운명이어야 하는가?(*Must Destruction Be Our Destiny*)》(1946)라는 책을 저술했다. 그 책에서 그는 자신과 동료들의 관심사들을 분명히 표현했다. 핵무기의 적절한 사용과 확산을 평화적으로 통제할 수 있는 국제적인 기구의 설립을 위한 열렬한 지지로, 1946년 석 달 동안 그는 자신의 책의 기본적인 논지를 제시하면서 전국에 걸쳐 100회가 넘는 연설을 하였다.

이 책의 표지에서 앨버트 아인슈타인의 다음과 같은 말을 인용한 것은 주목할 만하다.

> 누구나 이 책은 책임 있는 일을 한 사람이 썼다고 느낄 것이다. 그것은 어떠한 과장도 없이 객관적으로 전쟁무기로서의 원자폭탄에 대해 분명하고 정직하며 생생한 묘사를 한다. 그것은 미사여구 없는 문체로 특별한 국제문제들에 대한 명백한 논의와 원자폭탄의 해결 가능성들을 제시한다. 이 책을 주의 깊게 읽는 모든 사람들은 현재의 위험한 상황에 대한 분별 있는 해결책에 기여할 수 있을 것이며, 그리고 기여하도록 고무되기를 바란다.

또한 《파괴가 우리의 운명이어야 하는가?》의 부제가 '한 과학자가 시민으로서 말한다.'라는 점은 주목할 만하다. 이러한 부제는 겸손과, 그럼에도 브라운이 자신의 관심사를 대중과 소통하고 노력했던 굳은 확신을 반영한다. 그는 과학자들이 스스로를 과학의 문제들에 제한해야 한다는 주장에 매우 민감하였다. 과학과 기술의 사회적/정치적 함의에 관해 과학자들이 특별한 전문성이 있다고는 말하지 않았지만, 브라운은 원자폭탄을 연구하는 과학자들은 이런 무기의 잠재적인 용도와 결과에 대해서 일반대중이 인지하기 전, 미리 알고 신중하게 생각해볼 수 있는 이점을 누렸다고 지적함으로써 대응하였다. "일반인"이 매우 중요한 문제들에 관해 사회적이고 정치적인 의견을 제시하기 전에 잘 알 필요가 있다고 확신하였기 때문에 브라운은 과학자들이 일반대중으로 하여금 더 나은 판단을 할 수 있도록 그들에게 필요한 정보를 입수하여 알릴 책임이 있다고 주장했다.

브라운은 스스로 서문에 "나는 일반인으로서, 평범한 시민으로서 먼저 자유롭게, 편안하게, 두려움이 없이 살고픈 근본적인 갈망을 가지고 이 책을 썼다."고 말했다. 여기서 바로

이 평범한 시민 역시도 다른 모든 평범한 시민들이 필요로 하는 정보를 가지고 있다는 것이 암시된다. 이러한 정보는 시민들이 몇 달에서 몇 년까지 문제를 미리 알 수 있다는 이점을 누려온 과학자들과 손을 잡고, 그 문제에 대해 상당히 학식 있고 분별 있는 사람의 입장에서 생각해 볼 수 있게 해줄 것이라는 확신을 그는 가지고 있었다. 그는 "과학자로서 우리는 그 문제들을 지적하였으며, 시민으로서 그 답을 구했다."라고 부연하였다.

물론 과학자 브라운과 일반시민 브라운은 하나였고 같은 사람이었다. 또한 그는 지질학과와 인문학부에 겸임을 유지하면서 캘리포니아공대(Caltech)에 자리를 잡기로 했다. 달리 말하면, 그는 고등교육에 있어 학제적인 경로를 택했다. 게다가 이것은 1947년에 그가 아인슈타인 의장을 돕는 부의장으로 핵과학자 긴급위원회(Emergency Committee of Atomic Scientists, ESAS)에의 참여, 핵과학자 잡지의 편집장으로서의 역할, 과학한림원(National Academy of Science)의 대외비서로서의 봉사(1962~1974)와 스티븐슨(Adlai Stevenson)과 함께 로버트 케네디(Robert Kennedy) 대통령 선거캠프에 과학자문역으로서의 봉사에서 나타난다.

명백히 브라운의 시민과학자로서의 헌신은 "순수과학"에 대한 그의 헌신을 막지 못했다. 그는 질량분광학, 열확산, 지구화학, 유성구조의 연구와 함께 유성체에 대한 자신의 과학적 연구를 계속하였다. 1947년 30세의 나이에 〈유성체들과 지구의 기원〉이라는 자신의 보고서를 기초로 해마다 주어지는 "과학에 가장 주목할 만한 공헌"으로 상을 받은 가장 젊은 과학자가 되었다. 1952년에 그는 순수화학분야 미국화학회상(American Chemical Society's Award in Pure Chemistry)을 받았다.

그의 두 번째 책인 《인간의 미래에 대한 도전(*The Challenge of Man's Future*)》(1954)과 연이은 이후 30년간의 저작들에서 브라운은 기술적 진보, 인구증가, 전 세계에 걸친 향상된 생활수준에 대한 열망, 제한된 식량, 광물과 에너지 자원들은 과학자들과 일반시민들이 똑같이 절박하게 고려할 필요가 있다고 주장했다. 우리가 이러한 발전들로 유발되는 어려움을 다루는 힘과 지성, 상상력을 가지고 있다고 확신했지만, 이것은 "인간과 자연환경, 인간의 기술 사이의 관계들에 대한 이해를 필요로 한다."고 주장했다.

3명의 노벨상 수상자들의 논평이 이 두 번째 책의 표지에 인용되었다. 그들 중 한 사람인 아인슈타인은 다음과 같이 말했다.

> 우리는 인류의 조건에 관한 이 책으로 인해 분명 박식하고 명석하며, 비판적으로 평가하는 과학자인 브라운에게 대단히 고마워할 것이다. 가공할 만한 인구증가와 함께 가장 최근의 기술적-과학적 진보의 단계는 지금까지 알려지지 않은 차원의 문제들이 가득한 상황을 만들어 냈다. 사실에 근거한 이 책은 높은 가치를 지닌다.

브라운은 1986년에 세상을 떠났다. 20년 후, 하버드대학교 환경정책과 Teresa and John Heinz 석좌교수이면서 과학, 기술, 공공정책 프로그램 책임자인 홀드렌(John Holdren)은 오래전 고등학생 시절에 읽은《인간의 미래에 대한 도전》을 떠올렸다. 〈과학, 기술 그리고 세상의 상태: 9/11 이후의 몇 가지 반성〉이라는 연설에서, 그는 이 책과 C. P. 스노우(Charles Percy Snow)의 《두 문화(*Two Cultures*)》를 읽기 전 그의 포부는 보잉에서 최고의 설계 엔지니어가 되는 것이었다고 말했다. 이 책들에 감동하여, 그는 "학문분야들의 교차점, 즉 과학과 기술, 공공정책이 함께 도달하는 자연과학과 사회과학의 교차점에 자리 잡은 인간의 조건에 대한 거대한 문제들에 관해 연구하기"로 마음먹게 되었다.[94]

연설의 시작에서, 홀드렌은 우리가 지금 과학과 기술 그리고 2001년 9월 11일 이전 세상의 상태 사이의 관계들에 관하여 분명히 이해할 수 있는 것에 초점을 두면서(좀 더 일찍 이해할 수 있어야 했음) 브라운이 여전히 살아 있다면 그가 생각했던 방식으로 그의 깊은 생각들을 공유할 것이라고 말했다. 그는 브라운이 "사회적으로 책임 있는 과학기술자들이, 단지 9.11 참사의 후유증에 대한 쟁점들뿐만 아니라 과학과 기술, 인간의 조건이라는 이런 몹시 중요한 교차점에서 더 폭넓은 쟁점들에 기여하려고 노력해야 하는 것에 관하여" 말하게 될 것이라고 지적했다.

사례 28 여성들은 어디 있는가?[95]

비록 과거 몇 십 년 동안 공과대학에서 여성들의 수는 점점 더 많아졌지만, 여전히 여성은 미국의 공대졸업생들 중 약 20% 정도밖에 되지 않는다. 이런 비율조차도 어느 정도 오해의 여지가 남아 있다. 여성들은 다른 공학 분야들보다 몇몇 분야들에 더 많다.[96] 예를 들면, 화학공학과 졸업생들의 30% 이상이 여성이지만, 기계공학과와 전기공학과의 졸업생들은 13%만이 여성이다. 전체 공학박사 학위의 18%는 여성들이 받았다. 공과대학들의 여자교수 비율은 훨씬 더 적다.[97] 교수진 서열이 높을수록 여성은 더 적다. 정교수 순위의 상위권에는 5% 이하가 여성이다. 이것은 미국의 공대학생들이 거의 오로지 남자 교수들에게서만 배우고 좋은 조언을 들으며, 여학생들을 위한 역할모델로 도움이 되는 여자 교수진은 거의 없고, 더 일반적으로 여전히 남성들이 공학을 차지하고 있다는 것을 의미한다.

흥미로운 대조로 미국에서의 전체 학사 학위자들 중 57%를, 그리고 전체 사회과학 박사학위의 55%를 여성들이 받으며, 최소한 의학부와 법학부 학생들의 50%는 여성으로 구성되어 있다.[98] 그리고 전체 사회과학 교수들 중 28%는 여성이다. 그 결과 공과대학에서 어떤 일이 벌어지고 있는가? 의심할 여지없이, 공학 분야에 여성이 너무 적다는 점에 기여하는 수많은 요인들이 있다. 하지만 공학에서 여성과 학문적 성취에 대한 일반적인 믿음들은 그 증거들을 검토해 볼 때 장점이 없는 것으로 판명이 난다.

믿음	증거
1. 여성은 남성만큼 수학을 잘하지 못한다.	고등학교에서 여성의 수학 성적은 현재 남성의 성적과 비슷하다.
2. 교수진에 관한 "여성비율 저조"의 쟁점이 해결되는 것은 시간문제일 뿐이다. 즉 그것은 얼마나 많은 여성들이 이 지위에 들어올 자격을 갖추는가와 상관이 있다.	지난 30년 동안 박사학위에서 여성의 비율이 높았던 분야에서조차, 정교수나 대학 지도층 서열로 올라갈수록 여성 비율은 감소한다.
3. 여성들은 남성만큼 경쟁적이지 않다. 여성들은 대학에서의 직장을 원하지 않는다.	과학과 공학 박사학위를 가진 남성과 여성이 비슷한 비율로 박사 후 과정(postdoc)이나 대학교수 채용에 들어올 계획이다.
4. 여성과 소수민족 출신들은 차별철폐 조처를 통한 편애의 수혜자들이다.	차별철폐 조처는 불법적으로 인종이나 성을 기초로 후보들을 뽑는 것이 아니라 더 많은 여성과 소수민족집단 구성원들을 포함하기 위해 더 널리 찾는 것을 의미한다.
5. 대학은 능력 위주의 사회이다.	비록 과학자들은 자신들이 객관적인 기준들에 기초하여 "가장 훌륭하게 선택되었다"고 믿고 싶겠지만, 결정들은 개인의 자질이나 평가되는 연구와 아무런 관계가 없는 인종, 성, 대학의 지리적 위치, 나이와 같은 요인들의 영향을 받는다.
6. 규칙들을 바꾸는 것은 우수함의 기준들에 유해한 영향을 미친다.	모든 과학적 경력에서 승진은 더 상위의 과학자들과 엔지니어들이 내리는 자신의 업적에 대한 평가에 의존한다. 이 과정은 최적으로 선택되지 않고 남성이라는 자질에 대한 불균등한 고려와 묵시적인 편견 때문에 가장 훌륭한 과학자들과 엔지니어들을 승진시키지 않는다.
7. 여성 교수진은 남성보다 덜 생산적이다.	여성 과학 및 공학 교수진의 출판물 생산성이 과거 30년 동안 증가해 지금은 남성과 견줄 만한 수준이 되었다. 출판물 생산성에 미치는 중대한 요인은 제도적 자원들에 대한 접근이다. 즉 결혼, 자녀 그리고 노인보호의 책임은 최소한의 영향을 미친다.
8. 여성은 경력보다 가족에 더 관심이 있다.	많은 여성 과학자들과 엔지니어들은 부모로서의 역할과 과학자와 엔지니어로서의 역할 사이에서 심각한 갈등을 겪는데도 불구하고 계속해서 학문적 경력을 추구한다. 그러나 이런 노력들은 종종 자신들의 직업에 보이는 높은 수준의 헌신을 나타내는 것으로 인정받지 못한다.

믿음	증거
9. 여성은 육아에 더 많은 시간을 보낸다. 그래서 여성에게 투자하는 것은 좋지 못하다.	평균적으로 여성은 경력 초창기 동안 여성에게만 불균등하게 돌아가는 부양의 책임을 다하기 위해 많은 시간을 빼앗긴다. 그러나 중년에 이르면 남성이 여성보다 더 많은 병가를 낸다.
10. 현재 형성된 시스템은 위대한 과학을 만드는 역할을 잘 해왔다. 왜 그것을 바꾸려 하는가?	세계적으로 경쟁적인 균형은 미국의 전통적인 과학과 공학의 이점들의 토대가 손상되는 방향으로 변해 왔다. 사회적 성, 인종적 혹은 민족적 편견에 기초하여 경력을 방해하는 것은 재능 있는 뛰어난 연구자들을 국가로부터 빼앗는 것이나 마찬가지이다.[99]

최근에 수많은 대학연구자들은 아주 소수의 여성들만이 공학에서 고위직과 지도적인 지위를 차지하는 이유에 대한 사실에서 근거 없는 믿음들을 분리하려고 시도해왔다. 하나의 그럴듯한 설명은 약간의 불일치들이 시간이 흐를수록 여성들을 불리하게 하고, 남성들에게 이익이 되도록 누적된다는 것이다. 사회적 성(성 도식들)과 결합된 잠재의식적인 기대가 이러한 불일치들의 중요한 원천이다. 예를 들어, 우리는 남성이 주된 소득원이 되고 여성은 주로 아이를 돌보기를 기대한다. 전문직의 경쟁을 평가하는 데 성 도식들이 미치는 영향에 관한 광범위한 연구들은, 시간이 지나면서 성 도식들이 여성 공학 교수진은 시종일관 과소평가되고 남성 공학 교수진은 시종일관 과대평가되도록 기여한다는 점을 아주 설득력 있게 보여준다.[100] 성 도식들은 남성과 여성 모두에게 무심결에 자리 잡아 서로에 대해 형성된 인식과 판단에 미묘하게 영향을 미친다.[101] 예를 들면, 실험 데이터는 전문직 여성들을 언급하는 추천서들이 남성들을 언급하는 추천서들보다 더 짧고 2배나 더 많은 의심을 제기하는 구절(예를 들어, "그녀는 약간 도전적인 성격이다.")과 더 많은 'grindstone' 형용사들(예를 들어, "열심히 일하는" 혹은 "양심적인")과 더 적은 'standout' 형용사들(예를 들어, "뛰어난")을 포함한다.[102] 다른 연구들은 여성들이 높은 봉급에 덜 자격이 있다고 느끼고 실제 수학성적 수준이 남자 동료들과 동등할 때조차도 자신들의 수학적 능력에 대한 자신감이 떨어지는 경향이 있다는 것을 보여준다. 남성에게는 강하고 자기주장이 강한 리더가 될 것을 기대하고, 여성에게는 듣는 사람들을 보살피기를 기대한다. 결과적으로 지도력이 있는 지위를 가지고 있는 여성은 종종 실제적인 지도력을 보이기 위해 더 열심히 일해야 한다.

공과대학의 교수진과 관리자들의 대부분은 (남성과 여성 모두) 정말로 더 많은 여성들이 승진하고 진급하기를 바라기 때문에, 성 도식들에 초점을 맞추는 것은 특히 공학분야에서 여성을 승진시키는 것과 부합된다. 성 도식들에 관한 연구자인 밸리언(Virginia Valian)은 이러한 견해를 입증한다. 그녀는 "성 도식들에 관한 데이터가 주는 교훈은 좋은 의도만으로는 충분하지 않다는 것이다.[103] 즉, 그것들은 우리 모두가 이상으로 간직하는 공평하고 공정한 평가를 보장하지 않을 것이다."라고 쓰고 있다. 공과대학이 더 많은 여성들을 모집하고 성공을 도우려고 시도하면서, 유해한 성 도식들이 여성의 출세를 막는 장애물의 역할을 하는 방식과 정도를 평가하는 일은 중요하다. 미시간대학교 같은 몇몇 기관들에서 펼친 그런 노력에는 성 도식 워크숍을 지도하는 것과 포커스그룹(상품시장이나 선거동향의 조사를 위해 뽑힌 소수의 샘플 그룹)을 구성하는 것, 인터뷰를 하는 것 그리고 과학, 기술, 공학 그리고 수학 분야에서 여성 교수진의 과소평가에 기여하는 성 도식의 보급을 평가하는 조사연구 데이터를 수집하는 것이 포함된다.[104]

한 가지 가설은 유해한 암묵적인 도식들이 명백해지면, 우리는 그것들을 개인, 부서 그리고 제도적인 차원에서 다루기 시작하여 적어도 그것들의 유해한 영향을 줄일 수 있다는 것이다. 남성과 여성 모두가 사회적 성에 대하여 갖는 약간의 미묘한 기대들을 알아보고 토론해보자. 이러한 성 도식들이 공학에서 여성의 승진과 진급에 어떻게 영향을 미치는가? 여러분은 자신의 경험으로부터 성 도식들의 결과로 이익을 얻는 남성과, 손해를 입는 여성에 대한 예를 생각해 볼 수 있는가?

사례 29 2010년 Macondo 유정 폭발 및 Deepwater Horizon 상실

Deepwater Horizon(DH)은 Transocean이 소유하고 운용하는 3억 4천만 달러짜리 반잠수식 심해유정 굴착시설이다. 트랜스오션은 미국 Louisiana 해안으로부터 약 40마일 떨어진 멕시코만의 5,000피트 해저에 18,360피트 깊이의 Macondo 유정을 굴착하는 계약을 영국석유(British Petroleum, BP)와 체결하였다. DH 굴착공사는 51일간 하루에 백만 달러씩 비용이 소요되는 계획으로 2010년 2월에 Macondo 유정 위치에서 시작되었다. 사실은 2009년 10월에 다른 굴착시설(설비)에 의해 시작되었던 굴착공사를 재개한 것이다. 폭발과 화재에 의해 11명의 사망자가 발생하고(당시 굴착시설에는 126명이 일하고 있었음), 굴착설비는 침몰했으며, 해저의 유정 입구에서 통제 불능의 기름 및 가스 누출이 지속되었으므로, 2010년 4월 20일에 Macondo 유정은 (훗날 언젠가 다시 생산하기로 하고) 폐쇄작업에 들어갔다. 유정을 통제하려는 몇 개월간의 노력은 실패로 돌아갔고 미국 역사상 가장 큰 기름유출 사고로 기록되었다. 2016년 7월, 현재 유정 소유자인 BP는 Macondo 유정폭발에 의해 발생한 손상을 청소하고 보상하는 데 거의 6,200만 달러를 지불하였다.

사고 발생 후 몇 주간 미국 하원 에너지 및 통상 위원회 청문회에서는, 발주자 BP가 절차를 무시하고 위험부담이 있는 몇몇 설계 결정을 선택함으로써 비용을 절감하려 했음을 시사하는 굴착공사의 여러 측면들을 면밀히 검토했다. 다음은 2010년 6월 14일에 위원장 왁스만(Henry Waxman)이 BP 최고경영자 헤이워드(Tony Hayward)에게 보낸 편지에서 드러나는 위원회의 입장을 요약한 것이다. 왁스만은 BP 경영자와 엔지니어들이 안전보다 경제를 더 우선시하는 듯한 결정을 내렸던 다섯 가지 분야에 대하여 쟁점을 요약하였다.[105] 이러한 쟁점으로는 유정설계, 마지막 케이싱을 접합하는 데 사용된 센트럴라이저의 수, 시멘트접착 검사기록을 요구하지 않기로 한 결정, 마지막 케이싱을 접합하기 전 흙탕물순환(mud circulation) 축소, 잠금슬리브(lockdown sleeve, LDS)를 사용하지 않기로 한 결정이 있다.

- **유정 설계**: Macondo 유정의 설계 당시 핵심적인 결정 중 하나는 1,192피트 깊이의 유정구멍에 좀 더 안전이 보장되는 liner/tieback 케이싱이 아닌 완전스트링 케이싱을 사용하기로 한 것이었다. 완전스트링 케이싱은 더 빠르고 상대적으로 가격이 저렴하지만, 케이싱을 둘러싸고 있는 환상 공간의 기체를 통제함에 있어 덜 효과적이며, 광물관리위원회(Minerals Management Service, MMS) 규제를 통과할 수 없었을지도 모른다. 폭발 직전의 며칠 동안 BP가 의식적으로 내린 이 결정은 유정완공 비용을 수백만 달러 절감해주었으나, 폭발에 대비하는 안전장치를 축소하는 결과를 낳았다.
- **센트럴라이저**: 시멘트 밀봉 전 단계에서 케이싱이 유정구멍의 중심에 위치하도록 케이싱을 감싸주는 동그란 고리 모양의 스페이서로, 시멘트 슬러리에 의한 흙탕물의 변위를 개선한다. 미국석유협회(American Petroleum Institute, API)의 권장실무지침(RP-65)에 따르면, 케이싱이 유정구멍의 중심에 위치하지 않을 경우 흙탕물이 슬러리에 의해 효과적으로 변위되지 않을 것이고, 시멘트 밀봉이 약해지거나 구멍이 생겨 가스누출과 폭발의 위험이 생긴다. 가스누출의 위험을 "심각한"에서 "가벼운" 단계로 낮추기 위해서 센트럴라이저 21개가 필요할 것이라는 하청업체(Halliburton)의 예측에도 불구하고, BP는 1,192피트 길이의 케이싱에 단 6개의 센트럴라이저를 사용하기로 결정했다. 15개의 센트럴라이저 재고를 추가적으로 확보했지만, 굴착설비로 운반하는 데 10시간이 걸린다는 것은 분명 용납할 수 없는 지연상황이었고, 사용가능한 6개의 센트럴라이저만을 사용하기로 결정이 난 것이다.

- **시멘트 접착검사 기록**: 표준 비파괴검사는 흙탕물 또는 다른 문제로 인해 시멘트 밀봉에 공동이나 통로가 생겨 구조적 건전성이 감소되지 않았는지를 확인하는 검사이다. MMS 규제상 Macondo 유정도 아마 이러한 검사를 받았어야 할 것이다. BP는 4월 18일, 이 검사를 시행하기 위해 Schlumberger에서 파견된 인력을 굴착 시설로 데려갔으나, 4월 20일 이들을 돌려보냈다. Macondo 유정에 대한 시멘트 접착검사는 약 9~12시간 정도 소요됐을 것이고, 시멘트에 공동이 발견되기라도 했다면 더 지연되었을 것이다.
- **흙탕물 순환**: 시멘트 슬러리가 고리 모양의 공간에 배치되어 흙탕물이 밀봉부위에서 변위되도록 하기 전에, 흙탕물을 순환시켜 커팅이나 공기방울을 제거하고 흙탕물의 점도를 감소시켜 시멘트의 흐름과 흙탕물 변위에 도움을 주는 것이 좋은 실무적 관행이다. API 지침은 흙탕물 환상 부피의 1.5배 또는 케이싱 부피의 1배 중 값이 큰 쪽을 택해 순환시킬 것을 권장하고 있다. 이 정도 양의 흙탕물을 순환시키는 데는 시간이 걸리며, Macondo 유정의 경우 길게는 12시간 정도의 시간이 소요됐을 것이다. BP는 훨씬 더 적은 양인 261배럴의 흙탕물을 순환하기로 선택했다.
- **케이싱 잠금슬리브**: BP는 해저바닥의 밀봉집합체에서 유정 헤드와 케이싱을 잠그는데 LDS를 설치하지 않았다. 이는 MMS가 설계변경을 승인해줄 때까지 지연된 것일 수도 있으나, 결과적으로 4월 20일 폭발 당시 시점에 LDS가 설치되어 있지 않은 결과를 낳았다. LDS 장치는 케이싱이 떠올라 유정 헤드의 밀봉을 손상시키는 것을 예방하는, 폭발에 대응할 수 있었을 또 하나의 안전장치이다.

위원회에서 제기된 이러한 문제 중 적어도 앞의 네 개에서는, BP의 엔지니어와 경영자들이 내린 설계상의 결정은 전부 더 빠르고 (즉, 저렴하고) 덜 보수적인 (즉, 위험부담이 큰) 대안을 선택하는 것이었다. 유정 책임자였던 가이드(John Guide)는 배송에 10시간이 걸린다는 이유로 시추팀장인 왈츠(John Walz)가 15개의 센트럴라이저를 추가로 주문하기로 결정한 것을 번복시켰다. 이 결정에 있어 가이드는 "위험/보상 공식"을 사용했다고 전해지지만, 그 세부사항은 알려지지 않았다. "위험/보상"의 접근방식은 투자와 주식거래 결정을 내릴 때 주로 사용하는 경영적 도구로, 공학에서 자주 사용되는 개념은 아니다. 여기에서 우리는 아주 중요한 공학적 결정이 공학과 관련이 미약한 논리를 기반으로 내려졌고, 아마 대중의 보건, 안전, 복지에 대한 적절한 공학적 고려가 포함되지 않았을 것이라고 유추할 수 있다.

미국공학한림원(NAE) 특별배심원에 의한 요약보고서[106]는 이 참사에 기여한 몇 가지의 실상을 확인하였다. 간단히 말하자면, 이 보고서는 Macondo 유정이 폐쇄된 이후에도 가

압된 탄화수소를 억제하는 역할을 했어야 할 시멘트 밀봉을 설계, 건설 및 검사하는 과정이 공학적으로 부적절했으며, 감압검사 당시 밀봉에서 누출의 확실한 징후들을 알아채지 못했음을 확인했다. 더 나아가 폭발방지기(BOP)의 오작동 또한 BOP를 설계, 검사, 작동 및 관리하는 과정에서 공학적인 실수들로 인한 것이었다. 보고서는 안전에 대한 의식과 문화가 부재했음을 지적한다. 전체적으로 안전에 대한 시스템이 결여되어 있었고, 이것이 "폭발로 이어진 복수의 결함 있는 결정"을 낳았다.

이러한 미심쩍은 결정들에 책임이 있는 BP 지휘계통 내의 직원들은 등록된 기술사들을 거의 포함하지 않았고, 이는 BP의 조직 운영과 문화에 대한 아주 중요한 문제를 제기한다. 텍사스주 기술사등록위원회의 규정은 이러한 직책을 갖는 휴스턴 주민들에게 등록을 요구하지 않는데, 텍사스 주법에 대민 서비스를 하지 않는 산업인력의 경우 등록 없이도 일할 수 있다는 예외조항이 있기 때문이다(아마 걸프 연안의 다른 주에서도 마찬가지이다). 그러나 지휘계통 안에 등록된 기술사가 부족하거나 부재했다는 것은 몇몇 중대한 공학적 결정이 과연 얼마나 전문성을 기반으로 내려졌을 것인지에 대한 의문을 제기한다. 유정의 설계와 시추를 책임지는 팀은 대부분 경험은 많지만 등록되지 않은 구성원들로 이루어져 있었다. Macondo 유정에서의 작업에 대해 조금이라도 지휘권을 갖고 있었던 등록된 기술사는 심즈(David Sims)가 유일하다. 그는 폭발이 있기 불과 18일 전 가이드의 상사로 부임했고, 아마 그의 고용은 "지옥 같은 유정"의 시추에 여러 어려움이 생기면서 이루어진 것으로 보인다. 심즈가 좀 더 빨리 프로젝트에 투입되었다면 유정의 굴착과 폐쇄의 과정에서 발생한 주요 사건들에 대해 더 나은 공학적 의사결정을 할 수 있었을지의 여부는 오로지 추측에 달린 것이다. 그러나 필자는 시간과 비용에 대한 압력이 큰 영향을 준 비전문적인 의사결정이 참사에 기여한 가장 중요한 요소라고 생각한다.

하원 위원회의 편지에 포함된 BP의 시추 엔지니어인 모렐(Brian Morel)이 언급한 것으로 알려진 사실은, 6개의 센트럴라이저만으로는 안전한 시멘트 밀봉이 힘들 것이라는 하청업체의 정량적 시뮬레이션을 BP가 기술적인 정당성 없이 무시했다는 것이다. 이는 기술사라면 절대 내리지 않을 만한 결정이다. 모렐이 하청업체에 보낸 이메일에는 다음과 같은 내용이 포함되었다. "우리는 가지고 있는 6개의 센트럴라이저를 연속으로 잇거나, 사이사이를 벌리거나, 또는 두 가지를 조합하는 방법이 있습니다. 수직 갱도이니 '잘만 하면' 파이프가 중력으로 인해 중심을 잡을 수 있을 겁니다… 굴착 시설에 다른 장비를 더 들여오기엔 너무 늦었습니다. 이 센트럴라이저들을 가지고 재배치해보는 수밖에 없습니다." 공학의 핵심은 정확한 정량적 시뮬레이션을 기반으로 안전하게 설계하는 것임에도 불구하고, 모렐의 말은 계산된 안전보다는 '잘만 하면' 된다는 희망에 근거한 것으로 보인다. 경험 있는 기술사라면 일반적으로 '희망'에 근거한 결정을 내리거나 수용할 것으로는 기대할 수 없다. 필자는 이 참사에 대한 책임소재는 기술사등록 규정에 예외를 둔 것, 또는 그 예외규정에 이 참사에 연루된 고용인들이 너무 의존한 것에 있다고 본다.

마지막으로 MMS의 관리감독에 대한 의문이 제기된 바 있다. 설계 과정의 많은 측면이 MMS의 이의제기 없이, 또는 BP의 추가적인 정당성 확보 없이 받아들여진 것으로 보인다.

더 안전할 가능성이 높은 liner/tieback 케이싱 대신 단일 스트링 케이싱을 선택한 결정은 신청 당일 승인되었다. 규제기관의 지나친 감독이 경제적 성장을 방해할 수는 있으나, 특정 산업의 경우 안전에 관련하여 필연적으로 책임 있고 능력 있는 규제기관의 감독에 의존하게 된다. 이 사건에서는 이러한 감독이 부재했던 것으로 보인다.

토론과제

자격증이 없는 엔지니어들의 핵심 공학적 의사결정과 Macondo 유정 폭발사건 간의 관련성은, 대민서비스를 하지 않는 경우 등록되지 않은 엔지니어도 일할 수 있다는 "산업인력 예외조항"에 대해 심각한 문제를 제기한다. 대중의 안전, 건강 및 복지와 자연환경이 오히려 더 큰 위협을 받을 수 있다는 것이다. 그러나 산업관계자들은 이것이 허용되지 않을 경우, 등록된 엔지니어는 부족하기 때문에 운영비용이 증가할 것이고, 경제와 공공복지에 해를 끼칠 것이라고 주장한다. 이렇듯 서로 상충하는 윤리적 의무를 둘 다 만족시킬 창의적 중도 해결책은 존재할까?

사례 30 단위, 의사소통, 세부사항 점검 - 화성기후탐사선 실종사건

화성기후탐사선(Mars Climate Orbiter, MCO)은 629 kg짜리 화성궤도 인공위성으로, 1998년 12월 11일 NASA에 의해 약 2년간 화성표면과 화성대기의 지도를 작성하고 그 시점 이후에 발사될 화성착륙선을 위한 통신중계기지로 약 3년간 사용될 임무를 띠고 발사되었다. 탐사선은 화성궤도로 진입하던 중 실종되었다. 아마도 (화성) 대기권 진입 시에 불타버렸거나 또는 과열되어 우주 속으로 빨려 들어갔을 것으로 추정된다.

다음은 탐사선의 실종에 대한 공식보고서에 따른 것으로, 계약업체가 미터법 단위가 요구되는 우주선 가동 중 계산에 영미 단위로 된 데이터를 사용한 결과로 누적된 항행오차 때문에 탐사선은 당초 설계보다 훨씬 더 낮은 화성 대기권 궤도로 진입되었음을 보여준다.[107]

> 화성궤도 진입 시 우주선의 궤적은 예정된 것보다 약 170 km 낮았다. 그 결과 MCO는 대기 중에서 파괴되었거나 화성 대기권을 떠나 heliocentric 우주궤도로 다시 들어가 버렸을 것이다. 조사위원회는 우주선 프로젝트에 실수가 있었음을 인지하였다. 이러한 실수는 통상 충분히 치밀한 절차에 의해 포착되어 적절히 대처함으로써 우주선 프로젝트의 성공을 위협할 단계에 이르기 전에 해소된다. 하지만 MCO의 경우 불행히도 프로젝트에 적용된 절차에 의해 근본적인 원인이 포착되지 못하였다.
>
> 발견된 사실에 대한 요약과 실수에 기여한 원인, 그리고 MPL 권고사항은 다음과 같다. 이것들에 대해서는 MCO 및 MPL 조사결과와 권고사항과 함께 이 보고서의 본문에 더 자세히 기술되어 있다.
>
> 근본 원인: 궤도추적 모델에 사용된 “Small Force” 소프트웨어의 코딩에 미터법 단위를 사용하지 않은 것.

그 밖에도 보고서는 프로젝트 내에서 부서 간의 부적절한 의사소통, 부적절한 프로젝트 요원 구성, 부적절한 훈련을 포함한 여덟 가지의 원인이 이러한 실수에 기여하였음을 적시하였다.

조직 내의 엔지니어가 “챙겨야 할 표준”을 만족하기 위한, 즉 숫자나 유의수준에 관한한 동일 분야에서 일하는 유능한 엔지니어들에 의해 발생할 수 있는 에러나 생략이 없음을 확인할 책임에 관해 생각해보라. 다중조직의 대형 기관의 대형프로젝트에서 일하는 엔지니어들은 어떻게 대중이 기대하는 수준으로 챙겨야 할 표준을 확실히 만족시킬 수 있을지 논의해보라.

사례 31 고가의 소프트웨어 버그 - 화성극지착륙선 상실

1999년 12월 3일, 화성극지착륙선(Mars Polar Lander)이 발사된 지 11개월 만에 NASA와의 통신이 두절되었다. 화성 표면에 착륙하기 위해 하강하던 중이었다. 후속 조사에서는 여러 가지 가능한 고장 원인이 파악되었으나, 어떤 소프트웨어의 코드 오류 한 줄을 주원인으로 지목했다. 프로그래밍 오류로 인해 시스템이 착륙장치에 전해지는 진동을 화성 표면에 착륙한 것으로 오인하여, 브레이크 로켓이 너무 일찍 작동하였고 약 130피트를 자유낙하하면서 착륙선이 소실된 것으로 추정된다.

어떤 이들은 이 사건을 갈수록 복잡해지는 컴퓨터 프로그램의 결과로 해석하고, 크고 복잡한 코드에 대한 NASA의 검사가 항상 가능한 오류를 확인하고 예방할 수는 없다고 주장한다. 검사는 모든 입력 값이 '정상적인' 작동 기대범위 내에 있을 때 코드가 의도대로 작동한다는 것을 보여줄 뿐, 작동 변수가 비정상적인 영역으로 이동할 경우 일어날 수 있는 결과들을 확인하기 위한 검사들은 시행되지 않는다는 것이다.

레비슨(Leveson)이[108] 얘기한 최근의 항공 우주선 고장이나 사건에 기여한 소프트웨어 설계, 테스트, 작동의 몇몇 측면들은 다음과 같다.

- 디지털 자동화에 대한 지나친 자신감과 의존
- 소프트웨어와 연관된 위험성에 대한 이해 부재
- 신뢰성과 안전성의 혼동(일반적인 컴퓨터공학자들의 경향)
- 중복검사에 대한 지나친 의존(중복검사는 안전성보다는 신뢰성에 영향을 줌)
- 위험성이 시간이 지남에 따라 감소한다는 가정(Therac-25)
- ('편차의 정상화'와 관련된) 소프트웨어 사건들이 주는 경고 신호 무시
- 부적절한 설계명세서; 소프트웨어가 해야 하는 것은 포함하지만, 해서는 안 되는 것은 포함하지 않는 설계명세서(화성극지착륙선)
- 결함 있는 검토 절차(화성극지착륙선)
- 부적절한 시스템 안전공학
- 디지털 관련 분야에서 기본적인 안전 관련 공학실무의 위반; 소프트웨어 엔지니어들은 이러한 원칙들에 대해 거의 배우지 못한다(화성극지착륙선).
- 적절한 안전성 분석 없이 소프트웨어 재사용
- 불필요한 복잡성과 소프트웨어 기능; 프로그램들의 더욱 복잡해져가는 경향
- 운영 인력의 자동화에 대한 이해 부족
- 작동 환경과 맞지 않는 테스트 및 시뮬레이션 환경
- 안전 관련 정보의 수집과 사용의 미흡

사례 32 붕괴된 캔틸레버 발코니에 대한 건설감리자의 책임

이와 비슷한 거주지 구조의 경우에 보통 그러하듯이, 이 프로젝트에는 엔지니어들이 관여하지 않았다. 그러나 설계와 건설 관리감독에 있어서 윤리적 책임을 지는 엔지니어들에게는 같은 방식의 책임이 적용된다.

2004년, 최근에 중부 텍사스에 지어진 호숫가 주택을 방문한 두 명의 방문객은 Inks 호수의 풍경을 즐기기 위해 3층 발코니로 나갔다. 발코니는 붕괴됐고 둘은 20피트가 넘는 높이에서 추락해 중상을 입었다.[109] 캔틸레버 발코니는 건물에 널빤지로 연결되어 있었는데, 이 널빤지는 건축가가 볼트로 접합하라고 지시한 것과 다르게 하청업자에 의해 못질로 건물에 부착되어 있었다. 널빤지는 사하중과 가중된 아주 가벼운 활하중(두 명의 방문자)에 의해 건물로부터 분리되었다. 건축가는 발코니를 포함한 건물을 설계했고, 건설과정을 감독했지만, 완공된 발코니를 충분히 살펴보지 않았고 자신의 계획과 설계명세서로부터 달라진 것을 발견하지 못했다.

건축가의 계약서에는 "시공과 재료의 질이 계약서와 일치하는지를 보증하기 위해" 하청업자의 청구서에 그가 최종적으로 사인해야 한다는 조항이 있었다. 그러나 계약서에는 "건축가는 작업의 질과 양에 대해 완전히 철저하고 지속적인 현장검증을 할 의무가 없다"고도 명시되어 있었다.

법적인 공방은 건축가가 건물을 감리하기 위해 뭔가를 더 했어야 하는지 여부를 중심으로 이루어졌다. 원고 측은 건축가가 설계에 관련된 서비스 제공 이외에도 "건설을 감독"하고 "건물주를 결함으로부터 보호하려고 노력"하기로 계약되어 있었다고 주장했다. 피고인 건축가는 더 상세한 감리는 계약금액상 불가했으며, 건설 감독에 있어서 자신의 책무를 다했다고 주장했다.

텍사스 건축가협회(Texas Society of Architects, TSE)의 법률고문의 의견은 다음과 같았다. "프로젝트의 건물주는 건축가와 더 광범위한 서비스에 대해 계약을 맺지 않은 이상, 건축가가 현장에서 다해야 할 의무는 제한적이며, 여기에 하청업자가 진행하는 건설공사의 질을 확인하기 위해 철저하고 지속적인 현장검증은 포함되지 않는다… 건축가는 추가적인 서비스에 대한 동의가 선행되지 않은 이상, 하청업자의 시공의 질을 보장할 것으로 기대할 수 없다."

우리가 보기에는 시공상 저질러진 실수는 터무니없는 것이었다. 또한 캔틸레버 발코니의 구성요소들이 지니는 중요성을 생각할 때, 이러한 실수는 전문 건축가나 엔지니어에 의해 합리적으로 점검되었다면 발견되었어야 할 만한 것이다. 구조 건설을 감독하는 책임을 조금이라도 맡았다면 말이다.

원 설계안에 대해서는 이의가 제기된 적이 없으나, 장선받이 철물의 사용을 지시했다는 점을 눈여겨 볼 필요가 있다. 하청업자는 널빤지에 철물을 연결하고, 널빤지와 건물을 연결하기 위해 볼트를 써야했으나, 대신 못을 사용했다. 그러나 원 설계안도 부적절했을 가능성이 크다. 장선받이 철물은 이러한 캔틸레버 형식에서 모멘트를 견디기 위해 제작된 것이 아니다. 장선받이 철물이 사용되고 널빤지가 원래대로 볼트를 이용해 건물에 좀 더 안전하게 부착되었다고 한들, 널빤지와 건물 사이가 아닌 철물과 널빤지 사이에서 문제가 생겼을 것이다. 어쩌면 두 명이 아니라 더 많은 사람들이 있을 때 말이다. 더 합리적인 설계방법은 건물을 관통하는 장선구조를 이용해 평행한 바닥/천장 장선과 고정되게 하고 벽에서 모멘트 용량을 견딜 수 있게 만들어주는 것이다. 이러한 설계안이 대안으로 제시되었으나 하청업자가 거부한 것인지의 여부는 확실치 않다.

이 사례의 교훈은 전문 엔지니어 또는 건축가는 본인이 중요한 역할을 맡은 프로젝트에 있어서 이러한 문제들을 예방할 분명한 법적 책임은 없을지라도, 윤리적인 책임은 있다는 것이다. 공학 프로젝트에서는 적절한 건설감리를 위한 노력을 가능하게 하는 계약상의 합의가 있어야 한다. 이 사례에서처럼 가장 중요한 설계의 세부사항들은 건설 감리자에게 최우선순위가 되어야 할 것이다.

사례 33 컴퓨터 프로그램과 도덕적 책임: Therac-25 사례

의료용 선형가속기는 주변의 건강한 조직이 손상되는 것을 최소화하면서 종양을 제거할 수 있는 고에너지 광선을 생성한다. 비교적 얕은 조직에는 가속화된 전자를 사용하지만, 더 깊은 조직일 경우 전자 광선이 엑스레이 광자로 변환된다.[110] 1970년대 중반, 캐나다 원자력공사(Atomic Energy of Canada Limited, AECL)는 혁신적인 "더블패스형" 가속기를 새로이 개발했다. 이 가속기는 전자를 가속하기 위해 필요했던 물리적으로 긴 메커니즘을 반으로 접기 때문에, 필요한 에너지 수준을 개발하기 위해 훨씬 작은 공간을 차지할 수 있었다. 이 더블패스형 메커니즘을 통해 AECL은 Therac-25를 설계했다. 기존의 Therac-20이나 전자와 광자 가속을 한 기계 안에서 할 수 있게 만든 초기모델들과 비교했을 때 경제적인 선택이었다. 또한 Therac-25의 또 하나의 차별성은 소프트웨어가 예전보다 더 환자의 안전에 대한 책임을 맡게 되었다는 사실이다. 예를 들어 Therac-20의 초기 모델은 전자빔 스캔을 관리할 수 있는 보호회로가 독립적으로 존재했고, 기계적인 연동을 통해 안전한 작업을 보장했다.

1985년에서 1987년 사이에 11개의 Therac-25가 미국 및 캐나다 일대에 도입되었고, 과다노출과 관련된 6개의 사건이 일어났다. 가장 첫 번째 사건은 1985년 케네스톤 지역 종양학 센터에서 일어났다. 기계가 작동하자 환자는 "굉장한 열이 내리쬐고 뜨거운 느낌"을 받았다. 기술자가 들어오자 환자는 "화상을 입은 것 같다"고 얘기했지만, 기술자는 불가능한 일이라고 대답했다. 이후 환자는 치료를 받은 부위인 어깨가 "얼어붙는" 느낌을 받았고, 종종 발작을 겪었다. 방사선 화상이 확실했으나, 의사들은 이에 대한 만족할 만한 설명을 제공하지 못했다. 결국 환자는 방사선 화상 때문에 끊임없이 고통에 시달렸고, 유방 절제술을 받아야 했다. 설비의 제조업자와 책임자는 이러한 문제의 원인이 Therac-25라는 것을 부인했다. 소송은 재판정 밖에서 합의하는 것으로 끝이 났고, Therac-25를 사용하는 사람들은 이러한 일이 일어났다는 사실에 대해 알지 못했다.

두 번째 사건은 온타리오주 해밀턴에 위치한 온타리오 암 재단에서 일어났다. 기계가 오작동 했을 때 운영책임자는 전혀 신경을 쓰지 않았다. 피해가 없이 잦은 오작동이 발생하는 데에 익숙해진 듯 했다. 그러나 치료가 진행된 후, 환자는 치료부위에 작열감을 느꼈다. 4개월 후 환자는 극도로 악성인 암에 걸려 세상을 떠났으나, 그의 부검은 방사선 과다노출로 인해 고관절 교체 수술이 필요했을 것이라는 사실을 밝혀 주었다. AECL은 해밀턴에서 일어난 오작동을 재현하는 데에는 실패했으나, 소프트웨어를 기존의 것보다 다섯 자릿수만큼 더 개선하였다고 주장했다.

세 번째 사건은 1985년 워싱턴주 야키마에 위치한 Yakima Valley 메모리얼 병원에서 일어났다. 치료 후 환자는 피부가 지나치게 붉어지는 것을 경험했고, 병원 관계자들은 결국 이를 "원인불명"으로 치부했다. 환자는 계속적인 고통에 시달렸고, 수술로 이를 없애야 했지만, 방사선으로 인해 죽지는 않았다. 이 장비에 관련해 비슷한 사건이 세 번이나 일어났음에도 제조업자나 정부기관에 의한 조사는 이루어지지 않았다.

네 번째 사건은 1986년 텍사스주 타일러(Tyler)에 위치한 동부텍사스암센터(East Texas Cancer Center, ETCC)에서 일어났다. 치료를 하려고 하자 장비는 "고장 54"라는 오류메시지와 함께 꺼졌다. 환자는 당시 전기충격을 받거나 누군가 등에 뜨거운 커피를 부은 것 같은 느낌을 받았다고 말했다. 그가 치료 테이블에서 일어나 도움을 요청하려고 하는 순간, 운영책임자는 치료를 계속하기 위해 "P" 버튼을 눌렀다. 환자는 그의 팔이 전기충격을 받고 있고,

손이 몸에서 떨어져나가는 느낌을 받았다. 그는 일어나서 치료실의 문을 두들겼다. 책임자는 깜짝 놀랐고 즉시 문을 열어주었다. 환자는 충격을 받은 듯 혼란스러워 보였다. 당시 아무도 몰랐으나, 그는 과다노출로 인해 사건이 있은 지 5개월 후 사망하였다.

AECL에서는 지역 소속의 엔지니어 한 명과 캐나다 본사 직원 한 명이 조사를 위해 파견되었다. 그들은 '고장 54' 상황을 재현해내는 데 실패했다. 한 AECL 엔지니어는 환자에게 과다노출이 일어나는 것은 불가능하다고 설명했다. 그들은 AECL이 Therac-25로 인한 이런 종류의 방사선 과다노출 사고에 대해 아는 바가 없다고 말했다. AECL이 해밀턴과 야키마 사건에 대해 인지하고 있었을 것이 분명하지만 말이다. AECL 엔지니어들은 전기적인 문제가 있을 수 있다는 의견을 제시했으나, ETCC의 추가적인 조사는 이러한 가능성을 배제하였다.

다섯 번째 사건 또한 1986년 4월 11일 ETCC에서 일어났다. 치료를 시작하려 하자 Therac-25는 다시 한 번 '고장 54' 메시지를 띄웠고, 큰 소리를 내며 꺼졌다. 환자는 타는 듯한 소리와 함께 얼굴 옆이 "불타는" 느낌을 받았으며, 번쩍이는 불빛을 보았다. 불안해진 환자는 "나한테 무슨 일이 있는 거죠? 무슨 일이 일어난 거예요?" 하고 물었다. 그는 1986년 5월 1일 과다노출로 인해 사망하였다.

Tyler 병원의 물리학자였던 하거(Fritz Hager)의 노력이 없었다면, 소프트웨어의 문제점에 대한 이해는 더 늦어졌을 것이다. 하거는 결국 '고장 54' 메시지가 언제 일어나는지를 확인했는데, 오류 상황의 핵심요소는 데이터를 입력하는 속도였다. 이를 AECL에 설명하고 나서야, 회사는 자체적으로도 이 오류 상황을 재현해볼 수 있었다. 그러나 소프트웨어의 특정 코드 오류는, 소프트웨어의 설계가 안전하지 않았고 이를 백업해줄 하드웨어의 안전 메커니즘이 부재했다는 문제에 비하면 별로 중요하지 않다고 봐야 한다.

여섯 번째 사건은 1987년 1월 발생했으며, 장소는 Yakima Valley 메모리얼 병원이었다. 환자는 가슴에 "타는 듯한 느낌"을 받았다고 호소했으며, 과다노출로 인한 합병증으로 그해 4월 사망했다. Yakima에서의 두 번째 사건 이후, 미국 식품의약청(Food and Drug Administration, FDA)은 이 소프트웨어는 단독으로 장비의 안전한 운영을 담보할 수 없다고 결론 내렸다. Therac-25의 문제를 확인하고자 하는 의지는 사용자로부터 나왔고, 제조업체는 이에 느리게 반응하였다. 사용자 측의 의료진 또한 문제를 인지하는 데 오랜 시간이 걸렸다.

책임의 소재: 기업책임

이 비극적인 이야기는 기업과 개인의 수준 모두에서 무책임한 행동을 보여준다. 그러나 사건을 조사하는 이들은 "장비의 제조업자나 다른 그 누구도" 탓하고 싶지 않아 했다.[111] 니센바움(Helen Nissenbaum) 교수는 이렇듯 책임소재를 분명히 하는 것을 꺼리는 현상은 조직이나 단체에 있어 드문 일이 아니라고 말한다. 오히려, "컴퓨터화된 우리의 사회에서는 시스템적으로 책임이 불분명하다. 한 사회에 있어 책임이 갖는 가치를 고려할 때 이는 안타까운 일"이라는 것이다.[112] 그녀는 "이러한 책임의 침식 현상을 서둘러 다루지 않으면, 컴퓨터는 중요하고 혼란스러운 방식으로 '통제에서 벗어나' 있다는 얘기가 될 것"이라고도 말했다.[113] 니센바움의 주장들이 극단적이라고 해도, 컴퓨터의 사용이 증가함에 따라 책임이나 의무의 문제가 급박하게 제기되었고, 다뤄져야만 한다는 것은 분명하다.

기업 수준에서의 책임 소재를 먼저 살펴보도록 하자. AECL, Yakima Valley 메모리얼 병원, 동부텍사스암센터 등 기업에게 지울 수 있는 책임이 있다면 무엇인가?

우리는 제4장에서 기업이 구체적인 기업정책(또는 정책의 부재), 기업결정, 경영결정, 기업문화 등을 기반으로 피해를 끼칠 수 있음을 확인했다. 기업과 같은 조직이 사람과 같이 도덕적으로 책임감을 갖는 주체가 될 수 있다는 비교적 강한 주장 또한 살펴본 바 있다. 도덕적으로 책임감을 갖는 주체이든 아니든 간에, 기업은 여전히

1. 피해에 대해 비판받을 수 있고,
2. 피해를 보상할 것을 요청받을 수 있고,
3. 개혁이 필요하다고 평가받을 수 있다.

Therac-25의 사례를 좀 더 자세히 살펴봄으로써 기업 수준의 책임소재에 대해 알아보도록 하자.

1. Therac-25의 설계적 결함 중 하나는 하드웨어 안전에 대한 백업이 부재했다는 것이다. 이 장비의 초기 버전들은 이러한 백업을 가지고 있었다. 백업이 존재했다면 몇몇(또는 모든) 사고는 일어나지 않았을 것이다. 이러한 설계상의 결함이 단순히 엔지니어 개인의 실수였을 수도 있으나, AECL의 엔지니어 중 일부가 시스템공학에 있어 전문적인 교육을 받은 적이 없기 때문이었을지도 모른다. 이는 AECL 경영진과 회사 정책이 AECL 엔지니어들의 교육과 관련해서는 무지했던 결과일지 모른다.
2. AECL은 분명 적절한 검사장비나 품질보증계획을 갖고 있지 못했다. 이러한 부재는 사고가 난 주요 요소일 수 있고, 이러한 고장의 원인은 대부분의 경우 검사와 품질보증의 가치를 충분히 높이 사지 않는 경영자와 기업의 정책 및 문화에 그 책임이 있다.
3. AECL은 Therac-25의 안전성에 대해 과장된 주장을 했다. 기술자들은 이 설비가 과다

노출로 이어지는 것이 불가능하다고 말했다. 이는 기술자들이 환자의 이의제기에 충분하게 반응하지 않았던 이유 중 하나일 것이다. 안전성에 대한 과장된 주장은 의사들이 방사선 화상의 가능성을 늦게 파악하는 데에도 기여했다. 이러한 문제들은 매출을 지나치게 걱정하는 기업 문화에서 온 것으로 이해할 수 있다.

4. AECL은 사건보고에 느리게 반응하였고, Therac-25의 오작동에 대해 다른 사용자들에게 알리기를 꺼려하였다. 안 좋은 경영적 결정과 더불어, 매출에만 신경 쓰는 기업 문화의 특성은, 적어도 부분적으로 책임소재가 있다고 봐야 한다.
5. 적어도 한 의료시설에 위치한 모니터링 장비는 제대로 작동되지 않았음이 자명하고, 제대로 기능하지 못했기에 환자가 부상을 입었다. 경영진에 결함이 있었을 수 있고, 혹은 가장 높은 수준의 안전을 향해야 할 기업문화에 결함이 있었을지 모른다.

위 사례들은 AECL은 적어도 환자들이 입은 부상과 환자 등에 대해 도덕적 비판을 받을 만하다는 것을 말해준다. AECL은 이러한 손해를 보상해야 할 수 있고 어떤 경우 법적 책임까지 질 수 있다. 또한 내부적으로 개혁이 필요한 것으로 보인다. 동부텍사스암센터 또한 이러한 비판에서 자유로울 수는 없으나, 그 비판의 내용은 상대적으로 제한적이다.

책임의 소재: 개인책임

Therac-25 사고는 한 개인에 의한 것이 아니다. 그러나 제3장에서 우리는 집단행동과 무행동에 관련된 상황에서, 책임소재를 지정하는 기준이 되어줄 원칙들을 확인하였다. 단체행동에 있어 책임의 원칙은 다음과 같다. 집단행동으로 인해 손해가 발생한 상황에서, 각 구성원의 책임의 정도는 그 구성원이 합리적으로 회피할 수 있었던 행위를 어떤 범위까지 실행하였는가에 달려 있다. 반면 집단 무행동으로 인해 손해가 발생한 상황에서, 각 구성원의 책임의 정도는 그 구성원이 그 행동을 예방하기 위해 노력할 것으로 합리적으로 기대할 수 있는 정도에 달려 있다.

우리는 또한 책임소재가 악의, 무분별함, 부주의로부터 발생할 수 있음을 알고 있다. 다음의 목록은 부주의의 여러 가지 종류, 즉 연루된 사람들이 어느 정도의 책임소재를 가지게 되는 손해를 끼치는 무행동의 종류에 대한 것이다.

우리는 또한 부주의가 다음의 네 가지 요소를 포함한다는 것을 확인한 바 있다.

1. 행동기준이 존재하고,
2. 이러한 기준을 충족하는 데 실패했고,

3. 행위와 그 결과인 손해 간에 합리적이고 가까운 인과관계가 존재하고,
4. 그 결과로 다른 사람의 이해관계에 실질적인 손해나 피해가 있다.

컴퓨터와 관련된 사건에서 부주의를 탓하는 것의 문제점 중 하나는, 행동 기준 또는 '적정한 주의'가 종종 충분히 발달하지 못한 채 공개된다는 것이다. 그럼에도 불구하고, 우리는 다음에서 언급하는 개인들에 관련하여, 책임소재를 지정할 만한 내포된 기준이 존재한다고 본다.

1. 앞에서 밝힌 바와 같이, Therac-25의 설계상 결함 중 하나는 초기 버전이 가지고 있었던 하드웨어 안전에 대한 백업이 부재했다는 것이다. 백업이 있었다면, 몇몇 (또는 모든) 사고는 일어나지 않았을 것이다. 이러한 설계상의 결함은 부분적으로는 경영진이나 시스템공학을 충분히 강조하지 않은 회사 정책에 그 책임이 있다고 볼 수 있지만, 관련된 엔지니어들이 전문직으로서 이행했어야 하는 사항들에 대한 부주의 또한 책임을 피하기 어렵다. 하드웨어 백업이 있었다면 사고가 발생하지 않을 수 있었다. 전문직으로서의 부주의가 엔지니어 개개인의 잘못인 한, 사고에 대한 상당한 책임을 진다고 볼 수 있다. 여기서의 부주의는 엔지니어들이 하드웨어 백업이 없는 시스템과 관련된 위험성을 좀 더 깊이 조사하지 않은 것과, 이러한 백업을 설계에 포함시키지 못한 것을 들 수 있다.
2. 결함 있는 마이크로스위치를 생산한 인력 또한 몇몇 사고에 있어서, 특히 온타리오 암센터에서 발생한 사고의 중요한 원인이 되었다. 마이크로스위치는 환자들이 치료를 받기 위해 올라가는 턴테이블의 위치를 조정하는 역할을 했다. 결함의 이유에 대해서는 알려진 바가 많지 않으나, 우리는 결함이 있는 장비의 생산공정에 관련된 부주의에 책임소재를 부과할 수는 있을 것이다. 환자들이 바른 자세로 치료를 받았다면, 방사선화상을 입지 않았을지도 모른다. 물론 원인이 되는 다른 요소들 또한 존재하지만 말이다. 따라서 우리는 생산인력도 부분적으로 책임소재가 있다고 말할 수 있다.
3. 프로그래머들 또한 환자들이 입은 피해에 대해 부분적으로 책임이 있다. 프로그래밍에 오류가 있었고, 이해하기 힘든 오류 메시지가 발생했다. 프로그래머들 또한 상당한 부주의가 있었고, 그들의 오류는 실제로 직접적인 피해의 원인이 되었다. 그러나 프로그래머들의 입장을 대변해보자면, 보통 프로그램에는 "버그"가 있기 마련이다. 또한 프로그래머들은 컴퓨터 프로그램에 안전에 관련된 모든 책임을 맡기는 것의 위험을 인지하기에는 숙련이 부족할 수 있다.

4. 사용자 매뉴얼이 부적절하게 작성되었음은 명백하다. 예를 들면 '고장 54' 메시지에 대한 설명은 어디에도 없었다. 적절한 지시사항의 부재는 확실히 사건의 원인 중 하나였다. 운영책임자가 에러 메시지에 대응하는 방법을 알았더라면 몇몇 사고는 피할 수 있었을 것이다. 여기에서도, 부주의의 일종이 사건과 인과관계로 연결된다. 매뉴얼 작성자는 오로지 받은 것만을 작성하고, 우리는 그들이 어떤 정보를 전달받았는지는 알지 못한다. 따라서 추가적인 정보 없이는, 매뉴얼 작성자의 책임소재가 어느 정도인지를 알 수는 없다.
5. 사건 중 일부에서, 기술자들은 방사선 화상 가능성에 대해 충분히 인지하지 못하고 있었고, 환자의 혼란에 대해 지극히 무감각하게 굴었다. 이는 환자들이 입은 피해에 어느 정도의 역할을 했을 수 있는 또 한 종류의 부주의이다. 그러나 기술자들의 입장을 이해해보기 위해서는 두 가지 지점을 살펴봐야 한다. 먼저, 두 가지의 잘못 모두, 방사선 화상은 불가능하다는 AECL의 주장과 기술자들이 이용할 수 있었던 제한적인 지식에 그 책임이 있다고 볼 수 있다. 둘째, 기술자들의 부주의는 실제 가해진 피해에 있어서 주요하지 않은 요소였을 것이다. 따라서, 기술자의 부주의와 실제 피해 사이의 인과관계는 아마 경미한 수준일 것이다.
6. 여러 사례에서 의사들은 과다노출이 이루어졌음을 알아차리는 데 오랜 시간을 소요했다. 이 역시 전문직으로서의 부주의에 해당한다. 그러나 의사들에 대해서도 역시 두 가지를 들어 대변할 수 있다. 먼저, 방사선 화상에 대한 치료가 더 신속히 이루어졌다면 생명을 살릴 수 있었을지의 여부가 불명확하다. 둘째, 의사들의 대처가 지연된 이유가 과다노출이 불가능하다는 AECL의 과도한 주장 때문이었을 수 있다. 그러나 여전히, 방사선을 다루는 시설에서 근무하는 의사는 방사선 화상의 가능성에 대해 인지하고 있어야 한다.

이 분석에서 볼 수 있듯이, Therac-25로 인해 발생한 부상과 사망의 주요 책임소재는 기업뿐 아니라 개인 수준에서도 AECL에게 있다. AECL의 경영진과 개개인의 직원 양측 모두 부주의가 있었을 것이다. 이에 더해, 무책임한 행동을 권장하는 기업문화가 기저에 있었을 것이다. 마지막으로, 부주의는 부상 및 사망과 강한 인과관계를 가진다.

AECL의 문제를 설명해줄, 책임을 방해하는 요소들에 대해 생각해보는 것도 흥미로울 수 있다. AECL은 경영자들이 이익과 매출에 지나치게 집중한 나머지 안전과 같은 다른 고려사항을 배제하는 기업문화에 젖어 있었다. 이는 일종의 근시안적 사고로 볼 수 있다. 또한 경영자들은 Therac-25의 오작동과 부상 사고에 대한 보고를 받으면서도, 이것이 반복되지 않을 것이고 기계 자체의 근본적인 결함 때문이 아니라는 자기기만을 행한 것으로 보인다.

엔지니어와 프로그래머의 개인적 부주의는 부분적으로 사리사욕을 채우기 위한 결과였을 수 있다. 안전에 대한 고려사항에 더 큰 관심을 유도하기 위해서는 경영자의 신망을 잃을 수 있으니 말이다. 우리는 엔지니어들이 시스템공학에 대한 불충분한 숙련으로 인해 무지했을 수 있음을 이미 논의한 바 있다.

마지막으로, 집단사고가 엔지니어와 프로그래머의 행동에 영향을 줬을 수 있다. "할 수 있다"는 사고방식과 상품을 시장에 내보내는 과정에서 지연 회피를 강조하는 정도를 보면 개인이 안전에 대한 고려사항을 기반으로 이의를 제기하는 것은 어려웠을 것이다.

컴퓨터화된 사회에서 책임을 지키는 것

니센바움은 컴퓨터화된 사회에서 책임을 지키는 여러 가지 방법들을 제안한 바 있으나, 그 중 특히 유용한 두 가지를 살펴보도록 한다.[114] 한 가지는 관리의 기준을 컴퓨터과학과 컴퓨터공학에 있어서도 적용하는 것이다. 더 안전하고 신뢰성 있는 컴퓨터시스템을 생산하는 가이드라인이 널리 전파되고 지켜져야 한다. 이러한 기준은 안전성과 신뢰성의 증대를 가져올 뿐 아니라 그 존재 자체만으로 누가 책임을 져야 하는지를 확인하기가 손쉬워져야 한다. 그러한 기준 중 하나는 이미 위에서 언급했는데, 바로 컴퓨터 프로그램이 안전에 대해 온전하게 책임을 지게 해서는 안 된다는 것이다.

두 번째는 결함 있는 소비자 지향의 소프트웨어와 사회에 상당한 영향을 줄 수 있는 소프트웨어에 대해 엄격한 법적책임이 적용되어야 한다는 것이다. 엄격한 법적책임이란, 결함이 제품의 생산자에 의한 것인지의 여부를 떠나서, 제조업자는 결함 있는 제품이 야기한 어떤 손해에 대해서든 책임이 있음을 암시하는 것이다. 엄격한 법적책임은 피해자들이 적절한 보상을 받게 해주고, 소프트웨어 생산자들에게는 대중의 안전에 대해 꼭 관심을 가져야 한다는 강력한 메시지를 보낼 것이다. 니센바움에 따르면 소프트웨어 생산자가 자신의 제품의 안전성에 대해 아무런 책임도 지지 않는 현 상황의 좋은 사례는 다음과 같다.

> 애플은 소프트웨어의 품질, 성능, 상품성, 또는 특정 목적에 대한 부합성에 관련해 어떤 직간접적인 보증도 하지 않는다. 그 결과, 소프트웨어는 '그대로' 판매되고, 구매자인 당신은 그것의 품질과 성능에 대한 위험부담을 100% 껴안는 셈이 된다.

이러한 회피는 윤리적 측면에서 봤을 때는 문제투성이이다. Therac-25의 사례가 보여주듯이, 사람들은 컴퓨터의 오작동으로 인해 피해를 입거나 심지어 목숨을 잃을 수도 있다.

어떤 이들은 니센바움이 제시한 시선에 이의를 제기한다. 한 가지는 소프트웨어 엔지니어링에는 소프트웨어 개발과정에 대한 기준은 있을지라도, 소프트웨어 제품에 대한 기준은 많지 않다는 것이다. 더 나아가 제품에 대한 기준을 정하는 것은 어려운 것으로 결론이 났다. 따라서 니센바움의 첫 번째 제안은 실행이 어려울 수 있다. 비평가들에 따르면 니센바움의 두 번째 제안 또한 다소 비현실적이다. 소프트웨어는 엄격한 법적책임이 되기에는 충분히 성숙하지 못하다는 것이 그들의 주장이다. 그러나 몇몇 컴퓨터 과학자들은 니센바움의 제안에 공감하고, 필요한 개혁의 방향을 제시해준다고 생각하는 것으로 보인다.

사례 34 로터리[115]

도로 교차로들은 여러 가지 공학적 문제를 제시한다. 예를 들면, 2009년 미국 교통사망사고의 20.8%는 교차로에서 일어나거나, 그에 관련되었다.[116] 신호 교차로는 운전자에게 문제가 되는데, 복잡한 교차로를 건너가기 위해서는 상당한 주의와 생각을 기울여야 하기 때문이다. 운전자는 언제 그리고 어떻게 건너갈 것인지를 결정해야 하며, 이는 특히 신호가 바뀔 때, 또는 여러 차선을 운행하고 있을 때 그러하다. 또한 복잡한 교차로에서처럼 멈췄다가 가기를 반복하는 교통상황은 배기가스 배출량을 상당히 증가시키며 교통혼잡을 야기한다. 안전과 효율성은 주요한 공학적 고려사항인 만큼, 두 가지 모두 엔지니어에게는 의미 있는 문제를 제기한다.

로터리는 이러한 문제들에 대한 명확한 해결책이다. 로터리는 자동차들이 어떤 방향으로든 갈 수 있게 해주는 원형의 교차로로, 심지어 차들이 완전하게 정지하는 일조차 거의 없다. 로터리를 주행하는 방법은 아주 간단한데, 운전자들은 그저 일방통행인 원형의 길을 따라 가다가 출구를 선택하기만 하면 된다. 신호가 바뀌는 것도, 좌회전이나 우회전 차선도 신경 쓸 필요가 없다. 이에 더해, 자동차들이 꽤 빽빽한 원을 그리며 돌아가기 때문에, 속도를 줄일 수밖에 없다. 이러한 두 가지의 요소가 더해지면 차대차 사고나 보행자 사고의 확률이 현저히 낮아진다. 로터리의 설계방식은 가장 위험한 종류의 사고인 "T자" 충돌, 즉 차끼리 수직으로 부딪혀서 일어나는 사고를 예방하기도 한다. 따라서 정지 표지판이나 신호로 운영되는 표준 교차로를 로터리로 바꾼 결과, 교차로 충돌이 37% 감소하였고 충돌 사망은

90% 감소하였다는 미국 도로안전보험연구소(Insurance Institute for Highway Safety)의 연구결과는 그리 놀라운 일은 아니다.[117]

안전성 향상과 더불어, 로터리는 더 효율적인 설계이기도 하다. 표준 교차로에서와 달리, 자동차들은 가속과 감속을 반복할 필요가 없고, 보통 정지하는 일 없이 주행이 가능하다. 이는 연비를 향상시켜 주고 표준 교차로의 설계가 가져오는 교통 혼잡 또한 감소시킨다. 로터리는 또한 표준 교차로보다 더 적은 개수의 차선으로 운영이 가능하고, 이는 일반적으로 크기가 작다는 말과 동일하다. 마지막으로, 로터리는 비용 면에서도 효율적이다. 신호가 필요 없기 때문에, 유지관리비용과 전기세가 상당히 감축된다. 이러한 혜택들을 고려했을 때, 로터리는 엔지니어의 꿈처럼 보인다. 간단하고 비용을 절감할 수 있으면서, 안전성과 효율성을 향상시켜주니 말이다. 그러나 시각장애인의 필요를 반영하면 이야기가 좀 더 복잡해진다.

당연하게도 시각장애를 가진 보행자에게 교차로를 건넌다는 것은 이미 커다란 도전이다. 그러나 신호교차로에서는 이들의 접근성을 높여주는 작업이 비교적 쉽다. 많은 신호교차로는 청각신호를 제공하는 장치가 설치되어 있어 시각장애를 가진 보행자가 언제 길을 건너야 하는지를 알 수 있도록 도와준다. 정지 표지판만 있는 교차로에서도 자동차 소리에 주의 깊게 귀를 기울이면 통행이 가능하다. 그러나 로터리의 경우에는 시각장애인에게 좀 더 어려운 관문이다. 청각신호 지원은 교통신호가 없는 로터리에서는 부적절한 방법이다. 게다가 로터리의 일정한 교통량은 자동차가 오는 소리가 원형 교차로를 따라 돌고 있는 다른 자동차들의 소리와 섞여 소실됨을 의미한다. 이러한 요소들과 함께, 로터리의 특이한 기하학적 구조에 따른 방향의 문제가 더해져, 시각장애인이 도보로 로터리를 건너는 것은 아주 위험한 일이다.[118]

그러나 누군가는 "시각장애인에 대한 염려가 여기에서 중요하게 다뤄져야 하는가? 총 인구에서 시각장애인이 차지하는 비율은 소수이다. 장애인을 위한 우회도로를 찾는 수고로움쯤은 로터리가 안전과 효율성 측면에서 제공하는 혜택에 비하면 작은 비용일 것이다."라고 주장할 수 있다. 이에 대한 한 가지 대답은 미국 장애인법(Americans with Disabilities Act, ADA)에서 금지된 일이라는 것이다. ADA에는 모든 교통시설이 비장애인과 장애인 모두에게 평등하게 접근가능하도록 해야 한다고 명시되어 있다. 이를 준수하지 않을 경우 치러야 하는 대가는 꽤 큰데, 일반적으로 5만 5천 달러에서 11만 달러 사이의 법적인 손해배상을 하게 된다.[119]

안전, 효율성, 재무적 위험, 그리고 평등한 접근성이라는 이해관계들이 충돌하면서 로터리는 엔지니어들에게 어려운 문제가 되었다. 그렇다면 우리는 이를 포기하고 신호와 표지판을 이용하는 표준 교차로에만 의존해야 할까? 어쩌면 그럴지도 모른다. 하지만 시각장애인을 위한 접근성을 둘러싼 문제들을 혁신의 기회로 생각할 필요성 또한 있다. 그리고 위에 열거했던 혜택은 그대로 유지하면서 장애인에게 더 나은 접근성을 제공하는 로터리를 개발하기 위해 많은 노력들이 있었다. 여러 가지 제안들이 있었지만, 그중 이 사례에 내포된 상충되는 이해관계들을 잘 보여주는 두 가지를 살펴보도록 한다.

해결방법 1. 보행자 감응 신호

위에서 논의된 문제 중 일부를 해결할 수 있는 방안 중 하나로는, 표준 원형교차로에 보통 때에는 작동하지 않지만 보행자가 있을 경우 작동되는 교통신호등을 설치하는 것이다. 이러한 종류의 시스템은 시각장애인이 더 안전하게 길을 건널 수 있게 하면서, 전통적인 신호체계를 따를 때 생길 수 있는 교통혼잡 등의 문제를 최소화한다. 그러나 이러한 시스템을 도입하는 것은 표준 원형교차로와 원래 연관되지 않는 추가적인 비용의 발생을 의미한다.

해결방법 2. 턱이 있는 횡단보도

로터리의 특이한 기하학적 구조가 야기하는 문제에 대한 매력적인 해결책은 횡단보도의 높이를 도로면보다 높게 하고 (턱과 같은) 촉각적인 신호를 제공함으로써 시각장애를 가진 보행자가 횡단보도에서 이탈하지 않도록 돕는 것이다. 턱이 있는 횡단보도는 상대적으로 저렴한 해결방법이며, 추가적으로 차량 운행속도를 느리게 만들어 교차로가 전반적으로 더 안전해진다는 장점이 있다.

토론과제

1. 법적 규제를 제외할 경우, 엔지니어가 시각장애인의 필요에 대해 관심을 가질 만한 동기에는 무엇이 있을 수 있을까?
2. 연구결과 운전자들은 신호등이 없는 교차로에서 보행자에게 길을 양보할 가능성이 현저히 낮다고 한다.[120] 이러한 결과가 위에서 언급한 두 번째 해결방법에 있어 가지는 함의는 무엇인가?
3. 엔지니어들은 그들의 설계가 시각장애와 청각장애를 동시에 가지고 있는 사람들에게 접근성이 있도록 해야 할까? 그렇다면/그렇지 않다면, 그 이유는 무엇인가?

4. 연비가 높은 전기자동차 또는 하이브리드 자동차는 정상범위 내의 속도로 달리고 있다면 굉장히 작은 소리를 내고, 따라서 시각장애인이 알아차리기에 어려울 수 있다. 이것은 엔지니어에게 로터리의 경우와 비슷한 문제를 제기하는가? 이 문제들이 어떤 점에서 비슷하고, 어떤 점에서 다른지 설명해보자.

참고문헌

"ADA Enforcement," The U.S. Department of Justice, U.S. Department of Justice, December 8, 2011, https://www.ada.gov/enforce_current.htm

"Intersection Safety," Federal Highway Administration, U.S. Department of Transportation, Federal Highway Administration, June 21, 2012, http://safety .fhwa.dot.gov/intersection/

"Pedestrian Access to Modern Roundabouts: Design and Operation Issues for Pedestrians Who Are Blind," United States Access Board, U.S. Access Board, June 21, 2012, https://www.access-board.gov/research/completed-research/pedestrian-access-to-modern-roundabouts

"Pedestrian Access to Roundabouts: Assessment to Motorists Yielding to Visually Impaired Pedestrians and Potential Treatments to Improve Access," Federal Highway Administration, U.S. Department of Transportation, Federal Highway Administration, May 2006, June 21, 2012, https://www.fhwa.dot.gov/publications/research/safety/pedbike/05080/05080.pdf

"Roundabout Benefits," Washington State Department of Transportation, Washington State Department of Transportation, June 21, 2012, http://www.wsdot.wa.gov/Safety/roundabouts/benefits.htm

사례 35 인터페이스(Interface)사[121]

앤더슨(Ray C. Anderson)은 본인의 말에 따르면, 아주 성공적인 미국 기업가의 초상이었다. 그는 Interface라는 카펫 제조업체를 차리기 위해 그의 전부를 걸었고, 경쟁력을 가지고 열심히 일한 결과 회사는 번창하였다. 1994년 8월, 앤더슨은 그의 회사가 환경에 미치고 있는 영향을 분석하기 위한 전담 부서를 조직하였다. 이 부서에게는 어려운 임무가 주어졌다. 앤더슨은 그 일을 다음과 같이 요약하였다.

> 우리는 지구가 쉽게 재생할 수 없는 것을 더 이상 쓰지 않는 시점에 다다를 때까지 계속해서 한계를 초월하려고 노력할 것이다. 우리의 모든 제품이 재활용된 또는 재생가능한 자원으로 만들어질 수 있게 말이다. 그리고 우리가 만들어내는 모든 것이 자연분해나 재활용이 가능해서 오염을 더 이상 만들어내지 않을 때까지 멈춰서는 안 된다. 굴뚝에 더 이상 연기를 내보내

> 지 않고, 파이프로 오수가 흘러나가지 않고, 카펫 조각들이 폐기장에 버려지지 않아야 한다. [환경에 부정적인 것은] 아무것도 없어야 한다. (Anderson 2009, pp. 16-17)

이는 대부분의 기준에 비추어 볼 경우 급진적인 목표로 볼 수 있고, 결국 자본주의가 핵심인 세계와 관련성이 높지 않아 보인다. 더 놀라운 것은 앤더슨이 환경운동가가 아니었다는 것이다. 그는 치열한 경쟁력과 사업에 성공하고자 하는 욕구를 바탕으로 회사를 차린 사람이었다. 그런데 무슨 일이었을까? 앤더슨이 회사의 미래에 대해 가진 비전이, 오염과 자원 소비의 윤리적 측면에는 관심도 없었다가 갑자기 이를 깊이 고민하는 것으로 바뀐 이유는 무엇이었을까? 이 질문에 대한 대답은 우리에게 큰 깨달음을 준다. 특히 윤리적 문제에 대해, 경영자의 태도를 변화시키고자 노력 중인 피고용인들에게는 큰 도움이 될 것이다.

앤더슨은 "전향"하기 전에는, 스스로가 밝혔듯이 그의 회사가 환경에 끼치고 있는 영향에 대해 대체로 무지했다. 그리고 그 사실에 대해 별 생각이 없었다.

> 굉장한 성공이라고 밖에 표현할 수 없는 20여 년이 흐른 시점에서, 내게 Interface가 매년 한 도시를 밝히고 열을 공급하기에 충분한 양의 에너지를 소비한다는 사실은 전혀 신경 쓰이지 않았다. 우리와 우리의 공급업체들이 10억 파운드(약 450킬로톤)가 넘는 석유유도 원재료를 카펫 타일로 만들어 전 세계의 사무실과 병원, 공항, 호텔, 학교, 대학, 가게들에 깔고 있다는 사실도 마찬가지였다. 내 공장 중 한 군데에서만 그 지역 폐기장으로 실어 나르는 카펫 조각이 매일 6톤에 달하는 게 뭐 어떻단 말인가? 그 폐기장에서 카펫 조각들을 어떻게 처리하는지, 그런 건 전혀 몰랐고 관심도 없었다. 그건 다른 사람이 생각할 문제였다. 그게 쓰레기 매립지를 만든 목적이니까. 실상 연기를 뿜어대는 굴뚝들과 오수가 쏟아져 나오는 파이프, 그리고 산더미 같은 폐기물은 모두 법적으로 하등 문제가 없었고, 장사가 잘되고 있다는 실질적인 물증이었다. 그것은 우리 공장에 일할 자리가 있다는 뜻이었고, 주문이 들어오고 있다는 뜻이었으며, 제품이 출고되고 돈이 은행으로 들어오고 있다는 뜻이었다. (Anderson 2009, p. 8)

그러나 Interface의 연구부서에서 근무하던 하츠필드(Jim Hartzfeld)라는 엔지니어가 다음과 같은 영업 사원의 문의를 전달하자, 상황은 달라졌다. "일부 고객들이 'Interface Carpets는 환경을 위해 무엇을 하는지' 알고 싶어 하는데, 어떻게 대답해야 하는가?" 이렇듯 단순한 질문 하나만으로, Interface 같은 회사의 윤리적 방향성에 있어서 기념비적인 변화가 도래했다는 것은 매력적이긴 하지만 비현실적인 얘기이다. 앤더슨은 고객들이 회사의 친환경적 활동에 관심을 두고 있다는 것을 이미 인지하고 있었다. 그러나 하츠필드가 전달한 문의사항은 어쨌든 '공을 굴리기' 시작하는 데 충분하였고, 더 나아가 그는 지속적으로 변화를 요구하였다. 앤더슨은 초기에 이 문제에 대해서 불안하고 확신이 없었다고 회상한다. 그러나 하츠필드는 그를 계속해서 압박했고, 회사의 환경영향을 확인하는 전담 위원회를 소집할 것을 권장함과 동시에, 위원회를 대상으로 한 연설에서 이 프로젝트의 범위를 신중하게 정의하라고 조언하였다.

또한 하츠필드가 던진 질문이 윤리적 문제가 아니었다는 사실도 알아두어야 한다. 당시 앤더슨에게 중요한 것은 그의 회사가 환경에 피해를 끼치고 있다는 사실보다, 이 피해에 대해 그의 고객들이 우려한다는 사실이었다. 그는 "당시 나는 고객이 우려하는 바를 무시하거나 어떤 종류의 사업기회도 포기할 마음이 없었다. 우리가 하츠필드가 전달해준 문의에 제대로 답하지 못하면, 매출이 떨어질 것이란 걸 알고 있었다"고 말했다. 하츠필드는 구체적이고 재무적으로 중요한 요소들이 관련되어 있다는 것을 명확하게 함으로써, 앤더슨이 이 문제를 경영적으로 중요하지 않은 것으로 치부해버리지 않고 진정성 있게 고려하도록 만들었다. 이는 앤더슨이 환경운동가이자 기업가인 호킨(Paul Hawken)의 비즈니스 생태학(*The Ecology of Commerce*)을 읽는 계기가 되었다. 앤더슨은 이 책으로부터 깨달음을 얻은 듯하다.

그러나 책의 내용 중 앤더슨에게 가장 인상 깊었던 것은 천연자원을 관리하는 것의 내재적인 선(善)이 아니었다. 그는 이미 이러한 문제에 대해 알고 있었고 무시해 버린 지 오래였다. 그의 말에 의하면 그는 "기술이 발전할수록, 우리는 시장이 요구하는 무엇이든지 더 잘 그리고 효율적으로 공급할 수 있을 것"이라는 믿음이 있었다. 이러한 앤더슨의 굳은 신념은 그의 동기나 태도가 전형적인 자본주의적 특성을 띄었음을 보여준다. 시장의 수요가 무엇이든 간에, 기업들은 자원의 책임 있는 소비자가 되어야 한다는 주장에 대해 앤더슨은 특별히 공감하지 않았다. 기업들은 엄청난 오염유발자이자 유한한 자원의 소비자라는 사실 자체는 그의 관심 밖이었다. 호킨의 책에 담긴 내용이 이것뿐이었다면 아마 앤더슨은 흔들리지 않았을 것이다. 어떤 변화가 정말 필요하다면, 시장이 그러한 변화를 가져올 터였다. 그러나 호킨은 소비과잉의 문제 또한 이 책에서 논의하였고, 이는 앤더슨이 기반으로 하고 있던 가정들에 직접적으로 도전하는 내용이었다. 그는 시장에서 요구하는 자원들이 어느 날 갑자기 고갈될 수도 있다는 사실을 고려해보지 못했던 것이다. 이러한 가능성은 그가 기존에 생각했던 사업에 대한 고려사항들의 범위를 확장하게 만들었다. 자원의 소비과잉 위험이 존재하는 경우, 어떤 기업이든 간에 그 자원을 소비하는 방식을 바꾸는 것은 성공의 핵심적인 요소가 된다. 이러한 깨달음은 앤더슨이 Interface의 경영방식에 근본적인 의문을 제기하게 만들었고, 위에 열거한 광범위한 환경 정책을 수립하는 기반이 되었다.

그래서 우리가 앤더슨의 사례로부터 배울 수 있는 것은 무엇인가? 그를 재무적인 관점을 중시하는 기업가들의 대표로 본다면, 꽤 희망적인 결론에 다다르게 된다. 앤더슨은 스스로 재무적 이해관계에 우선순위를 둔다고 말했지만, 환경문제에 대해서 적대적이기보다는 그저 애매한 태도를 취하였다. 그는 자신의 애매한 태도가 대체로 관련 문제들에 대한 무지함에서 기인했다고 말하기도 했다. 그렇다면 앤더슨을 우리의 대표 사례로 삼을 경우, 경영진의 윤리적인 문제에 대한 무관심의 원인은 보통 윤리적인 행동방침에 대한 보편적인 경멸이나, 윤리적 이해관계와 재무적 이해관계는 항상 상충한다는 믿음보다는, 이러한 문제들을 이해하고 중요하게 생각하려는 노력의 부재 때문이라는 것을 알 수 있다. 이는 윤리를 중시하는 엔지니어에게는 좋은 소식이다. 보이는 것과 달리, 경영진은 윤리적 문제에 대해 항상 적대적이지는 않다.

앤더슨의 무지함은 환경적으로 중요한 의미를 가지는 Interface의 제품에 대한 물리적인 사실관계에 대한 무지가 아니라, 이러한 행동이 회사와 더 나아가 세계의 미래에 가져다 줄 영향을 인정하지 못한 데 있다.

이렇듯 좁은 시야는, 경영진이 피고용인의 윤리적 고려를 온전하게 인식하는 것을 방해하는 역할을 한다. 엔지니어의 역할 중 하나는, 모든 전문직이 그러하듯이, 고용인의 비전에 범위를 지정해주는 것이다. 앤더슨의 경우처럼, 지속된 교육은 실질적인 결과로 이어질 수 있다.

Interface의 환경영향을 평가해야 한다는 목소리는 초기에는 낮은 직급의 직원들에 의해, 그리고 표준적인 경로를 통해 들어왔다. 이는 직원 간의 소통, 특히나 전문가와 경영진의 소통이 중요함을 보여준다. 다시 한 번 말하지만, 경영진의 고의적인 간과처럼 보이는 것이 사실은 관련된 모든 문제들을 전부 평가하지 못했기 때문에 생긴 의도되지 않은 결과일 수 있다. 하츠필드가 낮은 직급의 영업사원이 제기한 문제를 조직의 리더에게 효과적으로 전달한 것이 이 회사의 환경에 대한 비전을 완전히 바꿔놓는 중요한 계기가 된 것이다.

직원의 기여가 미친 영향은 고객이 관련되어 있다는 사실 때문에 더욱 강화되었다. 이는 윤리적 고려사항이 가지는 재무적 의의를 제시하는 것이 얼마나 효과적인지를 보여준다. 회사 직원들로부터의 이러한 압력은 앤더슨이 환경 문제에 대해 생각하게 만들었고, "깨달음"의 원천이 된 호킨의 책을 읽게 하는 계기가 되었다. 이는 재무적 이해관계와 "추상적인" 일반 윤리개념 간의 상호작용이 경영정책을 어떻게 변화시키는지를 보여준다. 앤더슨이 초기에 가졌던 고객상실에 대한 우려는 회사가 낭비적인 운영방식을 취하는 것의 윤리적 파문을 심사숙고하게 만들었다.

이 사례의 함의는, 고위 경영진의 경우에도 올바른 정보가 주어진다면 마음을 바꿀 수 있다는 것으로 보인다. 전문가로서 엔지니어들은 고용주에게 현실을 일깨워주는 역할을 해야 하며, 적어도 앤더슨의 경우와 같은 사례에서는 그와 같은 깨달음이 윤리적 행동에 대한 경영진의 지지를 불러일으킬 것으로 보인다. 현실적으로, 이는 엔지니어들이 윤리적 고려사항들에 대해서 솔직하게 목소리를 낼 뿐 아니라, 관련된 재무적 사항에 대해서도 민감하게 생각할 것을 권장한다. 재무적 이해관계를 통한 접근은 경영진의 관심을 불러일으킬 것이고, 직원의 염려를 더 깊게 고려하게 할 것이다.

앤더슨이 예외적인 경우라는 것 또한 알아둘 필요가 있다. 모든 경영자가 같은 방식으로 행동할 것으로 보는 것은 비현실적일 수 있다. 그러나 앤더슨이 일반적인 기업가가 아니었을 수는 있어도, 이는 그의 전향 이전에 환경에 대한 어떤 측은지심을 갖고 있었기 때문은 아니다. 앤더슨과 좀 더 전형적인 기업가들의 차이는 동기에 있다. 그렇다면 그의 사례를 살펴보는 것은 전형적인 경영적 동기를 가진 전형적인 경영진이 어떻게 윤리적 고려사항들의 중요성에 대해 납득하게 될 수 있는지를 알려줄 것이다.

토론과제

1. 앤더슨이 정말로 일반적인 기업가를 대표할 수 있을까? 그렇지 않다면, 무엇이 그를 다르게 만드는가? 기업 경영진에 대한 우리의 일반적인 이해는 무엇이기에 앤더슨의 행위가 이렇듯 놀랍게 느껴지는가?
2. 당신이 한 제조업체의 엔지니어이고, 회사의 생산과정 중 일부가 지역 수자원을 오염시킬 수 있다는 사실을 알게 되었다고 가정해보자. 앤더슨의 사례로부터 생각할 때, 이 문제를 경영자에게 어떤 전략을 가지고 알릴 것인가?

참고문헌

Ray C. Anderson, “The Power of One Good Question,” Confessions of a Radical Industrialist: Profits, People, Purpose Doing Business by Respecting the Earth, New York: St. Martin‘s Press, 2009, pp. 20-28.

사례 36 반자동제어 운전과 급발진[122]

현대의 자동차 설계자들은 기계적인 스로틀 제어를 컴퓨터에 의해 제어되는 디지털 스로틀로 대체하였다. 가속기제어 모듈은 운전자가 입력하는 정보를 인지하고 컴퓨터(전자제어모듈, ECM)에 전달해 전기모터를 작동시키며, 스로틀 포지션 센서(throttle position sensor, TPS)가 스로틀의 위치를 운전자의 입력 값에 맞춰 조정한다. 비행기는 이러한 기술을 지난 수십 년간 사용해왔으며, 부피가 큰 기계식 조종장치를 전자식 비행조종장치로 대체해왔다. 그러나 자동차에서는 상대적으로 새로운 기술이다.

최근 들어, 토요타의 일부 차종에서 몇몇 급발진 사례가 발생했다. 운전자가 브레이크를 밟고 감속하려고 했음에도, 스로틀이 개방된 상태로 위험한 수준의 속도로 가속된 것이다. 어떤 경우들은 나중에 운전자의 실수인 것으로 밝혀지기도 했다. 노령의 운전자가 브레이크 대신 액셀을 밟은 것이다. 다른 경우에는 발치에 깔아둔 매트가 액셀에 걸려 들어갔다든지 하는, 어떤 기계적 간섭이 원인으로 밝혀졌다. 그러나 그 원인이 쉽게 설명되지 않는 몇몇 사고들이 있었다.

전자제어모듈을 프로그래밍하는 데 사용된 소스코드는 굉장히 복잡하고 조사자들이 접근할 수 없게 되어 있어, 급발진 사고의 독자적 조사들은 지연되는 경우가 다반사였다. 2007년 오클라호마에서 일어난 토요타 캠리 교통사망사고는, 생존한 운전자 북아웃(Jean Bookout)이 급발진 사고였다고 주장하면서, 원고 측 전문가들이 소스코드에 접근할 수 있도록 하는 법원명령을 받아내게 되었다. 전문가들은 코드에 심각한 결함이 있고, 이것이 급발진과 사고의 원인일 가능성이 높다는 것을 밝혀내었다. 이 사고가 운전자의 실수에 의한 것이 아니었다는 추가 증거는 도로에 길게 남은 바퀴자국으로, 이는 운전 브레이크와 주차 브레이크를 둘 다 사용해 차를 멈추거나 감속하려 했다는 운전자의 증언을 뒷받침해주었다.

원고 측 전문가들은 소프트웨어에 여러 가지 문제점이 있음을 확인했는데, 가장 중요한 것은 필수적이지는 않지만 이러한 소프트웨어를 만들 때 일반적으로 통용되는 기준을 전혀 따르지 않았다는 것이었다. 토요타 개발자들은 자동차산업 소프트웨어 신뢰성 협회(Motor Industry Software Reliability Association, MISRA)가 1995년 도입한 기준을 따르지 않고, 자체기준을 개발했다. 전문가들은 소프트웨어를 조사한 결과 자체기준도 충족시키지 못했을 뿐 아니라 MISRA 기준과의 편차도 수천에서 수만에 달했다고 증언했다.

전문가들이 묘사한 기술적 결함 중 일부는 다음과 같다.

하드웨어나 소프트웨어의 어떤 단일 지점이 고장 났을 때 위험한 상황을 불러올 수 있는 "단일 지점 고장"을 허용하였다. 중복성은 고장에 대한 안전성을 향상해주는 공학설계의 원칙이다.

주어진 코드의 어디에서나 접근하고 수정할 수 있는 전역변수(global variables)를 사용하였다. 일반적으로 전역변수를 피하는 것이 프로그래밍 실무관행이지만, 토요타는 10,000개 이상의 전역변수를 사용한 것으로 밝혀졌다.

발견된 프로그래밍 문제와 해결방법을 기록하지 않았다.

코드의 구조는 형편없었다. 조사자들은 "스파게티 코드"라고 불렀는데, 이는 구조적이지 않아 디버깅이 어렵거나 불가능한 코드를 부르는 말이다.

전자제어모듈에 사용된 코드가 개발되었을 당시 제삼자검토를 하지 않았다. 나중에 발견된 문제들은 제삼자검토 과정에서 일부 걸러졌을 수 있는 내용이었다.

이 사례는 안전에 필수적인 시스템을 위한 소프트웨어를 개발할 때 엔지니어와 코드개발자들이 가져야 할 책임에 관한 것이다. 통용되는 산업기준을 도입하고 엄격히 지키는 것은 항상 위험을 관리하는 좋은 실무관행이다. 코드를 개발하고 버그를 해결하는 과정을 기록해두는 것은 중요하다. 코드개발자의 전문성(또는 전문성의 부재)은 최종 결과물의 질에 영향을 줄 수 있고, 줄 것이다. 코드는 코딩 교육을 받았으면 누구나 쓸 수는 있겠지만, 단순히 프로그래밍 언어에 대한 지식보다는 더 많은 것이 필요하다. 엔지니어(또는 다른 전문직)가 아닌 "기술자"에게 소프트웨어 개발을 맡기는 몇몇 산업의 경향성은 문제가 있다. 컴퓨터 코드를 설계하는 것은 어떤 제품이나 인프라를 설계하는 것과 원칙적으로 다를 것이 없으며, 적절한 훈련과 통찰을 가진 경험 있는 전문직에게 맡겨져야 할 일이다. 이렇게 하지 않는 산업에서는 위 사례에서 묘사한 종류의 문제가 일어날 수 있다.

사례 37 자동운전 모드와 자율주행자동차의 윤리

자율주행자동차는 거스를 수 없는 흐름이다. 전통적인 자동차 제조업체들부터 온라인 유통업계와 소셜 미디어 회사들까지, 자율주행자동차가 현재 인간이 운전하는 자동차를 통해 이루어지는 많은 작업들을 넘겨받는 미래를 기대하며 연구개발에 투자하고 있다. 투자자들은 비용과 편리성 측면에서, 이 새로운 기술이 현재의 인간운전 자동차기술을 대체할 것이라고 예측한다. 더 나아가, 옹호론자들은 우리가 오늘날 용인할 수밖에 없는 자동차 사고의 확률과 강도를 자율주행자동차가 감소시켜줄 것이고, 이에 따라 도로교통안전이 상당히 개선될 것이라고 주장한다.

그러나 자율주행자동차가 자동차 충돌 또는 관련된 어떤 종류의 사고들을 모두 제거해줄 것이라고는 아무도 주장하지 않는다. 언제나 몇몇의 충돌은 있을 것이다. 2016년 5월 7일 플로리다주 윌리스턴(Williston)에서 2015년형 Tesla Model S가 견인 트레일러에 충돌해 일어난 사망사고를 생각해보자. 미국 도로교통안전관리청(NHTSA)의 결함조사실에서는 자동차가 테슬라의 "자동운전 모드"로 운행되고 있었고 자동긴급제동(automatic emergency braking, AEB) 시스템이 충돌 전에 어떤 경고나 자동제동을 제공하지 않았다고 보고했다. 또한 NHTSA 보고서에 의하면 운전자는 충돌을 피하기 위해 브레이크를 밟거나 핸들을 돌리는 등 어떤 행동도 하지 않았다.

테슬라의 자동운전 모드와 AEB 시스템은 차선유지 및 후방충돌 방지기술에 기반을 둔 것으로, 견인 트레일러가 테슬라가 운행 중이던 차로를 건너와서 발생한 경로교차충돌과 같은 다른 종류의 충돌을 예방할 수 있게 설계되지 않았다. 2016년 현재시점을 기준으로 AEB 기술은 후방충돌을 40% 가량 감소시킬 수 있게 됐지만, 수직으로 다가오는 차량이 시야각에 들어오는 시간이 제한되어 있다는 어려움 때문에 교차충돌을 예방하도록 설계되지 못했다. 이 기술은 SAE 수준 2에 해당하는 부분자동화 시스템으로 분류된다. 수준 2와 수준 1(운전자 보조) 모두 인간의 관찰과 개입을 필요로 한다. 따라서 이 시스템의 제조업체들은 운전자에게 운행을 관찰하고 필요할 경우, 자동차의 통제권을 가져올 준비를 하고 있어야 한다고 설명한다. 테슬라의 운전자 역시 "핸들에 항상 손을 올려놓고", "언제든 개입할 준비를 하고 있어야" 한다는 것을 설명 받는다. 테슬라의 시스템에 접수된 데이터를 분석한 결과, 운전자는 충돌 약 7초 전부터 충돌가능성을 인지할 수 있었음에도 이를 인지하고 반응하지 못했다.

이 사례에는 테슬라가 지시한 대로 운행하지 않은 운전자의 책임도 있을 것이고, 쉽게 예측할 수 있었던 인간 운전자가 "언제든 개입할 준비가 되어" 있지 않은 상황을 감지할 수 있는 시스템을 만들지 않은 제조업체의 책임도 있을 것이다. 새로운 혁신적인 기술들은 늘 엔지니어에게 더 많은 것을 요구하게 된다. 기존 기술과는 관련이 없었던 많은 문제들을 제기하고 해결해야 하기 때문이다. 테슬라는 그들의 운전자개입 시스템을 개선하고, 반복적으로 운전에 소홀할 경우 "자동운전 모드"를 해제하고 이를 부주의한 운전자에게 통지하는 "삼진아웃" 기능을 추가했다.

SAE 수준 1과 2(운전자 보조 또는 부분 자동화) 시스템이 자동차 생산에 사용되는 한, 이 문제는 남아있을 것이다. 인간 운전자는 여전히 운전기능의 일부에 대해 책임이 있거나(수준 1) 적어도 운행을 관찰하고 필요할 경우 통제권을 넘겨받아야 한다(수준 2). 운전자의 역할에 대한 충분한 교육과, 운행과정에서 운전자가 충분한 역할을 하는지를 확인하는 시스템이 필요하다. 제조업체들은 부주의한 운전자를 염두에 두고 설계할 의무가 있다.

수준 3(조건부 자동화), 수준 4(고도 자동화), 수준 5(완전한 자동화)에 맞는 기술이 개발될 경우, 다른 문제들이 해결되어야 한다. 린(Patrick Lin)[123]은 자율주행 자동차의 프로그래머가 자율주행에 대한 어떤 규칙들을 포함시켜야 할 것인지에 대한 문제들을 제기한다. 특히, 그 규칙들이 서로 충돌하는 경우에는 어떻게 해야 하겠는가? 결국 서로 충돌하는 윤리적 의무들을 다루는 것이 공학윤리이니 말이다.

개발자가 고려할 만한, 서로 충돌할 수 있는 윤리적 의무 중 몇 가지는 다음과 같다.

(1) 운전자와 동승자의 안전을 보호한다.
(2) 도로 위에 혹은 가까이에 있는 다른 사람들의 안전을 보호한다.
(3) 자동차에 가해지는 피해를 예방하거나 최소화한다.
(4) 도로 위에 혹은 가까이에 있는 사유재산에 대한 피해를 예방하거나 최소화한다.
(5) 도로 위에 혹은 가까이에 있는 동물의 부상을 예방하거나 최소화한다.
(6) 교통안전법을 준수한다.

윤리적 갈등은 다음과 같은 방식으로 나타날 수 있다.

(1) 운전자와 동승자, 또는 도로 위에 혹은 가까이에 있는 다른 사람들의 안전을 보호하기 위해서 교통안전법에 위반되는 행위가 필요할 경우, 어떤 논리가 우선되어야 하는가?
(2) 어떤 종류의 충돌이든 피할 수 없는 상황이라면, 어떤 충돌이 일어나게 할지를 결정하는 논리는 무엇이어야 하는가?
(3) 이러한 문제점들은 정부의 규제를 통해 다루어져야 하는가?
(4) 자율주행 자동차의 주인과 운전자가 이러한 문제들에 대한 논리를 통제하거나 알 수 있어야 하는가?

린은 또한 자율주행 자동차 개발자들이 인간 운전자보다 더 많은 책임을 질 수 있음을 설명한다.

인간 운전자는 반대쪽에 있는 들판으로 가는 대신 마주 오는 차량들을 향해 방향을 트는, 본능적이지만 좋지 않은 순간의 결정들을 용서받을 수 있을지 모른다. 그러나 자율주행 자동차의 프로그래머와 디자이너들은 그러한 사치를 누릴 수 없다. 그들은 올바른 결과를 만들기 위한 시간이 있고, 따라서 나쁜 결과에 대해 더 무거운 책임이 있다.

사례 38 폭스바겐(Volkswagen) 배기가스 스캔들

이는 공학윤리 연구에 있어 흔치 않은 사례 중 하나로, 미국의 자동차 배기가스 규제를 회피하기 위한 고의적인 결정이 가져온 결과였다. 모든 사실관계가 다 언론에 공개되지는 않았다. 이에 연루된 엔지니어나 경영자가 몇 명인지, 어떤 종류의 압박감이 규제회피라는 결정으로 이어지게 했는지 등은 알려지지 않았다. 그러나 이 사례는 미래의 엔지니어들에게 교육적인 사례가 될 것임은 분명하다. 특히 대기업에서의 경영적 압력들이 어떻게 공학적 결정에 영향을 줄 수 있는지를 상기시키는 것과 동시에, 위기관리의 실패에 대한 예시로 적절하기 때문이다.

2015년 9월, 미국환경보호청(EPA)은 독일계 자동차 제조업체인 폭스바겐(VW)을 대기오염방지법(CAA)[124] 위반으로 고소하였다. 특정 디젤엔진의 배기가스 제어장치가 실험실 시험환경에서만 작동하고, 일반적인 도로주행 상황에서는 작동하지 않도록 프로그래밍되었다는 사실이 발견되었고, EPA는 이를 "고의적 위험"이라고 불렀다. VW는 형사고발에 대해 유죄를 인정하고 무거운 벌금을 받았다. 이 사실은 2015년 국제청정교통평의회(International Council on Clean Transportation) 후원으로 진행된 연구가 현장주행 동안 배출되는 배기가스의 양을 시험환경에서 측정된 배기가스의 양과 비교하면서 발견되었다. 이는 꽤 오랜 시간 우려되었던 바였다. 연구자들은 Volkswagen Jetta의 실제 이산화질소 배출량이 EPA가 허용하는 최대치인 0.043 g/km의 14~35배에 달한다는 것을 발견했다. 시험환경에서 동력계로 측정된 값은 최대치의 절반 정도 수준에 머물렀던 것과 달리 말이다.

대기오염방지법(CAA)은 "설계의 어떤 장치나 요소를 … 우회하거나, 무산시키거나, 작동을 중지시키는 것이 … 제1의 목적인 부속품을 … 자동차나 엔진에 설치하거나 … 제조하고 이를 판매하는 것"을 금지하고 있다. EPA는 VW가 운전대의 위치, 자동차의 속력, 엔진가동의 지속시간, 대기압 등의 변수를 감지해 배기가스 제어시스템이 동력계측정 모드와 도로주행 모드 간에 전환할 수 있도록 전자제어모듈에 센서와 소프트웨어를 설치했다고 주장했다. 이런 식으로 하면 자동차는 동력계측정 모드에서는 배기가스 규제를 준수하는 듯하지만, 도로주행 모드에서는 이산화질소의 법적 최대허용량의 10~40배를 배출하게 되는 것이다. EPA는 VW가 2009년에서 2015년까지 이러한 시스템에 대해 숨긴 채로, CAA 규정과 맞지 않는 자동차 모델을 고의로 판매해왔다고 주장했다.

집필 시점을 기준으로, 적어도 두 명의 고위 VW 경영자-엔지니어가 구속되었다. 리앙(James R. Liang)은 혐의를 인정했고, 2012년에서 2015년까지 VW의 환경 및 공학 부서책임자였던 슈미트(Oliver Schmidt)는 미국에 체류하던 중 체포되었다. 리앙은 징역 5년과 25만 달러의 벌금을 선고받았다. 슈미트[125]에 대한 형사소추에는 VW가 제출했던 EPA와 캘리포니아 대기자원국(California Air Resources Board, CARB) 규정준수증서 신청서를 인용한다.

> VW 그룹은 앞으로 새로이 생산되는 자동차나 자동차엔진에 있어, 대기오염방지법 제202절에서 제시된 기준에 따르기 위한 목적으로 설치되거나 포함되는 어떤 설계, 시스템, 배출제어장치도, VW 그룹이 가진 최선의 "정보(information)와 신념(belief)" 하에서는, 자동차나 자동차엔진이 작동하는 과정에서 대중의 건강이나 복지에 대한 비합리적인 위험의 원인이 되거나 기여하는 대기오염을 발생시키지 않음을 진술한다. 이에 대한 예외는 대기오염방지법의 제202절에서 제시된 기준에 구체적으로 정해진 바에 따른다.

아직 완전히 알려지지 않은 것은 이 사건에 얼마나 많은 개인이 연루되었으며 이들이 어떻게 EPA 규제를 회피하고 CAA를 위반하는 결정에 이르게 되었는지이다. VW 고위관계자들은 2015년 8월 말 이전에 이 문제에 대해 알지 못했다고 주장했지만,[126] 이 문제를 덮기 위해 수천 개의 문서를 삭제하려고 시도했음을 뒤이어 인정했다. 한 보고서는[127] 여러 가지 엔진기능의 작동을 멈추는 소프트웨어가 원래 Audi에 의해 1999년에 개발되었음을 시사했다. 이는 "어쿠스틱 기능"으로 불리기도 하는데, 럭셔리 모델에서 무부하 완속운전(idling)을 하고 있을 때 소음을 줄여주기 위한 목적이었으며, 아마 시험적이던 것으로 파악된다. 이는 VW가 미국의 이산화질소 배출규제를 준수하기 위해 애를 쓰면서 실제 생산모델에 적용되었다. 리앙은 혐의를 인정하면서, VW 엔지니어들이 미국의 규제를 맞출 수 없음을 알고 난 뒤 배기가스 제어시스템이 시험조건에서만 작동하고 실제 주행에서는 작동하지 않도록 하는 소프트웨어를 포함시켰다고 밝혔다.

이 사례에서는 CAA 기준을 준수하면서 생산납기를 지켜야 한다는 회사 측의 압박의 형태로 나타났던 시간과 비용의 압력은, 다른 상황에서는 분명 법적, 도덕적 책임을 유념하는 개인이었을 엔지니어들이 불법적 수단을 강구하게 만들었다. 이는 전문직으로서의 책임감은 종종 엔지니어들이 마주하는 압력을 넘어서기에 충분하지 않기도 하다는 것을 보여준다. 이러한 측면에서 VW의 사례는 DH의 Macondo 유정 사례와 비슷하다. 두 사례 모두 공공의 안전과 운영비용 간의 균형을 모색해야 하는 여러 가지의 중대한 공학적 결정에 있어서, 높은 운영비용과 경쟁에 대한 압박이 절대적인 요소로 작용했다. 핵심적인 차이는 Macondo 유정의 엔지니어들은 이러한 압박에 마주했을 때 전문직답지 않게, 그리고 비윤리적으로 행동했을지는 몰라도 명확하게 불법적인 행동을 하지는 않았다는 것이다. [비드

린(Donald Vidrine)은 살인 혐의를 인정했지만, 칼루자(Robert Kaluza)는 무혐의 처리되었고 다른 이들도 무혐의 또는 더 낮은 혐의를 인정했다.] 반면 VW 엔지니어들은 알면서도 고의로 법을 위반하였다. 엔지니어들은 대중의 건강, 안전, 복지를 보호해야 한다는 전문직으로서의 가장 우선적인 책임을 어떻게 하면 유념할 수 있을 것인가? 엔지니어가 자신의 전문직으로서의 책임과 신뢰성을 더 잘 인지할 수 있는 방법으로 엔지니어 면허제도가 있다. 이는 아마 의무가 상충되는 상황을 마주했을 때 더 적절하게 대응할 수 있는 도덕적 지지대의 역할도 제공할 수 있을 것이다.

사례 39 플린트(Flint) 수돗물 위기

2011년 당시 미국 미시간주 플린트(Flint)시는 98,000명이 사는 빈곤한 도시로, 대부분의 주민이 국정 빈곤선을 넘지 못했다. 주 정부는 시 재정을 직접 관리하기 시작하였다. 디트로이트시로부터 정수된 물을 구입해오던 플린트시는, 2014년을 기점으로 휴런 호수에서 물을 끌어와 시 소유의 정수장에서 처리하여 비용을 감축하기로 결정한다. 휴런 호수에서 물을 끌어오기 위해 파이프를 짓는 동안, 시는 플린트 강물을 임시로 이용하기로 계획한다. 2014년 4월부터 플린트강에서 정수장으로 수원이 공급되기 시작하였다. 플린트강은 수년 전에는 수돗물이 공급원으로 사용되었던 적이 있었지만, 이후 도시가 발전하면서 수질이 상당히 떨어진 상태였고, 추가적인 강한 염소처리 절차를 거쳐야만 물을 안전하게 이용할 수 있었다.

새 수돗물은 각종 공공 및 지역 산업에서 문제를 일으키기 시작했다. 분변계 대장균이 시 수돗물에서 검출되었고, 이에 시 당국은 일부 사람들에게 위험할 수 있는 수준까지 염소처리 수준을 올리게 된다. 플린트에 자리하고 있던 General Motors는 물을 통한 부식 위험이 있다는 우려 때문에 자체적으로 수원을 찾아 수급하기 시작하였다. 주민들은 변색된 수돗물에 대해 불만을 표하기 시작하였다. 2015년 2월, 한 주민이 EPA에 물이 변색되었고 이 때문에 자녀가 아픈 것 같다는 불만을 접수하였다. 이후 검사에 따르면 그녀의 집에 공급되는 수돗물로부터, 허용 수치인 15 ppb를 7~30배 이상 초과하는 납 수치가 검출되었다.

강하게 염소처리를 한 수돗물은 부식성이 매우 높았고, 사용된 18개월 동안 수도관 내부의 부동태피막이 침식되어 수도관과 고정물로부터 납을 침출해 플린트 시민들의 수도꼭

지까지 전달하는 결과를 낳았다. 처리된 수돗물을 관리하고 인산을 추가하는 것은 수도관과 고정물의 침식을 예방해주는 부동태피막을 유지하기 위한 일반적 절차였다. 시 수도처리장을 관리하는 공학자들은 물의 인산 수치를 확인해야 함을 알고 있었다. 수도처리장 연구실의 책임자인 글래스고(Mike Glasgow)와 미시간주 환경부 소속의 지역 엔지니어인 프리스비(Mike Prysby), 그리고 컨설팅을 위해 참여한 엔지니어 간에 있었던 회의를 묘사하는 AP 통신의 보고서[128]에서 이 문제의 원인에 관한 단서를 얻을 수 있었다. 시에서 수도처리 비용을 절감하도록 압박을 받고 있었던 글래스고는 프리스비에게 직원들이 얼마나 자주 물의 인산 수치를 측정해야 하는지 묻는다. 글래스고의 증언에 의하면 프리스비는 "인산을 추가할 필요가 없기 때문에 수치를 측정할 필요가 없다"라고 답했다고 한다. 글래스고는 자리에 있던 컨설팅 엔지니어와 자신 모두 이 대답에 놀랐다고 진술했다. 둘 다 분명 인산 수치를 측정하고 관리하지 않는다면, 비용이 상당히 절감된다는 것을 알았음에도, 어느 누구도 MDEQ 감시위원인 프리스비의 대답에 의문을 제기하지 않았다. 글래스고는 "우리는 그 후 다음 문제로 넘어갔다"라고 진술했다.

플린트시가 부식성이 강한 수돗물이 노후화 되어가는 시 수도관을 따라 흘러가게 두면서, 파이프는 부식되고 누수는 심해졌다. 무엇보다 (지금은 이용하지 않는) 납 성분이 포함된 수도관, 구리관의 이음새를 납땜한 접합부(현재는 납을 사용하지 않는 땜납을 사용하게 되어 있다), 황동 고정물(현재는 납을 추가하지 않은 황동합금을 사용해야 한다)로부터 납이 침출되기 시작했다. 이렇듯 높은 수치의 납은 주민들, 특히 어린 아이들이 위험에 노출되게 하였다. 혈중 납 수치가 상승할 경우, 정신적 및 신체적 성장에 큰 영향을 주게 된다. 매우 높은 수치에 다다르면 생명에 위협이 되기도 한다. 손상된 공급시스템을 복구하는 데에는 막대한 비용이 요구되었다. 이는 인산 수치를 측정하고 관리하여 부동태피막을 유지했다면 막을 수 있는 결과였다.

문제는 위에서 언급한 회의에서 시작한 것으로 보인다. 세 엔지니어들은 수도 시스템의 인산 수치를 측정하고 유지하는 것에 대해 논의하였다. 각자의 직위와 책임에 따르면 세 명 모두는 그 문제를 인지하고 있었어야 했고, 수도처리와 시 수도 공급시설에 관해 경험이 있는 엔지니어에겐 기초적인 수준의 지식이었다. 프리스비의 답변인 "인산을 측정할 필요가 없다…"는 것은 이론상으로는 맞는 말이었다. MDEQ에는 인산을 추가하거나 관리할 것을 강제하는 규정이 없었으니 말이다.[129] 그러나 수도처리를 책임지는 엔지니어들은 부식이 생기지 않도록 해야 한다는 사실을 알고 있었다. 글래스고와 컨설팅 엔지니어는 둘 다 이 발언에 대해 놀라워했지만, 아마도 암시된 비용절감 때문에 이에 이의를 제기하지 않고 조용히 받아들였다. 전체적으로 볼 때 부도가 난 도시의 재정적 압박이, 두 엔지니어가 규정상 관리가 필요하지 않다는 감시위원의 발언을 기반으로 인산 수치를 측정 및 관리하지 않겠다는 비합리적 결정을 내리게 했을 것으로 보인다.

프리스비와 글래스고, 그리고 다른 엔지니어는 차후 그들의 행동으로 인해 형사고발을 당하게 된다.

사례 40 인공물(Artifacts), 공학, 윤리

인공물은 단순히 발견된 것이라기보다는 어떠한 목적을 위해 의도적으로 만들어진 것을 뜻한다. 엔지니어들은 인공물을 생산하는 데 특화되어 있다. 단순한 금속 쓰레기통을 떠올려보자. 이것의 주목적은 임시로 쓰레기를 보관하는 것이고, 간편하게 더 장기적으로 보관할 수 있는 장소로 이동시키는 것이다. 하지만 다른 목적으로도 사용할 수 있다. 몇 년 전, 이 책의 저자들 중 한 명은 강의실 문이 열린 채로 고정하는 데 쓰레기통을 사용했다. 문 고정대가 없었기 때문이다. 문을 연 상태로 고정하지 않으면, 금방 닫힐 것이고, 자동으로 잠기는 문 때문에 학생들이 밖에 갇히게 될 것이다.

한 인공물, 즉 자동으로 문을 잠그는 장치가 어떤 문제를 낳았고, 이에 대한 임시방편이 제시되었다. 하지만 이 문제를 해결하는 더 좋은 방법이 있다면 그것은 문 고정대를 사용하는 것이었다.

그래서 강사는 인근 철물점에서 플라스틱과 판지로 포장된 고무 고정대 두 개를 구매했다. 설계과정의 어느 지점에선가 엔지니어들이 고정대를 설계하고, 생산하고, 포장하는 데 기여했을 것이다. 이 강의는 공학윤리 강의였기 때문에, 강사는 학생들이 문 고정대에 관한 가치기반의 질문을 던질 수 있는지 시험해보기로 했다. 문을 고정시키는 데 있어 이 문 고정대가 쓰레기통에 비해 가지는 장점이 있다면 무엇일까? 왜 가령 나무가 아니라, 고무로 만드는가? 왜 두 개씩 파는가? 왜 플라스틱과 판지로 포장하는가? 강사는 이러한 질문들을 통해 학생들이 공학과 윤리가 어떻게 융합될 수 있는지 볼 수 있기를 바랐다.

물론, 인공물은 우리 주변에 가득하다. 어떤 것들은 손쉽게 들어 올리거나 움직일 수 있다. 다른 것들은 너무 크고 무거워서 그렇게 할 수 없다. 예를 들면 빌딩이나 (시동을 걸고 운전하지 않는 이상) 자동차 같은 것들이 그러하다. 자동차는 다양한 곳들을 다른 사람과 함께 갈 수 있게 해준다. 얼마 있으면 도로엔 스스로 운전을 하는 자동차가 가득해질 수도 있을 것이다. 자동차는 다른 인공물과 함께 경이로운 공학의 산물이다. 휴대전화, 블랙베리, 아이폰 등은 인공물이다. 그리고 차를 운전하거나 탈 때 가지고 갈 수 있다. 자동차를 광고할 때 종종 "아이폰 친화적"이라는 설명을 붙이곤 한다. 이는 일련의 혜택들을 약속하는 문구이다. 하지만 이는 아이폰 사용자와 그 주변 사람들을 심각한 위협에 빠지게 할 수도 있는 일이며, 특히 주행 중에 아이폰을 사용할 경우 더욱 그럴 것이다. 일설에 의하면 이것은 음주운전보다도 위험할 수 있다고 한다.

여기 독자 여러분을 위한 흥미로운 과제가 있다. 실제로 존재하는 특정한 인공물(가령 골프채, 테니스공, 자동차, 비행기, 건물, 로터리, 신호등, 고속도로 등) 중 하나를 고르자. 가능한 한 자세하게 이 인공물의 역사를 탐구해보자. 이 이야기에 공학이 어떻게 관련되었는지를 가능한 자세히 생각해보면서 말이다. 이 인공물 혹은 비슷한 인공물의 이야기에 어떻게 윤리적 고찰이 담겼는지도 생각해보자. 이러한 고찰은 인공물의 장점과 그 역사 그리고 미래를 반영할 수도 있고, 반대로 단점과 그 역사, 그리고 미래가 될 수도 있다.

다시 말해, 인공물을 통해 공학과 윤리의 상호관계를 알아보자는 것이다. 다른 사람들과 당신이 고른 인공물에 대해 이야기할 경우, "윤리적", "도덕적", "비도덕적", "비윤리적" 등의 단어가 유용하게 느껴질 수도 있고, 그렇지 않을 수도 있다. 하지만 어떤 단어를 사용하든, 당신이 하는 이야기가 공학과 윤리의 협력에 대한 것임을 모두가 알 수 있도록 최선을 다하기를 바란다.

각주해설

1. Steven Weisskoph, The Aberdeen Mess, *Washington Post Magazine*, January 15, 1989.
2. The Aberdeen Three, a case prepared under National Science Foundation grant number DIR-9012252. The principal investigators were Michael J. Rabins, Charles E. Harris, Jr., Charles Samson, and Raymond W. Flumerfelt. The complete case is available at the Texas A&M Engineering Ethics website (http://ethics.tamu.edu).
3. Case study prepared by Ryan Pflum, MA philosophy student at Western Michigan University.
4. Case study prepared by Ryan Pflum.
5. National Transportation Safety Board. (1970, August 1). *Collapse of I-35W Highway Bridge, Minneapolis, Minnesota*. Retrieved March 20, 2017, from http://www.dot.state.mn.us/i35wbridge/pdf/ntsb-report.pdf
6. This account is based on Joe Morgenstern, The Fifty-Nine Story Crisis, *The New Yorker Magazine*, May 29, 1995, pp. 49-53. For more on William LeMessurier and the Citicorp building, see the Online Ethics Center for Engineering(http://www.onlineethics.org/Resources.aspx?q=citicorp).
7. Much of what follows is based on Michael S. Pritchard, Professional Responsibility: Focusing on the Exemplary, *Science and Engineering Ethics*, 4, 1998, pp. 230-233. In addition to sources cited here, there is an excellent PBS Frontline documentary on Cuny, The Lost American. This is available at PBS Video, P.O. box 791, Alexandria, VA 22313-0791. There is a wealth of additional information on Cuny online at http://www.pbs.org/wgbh/pages/frontline/shows/cuny/bio/chron.html. Also, Cuny is featured as a moral leader on the Online Ethics Center for Engineering.
8. Karen W. Arenson, Missing Relief Expert Gets MacArthur Grant, New York Times, June 13, 1995, p. A12.
9. Ibid.
10. Scott Anderson's gripping account of Frederick Cuny's life portrays him as a person with many foibles and shortcomings who still managed to save the lives of thousands threatened by man made and natural disasters. See Scott Anderson, *The Man Who Tried to Save the World: The Dangerous Life and Mysterious Disappearance of Fred Cuny*(New York: Doubleday, 1999).
11. From Intertect's corporate brochure.
12. Ibid.
13. Quoted in William Shawcross, A Hero of Our Time, *New York Review of Books*, November 30, 1995, p. 35. The next paragraph is based on Shawcross article.
14. The following is based on Chuck Sudetic, Small Miracle in a Siege: Safe Water for Sarajevo, *New York Times*, January 10, 1994, pp. A1 and A7.
15. This account is based on The Talk of the Town, *The New Yorker*, 69, no. 39, November 22, 1993, pp. 45-46.
16. Anderson, *The Man Who Tried to Save the World*, p. 120.
17. Ibid.
18. Ibid. This expresses a thought attributed to Cuny.
19. Frederick C. Cuny, Killing Chechnya, *The New York Review* of *Books*, April 6, 1995, pp. 15-17.
20. Marilyn Greene, Texas Disaster Relief Visionary Vanishes on Chechnya Mission, *USA Today*, May 10, 1995, p. A10.

21. Shawcross, A Hero of Our Time, p. 39.
22. Talk of the Town, p. 46.
23. Sudetic, Small Miracle in a Siege, p. A7.
24. This video was produced by the National Society for Professional Ethics(Alexandria, VA) in 1989. Information about obtaining it can be found at the Murdough Center for Engineering Ethics website, http://www.niee.org/pd.cfm?pt=Murdough. This website also contains the entire transcript for this video.
25. For a detailed exploration of some creative middle-way alternatives, see Michael Pritchard and Mark Holtzapple, Responsible Engineering: *Gilbane Gold* Revisited, Science and Engineering, 3, no. 2, April 1997, pp. 217-231.
26. This case is based on Felicity Barringer and Micheline Maynard, Court Rejects Fuel Standards on Trucks, *New York Times*, November 16, 2007(http://www.nytimes.com/2007/11/16/business/16fuel.html?th&emc=th).
27. Ibid.
28. We first learned of this true case(with names changed) from Sam's daughter, who was an honor student in two of the authors engineering ethics classes and a member of a team of students from that class that competed in the College Ethics Bowl competition held at Loyola Marymount College in Los Angeles. She suggested that the team present a case based on her father's experience. The team won the competition with its discussion of the case described here(which has been reviewed by Sam for accuracy).
29. This is an adaptation of a case developed by James Taylor, Civil Engineering, Notre Dame University.
30. ASCE Hurricane Katrina External Review Panel, *The New Orleans Hurricane Protection System: What Went Wrong and Why*(Reston, VA: American Society for Civil Engineers, 2007). Available at http://www.asce.org/templates/publications-book-detail.aspx?id=7954
31. Ibid., p. 47.
32. Ibid., p. 61.
33. Ibid.
34. Ibid., p. 73.
35. Ibid., p. 79.
36. Ibid.
37. Ibid.
38. Ibid., p. 81.
39. Ibid., p. 82.
40. Ibid., p. 82.
41. Jacqueline Finger, Joseph Lopez III, Christopher Barallus, Matthew Parisi, Fred Rohs, John Schmalzel, Amrinder Kaur, DeMond S. Miller, and Kimberly Rose, Leadership, Service Learning, and Executive Management in Engineering: The Rowan University Hurricane Katrina Recovery Team, *International Journal for Service Learning* in *Engineering*, 2, no. 2, Fall 2007.
42. Katie Hafner and Claudia H. Deutsch, When Good Will Is Also Good Business, *New York Times*, September 14, 2005(http://nytimes.com).
43. Ibid.
44. William Robbins, Engineers Are Held at Fault in 81 Hotel Disaster, Special to the *New York Times*, November 16, 1985, Section 1, p. 28.

45. Ibid.
46. Ibid.
47. This account is drawn from R. W. Flumerfelt, C. E. Harris, M. J. Rabins, and C. H. Samson, eds., *Introducing Ethics Case Studies into Required Undergraduate Engineering Courses*, NSF Grant no. DIR-9012252, November 1992. The full version is available at the Texas A&M Engineering Ethics website(http://ethics.tamu.edu).
48. Paula Wells, Hardy Jones, and Michael Davis, *Conflicts of Interest in Engineering*, Module Series in Applied Ethics, Center for the Study of Ethics in the Professions, Illinois Institute of Technology (Dubuque, IA: Kendall/Hunt, 1986), p. 20.
49. American Society of Mechanical Engineers, Boiler and Pressure Vessel Code, section IV, paragraph HG-605a.
50. Charles W. Beardsley, The Hydrolevel Case A Retrospective, Mechanical Engineering, June 1984, p. 66.
51. Ibid., p. 73.
52. This case is based on Stephen H. Unger's account in *Controlling Technology: Ethics and the Responsible Engineer*(New York: Holt, Rinehart & Winston, 1994), pp. 27-30.
53. This case was developed by P. Aarne Vesilind, Department of Civil and Environmental Engineering at Duke University.
54. Information for this case is based on a case study prepared by Manuel Velasquez, "The Ford Motor Car," in Manuel Velasquez, *Business Ethics: Concepts and Cases*, 3rd ed.(Englewood Cliffs, NJ: Prentice-Hall, 1992), pp. 110-113.
55. Information for this case is based on a case study prepared by Manuel Velasquez, "The Ford Motor Car," in Manuel Velasquez, *Business Ethics: Concepts and Cases*, 3rd ed.(Englewood Cliffs, NJ: Prentice-Hall, 1992), pp. 110-113.
56. This is reported in Ralph Drayton, One Manufacturer's Approach to Automobile Safety Standards, *CTLA News*, VIII, no. 2, February 1968, p. 11.
57. Mark Dowie, "Pinto Madness", *Mother Jones*, September/October 1977, p. 28.
58. Amy Docker Marcus, "MIT Students, Lured to New Tech Firms, Get Caught in a Bind," *The Wall Street Journal*, June 24, 1999, pp. A1, A6.
59. Ibid., p. A6.
60. Ibid.
61. Ibid.
62. John Markoff, Odyssey of a Hacker: From Outlaw to Consultant, *New York Times*, January 29, 2001.
63. David Lorge Parnas, SDI: A Violation of Professional Responsibility, in Deborah Johnson, ed., *Ethical Issues in Engineering*(Englewood Cliffs, NJ: Prentice-Hall, 1991), pp. 15-25. This case is based on Pritchard's discussion in Computer Ethics: The Responsible Professional, in James A. Jaksa and Michael S. Pritchard, eds., Responsible Communication: Ethical Issues in Business, Industry, and the Professions(Cresskill, NJ: Hampton Press, 1996), pp. 146-148.
64. Ibid., p. 17.
65. Ibid., p. 15.
66. Ibid., p. 25.
67. Parnas was convinced that the public, when informed, would agree with his conclusions about the SDI

program. For a contrary view, see the debate between David Parnas and Danny Cohen, Ethics and Military Technology: Star Wars, in Kristen Shrader-Frechette and Laura Westra, eds., *Technology and Values*(New York: Rowman & Littlefield, 1997), pp. 327-353.

68. Ibid.

69. This account is based on the authors conversations with Ed Turner.

70. Much of this case is adapted from Michael S. Pritchard, Service-Learning and Engineering Ethics, *Science and Engineering Ethics*, 6, 2000, pp. 413-422. An earlier version of this article is available at the Online Ethics Center(http://www.onlineethics.org/CMS/edu/resources/servicelearning.aspx).

71. ABET originally stood for Accreditation Board for Engineering and Technology, but ABET now accredits other programs, so the acronym was dropped and the organization today is simply known as ABET. See ABET.(n.d.). What does ABET stand for? Retrieved March 12, 2017, from ABET: http://www.abet.org/about-abet/what-does-abet-stand-for/

72. Accreditation Board for Engineering and Technology, Criteria for Accrediting Engineering Programs, 2017-2018, Outcome f.

73. Campus Compact supports the development of service learning programs throughout the country. For an early statement of its efforts, see Timothy Stanton, Integrating Public Service with Academic Study (Providence, RI: Campus Compact, Brown University, 1989).

74. Edmund Tsang, Why Service Learning? And How to Integrate It into a Course in Engineering, in Kathryn Ritter-Smith and John Salt-marsh, eds., *When Community Enters the* Equation: *Enhancing Science, Mathematics and Engineering Education through Service-Learning*(Providence, RI: Campus Compact, Brown University, 1998). Currently at Western Michigan University as associate dean in the College of Engineering & Applied Sciences, Tsang continues his work in service learning. He has also edited Projects That Matter: Concepts and Models for Service-Learning in Engineering, Vol. 14 (Washington, DC: American Association for Higher Education, 2000). Service learning is appropriate throughout both undergraduate and graduate programs in engineering. This is well illustrated by Kevin Passino, professor of Electrical and Computing Engineering at Ohio State University. In addition to founding the student-centered Engineers for Community Service at his university, he is developing international service learning projects for PhD students. See Kevin Passino, Educating the Humanitarian Engineer, Science Engineering Ethics, 15, no. 4, 2009, pp. 577-600.

75. This account is based on a conversation with Tom Talley and Dave Wylie's, AVIT Team Helps Disabled Children, Currents(Texas A&M University), Summer 1993, p. 6.

76. Research Agenda for Combining Service and Learning in the 1990s(Raleigh, NC: National Society for Internships and Experiential Education, 1991), p. 7.

77. CESG brochure.

78. CESG Strategic Plan Draft: 1997 2000, pp. 1-2.

79. Case presented by Pritchard in Computer Ethics: The Responsible Professional, pp. 144-145.

80. Joe Gertner, The Future Is Drying Up, *New York Times Magazine*, October 21, 2007.

81. One is environmental engineer Bradley Udall, son of U.S. Congressman Morris Udall and nephew of Stewart Udall, Secretary of the Interior under President John F. Kennedy and President Lyndon B. Johnson.

82. From Michael S. Pritchard, Professional Responsibility: Focusing on the Exemplary, *Science and Engineering Ethics*, 4, 1998, p. 224.

83. See the May 1997 report by the Biomass Energy Design Project Team, Design and Feasibility Study of a Biomass Energy Farm at Lafayette College as a Fuel Source for the Campus Steam Plant.

84. ABET, *Engineering Criteria 2000*, 3rd ed.(Baltimore: Author, 1997).

85. This case is based on Claudia H. Deutsch, A Threat So Big, Academics Try Collaboration, *New York* Times, *December* 25, 2007(http://www.nytimes.com/2007/12/25/business/25sustain.html?8br).

86. Ibid.

87. Ibid.

88. Ibid.

89. Joshua M. Pearce, Service Learning in Engineering and Science for Sustainable Development, *International Journal for Service Learning in Engineering*, 1, no. 1, Spring 2006.

90. Karim Al-Khafaji and Margaret Catherine Morse, Learning Sustainable Design through Service, *International Journal* for *Service Learning* in *Engineering*, 1, no. 1, Spring 2006.

91. Ibid., quoted from the article.

92. John Erik Anderson, Helena Meryman, and Kimberly Porsche, Sustainable Building Materials in French Polynesia, *International Journal for Service Learning in Engineering*, 2, no. 2, Fall 2007.

93. This case is presented in greater detail, complete with an instructor's guide and student handouts, in R. W. Flumerfelt, C. E. Harris, M. J. Rabins, and C. H. Samson, eds., *Introducing Ethics Case Studies into Required Undergraduate Engineering Courses*, final report to NSF on Grant No. DIR-9012252, November 1992, pp. 231-261. The case is available at the Texas A&M Engineering Ethics website (http://ethics.tamu.edu/).

94. www.spusa.org/pubs/speeches/holdrenspeech.html

95. This discussion was researched and authored by Peggy DesAutels, a philosopher at University of Dayton, who has special interests in gender and engineering issues.

96. 2001 statistics from the National Science Foundation, http://www.nsf.gov/statistics/wmpd

97. 2003 statistic reported in *Beyond Bias and Barriers: Fulfilling the Potential of Women in Academic Science and Engineering*(Washington, DC: National Academies Press, 2006), pp. 14-17. This report was produced by the Committee on Maximizing the Potential of Women in Academic Science and Engineering and the Committee on Science, Engineering, and Public Policy, National Academy of Sciences, National Academy of Engineering, and Institute of Medicine of the National Academies.

98. 2003 statistic reported in *Beyond Bias and Barriers: Fulfilling the Potential of Women in Academic Science and Engineering*, pp. 14-17.

99. 2003 statistic reported in *Beyond Bias and Barriers*: Fulfilling *the Potential of Women in Academic Science and Engineering*, pp. 14-17.

100. Beyond Bias and Barriers: Fulfilling the Potential of Women in Academic Science and Engineering, pp. 158-159.

101. Virginia Valian, Beyond Gender Schemas: Improving the Advancement of Women in Academia, Hypatia, 20, no. 3, Summer 2005, pp. 198-213.

102. F. Trix and C. Psenka, Exploring the Color of Glass: Letters of Recommendation for Female and Male Medical Faculty, *Discourse and Society*, 14, 2003, pp. 191-220.

103. Valian, p. 202.

104. NSF ADVANCE Project at the University of Michigan(http://www.umich.edu/~advproj).

105. Waxman, Henry A., chairman, Committee on Energy and Commerce, June 14, 2010, letter to Tony

Hayward, CEO, BP PLC. Found online July 16, 2012 at http://tenc.net/a/ltr-to-hayward.pdf

106. National Academy of Engineering. *Macondo Well Deepwater Horizon Blowout: Lessons for Improving Offshore Drilling Safety*. Washington, D.C.: National Academy Press, 2012. Retrieved March 2, 2017, from https://www.nap.edu/read/13273/chapter/3

107. Mars Climate Orbiter Mishap Investigation Board, Phase 1 Report, Arthur G. Stephenson, chairman, George C. Marshall Space Flight Center, November 10, 1999, p. 44.

108. Nancy G. Leveson, The Role of Software in Recent Aerospace Accidents, Aeronautics and Astronautics Department, Massachusetts Institute of Technology, Cambridge, MA(undated paper found at http://sunnyday.mit.edu/accidents/issc01.pdf on 2/15/2011).

109. Barry Harwell, Austin Architect, Civic Leader Black Ensnared in Legal Battle over Balcony Collapse, *Austin American-Statesman*, September 11, 2010.

110. This account is a summary of a much longer account: Nancy G. Leveson and Clark S. Turner, "An Investigation of the Therac-25 Accidents" in Johnson and Nissenbaum, pp. 474-514.

111. Leveson and Turner, p. 474.

112. Johnson and Nissenbaum, p. 526.

113. Ibid., p. 526.

114. Ibid., p. 536.

115. Case study prepared by Jeremy Dillon, graduate research assistant, Western Michigan University.

116. "Intersection Safety."

117. "Roundabout Benefits."

118. "Pedestrian Access to Modern Roundabouts: Design and Operation Issues for Pedestrians Who Are Blind."

119. "ADA Enforcement."

120. "Pedestrian Access to Roundabouts: Assessment to Motorists Yielding to Visually Impaired Pedestrians and Potential Treatments to Improve Access."

121. Case study prepared by Jeremy Dillon, graduate research assistant, Western Michigan University.

122. Safety Research & Strategies. *Toyota Unintended Acceleration and the Big Bowl of "Spaghetti" Code*, November 7, 2013. Retrieved March 1, 2017, from Safety Research & Strategies: http://www.safetyresearch.net/blog/articles/toyota-unintended-acceleration-and-big-bowl-%E2%80%9Cspaghetti%E2%80%9D-code

123. Lin, P.(2013, October 8). *The Ethics of Autonomous Cars*. Retrieved February 6, 2017, from The Atlantic: https://www.theatlantic.com/technology/archive/2013/10/the-ethics-of-autonomous-cars/280360/

124. EPA, *Notice of Violation*. Washington, DC: United States Environmental Protection Agency, 2015.

125. I. Dinsmore. (2016, December 6). *Derechos Equipo Nizkor*. Retrieved January 26, 2017, from Information: http://www.derechos.org/nizkor/corru/doc/vw12.html

126. A. Cremer. (2017, January 19). UPDATE 2-Ex-VW *CEO Denies Early Knowledge of Diesel Cheating*. (Reuters, ed.) Retrieved January 26, 2017, from CNBC: www.cnbc.com

127. A. Cremer. (2016, April 19). *Automotive News*. Retrieved January 26, 2017, from VW's defeat device software developed at Audi in 1999: http://www.autonews.com/article/20160419/OEM11/160419864/vws-defeat-device-software-developed-at-audi-in-1999-report-says

128. J. Flesher. (2016, March 30). *Flint Official: State Overruled Plan for Corrosion Control*. Retrieved March 1, 2017, from Ocala StarBanner: http://www.ocala.com/news/20160330/flint-official-state-

overruled-plan-for-corrosion-control

129. "Suggested Practice for Water Works Design, Construction and Operation for Type I Public Water Supplies" in accordance with the Michigan Safe Drinking Water Act 1976 PA 399, as amended, and the Administrative Rules, Michigan Department of Environmental Quality, Water Bureau, February, 2008, indicates regular monitoring of phosphates is recommended.

미국기술사회 윤리강령
(Code of Ethics for Engineers)

전문(Preamble)

공학은 중요하고 학식을 갖춘 전문직이다. 이 전문직의 일원으로서 엔지니어는 정직성과 청렴성에 관한 최고의 모범을 보여주리라 기대된다. 공학은 모든 사람들의 삶의 질에 직접적이고 필수적인 영향을 미친다. 그에 따라 엔지니어에 의해 제공되는 서비스는 정직성, 불편부당성, 공정성, 형평성을 갖추어야 하며, 또한 공공의 건강, 안전, 복지를 보호하는 데 전적으로 활용되어야 한다. 엔지니어는 반드시 윤리적 직무수행의 최상위 원리에 따를 것을 요구하는 전문직 행위표준하에서 수행하여야 한다.

I 기본규범(Fundamental Canons)

엔지니어는 그들의 전문직 책무를 이행함에 있어서,

1. 공공의 안전, 보건, 복지를 우선적으로 고려하여야 한다.
2. 자신이 역량을 갖춘 분야에서만 실무를 수행하여야 한다.
3. 공적인 진술에는 오로지 객관적이고 진실만을 담아야 한다.
4. 각 고용주 또는 고객을 위해 충실한 대리인 또는 수탁자로서 행동하여야 한다.
5. 기만하는 행위를 하지 말아야 한다.
6. 전문직의 명예, 평판, 효용을 증대시키도록 스스로 명예롭고, 책임감 있고, 윤리적이고, 합법적으로 수행하여야 한다.

II 실무규칙(Rules of Practice)

1. 엔지니어는 공공의 안전, 보건, 복지를 우선적으로 고려하여야 한다.
   a. 엔지니어의 판단이 생명 또는 재산을 위태롭게 하는 상황하에서 번복된다면, 그들은 자신의 고용주 또는 고객, 그리고 적절하게 연관된 당국에 알려야 한다.
   b. 엔지니어는 적용되는 표준에 부합하는 공학문서만을 승인하여야 한다.
   c. 엔지니어는 법률 또는 이 강령에 의해 허용되거나 요구되는 것을 제외하고는 고객이나 고용주의 사전동의 없이 사실, 데이터, 정보를 공개해서는 안된다.
   d. 엔지니어는 사기 또는 부정직한 사업에 관련된 것으로 믿어지는 어떤 사람이나 회사가 자신의 이름을 사용하게 허용하거나 그들이 추진하는 모험적 사업에 참여해서는 안 된다.
   e. 엔지니어는 어떤 사람 또는 회사에 의한 불법적인 공학실무 행위를 지원하거나 부추겨서는 안 된다.
   f. 이 강령을 위반한 것으로 의심되는 사실을 인지한 엔지니어는 그것에 대해 적절한 전문직협회와 가능하다면 공공기관에도 알려야 하고, 필요한 경우 그러한 정보나 지원을 제공하는 데 있어 적절한 당국들과 협력하여야 한다.

2. 엔지니어는 자신이 역량을 갖춘 분야에서만 실무를 수행하여야 한다.
   a. 엔지니어는 오직 해당 특정 기술분야의 교육 또는 경험에 의해 자격을 갖추었을 때에만 과제를 수행하여야 한다.
   b. 엔지니어는 자신의 역량이 부족한 분야의 문제를 다루는 어떤 계획 또는 문서에 서명해서는 안 되고, 또한 자신의 지시와 통제하에 준비되지 아니한 어떤 계획 또는 문서에 서명해서도 안 된다.
   c. 엔지니어는 각각의 기술 분과에서 자격을 갖춘 엔지니어들에 의해 분과 문서들이 준비되고 서명되고 직인을 찍을 것이라는 가정하에, 전체 프로젝트의 조화를 위한 책임을 받아들이고 전체 프로젝트를 위한 공학문서에 서명하고 직인을 찍을 수 있다.

3. 엔지니어는 공적인 진술에는 오로지 객관적이고 진실만을 담아야 한다.
   a. 엔지니어는 전문적인 보고서, 진술 또는 증언에 객관적이고 정직하게 임해야 한다. 그들은 그러한 보고서, 진술, 증언에 해당하는 모든 정보를 적절하게 포함해야

하고, 어느 시점에서의 현황인지 날짜를 밝혀야 한다.

b. 엔지니어는 사실에 대한 지식과 관련된 문제에 대한 역량을 기초로 한 기술적 의견을 공표할 수 있다.

c. 엔지니어는 이익집단에 의해 고무되거나 투자된 기술적인 과제에 관한 진술, 비평, 논평을, 먼저 그 집단이 누구인지 누구를 대표하여 발표하는지 명백히 하고 그 과제에 관해 엔지니어가 조금이라도 관심이 있음을 드러내면서 서두를 꺼내지 않았다면, 발표해서는 안 된다.

4. 엔지니어는 각 고용주 또는 고객을 위해 충실한 대리인 또는 수탁자로서 행동하여야 한다.

a. 엔지니어는 자신의 판단이나 그들의 서비스의 품질에 영향을 미칠 수 있거나 미칠 것으로 보이는 모든 알려진 또는 잠재적인 이해충돌을 공개하여야 한다.

b. 엔지니어는 모든 이해 당사자에 의해 상황이 완전히 공개되고 동의되지 않는 한 같은 프로젝트에서의 서비스 또는 같은 프로젝트에 관련된 서비스에 대하여 한 명 이상의 당사자로부터 경제적 또는 기타 보수를 받지 않아야 한다.

c. 엔지니어는 자신이 책임지는 업무와 연관하여 관련 있는 외부업체로부터 직접적으로 또는 간접적으로, 경제적 또는 기타 가치 있는 보상을 요구하거나 받지 않아야 한다.

d. 정부기관 또는 준정부기관의 구성원, 고문, 직원으로서 공무에 종사하는 엔지니어는 사적 또는 공적인 공학실무와 관련하여 그들 또는 그들이 속한 기관에 의해 모집되거나 제공되는 서비스와 관련된 의사결정에 참여하지 않아야 한다.

e. 엔지니어는 자신이 속한 조직의 장이나 간부가 구성원으로 역할을 활동하는 정부기관으로부터 과제를 구하거나 수주하지 않아야 한다.

5. 엔지니어는 기만하는 행위를 하지 말아야 한다.

a. 엔지니어는 자신의 자격증을 위조하거나 자신 또는 동료의 자격을 허위로 발표해서는 안 된다. 그들은 이전 과제의 주제에 대한 자신의 책임을 허위로 발표하거나 과장해서는 안 된다. 취직을 위한 브로슈어나 다른 부수적인 발표자료에서 고용주, 직원, 동료, 공동투자자, 또는 과거 업적에 관련된 사실을 허위로 진술해서는 안 된다.

b. 엔지니어는 직접적으로든 간접적으로든 공공기관에 의한 과제 수주에 영향을 미

치는 어떠한 기여 또는 대중이 합리적으로 해석하여 과제 수주에 영향을 미칠 목적으로 보일 수 있는 것을 제공해서는 안 되고, 요구하거나 수수해서도 안 된다. 그들은 일감을 확보하기 위해서 선물이나 다른 가치 있는 것들을 제공해서는 안 된다. 그들이 보유한 선의의 직원 또는 선의의 기존 광고 또는 마케팅 업체들을 제외하고, 일감을 확보하기 위해서 수수료, 수당, 또는 중개수수료를 지불해서는 안 된다.

III 전문직의 의무(Professional Obligations)

1. 엔지니어는 자신의 모든 관계에 있어서 최고의 정직성과 청렴성을 유지하여야 한다.

- **a.** 엔지니어는 자신의 실수를 인정하여야 하며, 사실을 왜곡하거나 다른 것으로 바꾸어서는 안 된다.
- **b.** 엔지니어는 자신의 고객이나 고용주에게 프로젝트가 성공적이지 못하면 알려야 한다.
- **c.** 엔지니어는 자신의 정상적인 업무에 해롭거나 손해를 끼칠 외부고용을 수락해서는 안 된다. 어떠한 외부 엔지니어링이라도 고용을 수용하기 전에 고용주에게 알려야 한다.
- **d.** 엔지니어는 거짓이나 호도하는 꾸밈으로 다른 고용주로부터 어떤 엔지니어를 빼오려는 시도를 해서는 안 된다.
- **e.** 엔지니어는 전문직의 품위와 존엄성과 청렴성을 해치면서 자신의 이익을 추구해서는 안 된다.

2. 엔지니어는 언제나 공공의 이익에 기여하도록 노력하여야 한다.

- **a.** 엔지니어는 시민생활 업무와 청소년 진로지도에 참여하도록 권장된다. 또한 자신이 속한 공동체 사회의 안전, 건강, 안녕을 증진시키도록 일해야 한다.
- **b.** 엔지니어는 적용되는 공학표준에 부합하지 않는 설계나 스펙을 완성시키거나 서명하고 직인을 찍어서는 안 된다. 만일 고객이나 고용주가 그러한 비전문적 행위를 고집한다면, 해당 기관에 알리고 더 이상의 프로젝트 업무에서 철수하여야 한다.

c. 엔지니어는 공학과 공학의 성취에 대한 대중의 지식과 이해를 증진시키는 데 노력하도록 권장된다.
d. 엔지니어는 미래세대를 위한 환경을 보호하기 위하여 "지속가능한 개발" (sustainable development)의 원칙을 지키도록 권장된다.[1]

3. 엔지니어는 공공을 기만하는 모든 행동 또는 업무를 회피하여야 한다.
   a. 엔지니어는 사실에 대한 그릇된 설명을 포함하거나 구체적 사실이 생략된 진술을 사용해서는 안 된다.
   b. 앞에서와 일관성을 유지하면서, 엔지니어는 신입사원 모집 광고를 할 수 있다.
   c. 앞에서와 일관성을 유지하면서, 엔지니어는 일반 또는 기술 매체에 기사를 실을 수 있지만, 그러한 기사들은 다른 사람에 의해 수행된 업무의 저자에게 귀속되는 성과를 함축해서는 안 된다.

4. 엔지니어는 현재 또는 과거의 고객이나 고용주 또는 자신이 근무하는 공공기관의 업무상황이나 기술적 과정에 관련된 기밀정보를 허락을 받지 않고 공개해서는 안 된다.
   a. 엔지니어는 모든 이해당사자의 동의 없이, 자신이 특별하고 특수한 사실을 알고 있는 특정 프로젝트에 연관된 새로운 고용이나 실무를 선전하고 주선하는 행위를 해서는 안 된다.
   b. 엔지니어는 모든 이해당사자의 동의 없이, 자신이 과거의 고객 또는 고용자를 위해 특별하고 특수한 전문지식을 얻은 특정 프로젝트 또는 절차와 관련하여 상대방의 이해관계에 참여하거나 이익을 대변하는 행위를 해서는 안 된다.

5. 엔지니어는 자신의 전문직 책무에 있어서 상충되는 이해관계 때문에 영향을 받아서는 안 된다.
   a. 엔지니어는 재료 또는 설비의 공급자로부터 그 제품을 지정하는 것을 대가로 무료 공학설계를 포함하여 어떤 경제적 또는 기타 보상을 수락해서는 안 된다.
   b. 엔지니어는 자신이 책임져야 하는 업무와 관련된 계약자 또는 자신의 고객이나 고용주와 거래하는 기타 당사자로부터, 직접적으로든 간접적으로든, 수수료 또는

---

1 "지속가능한 개발"은 미래의 개발에 필수적인 환경의 질과 천연자원을 보존하고 보호하면서 현재의 천연자원, 공업제품, 에너지, 식품, 교통, 주거, 효율적 폐기물 관리에 대한 인류의 욕구를 만족시키고자 하는 도전이다.

경비를 수수해서는 안 된다.

6. 엔지니어는 다른 엔지니어를 부정직하게 비판하거나 기타 부적절하거나 의심스러운 방법을 사용함으로써 자신의 취업이나 승진 또는 전문직 계약을 얻으려고 기도해서는 안 된다.

- **a.** 엔지니어는 자신의 판단이 타협 당할지도 모르는 상황에서는 성공보수 베이스의 수수료를 요청하고, 제안하고, 수수해서는 안 된다.
- **b.** 급여를 받는 엔지니어로서 고용주의 방침에 부합하고 또한 윤리적으로 타당한 범위 내에서만 파트타임 공학업무를 받아들여야 한다.
- **c.** 엔지니어는 업무 외의 개인적 실무를 수행하기 위해 고용주의 동의 없이 설비, 비품, 실험실, 사무실 시설을 사용해서는 안 된다.

7. 엔지니어는 악의적이거나 허위로, 직접적으로든 간접적으로든, 다른 엔지니어의 직무상 평판, 장래성, 실무행위, 고용을 해치려고 시도해서는 안 된다. 다른 엔지니어가 비윤리적이거나 불법적인 실무로 위법해위를 하고 있다고 믿는 엔지니어는 시정조치를 위해 그러한 정보를 적절한 당국에 제출하여야 한다.

- **a.** 개업 엔지니어는 같은 고객을 위한 다른 엔지니어의 업적을 검토해서는 안 된다. 다만, 그 엔지니어가 승인한 경우 또는 그 엔지니어와 그 업무와의 관계가 종료된 경우에는 이 범위에 포함되지 않는다.
- **b.** 정부기관, 산업체 또는 교육기관에 고용된 엔지니어가 고용의무에 의해 요구받는 경우에는 다른 엔지니어의 업적을 심사하고 평가할 자격이 있다.
- **c.** 판매 또는 산업에 고용되어 있는 엔지니어에게는 대표적인 제품을 다른 공급자의 제품과 기술적으로 비교할 권리가 있다.

8. 엔지니어는 자신의 전문직 활동에 대해 개인적 책임을 져야 한다. 다만, 엔지니어가 총체적인 태만 이외의 다른 이유로 자신의 업무에서 발생한 일에 대해 보상을 추구할 수 있는 것은, 그렇게 하는 것 외에 다른 방법으로는 자신의 이익을 보호받을 수 없는 경우에 한한다.

- **a.** 엔지니어는 각 주의 기술등록법에 부합하게 공학실무를 행하여야 한다.
- **b.** 엔지니어는 비기술자, 회사, 동업자와의 제휴를 비윤리적인 행위를 감추는 수단으로 사용해서는 안 된다.

9. 엔지니어는 공학실무에 대한 성과를 정당하게 귀속되어야 할 자에게 귀속시켜야 하고, 다른 사람의 배타적 이익을 인정한다.

a. 엔지니어는 가능하면 언제라도 설계, 발명, 저술 또는 기타 업적에 개인적으로 책임이 있을 것인 사람의 이름을 거명한다.

b. 의뢰인(고객)이 공급하는 설계를 이용하는 엔지니어는 그 설계가 고객의 재산이고 명시된 허가 없이 타인을 위해 복제되어서는 안 된다는 것을 인식한다.

c. 엔지니어는 타인을 위한 업무를 받아들이기 전에, 그 업무와 관련하여 자신이 개선, 계획, 설계, 발명 또는 기타 성과를 낼 수도 있고, 그것이 저작권 또는 특허가 될 수 있는 경우에는, 그 소유권에 관한 명문계약을 맺어야 한다.

d. 엔지니어의 설계, 데이터, 기록 및 노트가 오로지 고용주의 업무에 관련된 것이면 고용주의 재산이다. 고용주가 그 정보를 원래 목적 이외의 목적에 사용할 때에는 그 엔지니어에게 보상하여야 한다.

e. 엔지니어는 자신의 경력 과정 내내 전문성 개발을 계속해야 하고, 전문직 실무에 종사하고, 평생교육 코스에 참여하거나, 기술문헌을 읽고 학술회의나 세미나에 참석함으로써 자신의 전공분야에서 현재의 흐름에 따라가야 한다.

2007년 7월 개정에 붙여

"워싱턴 D.C. 지역 연방법원의 명령에 의해, 예상되는 고객에게 가격정보를 제공하기 위하여, 경쟁입찰을 금하였던 이전의 NSPE 윤리강령 11(c)항 그리고 그 범위를 해석하는 것에 대한 모든 정책표명, 의견, 판정 또는 기타 지침은 반독점법에 의해 보호되어 있는 엔지니어의 법적권리를 불법적으로 방해하는 것이라 하여 무효화되었다. 따라서, 이 NSPE 윤리강령은 어떠한 시점 또는 어떠한 금액의 공학서비스에 대한 가격 견적의 제출이나 경쟁입찰을 금하는 것 같은 어떠한 정책표명, 의견, 판정 또는 기타 지침도 포함하고 있지 않다."

NSPE 이사회의 선언(Statement by NSPE Executive Committee)

대법원의 결정 및 최종 선고의 등록 이래 몇 가지 경우에 따라 나타났던 오해를 바로잡기 위해, 연방대법원은 1978년 4월 25일의 판결에서 "셔먼법은 경쟁입찰을 요구하지 않는다."라고 선언하였음을 강조하고자 한다.

아울러 대법원 판결에서 분명하게 밝힌 것은 다음과 같다.

1. 엔지니어와 회사는 공학서비스에 대한 입찰을 개별적으로 거부할 수 있다.
2. 고객(의뢰인)은 공학서비스에 대한 입찰에 참여하도록 강요받지 않는다.
3. 공학서비스를 조달하는 절차에 적용되는 연방, 주, 그리고 지자체 법률은 영향을 받지 않으며, 그대로 완전한 효력과 효과를 유지한다.
4. 각 주의 협회 및 지역 지부는 공공기관에 의한 전문직의 선택 및 교섭 절차에 대한 입법을 능동적이고 적극적으로 얼마든지 추구할 수 있다.
5. 주 기술사등록위원회의 전문직 행동규칙은, 공학서비스의 경쟁입찰을 금하는 규칙을 포함해서, 영향을 받지 않으며, 그대로 완전한 효력과 효과를 유지한다. 전문직 행동규칙을 채택하는 권한을 가진 주 등록위원회는 공학서비스를 따내는 절차에 적용되는 규칙을 채택할 수 있다.
6. 대법원이 기술하고 있는 것처럼, "이 판결에는 NSPE와 그 회원들이 정부의 활동에 영향을 미치려는 시도를 막는 어떤 것도 없다."

참고사항

자연인과 비교하여 법인에 대하여 이 강령을 적용할 수 있느냐의 문제에 있어서, 사업의 형태나 종류는 이 강령에 대한 개인의 부합 여부에 영향을 주지 않는다. 이 강령은 전문직 서비스를 다루는 것이고, 그 서비스는 자연인에 의해 행하여질 것이다. 결국 자연인이 사업구조의 범위 내에서 방침을 확립하고 실행하는 것이다. 이 강령은 분명히 엔지니어에게 적용되는 것이고, NSPE 회원에게 의무인 사항에 적용되고 거기에 규정된 것을 실천하려고 하는 것이다. 이것은 강령의 모든 관련조항에 적용된다.

(출처) https://www.nspe.org/sites/default/files/resources/pdfs/Ethics/CodeofEthics/Code-2007-July.pdf

참고문헌

Alger, P. L., Christensen, N. A., and Olmstead, S. P. *Ethical Problems in Engineering* (New York: Wiley, 1965).

Allen, A. L. "Genetic Privacy: Emerging Concepts and Values," in M. Rothstein, ed., *Genetic Secrets* (New Haven, CT: Yale University Press, 1997), pp. 36–59.

———. "Privacy," in H. LaFollette, ed., *Oxford Handbook of Practical Ethics* (Oxford: Oxford University Press, 2003), pp. 485–513.

Alpern, K. D. "Moral Responsibilities for Engineers," *Business and Professional Ethics Journal*, 2, no. 2, 1983, pp. 39–48.

Anand, S., and Sen, A. *Development as Freedom* (New York: Anchor Books, 1999).

———. "The Income Component of the Human Development Index," *Journal of Human Development*, 1, no. 1, 2000, pp. 83–106.

Anderson, R. M., Perrucci, R., Schendel, D. E., and Trachtman, L. E. *Divided Loyalties: Whistle Blowing at BART* (West Lafayette, IN: Purdue Research Foundation, 1980).

Anderson, S. *The Man Who Tried to Save the World* (New York: Doubleday, 1999).

Atchley, R. A., Strayer, D. L., and Atchley, P. "Creativity in the Wild: Improving Creative Reasoning through Immersion in Natural Settings," *PLoS ONE*, 7, no. 12, December 2012, pp. 351–474.

Austin, M. W., ed. *Virtues in Action* (New York: Palgrave Macmillan, 2013).

Ayres, R. U. "Life Cycle Analysis: A Critique," *Resources, Conservation and Recycling*, 14, 1995, pp. 199–223.

Baase, S. *A Gift of Fire: Social, Legal and Ethical Issues in Computers and the Internet* (Hoboken, NJ: Wiley, 2004).

Baier, K. *The Moral Point of View* (Ithaca, NY: Cornell University Press, 1958).

Bailey, M. J. *Reducing Risks to Life: Measurement of the Benefits* (Washington, DC: American Enterprise Institute for Public Policy Research, 1980).

Baille, C., Pawley, A. L., and Riley, D., eds. *Engineering and Social Justice in the University* (West Lafayette, IN: Purdue University Press, 2012).

Baker, D. "Social Mechanics for Controlling Engineers' Performance," in Albert Flores, ed., *Designing for Safety: Engineering Ethics in Organizational Contexts* (Troy, NY: Rensselaer Polytechnic Institute, 1982).

Bakshi, B. R., and Fiksel, J. "The Quest for Sustainability: Challenges for Process Systems Engineering," *AICHE Journal*, 49, no. 6, June 2003, p. 1351.

Baram, M. S. "Regulation of Environmental Carcinogens: Why Cost-Benefit Analysis May Be Harmful to Your Health," *Technology Review*, 78, July–August 1976.

Baron, M. *The Moral Status of Loyalty* (Dubuque, IA: Center for the Study of Ethics in the Professions and Kendall/Hunt, 1984).

Baum, R. J. "Engineers and the Public: Sharing Responsibilities," in D. E. Wueste, ed., *Professional Ethics and Social Responsibility* (Lanham, MD: Rowman & Littlefield, 1994).

———. *Ethics and Engineering* (Hastings-on-Hudson, NY: Hastings Center, 1980).

———, and Flores, A., eds. *Ethical Problems in Engineering*, vols. 1 and 2 (Troy, NY: Center for the Study of the Human Dimensions of Science and Technology, Rensselaer Polytechnic Institute, 1978).

Baxter, W. F. *People or Penguins: The Case for Optimal Pollution* (New York: Columbia University Press, 1974).

Bayles, M. D. *Professional Ethics*, 2nd ed. (Belmont, CA: Wadsworth, 1989).

Bazelon, D. L. "Risk and Responsibility," *Science*, 205, July 20, 1979, pp. 277–280.

Beauchamp, T. L. *Case Studies in Business, Society and Ethics*, 2nd ed. (Englewood Cliffs, NJ: Prentice-Hall, 1989).

Bellah, R., Madsen, R., Sullivan, W. M., Swidler, A., and Tipton, S. M. *Habits of the Heart: Individualism and*

Commitment in American Life (New York: Harper & Row, 1985).

Belmont Report: Ethical Principles and Guidelines for Protection of Human Subjects of Biomedical and Behavioral Research, publication no. OS 78-00f12 (Washington, DC: DHEW, 1978).

Benham, L. "The Effects of Advertising on the Price of Eyeglasses," *Journal of Law and Economics*, 15, 1972, pp. 337–352.

Benjamin, M. *Splitting the Difference: Compromise in Ethics and Politics* (Lawrence, KS: University Press of Kansas, 1990).

Benyus, J. M. *Biomimicry: Innovation Inspired by Nature* (New York: Harper Perinneal, 1997).

Bijker, W. E., Hughes, T. P., and Pinch, T., eds. *The Social Construction of Technological Systems: New Directions in the Sociology and History of Technology* (Cambridge, MA: MIT Press, 1987).

Black, B. "Evolving Legal Standards for the Admissibility of Scientific Evidence," *Science*, 239, 1987, pp. 1510–1512.

Blackstone, W. T. "On Rights and Responsibilities Pertaining to Toxic Substances and Trade Secrecy," *Southern Journal of Philosophy*, 16, 1978, pp. 589–603.

Blinn, K. W. *Legal and Ethical Concepts in Engineering* (Englewood Cliffs, NJ: Prentice-Hall, 1989).

Board of Ethical Review, NSPE. *Opinions of the Board of Ethical Review*, vols. I–VII (Arlington, VA: NSPE Publications, National Society of Professional Engineers, various dates).

Bodansky, D., Brunnee, J., and Hey, E., eds. *The Oxford Handbook of International Environmental Law* (Oxford: Oxford University Press, 2007).

Boeyink, D. "Casuistry: A Case-Based Method for Journalists," *Journal of Mass Media Ethics*, Summer 1992, pp. 107–120.

Bok, S. *Common Values* (Columbia, MO: University of Missouri Press, 1995).

———. *Lying: Moral Choice in Public and Private Life* (New York: Vintage Books, 1979).

Boks, C., and Diehl, J. C. "Integration of Sustainability in Regular Courses: Experiences in Industrial Design Engineering," *Journal of Cleaner Production*, 14, 2006, pp. 932–939.

Borgmann, A. *Technology and the Character of Contemporary Life: A Philosophical Inquiry* (Chicago, IL: University of Chicago Press, 1984).

Bowyer, K., ed. *Ethics and Computing*, 2nd ed. (New York: IEEE Press, 2001).

Broad, W., and Wade, N. *Betrayers of the Truth* (New York: Simon & Schuster, 1982).

Bucciarelli, L. L. *Designing Engineers* (Cambridge, MA: MIT Press, 1994).

Buchanan, R. A. *The Engineers: A History of the Engineering Profession in Britain, 1750–1914* (London: Jessica Kingsley Publishers, 1989).

Cady, J. F. *Restricted Advertising and Competition: The Case of Retail Drugs* (Washington, DC: American Enterprise Institute, 1976).

Callahan, D., and Bok, S. *Ethics Teaching in Higher Education* (New York: Plenum Press, 1980).

Callahan, J. C., ed. *Ethical Issues in Professional Life* (New York: Oxford University Press, 1988).

Callon, M., and Law, J. "Agency and the Hybrid Collectif," *South Atlantic Quarterly*, 94, 1995, pp. 481–507.

Cameron, R., and Millard, A. J. *Technology Assessment: A Historical Approach* (Dubuque, IA: Center for the Study of Ethics in the Professions and Kendall/Hunt, 1985).

Carson, R. L. *Under the Sea Wind* (New York: Oxford, 1952).

———. *The Sea Around Us* (New York: Franklin Watts, 1962).

———. *Silent Spring* (New York: Houghton Mifflin, 1962).

Carson, T. L. "Bribery, Extortion, and the 'Foreign Corrupt Practices Act,'" *Philosophy and Public Affairs*, 14, no. 1, 1985, pp. 66–90.

Chadwick, R., ed. *Ethics and the Professions* (Aldershot, UK: Avebury, 1994).

Chadwick, R., ed. *Encyclopedia of Applied Ethics* (San Diego, CA: Academic Press, 1998).

Chalk, R., Frankel, M., and Chafer, S. B. *AAAS Professional Ethics Project: Professional Ethics Activities of the Scientific and Engineering Societies* (Washington, DC: American Association for the Advancement of Science, 1980).

Childress, J. F., and Macquarrie, J., eds. *The Westminster Dictionary of the Christian Church* (Philadelphia, PA: Westminster Press, 1986).

Cohen, R. M., and Witcover, J. *A Heartbeat Away: The Investigation and Resignation of Vice President Spiro T. Agnew* (New York: Viking Press, 1974).

Colby, A., and Damon, W. *Some Do Care* (New York: Free Press, 1992).

Columbia Accident Investigation Board (CAIB). *The CAIB Report*, vols. I–VII. Available at www.caib.us/.

Constable, G., and Sommerville, B. *A Century of Innovation* (Washington, DC: Joseph Henry Press, 2003).

Cranor, C. F. "The Problem of Joint Causes for Workplace Health Protections [1]," *IEEE Technology and Society Magazine*, September 1986, pp. 10–12.

———. *Regulating Toxic Substances: A Philosophy of Science and the Law* (New York: Oxford University Press, 1993).

Curd, M., and May, L. *Professional Responsibility for Harmful Actions* (Dubuque, IA: Center for the Study of Ethics in the Professions and Kendall/Hunt, 1984).

David, S. A., Boniwell, I., and Ayres, A. C. *The Oxford Handbook of Happiness* (Oxford: Oxford University Press, 2013).

Davis, M. "Avoiding the Tragedy of Whistleblowing," *Business and Professional Ethics Journal*, 8, no. 4, 1989, pp. 3–19.
———. "Better Communication between Engineers and Managers: Some Ways to Prevent Many Ethically Hard Choices," *Science and Engineering Ethics*, 3, 1997, pp. 184–193.
———. "Conflict of Interest," *Business and Professional Ethics Journal*, Summer 1982, pp. 17–27.
———. "Explaining Wrongdoing," *Journal of Social Philosophy*, 20, Spring–Fall 1988, pp. 74–90.
———. "Is There a Profession of Engineering?" *Science and Engineering Ethics*, 3, no. 4, 1997, pp. 407–428.
———. *Profession, Code and Ethics* (Burlington, VT: Ashgate, 2002).
———. *Thinking Like an Engineer* (New York: Oxford University Press, 1998).
———. "Thinking Like an Engineer: The Place of a Code of Ethics in the Practice of a Profession," *Philosophy and Public Affairs*, 20, no. 2, Spring 1991, pp. 150–167.
———. "The Usefulness of Moral Theory in Practical Ethics: A Question of Comparative Cost (A Response to Harris)," *Teaching Ethics*, 10, no. 1, 2009, pp. 69–78.
———, Pritchard, M. S., and Werhane, P. "Case Study in Engineering Ethics: 'Doing the Minimum,'" *Science and Engineering Ethics*, 7, no. 2, April 2001, pp. 286–302.
———, and Stark, A., eds. *Conflicts of Interest in the Professions* (New York: Oxford University Press, 2001).
De George, R. T. "Ethical Responsibilities of Engineers in Large Organizations: The Pinto Case," *Business and Professional Ethics Journal*, 1, no. 1, Fall 1981, pp. 1–14.
Donaldson, T., and Dunfee, T. W. *Ties that Bind: A Social Contracts Approach to Business Ethics* (Boston, MA: Harvard Business School Press, 1999).
———. "Toward Unified Conception of Business Ethics: Integrative Social Contract Theory," *Academy of Management Review*, 19, no. 2, 1994, pp. 152–184.
Douglas, M., and Wildavsky, A. *Risk and Culture* (Berkeley, CA: University of California Press, 1982).
Dusek, V. *Philosophy of Technology: An Introduction* (Malden, MA: Blackwell, 2006).
Eddy, E., Potter, E., and Page, B. *Destination Disaster: From the Tri-Motor to the DC-10* (New York: Quadrangle Press, 1976).
Ehrenfeld, J. *Sustainability by Design* (New Haven, CT: Yale, 2008).
Elbaz, S. W. *Professional Ethics and Engineering: A Resource Guide* (Arlington, VA: National Institute for Engineering Ethics, 1990).
Engineering Times (NSPE). "AAES Strives towards Being Unified" and "U.S. Engineer: Unity Elusive," 15, no. 11, November 1993.
Ermann, M. P., Williams, M. B., and Shauf, M. S. *Computers, Ethics, and Society*, 2nd ed. (New York: Oxford University Press, 1997).
Ethics Resource Center and Behavior Resource Center. *Ethics Policies and Programs in American Business* (Washington, DC: Ethics Resource Center, 1990).
Evan, W., and Manion, M. *Minding the Machines* (Upper Saddle River, NJ: Prentice-Hall, 2002).
Faden, R. R., and Beauchamp, T. L. *A History and Theory of Informed Consent* (New York: Oxford University Press, 1986).
Fadiman, J. A. "A Traveler's Guide to Gifts and Bribes," *Harvard Business Review*, July–August 1986, pp. 122–126, 130–136.
Feenberg, A. *Questioning Technology* (New York: Routledge, 1999).
Feinberg, J. "Duties, Rights and Claims," *American Philosophical Quarterly*, 3, no. 2, 1966, pp. 137–144.
Feliv, A. G. "The Role of the Law in Protecting Scientific and Technical Dissent," *IEEE Technology and Society Magazine*, June 1985, pp. 3–9.
Fielder, J. "Organizational Loyalty," *Business and Professional Ethics Journal*, 11, no. 1, 1991, pp. 71–90.
———. "Tough Break for Goodrich," *Journal of Business and Professional Ethics*, 19, no. 3, 1986.
———, and Birsch, D., eds. *The DC-10* (New York: State of New York Press, 1992).
Firmage, D. A. *Modern Engineering Practice: Ethical, Professional and Legal Aspects* (New York: Garland STPM, 1980).
Fledderman, C. B., *Engineering Ethics*, 4th ed. (Englewood Cliffs, NJ: Prentice-Hall, 2011).
Flores, A., ed. *Designing for Safety* (Troy, NY: Rensselaer Polytechnic Institute, 1982).
———. *Ethics and Risk Management in Engineering* (Boulder, CO: Westview Press, 1988).
———. *Professional Ideals* (Belmont, CA: Wadsworth, 1988).
———, and Johnson, D. G. "Collective Responsibility and Professional Roles," *Ethics*, 93, April 1983, pp. 537–545.
Florman, S. C. *Blaming Technology: The Irrational Search for Scapegoats* (New York: St. Martin's, 1981).
———. *The Civilized Engineer* (New York: St. Martin's, 1987).
———. *The Existential Pleasures of Engineering* (New York: St. Martin's, 1976).
———. "Moral Blueprints," *Harper's Magazine*, 257, no. 1541, October 1978, pp. 30–33.
Flumerfelt, R. W., Harris, C. E., Jr., Rabins, M. J., and Samson, C. H., Jr. *Introducing Ethics Case Studies into Required Undergraduate Engineering Courses*, Report on NSF Grant DIR-9012252 (November 1992).
Ford, D. F. *Three Mile Island: Thirty Minutes to Meltdown* (New York: Viking Press, 1982).
Frankel, M., ed. *Science, Engineering, and Ethics: State of the Art and Future Directions*, Report of an American Association for the Advancement of Science Workshop and Symposium, February 1988.

Fredrich, A. J. *Sons of Martha: Civil Engineering Readings in Modern Literature* (New York: American Society of Civil Engineers, 1989).

French, P. A. *Collective and Corporate Responsibility* (New York: Columbia University Press, 1984).

Friedman, M. "The Social Responsibility of Business Is to Increase Its Profits," *New York Times Magazine*, September 13, 1970.

Garcia-Serna, J., Perez-Barrigon, L., and Cocero, M. J. "New Trends for Design Towards Sustainability in Chemical Engineering: Green Engineering," *Chemical Engineering Journal*, 133, 2007, p. 12.

Garrett, T. M., et al. *Cases in Business Ethics* (New York: Appleton Century Crofts, 1968).

Garz, D. *Lawrence Kohlberg: An Introduction* (Opladen and Farmington Hills, MI: Barbara Burdich, 2009).

General Dynamics Corporation. *The General Dynamics Ethics Program Update* (St. Louis: Author, 1988).

Gert, B. *Common Morality* (New York: Oxford University Press, 2004).

———. "Moral Theory, and Applied and Professional Ethics," *Professional Ethics*, 1, nos. 1 and 2, Spring–Summer 1992, pp. 1–25.

Gewirth, A. *Reason and Morality* (Chicago, IL: University of Chicago Press, 1978).

Gibbe, J. "Kohlberg's Stages of Moral Development: A Constructive Critique," *Harvard Educational Review*, 47, 1977, pp. 43–61.

Glantz, P., and Lipton, E. *City in the Sky ... The Rise and Fall of the World Trade Centers* (New York: Times Books/Holt, 2003).

———. "The Height of Ambition," *New York Times Magazine*, September 8, 2002, section 6, p. 32.

Glanz, J., and Schwartz, J. "Dogged Engineer's Effort to Assess Shuttle Damage," *The New York Times*, September 26, 2003, pp. A1, A16.

Glazer, M. "Ten Whistleblowers and How They Fared," *Hastings Center Report*, 13, no. 6, 1983, pp. 33–41.

———. *The Whistleblowers: Exposing Corruption in Government and Industry* (New York: Basic Books, 1989).

Glickman, T. S., and Gough, R. *Readings in Risk* (Washington, DC: Resources for the Future, 1990).

Goldberg, D. T. "Turning in to Whistle Blowing," *Business and Professional Ethics Journal*, 7, 1988, pp. 85–99.

Goldman, A. H. *The Moral Foundations of Professional Ethics* (Totowa, NJ: Rowman & Littlefield, 1979).

Goodin, R. E. *Protecting the Vulnerable* (Chicago, IL: University of Chicago Press, 1989).

Gorlin, R. A., ed. *Codes of Professional Responsibility*, 2nd ed. (Washington, DC: Bureau of National Affairs, 1990).

Gorman, M. E., Mehalik, M. M., and Werhane, P. *Ethical and Environmental Challenges to Engineering* (Upper Saddle River, NJ: Prentice-Hall, 2000).

Graham, L. *The Ghost of an Executed Engineer* (Cambridge, MA: Harvard University Press, 1993).

Gray, M., and Rosen, I. *The Warning: Accident at Three Mile Island* (New York: Norton, 1982).

Green, J., et al. "An fMRI Investigation of Emotional Engagement in Moral Judgment," *Science*, 293, no. 5537, pp. 215–218.

Greenwood, E. "Attributes of a Profession," *Social Work*, July 1957, pp. 45–55.

Gunn, A. S., and Vesilind, P. A. *Environmental Ethics for Engineers* (Chelsea, MI: Lewis, 1986).

———. *Hold Paramount* (Pacific Grove, CA: Brooks/Cole, 2003).

Hahn, H. "Analyzing Theoretical Frameworks of Moral Education Through Lakatos's Philosophy of Science," *Journal of Moral Education*, 43, no. 1, pp. 32–53.

Haidt, J. "The Emotional Dog and Its Rational Tail: A Social Intuitionist Approach to Moral Judgment," *Psychological Review*, 108, pp. 814–834.

Hardin, G. "The Tragedy of the Commons," *Science*, 162, no. 3859, pp. 1243–1248.

Hargrove, E. C. "Weak Anthropocentric Intrinsic Value," *Monist*, 75, no. 2, pp. 1–17.

Harris, C. E. *Applying Moral Theories*, 5th ed. (Belmont, CA: Wadsworth, 2006).

———. "Engineering Responsibilities in Lesser-Developed Nations: The Welfare Requirement," *Science and Engineering Ethics*, 4, no. 3, July 1998, pp. 321–331.

———. "Is Moral Theory Useful in Practical Ethics," *Teaching Ethics*, 10, no. 1, 2009, pp. 51–68.

———. "Response to Michael Davis: The Cost is Minimal and Worth it," *Teaching Ethics*, 10, no. 1, 2009, pp. 79–86.

———, Pritchard, M. S., and Rabins, M. J. *Practicing Engineering Ethics* (New York: Institute of Electrical and Electronic Engineers, 1997).

Haybron, D. M. *The Pursuit of Unhappiness* (Oxford, UK: Oxford University Press, 2008).

Heilbroner, R., ed. *In the Name of Profit* (Garden City, NY: Doubleday, 1972).

Heinrichs, K., Fritz, O., and Lavat, T., eds. *Handbook of Moral Motivation* (Rotterdam, The Netherlands: Sense Publishers, 2013).

Herkert, J. "Future Directions in Engineering Ethics Research: Microethics, Macroethics and the Role of Professional Societies," *Science and Engineering Ethics*, 7, no. 3, July 2001, pp. 403– 414.

Hick, J. *Disputed Questions in Theology and the Philosophy of Religion* (New Haven, CT: Yale University Press, 1986).

Howard, J. L. "Current Developments in Whistleblower Protection," *Labor Law Journal*, 39, no. 2, February 1988, pp. 67–80.

Hunter, T. "Engineers Face Risks as Expert Witnesses," *Rochester Engineer*, December 1992.

Hynes, H. P. "Women Working: A Field Report," *Technology Review*, November–December 1984.

Iseda, T. "How Should We Foster the Professional Integrity of Engineers in Japan? A Pride-Based

Approach," *Science and Engineering Ethics*, 14, 2008, pp. 165–176.

Jackall, R. "The Bureaucratic Ethos and Dissent," *IEEE Technology and Society Magazine*, June 1985, pp. 21–30.

———. *Moral Mazes: The World of Corporate Managers* (New York: Oxford University Press, 1988).

Jackson, I. *Honor in Science* (New Haven, CT: Sigma Xi, 1986).

Jacques, P. *Sustainability: The Basics* (New York: Routledge, 2015).

Jaksa, J. A., and Pritchard, M. S. *Communication Ethics: Methods of Analysis*, 2nd ed. (Belmont, CA: Wadsworth, 1994).

James, G. G. "Whistle Blowing: Its Moral Justification," in W. M. Hoffman and R. E. Frederick, eds., *Business Ethics*, 3rd ed. (New York: McGraw-Hill, 1995), pp. 290–301.

Jamshidi, M., Shahinpoor, M., and Mullins, J. H., eds. *Environmentally Conscious Manufacturing: Recent Advances* (Albuquerque, NM: ECM Press, 1991).

Janis, I. Groupthink, 2nd ed. (Boston, MA: Houghton Mifflin, 1982).

Johnson, D. G. *Computer Ethics*, 3rd ed. (Upper Saddle River, NJ: Prentice-Hall, 2001).

———. *Ethical Issues in Engineering* (Englewood Cliffs, NJ: Prentice-Hall, 1991).

———, and Nissenbaum, H. *Computer Ethics and Social Policy* (Upper Saddle River, NJ: Prentice-Hall, 1995).

———, and Snapper, J. W., eds. *Ethical Issues in the Use of Computers* (Belmont, CA: Wadsworth, 1985).

Johnson, E. "Treating Dirt: Environmental Ethics and Moral Theory," in T. Regan, ed., *Earthbound: New Introductory Essays in Environmental Ethics* (New York: Random House, 1984).

Jonsen, A. L., and Toulmin, S. *The Abuse of Casuistry* (Berkeley, CA: University of California Press, 1988).

Jurmu, J. L., and Pinodo, A. "The OSHA Benzene Case," in T. L. Beauchamp, ed., *Case Studies in Business, Society, and Ethics*, 2nd ed. (Englewood Cliffs, NJ: Prentice-Hall, 1989), pp. 203–211.

Kahn, S. "Economic Estimates of the Value of Life," *IEEE Technology and Society Magazine*, June 1986, pp. 24–31.

Kant, I. *Foundations of the Metaphysics of Morals, with Critical Essays* (R. P. Wolff, ed.) (Indianapolis, IN: Bobbs-Merrill, 1969).

Kaplan, D. M., ed. *Readings in the Philosophy of Technology* (New York: Roman and Littlefield, 2004).

Kaplan, R., and Kaplan, S. *The Experience of Nature* (New York: Cambridge University Press, 1989).

Kemper, J. D. *Engineers and Their Profession*, 3rd ed. (New York: Holt, Rinehart & Winston, 1982).

Kent, P. E. *Sustainability* (Cambridge, MA: MIT Press, 2015).

Kettler, G. J. "Against the Industry Exemption," in J. H. Shaub and K. Pavlovic, eds., *Engineering Professionalism and Ethics* (New York: Wiley-Interscience, 1983), pp. 529–532.

Kipnis, K. "Engineers Who Kill: Professional Ethics and the Paramountcy of Public Safety," *Business and Professional Ethics Journal*, 1, no. 1, 1981.

Kline, A. D. "On Complicity Theory," *Science and Engineering Ethics*, 12, 2006, pp. 257–264.

Kolhoff, M. J. "For the Industry Exemption…," in J. H. Shaub and K. Pavlovic, eds., *Engineering Professionalism and Ethics* (New York: Wiley-Interscience, 1983).

Kroes, P., and Bakker, M., eds. *Technological Development and Science in the Industrial Age* (Dordrecht, The Netherlands: Kluwer, 1992).

Kuhn, S. "When Worlds Collide: Engineering Students Encounter Social Aspects of Production," *Science and Engineering Ethics*, 1998, pp. 457–472.

Kultgen, J. *Ethics and Professionalism* (Philadelphia, PA: University of Pennsylvania Press, 1988).

———. "Evaluating Codes of Professional Ethics," in W. L. Robison, M. S. Pritchard, and J. Ellin, eds., *Profits and Professions* (Clifton, NJ: Humana Press, 1983), pp. 225–264.

Ladd, J. "Bhopal: An Essay on Moral Responsibility and Civic Virtue," *Journal of Social Philosophy*, XXII, no. 1, Spring 1991.

———. "The Quest for a Code of Professional Ethics," in R. Chalk, M. S. Frankel, and S. B. Chafer, eds., *AAAS Professional Ethics Project: Professional Ethics Activities of the Scientific and Engineering Societies* (Washington, DC: American Association for the Advancement of Science, 1980).

Ladenson, R. F. "Freedom of Expression in the Corporate Workplace: A Philosophical Inquiry," in W. L. Robison, M. S. Pritchard, and J. Ellin, eds., *Profits and Professions* (Clifton, NJ: Humana Press, 1983), pp. 275–285.

———. "The Social Responsibilities of Engineers and Scientists: A Philosophical Approach," in D. L. Babcock and C. A. Smith, eds., *Values and the Public Works Professional* (Rolla, MO: University of Missouri-Rolla, 1980).

———, Choromokos, J., d'Anjou, E., Pimsler, M., and Rosen, H. *A Selected Annotated Bibliography of Professional Ethics and Social Responsibility in Engineering* (Chicago, IL: Center for the Study of Ethics in the Professions, Illinois Institute of Technology, 1980).

LaFollette, H. *Oxford Handbook of Practical Ethics* (Oxford: Oxford University Press, 2003).

———. *The Practice of Ethics* (Oxford: Blackwell, 2007).

Langewiesche, W. "Columbia's Last Flight," *The Atlantic*, 292, no. 4, November 2003, pp. 58–87.

Larson, M. S. *The Rise of Professionalism* (Berkeley, CA: University of California Press, 1977).

Latour, B. *Science in Action: How to Follow Scientists and Engineers through Society* (Cambridge, MA: Harvard University Press, 1987).

Layton, E. T., Jr. *The Revolt of the Engineers: Social Responsibility and the American Engineering Profession* (Baltimore, MD: John Hopkins University Press, 1971, 1986).

Leopold, A. *A Sand County Almanac* (New York: Oxford University Press, 1966).

Lichtenberg, J. "What Are Codes of Ethics for?" in M. Coady and S. Bloch, eds., *Codes of Ethics and the Professions* (Melbourne, VIC, Australia: Melbourne University Press, 1995), pp. 13–27.

Lickona, T. "Eleven Principles of Effective Character Education," *Journal of Moral Education*, 25, no. 1, pp. 93–100.

Litai, D. *A Risk Comparison Methodology for the Assessment of Acceptable Risk*, Ph.D. dissertation, Cambridge, MA: Massachusetts Institute of Technology, 1980.

Lockhart, T. W. "Safety Engineering and the Value of Life," *Technology and Society (IEEE)*, 9, March 1981, pp. 3–5.

Lockwood, P., and Kunda, Z. "Superstars and Me: Predicting the Impact of Role Models on the Self," *Journal of Personality and Social Psychology*, 73, pp. 91–103.

Lowrance, W. W. *Of Acceptable Risk* (Los Altos, CA: Kaufman, 1976).

Luebke, N. R. "Conflict of Interest as a Moral Category," *Business and Professional Ethics Journal*, 6, no. 1, 1987, pp. 66–81.

Luegenbiehl, H. C. "Codes of Ethics and the Moral Education of Engineers," *Business and Professional Ethics Journal*, 2, no. 4, 1983, pp. 41–61.

———. "Whistleblowing," in C. Mitchum, ed., *Encyclopedia of Science, Technology, and Ethics* (Detroit, MI: Thomson, 2005).

Lunch, M. F. "Supreme Court Rules on Advertising for Professions," *Professional Engineer*, 1, no. 8, August 1977, pp. 41–42.

Lynch, W. T., and Kline, R. "Engineering Practice and Engineering Ethics," *Science, Technology and Human Values*, 25, 2000, pp. 223–231.

MacIntyre, A. *After Virtue* (Notre Dame, IN: University of Notre Dame Press, 1984).

———. "Regulation: A Substitute for Morality," *Hastings Center Report*, February 1980, pp. 31–41.

———. *A Short History of Ethics* (New York: Macmillan, 1966).

Magsdick, H. H. "Some Engineering Aspects of Headlighting," *Illuminating Engineering*, June 1940, p. 533.

Malin, M. H. "Protecting the Whistleblower from Retaliatory Discharge," *Journal of Law Reform*, 16, Winter 1983, pp. 277–318.

Mantell, M. I. *Ethics and Professionalism in Engineering* (New York: Macmillan, 1964).

Margolis, J. "Conflict of Interest and Conflicting Interests," in T. Beauchamp and N. Bowie, eds., *Ethical Theory and Business* (Englewood Cliffs, NJ: Prentice-Hall, 1979), pp. 361–372.

Marshall, E. "Feynman Issues His Own Shuttle Report Attacking NASA Risk Estimates," *Science*, 232, June 27, 1986, p. 1596.

Martin, D. *Three Mile Island: Prologue or Epilogue?* (Cambridge, MA: Ballinger, 1980).

Martin, M. W. *Everyday Morals* (Belmont, CA: Wadsworth, 1989).

———. *Meaningful Work* (New York: Oxford University Press, 2000).

———. "Personal Meaning and Ethics in Engineering," *Science and Engineering Ethics*, 8, no. 4, October 2002, pp. 545–560.

———. "Professional Autonomy and Employers' Authority," in A. Flores, ed., *Ethical Problems in Engineering*, vol. 1 (Troy, NY: Rensselaer Polytechnic Institute, 1982), pp. 177–181.

———. "Rights and the Meta-Ethics of Professional Morality," and "Professional and Ordinary Morality: A Reply to Freedman," *Ethics*, 91, July 1981, pp. 619–625, 631–622.

———. *Self-Deception and Morality* (Lawrence, KS: University Press of Kansas, 1986).

———, and Schinzinger, R. *Engineering Ethics*, 4th ed. (New York: McGraw-Hill 2005).

Martin, M., and Schinzinger, R., *Introduction to Engineering Ethics*, 2nd ed. (New York: McGraw-Hill, 2009).

Mason, J. F. "The Technical Blow-by-Blow: An Account of the Three Mile Island Accident," *IEEE Spectrum*, 16, no. 11, November 1979, pp. 33–42.

May, W. F. "Professional Virtue and Self-Regulation," in J. L. Callahan, ed., *Ethical Issues in Professional Life* (New York: Oxford, 1988), pp. 408–411.

McCabe, D. "Classroom Cheating among Natural Science and Engineering Majors," *Science and Engineering Ethics*, 3, no. 4, 1997, pp. 433–445.

McCuen, R. H., and Gilroy, K. L. *Ethics and Professionalism in Engineering* (Peterboro, CA: Broadview, 2010).

McDonough, W., and Braungart, M. *Cradle to Cradle: Remaking the Way We Make Things* (New York: North Point Press, 2001).

———. *Upcycle: Beyond Sustainability—Designing for Abundance* (New York: North Point Press, 2013).

McIlwee, J. S., and Robinson, J. G. *Women in Engineering: Gender, Power, and Workplace Culture* (Albany, NY: State University of New York Press, 1992).

Meadows, D. H., Meadows, D. L., Randers, J., and Behrens III, W. W. *The Limits to Growth* (New York: Universe Books, 1972).

Meadows, D. H., Randers, J., and Meadows, D. *Limits to Growth: The 30-Year Update* (White River Junction, VT: Chelsea Green Publishing Co, 2004).

Meese, G. P. E. "The Sealed Beam Case," *Business and Professional Ethics Journal*, 1, no. 3, Spring 1982, pp. 1–20.

Meyers, C. "Institutional Culture and Individual Behavior: Creating the Ethical Environment," *Science and Engineering Ethics*, 10, 2004, p. 271.

Michelfelder, D. P., McCarthy, N., and Goldberg, D. E. *Philosophy and Engineering: Reflections on Practice, Principles and Process* (Dordrecht: Springer, 2013).

Milgram, S. *Obedience to Authority* (New York: Harper & Row, 1974).

Mill, J. S. *Utilitarianism* (G. Sher, ed.) (Indianapolis, IN: Hackett, 1979).

———. *Utilitarianism, with Critical Essays* (S. Gorovitz, ed.) (Indianapolis, IN: Bobbs-Merrill, 1971).

Miller, G. "Exploring Engineering and Sustainability: Concepts, Practices, Politics, and Consequences," *Engineering Studies*, 6, no. 1, pp. 23–43.

Millikan, R. A. "On the Elementary Electrical Charge and the Avogadro Constant," *Physical Review*, 2, 1913, pp. 109–143.

Mitcham, C. "The Concept of Sustainable Development: Its Origins and Ambivalence," *Technology in Society*, 17, no. 3, 1995, pp. 311–326.

———. *Humanitarian Engineering* (San Rafiel, CA: Morgan and Claypool, 2010).

Moore, E. O. "A Prison Environment's Effect on Health Care Service Demands," *Journal of Environmental Systems*, 11, pp. 17–34.

Morgenstern, J. "The Fifty-Nine Story Crisis," *The New Yorker*, May 29, 1995, pp. 45–53.

Moriarity, G. *The Engineering Project: Its Nature, Ethics, and Promise* (University Park, PA: Pennsylvania State University Press, 2008).

Morrison, C., and Hughes, P. *Professional Engineering Practice: Ethical Aspects*, 2nd ed. (Toronto, ON: McGraw-Hill Ryerson, 1988).

Murdough Center for Engineering Professionalism. *Independent Study and Research Program in Engineering Ethics and Professionalism* (Lubbock, TX: College of Engineering, Texas Technological University, October 1990).

Murphy, C., and Gardoni, P. "The Acceptability and the Tolerability of Societal Risks," *Science and Engineering Ethics*, 14, no. 12, March 2008, pp. 77–92.

———. "Determining Public Policy and Resource Allocation Priorities for Mitigating Natural Hazards: A Capabilities-Based Approach," *Science & Engineering Ethics*, 13, no. 4, December 2007, pp. 489–504.

———. "The Role of Society in Engineering Risk Analysis: A Capabilities Approach," *Risk Analysis*, 26, no. 4, 2006, pp. 1073–1083.

Murphy, C., Gardoni, P., Bashir, H., Harris, C. E., Jr., and Masad, E. *Engineering Ethics for a Globalized World* (Dordrecht: Springer, 2015).

Nader, R. "Responsibility and the Professional Society," *Professional Engineer*, 41, May 1971, pp. 14–17.

———, Petkas, P. J., and Blackwell, K. *Whistle Blowing* (New York: Grossman, 1972).

National Academy of Science, Committee on the Conduct of Science. *On Being a Scientist* (Washington, DC: National Academy Press, 1989).

New York Times. "A Post-September 11 Laboratory in High Rise Safety," January 23, 2003, p. A1.

Nickel, J. W. *Making Sense of Human Rights: Philosophical Reflections on the Universal Declaration of Human Rights* (Berkeley, CA: University of California Press, 1987).

Nidumolu, R., Prahalad, C. K., and Rangaswammi, M. R. "Why Sustainability Is Now the Key Driver of Innovation," *Harvard Business Review*, 87, no. 9, pp. 56–64.

Noonan, J. T. *Bribery* (New York: Macmillan, 1984).

Nussbaum, M. *Women and Human Development: The Capabilities Approach* (New York: Cambridge University Press, 2000).

———, and Glover, J., eds. *Women, Culture, and Development* (Oxford: Clarendon, 1995).

Okrent, D., and Whipple, C. *An Approach to Societal Risk Assessment Criteria and Risk Management*, Report UCLA-Eng-7746 (Los Angeles, CA: UCLA School of Engineering and Applied Sciences, 1977).

Oldenquist, A. "Commentary on Alpern's 'Moral Responsibility for Engineers,'" *Business and Professional Ethics Journal*, 2, no. 2, Winter 1983.

Otten, J. "Organizational Disobedience," in A. Flores, ed., *Ethical Problems in Engineering*, vol. 1 (Troy, NY: Center for the Study of the Human Dimensions of Science and Technology, Rensselaer Polytechnic Institute, 1978), pp. 182–186.

Patton-Hulce, V. R. *Environment and the Law: A Dictionary* (Santa Barbara, CA: ABC Clio, 1995).

Peterson, J. C., and Farrell, D. *Whistleblowing: Ethical and Legal Issues in Expressing Dissent* (Dubuque, IA: Center for the Study of Ethics in the Professions and Kendall/Hunt, 1986).

Peterson, C., and Seligman, M. *Character Strengths and Virtues* (New York: Oxford University Press, 2004).

Petroski, H. *Beyond Engineering: Essays and Other Attempts to Figure without Equations* (New York: St. Martin's, 1985).

———. *To Engineer Is Human: The Role of Failure in Successful Design* (New York: St. Martin's, 1982).

Petty, T. "Use of Corpses in Auto-Crash Test Outrages Germans," *Time*, December 6, 1993, p. 70.

Petulla, J. M. "Environmental Management in Industry," *Journal of Professional Issues in Engineering*, 113, no. 2, April 1987, pp. 167–183.

Pfatteicher, S. K. A. *Lessons amid the Ruble: An Introduction to Post-Disaster Engineering and Ethics* (Baltimore, MD: Johns Hopkins Press, 2010).

Philips, M. "Bribery," in Werhane, P., and D'Andrade, K., eds., *Profit and Responsibility* (New York: Edwin Mellon Press, 1985), pp. 197–220.

Pinkus, R. L. D., Shuman, L. J., Hummon, N. P., and Wolfe, H. *Engineering Ethics* (New York: Cambridge University Press, 1997).

Pletta, D. H. *The Engineering Profession: Its Heritage and Its Emerging Public Purpose* (Washington, DC: University Press of America, 1984).

Pritchard, M. S. "Beyond Disaster Ethics," *The Centennial Review*, XXXIV, no. 2, Spring 1990, pp. 295–318.

———. "Bribery: The Concept," *Science and Engineering Ethics*, 4, no. 3, 1998, pp. 281–286.

———. "Good Works," *Professional Ethics*, 1, nos. 1 and 2, Spring-Summer 1992, pp. 155–177.

———. *Professional Integrity: Thinking Ethically* (Lawrence, KS: University Press of Kansas, 2006).

———. "Professional Responsibility: Focusing on the Exemplary," *Science and Engineering Ethics*, 4, no. 2, 1998, pp. 215–233.

———. "Responsible Engineering: The Importance of Character and Imagination," *Science and Engineering Ethics*, 7, no. 3, 2001, pp. 391–402.

———, ed. *Teaching Engineering Ethics: A Case Study Approach*, National Science Foundation grant no. DIR-8820837, June 1992.

———, and Holtzapple, M. "Responsible Engineering: Gilbane Gold Revisited," *Science and Engineering Ethics*, 3, no. 2, April 1997, pp. 217–231.

Rabins, M. J. "Teaching Engineering Ethics to Undergraduates: Why? What? How?" *Science and Engineering Ethics*, 4, no. 3, July 1998, pp. 291–301.

Rachels, J. *The Elements of Moral Philosophy*, 4th ed. (New York: Random House, 2003).

Raelin, J. A. *The Clash of Cultures: Managers and Professionals* (Boston, MA: Harvard Business School Press, 1985).

Rawls, J. *A Theory of Justice* (Cambridge, MA: Harvard University Press, 1971).

Relman, A. "Lessons from the Darsee Affair," *New England Journal of Medicine*, 308, 1983, pp. 1415–1417.

Rest, J. "The Hierarchical Nature of Moral Judgment: A Study of Patterns of Comprehension and Preference of Moral Stages," *Journal of Personality*, March, 41, no. 1, 1973, pp. 86–109.

Richardson, H. "Specifying Norms," *Philosophy and Public Affairs*, 19, no. 4, 1990, pp. 279–310.

Ringleb, A. H., Meiners, R. E., and Edwards, F. L. *Managing in the Legal Environment* (St. Paul, MN: West, 1990).

Rogers Commission. *Report to the President by the Presidential Commission on the Space Shuttle Challenger Accident* (Washington, DC: Author, June 6, 1986).

Ross, W. D. *Aristotle* (London: Methuen, 1930).

———. *The Right and the Good* (Oxford: Oxford University Press, 1988).

Rostsen, G. H. "Wrongful Discharge Based on Public Policy Derived from Professional Ethics Codes," *American Law Reports*, 52, 5th 405.

Rothstein, M., ed. *Genetic Secrets* (New Haven, CT: Yale University Press, 1997).

Ruckelshaus, W. D. "Risk, Science, and Democracy," *Issues in Science and Technology*, 1, no. 3, Spring 1985, pp. 19–38.

Sagoff, M. "Where Ickes Went Right or Reason and Rationality in Environmental Law," *Ecology Law Quarterly*, 14, 1987, pp. 265–323.

Salzman, J., and Thompson, B. H., Jr. *Environmental Law and Policy* (New York: Foundation Press, 2003).

Scharf, R. C., and Dusek, V., eds. *Philosophy of Technology* (Malden, MA: Blackwell, 2003).

Schaub, J. H., and Pavlovic, K. *Engineering Professionalism and Ethics* (New York: Wiley-Interscience, 1983).

Schlossberger, E. *The Ethical Engineer* (Philadelphia, PA: Temple University Press, 1993).

———. "The Responsibility of Engineers, Appropriate Technology, and Lesser Developed Nations," *Science and Engineering Ethics*, 3, no. 3, July 1997, pp. 317–325.

Schrader-Frechette, K. S. *Risk and Rationality* (Berkeley, CA: University of California Press, 1991).

Schwing, R. C., and Albers, W. A., Jr., eds., *Societal Risk Assessment: How Safe Is Safe Enough?* (New York: Plenum Press, 1980).

Science and Engineering Ethics. Special Issue on Ethics for Science and Engineering-Based International Industries, 4, no. 3, July 1998, pp. 257–392.

Scientific American. "Scientific American 10: Guiding Science for Humanity," June 2009.

Seligman, M. *Flourish* (New York: Free Press 2011).

Shapiro, S. "Degrees of Freedom: The Interaction of Standards of Practice and Engineering Judgment," *Science, Technology and Human Values*, 22, no. 3, Summer 1997.

Simon, H. A. *Administrative Behavior*, 3rd ed. (New York: Free Press, 1976).

Simonen, K. *Life Cycle Assessment* (New York: Routledge, 2014).

Singer, M. G. *Generalization in Ethics* (New York: Knopf, 1961).

———, ed. *Morals and Values* (New York: Charles Scribner's Sons, 1977).

Singer, P. *Practical Ethics* (Cambridge, UK: Cambridge University Press, 1979).

Sismondo, S. *An Introduction to Science and Technology Studies* (Malden, MA: Blackwell, 2004).

Slovic, P., Fischoff, B., and Lichtenstein, S. "Rating the Risks," *Environment*, 21, no. 3, April 1969, pp. 14–39.

Solomon, R. C., and Hanson, K. R. *Above the Bottom Line: An Introduction to Business Ethics* (New York: Harcourt Brace Jovanovich, 1983).

Spinello, R. A. *Case Studies in Information and Computer Ethics* (Upper Saddle River, NJ: Prentice-Hall, 1997).

———, ed. *Cyber Ethics: Morality and Law in Cyberspace* (New York: Jones & Bartlett, 2003).

———. *Regulating Cyberspace* (Westport, CT: Quorum Books, 2002).

———, and Tavani, H. T., eds. *Readings in Cyber Ethics* (New York: Jones & Bartlett, 2001).

Starry, C. "Social Benefits versus Technological Risk," *Science*, 165, September 19, 1969, pp. 1232–1238.

Stone, C. *Where the Law Ends* (Prospect Heights, IL: Waveland Press, 1991).

Strand, P. N., and Golden, K. C. "Consulting Scientist and Engineer Liability," *Science and Engineering Ethics*, 3, no. 4, October 1997, pp. 347–394.

Sullivan, T. F. P., ed. *Environmental Law Handbook* (Rockdale, MD: Government Institutes, 1997).

Taeusch, C. F. *Professional and Business Ethics* (New York: Holt, 1926).

Tavani, H. T. *Ethics and Technology: Ethical Issues in Information and Communication Technology* (Hoboken, NJ: Wiley, 2004).

Taylor, P. W. "The Ethics of Respect for Nature," *Environmental Ethics*, 3, no. 3, Fall 1981, pp. 197–218.

———. *Principles of Ethics: An Introduction* (Encino, CA: Dickenson, 1975).

The Economist. "Now for the Hard Part: A Survey of Business in India," June 3–9, 2006 special insert, pp. 3–18.

Thompson, P. "The Ethics of Truth-Telling and the Problem of Risk," *Science and Engineering Ethics*, 5, 1999, pp. 489–510.

Toffler, A. *Tough Choices: Managers Talk Ethics* (New York: Wiley, 1986).

Travis, L. A. *Power and Responsibility: Multinational Managers and Developing Country Concerns* (Notre Dame, IN: University of Notre Dame Press, 1997).

Unger, S. H. *Controlling Technology: Ethics and the Responsible Engineer*, 2nd ed. (New York: Holt, Rinehart & Winston, 1994).

———. "Would Helping Ethical Professionals Get Professional Societies into Trouble?" *IEEE Technology and Society Magazine*, 6, no. 3, September 1987, pp. 17–21.

Urmson, J. O. "Hare on Intuitive Moral Thinking," in S. Douglass and N. Fotion, eds., *Hare and Critics* (Oxford: Clarendon, 1988), pp. 161–169.

———. "Saints and Heroes," in A. I. Meldon, ed., *Essays in Moral Philosophy* (Seattle, WA: University of Washington Press, 1958), pp. 198–216.

Vallero, P. A., and Vesilind, P. A. *Socially Responsible Engineering: Justice in Risk Management* (Hoboken, NJ: John Wiley & Sons, Inc., 2007).

Vallor, S. "Social Networking Technology and the Virtues," *Ethics and Information Technology*, 12, 2010, pp. 157–170.

Van de Poel, I., and Goldberg, D. E. *Philosophy and Engineering* (Dordrecht: Springer, 2010).

van de Poel, I., and Lambèr, R., *Ethics, Technology, and Engineering: An Introduction* (Wiley-Blackwell, 2011).

Van de Poel, I., and Royakkers, L. *Ethics, Technology, and Engineering* (Chichester, UK: Royakkers, 2011).

Van de Poel, I., and van Gorp, A. C. "The Need for Ethical Reflection in Engineering Design," *Science, Technology and Human Values*, 31, no. 3, 2006, pp. 333–360.

Vandivier, R. "What? Me Be a Martyr?" *Harper's Magazine*, July 1975, pp. 36–44.

Vanderber, S. "Dimensions of Person-Window Transactions in the Hospital Environment," *Environment and Behavior*, 18, 459–466.

Vaughn, D. *The Challenger Launch Decision* (Chicago, IL: University of Chicago Press, 1996).

Vaughn, R. C. *Legal Aspects of Engineering* (Dubuque, IA: Kendall/Hunt, 1977).

Velasquez, M. *Business Ethics*, 3rd ed. (Englewood Cliffs, NJ: Prentice-Hall, 1992).

———. "Why Corporations Are Not Responsible for Anything They Do," *Business and Professional Ethics Journal*, 2, no. 3, Spring 1983, pp. 1–18.

Vesilind, P. A. "Environmental Ethics and Civil Engineering," *The Environmental Professional*, 9, 1987, pp. 336–342.

———. *Peace Engineering: When Personal Values and Engineering Careers Converge* (Woodsville, NH: Lakeshore Press, 2005).

———, and Gunn, A. *Engineering, Ethics, and the Environment* (New York: Cambridge University Press, 1998).

Vogel, D. A. *A Survey of Ethical and Legal Issues in Engineering Curricula in the United States* (Palo Alto, CA: Stanford Law School, Winter 1991).

Wall Street Journal. "Executives Apply Stiffer Standards Than Public to Ethical Dilemmas," November 3, 1983.

Weil, V., ed. *Beyond Whistleblowing: Defining Engineers' Responsibilities*, Proceedings of the Second National Conference on Ethics in Engineering, March 1982.

———. *Moral Issues in Engineering: Selected Readings* (Chicago, IL: Illinois Institute of Technology, 1988).

———. "Professional Standards: Can They Shape Practice in an International Context?" *Science and Engineering Ethics*, 4, no. 3, 1998, pp. 303–314.

Weisskoph, M. "The Aberdeen Mess," *Washington Post Magazine*, January 15, 1989.

Wells, P., Jones, H., and Davis, M. *Conflicts of Interest in Engineering* (Dubuque, IA: Center for the Study of Ethics in the Professions and Kendall/Hunt, 1986).

Werhane, P. *Moral Imagination and Management Decision Making* (New York: Oxford University Press, 1999).

Werhane, P., and D'Andrate, K., eds. *Profit and Responsibility* (New York: Edwin Mellon Press, 1985).

Westin, A. F. *Individual Rights in the Corporation: A Reader on Employee Rights* (New York: Random House, 1980).

———. *Whistle Blowing: Loyalty and Dissent in the Corporation* (New York: McGraw-Hill, 1981).

Whitbeck, C. *Engineering Ethics in Practice and Research*, 2nd ed. (New York: Cambridge University Press, 2011).

———. "The Trouble with Dilemmas: Rethinking Applied Ethics," *Professional Ethics*, 1, nos. 1 and 2, Spring-Summer 1992, pp. 119–142.

Wilcox, J. R., and Theodore, L., eds. *Engineering and Environmental Ethics* (New York: Wiley, 1998).

Williams, B., and Smart, J. J. C. *Utilitarianism: For and Against* (New York: Cambridge University Press, 1973).

Wong, D. *Moral Relativity* (Berkeley, CA: University of California Press, 1984).

World Commission on Environment and Development. *Our Common Future* (Oxford, UK: Oxford University Press, 1987).

Zozel, T. W. "Case Study: How 3M Makes Pollution Prevention Pay Big Dividends," *Pollution Prevention Review*, Winter 1990–1991, pp. 67–72.

찾아보기

ㅊ

ㅋ

ㅌ

ㅍ

ㅎ

A

B

공학윤리 : 개념과 사례들 6판

초판 1쇄 발행 | 2020년 3월 5일
초판 2쇄 발행 | 2024년 2월 5일

지은이 | CHARLES E. HARRIS, Jr., MICHAEL S. PRITCHARD,
RAY W. JAMES, P.E., ELAINE E. ENGLEHARDT,
MICHAEL J. RABINS
옮긴이 | 권오양 · 김유신 · 윤상근

펴낸이 | 조 승 식
펴낸곳 | (주)도서출판 북스힐

등 록 | 1998년 7월 28일 제 22-457호
주 소 | 서울시 강북구 한천로 153길 17
전 화 | (02) 994-0071
팩 스 | (02) 994-0073

홈페이지 | www.bookshill.com
이메일 | bookshill@bookshill.com

정가 25,000원

ISBN 979-11-5971-272-2

Published by bookshill, Inc. Printed in Korea.